高等学校生命科学类专业系列教材

动植物学野外实习指导

主　编　吴甘霖　王　松

副主编　刘小阳　程　滨　王玉良

参　编　于道平　兰　伟　段仁燕　黄敏毅

谢　影　张瑞娥　黄守程

合肥工业大学出版社

前　言

动物学、植物学是生物学的基础学科，同时又是实践性很强的课程，该课程的教学是由课堂教学、实验教学和野外实习3个重要的教学环节组成。野外实习的目的是使学生从教室走向大自然，在种类繁多、千姿百态的生物世界中，通过对动植物的野外观察，巩固和拓宽所学的理论知识，了解在自然状态下各种类型的动物和植物，观察它们的外部形态、生存环境、生活习性、种群数量、分布规律及其在大自然中的地位和作用等，从而初步了解整个生态系统的结构与功能，增强学生的感性认识，提高学生的观察能力、动手能力以及综合分析问题的能力，同时增强学生的环境保护意识，锻炼学生的意志品质，使其积累实际工作经验，并达到能够独立承担野外工作和后期标本整理工作任务的水平，从而成长为适应时代发展的新兴人才。同课堂学习相比，动植物学野外实习是更为复杂、生动的学习方式，它既能加深和补充在课堂里学习的内容，又能利用课堂里和书本上所学到的知识去进一步了解千姿百态的生命世界，因此，野外实习是培养学生理论联系实际的本领，训练其独立工作能力的重要环节。切实加强野外实习工作是培养高素质、高质量、具有创新精神和实践能力的高层次人才的重要途径。

目前还没有一本适合我省高等学校生物类专业实际情况的动植物学野外实习指导书，因此编写该书是广大师生的迫切希望。该书的编写将有利于提高我省高等学校动植物学课程的教学质量，同时还可以减轻教师为了野外实习能顺利进行而每年都不得不重新编写实习指导材料的负担。

为了方便和实用，因此本书除详细地介绍常见动植物的野外识别及标本采集、鉴定、分类和制作方法外，还介绍了野外实习中生态学研究的基本方法；另外还对我省主要自然保护区的有关情况作了简单介绍；同时根据我省高等学校动植物学课程野外实习的实际情况，还编制了黄山、大别山常见动植物的名录，供学生野外实习时参考。

本书由安徽科技学院、安庆师范学院、阜阳师范学院、淮南学院和宿州学院等多所高校的具有多年指导野外实习经验的老师参加编写。其中安徽科技学院王松老师编写“无脊椎动物野外实习”、“安徽省主要自然保护区简介”，王玉良老师编写“植物学野外实习的基础知识和方法”；安庆师范学院吴甘霖和段仁燕两位老师编写“野外实习基本知识及组织管理”、“安徽省常见蕨类和种子植物分科检索表”；阜阳师范学院兰伟和张瑞娥两位老师编写“安徽省常见植物的观察与识别要点”；宿州学院刘小阳老师编写有关鱼类实习内容、两栖类实习内容、爬行类实习内容；安庆师范学院于道平和黄敏毅两位老师编写有关鸟类实习内容、哺乳类实习内容；淮南师范学院程滨和谢影两位老师编写“野外实习中的生态学研究”；安徽科技学院黄守程老师负责图片的制作并参与本书的统稿和校对工作。黄山动植物名录由安庆师范学院提供，鹞落坪以及天堂寨动植物名录由安徽科技学院提供，王松和王玉良老师对名录作最后的整理与编排工作。

本书由吴甘霖、王松主编，由王松、王玉良和黄守程统稿。安徽科技学院2005级生物科学专业刘红和陈敏两位同学参与了本书的校对工作，并对动植物名录进行了整理和编排，在此表示感谢。

由于水平有限，书中肯定存有许多不足之处，希望老师和同学们提出宝贵意见，以便我们及时修订。

编　者

目　录

第一章 野外实习基本知识及组织管理

第一节 野外实习的目的与任务

野外实习是高等学校生物类专业的动物学和植物学课程的重要教学环节。其目的是使学生从教室走向大自然，在种类繁多、千姿百态的生物世界中，通过对动植物的野外观察，巩固和拓宽所学的理论知识，了解在自然状态下各种类型的动植物，观察它们的外部形态、生存环境、生活习性、种群数量、分布规律及其在大自然中的地位和作用等，从而初步了解整个生态系统的结构与功能，增强学生的感性认识，提高学生的观察能力、动手能力以及综合分析问题的能力，同时增强学生的环境保护意识，锻炼学生意志品质，使其积累实际工作经验，并达到能够独立承担野外工作和后期标本整理工作任务的水平，从而成长为适应时代发展的新兴人才。

动物学、植物学是生物学的基础学科，同时又是实践性很强的学科。动植物学的教学，除了老师课堂讲授知识和学生观察各类动植物标本及观看挂图、幻灯、录像等资料外，野外实习更为重要。因为野外实习是比课堂教学更为复杂、生动的学习方式，它既能加深和补充课堂学习的内容，又能应用课堂和书本上所学到的知识去进一步了解千姿百态的生命世界。因此，野外实习是培养学生理论联系实际的本领，训练其独立工作能力的重要环节。切实加强野外实习工作是培养高素质、高质量、具有创新精神和实践能力的高层次人才的重要途径。

由于野外实习时间短而集中，因而与课堂和实验室教学有很大不同。要想在较短的时间内取得最佳的实习效果，事先必须有非常充分的准备，要从实习的目的与要求、实习的准备、组织与实施、考核和注意事项等诸多方面进行全方位的考虑。

一、野外实习的目的

1. 理论联系实际，巩固课堂知识

通过野外实习，让学生从教室走向大自然，学生可以在野外观察、比较、分析生物界各大类群的典型代表种类，探讨各类群之间的形态特征和亲缘关系，充分认识生物由单细胞到多细胞、由简单到复杂、由低级到高级、由水生到陆生的演化趋势，树立唯物主义的科学观，从而验证、复习和巩固书本上所学的基本理论知识，检验学生对动植物分类特征的理解和掌握程度，补充课堂与实验教学中的不足和认识上的局限性，达到理论和实际相结合的目的。

2. 培养学习兴趣，学习野外工作方法

通过野外实习，培养学生用辩证唯物主义观点观察丰富多彩的生物世界，进一步了解自然界各类动植物的形态、习性、种类、用途以及生物有机体与其生活环境之间的辩证关系，激发学生学习的积极性。同时使学生学会野外工作的基本方法，还可以通过自主性学习和研究性学习培养学生的独立工作能力和创新意识，为将来从事教学与科研工作打下良好的基础。

3. 增强集体主义观念，培养吃苦耐劳精神

通过野外实习，增强学生的集体主义观念，弘扬团队精神和协作意识，促进学生之间和师生之间的相互了解和沟通。同时，在野外较为艰苦的环境中，可以培养学生艰苦朴素、吃苦耐劳、不怕困难、独立自主和勇于实践的优良作风。

4. 培养学生热爱自然和保护环境的意识

环境保护意识已成为教育不可推卸的责任。野外实习可以使学生贴近自然环境，亲身领略大自然的奇特风光，潜移默化地接受环境意识的渗透，从而唤起学生热爱祖国的山山水水、珍惜大自然一草一木的情感；培养学生爱护地球、保护环境的意识，从而改变自己有意识或无意识地破坏环境的行为，养成保护环境的习惯。

二、野外实习的任务

动植物学野外实习是一项综合性的实习，它是运用所学的动植物学知识（包括解剖学、分类学和生态学知识）去认识生命世界的一项重要的科学实践活动。通过 1～2 周时间的野外实习，要求每个学生应完成下列实习任务。

1. 学习野外工作方法

学生在野外实习中，应该初步掌握动植物分类学和资源学野外调查的基本方法和步骤，熟悉野外调查的工具及使用方法，包括怎样调查某一地区动植物资源现状，怎样采集动植物标本，怎样做好野外记录，怎样观察动植物，怎样制作动植物标本，等等。

2. 了解生物与环境的关系

学生在野外实习中，要了解实习地动植物的生活和生长环境，了解动植物与环境的相互关系，掌握常见动物的生活习性以及常见植物和植被分布的规律性，学会运用辩证唯物主义观点分析生物与环境的辩证关系，熟悉当地经济动植物的用途。

3. 掌握对常见动植物标本的采集和处理方法

学生在野外实习过程中，要学会对常见动植物的调查、采集、野外记录、标本制作、鉴定和保存标本的方法；要利用已学过的动植物分类学的基本理论知识，掌握重点科、属、种的鉴别特征，认识常见的动植物。

4. 熟练掌握工具书和检索表的使用

学生在野外实习过程中，要掌握动植物分类检索表的使用方法，掌握动物志、植物志、动植物图鉴等工具书的特点和使用方法，并利用它们对所采集的动植物标本予以科学鉴定，写出所属的科、属、种的学名。

5. 准确识别实习地的常见动植物

学生在野外实习过程中，要准确识别实习地常见的昆虫及高等动物；要采集有花或果实的完整植物标本 200～300 种，并能准确识别。

第二节 野外实习的准备工作

由于野外实习地点一般都位于比较偏僻的地方，物资比较缺乏，条件比较艰苦，因此野外实习之前，必须将野外工作所需的仪器、采集工具、常用药品以及个人的生活用品准备齐全，做到有备无患。由于实习地点与实习性质的不同，工具及药品的准备也要有所侧重，现将野外实习应常备的物资开列如下，供野外实习时选择使用。

一、实习必备的仪器、工具和药品

1. 常用实习仪器的准备

望远镜、摄像机、照相机（长焦）、显微镜、双筒解剖镜、便携式标本烘干器、放大镜、GPS仪、罗盘、海拔高度表、温度湿度仪、气压表、皮尺、钢卷尺、实习地的地图等。有条件的还可以携带高压气枪、猎枪和子弹等。

2. 标本采集及制作工具的准备

解剖器械、解剖盘、搪瓷盘、标本缸、标本盒、标本夹（压夹、背夹）、标本制作工具、捕蛇夹、捕鼠夹、锹、铲、猎刀、采集袋、小黑板、培养皿、载玻片、盖玻片、背包、水壶、医用手套、昆虫网、水网、拖网、吸虫器、广口瓶、平底指管、毒瓶、展翅板、三阶平均台、昆虫针、大头针、标签、记录本、铅笔、石膏粉、各种型号的铁丝、竹签、棉花、纱布、砒霜膏、针、线、马粪纸、台板、酒精灯、三脚架、烧杯、铝锅、枝剪、号签、吸水纸、小手锯、防雨布、绳子、透明纸、小纸袋、样方记录表等。

3. 实习药品的准备

酒精、甲醛（福尔马林）、冰醋酸、亚硫酸、二甲苯、高锰酸钾、浓盐酸、硫酸钠、硼酸、醋酸铜、薄荷脑、氯仿或乙醚、石炭酸等。

二、个人生活用品及防护药品

1. 个人生活用品的准备

水壶、饭盒、手电筒及电池、登山服、登山包、登山鞋、太阳帽、雨具、雨靴、防护手套、必要的文具、记录本等。

2. 个人防护药品的准备

蛇药、驱虫药、感冒药、氟哌酸、仁丹、风油精、活血止痛膏、创可贴以及常用的消毒、治疗药品等。

三、实习参考书

实习小组一般需要准备下列参考资料：中国高等植物图鉴，安徽植物志，实习地一带的地方动物志、植物志、动植物名录，野外实习指导书，有关检索表，动植物分类学参考书以及动植物图谱等。

第三节 野外实习的组织与实施

野外实习的准备是实习顺利进行的重要保证。在野外实习前，实习指导教师和参加实习的学生应高度重视此项工作。实习前要制定具体的野外实习计划，包括领队教师、指导教师名单，野外实习日程具体安排及实习地点安排，实习设备和工具准备，交通和食宿的安排等。带队教师还要告诉学生应带哪些衣服、鞋子以及学习、生活用品，并强调实习纪律及交代野外实习安全方面的注意事项。

一、野外实习地点的选择

实习地的选择是动植物学野外实习的前提。实习的目的、要求不同，选择的实习地点也不同。一般来说，选择实习地点应遵循以下原则。

1. 地形地貌复杂，景观类型多样

野外实习首先要了解实习地区的地形地貌和景观类型。一般来说，地形地貌和景观类型与植物种类、植物群落分布和植被类型存在着密切的联系。地形地貌复杂、独特，景观类型就也多样，形成的植物种类、群落和植被也越丰富；同时也给动物提供了一个很好的栖息环境，对了解动物的种类、分布和数量等，均有着非常重要的意义。因此，选择地形地貌复杂和景观类型多样的地方实习，有利于学生观察不同环境下的代表性动植物，了解动植物与环境的关系，从而更好地完成实习的各项教学任务。

2. 生物物种丰富，区系成分复杂

野外实习的重要目的是要使学生通过野外观察、解剖和比较等方法认识一定数量的生物种类，了解生物与环境的生态关系和物种的多样性。因此，考虑实习地点的动植物种类组成、动植物区系状况时，应该选择物种丰富、区系复杂、群落类型多样的地方作为实习地点，以便于有足够的“对象”供学生观察研究，同时还能够使学生深入地了解生物与环境之间的相互关系。这是选择实习地点的一个非常重要的原则。

3. 自然概况和社会概况资料相对充实

学生野外实习，应选择自然概况和社会概况资料相对比较充实的地方进行。自然概况包括实习地的地理位置、海拔高度、地形地貌、气候因素和土壤类型等资料；动植物资源概况包括实习地的各种动植物资料，特别是高等动植物的资料，如种类、数量、分布格局等；当地的社会概况也应该知道一些，比如实习地的演变历史，历代学者考察积累的资料以及周围的风土人情等。总之，实习地基础资料收集和了解得愈多愈好。

4. 交通比较方便，生活设施相对完备

要考虑实习地交通是否方便，如水路、铁路、汽车能否到达，各种交通工具搭乘转换是否便利，师生住宿、生活是否方便等。在选择实习地时，如其他条件基本相同，就要优先选择交通方便的，这样既可达到实习的要求，又可节省人力、物力和财力。生活、学习设施方面，主要是指尽量照顾到整个实习队伍住、食、行的便利，如是否具备住宿条件，伙食能不能落实，学习的条件和通行的路线是否有利于实习的安排，等等。

5. 人为的干扰较小

实习地点的选择应尽量避开人流量较大的游览胜地，因为这些地方游人众多，不利于系统观察动植物资源。尽管这些地方也会采集到一些动植物，但毕竟不是典型的自然景观，不能反映动植物的真实情况。

6. 经费条件

实习地的选择和确定还应该结合每个学校实习经费的实际情况。

7. 与学校有教学基地共建关系的实习地应优先选择

学生野外实习，应该优先选择已经与学校建立教学基地共建关系的实习地点，这样既有助于教师利用不同季节进行深入观察研究和积累资料，使之日趋完善，也有利于充实设备，建立简便实验室，改善实习条件，以不断提高实习质量。

二、野外实习的组织

野外实习的过程，既是一个教学过程，又是一个实践过程。要搞好野外实习，达到野外实习的目的，必须做好实习的组织工作，对学生提出明确的实习要求。

1. 作好野外实习的动员

野外实习前应召开野外实习动员会，让学生明确实习的目的、实习的内容和实习的具体安排，教师应对学生提出明确的实习要求，指出在野外实习中学习、生活、安全等方面应注意的问题。

2. 成立实习领导组

野外实习前要成立由学院（系）或教研室领导、指导教师及学生辅导员等组成的实习领导组，设组长、副组长及秘书等岗位。一定要选一位具有丰富的教学经验、业务过硬且具备一定组织管理能力、思想作风过硬的教师作为实习领导组长，全面管理实习期间的各项事务；副组长协助组长开展工作，具体负责实习经费的领取和管理，全面负责学生安全管理工作；秘书负责实习车辆的包租、联系学生及老师食宿、购买常用药品、物品与保管等。组员由各小组组长和副组长组成，负责各组学生和老师之间的沟通，共同搞好实习工作。

3. 划分学生实习小组

为了更好地开展野外教学活动，根据实习师资配备情况，整个实习队伍分成10～20人的实习小组，每组由1～2位教师指导。每小组学生中选组长1名，副组长1～2名，负责实习的日常事务，调动每位组员的积极性，配合指导教师落实学习和生活的各项工作。

4. 物资与资料的准备

野外实习常规用品和资料是不可缺少的，因为这是保证实习顺利进行的必备条件，各实习小组和个人在实习之前必须认真做好准备。

三、野外实习纪律及注意事项

没有好的管理，就达不到好的实习效果。野外实习的整个过程都是在校外进行的，因此各种突发和意外事件比在学校里更易发生，尤其是安全问题，始终是野外实习的重中之重，实习前教师要反复强调安全问题，使学生牢记安全注意事项。由于野外环境多变，活动范围宽广，新鲜好奇的东西多，同时还有多种潜在的危险，不同于校园的学习、生活环境，若没有严格的管理，不仅实习效果难以保证，还可能节外生枝，为野外实习制造许多不必要的麻烦，为此必须制定一系列规定以规范野外实习。

1. 明确实习目的

每位学生要明确实习的目的，始终把实习活动放在中心地位，把对大自然的好奇心集中于对生命世界的探索上。野外实习既新奇又艰苦，是磨炼意志品质、培养吃苦耐劳精神的大好机会，要教育同学们好好珍惜。实习前必须做好各方面的准备工作，特别是必要的学习生活用品和一些个人防护药品；实习期间应遵守作息时间，要做到劳逸结合。

2. 遵守纪律，一切行动听指挥

（1）学生在野外实习过程中要遵守纪律，服从带队老师的统一安排，一切行动听指挥。实习期间，未经指导老师许可，不准私自脱离集体单独活动，不准私自下水游泳，不得夜不归宿，特殊情况需先向指导老师汇报，必须征得老师的同意。

（2）实习期间要遵守作息制度，保证睡眠充分，午饭后及晚上复习整理标本后的时间均为休息时间，尤其是晚上十点以后必须熄灯休息，不准利用休息的时间聊天、打牌、看电视；保持房间卫生，爱护财物，注意节约水电。因失职造成事故或不良影响者，要受到纪律处分，并承担经济赔偿和事故责任。

（3）不得损坏当地居民及宾馆的任何财产，尊重当地居民的风俗习惯，不准与当地居民或游客发生争执。

（4）遵守自然保护区的有关规章制度，要爱护自然，爱护保护区的一草一木，除了采集必要的标本，不准随意破坏自然植被和动物的栖息地，不在核心保护区内采集标本，不乱刻乱画。要增强环保意识，不乱扔垃圾。

3. 注意安全

由于实习是在野外进行，因此安全问题是整个野外实习过程中的头等大事，必须引起足够的重视。学生在野外实习过程中一定要服从指导教师的安排，严格遵守纪律。野外实习中的安全问题主要包括以下几个方面。

（1）要注意交通安全。坐车时，要注意关闭窗户，不要将身体任何部位伸出车窗外，在车内不可打打闹闹，不要和司机说话；实习时，要遵守交通规则，在公路边行走时应靠边，不可随意横穿马路。

（2）野外活动中要防止毒蛇、山蚂蟥、毒蜂和野兽等的伤害，在险要的地段更要小心谨慎，不能下水游泳，晚上不能单独外出。

（3）野外工作期间，学生必须穿宽松的长裤长褂，不可穿颜色鲜艳的衣服，务必穿山袜、戴草帽，各种药品必须随身携带；上山和下山时应注意脚下安全，采集标本时不可贸然攀爬悬崖陡坡；登山过程中不准嬉笑打闹、争吵斗殴。

（4）实习过程中每位学生都应带有充足的水或饮料，切不可饮用泉水，或买当地小贩卖的不卫生的饮料。按时用餐，如未到用餐时间而感觉饥饿，切不可吃当地小贩卖的不卫生食品。

4. 尊师爱生，团结互助

实习过程中要发扬集体主义精神，尊师爱生，团结互助。师生之间、同学之间要互相关心，互相帮助。同时还要注意与实习基地周围群众的关系，谦虚谨慎，诚恳待人，时时处处体现当代大学生良好的精神面貌。

5. 艰苦朴素、吃苦耐劳

要发扬艰苦朴素、吃苦耐劳的优良作风，勇于承担艰苦的工作任务，主动磨炼自己的意志。要爱护公物，努力学习，争取在较短的时间内学到更多的东西，做到在思想和业务上双丰收。

6. 积极主动，勤奋好学

采集及制作动植物标本既费时间又较枯燥，但它是实习的中心工作之一，人人都必须参加，绝不可对这项工作产生厌烦情绪和轻视态度。标本制作看似简单，但要制作出高质量的标本，既要一丝不苟，又要掌握制作技巧。标本制作是学生在学习动物学、植物学课程中应掌握的重要基本功之一。因此，学生在实习过程中要积极主动，勤奋好学，这样才能较好地完成野外实习的各项工作。

四、野外实习的考核

考核是野外实习中的一个重要环节，是对野外实习质量的检验。考核内容包括实习报告的撰写、动植物标本的制作、常见动植物的辨认和有关考试等。

1. 实习报告的撰写

实习报告是实习工作的书面总结，可反映本次实习所取得的成果，一般由实习小组或个人撰写，在实习结束后交给老师，作为评定学生实习成绩的重要依据。内容通常是将本次所采集的动植物种类编制1个名录，也可以是调查过的某类资源动植物的名录。

实习报告大体内容为：① 前言，包括调查的目的意义、前人的工作基础；② 实习地的自然与社会概况；③ 调查的方法、路线及时间；④ 调查结果，包括名录、资源分类与分析；⑤ 开发利用及保护等方面的意见或建议；⑥ 参考文献。

2. 标本考核及考试

将识别动植物种类的数量、标本采集的种类和数量、制作的方法和质量、鉴定的准确率以及检索工具使用的熟练程度等作为野外实习考核的内容，在野外实习结束前进行现场考核。野外实习工作结束后，学生应写出全面的总结报告。

实习的态度与实习结果密切相关，应作出要求并将其量化到实习成绩中。严谨认真的科学态度，吃苦耐劳、团结协作的精神，文明礼貌风尚和爱护环境的意识等反映了当代大学生的精神面貌和道德修养水平，也是野外实习的基本要求。

第四节　野外实习的安全防护

由于实习是在野外进行，随时可能遇到一些特殊情况，比如可能会遇到毒蛇、猛兽、马蜂、蚂蟥等，还可能遇到暴雨、雷击等情况，因此野外实习过程中，个人的安全防护问题就显得尤为重要。

一、防毒蛇咬伤

在野外，常见的游蛇亚科的蛇很少主动攻击人，一般见到人就会逃走，但也有一些蛇（如蝮蛇）昼伏夜出，特别是在闷热的夜晚经常出来呆在路边，有的蛇（如竹叶青）

盘踞在树上，伺机攻击猎物，因此在野外采集标本时所有师生必须带上草帽，要穿厚一点的裤子和有鞋帮的鞋子，并打上绑腿；走路时要手持木棍或竹竿以打草惊蛇，夜晚走路要尽量快一点，防止万一踩到蛇尾而被咬。万一被蛇咬伤不要惊慌，要从牙痕上判断是否是毒蛇，最好能把蛇打死以便确认蛇的种类。如果被毒蛇咬伤，应立即排毒，即挤出毒液，用1%的高锰酸钾水溶液清洗伤口，并进行科学包扎，然后服用蛇药；如果伤势严重，经初步处理后要及时送医院治疗。

二、防毒虫蜇伤

在野外，常遇到的毒虫是马蜂、蜈蚣、蝎子等。

马蜂经常在树上筑巢，形成马蜂窝，如果你不动它的话，一般情况下马蜂不会主动蜇人，因此在野外遇到马蜂窝不要轻易捅它。如果有马蜂追来，要站着不能跑；马蜂对白色的运动物体比较敏感，因此上山时尽量不要穿白色的衣服；在山上，如果遇到野生蜜蜂的话也要小心，防治被蜇伤。如果不幸被马蜂蜇伤，可以立即取蛇药1～2片捣烂，调水成糊状后贴敷于伤处，并大量饮水排毒，严重者还要送到当地的医院治疗。

在山区常见到蜈蚣，在土墙的房屋有时会遇到蝎子。成体的蜈蚣在夜晚身体会发出荧光，所以在黑夜里如果发现路上有条状能移动的带绿光的东西就要格外小心。如果被蜈蚣咬伤，可用3%氨水、5%苏打水冲洗，也可以用石灰水或肥皂水洗，如果有条件的话，用鸡血涂抹伤口效果会更好。蝎子出来时能闻到一股氨气味，如果被蝎子蜇伤要立即挤压伤口排出毒液，并马上用肥皂水或0.1%的高锰酸钾溶液清洗伤口。被蜈蚣和蝎子咬伤后也可以用蛇药进行初步处理。

三、防蚂蟥叮咬

野外实习一般在4月至9月进行，这时也正是蚂蟥活动猖獗的季节，野外常见到的蚂蟥是山蛭。在天晴时，山蛭一般生活在潮湿的树林下或水沟边。下雨时，一般靠尾部的吸盘固定在树干或树叶上，当有人走动或晃动树枝时，山蛭的身体就一伸一缩来捕获目标，一旦有人接近立即吸上人体，当山蛭吸足了血后就会自动脱离人体。如果被蚂蟥叮咬，不能强拉，可用手拍打被叮咬的周围皮肤，能让蚂蟥脱落，也可以向蚂蟥身上滴几滴酒精或撒点盐使其脱落。防治蚂蟥叮咬的有效办法是穿上山袜，同时行走时不时观察身体各部，一旦发现蚂蟥立即打掉。此外，上山前用烟叶泡水洒在衣服和鞋子上，也是防止蚂蟥叮咬的有效方法。

四、防猛兽袭击

一般来说，由于野外实习是集体行动，大型动物见到大队人马远远地就会躲开，所以不容易碰到猛兽的袭击，但也要以防万一。一旦遇到大型动物（比如说受伤的野猪），千万不能各自逃跑，大家要立即相互靠拢，面对动物，集中手中的木棍等工具，防止动物袭击，同时用喊声、恐吓声、恐吓动作来驱赶动物，但不到万不得已的时候，不要主动出击。

五、防摔伤和溺水

采集动植物标本的过程中，要随时注意脚下的安全，更不能攀爬悬崖或树干，以防

摔伤。如果途中万一有人跌倒摔伤，要根据伤情进行处理，对轻伤者可以先包扎，回到驻地后再送往当地医院；如果伤势较重，要立即选派身强力壮的学生将受伤的人员护送去医院。由于山区的水温很低，极易发生抽筋，所以野外实习时，要用热水洗澡，绝对禁止下水游泳，防止抽筋溺水。

六、防食物中毒

野外实习时，会经常遇到各种各样的野果或蘑菇，有的看上去虽然很诱人，但很可能有毒，所以千万不能吃，以防中毒。如果有老师在场，可请老师对野果或蘑菇进行鉴定，若是无毒的，经老师许可后方可品尝。

第二章　植物学野外实习

第一节　植物学野外实习的基础知识和方法

一、植物分类的形态学知识

植物在长期的演化和适应环境的过程中，形态上出现了各种各样的性状，这些性状就是对植物进行分门别类的依据，并据此分成了等级不同的分类单位和植物类群。在本节中，将简要介绍藻类植物和地衣植物中的一些属的识别特征，以及被子植物分类的形态学知识。其余类群常见植物的观察与识别参见本章第二节、第三节。

1. 藻类植物（Algae）

藻类植物一般具有光合色素，是能独立生活的一类自养原植体植物。藻类植物在形态和大小上千差万别，但基本上都没有根、茎、叶的分化；生殖器官多数是单细胞的，或虽然生殖器官是多细胞的，但它的每个细胞都直接参加生殖作用，形成孢子或配子，其外围也无不孕细胞层包围，合子也不发育成多细胞的胚。

藻类在自然界中几乎到处都有分布，主要是生长在水中、潮湿的岩石上、墙壁上和树干上以及土壤表面和下层。有的藻类能与真菌共生，形成共生复合体（如地衣）。通常根据它们的形态、细胞核的构造和细胞壁的成分、载色体的结构及所含色素的种类、贮藏营养物质的类别和鞭毛的有无、数目、着生位置、类型以及生殖方式、生活史类型等，一般将其分为蓝藻门、裸藻门、甲藻门、金藻门、硅藻门、绿藻门、红藻门和褐藻门等8个门。

下面就常见淡水藻类属从分布、识别特征和采集方法等方面作简要叙述。

（1）颤藻属（*Oscillatoria*）　属蓝藻门，由1列细胞组成的丝状体，常丛生，细胞短圆柱状，长大于宽，无胶质鞘，或有1层不明显的胶质鞘。生于湿地或浅水中，一年四季均可采到，但在北方夏季、秋季最多。多生于污水沟渠中，夏季雨后的道旁排水沟或临时积水坑中大量生长。采集时，用镊子或用刀连表泥一起采取，并加适量水，倒入烧杯中，2h至1d后，颤藻大多滑行至沿水面的杯壁上，形成1圈蓝绿色植物，即为颤藻。

（2）念珠藻属（*Nostoc*）　属蓝藻门，由1列细胞组成不分枝丝状体，丝状体常无规则地集合在1个公共的胶质鞘中，形成肉眼能看到或看不到的球形体、片状体或不规则的团块，细胞呈圆形，排成1行如念珠状。丝状体有个体胶质鞘，或无个体胶质鞘。异形胞壁厚。丝状体上有时有厚壁孢子。该属藻类分布广、种类多，生长于淡水、潮湿土壤或岩石上，夏季雨后易于采集。安徽常见的有普通念珠藻（地木耳，*N. commune*），生于土壤或岩石上，可食用。

(3) 鱼腥藻属（*Anabeana*） 属蓝藻门，细胞呈圆形，连接成直的或弯曲的丝状体，单一或集聚成团，浮生于水中，但无公共胶质鞘。该属藻类有的在淡水池塘中营浮游生活，有的和其他高等植物共生。其中最易采集的是与满江红（*Azolla* sp.）叶片共生的鱼腥藻（*A. azollae*）。我国大部分地区的水塘、稻田中均有满江红生长。

(4) 衣藻属（*Chlamydomonas*） 属绿藻门，常见单细胞藻类，呈卵形、椭圆形或圆形。体前端有 2 条顶生鞭毛，细胞壁 2 层，内层是纤维素，外层由果胶质包着。多数种类有载色体，其形状如厚底杯形，在基部有 1 个明显的蛋白核。细胞中央有 1 个细胞核。鞭毛基部有 2 个伸缩泡。春、夏、秋各季，可在有机质丰富的池塘、湖泊、积水坑和养鱼池采到。冬季较少，但冬季和早春常可在温室的积水缸中发现衣藻。在自然界，晚春和夏季大量繁殖。北方的稻田和一些浅水坑，在这个时期最易出现水华，可直接用广口瓶采集。

(5) 团藻属（*Volvox*） 属绿藻门，植物体是由数百至上万个细胞，排列成 1 层空心球体，细胞的形态和衣藻相同。团藻属的种类也多生于临时积水坑中，淡水池塘、湖泊等水体中也常可发现，每年以 7～9 月为多。团藻个体较大，肉眼即可看见，其个体似大头针头样的绿球，生活时在水中滚动。在小水坑中生长繁茂的纯群团藻，可直接用瓶采集。

(6) 小球藻属（*Chlorella*） 属绿藻门，常见单细胞浮游种类，细胞微小，呈圆形或略椭圆形，细胞壁薄，细胞内有 1 个杯形或曲带形载色体，细胞老熟时载色体分裂成数块。一般无蛋白核。小球藻在我国分布甚广，生活于含有机质的小河、沟渠、池塘等水中，在潮湿的土壤上也有分布。

(7) 丝藻属（*Ulothrix*） 属绿藻门，单列细胞不分枝的丝状体。丝状体基部的细胞分化为固着器，固着器的载色体色较浅，小粒状。固着器之上有 1 列短筒形的营养细胞，细胞壁薄或厚，有层理，细胞单核位于中央，载色体呈大形环带状。蛋白核多。丝藻属多生活于流动的淡水中，在瀑布或急流水的岩石上较多，湖泊的岸边也可采到。常丛生在一起，呈矮的绿色绒毯状。

(8) 水绵属（*Spirogyra*） 属绿藻门，常见藻类，植物体是由 1 列细胞构成的不分枝的丝状体，细胞圆柱形。细胞壁分 2 层，内层为纤维素构成，外层为果胶质。壁内有一薄层原生质，载色体带状，1 至多条，螺旋状绕于细胞周围的原生质中，有多个蛋白核，且纵列于载色体上。细胞中有大液泡，占据细胞腔内的较大空间。细胞单核，位于细胞中央，被浓厚的原生质包围着。水绵属是常见的淡水绿藻，在小河、池塘、沟渠或水田等处均可见到，繁盛时大片生于水底或成大块漂浮水面，用手触及有黏滑的感觉。该属藻类一年四季均可采到。

(9) 轮藻属（*Chara*） 属绿藻门，植物体直立，具分枝，体表常含有钙质，主枝分化成节和节间，节的四周轮生有短枝，短枝也有节和节间的分化。轮藻体基部可长出珠芽，由珠芽长出植物体。多生于淡水，在不大流动或静水的底部大片生长。采集有性器官（精囊球和卵囊球）的轮藻标本，一般在 4～5 月为宜，冬季有时在一些自流井附近的水中可采到营养体。采集轮藻时，应注意连泥一起挖出，以便观察到埋入泥中的藻体和假根。

(10) 紫球藻属（*Porphyridium*） 属红藻门，植物体为单细胞，细胞圆形或椭圆形。载色体星芒状，有蛋白核而无淀粉鞘。常生活于潮湿的地上和墙角，多为成片的紫红色，特别在温室的地面上最常见。用采集刀连同一层薄土一起铲下，装入容器或纸袋中即可。

(11) 裸藻属（*Euglena*） 属裸藻门，细胞纺锤形、长纺锤形或圆柱形，前端宽而钝圆，后端锐。有2根鞭毛，一根由储蓄泡底部经过胞咽和胞口伸出，另一根退化，保留在储蓄泡内。细胞核大，圆形。细胞内有许多载色体，分布近于原生质体表面。主要生活于含有机质的淡水中，如池塘、水沟等。一年四季均可采到，以春、夏、秋季最多，有时在春季常见在水面形成一层绿膜（水华）。量多时，可直接用瓶采，量少时可用浮游生物网采集。

2. 地衣植物（Lichens）

地衣是真菌和藻类的共生复合体，全世界约有500余属，25000余种。绝大部分属于子囊菌亚门，少数为担子菌亚门，还有极少数属于半知菌亚门。地衣的基本形态可分为壳状、叶状和枝状3种类型，但其中有不少过渡或中间类型。地衣有性生殖靠子囊孢子或担孢子完成，营养繁殖是最普通的繁殖形式，主要是地衣体的断裂，即1个地衣体分裂为数个裂片，每个裂片均可发育为新个体。此外，粉芽、珊瑚芽和小裂片等，都是用于营养繁殖的构造。通常将地衣分为3个纲：子囊衣纲（Ascolichens），数量占地衣总数量的99%；担子衣纲（Basidiolichens）；半知衣纲（Deuterolichens）。现将安徽省常见地衣属的识别特征以检索表形式归纳如下。

附1：安徽省常见地衣属检索表

1. 共生藻为蓝藻
  2. 菌体胶质
    3. 菌体两面具有单层细胞的假薄壁组织皮层 ………………………… 猫耳衣属（*Leptogium*）
    3. 菌体不具有假薄壁组织皮层 ………………………………………… 胶衣属（*Collema*）
  2. 菌体非胶质 ………………………………………………………… 肺衣属（*Lobaria*）
1. 共生藻为绿藻
  4. 菌体灌木状或枝状，枝横断面圆或扁平
    5. 菌体中实
      6. 具软骨质中轴 ………………………………………………… 松萝属（*Usnea*）
      6. 不具软骨质中轴 ……………………………………………… 珊瑚枝属（*Stereocaulon*）
    5. 菌体中空，呈管状 …………………………………………… 树花属（*Ramalina*）
  4. 菌体叶状，有背腹之分
    7. 菌体上下两面均淡黄至金黄，裂片下部近管状，上部开展 …………… 岛衣属（*Cetrelia*）
    7. 菌体黄绿色，微白色，灰绿色，淡褐色，褐色至微黑色
      8. 仅具上皮层
        9. 子囊盘位于裂片之上 ……………………………………… 雪花衣属（*Anaptychia*）

9. 子囊盘位于裂片边缘……………………………………………………………… 地卷属（*Peltigera*）

8. 上下表皮都具皮层

10. 髓层中实，有或无假根

11. 上表面黄色 ……………………………………………………… 黄梅衣属（*Xanthoparmelia*）

11. 上表面灰色，橄榄褐色至褐色，绝非黄色

12. 皮层 K－

13. 上表面灰色 …………………………………………………… 黑蜈蚣衣属（*Phaeophyscia*）

13. 菌体橄榄褐色至褐色 ………………………………………… 褐梅衣属（*Melanelia*）

12. 皮层 K＋黄色 ………………………………………………………… 蜈蚣衣属（*Physcia*）

10. 髓层中空，无假根……………………………………………………… 袋衣属（*Hypogymnia*）

3. 被子植物分类的形态学知识

（1）根的形态特征

根是植物在长期适应陆生生活过程中发展起来的器官，主要行使吸收和固着的作用，在土壤中分枝形成复杂的根系，根一般不含叶绿体，不分节与节间，不生叶、芽和花。有些植物的根可能与其他生物共生，如根瘤（与细菌共生）和菌根（与真菌共生）。

① 根的类型　种子萌发时，胚根突破种皮，向下生长，形成向下垂直生长的根称为主根（初生根）。主根是植物体上最早出现的根；主根生长达到一定长度，在一定部位上侧向地从内部生出许多支根，称为侧根。侧根达到一定长度时，又能生出新的侧根。主根和侧根合称定根。在主根和侧根以外的部分（如茎、叶、老根或胚轴上生出的根）统称不定根，它与起源于胚根并发生在一定部位的主根和侧根不同。

② 根系的类型　凡主根粗壮发达、主根和侧根有明显区别的根系为直根系，双子叶植物一般有直根系；主根不发达或很早就停止生长，由茎基部产生的不定根组成的根系是须根系，大多数单子叶植物具有须根系。

③ 变态的根　变态根的种类比较多，主要有下列几种。

块根：侧根或不定根形成的肉质贮藏根，其内贮藏丰富的营养物质，一般每株植物多个。

肉质直根：由主根发育膨大形成的肉质贮藏根，贮有营养物质，一般每株 1 个。

气生根：生于地上（空气中）的根，根据所担负的生理功能不同，分为支柱根、攀缘根、呼吸根和吸器。

（2）茎的形态特征

① 茎的外形特征　茎常呈圆柱形，有些植物为三棱形（如多数莎草科植物）、四棱形（唇形科）。茎的顶端着生有顶芽，叶腋生有腋芽，茎上还着生有许多叶子，生叶和芽的茎称为枝条。叶子着生处为节，相邻两个节之间的一段为节间。木本植物的枝条，其叶片脱落后留下的疤痕，称为叶痕。叶痕中的点状突起是枝条与叶柄间的维管束断离后留下的痕迹，称为叶迹。枝条的外表有与外界气体交换的皮孔，有的枝条上还有芽鳞片脱落后留下的芽鳞痕，可以根据枝条上芽鳞痕的数目判断其生长年龄和生长速度。节间伸长显著的枝条，称为长枝；节间短缩的叫短枝。

② 芽及其类型　芽是未发育的枝、花或花序的原始体。芽由生长锥、叶原基、幼叶

等组成，按照芽的生长位置、性质、结构和生理状态对芽进行如下分类：

按生长位置分为定芽和不定芽。生长在主干或侧枝顶端的为顶芽；生长在枝旁叶腋处称侧芽或腋芽，两者合称定芽。凡在老茎、根、叶等部位上形成的芽称为不定芽。

按有无芽鳞分为鳞芽（被芽）和裸芽。有芽鳞片包被的芽称为鳞芽；无芽鳞片包被，芽的外周为幼叶所包，称为裸芽。

按性质（将来发育成的器官）分为叶芽、花芽和混合芽。

按芽的活动状态分为活动芽和休眠芽。正常发育且在生长季节活动的芽即活动芽；休眠芽又称潜伏芽，即长期保持休眠状态而不萌发的芽。

③ 茎的生长习性　不同植物的茎在长期进化过程中，有各自的生长习性，以适应外界环境，使叶在空间上适当分布，尽可能地充分接受日光照射，制造自己生活需要的营养物质，并完成繁殖后代的生理功能。茎主要有以下几种生长方式。

直立茎：茎垂直于地面，以自身直立，为常见的茎。

平卧茎：茎自身不能直立，平卧地上而生长，节上不生根。

匍匐茎：与平卧茎相似，但节上生根。

攀缘茎：茎借助自身的卷须、气生根、吸盘等特殊卷附器官攀登他物上升。

缠绕茎：茎螺旋状缠绕它物而上的茎。有左旋与右旋之分。

④ 变态的茎　茎的变态可分为地上茎的变态和地下茎的变态两大类。

地上茎变态有茎刺（如柑橘）、茎卷须（如葡萄）、肉质茎（如仙人掌）等，根据外形特点和结构容易识别。地下茎的变态包括以下一些类型。

块茎：由地下茎的顶端膨大而成，为节间缩短的变态茎。

球茎：球茎是短而肥大的地下茎，有明显的节与节间，具顶芽。

鳞茎：鳞茎基部有 1 个节间缩短、呈扁平形态的鳞茎盘，其上部中央生有顶芽，四周有鳞叶重重包着，鳞叶的叶腋有腋芽，鳞茎盘下产生不定根。

根状茎：横向生长于土壤之中，外形与根相似，但一般有明显的节和节间，节上有退化的叶和腋芽，腋芽可长成地上枝，同时在节上产生不定根。

（3）叶的形态特征

叶片一般为生于枝上的绿色片状器官，在植物体中主要行使光合作用和蒸腾作用。

1）叶的构成——完全叶与不完全叶　含有叶片、叶柄和托叶三部分结构的叶称完全叶，缺少三部分的任意 1 个或 2 个部分的都称不完全叶。禾亚科（Agrostidoideae）植物叶片由叶片和叶鞘 2 个基本部分（还可能有叶舌、叶耳和叶环等结构）；竹亚科（Bambusoideae）箨叶由箨片和箨鞘 2 个基本组成成分（还可能有箨舌、箨耳和箨环等结构）；普通叶由叶鞘、叶柄和叶片 3 个部分组成。

2）叶的类型——单叶与复叶　单叶是 1 个叶柄（有时未必有叶柄，如烟草）上只生 1 个叶片的叶。复叶是在叶柄上着生 2 个以上完全独立的小叶（片）的叶。复叶上着生叶的部分叫叶轴，复叶的基本类型包括以下几种。

① 羽状复叶　3 枚以上的小叶排列在叶轴的左右两侧，呈羽毛状。凡小叶的数目为单数，有一顶生小叶的，称奇数羽状复叶；而小叶的数目为双数，无顶生小叶的，则为

偶数羽状复叶。羽状复叶又因叶轴分枝的情况，可分为1回、2回、3回或多回羽状复叶。

② 掌状复叶　叶轴退化，总叶柄顶端放射状着生许多有柄或无柄的小叶。小叶都生在叶轴顶端，排列如掌状。

③ 三出复叶　仅有3片小叶着生在总叶柄的顶端。若顶端的小叶柄较长，为羽状三出复叶，若3个小叶柄等长，则为掌状三出复叶。

④ 单身复叶　形似单叶，可能是三出复叶的退化类型，其两侧的小叶退化不存在，顶生小叶的基部和叶轴交界处有一关节，叶轴向两侧延展，常成翅，如柑桔、金桔等的叶。

3）叶在茎上的排列——叶序　叶在茎或枝条上排列的方式叫叶序。常见的有互生、对生和轮生3种情况。凡每节只生1片叶称互生；每节上相对着生2片叶的是对生，对生中相邻两节上的叶片十字形排列的称交互对生；3个或3个以上的叶着生在1个节上的为轮生。簇生叶序是指2个以上的叶着生于极度缩短的短枝上，如金钱松；而叶基生是指2片以上的叶着生于地表附近的短茎上。后2种情况的节间都极为缩短而不明显。

4）叶中维管束的分布——脉序　叶脉在叶片上呈现出各种有规律的脉纹称为脉序。脉序主要有平行脉、网状脉和叉状脉3种类型。

5）叶片形态描述的一些术语

① 叶长　指自叶片基部到叶尖的最大长度。

② 叶宽　叶片横向上的最大宽度。

③ 叶形　指叶片的形状，是识别植物的重要依据之一，叶形的描述同样适应于托叶等叶性器官。常见基本叶形的判断如表2-1。

表2-1　叶片的基本类型

		叶长与叶宽之比			
		≈1	≈1.5～2	≈3～4	>5
最宽处的位置	基部	阔卵形	卵形	披针形	条形
	中部	圆形	阔椭圆形	长椭圆形	条形或剑形
	先端	倒阔卵形	倒卵形	倒披针形	剑形

除了上述基部种类之外，有一些叶片形状比较容易判断，如三角形叶和倒三角形叶、扇形叶、心形叶和倒心形叶、肾形叶等。

凡叶柄着生在叶片背面的中央或边缘内，无论叶形如何，一律称为盾形叶。

④ 叶尖　叶片的尖端称为叶尖，叶尖的基本类型主要有以下8种（图2-1）。

渐尖：叶尖较长，或逐渐尖锐，如菩提树的叶。

急尖：叶尖较短而尖锐，如荞麦的叶。

钝形：叶尖钝而不尖，或近圆形，如厚朴的叶。

截形：叶尖横切成平边状，如鹅掌楸的叶。

具短尖：叶尖具有突生出的小尖，如树锦鸡儿的叶。

具骤尖：叶尖尖而硬，如虎杖的叶。

微缺的：叶尖具浅凹缺，如苋、苜蓿的叶。

倒心形：叶尖具较深的尖形凹缺，而叶两侧稍内缩，如酢浆草的叶。

图 2-1 叶尖的类型

1. 渐尖；2. 急尖；3. 钝形；4. 截形；5. 具短尖；6. 具骤尖；7. 微缺的；8. 倒心形

⑤ 叶基　叶片基部为叶基，叶基的基本类型主要有以下 5 种（图 2-2）。

耳形：是叶基两侧的裂片钝圆，下垂如耳，如白英的叶。

箭形：是 2 裂片尖锐下指，如慈姑的叶。

戟形：是 2 裂片向两侧外指，如菠菜的叶。

匙形：是叶基向下逐渐狭长，如金盏菊的叶。

偏斜形：是叶基两侧不对称，如朴树的叶。

图 2-2 叶基的类型

1. 心形；2. 耳形；3. 箭形；4. 楔形；5. 戟形；6. 偏斜；7. 穿茎；8. 抱茎；
9. 合生穿茎；10. 截形；11. 渐尖

⑥ 叶缘　叶片的边缘叫叶缘，主要有以下 5 种类型（图 2-3）。

全缘：叶缘平整。

波状缘：叶缘稍显凸凹而呈波纹状，如胡颓子的叶。

皱缩状：叶缘波状曲折较波状更大，如羽衣甘蓝的叶。

齿状缘：齿状叶片边缘凹凸不齐，裂成细齿状。其中又有锯齿、牙齿、重锯齿、圆齿各种情况。锯齿是齿尖锐而齿尖朝向叶先端，锯齿细小的称细锯齿，细锯齿上又出现小锯齿的叫重锯齿；牙齿是齿尖直向外方，牙齿缘中齿基成圆钝形的称圆缺缘；圆齿是齿不尖锐而成钝圆。

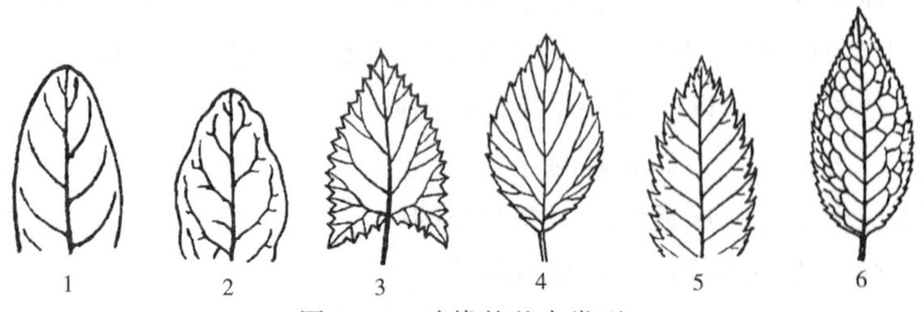

图 2-3 叶缘的基本类型

1. 全缘；2. 波状缘；3. 牙齿状；4. 锯齿；5. 重锯齿；6. 细锯齿

缺刻：叶片边缘凹凸不齐，凹入和凸出的程度较齿状缘大而深的称为缺刻或叶裂（图 2－4）。依缺刻的形式，有 2 种情况：羽状缺刻和掌状缺刻。依裂入的深浅，又有浅裂（缺刻最深达到叶片的 1/2）、深裂（缺刻超越 1/2）和全裂（缺刻可深达中脉或叶片基部）3 种情况。因此，羽状缺刻和掌状缺刻都可以根据缺刻深浅，再加划分。全裂叶有时与羽状复叶或掌状复叶相似，应仔细加以区分。

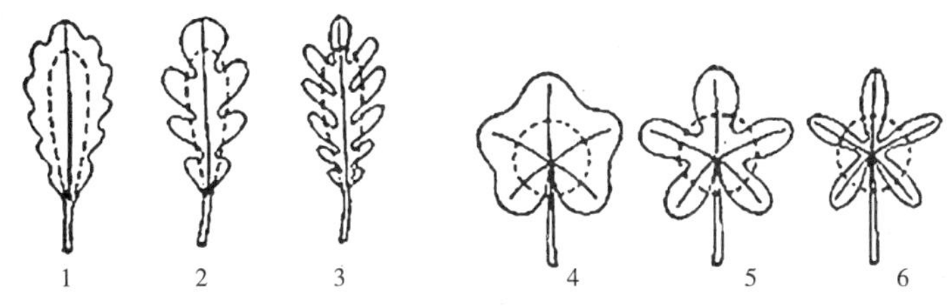

图 2－4　叶缺刻的类型

1. 羽状浅裂；2. 羽状深裂；3. 羽状全裂；4. 掌状浅裂；5. 掌状深裂；6. 掌状全裂

（图中虚线为叶片一半的界限）

6）变态的叶　野外常见变态叶主要有以下几种。

① 苞片和总苞　生在花下面的变态叶称为苞片，一般较小，绿色。苞片数多而聚生在花序外围的，称为总苞。

② 鳞叶　叶的功能特化或退化成鳞片状，称为鳞叶。鳞叶的存在有 2 种情况：一种是木本植物的鳞芽外的鳞叶（芽鳞），常呈褐色，具茸毛或有黏液，有保护芽的作用；另一种是地下茎上的鳞叶，有肉质的和膜质的 2 类。肉质鳞叶出现在鳞茎上，鳞叶肥厚多汁，含有丰富的养料。

③ 叶卷须　由叶的一部分变成卷须状，一般有攀缘作用。

④ 叶刺　由叶或叶的部分（如托叶）变成刺状，称为叶刺。

（4）花的形态特征

对花进行描述时，常从花序、花萼、花冠、雄蕊和雌蕊等进行描述。

1）花序　被子植物的花，有的是单独 1 朵生在茎枝顶上或叶腋部位，称单生花。大多数植物的花，密集或稀疏的按一定排列顺序，着生在特殊的总花柄上。花在总花柄上有规律的排列方式，称花序。花序主要可以分两类：无限花序和有限花序。

① 无限花序　也称总状类花序，花序的主轴在开花期间，可以继续生长，向上伸长，不断产生苞片和花芽，各花的开放顺序是花轴基部的花先开，然后向上方顺序推进，依次开放。无限花序又可以分成以下几种类型。

总状花序：多数具柄的两性花排列在 1 个细长不分枝的花序轴上，小花花柄等长。

伞房花序：在 1 个总的花序轴上，排列着许多花柄极不相等的花，越靠下的花柄越长，致使整个花序的顶部近 1 个平面，也称平顶总状花序。

伞形花序：由许多花柄近相等的花集生于花序轴的顶端。

穗状花序：与总状花序类似，但小花无柄。

柔荑花序：多数无柄或具有短柄的单性花排列在 1 个不分枝的柔软下垂的花序轴上，

花被有或无，落时整个花序一起脱落。但有些种类花序轴未必下垂，如柳。

肉穗花序：近似穗状花序，其不同点是花序轴肉质膨大。

头状花序：花序轴极度缩短而膨大，扁形，铺展，各苞叶常集成总苞。多数无柄花着生在花序轴顶端，或着生在扁平的总花托上，开花顺序一般是由外向内。

隐头花序：花序轴特别肥大而凹陷成囊状，花着生在囊状体的内壁。通常雄花着生在内壁的上部，雌花着生在内壁的下部。雄花和雌花以及虫瘿花完全隐藏在膨大的花序轴内，故叫隐头花序。

以上花序可以构成复合花序，如：复总状花序（圆锥花序）、复穗状花序、复伞形花序、复头状花序等。

② 有限花序　有限花序也称聚伞类花序，它的特点和无限花序相反，花轴顶端由于顶花先开放，而限制了花轴的继续生长。各花的开放顺序是由上而下，或由内而外。有限花序可分为以下几种类型。

单歧聚伞花序：主轴顶端先生1朵花，然后在顶花的下面主轴的一侧形成一侧枝，同样在枝端生花，侧枝上又可分枝着生花朵如前，所以整个花序是1个合轴分枝。

二歧聚伞花序：也称歧伞花序。顶花下的主轴向着两侧各分生1枝，枝的顶端生花，每枝再在两侧分枝。

多歧聚伞花序：主轴顶端发育1朵花后，顶花下的主轴上又分出3数以上的分枝，各分枝又自成一小聚伞花序。

2）花冠的类型　由于花瓣的离合、花冠筒的长短、花冠裂片的形状和深浅等不同，就形成了各种类型的花冠，常见的有以下几种（图2－5）。

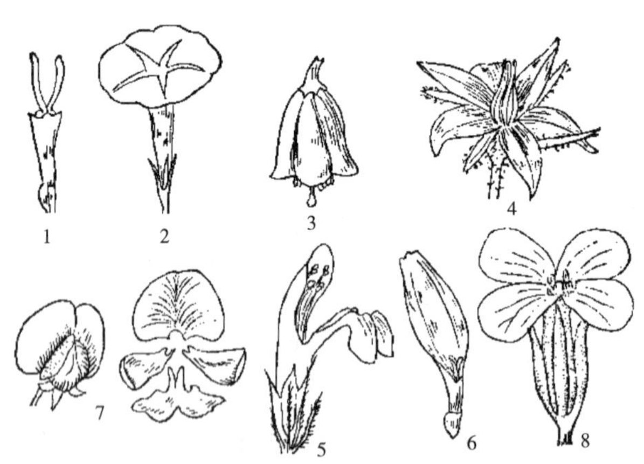

图2－5　花冠类型

1. 筒状；2. 漏斗状；3. 钟状；4. 轮状；5. 唇形；6. 舌状；7. 蝶形；8. 十字形

① 离瓣花冠　1朵花中的花瓣彼此完全分离，这种花叫离瓣花。主要有蔷薇形花冠、十字形花冠、蝶形花冠等。

② 合瓣花冠　1朵花中的花瓣，基部互相连合或全部连合，这种花叫合瓣花。连合的部分叫花冠筒，分离的部分叫花冠裂片。常见的有漏斗状花冠、钟状花冠、唇形花冠、

筒状花冠和舌状花冠。

3）花冠在花芽中的排列方式 花瓣与萼片或其裂片在花芽中的排列方式，因植物种类而异，常见的有以下几种（图2-6）。

① 镊合状 各片边缘彼此接触，但不覆盖，如番茄。

② 旋转状 每片的边缘覆盖着相邻1片的边缘，而另一边又被另一相邻片的边缘所覆盖，即各片顺次覆盖，如棉花。

③ 覆瓦状 和旋转状相似，只是各片中有1片或2片完全在外，另一片完全在内，如油菜。

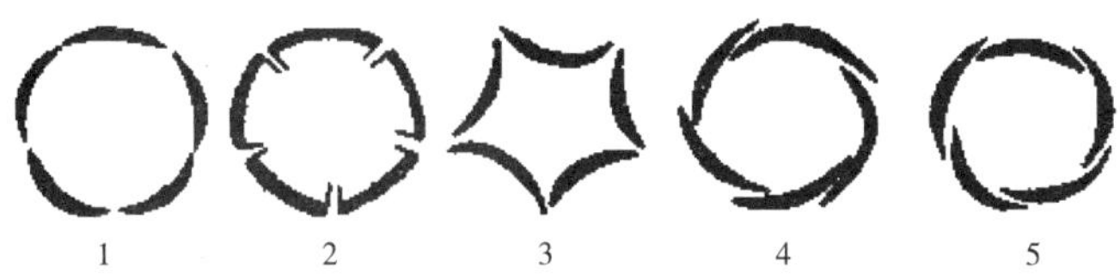

图2-6 花瓣的排列

1、2、3. 镊合状；4. 旋转状；5. 覆瓦状

4）雄蕊的类型 雄蕊由花丝和花药两部分组成。花药通常具有2～4个花粉囊，囊内产生大量的花粉粒。根据雄蕊离合情况，有以下2种基本类型。

① 离生雄蕊 花中全部雄蕊各自分离，包括二强雄蕊、四强雄蕊等。

② 合生雄蕊 花中雄蕊形成不同程度的连合，包括单体雄蕊、二体雄蕊、多体雄蕊和聚药雄蕊等。

5）雌蕊的类型 1朵花中所有的雌蕊称为雌蕊群，位于花的中心部分，但大多植物的雌蕊并不成“群”。雌蕊由子房、花柱、柱头三部分组成。

雌蕊是由心皮构成的，根据组成雌蕊的心皮的数目可分为：

① 单雌蕊 1朵花中只有1个心皮构成的雌蕊，如桃。

② 离生单雌蕊 1朵花内多数离生心皮构成的雌蕊，如木兰。

③ 复雌蕊 由2个以上心皮彼此联合构成的雌蕊，又称合生心皮雌蕊。组成雌蕊的心皮数往往可由柱头或花柱分裂的数目、子房上主脉的数目以及子房室数来判断。

6）子房的位置 子房着生于花托上，花托的形式不同，使子房的位置发生变化，常见有下列几种。

① 子房上位 花托扁平或突起，仅子房底部与花托相连，花萼、花冠和雄蕊均着生于子房下方的花托上，这种花称下位花，如百合。若花托下凹，略呈杯状，子房着生于杯状花托的中央，但不与花托愈合，花萼、花冠和雄蕊着生于杯状花托边缘，亦称子房上位，这种花称周位花，如桃。

② 子房下位 子房全部生于凹陷的花托内，并与花托完全愈合，花萼、花冠、雄蕊生于子房上方的花托边缘，这种花称上位花，如梨。

③ 子房半下位 子房下半部与凹陷花托愈合，上半部外露，花萼、花冠和雄蕊着生于花托的边缘，这种花也称周位花，如桔梗。

（5）果实的类型

果实可以从不同的方面加以划分，因此同一种果实可能有不同的类型名称，如苹果可以称为假果、肉果和单果。下面将常见果实的一般识别要点列入下面检索表，以供实习中使用。

附 2：常见果实检索表

1. 1 朵花形成 1 个果实或 1 个花托上聚集多个果实 …………………………………… (2)
   多花聚合形成 1 个果实 …………………………………………………………… 聚花果
2. 1 个花托之上只有 1 个果实 ……………………………………………………… 单果（3）
   1 个花托上聚集多个果实 ………………………………………………………… 聚合果
3. 成熟后果皮肉质 …………………………………………………………………… 肉果（4）
   成熟后果皮干燥 …………………………………………………………………… 干果（7）
4. 果实只具 1 枚种子，内果皮石质……………………………………………… 核果（真果）
   果实具多枚种子…………………………………………………………………………（5）
5. 下位子房发育形成，内果皮木质化…………………………………………… 梨果（假果）
   下位或上位子房发育形成，内果皮肉质 ………………………………………… 浆果（6）
6. 上位子房发育形成，外果皮革质，中果皮髓状，内果皮膜质………………… 柑果（真果）
   下位子房发育形成，外果皮质硬或薄，中果皮、内果皮肉质………………… 瓠果（假果）
7. 成熟时果实一般开裂 ……………………………………………………………… 裂果（8）
   成熟时果实不开裂…………………………………………………………………… 闭果（11）
8. 单心皮果实……………………………………………………………………………（9）
   多心皮果实 ……………………………………………………………………………（10）
9. 成熟后两面开裂或少数不开裂，多单独成果 ……………………………………… 荚果
   成熟后单面开裂，多不单独成果 …………………………………………………… 蓇葖果
10. 2 心皮单室，但具假隔膜形成的假 2 室 ………………………………………… 角果
    2 到多心皮，单室或多室，一般无假隔膜 ………………………………………… 蒴果
11. 果皮延伸成翅状……………………………………………………………………… 翅果
    果皮无翅状延伸……………………………………………………………………（12）
12. 合生心皮发育而成，成熟后心皮各自分离 …………………………… 分果（含双悬果）
    单或多心皮发育而成，多心皮者成熟后心皮不分离．……………………………（13）
13. 果皮与种子极易分离………………………………………………………………（14）
    果皮与种子不如上述者易分离……………………………………………………（15）
14. 果皮坚硬……………………………………………………………………………… 瘦果
    果皮松软囊状………………………………………………………………………… 胞果
15. 果皮革质……………………………………………………………………………… 颖果
    果皮坚硬木质 ………………………………………………………………………… 坚果

有必要指出的是，花序和果实的类型在自然界中常常是很复杂的，有时很难确切地定义，有时还会出现一些过渡类型，应该具体情况作具体分析，不可生搬硬套。

二、植物标本的采集、制作与保存

1. 记录和采集工具

在野外记录标本信息的有植物标签和植物标本野外记录签（格式见下）。植物标签（号签）用硬纸作成，约 3cm×4cm，用于挂在每个标本之上，有采集者人名或队名，一端穿孔、穿线，写上采集号后，系在标本上（图 2－7）。野外记录签记录野外采集时植物的产地、生境和特征等，大小约 10cm×7cm（图 2－8）。植物标本野外记录签事先印好并装订成小本，用于记载植物各部分的应记事项。

野外采集所需器具见本书第一章第二节。

○

植物标签

采集号________

采集地________

海　拔________

日　期________

采集人________

图 2－7　野外标签格式

植物标本野外记录签

采集号________　采集数________　标本号________

采集人____________________________日期________

采集地____

GPS 点____

海拔______m　坡向______　坡度______　坡位______

地形__________　地质__________　土壤__________

小生境____

习性________　高度__________m　胸径__________cm

汁液______________　特殊气味____________________

老树皮________________________　叶______________

花____________________　果______________________

当地用途______________________________________

俗名__________________　科名____________________

学名____

图 2－8　野外记录签格式

2. 植物标本的采集

（1）制订标本采集计划　每种植物都有自己的生长发育规律（物候规律），在采集标本前，应该根据有关的资料，弄清具体植物的物候规律，才可能得到各类不同时期的标本。每种植物也都有自己的分布规律。在不同的环境里，生长着不同的植物。在低山和平原，由于环境比较简单，植物的多样性简单。随着海拔高度的增加，地形变化的复杂，植物的种类也就比平原要丰富得多。因此，在采集植物标本时，必须根据采集的目的和要求，确定采集的时间和地点，这样才可能采到需要的和不同类群的植物标本。

（2）采集标本的注意事项　注意事项有：

① 标本大小掌握在长 40cm、宽 25cm 范围内，一式几份（数量视需要而定），稍加修整并挂上号牌。

② 标本必须完整。除采集植物的营养器官外，还必须有花或果。因为花、果是鉴别

植物的重要依据，如伞形科、十字花科、禾本科等，如没有花、果，是无法鉴定的。

③ 对具有地下茎（如鳞茎、块茎、根状茎等）的植物，如百合科、石蒜科、姜科、天南星科等，应特别注意采集其地下部分。

④ 竹类标本要有几片秆箨（笋壳）、一段有分枝的竹竿、地下茎、枝叶，分别标上同号标签，注意保护好箨片。

⑤ 雌、雄异株的植物，应分别采集雌株和雄株，以便研究、鉴定。

⑥ 采集草本植物，应采带根的全草；如基生叶和茎生叶不同时，要注意采基生叶。高大的草本植物，采下后可折成“V”或“N”字形，然后再压入标本夹内。也可选有代表性的剪成上、中、下三段，分别压在标本夹内，但要注意编同一的采集号。

⑦ 乔木、灌木或特别高大的草本植物，只能采集其植物体的一部分。采集的标本应尽量能代表该植物的一般情况。最好同时拍一张该植物的全形照片，以补标本的不足。

⑧ 水生草本植物，提出水面后，很容易缠成一团，不易分开，如金鱼藻、水毛茛、狸藻等。遇此情况，可用硬纸板从水中将其托出，连同纸板一起压入标本夹内。这样，就可保持形态特征的完整性。

⑨ 有些植物，幼叶和老叶的叶形或毛被常常不同。这时，两者都要采。对一些先花后叶的植物，可以先采花枝标本，以后再在同株上补采枝叶和果实标本。很多木本植物树皮的颜色和剥裂情况是鉴定的依据，可以剥取一块树皮附在标本上。如果同一植物的枝条（或叶）外形有 2 种类型，如柘树有没刺的和有刺的，因此 2 类枝条（或叶）都应采。

⑩ 藤本植物的标本，应该能够充分表示出藤本植物的特征，如具有卷须等。

⑪ 寄生植物的标本，应连同寄主一起采下，并要分别注明寄生或附生植物及寄主植物的特征。

⑫ 采集标本的份数，一般同一植物要采 3～5 份，给以同一编号，每份标本上都要系上标签。标本除自己保存外，对一些疑难的种类，可将其中同号的一份送研究机关，请代为鉴定。若遇稀少和奇异的，或有重要经济价值的植物，还须多采。

⑬ 蕨类植物的标本，应该具有孢子叶和根茎，不然就不容易鉴定种类。如果植株太大，可以采叶片的一部分（但要带尖端、中脉和一侧的一段）、叶柄基部和部分根茎，编同号标签。同时认真记下植物的实际高度、阔度、裂片数目及叶柄的长度。

⑭ 苔藓植物的标本，要力求采到生有孢子囊的植株。如果有长在地面上的匍匐主茎，也一定要采。附生在树干、树枝上的，要连树枝树皮一起采下。苔藓植物有的单生，有的几种混生。此时，应分别采集，分别编号，尽力做到每一种做成一份标本。孢子囊没有成熟的、精器卵器没有长成的也要适量采一些，可以研究形态发育过程。标本采好以后，要分别用纸包好，放在软纸匣里，不要夹，不要压，保持它们的自然状态。

⑮ 采集标本时要注意保护资源，尤其是要保护好珍稀植物资源。标本不要采集得过大，数量不要采得过多，过大和过多的标本在标本压制时会造成浪费。不要将整株植物连根拔起（个体数量很多的草本植物除外），不要采集太小的幼苗；采集小树的标本时，采侧枝而不采主枝。

（3）野外记录　一份没有记录的标本，即使花果俱在，也是没有保存和研究的价值，所以采标本时一定要认真填好采集记录。

植物的产地、生境、性状、花色和采集日期等，对标本的鉴定和研究有很大的帮助。尤其是对采集后不易保持或易于混淆的特征，如花色、乳汁、藤本、特殊气味等，在野外采集标本时，应尽可能随采随记录，以免过后忘记或弄错等。每天回来后，应将野外记录笺上的记录，如实地抄在固定的记录本上，长期保存。

此外，在野外工作中，对有关人员的调查访问，也是很重要的，如对植物的土名、利用情况和有毒植物的调查。对这些调查资料也应该认真记录和整理。

（4）采集编号　每个人名或每个队名的采集号和每年或每次的采集号，必须按顺序编写。每个人或每个队，切不可有重号或空号。在同时同地所采集同种植物，应编为同一号数。每一号标本的份数，应根据需要而定，但最少应采集3～5份，以备应用或交换用。若遇稀少或奇异的及有重大经济用途的植物，还可多采，在每份标本上都要挂同一号的号牌。号牌必须紧系标本的中间部位，以防脱落或损坏标本。切忌挂错号牌或将不同种的植物编为同号。同一种植物，在不同的地区、不同的环境、不同的季节采集的，应另编一号。

雌雄异株的植物，应分别编号，并应注明两号的关系。

采集样方标本时，除填写各种表格外，应先将样方编号。每一号样方内的标本，再按顺序编号，但在号牌上必须注明某号样方的某号标本。例如：1号样方，第1号、第2号；2号样方，第1号、第2号。

采集经济植物的分析样品时，在样品内，必须挂上与样品同种的蜡叶标本相同的号牌，以便识别和鉴定学名之用，不要另编样品号。

采集种子时，必须同时采集蜡叶标本2份，以备鉴定学名之用。种子内亦应有与标本同号的号牌，并作好野外记录。根据种子的类别，采取各种方法，把种子干燥处理后收起。其方法有水洗法、风干法、晒干法等。

3. 植物标本的压制和整理方法

采集标本时，最好在野外及时进行标本的压制。这样做至少有两个好处：其一，可以准确地记录下该标本的生境、海拔及习性等重要内容；其二，可以避免标本失水起皱、变色（变黑），而难于压制。一些幼嫩、柔弱的草本植物，如凤仙花科、部分荨麻科、部分伞形科、部分蕨类植物等非常容易失水，采集后如不及时压制，就很难得到形态和颜色都完好的标本。

野外采集标本数量多时或者要赶时间、赶路时，常常难以做到标本的立即压制，这时要将采集的每个标本系上标签，并作好必要的记录，如海拔、生境、习性、花色、有无乳汁等一些过后容易忘记或容易混淆的内容。对采集后必须立即压制的幼嫩、柔弱的标本，如果在野外实在来不及压制，可以事先专门准备一本纸面粗糙的废杂志，临时夹起来，以保证标本的形态和颜色的完好，同时也要做好必要的记录，到晚上正式压标本时再进行正规的压制。

对在野外采集时就已经压制的标本，当天晚上应该用干纸更换一次；对在野外没有进行及时压制的标本，当天晚上应该用干纸尽快压制。

第一次压制标本时，要同时对标本进行初步整理，即通过修剪使标本大小合适，去除多余的枝叶，修枝剪叶时注意尽量保留花和果实。

第一次换纸（翻标本）时，要同时对标本进行进一步的整理。这次整理最为重要。标本在标本夹内压了一段时间后，基本被压软了，此时最容易整理，如果等标本干时再整理就容易折断标本。整理时，要注意去除多余的枝叶，不使叶片重叠，褶皱的叶子、花瓣要拉开，叶子要正面和反面的都有，以便今后观察叶的正面和反面上特征；落下来的花果和叶要用纸袋装起来，与同号标本放在一起，并编上相同的号码。标本中间隔的纸多一些，可压得平整，而且干得也快。前 3 天每天应换两次干纸，后两天每天换 1 次干纸；直至标本完全干燥为止。

在换纸或压标本时，植物的根部或粗大的部分要经常调换位置，不可集中在一端，致使高低不均，同时要注意尽量把标本向四周放，绝不能都集中在中央，否则也会使中央突起很高，标本压不好。在压标本或换纸时，各标本要力争按编号顺序排列，换完一夹，应在夹上注明由几号到几号的标本，以及采集的日期和地点，这样做既有利于将来查找，又可以及时发现在换纸过程中丢失的标本。

换下的来每一张标本纸都应该翻过来背面朝上放置，这样可以及时发现有无标本黏附在换下来的标本纸上，而不至于丢失标本。

换纸时还应注意，一定要换干燥而无皱褶的纸。纸不干吸水力就差，有皱褶会影响标本的平整。可以将体积较小的标本数份压在一起（同一号的），但不能把不同种类（不同号）放在一张纸上，以免混乱。

一些肉质植物，如景天科、苦苣苔科、天南星科、兰科等的一些植物，其标本特别不易压制干燥。在压制时，须先放入沸水中煮 3～5min，然后再照一般的方法压制，这样处理可以防止落叶。

换纸时最好把含水多的植物分开压，并增加换纸的次数。

4. 蜡叶标本的制作

(1) 消毒　用草纸压制干燥后的标本称为蜡叶标本。蜡叶标本在上台纸前应进行消毒。消毒的方法是把标本放进消毒室和消毒箱内，将敌敌畏或四氯化碳、二硫化碳混合液等置于玻璃器皿内，利用气熏杀标本上的虫子或虫卵，约 3d 后即可取出上台纸。也可以将标本放入－20℃以下的冰柜中进行低温杀菌，但是需要 1 周以上的时间。后者没有污染，比较环保和安全。

(2) 上台纸　所谓台纸，就是白色的纸板（8 开白板纸或卡片纸），尺寸约 39cm×27cm。上台纸，就是平整地将台纸放在桌面上，然后把消毒好的标本放在台纸上，摆好位置，右下角和左上角都要留出贴定名笺和野外记录笺的位置。这时，便可用小刀沿标本各部的适当位置上切出数个小纵口，再用具有韧性的白纸条，由纵口穿入，从背面拉紧，并用胶水在背面贴牢。这种上台纸的方法，既美观又牢固，比在正面贴的方法要好得多。上台纸时最好不用糨糊，因为糨糊容易生虫，损坏标本。

对体积过小的标本，如浮萍，不便用纸条固定时，可将标本放在一个折叠的纸袋内，

再把纸袋贴在台纸的中央，这样在观察时可随时打开纸袋。

5. 合格的植物标本

采集标本是植物学实习的最基本的内容和过程。一份记录完整的标本包含着一个物种的大量信息，诸如形态特征、地理分布、生态环境、物候期、当地的俗名和当地的利用情况等。这些信息是进行植物研究和利用的第一手资料和依据。一份合格的标本应该具备以下几个条件：① 有花和（或）果，或含有重要形态鉴别特征，例如竹类标本要有几片箨叶、一段有分枝的竹竿，寄生植物还要有寄主，等等。② 标本上挂有号牌，号牌上写有采集人和采集号，据此可以查到采集记录。③ 附有一份填写清楚而详尽的采集记录，包括采集日期、地点、海拔、生境、性状等各项都要填写清楚。采集地点要填写详细，不能只填××县或××山，要填到具体的小地名，有条件的话，可以采用GPS定位，要让他人据此可以再次采到该种标本。对标本本身难以反映的植株高度、质地、花果色泽等性状，尤其需要填写清楚。

6. 植物的鉴定

所谓“植物的鉴定”，简单地说就是依据植物的特征，利用必要的文献资料，正确地确定植物的种类，并用正确的植物拉丁名将其表示出来。为了保证鉴定的正确，一定要防止先入为主，主观臆测和倒查的倾向，要遵照以下几点去做。

（1）标本要完整，除营养体外，要有花有果。特别对花的各部分特征一定要看清楚。

（2）利用检索表鉴定时，要根据观察到的特征，从头按次序逐项往下查。在看相对的二项特征时，要看到底哪一项符合你要鉴定的植物特征，要顺着符合的一项查下去，直到查出为止，不允许跳过一项而去查另一项，因为这样特别容易发生错误。

（3）检索表的结构是以两个相对的特征编写的，而两项号码是相同的，排列的位置也是相对称的，故每查一项，必须另一项也要对照，然后再根据植物的特征确定符合哪一项。假若只看一项就加以肯定，极易发生错误。

（4）为了证明鉴定的结果是否正确，还应找有关专著或资料进行核对，看是否完全符合该科、该属、该种的特征，植物标本上的形态特征是否和书上的图、文一致。如果全部符合，证明鉴定的结论是正确的；否则还需再加以研究，直至完全正确为止。

（5）充分利用植物名录或其他地区植物专著。名录是某地植物名称的罗列，有利于帮助读者快速鉴定植物。例如有的科属在实习地区仅一两种，鉴定这样的植物就不必查阅编有全部种类的大型工具书，一般就是名录中的那几种，这就节省了大量的时间。安徽省的大多自然保护区和风景名胜区都有类似的名录或专著，如《鹞落坪国家级自然保护区植物名录》、《天堂寨国家级自然保护区植物名录》、《黄山植物》等。

（6）利用植物鉴定的主要工具书。与植物分类学有关的工具书十分丰富，是进行标本鉴定和进行植物分类学研究中必不可少的工具，主要使用的工具书有以下几种：

①《中国高等植物图鉴》（1～5册，及补编Ⅰ、Ⅱ，1971年出版） 按恩格勒系统编排，收载植物1万余种，附图9082幅。第一册包括苔藓、蕨类、裸子植物和部分双子叶植物的离瓣类；第二册是双子叶植物的离瓣类；第三册、第四册是双子叶植物的合瓣花类；第五册是单子叶植物；补编第Ⅰ册、第Ⅱ册分别补充第一册、第二册的不足。

②《中国高等植物科属检索表》(1979 年出版)　按恩格勒系统编排，可以检索出我国高等植物的科和属。

③《中国植物志》　按恩格勒系统编排，是目前世界上最大型、种类最丰富的一部科学巨著。全书 80 卷 126 册，5000 多万字，共记载 301 科 3408 属 31142 种。

另外，我国的地方植物志或专类植物志也先后出版或部分出版，主要的有《中国经济植物志》、《安徽植物志》、《湖南植物志》、《湖北植物志》、《秦岭植物志》、《江苏植物志》、《河南植物志》和《上海植物志》等。

7. 腊叶标本的保存

凡经上台纸和装入纸袋的植物标本，都应放进标本柜中保存。

标本柜的规格以铁制的最好，可以防火，但价格贵，也可以用木制标本柜。通常采用两节四门的标本柜，柜分上下两节，这样搬运起来方便。每节的大小约为高 80cm、宽 75cm、深 50cm。每节分成两大格，每格再以活板隔成几格，上节的底部左右各装活动板一块，用时可以拉出，供临时放置标本用，每格内可放樟脑防虫剂，以防虫蛀。

蜡叶标本在标本柜内的排列方式，应根据不同情况、不同需要以及标本的多少，采取不同的方式。

(1) 按分类系统排列　各科的排列顺序可按较为完善的植物分类系统，如恩格勒系统、哈钦松系统等排列，一般较大的标本室都是这样，这样整理和查找起来比较方便。可以将各科给以特定的顺序号(系统科号)，如哈钦松系统中，蔷薇科为 143 号、菊科 238 号、禾本科为 326 号等。只要是哈钦松系统，这些科号在世界各地的植物标本室和工具书中都是一致的，非常统一和规范，便于自己和他人使用。

(2) 按地区排列　把同一地区采来的标本放在一起，这样在研究地区植物时比较方便。

(3) 按标本的拉丁字母的顺序排列　即科、种的顺序全按拉丁文的字母顺序来排列，这种排列方式，对于熟悉科、属、种的拉丁学名的人，查找标本极为方便。也有在标本不太多的情况下，采用中文笔画的顺序排列，这对不熟悉拉丁学名的人较为方便。

三、植物分类检索表的编制与使用

1. 检索表的作用和种类

植物分类检索表是用来鉴定植物种类或所属类群的主要工具，全国植物志、地方植物志及其他植物分类专著中都列有检索表，应用检索表能迅速而准确地鉴定欲知植物所属的门、纲、目、科、属、种。以检索后所能达到的分类等级，将检索表分为分门检索表、分纲检索表、分目检索表、分科检索表、分属检索表和分种检索表。以门为基本单位，用来查对门的检索表叫分门检索表；以纲为基本单位，用来查对纲的检索表叫分纲检索表；以目为基本单位，用来查对目的检索表叫分目检索表；以科为基本单位，用来查对科的检索表叫分科检索表；以属为基本单位，用来查对属的检索表叫分属检索表；以种为基本单位，用来查对植物种类名称的检索表叫分种检索表。其中常用的主要是分科、分属和分种检索表。

根据检索表编写的形式不同，又可分为定距检索表和平行检索表两种。

（1）定距检索表（内缩式检索表或锯式检索表） 将植物的某一特征用一编码写在书页左边一定距离处，与之对立的特征则间隔一定距离用同一编码也写在书页左边同等距离处，从属项逐级向后缩格，如此继续向下级描述，距离书页左边越来越远（描写行越来越短），直至描写到能够查出该植物所属为止。这种检索表条理性较强，主从关系一目了然，简便好用，不易出错，即使出错也便于检查错在何处，为目前最常用的一种形式。但也有它的缺点，其缺点是当检索表很长时，两组相对立的特征可能相距很远，一方面给编码的准确对位造成困难，另一方面给使用检索表者带来不便。定距检索表的例子见“附1：安徽省常见地衣属的检索表”和“附4：安徽省常见种子植物分科检索表”。

（2）平行检索表（齐头检索表或并列检索表） 将每对显著对立的植物特征紧紧并列，在其前写上同样的编码，在每行之后写明已查到的植物名称或需进一步检索的编码。若为一编码，则此编码必将重新写入另一平行行以描述另一对对立的特征，如此反复描述，直至达到某一类群或某一种植物为止。这种形式虽对比鲜明，节省篇幅，但使主从关系被对比项隔开，同时又要兼顾两边号码之间的关系，容易混淆和出错，也不便于检查错误始于何处。因此，目前这种形式的检索表已很少使用。平行检索表的例子见“附2：常见果实检索表”和“附3：安徽省常见蕨类植物分科检索表”。

2. 检索表的编制原则和编制方法

编制植物分类检索表的原则很简单，就是二歧原则（两分法），即用非此即彼两相比较的方法区别不同类群或不同种类的植物。1778年，法国生物学家拉马克在《法国植物志》首次应用了这种分类方法。此后，各国植物分类学家相继效仿，并不断改进，逐渐形成了现在的编制和使用的方法。

编制植物分类检索表时，应先把植物的主要鉴别特征挑选出来，按二歧原则，用两个相对立的特征把植物分为两大组，每组中再用两个相对立的特征将其分为两小组，就这样严格按照二歧原则逐级分下去，直至分出所应包含的全部植物为止。

编写检索表时应注意下列各项：

（1）检索表中应包括所要鉴别的全部植物类群，要列出各类群的比较表。

（2）选择的检索特征应是对立的相反特征，尽量选取肉眼可见的稳定性状，要避免选用仅在野外或仅在标本上能看到的性状。

（3）每一项检索特征必须是2行并列，而不能是3行、4行并列。

（4）每一项的每一行一般要用2条以上的特征。

（5）描述某一特征时，应将被描述植物的某一部分写在前面，如“叶对生”不能写成“对生叶”，“花蓝色”不能写成“蓝色花”。

（6）特征描述要准确。相对立的特征不能仅用“大”、“小”或“高”、“低”或“较长”、“较短”等一类文字来说明，而应用具体数字来表示，且对应（对立）的数量特征之间应有明显的间断区域，否则不易采用。如：有一行为“叶长3～5cm，”而另一行为“叶长4～7cm”，这样二者之间就有一交叉区域，难以区分。

3. 检索表的使用方法及应注意的事项

植物分类检索表的使用和编制是两个相反的过程。在使用检索表检索鉴定植物时，检索者应具备一定的植物形态学知识，还需要有几份较完整的标本。先将植物的形态特征与检索表中的第一项相对性状比较，即与编码是“1”的性状比较，确定相对性状中的1条，在此条范围内继续向下追查，直到查出该植物所对应的分类类群或植物名称为止。即从第一项起逐项查对，检索表中的每一项均有两行显著对立的特征，如果被检索植物符合头一行而不符合第2行，则在头一行下继续往下追查，如果符合第2行而不符合头一行，则在第2行下追查，直至查出结果。再根据结果去查阅有关此种植物的详细文字记载，看所有特征是否相符。使用检索表鉴定植物是否顺利和准确，客观上取决于标本的质量和数量，解剖器材和参考书及所用检索表编写的水平；主观上受限于使用者对于植物形态名词术语理解的准确性、观察事物的能力、工作态度和方法等。因此，必须注意以下几点：

(1) 用以检索的植物标本必须是比较完善而具有代表性的。木本植物除茎、叶外，还必须有花和果实，甚至树皮；草本植物应有根、茎、叶、花和果实。还应附有野外采集原始记录。但各种植物有其自身的生物学特性，茎、叶、花、果要同时在一份标本上得到是不容易的。即使有这样一份标本也不能完全以点带面作为种群全部特征，因此，应多准备几份标本，以便相互补充。

(2) 必须备有必要的解剖用具，如放大镜、镊子、解剖针、刀片、尺子和参考书(如《中国植物志》、《中国高等植物图鉴》或地方植物志)。

(3) 尽量选择一个二歧对立性状比较鲜明的检索表查阅。如用交叉性状比较多的检索表会使人难以适从，即使是经验很丰富的专家遇到一种不认识的植物，使用不好用的检索表也难免会出错。

(4) 使用检索表的人必须熟悉植物形态名词术语的含义，并有一丝不苟的耐心细致解剖观察的工作态度，否则就会使人误入歧途。“差之毫厘，误之千里”，自然查不下去或得到的结果与图鉴、植物志等书籍记载不相符合，因此就得停下来检查错误何在。如果主客观条件都没有出现可疑，反复查阅也得不出结果，便可寄请有关专家鉴定或可质疑此物是否属于尚未记载过的新种乃至新属，若是如此，须查阅有关的中外文献资料和标本，作出最后的结论。所以反复查阅检索表鉴定一种植物多日还得不出结果是常有的事，不足为怪，要有这种百折不挠的求实精神。

(5) 检索表中每项相对的两行一般为一对显著对立的特征，但检索时，两行均应查对，搞清被检索植物是否的确符合其一而不符合其二。

(6) 对于尚不知属于何种类群的植物，要按照分类阶层由大到小的顺序检索，即先检索植物分门检索表，依次再查分纲、分科、分属和分种检索表。由于多数植物学工作者都能凭掌握的植物学知识和经验判断出植物所属的门和纲，因此，植物分类中最常用的检索表是分科、分属和分种检索表。另外，检索表所选取的特征是综合归纳一个类群，所以条文中的特征只要在相对立的两支中核对主要的或大部分相符即可，并非字字句句完全相符。再者检索表不是万能的，所得结果必须受工具书的检验。

(7) 要明白检索表的编写是人为的。在表中植物类群的出现顺序丝毫不反映各类群之间的亲疏关系，它是取决于编制者选取特征的先后或排列组合。亲疏关系是以相似性状多少而定，检索表是以对立性状排列。

四、植物种类识别与鉴定的技巧

在实习中，指导教师边走边教，一个上午可以讲解 50～70 种植物，学生接触的植物会很多，那么，如何才能让学生尽快记住这些植物呢？以下是一些有用的方法和经验。

1. 充分发挥各种感官的作用——摸、闻、尝、看

野外实习时，在短短的时间内会接触到大量的植物种类。要想认识它们，就应该充分发挥各种感官的作用，比如伸手去摸一摸，体会一下叶片的厚薄、叶面粗糙光滑状况、刺的硬度和牢度；用鼻子去闻一闻它是香的、臭的，还是有其他异味的；用嘴稍稍咀嚼，尝一尝它的味道，再仔细观察它与类似的植物有什么不同。通过这些感觉活动，即使当时叫不出这种植物的名称，实际上已经了解、认识它了，以后只要配上名称就可以了。来自山区的同学认识植物的能力通常较强，就是因为他们从小对植物就有摸、闻、尝、看的经历，具有比较丰富的感性认识的缘故。

野外实习时，认识植物最不好的的方法是课堂搬家式的记笔记，即老师讲一点，自己就忙着在笔记上记一点，只用眼睛远远地瞄一下，对要认识的植物不做仔细的观察，也不动手采集，放弃了摸、闻、尝、看等感觉实践机会。回到住地后，虽然笔记是整齐的，但头脑里一团乱草碎叶。事实上，记下的笔记只有与实践一一对应地贮存在脑中，才是有价值的。所以识别植物一定要充分发挥各种感觉器官的作用。

2. 恰当的组织与分工

学生要以组为单位进行活动。每个成员都要用心听讲，仔细观察，并在此基础上作适当分工：有的着重于记，有的着重于采，有的负责挂牌。回到住地后，以小组为单位交流各人的收获，取长补短，求得全面的知识，第二天小组成员互换分工。这样做，每个学生都可得到全面的锻炼。

学生对教师讲解过的植物，要随手采一枝，握在手中（或放在塑料袋中），利用实习中片刻的空隙（如休息时或行进途中）迫使自己反复认识、记忆，并随时把已确认的植物丢掉，保留尚不熟悉的植物，同时再采集教师讲解的新的植物枝条。这样，就会很快丢掉自己认识的，留下较难认记的。愈难认的植物在手中保留时间愈长，刺激自己感官的次数愈多，半天之中对难认的植物等于反复认了好几遍，肯定要比回去后打开一大包标本再从头认起效果好。用圆珠笔在叶片上记名称与编号，便于认识和记忆，避免张冠李戴，这个方法也是可取的。

通常，同学们对植物的“第一次见面”（即第一印象）特别重要。所以应该把第一次见到某植物时的采集地点和主要特征努力记住，千万不能存有这种想法：反正回去还要复习，现在开小差，欣赏欣赏风景也无妨。因此，实习中要全神贯注，及时无误地捕捉教师传出的每一个重要信息。

3. 植物的观察

植物的分类及其鉴定是以形态特征为主要依据。因而，必须对每种植物加以认真地

观察，然后运用已学过的形态术语加以描述。植物的观察，应当按照习性、根、茎、叶、花、果、种子的程序进行。先用眼睛观察，然后再用放大镜。从花柄、花萼、花瓣和雄蕊，直到柱头的顶部，一步一步地完成。在花没有被切开以前，应当尽可能详细记录不用放大镜就能看到的特征。进一步观察花药的开裂、卷叠和胎座等特征，则必须借助放大镜进行。接着，至少应切开 2 朵花，一朵横切，另一朵纵切，前者用来观察胎座和画花图式，后者用于观察子房是上位还是下位。必要时绘制花的纵剖图，图的各部分都应当标以名称。

植物演化过程中，花的某些部分有简化的趋势，并不服从于花基数，如十字花科的雄蕊理论上有 2 轮，共 8 枚，但实际只有 6 枚（四强雄蕊），雌蕊的心皮数目简化更甚。

现将判断 1 朵花雌蕊心皮数目的简单方法归纳如下：

（1）检查花柱　花柱的数目通常与心皮的数目一致。仅有 1 个花柱时，该雌蕊可能是由 1 个心皮或 1 个以上的心皮组成，要进一步通过检查柱头来解决。

（2）检查柱头　柱头的数目通常与心皮的数目一致。如果只有 1 个柱头，该雌蕊可能是由 1 个或更多的心皮所组成。如果柱头不对称，这个雌蕊可能是由 2 个以上的心皮所组成。如果柱头单一（完全没有裂缝），那就应当横剖子房来判断。

（3）检查子房　子房室的数目通常与心皮的数目一致。但侧膜胎座的子房等例外（1 个子房室，3 个胎座，实际是 3 个心皮）。

果实开裂的数目通常就是心皮的数目，如蓖麻的花柱是 3 条，而柱头又各自 2 裂，也就是有 6 个柱头，而子房却裂成 3 个瓣，故它仍是由 3 个心皮组成的。

4. 植物的描述

描述植物的具体方法是：运用科学的形态术语，按根、茎、叶、花序、花的结构、果实、种子、花果期、产地、生境、分布、用途等顺序进行具体的文字描述，在描述的过程中要注意标点符号的应用。通常以“，”“；”“、”“。”将描述植物的各部内容分开，以表示前后的关系。现以丽水悬钩子（*Rubus lishuiensis*）的形态描述（中国植物志，第 37 卷，p44）部分为例，说明描述的顺序和方法：

> 藤状灌木，攀缘；小枝圆柱形，幼时具细柔毛，逐渐脱落，具稀疏基部宽大的皮刺。小叶常 5～7 枚，卵状披针形或长卵形，长 5～7cm，宽 2～2.3cm，顶端渐尖，基部宽楔形至柱形，上面无毛或沿叶脉疏生柔毛，下面密被灰色绒毛，沿中脉有极稀疏小刺，边缘有不整齐粗锐锯齿或缺刻状重锯齿；叶柄长 5～7cm，顶生小叶柄长 1.5～2cm，侧生小叶近无柄，与叶轴幼时均被柔毛，老时脱落，疏生钩刺；托叶线状披针形，具柔毛。花成短总状花序；总花梗和花柄均被细柔毛；苞片披针形或线状披针形，有细柔毛；花萼外面密被细柔毛；萼片卵形，长 4～6mm，宽 3～4mm，顶端急尖并具突尖头，在果期直立；花丝线性；雄蕊多数。果实近球形，直径约 1cm，红色，无毛；核卵球形，有明显小孔穴。果期8—9月。

5. 常见植物科的主要特征

参见本章第二节、第三节。

五、植物群落的基本知识及其调查方法

在自然界中植物的分布不是凌乱无章的，而是遵循一定的规律而集合成群落，群落

是生态系统中具生命的部分，有一定的组成、结构和外貌，并依历史的发展而演变。根据群落的组成特点，可分为植物群落、动物群落和微生物群落三大类。

本节只对与野外实习有关的群落知识进行扼要说明，有关生态学书籍较多，对群落的描述也很详尽，本书不加赘述。有关群落调查方法见本书第四章。

1. 植物群落的种类组成

群落由多种生物组成，组成群落的每种生物对环境具有一定的要求，同时也是对生态环境的一种反应。它们在群落中处于不同位置和起着不同的作用，彼此相互依赖、相互作用而共同生活在一起，形成了一个有机整体。组成生物群落的生物种类是形成生物群落的重要基础，也是生物群落的重要特征。

群落中植物种类组成比较容易确定，常用的方法是在群落中选择植物生长比较均匀的地方，用绳子圈定一块面积，登记这一面积中所有的植物种类。然后，按照一定顺序成倍扩大边长，每扩大一次，就登记新增加的种类。开始，面积扩大，植物种类的数目也随之迅速增加，然后增加逐渐减少，最后，面积再扩大，植物种类却很少增加。按照面积扩大和植物种类增加的累积数，可绘制种类一面积曲线图。曲线最初上升较快，而后水平延伸，开始平伸的一点处所指示的面积，即为群落的最小面积。所谓最小面积就是说至少要这样大的面积，才能包含组成群落的大多数植物种类。最小面积代表该群落的基本特征，表现该群落的结构和功能。这一最小面积是研究群落的重要基础。

(1) 群落种类组成的性质分析

① 优势种　组成群落的所有物种，对群落的贡献是不同的。对群落的影响最大，影响或控制着该群落，决定群落的外形、结构和功能的植物称为优势种。

② 亚优势种　数量个体与作用都次于优势种，但在决定群落性质和控制群落环境方面仍起一定作用的植物种。

③ 伴生种　为群落的常见种类，它与优势种相伴存在，但不起主要作用。

④ 偶见种（稀见种）　偶见种是在群落中出现频率很低的种类，多半是由于种类本身数量稀少的缘故。偶见种可能是偶然地由人们带入或随某种条件改变而侵入群落中，也可能是衰退中的残遗种。

(2) 群落种类组成的数量特征

衡量群落种的个体数量指标有丰富度（多度）、密度、盖度、频度、高度、重量、体积等。对群落中种的综合指数衡量的指标有优势度、重要值和综合优势比等，具体定义和测量方法见本书第四章第二节。

2. 群落的外貌和结构

群落外貌是指生物群落的外部形态或群落的外貌留给人的“样子”，该“样子”是群落中生物与生物间、生物与环境间相互作用的综合反映。植物群落的外貌取决于组成植物群落种类的特征，也就是说群落的外貌由组成群落的植物种类形态及其生活型所决定。

(1) 生活型的划分　按照丹麦生态学家 C. Raunkiaer 观点（以休眠芽在不良季节的着生位置作为划分生活型的标准），将陆生植物划分为五大类生活型。

① 高位芽植物　休眠芽的位置距地面25cm以上，又依高度分为4个亚类。

② 地上芽植物　更新芽位于土壤表面之上，25cm以下，多为灌木、半灌木或草本植物。

③ 地面芽植物　更新芽位于近地面土层内，冬季地上部分全部枯死，即为多年生草本植物。

④ 地下芽植物　更新芽位于较深土层中或水中，多为鳞茎类、块茎类和根茎类多年生草本植物或水生植物。

⑤ 一年生草本　植物以种子的形式渡过不良季节。

(2) 群落的垂直结构　植物群落在其形成过程中，由于环境的逐渐分化，导致对环境有不同要求的植物生活在一起。这些植物的生活型不同，生态幅度和生态适应性也有差异。它们各占据一定的生活空间，以它们的同化器官和吸收器官在地上和地下处于不同的位置。群落中植物按高度（或深度）的垂直配置，就形成了群落的层次，即为群落的成层现象。群落的成层性保证了植物群落在单位空间中能更加充分地利用自然资源。植物群落的成层现象，是植物形态学特征，它与具有植物生态学特征的群落的层片是既有联系又有区别的两个不同的概念。

以陆生植物群落为例，成层现象，包括地上部分和地下部分。决定地上部分分层的环境因素，主要是光照、温度和湿度等条件；而决定地下分层的主要因素是土壤的理化性质，特别是水分和养分。所以，群落的成层现象是植物群落与环境变化的一种适应性反应。植物群落所在地的环境条件愈丰富，群落的层次就愈多，层次结构也愈复杂。反之，则层次数愈少，层次结构也相对简单。

在完全发育了的森林群落中，通常可以划分为乔木层、灌木层、草本层和地被物层4个基本结构层次。同一层次中，又可按同化器官在空中排列的高度划分亚层。高度差不超过10%的所有植物应划为同一个亚层。

(3) 群落的水平结构　群落的结构特征不仅表现在垂直方向上的分层现象，而且在水平方向上也表现出差异性。在一个群落中的某些地点，植物种类的分布是不均匀的。例如，在森林植物群落中，林下的植物种类存在较大的差异，特别是林下植物与林间植物的种类差异更为明显，在林下出现不同的植物组合，植物群落内部这样一些小型的植物组合，称为小群落，它是整个群落的一小部分。小群落形成的外因，主要是群落内环境的差异性，内部原因是植物的生物学和生态学特性。

(4) 群落的时间格局　气象因子有年变化和日变化，表现出明显的时间节律。群落中各种植物的生长发育，以及群落结构也随时间而有明显的变化，这就是群落的时间格局。群落中主要层植物的季节性变化，使得群落在不同季节表现出不同的外貌，即群落在一年中给人的“样子”不同，这就是群落的季相。

动物群落季相变化的例子也很多，如候鸟春季迁徙到北方营巢繁殖，秋季南迁越冬。动物群落的昼夜相也很明显，如森林中，有许多鸟类在白昼活动，有些鸟类则只在夜晚活动。

第二节 常见植物的观察与识别要点

一、大型真菌（Macrofungi）

1. 子囊菌亚门（Ascomycotina）

腐生或寄生；腐生的种类生长在腐朽的木材和竹子、富含腐殖质的土壤、腐败的果实和蔬菜、动植物的残体和粪便等各种基物上。菌丝发达，分枝，有隔膜，可直接产生孢子或孢子梗，或集结成为菌核或子座。无性生殖产生分生孢子；分生孢子单独或串珠式地生于分生孢子梗顶端；孢子梗分枝或不分枝，散生或丛生，单生或聚集在分生孢子器内，或分生孢子盘上。有性生殖产生子囊和子囊孢子，子囊孢子都生于子囊内，形状多样，子囊裸生或生于各种类型的包被内形成子囊果，子囊果成熟时张开。

（1）竹黄（竹花、竹参、赤团子、竹三七）（*Shiraia bambusicola* P. Henn.） 子座形状呈不规则瘤状，肉质，后变为木栓质，长1～4.5cm，宽1～2.5cm。早期白色，后变成粉红色；初平滑，后龟裂。子囊壳近球形，埋生于子座内。子囊长，圆柱形。春夏季生于刺竹属及刚竹属即将衰败的竹林中。

（2）羊肚菌（羊肚菜、美味羊肚菌）（*Morchella esculenta*（L.）Pers.） 菌盖不规则圆形或卵形，顶端钝，表面形成许多凹坑，似羊肚状，淡黄褐色，长4～6cm，宽4～6cm。柄色浅，近白色，长5～7cm，宽2～2.5cm，有浅纵沟，基部稍膨大。于阔叶林中地上及路旁单生或群生。

2. 担子菌亚门（Basidiomycotina）

腐生或寄生于维管植物，也有的与植物共生形成菌根。绝大多数种类有菌丝体，并有桶状隔膜，有时菌丝体相连接成菌索。在其生活史中，菌丝体有2种类型：初生菌丝体和次生菌丝体。高等担子菌由次生菌丝体形成三生菌丝体，为子实体。子实体有纤薄、壳状、胶质、膜质、肉质、海绵质、木栓质或木质等多种形式，大小差异很大。子实体的形状、大小和颜色，表面是否平滑，菌肉的质地和气味，菌托的形状与颜色，菌盖与菌褶或菌管分离的难易程度以及孢子印的色泽等，都是分类的重要依据。

（1）香菇（香蕈、椎耳、香信、花菇）（*Lentinu edodes*（Berk.）Sing.） 伞菌目侧耳科香菇属。子实体中等至稍大。菌盖半肉质，直径3～12 cm，幼时扁半球形，后渐平展，表面红褐色或深肉桂色，中部有深色鳞片，边缘常有污白色毛状物或絮状物。菌肉白色，稍厚或厚，细密，具香味。菌褶白色，密、弯生、不等长。菌柄侧生至近中生，浅褐色，多弯曲，长3～8 cm，粗0.5～1.5 cm，菌环以下有纤毛状鳞片，纤维质，圆柱形，内部实心。菌环白色，易消失。孢子印白色。春冬季生长，生于阔叶树倒木上。

（2）金针菇（冬菇、构菌、毛柄金钱菌）（*Flammulina velutipes*（Fr.）Sing.） 伞菌目口蘑科小火焰菌属。因其菇体色泽金黄、菇柄细长似金针菜而得名。子实体一般较小。菌盖直径2～6cm，幼时扁半球形，后渐平展，黄褐色，中部肉柱色，边缘乳黄色并有细条纹，湿润时黏滑。菌肉白色或稍带黄色，较薄。菌褶褐白色至乳白色或微带肉粉

色，弯生，稍密，长短不一，与柄凹生。菌柄中生，圆柱形，长3～7cm，粗0.2～1cm，具黄褐色或深褐色短绒毛，纤维质，内部松软，基部往往延伸似假根并紧靠在一起。孢子印白色。早春和晚秋至初冬，在柳、榆、白杨树、构树等阔叶树的枯树干及腐木桩上或根部丛生。

（3）松口蘑（松蘑、松茸、鸡丝菌）（*Tricholoma matsutake*（S. Ito. et Imai）Sing.） 伞菌目口蘑科口蘑属。子实体粗大。菌盖初生球形或半球形，后呈馒头形至平展形，肉质，幼时边缘向内卷曲，直径5～15cm，污白色，具黄褐色至栗褐色平伏的绒毛鳞片，表面干燥。菌肉白色，厚，具特殊气味。菌褶白色或稍带乳黄色，密，弯生，不等长。菌柄中生，较粗状，肉质或纤维质，有时很硬，长6～13.5 cm，粗2～2.6 cm，菌环以上污白色并有粉粒，菌环以下具栗褐色纤毛状鳞片，内实，基部有时稍膨大。菌环生菌柄的上部，丝膜状，上面白色，下面与菌柄同色。孢子印纯白色，少数淡奶油色。秋季在松林或针阔混交林中地上群生或散生，或形成蘑菇圈，往往和松树形成菌根关系。

（4）白毒伞（白毒鹅膏菌、白帽菌、春生鹅膏）(*Amanita verna*（Bull.：Fr.）Pers. ex Vitt.） 伞菌目鹅膏菌科鹅膏菌属。子实体中等大，纯白色。菌盖肉质，初期卵圆形，开伞后近平展，直径7～12 cm，表面光滑。菌肉白色。菌褶离生，稍密，不等长。菌柄细长，中生，圆柱形，长9～12 cm，粗2～2.5 cm，基部膨大呈球形，内部实心或松软。菌托肥厚近苞状或浅杯状。菌环生柄之上部。孢子印白色。夏秋季分散生长在林地上。极毒。

（5）草菇（稻香菇、兰花菇、秆菇、中国菇、美味草菇）（*Vlovariella volvacea*（Bull.：Fr.）Sing.） 伞菌目光柄菇科小苞脚菇属。子实体较大。菌盖肉质，直径5～12cm，大者21cm，近钟形，后伸展且中部稍凸起，干燥，鼠灰色至灰褐色。中部色深，具辐射的纤毛状线条。菌肉白色，松软，中部稍厚。菌褶白色，后粉红色，稍密，宽，离生，不等长。菌柄中生，圆柱形，长3～18 cm，粗0.8～1.5 cm，白色或稍带黄色，光滑，内实，易与菌盖分离。菌托较大，杯状，厚，白色至灰黑色。孢子印粉红色。秋季在草堆上群生。

（6）双孢蘑菇（洋蘑菇、二孢蘑菇）（*Agaricus bisporus*（Large）Sing.） 伞菌目蘑菇科蘑菇属。子实体中等大。菌盖直径5～12cm，幼时半球形，成熟后平展呈伞状，呈白色，光滑，干时渐变淡黄色，边缘初期内卷。菌肉白色，厚，伤略变淡红色，具蘑菇特有的气味。菌褶初粉红色，后变褐色至黑褐色，密，窄，离生，不等长。菌柄长4.5～9 cm，粗1.5～3.5 cm，白色，光滑，近圆柱形，内部松软或中实。菌环着生于菌柄中部，白色，单层，膜质，易脱落。孢子印深褐色。生于林地、草地、田野、公园、道旁等处。

（7）蘑菇（雷窝子、四孢蘑菇）（*Agaricus campestris* L.：Fr.） 伞菌目蘑菇科蘑菇属。子实体中等至稍大。菌盖直径3～13cm，初期扁半球形，后近平展，有时中部下凹，白色至乳白色，光滑或后期具丛毛状鳞片，干燥时边缘开裂。菌肉白色，厚。菌褶初粉红色，后变褐色至黑褐色，较密，离生，不等长。菌柄较短，粗，圆柱形，有时稍弯曲，长1～9 cm，粗0.5～2 cm，近光滑或略有纤毛，白色，内实。菌环单层，白色，膜质，生菌柄中部，易脱离。孢子印深褐色。春季到秋季生于草地、路旁、田野、堆肥场、林间空地等，单生及群生。

(8) 美味牛肝菌（大脚菇、白牛肝菌）(*Boletus edulis* Bull. ：Fr.) 伞菌目牛肝菌科牛肝菌属。子实体中等至较大。菌盖直径3.5～15cm，扁半球形或稍平展，不黏，光滑无绒毛，边缘钝，黄褐色、土褐色或赤褐色。菌肉白色，厚，受伤不变色。菌管初期白色，肥厚，干后呈淡黄色。菌柄长5～12 cm，粗2～3 cm，近圆柱形或基部稍膨大，淡褐色或淡黄褐色，内实，全部有网纹或网纹占柄长2/3。孢子印青褐色。夏秋季于林中地上单生或群生。

(9) 紫红牛肝菌（*B. purpureus* Fr.） 伞菌目牛肝菌科牛肝菌属。子实体中等至较大，伤变蓝色。菌盖直径6～15cm，半球形至扁半球形，紫红色或小豆色，有时褪为浅茶褐色，表面具平伏绒毛，不黏。菌肉浅黄色，受伤处变蓝色，肉厚。菌柄近圆柱形，长5～10cm，粗1～4cm，黄色或部分呈紫红色，上部有紫红色网纹，基部膨大，内实。夏秋季生于阔叶林中地上。

(10) 大红菇（革质红菇）(*Russula alutacea*（Pers.）Fr.） 伞菌目红菇科红菇属。子实体一般大型。菌盖直径6～16cm，扁半球形，后平展而中部下凹，湿时黏，深苋菜红色、鲜紫红或暗紫红色，边缘平滑或有不明显条纹。菌肉白色。菌褶等长或几乎等长，少数在基部分叉，褶间有横脉，直生或近延生，初乳白色后淡赭黄色，褶之前缘常常带红色。菌柄近圆柱形，长3.5～13cm，粗1.5～3.5cm，白色，常于上部或一侧带粉红色，或全部粉红色而向下渐淡。孢子印黄色。夏秋季林中地上散生。

(11) 大白菇（*R. delica* Fr.） 伞菌目红菇科红菇属。子实体中等至较大。菌盖直径3～14cm，初扁半球形中央胶状，伸展后下凹至漏斗形，污白色，后变为米黄色或蛋壳色，或有时具锈褐色斑点，无毛或具细绒毛，不黏，边缘初内卷后伸展，无条纹。菌肉白色或近白色，伤不变色。菌褶白色或近白色，中等密，不等长，近延生，褶缘常带淡绿色。菌柄长1～4cm，粗1～2.5cm，内实，圆柱形或向下渐细，伤不变色，光滑或上部具微细绒毛。孢子印白色。夏秋季生于针叶林或混交林中地上，单生、散生、有时群生。

(12) 正红菇（真红菰）(*R. vinosa* Lindbl.） 伞菌目红菇科红菇属。子实体一般中等大。菌盖直径5～12cm，初扁半球形后平展中部下凹，不黏，大红带紫，中部暗紫黑色，边缘平滑。菌肉白色，近表皮处淡红色，或浅紫红色。菌褶白至乳黄色，干后变灰色，褶之前缘浅紫红色，不等长，具横脉，直生。菌柄长4.5～10cm，粗1.5～2.5cm，白色或杂有红色斑或全部为淡粉红至粉红色，内部松软。孢子印干后呈淡乳黄色。夏秋季阔叶林中地上群生。

(13) 松乳菇（*Lactarius deliciosus*（L.：Fr.）Gray） 伞菌目红菇科乳菇属。子实体中等至较大。菌盖直径3～11 (15) cm，扁半球形，中央黏状，伸展后呈波状，中部下凹，边缘初时内卷，后平展上翘，湿时黏，无毛，虾仁色，胡萝卜黄色或深橙色，有明显而较艳丽的环带，后色变淡，伤变绿色，特别是菌盖边缘部分变绿显著。菌肉初期近白色，后变肉色至橙黄色。乳汁量少，橘红色，最后变绿色，菌褶与菌盖同色，稍密，近柄处分叉，褶间具横脉，直生或稍延生，伤或老后变绿色。菌柄长2～5cm，粗0.7～

2cm，近圆柱形或向基部渐细，有时具暗橙色凹窝，色同菌褶或更浅，伤变绿色，内部松软后变中空，菌柄切面先变橙红色，后变暗红色。孢子印近米黄色。夏秋季针阔叶林中地上单生或群生。

（14）鸡油菌（鸡蛋黄菌、杏菌）（*Cantharellus cibarius* Fr.） 非褶菌目鸡油菌科鸡油菌属。子实体一般中等大，喇叭形，肉质，杏黄色至蛋黄色，有皱褶或棱脉，棱脉狭窄，下延，往往分叉。菌盖直径 3～10cm，高 7～12cm，初期盖扁平，后中间下凹至漏斗形，边缘往往瓣裂。菌肉稍厚，蛋黄色。菌褶狭窄棱脊状，稀疏，下延，分叉或相互交织。菌柄杏黄色，内实，向下渐细狭，光滑，中生，长 2～8cm，粗 0.5～1.8cm。孢子印白色。夏秋季在林中地上散生或群生，稀近丛生。有时在林中生长成蘑菇圈。

（15）猴头菌（猴头蘑、刺猬菌）（*Hericium erinaceus*（Bull：Fr.）Pers.） 非褶菌目猴头菌科猴头菌属。子实体中等、较大或更大，直径 5～10cm 或可达 30cm，呈扁平球形或头状，由无数肉质软刺生长在狭窄或较短的柄部，刺细长下垂，长 1～3cm，新鲜时白色，后期浅黄色至褐色，子实层生刺之周围。秋季多生于橡树或胡桃等阔叶树的腐木或立木的受伤处，少见生于松树或桦木上。

（16）茯苓（松茯苓、茯灵、茯兔）（*Poria cocos*（Schw.）Wolf.） 非褶菌目多孔菌科卧孔菌属。子实体生于菌核表面呈平伏状，厚 0.3～1cm，初期质软，白色，干后变坚硬，表面皱缩，粗糙，浅褐色。管孔细密，多角形或不规则形，菌管长 0.2～0.8 cm，偶有双层，厚可达 1～3cm。菌肉白色或淡色。多生于松树的根部。

（17）青柄多孔菌（褐多孔菌）（*Polyporus picipes* Fr.） 非褶菌目多孔菌科多孔菌属。子实体大，菌盖直径 4～16cm，厚 0.2～0.35 cm，扇形、肾形、近圆形至圆形，稍凸至平展，基部常下凹，栗褐色，中部色较深，有时表面全呈黑褐色，光滑，边缘薄而锐，波浪状至瓣裂。菌柄侧生或偏生，长 0.2～0.5cm，黑色或基部黑色，初期具细绒毛后变光滑。菌肉白色或近白色。生于阔叶树腐木上，有时生针叶树上。

（18）多孔菌（*P. varius* Pers.：Fr.） 非褶菌目多孔菌科多孔菌属。子实体中等至稍大。菌盖肾形或近扇形，稍平展且靠近基部下凹，直径（5～12）cm×（3～8）cm，厚 0.3～1cm，浅褐黄色至栗褐色，表面近平滑，边缘薄，呈波浪状或瓣状裂形。菌肉白色或污白色，稍厚。菌柄侧生或偏生，0.7～4cm，粗 0.3～1cm，黑色，有微细绒毛，后变光滑。多生于阔叶树腐木上。

（19）云芝（彩绒革盖菌、杂色云芝）（*Coriolus versicolor*（L.：Fr.）Quél.） 非褶菌目多孔菌科云芝属。子实体一般小，无柄、平伏而反卷，或扇形或贝壳状，往往相互连接在一起呈覆瓦状生长。菌盖直径 1～8cm，厚 0.1～0.3cm，革质，表面有细长绒毛和褐色、灰黑色、污白色等多种颜色组成的狭窄的同心环带，绒毛常有丝绢光彩，边缘薄，波浪状。菌肉白色。生于多种阔叶树木桩、倒木或枝上。

（20）大孔菌（棱孔菌）（*Favolus alveolaris*（DC.：Fr.）Quél.） 非褶菌目多孔菌科大孔菌属。子实体中等大。有侧生或偏生短柄，菌盖肾形至扇形或圆形，偶呈漏斗状，后期往往下凹，（3～6）cm×（1～10）cm，厚 0.2～0.7cm，新鲜时韧肉质，干后变硬，无环纹，初期浅朽叶色，并有纤毛组成的小鳞片，后期近白色，光滑。边缘薄，常内卷。

菌肉白色，厚0.1～0.2cm。菌管长0.1～0.5 cm，近白色至浅黄色，管口大，纺锤形，或多角形，呈放射状排列，近蜂窝状。生于阔叶树的枯枝上。

(21) 灵芝（赤芝、红芝）(*Ganoderma lucidum*（Leyss.：Fr.）Karst.)　非褶菌目多孔菌科灵芝属。子实体中等至较大或更大，有柄，木栓质。菌盖半圆形，肾形或近圆形，宽5～20cm，厚0.5～2.6cm，红褐色并有油漆光泽，同心环沟明显或不明显，边缘钝薄，往往内卷。菌肉白色至淡褐色，分层不明显。管孔面初期白色，后期变浅褐色、褐色。柄多侧生，长5～20cm，粗1～3cm，近圆柱形，紫褐色，有光泽。生于阔叶林中地下腐木上或腐木桩周围地上。

(22) 木耳（黑木耳、耳子、黑菜）(*Auricularia auricula*（L. ex Hook.）)　木耳目木耳科木耳属。子实体薄，胶质，有弹性，半透明，中凹，往往呈耳形、杯状或叶状，宽2～12cm，新鲜时软，干后收缩。子实层生里面，光滑或略有皱纹，红褐色或棕褐色，干后变深褐色或黑褐色。外面有短毛，青褐色。生于栎、柳、榆、洋槐等阔叶树上或腐木上，群生。

(23) 毛木耳（*A. polytricha*（Mont.）Sacc.）　木耳目木耳科木耳属。子实体一般较大，胶质，浅圆盘形、耳形或不规则形，直径2～15cm，有明显基部，无柄或具短柄，基部稍皱，新鲜时柔软，干后收缩。子实层覆盖于子实体的下表面，平滑或稍有皱纹，紫灰色，后变黑色。外面有较长绒毛，无色，仅基部褐色，常成束生长。生柳树、洋槐、桑树等多种树干上或腐木上，丛生。

(24) 银耳（白木耳、银耳子）(*Tremella fuciformis* Berk.)　银耳目银耳科银耳属。子实体中等至较大，纯白至乳白色，胶质，光滑，半透明，柔软有弹性，由3至10余片扁薄而卷曲的瓣片组成，形如菊花、牡丹或绣球，直径3～15cm，干后色变淡黄或米黄色，收缩，角质，硬而脆，每个瓣片的表面均为子实层所覆盖。夏秋季生阴湿之地栎属及其他阔叶树腐木上。

(25) 桂花耳（桂花菌）(*Guepinia spathularia*（Schw.）Fr.)　花耳目花耳科桂花耳属。子实体分散或集生，微小，直立有柄，匙形或鹿角形，上部常不规则裂成叉状，光滑，干燥后坚韧，角质，橙红色，不孕部分色浅。子实体高0.6～1.5cm，柄下部粗0.2～0.3cm，有细绒毛，基部栗褐色至黑褐色，延伸入腐木裂缝中。春至晚秋，生于杉木等针叶树腐木或木桩上。往往成群或成丛生长。

(26) 白鬼笔（*Phallus impudicus* L.：Pers.）　鬼笔目鬼笔科鬼笔属。子实体中等或较大，高16～17cm，基部有苞状、厚、有弹性的白色菌托。菌盖钟形，有深网格，高4～5cm，宽3.5～4cm，成熟后顶平，有穿孔，生有暗绿色的黏而臭的孢子液。柄粗而呈海绵状，白色，中空，近圆筒形，长8～10.5cm，粗1.5～2.5cm。夏秋季于林中地上群生或单生。

(27) 黄裙竹荪（黄网竹荪、仙人伞）(*Dictyophora multicolor* Bork. et Br.)　鬼笔目鬼笔科竹荪属。子实体中等至较大，高8～18cm。菌盖钟形，有显著的网格，橘红色至朱红色，表面覆盖有暗褐色或青褐色黏性孢体，顶端平，有穿孔。菌幕从菌盖下发出，钟形，柠檬黄色至橘黄色，似裙子从菌盖边沿下垂长6.5～11cm，下缘直径8～13cm，网眼多角形，眼孔直径约 0.2～0.5 cm，菌托苞状。菌柄白色或浅黄色，海绵状，中空，长 7～15cm，粗 2～3cm。夏季在竹林、阔叶林地上散生。

(28) 网纹马勃（网纹灰包）(*Lycoperdon perlatum* Pers.)　马勃菌目马勃菌科马勃属。子实体一般小，倒卵形至陀螺形，高 3～8cm，宽 2～6cm，初期近白色，后变灰黄色至黄色，不孕基部发达或伸长如柄。外包被由无数小疣组成，间有较大易脱的刺，刺脱落后显出淡色而光滑的斑点。孢体青黄色，后变为褐色，有时稍带紫色。夏秋季林中空旷处地上群生，偶然生于腐木上。

二、苔藓植物 (Bryophyta)

小型绿色植物，多生于阴湿的环境中，是植物水生到陆生过渡形式的代表。比较低级的种类其植物体成扁平的叶状体，比较高级的种类植物体具假根与类似茎、叶的分化。生活史属配子体发达的异形世代交替，孢子体寄生或半寄生在配子体上，习见的植物体是它的配子体。雌性生殖器官为颈卵器，外形瓶状，上部细狭，下部膨大。雄性生殖器官为精子器，外形多呈棒状或球状。

1. 苔纲 (Hepaticae)

多为叶状体，少为茎叶体。具背腹性。两侧对称。假根为单细胞。孢子体结构简单，孢蒴无蒴齿。孢子萌发时，原丝体阶段不发达。

(1) 地钱 (*Marchantia polymorpha*)　常生于阴湿的墙角、水沟边和井边。绿色叶状体较大，扁平状，叉状分枝，分枝前端凹陷处有生长点。背面表皮可见多角形网纹，网纹中央有 1 个白点（气孔）；腹面表皮有很多毛状假根及紫褐色鳞片。雌雄异株。雄生殖托具长托柄，圆盘状；雌生殖托具长托柄，伞形，下垂 8～10 条指状芒线。

(2) 石地钱 (*Reboulia hemisphaerica*)　叶状体较窄，扁平带状，二叉分枝，先端心形，背部深绿色。腹面沿中肋有 1 条假根槽，生有大量假根，槽两侧生有紫红色的鳞片。气室六角形，界限不明显。雌雄同株。雄生殖托卵形无柄，贴生于叶状体体背面中部；雌生殖托圆锥形，分 4～7 瓣，有短柄。

(3) 毛地钱 (*Dumortiera hirsuta*)　叶状体扁平带状，背部深绿色，半透明；腹面淡绿色，具假根。雌雄异株或同株。雄生殖托生于叶状体先端背面，圆盘状，周边密被纤毛；腹面具 6～10 个总苞，每苞有 1 个孢蒴；雌生殖托赤褐色，有长柄，圆锥状，4～7 瓣。其配子体的气孔和气室退化呈毛状。

(4) 角苔 (*Anthoceros punctatus*)　叶状体圆形，鲜绿色，表面呈波纹状，边缘有缺刻，腹面生假根。雌雄同株异苞。叶状体背面有细长针状的孢子体，基足发达，埋于叶状体内。基足以上为孢子囊，无蒴柄，针状部分都为孢蒴。蒴轴宿存。

(5) 蛇苔 (*Conocephalum conicum*)　叶状体宽带状，革质，深绿色，略具光泽。背面有肉眼可见的六角形或菱形气室，每一气室中央有 1 白色气孔，整个背面呈蛇皮状。腹面淡绿色，有假根，两侧各有 1 列深紫色鳞片。雌雄异株。雌生殖托钝头圆锥状形，褐黄色，有无色透明的长托柄，着生于叶状体背面先端，托下着生总苞，苞内有 1 个短柄苞蒴；雄生殖托圆盘状，紫色，无柄，贴生于叶状体背面。

(6) 中华光萼苔（*Porella chinensis*） 植物体中到大形，密集平铺生长，深绿色、黄绿色或棕黄色，无光泽。茎匍匐，密集2～3回羽状分枝。叶3列；左右两列侧叶密集覆瓦状排列；背瓣较大，卵形或阔卵形，叶缘平滑，常具浅波纹，先端钝圆或微尖，基部有时具不规则疏齿；腹瓣狭舌形，叶缘平滑或在基部有不规则疏齿，具狭背卷边或强烈背卷，基部一侧沿茎条裂状下延。雌雄异株，雌苞生于短侧枝上。

2. 藓纲（Musci）

多为茎叶体，无背腹之分。辐射对称。假根为单列细胞组成且分枝。孢子体结构复杂，蒴柄坚挺，孢蒴内无弹丝，成熟时多为盖裂，裂口处常有蒴齿，有助于孢子散发。孢子萌发后原丝体时期发达。

(1) 葫芦藓（*Funaria hygrometrica*） 植物体高约2cm，茎直立，呈茎叶型，无真正的根、茎、叶的分化。植株基部有假根。叶螺旋状着生，叶片具中肋1条。茎顶有生长点，生长点的顶细胞呈倒金字塔形，能3面斜分裂形成侧枝和叶。雌雄同株异枝。雄枝顶叶形较大、外张，形如1朵小花，是为雄器苞；雌枝顶端如芽。

(2) 镰叶泥炭藓（*Sphagnum falcatulum*） 茎直立，下部常灰白色，枝条丛生茎上，每丛由2～3条上仰的强枝（绿色）和1～2条下垂的弱枝（白色）组成。随着茎的不断生长，靠近地面的茎枝不停地死去，形成泥炭。

(3) 金发藓（*Polytrichum commune*） 植物体高3～20 cm，暗绿色至棕红色，硬挺，丛生或散生。茎多单一，基部常密生假根。叶片披针形，基部鞘状；叶边缘具粗齿；中肋宽阔，粗壮；叶片腹面具纵列栉片，密而均匀。雌雄异株。雄器苞盘状顶生，常自其中央萌生新枝。孢蒴形大，菱柱形，具4～6条脊；橙黄色或红棕色蒴柄长而硬挺，直立或倾立。

(4) 小金发藓（*Pogonatum inflexum*） 植物体中等大小，暗绿色。茎单一硬挺，下部叶疏松，三角形或卵状披针形，上部叶簇生，内曲；叶边略内曲，上部具粗齿；中肋带红色，背面上半部密被锐齿；叶片腹面密生栉片。蒴柄一般单出，红褐色；孢蒴直立或近于直立，圆柱形；蒴齿钝端，基膜高出；蒴帽兜形，被多数棕黄色长纤毛。雌雄株常出现在同一环境，但形成不同的群丛。

(5) 珠藓（*Bartramia* sp.） 植物体常密集丛生。茎直立，单一或分枝，无丛生枝。茎，枝密被假根。叶8列，叶片呈卵状披针形或线状披针形。雌雄同株或异株。雌器苞顶生；苞蒴多倾立，凸背而斜口，近于球形；蒴柄细长；蒴齿两层；蒴盖小，凸圆锥体形或短圆锥体形。

(6) 立碗藓（*Physcomitrium sphaericum*） 植物体疏丛生，淡绿色，高0.3～0.8 cm。叶呈椭圆形或卵圆形，先端渐尖，边缘多全缘，下部叶较小，上部叶较大。蒴柄红褐色，长0.2～0.3 cm；孢蒴呈半球形，红褐色；蒴盖锥形，先端具短的突起，蒴盖脱落后呈碗状，口部直径约0.1 cm，具短的台部；蒴帽基部瓣裂。

(7) 万年藓（*Climacium dendroides*） 植物体粗壮，大片稀疏丛生。主茎硬挺，地下茎横生，具假根及膜质鳞状小叶，上部分枝树状，枝密被叶片，呈圆条形，具绿色鳞毛。茎上部叶及枝基部叶卵状披针形，基部略下延，上部阔披针形，先端常呈凹形，叶缘具粗齿；枝叶较小，狭长披针形，叶缘中上部有锯齿。雌雄异株。蒴柄长 2～4cm，红色；孢蒴直立，长柱形；蒴盖高圆锥状；外蒴齿 2 层，外层红褐色；内蒴齿橘黄色。

（8）悬藓（*Barbella pendula*）　植物体多纤细，交织成束，往往悬垂于树干或树枝上，有如须状，绿色或黄绿色，有光泽。主茎纤长，沿附树干，随处产生成束假根附着基质上；支茎密集，多悬垂，疏松被叶，分枝短而倾立，基部扁平被叶。茎叶直立，枝叶倾立，卵状披针形或长披针形；叶边全缘或上部有细齿；中肋单一，细弱。雌雄异株。蒴柄短，有时略呈弓形弯曲；孢蒴高出于苞叶，直立或下垂，卵形或长卵形，棕色；蒴齿 2 层，外齿层淡黄色，内齿层齿毛缺失；蒴盖圆锥形，先端有直喙或有斜喙状尖头；蒴帽冠形，基部多瓣列。

（9）大叶藓（*Rhodobryum giganteum*）　植物体高达 3～8 cm，茎下部叶被紫红色鳞片状。顶部叶形大，绿色，阔倒卵形，密集而呈伞形或玫瑰花状，簇生枝顶。叶上部边缘具锐齿，下部常背卷。蒴柄单生或 2～3 簇生；孢蒴圆筒状，平展或下垂；蒴齿 2 层。蒴盖圆锥形。

（10）墙藓（*Tortula muralis*）　植物体疏松丛生，棕绿色，高 0.5～1.5 cm，有柔弱的直立茎，下部被以红棕色短而细的假根。叶湿时倾立，长舌形，圆钝，有短尖缘下部背卷，全缘，由多数厚壁细胞构成分化边缘；中肋强劲，突出叶尖如白色毛尖，或呈黄色短刺；雌雄同株。

（11）波叶提灯藓（*Mnium undulatum*）　叶缘波状，蒴柄细长，数枚丛生，孢蒴垂倾，常卵状。

三、蕨类植物（Peridophyta）

蕨类植物通常为中等大小的多年生草本，陆生、淡水生或附生，有根、茎、叶器官和输导组织的分化。生活史具有明显的无性世代和有性世代交替现象，有两个能独立生活的植物体，即孢子体和配子体，孢子体远比配子体发达，占有优势地位，常见的植物体即为孢子体。茎多为根状茎，少数为直立的地上茎。孢子体上着生孢子囊，孢子囊有的生于枝顶，形成孢子囊穗，也有的单生于叶腋内，绝大多数种类生于叶背面、叶边缘或集生在一个特化的孢子叶上，形成各式各样的孢子囊群。孢子囊群的形态和着生位置在蕨类植物分类上是一个重要性状。

1. *石杉科*（Huperziaceae）

植株小形，高 10～22cm。主茎短，多直立，二歧分枝，茎顶端常具生殖芽孢。叶螺旋状排列，多 1 型，具短柄，叶片披针形，基部呈楔形，边缘有锯齿或全缘；孢子叶与营养叶同形或多少异形、同色。孢子囊生于营养叶的叶腋内，分布于全株或集中于枝顶，不形成穗状囊穗，有小柄，肾形。

（1）蛇足石杉（千层塔）（*Huperzia serrata*（Thunb.）Trew.）　叶狭椭圆形，基部楔形，下延有短柄，叶长 1～3cm，宽 2～4mm，先端急尖或渐尖，边缘有粗大不整齐的尖锯齿，两面光滑，有光泽，中脉明显，薄纸质。孢子囊单生于叶腋，全株上下都有，淡黄色。

（2）四川石杉（*H. sutchueniana*（Herter）Ching）　叶下部为椭圆状披针形，其余均为披针状，基部略宽，无柄，叶长 5～10 mm，宽约 1mm，边缘有稀疏微齿，略有光泽，中脉不明显，硬纸质。孢子囊分布于枝茎上部孢子叶腋，黄色。

2. 石松科（Lycopodiaceae）

多年生中、小形陆生草本植物。主茎伸长呈匍匐状，以气生根固着于地面上或地面下，具短侧枝；侧枝二叉分枝或近合轴分枝，极少为单轴分枝状。营养叶为小型单叶，仅具中脉，1 型，螺旋状排列，钻形、线形至披针形，无叶舌。孢子叶不同于营养叶，干膜质，1 型，边缘有锯齿；孢子囊无柄，在枝顶聚生成囊穗，扁肾形，无明显环带。

（1）灯笼草（铺地蜈蚣、垂穗石松）（*Palhinhaea cernna*（L.）Franco et Vasc.）地上的主茎直立，单一，上部分枝密，呈树状。叶钻形，有棱角，向上弯弓，在主茎上呈稀疏螺旋状排列。孢子叶覆瓦状排列，阔卵圆形，先端长渐尖，边缘具长缘毛；孢子囊穗卵状，长圆形，单生于小枝顶端，无柄，成熟后常下垂；孢子囊圆肾形。

（2）石松（伸筋草）（*Lycopodium japonicum* Thunb.）　匍匐茎细长蔓生，多分枝，绿色，被稀疏叶。侧枝直立，多回二叉分枝。叶螺旋状排列，密集，上斜，线状钻形或针形，基部楔形，下延，无柄，全缘，革质，中脉不明显。孢子叶与营养叶顶端有长尾；孢子囊穗通常 2～8 个着生于孢子枝的顶部，具长柄；孢子囊圆肾形，淡黄色。

3. 卷柏科（Selaginellaceae）

具长而横走的根状茎，茎分枝常生出不定根（根托），茎叶通常背腹扁平状。叶为小形鳞片状，1 脉，通常 2 型，在茎上略呈 4 纵行排列，其中生于茎的背面中央的 2 行叶较小（中叶），生于茎的侧面的叶较大（侧叶）。孢子叶穗生于小枝顶端，常呈四棱形，无梗或有梗，单生或少数双生。

（1）还魂草（卷柏）（*Selaginella tamariscina*（Beauv.）Spring）　旱生植物。主茎粗壮，短小，侧生分枝丛生，干后内卷如拳，全株呈莲座形。孢子囊穗生于枝顶，四棱形；孢子叶 1 型，卵状三角形。

（2）翠云草（*S. uncinata*（Desv.）Sping）　非旱生植物。主茎细，伏地蔓生，禾秆色，有浅沟，节上生有不定根。茎不密集丛生，上部分枝，茎枝干后不拳卷。中叶边缘全缘。孢子叶 1 型，密集，卵状三角形或卵状披针形；孢子囊穗四棱形；孢子囊呈卵形。

（3）中华卷柏（*S. sinensis*（Desv.）Spring）　耐旱植物。主茎常匍匐，细弱，多回分枝，各节生根。茎不密集丛生，上部分枝，茎枝干后不拳卷。中叶长卵形，边缘有细锯齿；侧叶干后常向下反卷。孢子囊穗单生枝顶，四棱形；孢子叶 1 型，卵状三角形。

（4）蔓出卷柏（*S. davidii* Franch.）　阴湿植物。主茎伏地蔓生，各分枝基部生根；中叶长卵形，边缘有细锯齿，顶端锐尖或渐尖，基部近心形；侧叶顶端钝尖，基部为不对称心形，边缘白色膜质，有睫毛状齿。孢子囊穗单生于枝顶，四棱柱形；孢子叶 1 型，卵状三角形；孢子囊圆形。

（5）江南卷柏（*S. moellendorffii* Hieron.）　非旱生植物。主茎直立，基部生根，圆柱形，有浅沟，禾秆色，下部不分枝，上部多回分枝。下部茎生叶 1 型，互生，卵状三角形，呈螺旋状疏生；中叶边缘有膜质白边及细齿。孢子叶 1 型；孢子囊穗单生枝顶，四棱形；孢子囊圆肾形。

4. 水韭科（Isoetaceae）

水生或湿生草本植物，体形如韭菜。茎肉质块状扁圆形。叶钻形或狭长线形，状如韭菜，螺旋状排列，丛生于粗短的茎上，1 型，腹面有叶舌，中空，先端渐尖，基部膨大。孢子囊 2 型，单生于叶脉基部腹面的穴内，椭圆形，外有盖膜覆盖。

（1）中华水韭（海枝草）（*Isoetes sinensis* Palmer.） 多年生水生或湿生植物，体形如韭菜。肉质块状短茎，由 2～3 瓣组成，有明显的 3 条纵沟，基部生根。叶多数，聚生于块茎上，呈莲座状紧密排列，细长钻形，多汁，上部鲜绿色，基部黄白色，呈膜质鞘状，腹面凹入，上面有三角形渐尖的叶舌。孢子囊椭圆形，外有膜质覆盖；孢子囊通常有大、小 2 型。

5. 木贼科（Equisetaceae）

多年生，中、小型草本植物，土生、沙生或浅水生。根茎长而横走，黑色，分枝，有节，节上生根，被绒毛；地上茎直立，圆柱形，绿色，有节，中空，单生或节上有轮生的分枝，表面有纵棱，棱上通常有瘤状突起。叶退化，下部联合成筒状和漏斗状鞘，包围在节间基部，前端分裂呈齿状。孢子囊穗有许多特化的盾形孢子叶组成，每孢子叶背面着生 6～9 个孢子囊。

（1）问荆（笔头草，土麻草）（*Equisetum arvense* L.） 地上茎 2 型；孢子茎春季发苗，紫红色，肉质；营养茎在孢子茎枯死后生出，有 6～12 条棱脊；分枝轮生于各节，通常实心，有棱脊 3～4 条。鞘齿质厚，3～5 个，披针形，绿色，边缘膜质，宿存。孢子囊穗长椭圆形，顶端钝；地下茎表面平滑。

（2）节节草（木贼草）（*Hippochaete ramosissimum*（Desf.）Boerner） 地上茎直立，1 型，灰绿色，基部分枝，各分枝中空，细瘦，节间的脊上极粗糙；叶鞘伸长，长为宽的 2 倍，叶鞘基部无黑色细圈；鞘齿 5～8 个，披针形，宿存。孢子叶六角形，中央凹入，盾状着生；孢子囊穗生于主茎和分枝的顶端，长圆形，有小尖头。

（3）笔管草（*H. debile*（Roxb.）Ching.） 地上茎粗壮，1 型，中空，不分枝或不规则的分枝，小枝光滑，黄绿色，有纵棱 14 条左右，节间的脊上近平滑。叶退化，下部连合成鞘，鞘筒紧贴，长宽几相等或略过于宽，叶鞘基部有一黑色细圈，鞘齿通常褐色。

6. 阴地蕨科（Botrychiaceae）

根状茎短而直立，具肉质粗根。叶 2 型，均出自 1 个总柄，总柄基部包有褐色鞘状托叶；营养叶三角形或五角形，1 至多回羽状分裂；叶脉分离。孢子叶无叶绿素，光滑，有长柄，或出自总叶柄，或出自营养叶的基部或中轴；孢子囊序为疏散的圆锥状或紧密的总状；孢子囊圆球形，无柄，沿小穗排列成 2 行，不陷入囊托内。

（1）阴地蕨（独脚金鸡）（*Scepteridium ternatum*（Thunb.）Lyon） 植株高 19～47cm。叶 2 型，总叶柄短，仅 1～4.5cm 营养叶片的柄细长，光滑无毛，叶片为阔三角形，长 6～11cm，宽 7～14cm，3 回羽状分裂；侧生羽片 3～4 对，有柄，基部 1 对羽片最大，长宽各约 4～5cm；小羽片或裂片长卵形或卵形；叶脉不明显；叶厚革质。孢子叶出自总柄，生于总柄顶端。孢子囊穗为圆锥状，长 4～8cm，2～3 回羽状，小穗疏松，略

张开，无毛。

(2) 蕨萁（*Botrypus virginianus*（L.）Holub.） 植株高 43～63cm。叶 2 型，总叶柄长 25～27cm；营养叶长 18～26cm，基部宽 20～25cm，3 回羽状，基部下方为 4 回羽裂，羽片 6～8 对，基部 1 对羽片最大，长 10～15cm，宽 6～10cm；叶脉可见；叶为薄革质。孢子叶自营养叶基部生出；孢子囊穗为复圆锥状，长 9～15cm，几光滑或略有疏长毛。

7. 瓶尔小草科（Ophioglossaceae）

小型草本植物，直立或少为悬垂。根状茎肉质，短而直立。叶小形，2 型，都出自总柄；营养叶为单叶，叶脉网状，中脉不明显；孢子叶特化为线形的囊托；孢子囊形大，无柄，扁圆球形，陷于囊托两侧，排列紧密；形成单穗状。

(1) 瓶尔小草（*Ophioglossum vulgatum* L.） 植株高 13～21cm。具簇生肉质粗根，营养叶自总柄基部以上 4～7.5cm 处生出，长卵形或卵形，长 3～4cm，宽 1～1.5cm，顶端锐尖或钝圆，基部长楔形，无柄。孢子囊穗自总柄顶端生出，狭线形，顶端有小突尖。

8. 紫萁科（Osmundaceae）

根状茎粗短，无鳞片和真正的毛，树干状直立或匍匐状。叶簇生，2 型，直立；叶柄长而坚实，基部膨大而无关节，两侧有半透明的翅状附属物，无鳞片；叶片大，1～2 回羽状，幼时被棕色黏质腺状长绒毛；叶脉 2 叉分离。孢子囊大，圆球形，大都有柄，裸露，着生于收缩变形的孢子叶的羽片边缘，形成穗状或复穗状的孢子囊穗，孢子囊球圆形。

(1) 紫萁（*Osmunda japonica* Thunb.） 植株高 40～80cm。根状茎直立或成短树干状而稍弯。叶簇生，2 型，直立。叶柄禾秆色，基部膨大，两侧有红棕色至褐色翅状附属物；叶片三角状广卵形，上部 1 回羽状，下部 2 回羽状；羽片对生，以关节与叶轴相连，基部 1 对最大，其余各对向上逐渐缩小；小羽片 4～7 对，无柄，分离，长圆形或长圆披针形，先端稍钝或急尖，向基部稍宽，圆形或近截形，边缘有均匀的细锯齿；叶脉两面明显，2 叉分离；叶为纸质，光滑无毛。孢子叶羽片收缩成狭线形，沿中脉两侧背面密生孢子囊。

9. 瘤足蕨科（Plagiogyriaceae）

根状茎短粗直立，圆柱状，不具毛和鳞片。叶簇生顶端，2 型，叶柄长，基部膨大突起，呈托叶状，腹面扁平，背面中部隆起，两侧各有 1～2 个或成 1 纵列的几个瘤状突起的气囊体；营养叶为 1 回羽状或羽状深裂达叶轴；羽片多对，分离或合生。孢子叶狭小，直立于植株中央，具长柄，羽片收缩成线形；孢子囊群生于叶边，成熟时汇合成片；无囊群盖，为反卷的叶缘所覆盖；孢子囊为水龙骨型，具长柄。

(1) 华东瘤足蕨（*Plagiogyria japonica* Nakai.） 植株高 31～80cm。营养叶柄近四棱形，基部为禾秆色，两侧各有 1～2 对瘤状气囊体；叶片长圆形或卵状披针形，1 回羽状；羽片披针形，下部近对生，向上为互生，基部下侧圆楔形，与叶轴分离，上侧略上延，边缘具疏钝齿或近全缘；中脉隆起，两侧小脉明显，2 叉分枝。孢子叶不高于营养叶，羽片紧缩成线形；孢子囊群着生于小脉顶端，幼时为反卷的叶缘包被。

10. 里白科（Gleicheniaceae）

根状茎长而横走，被鳞片或节状毛。叶1型，有长柄；主轴单一，或2至多回2叉分枝，每一分枝处腋间有一被棕色毛或鳞片或叶状苞片所包裹的休眠芽，其两侧有时有1对篦齿状的托叶。叶下面通常为灰白色或绿色；叶脉多回分叉，每组小脉3～6条。孢子囊群小而圆，盖缺；孢子囊陀螺形，有1条横绕中部的环带。

（1）芒萁（*Dicranopteris dichotoma*（Thunb.）Bernh.） 植株高40～60cm，根状茎细长横走，密被棕褐色毛。叶轴1至2回或多回2叉分枝，各回分叉处的腋间有1个密被锈黄色毛的休眠芽，并有1对托叶状的苞片所包裹；末回羽片篦齿状羽裂几达羽轴；裂片长圆状披针形；叶纸质，下面灰白色或粉绿色，沿中脉及侧脉疏被锈色星状毛。孢子囊群着生于小脉中部，在中脉两侧各排成1行，由5～8个孢子囊组成，无囊群盖。

11. 海金沙科（Lygodiaceae）

陆生攀缘植物。根状茎长而横走，被毛，无鳞片。叶远生或近生，单轴型，为无限生长，沿叶轴相隔一定距离有左右互生的短枝；营养叶尖三角形，2回羽状，小羽片掌状或3裂；孢子叶卵状三角形，小羽片边缘生有2行并行的孢子囊，并构成流苏状孢子囊穗；孢子囊大，梨形，具顶生环带。

（1）海金沙（*Lygodium japonicum*（Thunb.）Sw.） 攀缘植物。根状茎细长，黑褐色。羽片2型，营养叶羽片三角形，2回羽状；孢子叶羽片卵状三角形，小羽片边缘生流苏状孢子囊穗。孢子囊群暗褐色。

12. 碗蕨科（Dennstaedtiaceae）

根状茎匍匐或横走，不具鳞片，被灰白色针状刚毛。叶1型，远生，1至4回羽状分裂；叶柄基部不以关节着生；叶轴上面有纵沟，被毛；叶脉分离，羽状分枝，小羽片或末回裂片偏斜，基部不对称，下侧楔形，上侧耳状突出。孢子囊群圆形，不汇合，单生于小脉顶端；囊群盖连同裂片的锯齿融合成碗状或基部联合成半杯状；孢子囊梨形，环带直立，侧面开裂。

（1）溪洞碗蕨（*Dennstaedtia wilfordii*（Moore）Christ.） 植株高32～50cm。叶近生或远生；柄长12～25cm，基部呈紫色或栗黑色，被棕色节状长毛，向上为红棕色，或淡禾秆色，光滑无毛，有光泽；叶片无毛或近无毛，长20～25cm，宽7～11cm；小裂片边缘浅裂或呈粗齿状；叶脉羽状分叉，每小裂片有1条小脉，不达叶边，先端有明显的纺锤形水囊体；叶薄革质，通体光滑无毛；孢子囊群圆形，着生于小裂片的小脉顶端；囊群盖半盅形，淡绿色，无毛，常向下反卷，形似烟斗。

（2）细毛碗蕨（*D. pilosella*（Hook.）Ching.） 植株稍矮小，高10～24cm。叶近生；柄长5～11cm，柄基部淡禾秆色，无光泽；叶片密被灰棕色长毛，长5～13cm，宽3～4.5cm；叶脉顶端水囊体不明显；羽片下部长2～5cm，宽约1cm；叶革质，遍体密被灰棕色长毛。囊群盖浅碗形，绿色，有毛。

13. 鳞始蕨科（Lindsaeaceae）

陆生或附生。根状茎短而横走，外被红棕色钻状鳞片。叶多为1型，近生或远生，有柄，1至多回羽状分裂，革质，光滑；叶脉分离，小脉2叉分枝，或少有网状，网眼延长

为斜六边形而无内藏小脉。孢子囊群为叶缘生的长形汇合囊群，通常生于几条小脉顶端，位于叶缘或近叶缘；多有囊群盖，囊群盖卵形、杯形或线形；孢子囊为水龙骨型，柄长而纤细，环带纵行。

（1）乌蕨（*Stenoloma chusanum*（L.）Ching.） 植株高 30～70cm。叶柄长 20～25cm，禾秆色至褐禾秆色，有光泽，圆形，上面有沟，基部被鳞片；叶片披针形或长圆状披针形，先端渐尖，基部不变狭，2 至 4 回羽状细裂；羽片互生有短柄，卵状披针形，先端渐尖，基部楔形；叶脉下面明显，在小裂片上为 2 叉分枝；叶厚革质，通体光滑。孢子囊群顶生于小脉上，每裂片 1～2 枚；囊群盖厚纸质，杯形，灰棕色，口部全缘或有点啮蚀状，宿存。

14. 蕨科（Pteridiaceae）

根状茎长而横走，密被锈黄色或栗色的有节长柔毛，无鳞片。叶远生，叶柄长而粗壮，基部无关节；叶片卵形或卵状三角形，2 至多回羽状，革质或近革质，下面略被柔毛；叶脉分离，侧脉通常 2 叉。孢子囊群线形，着生于叶缘内的联结脉上；囊群盖线形，2 层，外层为假囊群盖，为反折变形的膜质叶缘形成，宿存。

（1）蕨（变种）（*Pteridium aquilinum*（L.）Kuhn var. *latiusculum*（Desv.）Undrew.） 根状茎密被黑褐色茸毛。叶柄粗壮，光滑，深禾秆色；3 回羽状或 4 回羽裂；叶近革质，叶片下面近光滑或略有稀疏的茸毛，各回羽轴上面沟内无毛。

（2）毛蕨（*Pteridium revolutum*（Bl.）Nakai.） 根状茎被褐色茸毛。叶柄禾秆色，上面有 1 条纵沟，幼时被茸毛；叶上面光滑，下面密生灰白或浅棕色茸毛，各回羽轴上面沟内有毛。

15. 凤尾蕨科（Pteridaceae）

根状茎直立或斜升，疏生狭鳞片。叶簇生，1 型或近 2 型，1 至 2 回羽状，不细裂，光滑或很少被毛；叶柄禾秆色、栗色或褐色，基部被鳞片；叶脉分离或网状，网眼内无内藏小脉。孢子囊群线形，沿叶缘着生，通常为连续的汇生孢子囊群；囊群盖 1 层，由变形的叶缘反折而成膜质，向内开口。孢子囊有长柄。

（1）蜈蚣草（*P. vittata* L.） 根状茎直立，密被黄褐色、线状披针形鳞片。叶柄长 10～20cm，禾秆色，近基部略被鳞片；叶为 1 回羽状；侧生羽片不分叉，下部的羽片渐缩短，羽片基部浅心形，两侧多少成耳形；营养叶羽片的边缘有细密锯齿。

（2）凤尾蕨（*P. nervosa* Thunb.） 根状茎直立，被黑褐色、披针形鳞片。叶柄长 30～60cm，禾秆色，光滑，上面有 1 条纵沟；叶为 1 回羽状；侧生羽片分叉，上部羽片的基部不下延；营养叶羽片或小羽片边缘有锐尖锯齿。

（3）井栏边草（*P. multifida* Poir.） 根状茎短而直立，顶端有褐色、线状钻形鳞片。叶柄长 15～30cm，禾秆色或带褐色；孢子叶长卵形，1 回羽状，但下部羽片常 2～3 叉，除基部 1 对有柄外，其他各对基部下延，在叶轴两侧形成狭翅。营养叶的羽片或小羽片较宽，边缘有不整齐的尖锯齿。

（4）金钗凤尾蕨（*P. fauriei* Hieron.） 根状茎斜升，连同叶柄基部被线状披针形的褐色鳞片。叶柄长 20～35cm，淡褐禾秆色，光滑；叶为 2 回羽裂，1 型；基部 1 对羽

片和其上面的羽片不同形，其基部有1至数枚篦齿状羽裂的小羽片。

(5) 半边旗（*P. semipinnata* L.） 根状茎横走，顶端及叶柄基部密被黑褐色钻形鳞片。叶柄长20～40cm，连同叶轴为栗色，有四棱；孢子叶2回半边羽状深裂；羽片半三角形，上侧全缘，下侧篦齿状深羽裂几达羽轴；营养叶叶缘全有细锯齿。

16. 中国蕨科（Sinopteridaceae）

常生于石灰岩石缝或旧墙缝中。根状茎短而直立或斜升，外被披针形鳞片。叶簇生，1～3回羽状分裂；叶柄为圆柱形或腹面有纵沟，通常栗色或栗黑色，少为禾秆色，通常光滑；叶1型或近2型，1至3回羽状，卵状三角形或五角形，少为披针形；叶革质或坚纸质，背面被白色或黄色粉末。孢子囊群小，球形，生于近叶缘的小脉顶端，或生于边缘的联结脉上，通常为反卷而变形的、连续或间断的膜质叶缘所包被。

(1) 野雉尾（*Onychium japonicum*（Thunb.）Kze.） 植株高约60cm。根状茎横走，疏生棕色、全缘、披针形鳞片。叶2型，近簇生；叶柄禾秆色；营养叶和孢子叶同形，但裂片较短而狭。营养叶卵状披针形，长20～30cm，宽10～15cm，4～5回羽状深裂。孢子囊群短线形，生于横脉上，成熟时满布裂片下面；囊群盖膜质，灰白色，2片囊群盖宽达中脉，形如荚果状。

(2) 毛轴碎米蕨（*Cheilosoria chusana*（Hook.）Ching.） 植株高15～30cm。根状茎短而直立，有褐棕色、狭披针形鳞片。叶簇生；叶柄和叶轴为栗色或近黑色；叶片披针形，2～3回羽状深裂，厚革质，两面无毛；孢子囊群圆形，着生于侧脉顶端；囊群盖由变形的叶缘反卷而成，膜质。

17. 铁线蕨科（Adiantaceae）

根状茎短而直立，斜升，或细长横走，被棕褐色狭鳞片，且在根状茎上及叶轴基部较密。叶柄、叶轴和各回羽轴均为褐棕色或栗褐色，有光泽，细圆坚硬如铁丝。叶片通常1～4羽状或掌状复叶，多光滑无毛；末回小羽片形状不一，卵形、扇形、团扇状或对开式，边缘有锯齿；叶脉分离，扇状分叉。孢子囊群长圆形，生于叶缘；变形的叶缘向叶背面反折而成假囊群盖。孢子囊球圆形，有长柄。

(1) 铁线蕨（*Adiantum capillus veneris* L.） 根状茎细长而横走，密被棕色披针形鳞片。叶近生；叶柄细，栗黑色，有光泽，基部被鳞片。叶片卵状三角形或长圆形卵状，多为2回羽状；羽片互生，有柄，长圆状卵形，基部1对最大，其余向上各对渐短；小羽片3～4对，斜扇形或斜方形，外缘浅裂，裂片有钝齿，两侧近截形；叶薄革质。孢子囊群长圆形或长肾形，生于变质裂片顶部反折的假囊群盖下面；囊群盖同型，褐色。

(2) 扇叶铁线蕨（*A. flabellulatum* L.） 根状茎短而直立，密被棕色有光泽线状披针形鳞片。叶簇生；叶柄亮紫黑色；叶片扇形至阔卵形，2～3回不对称的2叉分枝；中央的羽片较长，向两侧的较短，小羽片8～15对，扇形或斜方形，上缘及外缘圆形，有细锯齿，下缘成直角形，基部阔楔形；叶厚纸质，叶轴、羽轴及小羽轴均为黑褐色，上面被红棕色的短细毛。孢子囊群椭圆形；假囊群盖圆肾形或长圆形，黑褐色。

18. 裸子蕨科（Hemionitidaceae）

根状茎长而横走，短而直立或斜升，被毛或被栗褐色全缘的狭鳞片。叶柄禾秆色或

栗色；叶簇生，1～3 回羽状；叶脉羽状，分离，或少有在主脉两侧形成网眼。孢子囊群线形，沿小脉两侧延伸，无囊群盖；孢子囊有短柄。

(1) 凤丫蕨（*Coniogramme japonica*（Thunb.）Diels.） 根状茎疏被淡褐色披针形鳞片，叶柄上面有沟，基部疏被鳞片；叶片长圆状三角形，中部以上的羽片或小羽片为狭长披针形，基部圆楔形；中脉两侧通常各有 2～3 行网眼。

(2) 南岳凤丫蕨（*C. centrochinensis* Ching.） 根状茎顶端密被棕色披针形鳞片。叶柄基部被鳞片；叶片阔卵形，同叶柄等长；中部以上的羽片或小羽片为披针形或阔披针形，基部圆形或为不对称的圆形；中脉两侧通常各有 1 行网眼。

19. 书带蕨科（Vittariaceae）

根状茎横走或近直立，被粗筛孔状的鳞片，鳞片褐棕色、披针形、透明。叶近生或簇生，单叶，禾草形，中脉明显，侧脉在叶缘联结成网状。孢子囊群为线形的汇生囊群，无盖。

(1) 书带蕨（*Vittaria flexuosa* Fee） 根状茎密被鳞片；鳞片黑褐色，钻状披针形，透明，有光泽。叶柄极短或几无柄，叶片线形，顶端渐尖，基部渐变狭；中脉表面略下凹，背面稍隆起。孢子囊群长线形，沿叶缘着生，幼时被反卷的叶缘所覆盖，成熟时露出。

20. 蹄盖蕨科（Athyriaceae）

根状茎直立、斜升横卧或细长横走，被棕色卵状披针形鳞片，鳞片为细筛孔状。叶柄上面有纵沟，基部光滑或疏生鳞片；叶片 1 至 4 回羽裂，各回羽轴和主脉上面往往有纵沟，两侧有隆起的狭边，此狭边在各回纵沟相接处成为缺刻，使各沟彼此相通，往往在缺刻下侧有 1 个刺状突起。孢子囊群圆形或长圆形、新月形、马蹄形、线形或顶端常弯过末回小脉的顶端而成钩形，背生或侧生于叶脉上。

(1) 华东蹄盖蕨（*Athyrium nipponicum*（Mett.）Hance） 根状茎顶端被淡红棕色狭披针形鳞片，叶疏生；叶柄基部以上疏生淡棕红色小鳞片；叶片长圆状卵形，顶端急变狭，基部圆楔形；羽片 10～12 对，顶端尾状急尖，下面的最大，有柄；小羽片互生，斜向上，披针形。孢子囊群长而顶端弯曲，往往成马蹄形。

(2) 中华蹄盖蕨（*A. sinense* Rupr.） 根状茎密被褐棕色、卵状披针形的大鳞片。叶簇生；叶柄深禾秆色，基部黑色而膨大，被同样的鳞片；叶片长圆状披针形，基部稍变狭；羽片约 20 对或更多，近无柄。小羽片对生，斜长圆形，锐头，边缘浅裂成锯齿状的小裂片；叶轴、羽轴下面有少数腺毛，孢子囊群长圆形或长形，少数为弯钩形。

(3) 禾秆蹄盖蕨（*A. yokoscense*（Franch. Et Sav.）Christ.） 根状茎顶端有密集成丛的鳞片；鳞片线状披针形，一色（淡绿色）和两色（中间黑棕色、边缘淡棕色）混生。叶簇生；叶柄淡禾秆色，基部被同样的鳞片；叶片长圆形或长圆状披针形，顶端长渐尖，基部不变狭，叶轴和羽轴下面略有线形小鳞片或短粗毛；羽片 10～17 对，无柄，狭披针形，尾渐尖；小羽片长圆形，基部上侧凸起，彼此分离，以狭翅与羽轴合生，尖头，边缘有前伸的粗齿或浅裂。孢子囊群椭圆形或马蹄形。

21. 金星蕨科（Thelypteridaceae）

根状茎直立、斜升或横走，通常疏被毛和鳞片。叶簇生、近生或远生，1型或近2型；叶柄及羽轴有针状毛或星状毛；叶通常长圆状披针形或倒披针形，2回羽裂；羽片披针形或长圆形，羽轴上面常凹陷成纵沟或隆起；叶两面常被单细胞针状毛或分叉毛，叶轴、羽轴和中脉为多；叶脉分离或网状；孢子囊群圆形或长圆形，通常生于小脉中部或近顶端；囊群盖圆肾形或无盖。孢子囊柄长，顶端常有刚毛。

（1）延羽卵果蕨（*Phegopteris decursive pinnata*（van Hall.）Fee.） 根状茎短而直立，密生披针形鳞片，边缘有针状毛。叶簇生，叶柄长约12cm，禾秆色，基部被披针形小鳞片和分枝的毛。叶片狭披针形，长28～50cm，宽5.5～9cm，1～2回羽状裂；羽片狭披针形，基部变阔并沿叶轴以耳状或钝三角形的翅相连；叶脉羽状，侧脉单一，伸达叶边。孢子囊群近圆形，生于小脉顶端，无盖或盖早落。

（2）金星蕨（*Parathelypteris glanduligera*（Kze.）Ching.） 根状茎长而横走，顶端略有披针形鳞片。叶近生，厚革质，背面有橙黄色球形腺体及短柔毛；叶柄长18～32cm，连同叶轴及羽轴疏生，针状毛，叶轴表面有纵沟；叶片披针形，先端渐尖并为羽裂，基部不变狭，2回深羽裂；羽片10～18对，披针形，深羽裂；裂片长钝头或钝尖头，全缘。孢子囊群小，圆形，生于侧脉近顶处，靠近叶边；囊群盖大，圆肾形，有灰白色刚毛。

22. 铁角蕨科（Aspleniaceae）

根状茎外被黑褐色或深棕色粗筛孔状鳞片，网眼大而透明。叶柄绿色或栗色，基部光滑或疏生有粗筛孔鳞片，上面常有1条纵沟；叶片形状变异很大，单叶或多回羽状复叶；末回小羽片或裂片往往为斜方形或不等四边形，基部不对称；叶脉分离，1至多回2叉分枝，不达叶边。孢子囊群线形或长圆形，通常沿小脉上侧单生；囊群盖线形，膜质或纸质，全缘，一边着生于小脉上，另一边开向中脉。

（1）铁角蕨（石林株）（*Asplenium trichomanes* L.） 根状茎短而直立，密生黑褐色、粗筛孔、全缘的狭披针形鳞片。叶簇生，叶柄长3～9cm，粗如细铁丝，栗褐色，有光泽，基部被鳞片，向上连同叶轴有1条纵沟，沟的两侧有1条棕色膜质全缘的狭翅；叶片长线形，先端渐尖，基部略缩狭，1回羽状；羽片排列较疏松，长圆形或卵形，顶端圆，基部为不对称的楔形，边缘有细圆齿。孢子囊群长圆形，生于小脉上侧分枝的中部；囊群盖膜质，全缘。

23. 球子蕨科（Onocleaceae）

根状茎被膜质的卵状披针形至披针形的鳞片。叶簇生或远生，2型。营养叶1回羽状至2回羽状半裂；羽片线状披针形至阔披针形，革质，无柄，互生；孢子叶椭圆形至线形，1回羽状，羽片反卷成荚果状或分离的小球状，深紫色或黑褐色，呈圆柱状或圆球形；叶脉分离，末回小脉顶端常突起成囊托。孢子囊群圆形，着生于囊托上；囊群盖下位或无囊群盖，外被变质而反卷的叶片所包被。孢子囊球圆形，有长柄。

东方荚果蕨（*Matteuccia orientalis*（Hook.）Trev.） 根状茎直立，密被棕色鳞片。叶柄禾秆色，基部向上被与根状茎上同样的鳞片；叶片长圆形，基部不变狭，2回深

羽裂；叶纸质，仅沿叶轴与羽轴疏生狭披针形鳞片。孢子叶与营养叶等高或较矮，叶片1回羽状；羽片斜向上，线形，两侧反卷并包住孢子囊群而成荚果状，深紫色，有光泽，在羽轴与叶边之间形成囊托；孢子囊群圆形，着生于囊托上，成熟时汇合成线形；囊群盖膜质。

24. 乌毛蕨科（Blechnaceae）

根状茎圆柱形，粗壮，密被棕色、全缘、粗筛孔状的鳞片。叶簇生或近生；叶柄基部无关节；叶为1～2回羽裂；叶脉分离，或在羽轴或中轴两侧联结成1～3行网眼，向外的小脉分离。孢子囊群长圆形或长线形，着生于与中脉平行的小脉上，或网眼的外侧边；囊群盖开向羽轴或中脉，很少无盖。

（1）狗脊蕨（*Woodwardia japonica*（L. f.）Sm.）　根状茎直立或斜升。叶柄密被鳞片；叶长圆形或卵状披针形，2回羽裂；羽片6～8对，披针形或线状披针形，基部近对称；裂片略为下先出，三角形，顶端尖，基部下侧缩短成圆耳形，边缘具细锯齿；叶脉上面可见，沿中脉两侧各有矩形网眼1～2行；叶厚纸质或近革质；中脉两侧不生小芽孢。孢子囊群线形，顶端直向前；囊群盖长圆形。

（2）胎生狗脊蕨（*W. prolifera* Hook. et Arn.）　根状茎横走。叶柄基部密被鳞片；叶片卵状长圆形，2回羽状深裂；羽片10对左右，线状披针形，基部不对称；裂片极斜上，上先出，边缘通常在中部以上具细锯齿；叶脉不明显，沿中脉两侧各有1～2行长圆形网眼；叶厚纸质，上面常有许多小芽孢，密被鳞片。孢子囊群近新月形，顶端略向外弯；囊群盖长肾形。

25. 鳞毛蕨科（Dryopteridaceae）

根状茎连同叶柄基部密被鳞片，小羽轴通常也被密生或疏生的鳞片。叶1型，1至多回羽状或羽裂；叶脉羽状，分离或网状，中脉上有阔而深的纵沟，通常被有纤维状小鳞片或披针形鳞片，小脉顶端常有膨大的水囊；叶轴和各回羽轴多少被有鳞片或纤维状鳞毛，上面具深纵沟并且光滑。孢子囊群圆形，背生或顶生于小脉上；囊群盖棕色或褐色。

（1）狭顶鳞毛蕨（*Dryopteris lacera*（Thunb.）O. Ktze.）　根状茎短而直立。叶簇生；沿叶轴和羽轴梳被棕色披针形小鳞片；叶片长圆状披针形，2回羽状，羽片略向上弯曲，羽片2型；营养叶羽片6对左右；小羽片长圆形，基部下侧呈耳形；孢子叶5～7对，显著收缩，顶端渐尖并为羽裂，黄绿色。孢子囊群着生于叶片顶部收缩的羽片上；囊群盖圆肾形。

（2）中华鳞毛蕨（*D. chinensis*（Bsk.）Koiodz.）　根状茎短粗而直立，顶端和叶柄基部密被棕色、披针形小鳞片。叶近簇生；叶柄细弱，基部以上连同叶轴和羽轴疏生披针形鳞片；叶片卵状五角形，3～4回羽裂；羽片三角状披针形，顶端渐尖，基部下侧小羽片明显增大，基部上侧小羽片与叶轴平行；羽轴下面的鳞片平直，不呈泡状。孢子囊群着生于小脉顶端；囊群盖圆肾形。

（3）美丽复叶耳蕨（*Arachniodes amoena*（Ching）Ching）　根状茎长而横走，连同叶柄基部密被深棕色、卵状披针形、有光泽的厚鳞片。叶近生；叶片近五角形，顶端长尾状；侧生羽片基部1对最大，近三角形；小羽片三角状披针形或斜方状长圆形，通常上

侧深裂，下侧浅裂成粗齿或基部斜切；叶厚纸质。孢子囊群圆形，通常着生于小脉顶端。

（4）长尾复叶耳蕨（*A. simplicior*（Markino）Ohwi） 根状茎横卧，连同叶柄基部密被棕色狭披针形或线状钻形鳞片。叶近生；叶片卵状长圆形，顶端尾状；羽片3～5对，基部1对最大，卵形或卵状长圆形，其基部下侧1片小羽片特别长；小羽片三角状长圆形，彼此分离，基部上侧截形并有明显的耳状突起，边缘浅裂且具有短芒刺状锯齿；叶近革质。孢子囊群圆形，着生于小脉近顶端，在中脉两侧各成1行；囊群盖圆肾形。

（5）毛枝蕨（*Leptorumohra miqueliana*（Maxim.）H. Ito） 根状茎横走，被褐色膜质鳞片。叶片卵状五角形，3回羽状裂，羽轴疏被鳞片；叶脉，叶轴，羽轴和小羽轴均被短柔毛；羽片8对，三角状披针形；末回羽片斜方形，浅裂或深裂；叶脉羽状分叉；叶为薄革质，两面均疏生柔毛。孢子囊群圆形，着生于侧脉上，每裂片上通常只有1个；囊群盖圆肾形。

（6）三叉耳蕨（*Polystichum tripteron*（Kze.）Presl） 根状茎直立，连同叶柄基部有卵状披针形棕褐色鳞片。叶柄基部以上禾秆色，直达叶轴和羽轴疏生披针形小鳞片；叶片戟状披针形，三出状；羽片3片，基部有1对羽状的特长羽片，其小羽片与其以上的羽片同为镰刀状披针形，顶端长渐尖，基部不对称，边缘有粗锯齿至羽状浅裂，常有芒状小刺尖。孢子囊群圆形；囊群盖圆盾形，边缘略不整齐。

（7）黑鳞耳蕨（*P. makinoi* Tagawa） 根状茎短而直立，连同叶柄基部有卵状披针形，黑色光亮的大鳞片。叶柄除被棕色大鳞片外，向上直达叶轴和羽轴的下面密被狭披针形和倒向下的钻形鳞片；叶片披针形；羽片20～30对，互生；小羽片镰刀状长圆形或菱形，通常基部上侧截形并有三角形耳状突起，边缘不分裂，有长刺状的齿；叶纸质。孢子囊群圆盾形，生于小脉顶端；囊群盖圆盾形，褐色，全缘，膜质，易脱落。

（8）镰羽贯众（*Cyrtomium balansae*（Christ）C. Chr.） 根状茎直立，顶端密被棕色、阔披针形鳞片。叶片披针形，顶部渐尖并为羽裂；羽片10～15对，互生，略斜向上，近无柄，中部以下的羽片镰刀状披针形，下部的较大，顶端渐尖，基部不对称，上侧呈尖三角状耳形，下侧呈楔形，边缘略具锯齿或中部以上有疏尖齿；叶脉网状，沿中脉两侧各有2行网眼，每网眼内有内藏小脉1～2条。孢子囊群圆形；囊群盖圆盾形，全缘。

（9）贯众（*C. fortunei* J. Sm.） 根状茎短而直立，连同叶柄基部密生黑褐色阔卵状披针形大鳞片。叶簇生；叶片阔披针形或长圆状披针形，1回羽状；羽片10～20对，有短柄，镰刀披针形，顶端长渐尖，基部上侧稍呈耳状突起，下侧圆楔形，边缘有缺刻状细锯齿；叶脉网状，每网眼有内藏小脉1～2条；沿叶轴、羽轴和下面中脉有少数披针形鳞片。孢子囊群圆形，着生于内藏小脉的中部或近顶端；囊群盖圆盾形，棕色，全缘。

26. 肾蕨科（Nephrolepidaceae）

根状茎短而直立或长而横走或从直立根状茎发出细长的匍匐茎；根状茎与叶柄被鳞片。叶1型，簇生；狭长披针形，1回羽状，羽片多数，基部不对称，无柄，以关节着生于叶轴上，边缘有疏齿；叶脉分离，侧脉羽状，几达叶边，小脉先端有明显的水囊体。孢子囊群圆形或圆肾形，着生于小脉顶端；囊群盖圆肾形或肾形。

（1）肾蕨（*Nephrolepis auriculata*（L.）Trimen） 根状茎直立，有粗铁丝状的匍

匐茎，并从匍匐茎的短枝上发出圆形块茎，主轴和块状茎上密被钻状披针形鳞片，匍匐茎、叶柄和叶轴上疏生钻形鳞片。叶片狭披针形，1 回羽状；羽片多数披针形，互生，无柄，以关节着生于叶轴上，叶缘有疏浅的钝锯齿；叶脉明显，侧脉纤细，小脉伸达叶边。孢子囊群着成 1 行位于中脉两侧；囊群盖肾形，无毛。

27. 水龙骨科（Polypodiaceae）

根状茎多数长而横走，少数横卧，具盾状着生的粗筛孔状鳞片。叶柄基部均以关节着生于根状茎上；叶片 1 型或 2 型，单叶至 1 回羽状，通常革质，无毛或被星状毛；叶脉为各式的网状，网眼内通常有分叉的内藏小脉，小脉顶端常有一水囊体。孢子囊群通常为圆形、长形、长圆形或线形；无盖；孢子囊具长柄。

（1）抱石莲（*Lepidogrammitis drymoglossoides*（Bak.）Ching） 小形附生植物，高约 5cm。根状茎长而横走，纤细如铁丝，疏被棕色鳞片。叶 2 型，远生，肉质，无毛；营养叶短小，长圆形、近圆形或倒卵状形；孢子叶叶片较长，倒披针形或舌形；叶脉不明显。孢子囊群圆形，生于叶背中部以上，沿中脉两侧各排成 1 行，分离。

（2）庐山瓦韦（*Lepisorus lewisii*（Bak.）Ching） 植株高 10～15cm。根状茎粗壮而横走，密被黑褐色披针状鳞片。叶近生，线形，顶端锐尖，叶宽 2～3mm，基部两侧下延几达叶柄基部，边缘反卷呈念珠状；中脉两侧稍隆起，侧脉及小脉不明显；叶厚革质，上面光滑，下面沿中轴两侧偶有少数小鳞片。孢子囊群卵圆形或长圆形，位于中脉与叶片之间，常被反卷的叶边覆盖一半，致使叶片的能育部分成念珠状。

（3）瓦韦（*L. thunbergianus*（Kaulf.）Ching） 植株高 15～25cm，根状茎粗壮而横走，密被黑褐色鳞片；鳞片下部卵圆形，向顶部呈长披针形。叶革质；疏生；有短柄；叶片线状披针形，顶端渐尖或锐尖，叶中部最宽约 15 mm，基部渐狭成楔形；主脉不明显。孢子囊群圆形，在中脉和叶缘之间排成 1 行。

（4）卵叶盾蕨（*Neolepisorus ovatus*（Bedd.）Ching） 根状茎横走，密被棕褐色鳞片。叶远生；叶柄疏被灰褐色鳞片；叶片卵状披针形至卵状长圆形或近三角形，顶端渐尖，基部较宽，近圆形至圆楔形，多少下延于叶柄两侧形成狭短翅，全缘或下部有时分裂；侧脉明显。孢子囊群圆形，在中脉两侧排成不整齐的 2 至多行。

（5）石蕨（*Saxiglossum angustissimum*（Gies.）Ching） 根状茎细长而横走，密被红棕色鳞片。叶 1 型，远生；叶片狭线形；中脉上面凹下，下面隆起，小脉网状，沿中脉两侧各有 1 行狭长网眼；叶革质，边缘向下反卷，背面密被黄色星状毛。孢子囊群线形，沿中脉两侧各排 1 行，幼时被反卷的叶片覆盖。

（6）有柄石韦（*Pyrrosia petiolosa*（Christ）Ching） 植株高 5～20cm。根状茎长而横走，如粗铁丝，顶部连同叶柄基部密被棕褐色鳞片。叶 2 型，远生；营养叶矮小，长为孢子叶的 1/2～2/3，有短柄，叶片卵形至长圆形，基部楔形下延；孢子叶的叶柄长为叶片的 2～3 倍，叶片长圆形或长圆披针形，顶端锐尖或钝头，叶片通常内卷，几成圆筒形；叶脉不明显；叶厚革质，上面有排列整齐的小凹点，背面密被灰棕色星状毛。孢子囊群深棕色，成熟时满布于叶片背面。

（7）石韦（*P. lingua*（Thunb.）Farwell） 植株高 10～30cm。根状茎长而横走，

密被褐色鳞片。叶近2型，远生；叶柄深绿色，稍呈四棱并有浅沟；营养叶和孢子叶同形或略较短而宽阔；叶片披针形至长圆状披针形，不内卷，顶端渐尖，基部渐狭并下延于叶柄；背面侧脉略隆起。孢子囊群在侧脉间紧密而整齐地排列，幼时为密星芒状毛所包被，无盖。

(8) 庐山石韦（*P. sheareri*（Bak.）Ching） 植株高20～60cm。根状茎粗壮，横走，密被黄棕色披针形鳞片。叶1型，簇生；叶柄粗壮，基部密被鳞片，向上疏被星状毛，深禾秆色；叶片椭圆状披针形，近基部最宽，为不对称的圆耳形；叶上面几无毛，下面被厚层星状毛。孢子囊群小，圆形，满布于叶片下面，在侧脉间排列成多行，幼时密被星芒状毛；无盖。

(9) 金鸡脚（*Phymatopsis hastate*（Thumb.）Kitagawa） 植株高10～30cm。根状茎细长，密被红棕色鳞片。叶疏生；叶柄纤细；叶片通常为指状3裂，少有单叶或2～5裂；裂片披针形，边缘有软骨质狭边，全缘或略呈波状，或有细浅钝齿；叶厚纸质，两面无毛，下面略呈灰白色。孢子囊群圆形，沿中脉两侧各排成整齐的1行。

(10) 江南星蕨（*Microsorium fortunei*（Moore）Ching） 植株高25～70cm。根状茎长而横走，顶部被棕色鳞片。叶1型，远生；叶柄淡褐色，有纵沟；叶片线状披针形，顶端长渐尖，基部下延于叶柄而成狭翅，全缘；叶脉网状，网眼内有分叉的内藏小脉，顶端有水囊体；叶厚纸质。孢子囊群大，圆形，橙黄色，沿中脉两侧排成较整齐的1行或不规则的2行；无盖。

(11) 水龙骨（*Polypodiodes nipponicum*（Mett.）Ching） 植株高15～40cm。根状茎长而横走，灰白色或灰绿色，常被白粉，仅顶部疏被棕褐色鳞片。叶柄基部疏被鳞片；叶远生，薄纸质或革质，两面密生灰白色钩状柔毛，长圆状披针形，顶端短渐尖，羽状深裂几达叶轴；叶脉网状，沿中脉两侧各有1行网眼，网眼内有内藏小脉1条。孢子生于内藏小脉的顶端，在中脉两侧各排成整齐的1行；无盖。

(12) 中华水龙骨（*P. pseudoamoenum*（Ching）Ching） 植株高20～50cm。根状茎长而横走，密被褐色鳞片。叶疏生；叶柄基部密被鳞片；叶片长圆形或阔披针形，顶端尾状；叶脉明显，沿中脉两侧各有1行网眼，网眼伸达近叶边；叶革质，上面光滑，下面仅沿中脉和叶轴疏生小鳞片。孢子囊群小，圆形，着生于网眼内的小脉顶端，较近中脉，通常稍陷于叶肉中。

28. 蘋科（Marsileaceae）

浅水生或湿生植物。根状茎细长而横走。营养叶为线形单叶，或2～4片小叶对生于长叶柄的顶端，飘浮于水面；孢子叶特化为球形或椭圆状球形的孢子果，生于营养叶柄的基部，内生孢子囊。孢子囊2型。

蘋（*Marsilea quadrifolia* L.） 多年生水生草木。植株高5～25cm。根状茎细长，匍匐，有分枝。茎节向上生有1至数枚营养叶；叶柄5～25cm，顶生倒三角形小叶4片，小叶排成十字形，漂浮或挺出水面。孢子果卵圆形，坚实，长2～4mm，有棕褐色斑点，1～3枚着生于叶柄基部的短柄上。

29. 槐叶蘋科（Salviniaceae）

小形水生漂浮植物。茎细长横走，褐色，被毛，无真正的根。叶 3 片轮生，排成 3 列，上面的 2 列浮于水面，为正常的叶，叶形如槐叶，长圆形，绿色，全缘，上面密被乳头状突起，中脉略显；下面有 1 列特化为细裂的须根状，悬垂水中，其基部簇生孢子果。

槐叶蘋（*Saivinia natans*（L.）All.） 漂浮植物，茎细长而横走，被褐色短毛，有分枝，无根。叶有短柄，3 叶轮生，漂浮于水面的叶形如槐叶，长圆形至椭圆形，长 8～15mm，顶端钝圆，基部略呈心形；沉水叶细裂成须根状，悬垂于水中，被细毛。孢子囊果簇生于沉水叶的基部。

30. 满江红科（Azollaceae）

小型漂浮草本植物。根状茎纤细。叶微小，鳞片状，2 列，互生，其下有悬垂于水中的须根。每叶有上下 2 裂片，上裂片浮水而覆盖根状茎，下裂片沉水中。孢子果有大小 2 型，成对着生于沉水裂片上。

满江红（*Azolla imbricate*（Roxb.）Nakai） 植株圆形或三角形，直径近 1cm。根状茎羽状分枝，须根纤细。叶互生，覆瓦状排成 2 列，无柄，近长方形或卵形，长约 1mm；叶 2 裂，上裂片肉质，绿色，秋后变红紫色，上面密生乳头状突起，下裂片透明膜质，沉没水中。

四、裸子植物（Gymnospermae）

乔木、灌木、罕为藤本；叶多为鳞片形、线形、椭圆形、披针形罕为扇形；花单性，罕两性，胚珠裸露，不为子房所包被；种子有胚乳，胚直生，子叶 1 至多数。

1. 苏铁科（Cycadacease）

乔木，茎通常不分枝或很少分枝；叶 2 种，主茎上为鳞片状叶，茎端为羽状叶；雌雄异株，各成大头状花序，无花被；种子核果状，有肉质外果皮，内有胚乳，子叶 2 枚。

苏铁（*Cycas revolata* Thunb.） 常绿乔木，茎不分枝；磷叶三角状卵形；羽状叶厚革质而坚硬，羽片条形，边缘反卷；小孢子叶窄楔形；种子熟时红色。本省栽培。

2. 银杏科（Ginkgoaceae）

落叶乔木，多分枝、单叶扇形，具长柄，叶脉 2 叉分枝；雌雄异株；种子核果状，外种皮肉质。

银杏（*Ginkgo biloba* L.） 落叶乔木，具长枝和短枝，叶扇形，具柄，长枝上互生，短枝上簇生，具 2 分叉脉序，雌雄异株，雄球花柔荑状，雌球花具长柄，顶端分为 2 叉，叉端各为一膨大的珠领，精子具有纤毛，种子球形，种皮 3 层。本省普遍栽培。

3. 南洋杉科（Araucariaceae）

乔木，落叶或常绿，大枝轮生；叶螺旋状互生，很少 2 列状，披针形、针形或鳞形；雌雄异株，稀同株。

异叶南洋杉（*Araucaria heterophyllu*（Salish.）Franco.） 常绿乔木，树冠塔形。叶钻形，叶面具多条气孔线和白粉。雄球花单生枝顶，圆柱形。球果近圆形，苞鳞刺状，种子椭圆形，两侧具宽翅。本省栽培。

4. 松科（Pinaceae）

乔木，多数常绿，叶多为针形或条形，雌雄同株，珠鳞、苞鳞离生，种子通常具翅。

（1）日本冷杉（*Abies firma* S. et. Z.） 常绿乔木，树冠幼时尖塔形，老树广卵状圆形。叶条形，幼树或徒长枝的叶先端成 2 叉状，果枝上的叶先端钝或微凹。球果圆筒形，苞鳞外露，先端有三角状尖头。本省栽培。

（2）华东黄杉（*Pseudotsuga gaussenii* Flous.） 常绿乔木；小枝淡黄灰色，主枝常无毛，侧枝密生褐色毛。叶条形、扁平。球果下垂，卵圆形或圆锥状卵圆形；种鳞肾形或肾状菱形，基部两侧无凹缺，鳞背露出部分无毛；苞鳞长而外露，露出部分向后反伸，中裂窄三角形，渐尖，侧裂三角状，先端尖或钝；种子三角状卵圆形，种翅与种子近等长。多生于海拔 900～1600m 的山坡谷地。

（3）南方铁杉（*Tsuga chinensis* var. *tchekiangensis*（Flous.）Cheng et L. K. Fu） 常绿乔木，树冠塔形；叶条形，2 列状排列，先端有凹缺，下面沿中脉两侧有白色气孔带；雄球花单生叶腋，花粉无气囊；雌球花单生侧枝顶端，珠鳞大于苞鳞。球果下垂，有短梗，卵圆形或长卵圆形，种子连同种翅短于种鳞。多沿沟谷生长。

（4）金钱松（*Pseudolarix kaempferi*（Lindi.）Gord.） 落叶乔木，叶条形，扁平而柔软，长枝上螺旋状散生，在短枝上簇生、轮状平展，其状如钱，秋季叶呈金黄色。雌雄同株，雄球花簇生，雌球花单生，苞鳞大于珠鳞；球果直立，卵圆形，具短梗；种子卵圆形。垂直分布于海拔 340～800m 处。

（5）雪松（*Cedrus deodara*（Roxb.）G. Don） 常绿乔木，叶针形，在长枝上螺旋状散生，短枝上簇生，雌雄同株，球果直立，成熟的种鳞与种子脱落，种子上端具倒三角形种翅。本省普遍栽培。

（6）华山松（*Pinus armandii* Franch.） 常绿乔木，叶针形，5 针 1 束，球果成熟时种鳞张开，种子脱落，种脐顶生，种子无翅。本省引种栽培。

（7）大别山五针松（*P. dabeshanensis* Cheng et Law） 乔木，树冠尖塔形；叶 5 针 1 束，叶鞘早落；球果圆柱状椭圆形，熟时种鳞张开，鳞盾边缘明显向外反卷；种子倒卵状椭圆形，具极短木质翅，种皮薄。垂直分布于海拔 700～1350m 处。

（8）黄山松（*P. taiwanensis* Hayata） 乔木，叶 2 针 1 束，球果卵圆形，近无梗，熟时栗褐色，宿存不脱落，鳞盾稍肥厚隆起，横脊明显，鳞脐具短刺；种子具长种翅。本省大别山区海拔 600m 以上、皖南山区海拔 700m 以上山区。

5. 杉科（Taxodiaceae）

乔木，常绿或落叶；叶螺旋状排列，球花单性，同株，珠鳞和苞鳞半合生；种子具翅。

（1）杉木（*Cunninghamia lanceolata*（Lamb.）Hook.） 常绿乔木树种；树冠尖塔形。叶披针形，革质，先端急尖，下面沿中脉两侧有白色气孔带。球果卵圆形；苞鳞三角状卵形，先端刺状尖头；种鳞小，先端 3 裂，腹面生 3 粒种子。产本省淮河以南各地。

（2）柳杉（*Cryptomeria fortunei* Hooibrenk ex Otto et Dietr.） 常绿乔木，叶锥形，叶先端向内弯曲，球果圆球形，苞鳞尖头和种鳞先端的齿牙均较短，每种鳞 2 粒种

子；种子三角状长圆形。分布皖南各地。

(3) 水杉 (*Metasequoia glyptostroboides* Hu et Cheng) 乔木，叶条形扁平，上面中脉凹下，下面隆起，每侧具 4～8 条气孔线，球果近圆球形，种子倒卵形。本省各地普遍栽培。

6. 柏科 (Cupressaceae)

常绿或落叶，叶对生或轮生，珠鳞和苞鳞完全合生，球果成熟开裂或合生成浆果状。

(1) 侧柏 (*Platycladus orientalis* (Linn.) Franco) 乔木，小枝扁平，鳞叶小，背面有腺点；球果成熟后木质、开裂；种子无翅。本省广泛栽培。

(2) 柏木 (*Cupressus funebris* Endl.) 常绿乔木；叶鳞形，交互对生，或生于幼苗上或老树壮枝上的叶刺形；球果球形，熟时种鳞木质，开裂；种子有翅；子叶 2～5 枚。分布本省皖南一带的沟谷。

(3) 绿干柏 (*C. arizonica* Greene) 乔木，大枝斜向上伸展，不下垂，生鳞叶小枝四棱形或近四棱形；鳞叶蓝绿色，背面具纵脊，中部具明显的长圆形腺体；球果近圆球形；种子倒卵形，周围具窄翅。本省普遍栽培。

(4) 圆柏 (*Sabina chinensis* (L.) Antoine (Juniperus chensis L.)) 常绿乔木，叶 2 型，鳞叶先端钝或稍尖，背面近中部有椭圆形微凹的腺体；刺形叶披针形，3 叶轮生；球果翌年成熟，种子 2～4 粒。本省广泛栽培。

(5) 刺柏 (*Juniperus formosana* Hayata) 乔木，叶刺形、轮生，球果成熟时淡红色，不开裂，有白粉，种子 3 粒，无种翅。多生于坡地、山脊或沟谷两侧疏林中。

7. 三尖杉科 (Cephalotaxaceae)

小枝对生，叶两面中脉隆起，雄球花集成头状；胚珠具瓶状珠被，珠被发育成肉质外种皮。

(1) 三尖杉 (*Cephalotaxus fortune* Hook. f.) 乔木，叶条状披针形，长 5～12cm，微呈弯镰形，先端长渐尖，基部楔形或宽楔形，叶下具 2 条明显的气孔带。产皖南山区、大别山区，垂直分布于海拔 200～900m 地带。

(2) 粗榧 (*C. sinesis* (Rehd. Et Wils.) Li) 小乔木或灌木，叶条状披针形，长 2～5cm，直伸，先端微突尖或渐尖，基部圆或圆截形。本省海拔 500m 以下山地常见。

8. 红豆杉科 (Taxaceae)

常绿，叶披针形、交互对生或螺旋排列，雌雄异株，花粉无气囊，假种皮肉质。

(1) 红豆杉 (*Taxus chinensis* (Pilger) Rehd.) 乔木，叶条形，较短，微呈镰状或直伸，长 1.2～2cm，宽 2～4cm，先端微急尖，下面中脉上密生均匀、微小、圆形、角质、乳头状的突起点，中脉带色泽与气孔带相同；种子卵形，稀倒卵形。多生于海拔 1000～1500m 的沟谷两侧疏林中。

(2) 香榧 (*Torreya grandis* Fort.) 常绿乔木，叶条形，直伸，坚硬，叶背中脉两侧有 2 条与中脉等宽的黄色气孔带，种子胚乳周围内向微皱。在黄山分布于海拔 200～1500m 地带。

五、被子植物 Angiospermae

木本或草本，植物地上器官通常具显著的茎秆，开花并结果，胚珠包藏于子房内形成果实；种子进行繁殖。

1. 杨梅科（Myricaceae）

常绿或落叶，乔木或灌木；芽小，具芽鳞；单叶互生，羽状脉；花单性，无花被，雌雄异株或同株；核果；种子具膜质种皮。

（1）杨梅（*Myrica rubra*（Lour.）Sieb. et Zucc.） 常绿乔木；树皮灰色，纵向浅裂；小枝无毛；叶薄革质，两面无毛，长具稀疏的金黄色树脂腺体；花单性，雌雄异株，雌花序单生或簇生于叶腋，雄花序单生叶腋；核果球状。分布皖南祁门、休宁、歙县、广德等地。

2. 胡桃科（Juglandaceae）

落叶乔木或小乔木；叶互生稀对生，羽状复叶，无托叶；花单性，雌雄同株，雄花序为下垂的柔荑花序，雌花序穗状，子房下位；核果或带翅坚果，种子具膜质的种皮，无胚乳。

（1）枫杨（*Pterocarya stenoptera* C. DC） 乔木，冬芽裸露，常数个叠生；偶数羽状复叶，稀奇数，叶轴具翅，小叶无柄。花单性同株，雄柔荑花序单生叶腋，雌柔荑花序顶生；坚果长椭圆形，具 2 枚斜展翅。广泛分布本省各地。

（2）华西枫杨（*P. insignis* Rehd. et Wils.） 乔木，冬芽单生具 3 枚披针形芽鳞；奇数羽状复叶，叶轴无翅，小叶具柄；雄柔荑花序，雌柔荑花序单生顶端；坚果纺锤状陀螺形，两侧具宽卵圆形果翅。分布于绩溪清凉峰。

（3）青钱柳（*Cyclocarya paliurus*（Batal.）I. jinsk.） 乔木，树皮灰色，光滑。奇数羽状复叶，叶轴被短柔毛，雄柔荑花序数枚成 1 束；坚果扁球形，被柔毛，周围具革质圆盘状的翅。分布于皖南黄山、歙县、绩溪清凉峰、祁门、石台、休宁、青阳、黟县、宣城及大别山区。

（4）华东野核桃（*Juglans cathayensis* Dode var. *formasana*（Hayata）A. M. Lu et R. H. Chang） 落叶乔木，高达 25m，树皮灰褐色纵裂；叶互生，羽状复叶，小叶卵形，卵状长圆形，先端渐尖，基部圆，近心形；雄柔荑花序，雌花序穗状；核果圆球形，有 6～8 条纵痕和钝脊的沟纹。分布于皖南山区及大别山区。

（5）化香（*Platycarya strobilacea* Sieb. et Zucc.） 落叶小乔木，树皮纵深裂，暗灰色；奇数羽状复叶互生，小叶薄革质，顶端长渐尖，边缘有重锯齿，基部阔楔形，稍偏斜；雌雄同为穗状花序，直立；果序球果状，长椭圆形，暗褐色；坚果小扁平，有 2 枚狭翅。分布本省各地。

（6）山核桃（*Carya cathayensis* Sarg.） 落叶乔木；叶背面及外果皮外表均密被锈黄色腺体；果实倒卵形或近球形。分布皖南山区黄山、休宁县、歙县、绩溪、太平、黟县等地。

3. 杨柳科（Salicaceae）

落叶乔木或灌木。单叶，互生，稀对生。有托叶，常早落。花单性，雌雄异株，排成下垂或直立的柔荑花序。无花被。蒴果2～4瓣裂；种子多数，基部围有白色丝状长毛。无胚乳。

(1) 响叶杨（*Populus adenopoda* Maxim.） 乔木，小枝有柔毛，老枝无毛；叶卵形，顶端渐尖，边缘锯齿内弯有腺体，背面幼时密生短绒毛；叶柄顶端有1对显著的腺体；托叶线形，早落。雄花序苞片边缘有长睫毛；雌花序花轴密生短柔毛，子房长卵形，柱头4裂。蒴果卵圆形，2裂，有短柄。分布江淮丘陵、大别山区及皖南山区。

(2) 小叶杨（*P. simonii* Carr.） 落叶乔木，树皮幼时灰绿、光滑，老时暗灰、纵裂。小枝红褐或黄褐色，具棱，叶菱状椭圆形，先端短渐尖，基部楔形，缘具细钝锯齿，两面光滑无毛，雌雄异株，雌雄花均为柔荑花序，蒴果小，无毛，2～3瓣裂。分布淮北、江淮丘陵及皖南低山丘陵地区。

(3) 旱柳（*Salix matsudana* Koidz.） 落叶乔木，树冠倒卵形，小枝直立或斜展；叶互生，披针形或线状披针形，先端渐长尖，基部圆形或楔形，无毛，细锯齿。雄蕊2，花丝分离，基部有长柔毛，腺体2。雌花腺体2。蒴果。分布全省各地。

(4) 垂柳（*S. babyconica* Linn.） 乔木，小枝细长下垂，淡黄褐色。叶互生，披针形或条状披针形，先端渐长尖，基部楔形，无毛或幼叶微有毛，具细锯齿，托叶披针形。雄蕊2，花丝分离，花药黄色，腺体2。雌花子房无柄，腺体1；蒴果，2瓣裂。分布全省各地。

(5) 皂柳（*S. wallichiana* Anders.） 灌木或小乔木，叶互生，长椭圆形或倒卵状椭圆形，下面被平伏柔毛；雄蕊2，花丝基部疏生柔毛，腺体1；子房条状长圆形，具长梗，密被灰色绒毛，花柱短柱头2裂；蒴果，被柔毛。分布舒城小涧冲、潜山天柱山、岳西、金寨白马寨、六安等地。

(6) 杞柳（*S. purpurea* C. Wang et Ch. Y. Yang） 落叶灌木。小枝淡黄色或淡红色；冬芽无毛；叶对生或近对生，椭圆状披针形，先端短渐尖，基部圆形，边缘细锯齿，两面无毛；叶柄短或近无柄；花序基部有小叶；苞片倒卵形，黑褐色，有柔毛；腺体1，腹生；雄蕊2，花丝合生，无毛；子房长卵形，有柔毛，几无柄，花柱短，柱头2～4裂；蒴果，有毛。分布淮北地区。

(7) 银叶柳（*S. chienii* Cheng） 灌木或小乔木；幼枝被柔毛；叶长椭圆形，表面暗绿色，尖端尖或圆钝，基部圆或宽楔形，边缘有细锯齿，叶柄短，有绢状毛；雄蕊2，花丝中下部有柔毛；有背、腹腺；子房卵形，密被柔毛，花柱较长，2深裂，柱头2裂；仅有腹腺；蒴果。分布淮河流域以南各地。

(8) 簸箕柳（*S. suchowensis* Cheng） 灌木，枝条无毛，黄绿色或带紫色；叶互生，披针形或倒披针形，下面苍白色，边缘有细腺齿；雌雄异株，柔荑花序；蒴果有毛。分布淮北及江淮地区。

(9) 腺柳（*S. chaenomeloides* Kimura） 乔木，幼枝红褐色，有光泽，无毛；叶椭圆形或椭圆状披针形，边缘有腺状锯齿，叶柄顶端有腺体，托叶大而显著。柔荑花序细长而下垂；蒴果卵形，2瓣裂无毛。分布本省南北各地。

(10) 紫柳（*S. wilsonii* Seem.） 落叶灌木，枝条较密，植株半球形；叶片细小，呈细纺锤形，绿色而平滑；雄花序疏生花；雌花腺体2；蒴果卵状椭圆形，无毛，2瓣裂。分布霍山、舒城小涧冲、黄山、贵池、太平、绩溪等地。

(11) 南川柳（*S. rosthornii* Seem.） 落叶乔木，叶椭圆状披针形，先端渐尖，基部楔形，边缘有细腺齿，托叶卵形有腺齿早落；蒴果卵形，2列。分布滁县、大别山区及皖南地区平原、丘陵及低山。

4. 桦木科（Betulacea）

木本，单叶互生，托叶离生，早落，稀宿存；雄花序为下垂的柔荑花序，雌花序为穗状，坚果。

(1) 亮叶桦（*Betula luminifera* H. Winkl.） 落叶乔木，树皮淡黄褐色，老则呈暗黄灰色或红褐色，光滑不裂，树皮及枝皮有香气；叶卵形、长卵形或矩圆形，基部圆形；果序单生，圆柱形，果翅较小，坚果。分布皖南山区和大别山。

(2) 江南桤木（*Alnus trabeculosa* Hand. -Mazz.） 乔木，叶椭圆性、矩圆形或倒卵状矩圆形，先端尖锐、渐尖或尾尖，基部圆形或微心形，边缘具不规则疏锯齿，叶柄无毛疏生柔毛；坚果小宽卵形，果翅厚纸质，极窄。分布大别山、皖南山区及江淮丘陵。

(3) 川榛（*Corylus heterophylla* Fisch. ex Trautv. var. *sutchuenensis* Franch.） 落叶灌木或小乔木，小枝黄褐色，密被短柔毛，老枝无毛；叶长圆形至宽卵形，先端圆，叶柄被短柔毛。分布皖南山区及大别山。

(4) 华千金榆（*Carpinus cordata* Bl. var. *chinensis* Franch.） 乔木，叶椭圆状卵形至卵形，果苞两侧对称，中脉位于近中央，在序轴上呈覆瓦状排列，且较紧密，外侧基部无裂片，内侧的基部具一矩圆形内折的裂片，全部遮盖着小坚果。分布皖南山区。

(5) 鹅耳枥（*C. turczaninowii* Hance） 小乔木，叶卵菱形，具毛；果苞的内缘近全缘，具1枚内折短裂片，外缘具不规则锯齿，卵形小坚果。分布淮北、大别山区。

(6) 铁木（*Ostrya japonica* Sarg.） 乔木，树皮灰褐色或暗灰色，具鳞片状纵裂片；叶椭圆形，卵形或卵状披针形，下面沿脉具柔毛和腺帽，脉腋有簇生毛；坚果卵圆形，具数肋，无毛。分布大别山北坡。

5. 壳斗科（Fagaceae）

木本，单叶互生，雌雄同株，雄花序为柔荑花序，雌花1～3朵簇生，坚果被壳斗状的总苞半包或全包。

(1) 水青冈（*Fagus longipetiolata* Seem.） 乔木，叶厚纸质，边缘有疏锯齿，侧脉9～14对；苞片幼时线形，老时扁压常弯曲成S形，总梗长1.5～7cm，上部增粗。产于皖南地区，生于海拔500～900m处。

(2) 米心水青冈（*F. engleriana* Seem.） 乔木，叶纸质，菱形或卵状披针形，边缘具波状圆齿，稀近全缘或具疏小锯齿；成熟总苞异形，在基部的为窄匙形，有时顶端2裂，具明显的脉，上部的扁线形，顶部的针刺形，通常有分枝，果熟后下垂；每一总苞内有坚果2个，偶有3个，坚果与总苞近等长或略伸出，在棱脊顶端有细小的三角形小翅。分布皖南西南部，海拔800～1700m的阳坡。

(3) 光叶水青冈（*F. lucida* Rehd. Wils.） 乔木；叶纸质，边缘有齿牙状疏锯齿，齿间弯拱，侧脉 10～11 对；苞片三角形瘤状突起，总梗短，上部不增粗。生于海拔 1350m 以下的山林。

（4）板栗（*Castanea mollissima* Blume） 落叶乔木；叶背具毛；雌雄同株，雄花序穗状直立，雌花 2～3 朵簇生于雄花序基部的总苞内，壳斗球形，坚果 2 个半球形。分布淮河流域以南。

（5）茅栗（*C. seguinii* Dode） 落叶乔木；叶长椭圆形或倒卵状长椭圆形，先端渐尖，边缘有疏锯齿，下面具腺鳞；托叶两面有毛；总苞球形，内有坚果 2～3 枚。分布皖南各县。

（6）锥栗（*C. henryi*（Skam）Rehd. et Wils.） 落叶乔木，叶互生，披针形至卵状披针形，顶端渐尖，基圆形或楔形，两面均无毛；总苞球形，内有坚果 1 枚，卵形。分布皖南地区，生于海拔 800m 以下。

（7）甜槠（*Castanopsis eyrei*（Champ.）Tutch.） 乔木；叶基部明显歪斜，全缘或先端有 1～5 对锯齿，全部无毛；总苞熟时 3 瓣裂，苞片为分枝或不分枝的短刺，基部合生成束或单生，疏生，内有坚果 1 枚。产于皖南宣城县以南。

（8）苦槠（*C. sclerophylla*（Lindl.）Schott.） 乔木；叶椭圆状披针形或卵状披针形，边缘中部以上有粗锯齿，下面被银灰色鳞片；总苞近球形，熟时不规则开裂；苞片瘤状突起，排成 4～6 环带，密被灰褐色绒毛；坚果单生。生于海拔 120～900m 向阳山地。

（9）青冈栎（*Cyclobalanopsis glauca*（Thunb.）Oerst.） 乔木；叶上面无毛，下面粉白色，有贴白色毛；总苞碗状，包围坚果 1/3～1/2；苞片合生成 5～8 条环带，环带上缘全缘或有细齿缺，被微柔毛；坚果卵圆形；果脐平。

（10）乌冈栎（*Quercus phillyraeoides* A. G） 常绿灌木或小乔木；叶卵状椭圆形或倒卵状椭圆形，顶端钝或短渐尖，基部圆形或近心形，边缘 1/4 以上有波状小锯齿，幼时两面有毛，老时仅背面中脉基部有绒毛，侧脉纤细，6～8 对；叶柄被柔毛；总苞碗形，包围坚果 1/3～1/2，内壁有灰色丝质绒毛；苞片宽卵形，顶部收缩成 1 小钝头，除钝头外均有灰色细绒毛；坚果卵状椭圆形至长椭圆形，果脐凸起。生于海拔 800～1000m。

（11）栓皮栎（*Q. variabilis* Blume） 落叶乔木，黑褐色树皮，叶背面具白毛，叶披针形，壳斗杯状，包坚果 2/3 以上，坚果球形，果脐隆起。生于向阳山坡。

（12）麻栎（*Q. acutissima* Carruth.） 落叶乔木，叶长椭圆状披针形，壳斗杯形，苞片披针形，有白色绒毛，坚果卵球形至长卵形，果脐突起。生于海拔 1000m 以下的落叶阔叶混交林内。

（13）小叶栎（*Q. chenii* Nakai） 落叶乔木；叶披针形至卵状披针形，先端渐尖，基部圆形或宽楔形，边缘有刺芒状锯齿；总苞半球形；总苞上部苞片条形，下部苞片卵状披针形；坚果椭圆形；果脐隆起。生于海拔 700m 以下的低山丘陵地带。

（14）槲栎（*Q. aliena* BL.） 高大落叶乔木，叶长椭圆状，背面具白毛，叶脉隆起，壳斗杯形，包坚果 1/2，苞片小，不弯曲。生于低山丘陵。

（15）白栎（*Q. fabri* Hance） 落叶乔木；叶倒卵形至倒卵状椭圆形，顶端钝或圆，基部楔形至窄圆形，缘有波状粗钝齿，背面灰白色，密被星状毛；总苞碗状；苞片披针形，排列紧密；坚果长椭圆形，果脐隆起。生于海拔 800m 以下的低山地带。

6. 榆科（Ulmaceae）

乔木或灌木；单叶互生，常 2 列；托叶膜质，早落；花两性、单性或杂性，雌雄异株或同株，单生或簇生聚伞花序，无花瓣，花被钟形常 4～5 裂；雄蕊常与花被裂片同数而对生；雌蕊由 2 心皮连合而成，子房上位，1 室，胚珠 1；翅果、核果或小坚果。

（1）光叶榉（*Zelkova serrata*） 乔木；叶柄被短柔毛；叶卵形或长椭圆形，先端渐尖或尾尖，基部圆形至浅心形，边缘具锐尖内弯锯齿，叶下无毛；核果卵形，顶端不偏斜。生于海拔 400～1200m 的山坡沟谷两侧阔叶林中。

（2）杭州榆（*Ulmus changii* Cheng） 落叶乔木；叶面幼时有平伏毛，老时无毛而平滑，或有微凸起的毛迹而较粗糙，叶背无毛或脉上有毛，边缘常具单锯齿；叶柄上面有毛；花在上一年生枝上排成簇状聚伞花序；翅果全被疏毛，果核部分位于翅果的中部。

（3）醉翁榆（*U. gaussenii* Cheng） 落叶乔木，小枝密被柔毛，两侧常具较厚的木栓翅；叶先端钝或短尖，基部偏斜，边缘具单锯齿，两面密被短硬毛；花先叶开放，生于上一年生枝条叶腋，成簇生状聚伞花序，具短梗，花钟形，密被锈色毛；翅果圆形或近圆形被柔毛，先端具封闭的凹缺，果核位于翅果中部。生于海拔 70m 左右，多沿溪涧沟谷生长。

（4）大果榆（*U. macrocarpa* Hance.） 落叶乔木，小枝常有 2 条规则的木栓翅；叶倒卵形或椭圆形，先端短尾尖或骤凸尖，边缘有重锯齿，质地粗厚，上下两面有短硬毛；聚散花序生于上一年生枝条的叶腋或苞腋；翅果大，有毛；果核位于翅果中部。生于石灰岩山地落叶阔叶林中。

（5）兴山榆（*U. bergmanniana* Schneid. var. *bergmanniana*） 落叶乔木，小枝无木栓翅，芽鳞背面的露出部分及边缘无毛；叶先端尾状渐尖或尾状，边缘具重锯齿，侧脉 12～23 对；花 5～9 簇生；翅果无毛。生于海拔 800～1300m 的山谷两侧阔叶林中或林缘。

（6）榆树（*U. pumila* L.） 落叶乔木，芽鳞被白色柔毛；叶先端渐尖或骤凸，基部圆或楔形；边缘具单锯齿，两面无毛或下面脉腋有簇生毛；侧脉 9～14 对；簇生状聚伞花序，生于上一年生枝的叶腋，有短梗；翅果近圆形，无毛，顶端有凹缺；果核位于翅果中部或中上部。生于海拔 500m 以下。

（7）琅玡榆（*U. chenmoui* Cheng） 落叶乔木，芽鳞被毛；叶先端尾尖或突渐尖，基部偏斜，楔形至心形，边缘具重锯齿及单锯齿，上面微被毛，粗糙，下面密被绢毛；春季先叶开花，在上一年生枝叶腋排成簇状聚伞花序；翅果两面及边缘疏被柔毛，果核位于翅果顶部上端接近缺口，被短毛。生于海拔 100～200m 的山地落叶阔叶林中。

（8）春榆（*U. davidiana* Planch. var. *japonica*（Rehd.）Nakai） 叶先端突短尖，基部宽楔形，歪斜，边缘具重锯齿，侧脉 14～20 对，上面具短毛迹，粗糙，下面被灰白色硬毛，沿脉较密；簇生状聚伞花序，具短花梗；翅果倒卵形，仅顶部弯缺处微被毛，果核部分接近缺口。生于海拔 1000m 以下山谷、溪边、河旁、地丘及平原。

（9）红果榆（*U. szechuanica* Fang） 落叶乔木；叶先端急尖或渐尖，基部偏斜，边

缘具重锯齿，两面无毛或仅下面脉腋具簇生毛，侧脉 12～20 对；早春发叶且开花，在上一去年生枝上排成簇状聚伞花序；翅果无毛，果核部分位于翅果的中部或近中部，上端接近缺口。生于海拔 700m 以下低丘及溪谷两侧阔叶林缘。

（10）多脉榆（*U. castaneifolia* Hemsl.）　落叶乔木；叶先端尾尖或长渐尖，基部耳状心形，偏斜，边缘具重锯齿，上面疏被硬毛，粗糙，下面密被长柔毛；侧脉 22～30 对；花多数簇生于上一年生枝的叶腋；翅果，仅下部中脉及顶端缺口处疏生短毛，果核位于翅果顶端凹缺处。生于海拔 900m 以下的山谷、溪河两侧林中或林缘。

（11）长序榆（*U. elongata* L. K. Fu et C. S. Ding）　落叶乔木；叶先端尾渐尖，基部楔形，边缘具向内弯曲的大重锯齿，侧脉 15～30 对；叶柄密被短柔毛；花两性，先叶开放；总状聚伞花序，花序轴明显伸长，下垂；翅果窄长，两端渐尖，两侧边缘密被白色长睫毛；果核位于翅果中上部。

（12）榔榆（*U. parvifolia* Jacq.）　乔木；叶顶端尖或钝，基部圆形，两侧稍不相等，叶缘有单锯齿，边缘单锯齿，表面光滑，背面幼时有毛；花秋季开放，簇生于当年生枝的叶腋；翅果狭而厚，无毛；果核位于翅果中部。生于海拔 800m 以下的平原、丘陵及山坡谷地。

（13）刺榆（*Hemiptelea davidii*（Hance）Planch.）　落叶小乔木或呈灌木状；叶椭圆形或椭圆状矩圆形，稀倒卵状椭圆形，先端钝尖，基部楔形，边缘有粗锯齿，叶面幼时被毛，后脱落留有毛痕，下面脉上稀疏生毛，羽状脉 8～15 对；花与叶同时开放，花被宿存；小坚果斜卵形，扁平，上半边有斜翅，翅顶端渐缩成分叉喙状。生于海拔 600m 以下山坡、沟旁或路边。

（14）紫弹朴（*Celtis biondii* Pamp.）　乔木，冬芽内部芽鳞密被长柔毛；叶顶端渐尖，基部偏斜，中上部边缘有锯齿，少全缘，幼时两面疏生毛，老时无毛；核果球形；总梗缩短，2 枚果梗似双生于叶腋，总梗与果梗共长 1～2cm。生于海拔 900m 以下的向阳山坡疏林中或路旁。

（15）珊瑚朴（*C. julianae* Schneid.）　落叶乔木，冬芽内部芽鳞无毛；叶先端短尖或尾尖，基部近圆形，略偏斜，边缘中部以上有钝齿，上面粗糙，下面密披黄色绒毛；叶柄被黄色绒毛；核果卵球形；果梗被绒毛。生于海拔 200～800m 的山麓及沟谷两侧阔叶林中或林缘。

（16）大叶朴（*C. koraiersis* Nakai）　小乔木，冬芽内部芽鳞密被长柔毛；叶先端平截而具深裂，中间具尾状长尖；核果，果核凹凸不平，具网纹。散生山坡、沟谷杂木林中。

（17）朴树（*C. sinesis* Pers.）　乔木，冬芽内部芽鳞无毛或仅被微毛；叶先端钝尖或渐短尖，但不为短尾状渐尖；核果橙黄色或橙红色，果梗短于或等于邻近叶柄，被疏毛；果核有网纹和棱脊。低山、丘陵及平原普遍分布。

（18）山油麻（*Trema dielsiana* Hand.－Mazz.）　落叶灌木；叶薄纸质，卵状披针形至卵状椭圆形，先端尾状渐尖或长渐尖，边缘有细锯齿，基部近圆形，两面均密生短粗毛，侧脉 3～4 对；聚伞花序常成对腋生；小核果球形，无毛。生于海拔 200～600m 山路沟旁及山坡林缘。

（19）青檀（*Pteroceltis tatarinowii* Maxim.） 乔木；叶卵形或椭圆状卵形，先端长尖或渐尖，基部稍歪斜，边缘具锐锯齿，近基部全缘，上面粗糙，两面无毛；小坚果单生叶腋，周围有薄翅，果柄无毛。生于海拔 800m 以下山谷、溪旁、沟边。

7. 杜仲科（Eucommiaceae）

落叶乔木；树体各部均具胶质；单叶互生，羽状脉，有锯齿；无托叶。花单性异株，无花被，簇生或单生；雄蕊 4～10；雌蕊由两心皮合成，子房上位，1 室。翅果含 1 种子。

（1）杜仲（*Eucommia ulmoides* Oliv.） 落叶乔木，皮、枝及叶均含胶质；叶薄革质，先端渐尖，基部圆形或宽楔形，幼叶上面疏被柔毛，下面被褐色柔毛，老叶上面光滑，下面叶脉处疏被毛；花生于一年生枝基部；雄花有雄蕊 6～10；雌花有一裸露而延长的子房，子房 1 室，顶端有 2 叉状花柱；翅果，种子扁平，线形，两端圆。生于海拔 600m 以下的天然杂木林中。

8. 桑科（Moraceae）

具白色乳汁，花单性、单被，聚花果。

（1）柘树（*Cudrania. tricuspidata*（Carr.）Bur.） 落叶灌木或小乔木；叶卵形或倒卵形，顶端锐或渐尖，基部楔形或圆形，全缘或 3 裂，羽状脉，侧脉 3～5 对；雌雄异株，球形头状花序，腋生；聚花果熟时红色。分布本省各地丘陵及平原。

（2）畏芝（*C. cochinchinensis*（Lour.）Kudo et Masam.） 落叶灌木或小乔木；叶倒卵状椭圆形或椭圆形，先端钝或短渐尖，基部楔形，无毛；雌雄异株；球形头状花序单生或成对腋生；聚花果熟时粉绿色，有毛，瘦果包裹在肉质的花被和苞片中。多见于山谷、路旁。

（3）华桑（*Morus cathayana* Hemsl.） 落叶小乔木；叶互生，纸质，卵形至宽卵形，边缘锯齿粗钝，常不裂，稀 1 缺刻或 3 裂，上面疏生糙伏毛，下面密生细柔毛；花单性同株，腋生假穗状花序；聚花果圆柱形，熟时红色或紫黑色，稀白色。多见于海拔 800m 以下的山坡丘陵。

（4）桑（*M. alba* L.） 落叶小乔木，叶缘具齿，花单性，雌雄异株，腋生穗状花序，花被 4，雄蕊 4，聚花果黑紫色或白色。本省各地栽培。

（5）鸡桑（*M. australis* Poir.） 灌木或小乔木；叶纸质，卵形，两面具毛，花柱细长 2 裂，花单性，雌雄异株，腋生穗状花序，花被 4，雄蕊 4，聚花果黑紫色或白色。生于低山丘陵及荒坡灌丛、沟边。

（6）构树（*Broussonetia papyrifera*） 落叶乔木，具乳汁。雌雄异株，雄花序为腋生的柔荑花序，下垂，雌花序头状腋生，聚花果红色，肉质球形。多生于海拔 500m 以下的平原或低山丘陵地区。

（7）小构树（*B. kazinoki* Sieb. et Zucc.） 落叶攀缘蔓生灌木；叶卵形或矩圆状披针形，先端渐尖或尾尖，基部近心形，常偏斜，边缘具粗锯齿，各级细脉均明显；花单性，雌雄异株；雄花柔荑花序；雌花序头状；聚花果球形，成熟时红色。多生于山坡林缘及沟边。

（8）异叶榕（*Ficus heteromorpha* Hemsl.）　落叶灌木或小乔木；单叶互生；纸质；形状多变，倒卵状椭圆形、长圆形、倒卵形或琴形等，先端长渐尖或急尖，全缘，偶3裂，两面粗糙，有时疏生短刚毛；基生3出脉不明显；花序托无梗，花被片5，雄花有3雄蕊。隐花果成熟时紫色或紫黑色。常生于林区溪沟边。

（9）琴叶榕（*F. pandurata* Hance）　落叶灌木；单叶互生、纸质，常提琴形，有时倒卵形，先端急尖或短渐尖，羽状脉，侧脉5～7对；花序托具梗；隐花果卵圆形，熟时紫红色。生于溪谷边及阴湿杂木灌丛中。

（10）薜荔（*F. pumila* Linn.）　常绿攀缘性灌木或藤本；叶互生，常2型，生于有花序托枝上的叶型较大，生于无花序托枝上的叶型较小，卵圆形或椭圆形，先端钝，全缘，基部圆形，浅心形；花序托梨形，花序梗粗壮。多攀缘于墙壁和树上。

（11）葎草（*Humulus scandens*（Lour.）Merr.）　一年生或多年生缠绕草本；掌状复叶，5深裂，有时3或7深裂，边缘有粗锯齿，上面粗糙，两面均有粗糙刺毛，背面有黄色小腺点，基部心形；雌雄异株，雄花圆锥花序式的总状花序；雌花假柔荑花序，每2朵花有1枚卵形苞片，有白刺毛和黄色小腺点，花被退化为一全缘的膜质片；瘦果淡黄色，扁圆形。产全省各地，喜生沟边和路旁。

9. 荨麻科（Urticaceae）

茎富韧皮纤维，单叶，对生或互生，花单性，稀同性，瘦果或核果，种子具油质胚乳。

（1）珠芽艾麻（*Laportea bulbifera*（Sieb. et Zucc.）Wedd.）　多年生草本，茎有短柔毛和稀疏的螫毛；叶互生，边缘密生小锯齿，两面有短柔毛，密生细点状钟乳体；雌雄同株或异株，雄花序圆锥状，生于上部叶腋，雄花花丝与花被分离；雌花序顶生或近顶生，花柄两侧有翅；瘦果在花梗上有关节。生于山坡林下及山谷路旁沟边潮湿处。

（2）艾麻（*L. cuspidata*（Wedd.）Friis.）　多年生草本，茎具倒向短毛和刺毛；叶互生，宽卵形至近圆形，边缘三角状具牙齿，钟乳体点状密生，两面具毛；雌雄同株；雄花序圆锥状，下部腋生，雄蕊5，花丝下部贴生于花被片；雌花序长穗状，上部腋生或顶生，花梗无翅；柱头线形，宿存花柱从基部弯曲；瘦果斜卵形，扁平，褐色，有细柔毛；种子有褐红色细疣点。生于山坡林下及山谷路旁沟边潮湿处。

（3）裂叶荨麻（*Urtica fissa* E. Pritz.）　多年生草本，茎密生刺毛和被微柔毛；叶边缘有5～7对浅裂片或掌状3深裂，裂片三角形，边缘具不规则小锯齿，疏生刺毛和糙伏毛，下面密生细毛，两面密生点状有时夹有杆状钟乳体；托叶2枚在叶柄间合生；雌雄同株或异株；瘦果近圆形，扁平。生于山沟林下或灌丛中。

（4）宽叶荨麻（*U. laetevirens* Maxim.）　多年生草本，茎直立，具钝棱，疏生螫毛；叶交互对生，宽卵形至披针形，先端短渐尖或尾状长渐尖，边缘生三角状锐牙齿，密生点状有时夹有杆状钟乳体，基出脉3条；托叶离生；雌雄同株异序；雄花序生上部叶腋，雌花序生雄花序下方；花被4；瘦果卵形。生于林下山谷水边湿地。

（5）花点草（*Nanocnide japonica* Blume）　多年生草本，有匍匐茎；茎上的毛向上；叶三角形至扇形，边缘有粗钝圆锯齿，基部宽楔形至截形，表面疏生长毛和短线形或点状的钟乳体，背面疏生短柔毛，叶脉掌状，呈叉状分枝；雌雄同株；雄花序生于枝梢叶腋，雄蕊5；雌花序生于雄花序下部的叶腋；雌花花被片4，大小不等，顶端有毛，柱头画笔头状；瘦果卵形，有点状突起。生于山沟林下、溪旁阴湿处。

(6) 毛花点草（*N. pilosa* Migo.） 多年生丛生草本，茎有倒生的柔毛；叶片三角状广卵形或扇形，先端钝圆，边缘有粗圆齿，两面均有散生的白色长毛和钟乳体；雌雄同株，雄花序生于枝梢叶腋；雌花序有梗或近无梗；瘦果，有点状突起。生于林下阴湿草丛或岩壁石缝中。

(7) 冷水花（*Pilea cadierei*） 多年生多汁草本；叶纸质，先端渐尖或尾状尖，有单锯齿，基部圆形或宽楔形，边缘具粗锯齿，钟乳体线形；花序腋生，雄花花被片及雄蕊均为4，雄花花被片顶端锐尖；雌花花被片3，狭卵形；瘦果卵形，有疣状突起。生于海拔350～1400m的林下或沟边阴湿处。

(8) 粗齿冷水花（*P. fasciata* Franch.） 多汁草本；叶纸质，先端骤尖或尾状尖，无单锯齿，边缘具粗牙齿；雄花花被片及雄蕊均为4，雄花花被片顶端圆钝；雌花花被片3，先端圆钝，边缘膜质；瘦果斜卵形。生于林下沟边岩缝及草丛中。

(9) 透茎冷水花（*P. mongolica* Wedd.） 一年生草本，茎肉质，无毛；叶卵形或宽卵形，顶端渐尖，无锯齿，基部楔形，边缘有粗齿，两面疏生短毛和细密的线形钟乳体；雌雄同株或异株，聚伞花序蝎尾状，无花序梗或有短梗；雄花的花被片2，裂片顶端下有短角，雄蕊2；雌花花被片3，近等长，线状披针形，内有退化雄蕊3；瘦果扁卵形。生于山谷溪边或阴湿石缝中。

(10) 小赤车（*Pellionia minima* Makino） 草本，根状茎匍匐，横走；叶先端钝圆，基部极不对称，两面无毛，疏生线形钟乳体，半离基3出脉；托叶钻形；雌雄异株；瘦果椭圆形，表面疣状突起。生于阴湿路边石缝中。

(11) 赤车（*P. radicans* (Sieb. et Zucc.) Wedd.） 草本，根状茎，横走；叶卵形或狭椭圆形，偏斜，先端短渐尖至长渐尖，顶端全缘或仅有1齿；叶脉近羽状，网脉不显；托叶披针形；雌雄异株；雄花序为疏散聚伞花序；雌花序无梗或具短梗；瘦果卵形。生于山谷沟边或林下阴湿草丛中。

(12) 蔓赤车（*P. scabra* Benth.） 亚灌木，根状茎直立或斜上；叶互生，纸质，先端渐尖或长渐尖，有密集钟乳体；雌雄异株；雄聚伞花序分枝稀疏，花被片约4，雄蕊4；雌花序无柄或具短柄，多密集成球形，花被片船形，顶端有短钻状突起，柱头画笔头状；瘦果椭球形，红褐色，有疣状突起。生于林下或较阴湿处，海拔700m左右。

(13) 庐山楼梯草（*Elatostema stewardii* Merr.） 多年生草本，茎有短伏毛或无毛；叶斜椭圆形或狭倒卵形，先端尾状渐尖，全缘，基部上侧楔形，下侧圆形，边缘在中部以上有粗锯齿，两面疏生柔毛或近于无毛，钟乳体线形；叶脉羽状；托叶钻状三角形；雌雄异株；雄花序托近圆形，无梗，雄花花被片5，雄蕊5；雌花序无梗；瘦果狭卵形。生于山谷林下或水边阴湿处，海拔630～800m。

(14) 楼梯草（*E. involucratum* Franch. Et savat.） 多年生草本，茎透明，肉质；叶互生，基部偏斜，先端渐尖或尾状渐尖，边缘自基部以上具锯齿状圆齿，上面具纺锤

形钟乳体并散生短硬毛，下面有柔毛无钟乳体；羽状脉；无柄；雌雄异株或同株；雄花序托圆形，边缘波状；雌花序无梗；瘦果卵状椭圆形，具纵肋。生于山谷、林缘阴湿地，海拔600～1000m。

（15）苎麻（*Boehmeria nivea*（Linn.）Gaudich.）　亚灌木，茎、花序和叶柄密生短或长柔毛；叶互生，宽卵形或近圆形，先端长尾状渐尖，边缘密生粗锯齿，表面粗糙，背面密生白色柔毛；雌雄同株，花序圆锥状，腋生；雌花序位于雄花序之上；雄花花被片4，雄蕊4；雌花花被管状，被细毛，顶端缢缩；瘦果椭圆形，密生短毛，有柄，宿存柱头线形。生于山沟、道旁或宅旁阴湿地。

（16）悬铃叶苎麻（*B. tricuspis*（Hance）Makino）　多年生草本，密生短糙毛；叶对生，坚纸质，扁五角形或扁圆卵形，先端明显3浅裂或矩5骤尖，两面密被短柔毛，托叶披针形；雌雄同株；穗状花序或穗状圆锥花序；雄花序下部腋生，雌花序上部腋生，雌花花被管状，花柱线形，宿存；瘦果小，狭倒卵形，生短硬毛。生于山谷、水旁或村边潮湿的灌丛、杂草之中，海拔200～1400m。

（17）大叶苎麻（*B. longispica* Steud.）　亚灌木，茎上部具四棱形，有白色短伏毛；叶对生，纸质，卵形或近圆形，先端尾状骤尖或不明显3个骤尖，边缘疏生不整齐的粗锯齿，上部常有重锯齿，上面粗糙，生短糙伏毛，下面沿脉网生短柔毛；托叶披针形；穗状花序腋生；瘦果细小，倒卵形，被白色细毛。生长于沟边、山坡或林边。

（18）紫麻（*Oreocnide frutescens*（Thunb.）Miq. subsp. *frutescens*）　落叶小灌木；叶纸质，常生于枝的上部，椭圆形，先端渐尖或尾状渐尖，基部楔形至圆形，边缘有粗齿，基出脉3；托叶披针形，有柔毛；雌雄异株；雄花基部被杯状肉质合生苞片包围，柱头盾状，四周有纤毛；瘦果附着于宿存的肉质花被上。生于密林中或沟谷湿地。

10. 蓼科（Polygonaceae）

草本，茎节膨大；有膜质托叶鞘，花单被，瘦果常包于宿存花萼内。

（1）金线草（*Antenoron filiforme*（Thunb.）Rob. et Vaut.）　草本，茎有长毛或果时近无毛，节膨大；叶倒卵状广椭圆形，先端短渐尖或急尖，基部狭楔形，两面散生粒状细点和长达2.5mm的柔毛，上面中部有明显黑色八字斑，叶缘具长缘毛；托叶鞘膜质、褐色、筒状；穗状的总状花序顶生或腋生；花被片4；雄蕊5；花柱2，近离生，顶端弯钩状，宿存；瘦果扁平，两面凸起。生于地山或丘陵区地的林缘、山麓边或沟边草丛。

（2）荞麦（*Fagopyrum esculentum* Moench）　一年生草本，茎多分枝，光滑；淡绿色或红褐色，下部叶有长柄，上部叶近无炳，叶片三角形，花序总状或圆锥状，小花淡红色或白色。分布全省各地，生于路边、荒地或溪流边。

（3）金荞麦（*F. dibotrys*（D. Don）Hara）　多年生草本，主根块状；茎多分枝，具纵棱；叶三角形，先端尖或尾尖，基部心状戟形，托叶鞘筒状，膜质；伞房花序顶生或生上部叶腋；花梗短于或等长于苞片，近中部具关节；花被片5深裂；雄蕊8；花柱3；瘦果三角形，具3锐棱。生于低山区及丘陵地区。

（4）杠板归（*Polygonum perfoliatum* L.）　草本，茎具棱，沿棱散生偏倒钩刺；

叶近正三角形，叶柄盾状；托叶鞘具显著的绿色革质圆形或近圆形环边，穿茎；穗状的短总状花序；小苞片露出苞片外；花被片5裂至中部；雄蕊8，稍短于花被；腺体状花盘明显；花柱3，中部以下合生；瘦果圆球形，全包于宿存花被内。生于山坡灌丛、路旁及溪沟边。

（5）稀花蓼（*Polygonum dissitiflorum* Hemsl.） 一年生草本，茎节间疏长，具纵棱，近节处疏生细倒刺；叶片长卵状戟形，先端尾状渐尖，基部深心形，两面散生星状毛，上面疏生刺伏毛，下面沿中脉被细长刺毛，叶缘具细刺状缘毛；托叶鞘膜质，长三角状披针形，基部围抱茎；多歧圆锥花序；花被片5裂至中部；雄蕊8，稍短于花被；腺体状花盘明显；花柱3，中部以下合生；瘦果近球形，微有3棱，全包于宿存花被内。生于低山区及丘陵地区。

（6）箭叶蓼（*P. sieboldii* Meisn.） 一年生草本，茎四棱形，沿棱生较密的倒钩刺；叶长圆状箭形，先端急尖，基部箭形，两面有粒状细点，无毛；叶柄及叶背中脉上有倒钩刺；托叶鞘膜质，三角状披针形，基部围抱茎；头状的短总状花序，常成对；小苞片不露出苞片外；花被片5；雄蕊8，短于花被；子房上位，花柱3；瘦果卵形，具3棱，全包于宿存花被之内。生于低山区及丘陵地区。

（7）刺蓼（*P. senticosum* Franch. et Sav.） 一年生草本，茎四棱形，沿棱生倒钩刺；叶三角状戟形，3裂，基部两侧裂片大；托叶鞘上部具肾圆形绿色环边，常反卷；小头状的总状花序数个集成伞房状或圆锥状花序；苞片卵状披针形，小苞片外露；花被5深裂；雄蕊8；花柱3，下部合生；瘦果广卵状球形，微有3棱，全包于宿存花被之内。生于低山区或丘陵地区。

（8）戟叶蓼（*P. thunbergii* Sieb. et Zucc.） 一年生草本，茎四棱形，沿棱有倒生刺；托叶鞘筒形，膜质，具脉纹，上部具革质绿色肾圆形环边；叶柄具狭翅及刺毛；叶片卵形戟形，3裂，基部两侧裂片小；头状的总状花序，花簇密集；花序梗短，被腺毛及星状毛；花被5裂；瘦果椭圆形，顶端尖，全包于宿存花被之内。生于低山丘或区陵地区。

（9）何首乌（*P. multiflorum* Thunb.） 多年生缠绕草本，根细长，末端膨大成块状，茎中空，紫绿色，上部多分枝，圆锥花序，花小，白色，瘦果具3棱。生于沟边、山坡灌丛或路旁。

（10）虎杖（*P. cuspidatum* Sieb. et Zucc.） 多年生灌木，茎木质化中空，节膨大，具红色斑点，圆锥花序腋生，花白色，花梗上部有翅，瘦果包于宿存的翅状花被内。生于山坡路旁灌丛、荒地、田埂及沟边湿处。

（11）萹蓄（*P. aviculare* L.） 草本，茎平卧，基部具分枝，有节，花小腋生，托叶鞘膜质透明，卵形瘦果。产全省各地，生于路边、田边。

（12）拳蓼（*P. bistorta* L.） 多年生草本，肥厚根状茎；基生叶长卵状披针形，两面无毛，有叶柄；茎生叶狭长披针形至线形，自托叶鞘之中下部或近中部发出，无柄；托叶鞘膜质，长筒状，具纵脉纹，无缘毛；穗状总状花序顶生；花被5深裂；雄蕊8；花柱3；瘦果广纺锤形，顶端露出于宿存花被外。生于山区海拔1300～1600m之间的山坡草

丛或沟谷。

(13) 支柱蓼(*P. suffultum* Maxim.) 草本,根状茎粗壮串珠状,紫褐色,茎不分枝,细弱,穗状花序圆柱状,花白色,早期粉红色。三棱形瘦果。生于山区海拔1000m 以上的山坡、路旁及沟谷等地。

(14) 酸模叶蓼(*P. lapathifolium* Linn.) 一年生草本,叶披针形,具黑斑,圆锥花序,雄蕊 6,卵形瘦果。产本省各地。

(15) 荭蓼(*P. orientale* Linn.) 一年生草本,多分枝,密生长毛,托叶鞘杯状或管状,顶生穗状花序,下垂,花小,淡红色,雄蕊 7,长于花被,黑色瘦果。生于平原、丘陵地区的路旁、河岸及沟边。

(16) 水蓼(*P. hydropiper* L.) 一年生草本,茎分枝无毛,托叶鞘筒形紫色,穗状花序疏生,淡绿色或淡红色的小花,雄蕊 6,卵形瘦果。生于低山区、丘陵、平原的山坡、路旁草丛及河滩、溪边、水沟等湿处。

(17) 蓼蓝(*P. tinctorium* Lour.) 一年生草本,茎分枝无毛;叶片卵披针形至椭圆形,先端急尖,基部近圆形,无毛;托叶鞘膜质筒状,抱茎略松,具细短缘毛;穗状总状花序,上部密生,下部间断;花梗与苞片近等长;花被 5 深裂;雄蕊 7~8;花柱 3,下部合生;瘦果具 3 棱,全包于宿存花被内。生于路旁水沟或河滩沙地。

(18) 蓼子草(*P. criopolitanum* Hance) 一年生草本,叶狭长圆形或狭披针形,先端渐尖,基部楔形,两面均被白色长伏毛及粒状细点;托叶鞘筒状,膜质,有长柔毛;头状的短总状花序密集,单一顶生,花序梗远伸出苞片外,密生长腺毛;苞片膜质,边缘有缘毛;花被 5 裂;雄蕊 8,花丝线形;花柱 3,柱头头状;瘦果,包于宿存的花被内。生于河滩、沟边湿地。

(19) 尼泊尔蓼(*P. alatum* Buch. Ham. ex D. Don) 草本,茎细长具分枝,叶柄下部延长呈翅状,头状花序,白色或淡红色。生于低山区或丘陵地区的山坡路旁、石缝及水沟边。

(20) 卷茎蓼(*Fallopia convolvulus* (L.) A. Love) 一年生草本,茎细弱缠绕,叶卵生,腋生穗状花序,花小稀疏,瘦果椭圆形,表面密被细点。生于草丛或田间耕地。

(21) 齿翅蓼(*F. dentatoalatum* (Fr. Schmidt) Holub.) 一年生草本,茎具扭曲纵条纹;叶心状卵形,先端渐尖,基部深心形,两面脉上及叶缘均具乳头状齿;叶柄具纵条纹,具乳头状齿;托叶鞘膜质,短筒状,无毛;具叶的总状花序顶生和腋生;花梗短,花后伸长于苞片外,下部具关节;花被 5 裂;雄蕊 8;花柱 3,柱头头状;瘦果纺锤形,具 3 棱。生于海拔 1100m 的山坡路旁。

(22) 酸模(*Rumex acetosa* Linn.) 多年生草本,叶片薄,披针状长圆形,先端急尖或圆钝,基部箭形,全缘或微波状,两面均有粒状细点;托叶鞘膜质,斜截形,顶端有睫毛,易破裂而早落;基生叶具长柄,茎生叶由下向上,柄渐短,直至无柄;花单性,雌雄异株,圆锥花序顶生;花簇间断着生,每一花簇有花数朵,生于短小鞘状苞片内;花梗短,中部具关节;花被片 6;雄蕊 6;果时内轮花瓣背面中脉基部仅有不明显的小瘤状突起;花柱 3;瘦果椭圆形,有 3 锐棱,两端尖。生于山坡、荒地、路旁及河、沟边湿地。

(23) 长刺酸模 (*R. maritimus* L.) 多年生草本，茎粗壮；叶长圆形至披针状长圆形，先端急尖而钝头，基部楔形，下延至柄；内花被片两侧各具1枚长针刺，偶无刺；雄蕊6；花柱3；瘦果具3锐棱。生于沟边、河滩、荒地湿处。

(24) 竹节蓼 (*Homalocladium platycladum* (F. Muell.) Bailey) 直立灌木，茎多分枝，扁平带状，节处略收缩；托叶鞘退化成线状；叶多生于新枝上，互生，卵形披针形，先端渐尖，基部楔形渐狭，两面无毛；花簇生扁茎两侧节处之苞片腋内；花梗粗壮，不露出小苞片外；花被4～5深裂；雄蕊8；花盘腺体状；花柱短3；瘦果三棱形，包于红色内质的花被内。栽培。

11. 马齿苋科 (Portulacaceae)

草本，常肉质；叶全缘，托叶干膜质或刺毛状；花两性，花萼2，覆瓦状排列；花瓣4～6，覆瓦状排列，早落；雄蕊与花瓣同数，且对生，或数更多；子房上位或半下位，1室，胚珠1至多数，花柱长，顶端分成2～9个柱头；蒴果开裂，稀坚果不开裂。

马齿苋 (*Portulaca oleracea* Linn.) 肉质草本，叶对生，楔状倒卵形，扁平；花小，3～5朵生于枝端，萼片2，花瓣5，黄色；蒴果圆锥形，盖裂；种子多数，肾状卵形，表面有小疣状突起。生于田间路旁。

12. 石竹科 (Caryophyllaceae)

草本，节和节间明显，节部膨大，单叶对生，蒴果。

(1) 拟漆姑 (*Spergularia marina* (L.) Griseb.) 一年生或两年生小草本，茎分枝，枝上被腺毛；叶线形，对生，稍肉质，先端渐尖，无毛；托叶广三角形，膜质；花单生于叶腋或枝腋，形成总状花序或总状聚伞花序；花瓣5，先端钝圆，比萼短；雄蕊5，稀2～3；子房卵形，花柱3，分离；蒴果卵形，3瓣裂，种子两面有细刺状突起。生于湿润沙质盐碱土壤。

(2) 白鼓钉 (*Polycarpaea corymbosa* (L.) Lam.) 草本，被毛，茎二歧分枝；叶狭线形，很少扁平或边缘反卷；托叶干膜质；中脉明显；花多数；苞片膜质；萼片5；花瓣5，分离，比萼片短；雄蕊5，短；花柱基部合生；蒴果卵圆形或长椭圆形，短于萼片，3瓣裂。生于荒丘沙土草丛中。

(3) 孩儿参 (*Pseudostellaria heterophylla* (Miq.) Pax) 多年生草本，块根直生、呈纺锤形，茎直立或向上斜；叶2型，在茎顶的叶片卵形或卵状披针形，2对顶生叶形大而紧靠，基部叶渐狭；无托叶；花2型：茎顶端开受精花，不结实；基部为闭花受精花，无花瓣，结实；蒴果球形。生于杂木林下阴湿岩石旁。

(4) 鹅肠菜 (*Malachium aquaticum* (L.) Fries) 两年生或多年生草本，根须状，茎被腺毛及长毛，二歧分枝；茎下部叶有柄，柄具狭翅，两侧疏生睫毛；茎中上部叶无柄；叶片基部圆形或近心形，先端急尖，两面无毛，中脉明显，侧脉不明显；无托叶；顶生二歧聚伞花序；花瓣2深裂；雄蕊10，花丝基部加宽；子房广椭圆形，花柱5，极少数为4或6；蒴果卵圆形，5瓣裂，每瓣再2裂；种子肾圆形，扁，表面被钝疣状突起，近边缘的突起较大而明显，小突起的基部呈放射状。生于林缘、山坡湿地、沟边及耕地

路旁。

（5）雀舌草（*Stellaria alsine* Grimm.） 两年生草本，全株无毛；叶较小，长椭圆形或卵状披针形，叶缘微波状，无柄；顶生疏散的聚伞花序；萼片5，披针形，膜质；花瓣5，与萼片等长或稍短，2深裂几达基部；雄蕊5；子房卵形，花柱3；蒴果较宿存的萼稍长，6瓣裂。生于海拔200～1500m的山坡路旁、溪畔及农田附近湿地上。

（6）繁缕（*S. media*（Linn.）Cyr.） 草本，茎细，基部多分枝，花单生或疏生成聚伞花序，花被白色，比花萼短，蒴果顶端6裂。生于平原及山地沟旁湿地。

（7）蚤缀（*Arenaria serpyllifolia* L.） 两年生草本，茎多簇生，叶卵形对生，疏生聚伞花序，花白色，卵形蒴果。生于海拔300～1000m间的河谷边湿地。

（8）光萼女娄菜（*Melandrium firmum*（Sieb. et Zucc.）Rohrb.） 草本，全株平滑无毛，有时基部稍被卷毛；叶有柄；叶片基部渐狭，稍抱茎，先端短渐尖，边缘具细睫毛；聚伞花序顶生或腋生，苞披针形，花梗长短不一，萼筒状，无毛，果期膨大成卵状圆筒形；花瓣稍长于萼，先端2裂，喉部具2鳞片，基部具狭爪；雄蕊10，短于花瓣；花柱3；长卵形蒴果，先端6齿裂。生于海拔300～1000m的山坡草地、林缘及山谷湿地。

（9）女娄菜（*M. apricum*（Turcz.）Rohrb.） 草本，植株密生短柔毛，叶披针形，顶生聚伞花序，有3～7朵花。生于海拔1000m以下的山坡草地及山谷湿地。

（10）剪秋罗（*Lychnis fulgens* Fischer ex Sprengel.） 多年生草本，直立，全株被细柔毛；叶对生，无柄，先端尖，基部以下全缘；聚伞花序顶生；萼管棍棒形；花瓣5，基部有爪；雄蕊10；子房有长柄，线形花柱5；蒴果5齿裂。生于海拔300～1000m山坡路旁或荒草地上。

（11）剪夏罗（*L. coronata* Thunb.） 多年生草本，全株无毛；叶片卵状椭圆形，先端渐尖，基部楔形，边缘有浅细锯齿；聚伞花序顶生或腋生；花萼长筒形，先端5裂；花瓣5，先端有不规则浅裂；雄蕊10；花柱5；蒴果具宿存萼，先端5齿裂。生于海拔200～900m的山坡、林内及谷地、林缘草丛中。

（12）狗筋蔓（*Cucubalus baccifer* L.） 多年生草本，茎节膨大，聚伞花序常顶生，花微下垂，白色，子房具假隔膜，果实球果，浆果状。生于海拔1000m以下的沟谷边草丛中。

（13）麦瓶草（*Silene conoidea* L.） 一年生草本，全株有腺毛；叶对生，披针形，先端渐尖，基部渐狭；聚伞花序顶生；萼筒长筒状或圆锥形，基部膨大囊状，上部狭而缢缩成瓶颈状，萼脉多数；花瓣5，全缘或先端略有微齿或微凹，基部有爪；雄蕊10；花柱3；蒴果先端6齿裂。生于低山丘陵或平原麦田中或荒地上。

（14）石竹（*Dianthus chinensis* L.） 多年生草本，茎直立簇生，萼筒圆形，花单生或簇生聚伞花序，各色花瓣边缘有不整齐浅齿裂，长筒形蒴果。生于山地荒草坡。

（15）瞿麦（*D. superbus* L.） 多年生草本，茎圆柱形，无毛，上部叉式分枝；叶对生，条形至条状披针形，全缘，先端尖锐，叶基成短鞘抱围茎节；花单生或数朵集成疏散聚伞花序；苞片倒卵形，长约为萼筒的1/4；花瓣顶端丝状细裂；蒴果圆筒形，与萼筒等长，先端4齿裂。生于海拔1000m以下的山坡、林下及路边。

(16) 王不留行 (*Vaccaria segetalis* (Neck.) Garcke)　全株无毛，顶生聚散花序，有多花，粉红色，花萼筒状，先端分裂，裂间透明白色，蒴果包于宿萼内。生于低山地区路旁草地、园圃和麦田中。

13. 藜科 (Chenopodiaceae)

草本，单叶互生，花小，单被，雄蕊与萼片同数且对生，胞果。

(1) 菠菜 (*Spinacia oleracea* L.)　草本，根圆锥形，红色，茎直立，叶戟形或卵形，肥厚，肉质，绿色。花单性，雌雄异株，雄花簇生于茎上部，基生于叶腋，花被 4，雄蕊 4。雌花簇生于叶腋，无花被，子房生于 2 苞片内，苞片合生成扁筒，果期苞筒增大变硬。种子扁圆。栽培。

(2) 沙蓬 (*Agriophyllum squarrosum* (L.) Miq.)　一年生草本；叶互生，无柄，披针形至披针状条形，基部渐狭，先端具刺尖；穗状花序，无柄；苞片卵形，先端渐尖，具小刺尖，后期反折，背面被枝状毛；花被片 1～3，膜质，雄蕊 2～3；胞果卵圆形或椭圆形，两面扁平或背部稍凸，上部边缘具膜质翅，顶端有 2 喙，喙与果核近等长。生于沙丘的背风坡上。

(3) 土荆芥 (*Chenopodium ambrosioides* L.)　草本，全株有芳香味，茎多分枝，有棱，有短毛或具节的长柔毛；叶矩圆状披针形至披针形，边缘具稀疏不整齐大锯齿，背面有黄褐色腺点；穗状花序腋生，花两性及雌性；花被片 5，果时闭合；雄蕊 5，伸出花被片外；柱头 3；胞果扁球形，全为花被所包；种子横生或斜生。生于村旁、路边、河岸等地。

(4) 灰绿藜 (*C. glaucum* Linn.)　一年生草本，茎常基部分枝，平卧或外倾；叶上面平滑无粉，下面密被粉粒，中脉明显；叶柄短；穗状或复穗状花序，腋生或顶生；花被裂片 3～4，基部合生；雄蕊 1～2，花丝不伸出花被；柱头 2；胞果伸出花被片；种子扁圆。生于农田、菜园、村边等有轻度盐碱的土壤。

(5) 小藜 (*C. serotinum* L.)　草本，叶片 3 裂，中裂片最长，两边近平行，先端钝，基部楔形，边缘具波状牙齿，近基部有 2 个大裂片，两面疏被粉粒；穗状或圆锥花序，顶生或腋生；花被片 5，裂片镊合状闭合；雄蕊 5；柱头 2；胞果胞在花被内，有明显的蜂窝状网纹。生于荒地、道旁等处。

(6) 藜 (*C. album* Linn.)　草本，茎粗多分枝，叶片三角形，具锯齿，叶背生灰绿色粉末，圆锥花序，胞果包于花被内。生于路旁、荒地及田间。

(7) 地肤 (*Kochia scoparia* (Linn.) Schrad.)　草本，茎直立多分枝，叶狭披针形，腋生穗状花序，胞果扁球形。生于荒野、宅旁及路边。

(8) 盐地碱蓬 (*Suaeda salsa* (L.) Pall.)　一年生直立草本，无毛；叶条形，半圆柱状，先端尖或微钝；团伞花序常 3～5 花腋生，无柄，在分枝上再排列成有间断的穗状花序；花被 5 裂片，基部合生；柱头 2，丝状，叉开；胞果包于花被内，熟时开裂；种子横生，双凸镜形或歪卵形。生于盐碱地。

14. 苋科 (Amaranthaceae)

草本，稀攀缘藤本或灌木；单叶，无托叶；花两性；穗状花序簇生；苞片和萼片均干膜质；雄蕊常和花被片同数且对生，花丝基部常结合；胞果常盖裂。

（1）青葙（*Celosia argentea* Linn.）　一年生草本，全株无毛；叶互生，披针形或椭圆状披针形；穗状花序顶生，无分枝塔状或圆柱状；花被片5，矩圆状披针形，干膜质，白色或粉红色；花柱红色，柱头2裂；胞果球形；种子扁圆形。生于平原、田边、山坡荒地。

（2）刺苋（*Amaranthus spinosus* L.）　草本，无毛；叶片菱状卵形；叶柄基部两侧有2刺；圆锥状或穗状花序顶生或腋生；苞片及小苞片钻形，先端具芒尖，花穗基部的苞片变成尖锐直刺；花被片5，顶端急尖，具凸尖；雄蕊5，花丝与花被等长或略短；柱头2～3；胞果盖裂。生于旷地或园圃。

（3）皱果苋（*A. viridis* L.）　草本，茎直立；叶卵形至卵状矩圆形，先端常凹缺，少数圆钝，有小芒尖；花簇排列为细穗状再合成顶生圆锥花序；花被片3；雄蕊3；柱头2～3；胞果扁球形，不裂，极皱缩，超出宿存花被片。

（4）凹头苋（*A. ascendens* Loisel.）　一年生草本，全株无毛，茎伏卧上升；叶互生，具长柄；叶片卵形或菱形，顶端钝圆而有凹缺，基部宽楔形，全缘；花簇腋生于枝之上部，穗状花序或圆锥花序；花被片3；胞果略卵形，不裂，略皱缩近平滑。生于田野、路边、村宅附近。

（5）绿穗苋（*A. hybridus* L.）　一年生草本，茎被开展柔毛；叶片卵形或菱状卵形，先端急尖或微凹，有凸尖，基部楔形，边缘波状，上面近无毛，下面疏生柔毛；穗状花序集成圆锥花序顶生，花被片5，自基部分离；胞果卵形，环状横裂，超出宿存花被片。生于田野、旷地或山坡，海拔400～1100m。

（6）牛膝（*Achyranthes bidentata* Bl.）　多年生直立草本，茎方形，有疏柔毛，茎节膨大；叶对生，矩圆形或卵状披针形，先端渐尖，基部楔形；穗状花序顶生或腋生，每花有1苞片，顶端突出成刺；小苞片2，坚刺状；花被片5；雄蕊5，退化雄蕊顶端平圆，稍有缺刻状细锯齿；胞果矩圆形。生于山坡林下或田野路边。

（7）柳叶牛膝（*A. longifolia*（Makino）Makino）　多年生草本，根肉质；叶对生，长圆状披针形或宽披针形，先端及基部均渐尖，全缘，背面紫红色或深紫红色；穗状花序腋生或顶生；小苞片披针形，基部有卵状三角形薄膜；花被片5；雄蕊5，花丝下部合生，退化雄蕊方形，先端具不明显的齿；胞果包在宿存花被中。生于山坡，海拔1000m以下。

（8）莲子草（*Alternanthera sessilis*（L.）DC.）　一年生草本，茎有条纹或纵沟，沟内有柔毛，节处有1行横生柔毛；叶对生，椭圆状披针形或披针形，先端急尖或钝，基部渐狭成短叶柄，全缘或有不规则齿；头状花序1～4，腋生，无总花梗；花被片5；雄蕊3，花丝基部联合成杯状，退化雄蕊狭长三角形；胞果倒心形，侧扁，两侧有狭翅。生于田边或路边潮湿处。

15. 木兰科（Magnoliaceae）

乔、灌木，小枝具环状托叶痕，单叶互生，常全缘；托叶大，早落；花两性，花被片分化不明显；雄蕊、雌蕊多数，分离，螺旋状排列，聚合蓇葖果。

(1) 鹅掌楸(*Liriodendron chinense*(Hemsl.)Sarg.)　落叶乔木;叶互生,马褂状,每边常有2裂片,老叶下面被乳头状突起的白粉点;花杯状,花被片9,外轮3片萼状,向外反卷,内2轮花瓣直立;聚合果纺锤形;小坚果具翅。生于海拔600～1400m的山麓或沟谷两侧阔叶林中。

(2) 玉兰(*Magnolia denudata* Desr.)　落叶乔木,冬芽具毛,花先叶开放,单生枝顶,白色,有芳香,花被片9,3轮,圆筒形聚合果,果梗有毛。生于海拔1100m以下的山坡、沟谷两侧阔叶林中或林缘。

(3) 天目木兰(*M. amoena* Cheng)　落叶乔木,枝无毛;叶互生,厚纸质,宽倒披针形或披针状矩圆形,先端长渐尖或短尾尖,基部楔形,全缘;花先叶开放,具芳香;花被片9,倒披针形或近匙形;雄蕊多数,花药侧向开裂,花丝紫红色;聚合果圆柱形;蓇葖木质,表面密布瘤状点。生于海拔200～1000m的山麓、沟谷两侧疏林中。

(4) 黄山木兰(*M. cylindrica* Wils.)　落叶乔木,小枝幼时被绢状毛;叶薄纸质,先端钝或渐尖,基部楔形,上面无毛,下面被白色短平伏毛;花先叶开放;花被片9,外轮3萼片状,内2轮白色,基部紫红色,匙形或倒卵状长圆形;聚合果圆柱形;蓇葖木质,表面具小疣状突起。生于海拔900～1600m的向阳山坡或沟谷两侧阔叶林中或林缘。

(5) 厚朴(*M. officinalis* Rehd. et Wils.)　落叶乔木,树皮紫褐色,幼枝淡黄色,具毛。叶革质,全缘,常集生于枝顶,花叶同时开放,花单生白色,有芳香,长圆状聚合果。生于海拔800m以下的山麓或沟谷两侧坡地。

(6) 木莲(*Manglietia fordiana* Oliv.)　乔木,幼枝及芽有红褐色短毛;叶革质,窄倒卵形、矩圆形或倒披针形,先端钝短尖,基部楔形,下面疏生红褐色短硬毛;花白色;花被片9,3轮,外轮倒卵形,内2轮肉质倒卵形;聚合果卵形,蓇葖果表面有点状突起,先端具长喙。生于海拔900m以下,多散生于沟谷两侧的常绿阔叶林中。

(7) 深山含笑(*Michelia maudiae* Dunn.)　常绿乔木,芽、幼枝、叶背均被白粉;叶互生,革质,全缘,深绿色,叶背淡绿色,长椭圆形,先端急尖;花单生于枝梢叶腋,花白色,有芳香;花被片9,3轮,外轮倒卵形,先端具短尖头,内2轮稍窄小;雄花花丝淡紫色;雌蕊群具柄;聚合果7～12cm;蓇葖果先端有短尖头或圆钝。散生于海拔500m以下沟谷两侧常绿阔叶林中。

16. 五味子科(Schisandraceae)

藤本;单叶互生,常有透明的油点;花单性,常单生于叶腋内;花被片6至多枚,2至数轮排列;雄蕊多数,部分或全部合生成一肉质的雄蕊柱;子房上位,心皮多数,离生,着生于一肉质花托上,胚珠2～5,少数多达11;聚合浆果;种子藏于肉质的果肉内。

(1) 南五味子(*Kadsura longepedunculata* Finet et Gagnep.)　木质藤本,全株无毛;叶薄革质,椭圆形或椭圆状倒披针形,边缘疏生锯齿;花单性,雌雄异株,单生于叶腋;花被片8～17,椭圆形;雄蕊多数,雄花群球形;雌花心皮多数,离生;聚合浆果球形,小浆果倒卵形。生于海拔800m以下山路、坡地或沟谷两侧的阔叶林中。

(2) 华中五味子(*Schisandra sphenanthera* Rehd. et Wils.)　落叶木质藤本,小枝具明显皮孔;叶卵形、倒卵形或卵状椭圆形,先端短尖或渐尖,基部阔楔形,边缘有波

状疏锯齿；花单生或2朵生于叶腋，橙黄色；花梗纤细；花被片5～8；雄蕊10～15，雄蕊群倒卵形；雌蕊群近球形，心皮30～50；聚合果，小浆果近球形，种子椭圆形。生于海拔1000m以下的山坡杂木林中或林缘、路旁、沟边。

17. 腊梅科（Calycanthaceae）

灌木，单叶对生，羽状脉，无托叶；花两性，花被片多数，螺旋状排列，着生于杯状或壶状花托外围；雄蕊螺旋状着生于花托前段；心皮分离，着生于杯状花托内；聚合瘦果着生于壶状的果托中。

腊梅（*Chimonanthus praecox*（L.）Link.） 落叶灌木，通常丛生状；叶对生，纸质或革质，椭圆状卵形，全缘；花先叶开放，黄色；果托近木质，坛状，口不收缩，具钻状附属物。栽培。

18. 樟科（Lauraceae）

木本，具芳香，单叶互生，常革质；花两性，整齐，雄蕊9，3轮，花药瓣裂，果实内含1粒种子。

（1）天目木姜子（*Litsea auriculata* Chien et Cheng） 落叶乔木；叶互生，纸质，倒卵状椭圆形至宽卵状椭圆形，先端钝尖或圆钝，基部耳形，下面被短柔毛；羽状脉；伞形花序；苞片8；花被片6；果卵形，果托杯状。生于海拔700～1500m的杂木林中。

（2）山鸡椒（*L. cubeba*（Lour.）Pers.） 落叶灌木或小乔木，小枝、芽、叶下面及花序均无毛，枝、叶具芳香味；叶互生，披针形或窄矩圆形，先端渐尖，基部楔形，薄纸质，羽状脉；叶柄无毛；伞形花序单生或簇生；先叶开放或与叶同时开放；花被片6，宽卵形；雄花中能育雄蕊9，花丝中下部有毛，第3轮雄蕊基部的腺体具短柄，退化雌蕊无毛；子房卵形，花柱短，柱头头状；果近球形，果梗先端稍增粗；果托不显著。生于海拔300～1400m的向阳山地灌丛或疏林路旁。

（3）山胡椒（*Lindera glauca*（Sieb. et Zucc.）Blume.） 落叶灌木或小乔木；单叶互生，薄革质，多为长椭圆形至倒卵状椭圆形，上面深绿色，下面苍白色，密生细柔毛，羽状脉；腋生伞形花序，有短花序梗；花被片6，雄蕊9，第3轮基部有2枚肾形腺体；子房椭圆形，柱头盘状；果球形。生于海拔900m以下的山坡疏林、荒坡及丘陵地区。

（4）三桠乌药（*L. obtusiloba* Bl.） 落叶小乔木，叶互生，全缘或上部3裂，花黄色，花药2室，向内瓣裂。生于海拔800～1700m的山坡、林下、路旁。

（5）乌药（*L. aggregata*（Sims）Kosterm.） 常绿小乔木，小枝细，叶上面具光泽，被具铁锈色毛，花小，黄褐色，腋生伞形花序，黑色核果。生于海拔500m左右。

（6）檫木（*Sassafras tzumu*） 乔木，单叶互生，卵形或倒卵形，全缘或1～3浅裂，具明显3出脉；花雌雄异株，先叶开放；总状花序；雄花花被片6；能育雄蕊9，3轮，花药4室；子房卵球形，柱头盘状；浆果近球形，果托浅杯状。生于海拔200～800m。

（7）香樟（*Cinnamomum camphora*（L.）Presl.） 落叶乔木，树冠广，卵形；枝、叶及木材均有樟脑气味；叶革质。卵状椭圆形至卵形，离基3出脉；圆锥花序腋生。生于海拔500m以下的低山丘陵。

(8) 浙江楠（*Phoebe chekiangensis* C. B. Shang） 常绿乔木，小枝密被黄褐色绒毛；叶革质，倒卵状椭圆形或倒卵状披针形，先端突渐尖，基部楔形，下面被灰褐色柔毛，脉上被柔毛，中脉、侧脉在上面下陷，下面明显隆起；叶柄密被黄褐色柔毛；圆锥花序；果椭圆状卵形，外被白粉，宿存花被片革质紧贴；种子两侧不对称。生于海拔650m以下的阔叶林内。

(9) 紫楠（*P. sheareri*（Hemsl.）Gamle） 常绿乔木，小枝、叶柄及花密被黄褐色或灰黑色柔毛；叶革质，倒卵形、椭圆状倒卵形，先端突渐尖或尾尖，叶表面无毛或沿脉有毛，背面密被黄褐色长柔毛，网脉隆起，侧脉弧曲；果卵形；种子两侧对称。生于海拔1000m以下。

(10) 红楠（*Machilus thumbergii* Sieb. et Zucc.） 常绿乔木，小枝无毛；叶互生，革质，倒卵形或卵状披针形，先端短突尖或短渐尖，基部楔形，两面无毛，下面带粉白色；圆锥花序顶生或成果时处于新枝下部腋生状，无毛，花被片无毛；果近球形。生于海拔300～800m以下的阔叶林中。

19. 毛茛科（Ranunculaceae）

草本，稀藤本或灌木，叶掌状分裂，花两性，萼片、花瓣各5，雌雄蕊多数、离生，螺旋状排列于膨大花托上，聚合瘦果或蓇葖果。

(1) 乌头（*Aconitum carmichaeli* Debx.） 多年生草本。块根倒圆锥形；叶互生，薄革质或纸质，基部心形，3裂至基部，中央全裂片宽菱形，先端急尖；总状花序，轴和花梗多少密被反曲而紧贴的短柔毛；萼片蓝紫色，上萼片高盔形；蓇葖果具喙；种子三棱形，只在两面密生横膜翅。生于山地、草坡和灌丛中。

(2) 还亮草（*Delphinium anthriscifoliun* Hance） 一年生草本；叶片菱状卵形或三角状卵形，2～3回羽状复叶，羽片2～4对，对生，羽状全裂；总状花序具2～15花，轴和花梗有反曲的短柔毛；萼片钻形或圆锥状钻形；花瓣紫色，不等3裂，无毛；退化雄蕊无毛，瓣片斧裂，2深裂，心皮3；蓇葖果，种子有横翅膜数圈。生于低山、丘陵的山坡草丛或溪边草地。

(3) 升麻（*Cimicifuga foetida* L.） 多年生草本，根状茎粗壮；叶为2～3回三出羽状复叶；花序圆锥状，萼片白色；蓇葖果有伏毛，顶端有短喙；种子有横向的膜质鳞翅，四周也有鳞翅。生于山林边。

(4) 类叶升麻（*Actaea asiatica* Hara.） 多年生草本，茎生柔毛，不分枝；3回三出近羽状复叶；总状花序，萼片4，白色；浆果紫色，近球形。生于山地林下或沟边阴湿处。

(5) 蕨叶人字果（*Dichocarpum dalzielii*（Drumm. et Hutch.）W. T. Wang et Hsiao） 多年生草本，全体无毛；叶3～11枚，均基生；叶片革质，菱形，浅裂，边缘有锯齿，侧生有5或7枚小叶，小叶斜菱形或斜卵形；花葶3～11条，复单歧聚伞花序，有3～8朵花；苞片通常无柄，3全裂；萼片白色，倒卵状椭圆形；花瓣金黄色；雄蕊多数；子房卵形，柱头头状；蓇葖果人字叉开，具喙。生于山地密林下阴湿处，海拔750～1600m。

(6) 天葵 (*Semiaguilegia adoxoides* (DC.) Makino) 多年生小草本，块根外皮棕黑色；基生叶为三出复叶；小叶片扇状菱形或倒卵状菱形，常深3裂，裂片顶端有缺刻状钝齿；两面无毛；花小，萼片白色，带淡紫色；花瓣淡黄色，与花丝近等长，下部管状，基部突起成囊状；蓇葖果长5～7mm。生于疏林下、路旁或山谷较阴湿处。

(7) 茴茴蒜 (*Ranunculus chinensis* Bunge) 一年生直立草本，茎与叶柄均有伸展的淡黄色糙毛；叶为三出复叶，基生叶和下部叶具长柄；叶片宽卵形至三角形，顶生小叶具长柄，3深裂，裂片狭长，上部生少数不规则锯齿；侧生小叶具短柄，不等2或3裂；花序具疏花；萼片三角状卵形，反折；花瓣基部蜜腺被鳞片；聚合果圆柱形，瘦果扁，无毛。生于水边、溪边湿地。

(8) 毛茛 (*R. japonicus* Thunb.) 多年生草本，茎具柔毛；单叶，掌状3～5裂；基生叶具长柄，花瓣5，黄色，基部具蜜槽；球形聚合果，两面突起，边缘不显著，有短喙稍向外曲。生于田野、路边、沟边、山坡杂草丛中。

(9) 石龙芮 (*R. sceleratus* Linn.) 一年生草本，具侧根，叶具长柄，茎多分枝，花小且多，矩圆形聚合果。生于溪边、湿地或水中。

(10) 华东唐松草 (*Thalictrum fortunei* S. Moore) 多年生草本，无毛；叶为2～3回三出复叶；小叶片不明显3浅裂，边缘疏生不等粗齿，基部楔形、圆形至近心形；圆锥花序；萼片椭圆形；雄蕊多数；心皮通常3～6，无毛，花往往卷曲；瘦果狭卵形，约10条细纵肋。生于山地、林下。

(11) 瓣蕊唐松草 (*Thalictrum petaloideum* L.) 草本，无毛；叶为3～4回三出复叶；复单歧聚伞花序伞房状，萼片4，白色，无花瓣，雄蕊多数，心皮4～13；瘦果卵球形，有时宿存花柱。生于海拔300～2500m的山地草坡向阳处。

(12) 尖叶唐松草 (*T. acutifolium* (Hand. Mazz.) Boivin.) 多年生草本，全株无毛；基生叶2～3，有长柄，2～3回三出复叶，小叶革质，卵形，顶端急尖或钝，基部圆楔形至心形，不分裂或不明显3浅裂，边缘具疏圆齿，脉在背面稍隆起，小叶柄较长；茎生叶柄短；复单歧聚伞花序稀疏；萼片4，白色带粉红色，早落，卵形；雄蕊多数，花丝上部倒披针形，下部丝形；心皮6～12，有细柄，花柱短，腹面生柱头组织；瘦果扁，稍不对称，具8条细纵肋。生于山地谷中坡地或林边湿润处。

(13) 唐松草 (*T. aquilegifolium* L. var. *sibiricum* Regel.) 多年生草本，全株无毛；茎生叶3～4回三出复叶，小叶厚革质，倒卵形或近圆形，3浅裂，浅裂片全缘或具疏粗齿，脉微隆起；复单歧聚伞花序伞房状，具多数分枝；萼片白色或带紫色，宽椭圆形；无花瓣；雄蕊多数；花丝上倒披针形；心皮6～8，子房具长柄，花柱短；瘦果倒卵形，具3～4条纵翅，基部突变狭成为细柄。生于山坡、草地或疏林中。

(14) 东亚唐松草 (*T. minus* Linn. var. *hypoleucum* (Sieb. et Zucc.) Miq.) 草本，无毛；3～4回三出复叶，下面具白粉，脉隆起；圆锥状花序，具多数花。萼片4，绿白色，无花瓣，雄蕊多数，花丝丝形，瘦果卵球形。生于丘陵或山地林边和山谷沟边。

(15) 打破碗花花 (*Anemone hupehensis* Lem.) 多年生草本，基生叶有长柄，三出复叶，少数为单叶；小叶卵形，不分裂或不明显的3～5浅裂，边缘具粗锯齿，两面疏有粗毛；聚伞花序或2～3岐分枝；总苞片3；萼片5，紫红色，外面密生柔毛；雄蕊多数；心皮多数，生于球形花托上；聚合果球形，瘦果密生绵毛。生于丘陵和低山草坡或沟边。

（16）鹅掌草（*A. flaccida* F. Schmidt.）　多年生草本；基生叶1～2，有长柄；基部心形，3全裂，中央全裂片菱形，顶端渐尖，3浅裂，边缘有不等大的缺刻和牙齿，侧全裂片斜扇形，不等2深裂；苞片3，无柄；聚伞花序；花梗疏被短柔毛；萼片5；雄蕊比萼片短1倍；无花柱，柱头帽状；瘦果。生于山坡林下或山谷溪旁。

（17）白头翁（*Pulsatilla chinensis*（Bunge）Regel.）　多年生草本；基生叶4～5片，3全裂；花单朵顶生，萼片花瓣状，6片排成2轮，蓝紫色，外被白色柔毛；雄蕊多数，鲜黄色；瘦果，密集成头状，花柱宿存，银丝状。生于平原或山坡草地。

（18）单叶铁线莲（*Clematis henryi* Oliv.）　常绿藤本；根条状细长，中间部分膨大呈狭纺锤状块根；单叶对生，卵状披针形，先端渐尖，基部浅心形，边缘具刺头状浅齿，下面脉上贴生白色短毛或近无毛，网脉明显；花单生或聚伞花序腋生；花被4，卵形，白色或淡黄色，外面密被白色短茸毛；雄蕊多数，花丝被白色长柔毛；瘦果狭卵形，被短柔毛，羽状花柱。生于林下阴湿处，海拔950m。

（19）大叶铁线莲（*C. heracleifolia* DC.）　直立草本，灌木状；茎、叶、花、果均被不同程度的白色绒毛，三出复叶对生，总叶柄粗壮；聚伞花序，两性花，蓝色，花有花萼无花瓣，瘦果倒卵形，红棕色，宿存花柱羽毛状。生于山坡沟谷、林缘及路边灌丛中。

（20）绣球藤（*C. montana*）　木质藤本，老枝表面呈撕裂状剥落；三出复叶簇生；花1～6朵与叶簇生；雄蕊、心皮多数，无毛；瘦果扁球形，具羽毛状花柱。生于山坡、山谷灌丛中、林缘或沟边。

（21）威灵仙（*C. chinensis* Osbeck.）　木质藤本，干后茎叶变黑；1回羽状复叶，小叶5；圆锥状聚伞花序顶生或腋生；萼片4，白色，无花瓣；雄蕊无毛；心皮多数；瘦果扁，疏生紧贴柔毛，花柱宿存羽状。生于山坡、山谷灌丛中。

（22）女萎（*C. apiifolia* DC.）　藤本；小枝和花序密生紧贴的微柔毛；三出复叶；小叶卵形；不明显3浅裂或不分裂，边缘有粗锯齿，上面疏生贴伏短柔毛或无毛，下面疏生短柔毛；圆锥状聚伞花序多数花；萼片4，白色，狭倒卵形，两面密生短柔毛；无花瓣；雄蕊多数，无毛；瘦果有短毛，羽状花柱宿存。生于山地林缘，海拔500m左右。

20. 小檗科（Berberidaceae）

叶互生，花两性，辐射对称，萼片和花瓣相似，多轮，每轮常为3片，离生，早落，心皮1。浆果或蒴果。

（1）六角莲（*Dysosma pleiantha*）　多年生草本；茎生叶2片，盾状，长圆形或近圆形；8～9浅裂，裂片宽三角状卵形，边缘有细锯齿，无毛；花5～8朵，排成伞形花序，呈簇生状，在2片茎生叶叶柄交叉处；浆果近球形。生于山谷溪边和山坡杂林下阴湿处。

（2）八角莲（*D. versipellis*（Hance）M. Cheng）　多年生草本，有粗壮的根状茎；茎无毛；茎生叶常为1，盾状，圆形，4～9浅裂或深裂，裂片宽三角状卵圆形，边缘有细刺齿；花 5～8 朵或更多排成伞形花序，簇生状，生在叶柄上部离叶片不远处；萼片 6；花瓣 6；雄蕊 6；子房上位，1 室；浆果椭圆形或卵形。多生于富含腐殖质的山谷、坡地杂木林下阴湿处。

（3）箭叶淫羊藿（*Epimedium sagittatum* Sieb. et Zucc.）　多年生草本，1 回三出复叶，小叶卵状披针形；圆锥花序顶生，花多数；花小，直径不足 8mm，花瓣有短距；蒴果卵圆形。多生于山坡草丛中或疏林下。

（4）淫羊藿（*E. brevicornum* Maxim.）　多年生草本；叶为 2 回三出复叶；基生叶有长柄；小叶卵形，先端急尖或渐尖，基部斜心形，边缘有刺状毛细锯齿；总状花序顶生，花 4～6 朵，花序轴无毛或偶有毛，花梗长约 1cm；基部有苞片，卵状披针形，膜质；花萼 8 片，卵 2 轮；花瓣 4，具长距；雄蕊 4；蒴果卵形。生于林下或山坡阴湿处。

（5）庐山小檗（*Berberis virgetorum* Schneid.）　落叶灌木，茎具对生针刺，常不分叉；叶长圆状菱形，叶基渐狭而呈柄状，全缘或略成波状；总状花序；浆果常椭圆形，无宿存花柱。生于海拔 700m 以下的山地灌丛中或溪边阴湿肥沃处。

（6）阔叶十大功劳（*Mahonia bealei*（Fort.）Carr.）　常绿灌木，茎直立，单叶，奇数羽状复叶，革质，边缘反卷，有刺锯齿，上面蓝绿，下面深绿色。总状花序簇生枝顶，花密生，黄色，萼片 9，3 轮。蓝黑色浆果。生于海拔 800m 以下的中低山谷阔叶林下。

（7）南天竹（*Nandina domestica* Thunb.）　灌木，茎丛生；2 至 3 回羽状复叶，互生，各级羽片对生；小叶椭圆状披针形；圆锥花序顶生；花小，白色；浆果球形。生于海拔 700m 以下的沟谷阴湿处、林缘或灌丛中。

21. 木通科（Lardizabalaceae）

木质藤本，稀为灌木，复叶互生，叶柄基部和小叶柄的两端常膨大为节状。花辐射对称，常排成总状花序；萼片 6，花瓣状，排成 2 轮，有时 3，花瓣缺，或为蜜腺状；雄蕊 6，雌花中有退化雄蕊 6；子房上位，心皮离生，1 室，胚珠 1 至多数；果实肉质，浆果或蓇葖果。

（1）猫儿屎（*Decaisnea fargesii* Franch.）　落叶灌木；羽状复叶；小叶 13～25 枚，具短柄，卵形至卵状长圆形，背面灰白色；圆锥花序顶生下垂，钟形；蓇葖果圆柱形；种子扁平。生于海拔 900～1600m 的谷坡灌丛或深山沟旁阴湿处。

（2）三叶木通（*Akebia trifoliata*（Thunb.）Koidz.）　落叶木质藤本，茎、枝无毛；掌状复叶，小叶 3 片，先端钝圆或具短尖，基部圆形，有时略呈心形，边缘具波状齿或呈波状；雌雄异花同株，总状花序腋生，雌花紫红色，生于同一花序下部；雄花生于花序上部；果卵球形。生于海拔 250～650m 的低山丘陵灌丛中或林内。

（3）木通（*A. quinata*（Thunb.）Decne.）　落叶木质藤本，茎、枝无毛；叶簇生，小叶 5，全缘，无毛；花有细梗，雄花紫红色，雌花暗紫色；浆果熟时纵裂。生于海拔 800m 以下的山坡、林缘和灌木丛中。

22. 防己科（Menispermaceae）

攀缘或缠绕藤本，单叶互生，掌状脉；花单性，雌雄异株，萼片、花瓣常 6；雄花有雄蕊6或8，雌花常有心皮3～6，分离；核果，内果皮骨质或木质。

(1) 千金藤（*Stephania japonica*（Thunb.）Miers.） 木质藤本，根圆柱状；叶阔卵形或卵形，顶端钝，两面无毛，背面粉白色，掌状脉7～9条；花序伞状至聚伞状，腋生；雄花萼片6～8，花瓣3～5，雄蕊6，合生；雌花萼片和花瓣3～5，辐射对称，花柱3～6裂，外弯；核果近球形。生于海拔400m以下的山坡、溪边和路旁。

(2) 粉防己（*S. tetrandra* S. Moore.） 多年生落叶缠绕藤本；叶互生，宽三角状卵形，先端钝，具小突尖，基部截形或略心形，两面均被短柔毛，全缘，掌状脉5～7条；雄花序为头状聚伞花序，排成总状，萼片4，花瓣4，雄蕊4；子房上位，花柱3；核果球形，有短柔毛。生于海拔500m以下的山坡、丘陵地带和灌丛林缘或溪边。

(3) 木防己（*Cocculus orbiculatus*（Linn.）DC.） 缠绕藤本，幼枝密生柔毛；叶形状多变，卵形或卵状长圆形，全缘或3浅裂，基部圆或近截形，顶端尖或渐尖，两面均有柔毛；聚伞状圆锥花序顶生；花淡黄色，花轴有毛；雄花有雄蕊6，分离；雌花有退化雄蕊6，心皮6，离生；核果近球形；种子有横皱纹。生于海拔1000m以下荒坡、路旁灌丛中。

(4) 山木通（*Sinomenium acutum*（Thunb.）Rehd. et Wils.） 缠绕藤本；叶近圆形或卵圆形，基部心形或近截形，全缘或5～7浅裂，上面绿色，下面苍白色；圆锥花序腋生，有短梗。生于海拔800m的山坡路旁、林缘及山谷杂林中。

(5) 蝙蝠葛（*Menispermum dauricum* DC.） 缠绕木质藤本，无毛；叶盾状三角形至七角形，基部心形或近截形，两面无毛；圆锥花序腋生；核果近圆形，外果皮肉质；内果皮坚硬，肾状扁圆形。生于海拔700m以下的山坡灌丛。

23. 金粟兰科（Chloranthaceae）

草本、灌木或小乔木，茎有明显的节；叶对生，叶柄基部常合生，具小托叶；花小，两性或单性；两性花无花被，雌蕊1心皮，子房下位，1室，含1颗下垂的直生胚珠；单性花雄花多数，雄蕊1，雌花少数；核果。

(1) 草珊瑚（*Sarcandra glabra*（Thunb.）Nakai） 常绿亚灌木，茎直立，无毛，节膨大；单叶对生，近革质，卵状长圆形，先端渐尖，基部楔形，边缘有粗锯齿，齿端有1个腺体，两面无毛；托叶钻形；穗状花序顶生；雄蕊1，药隔膨大成卵形，花药2室，生于药隔侧面上端；子房1室，卵形，无花柱；浆果球形。生于海拔420～1500m的山坡、沟谷林下阴湿处。

(2) 丝穗金粟兰（*Chloranthus fortunei*（A. Gray）Solms－Laub.） 多年生草本，无毛；叶对生，常4枚，卵状椭圆形或倒卵状椭圆形，先端短尖，基部楔形，边缘有细圆锯齿，齿尖有1个腺体；穗状花序单生；苞片2～3裂；雄蕊3，基部合生；子房卵形，无花柱；核果球形，有纵条纹。生于丘陵地带。

(3) 及己（*C. serratus*（Thnub.）Roem. et Schalt） 多年生草本，茎圆形，无毛。叶对生，4～6枚生于茎上部，卵形或卵状披针形，顶端渐尖，基部楔形，边缘具锐而密的锯齿，齿尖有1个腺体，两面无毛；穗状花序，苞片近半圆形，顶端有波状小齿；雄蕊3，下部合生；子房卵形，无花柱；核果球形或梨形。生于山地林下湿润处。

(4) 宽叶金粟兰(*C. henryi* Hemsl.) 多年生草本，茎直立，光滑无毛，具4～5个节；单叶生于茎上部，通常4枚，叶片倒广卵形或长卵圆形，先端渐尖，边缘具圆齿，齿端芒尖，基部楔形，两面光滑；穗状花序；直出枝顶；雄花无花被，雄蕊3；核果，卵球形，具短柄。生于山坡林下阴湿地或沟边灌丛中。

24. 罂粟科(Papaveraceae)

草本，常含乳汁，单叶羽裂，花瓣4，雄蕊多数，雌蕊2至多数，蒴果。

(1) 血水草(*Eomecon chionantha* Hance) 多年生草本，无毛，含红黄色汁液；叶基生，叶柄细长，叶片心形或心状戟形，先端急尖，基部深心形，背面有白粉，边缘具波状齿，掌状脉5～7条；聚伞状花序伞房状，花3～5朵；花萼2，基部合生，早落；花瓣4，白色，卵圆形；子房卵形，柱头与胎座互生；蒴果长椭圆形，花柱宿存。生于山坡林下。

(2) 荷青花(*E. japonica* Thunb.) 多年生草本，根深褐色，茎具柔毛；奇数羽状复叶；花1～2朵顶生，萼片2，花瓣4，黄色；蒴果圆柱形。生于沟谷林下阴湿处。

(3) 虞美人(*Papaver rhoeas* L.) 草本，茎具分枝；叶两面具糙毛；花蕾具长梗，未开前下垂，花瓣4，紫红色，基部具5块紫斑。栽培。

(4) 延胡索(*Corydalis yanhusuo* W. T. Wang) 多年生草本，无毛，块茎圆球状；叶3～4枚，2回3出全裂；总状花序；苞片卵形、狭卵形或狭倒卵形，全缘或者上部全缘；花萼2，早落；花瓣紫红色或紫色，顶端微凹，具小短尖；蒴果线形。生于荒坡、林下。

(5) 蛇果黄堇(*C. ophiocarpa* Hook. f. et Thoms.) 茎具分枝、总状花序，淡黄色，内面的花瓣上部红紫色，蒴果条形，蛇形弯曲。生于山地、路边、岩石石缝中。

(6) 黄堇(*C. pallida*(Thunb.) Pers.) 草本，叶2～3回羽状全裂；总状花序有柄；花黄色，形大；蒴果串珠状；种子表面密生圆锥状小突起。生于山坡、沟边或林下阴湿处。

(7) 紫堇(*C. edulis* Maxim.) 草本，茎由基部分枝；叶羽状深裂；花紫色或紫红色，5～8朵排列为总状花序；蒴果线形，成熟时下垂。生于荒山坡多石潮湿处。

(8) 小花黄堇(*C. racemosa*(Thunb.) Pers.) 草本，茎自下部分枝；叶柄基部鞘状宽展；叶2回羽状全裂；总状花序与叶对生，多花；萼片小，早落；花黄色；蒴果线形；种子扁球形，表面密生圆锥状小突起。生于多石处。

25. 十字花科(Cruciferae)

草本，花瓣4，排成十字形，雄蕊6，4长2短，角果，具假隔膜。

(1) 紫花碎米荠(*Cardamine tangutorum* O. E. Schulz.) 草本，根状茎长，少分枝，奇数羽状复叶，边缘有钝齿；顶生总状花序，花紫色，长角果线形，花柱宿存。生于山坡、林下。

(2) 水田碎米荠(*C. lyrate* Bunge) 草本，茎直立，少分枝，有棱角；茎上叶单生，心形或圆肾形，具柄；基生叶无柄，羽状复叶；总状花序顶生，花白色；长角果线形；种子有宽翅。生于水田边、溪边或密林下。

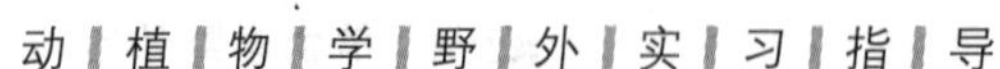

（3）碎米荠（*C. hirsuta* Linn.） 草本，茎直立或斜升，分枝或不分枝；奇数羽状复叶，基生叶有柄，顶生小叶卵圆形，有3～5枚圆齿，侧生小叶较小，歪斜；茎生小叶2～4对，狭倒卵形至线形，表面和边缘都有疏柔毛；总状花序开花时伞房状；花白色；长角果线形；果瓣开裂，无脉；种子长方形。各地有分布，生在山坡或路旁。

（4）豆瓣菜（*Nasturtium officinale* R. Br.） 草本，无毛，茎中空，节生根；奇数羽状复叶；顶生小叶较大，边缘有少数波状齿或全缘，具长柄。总状花序顶生，萼片长圆形；花瓣白色；长角果柱形，扁平，有短喙；种子排成2行，卵形。生长在小溪、水塘畔和流动的浅水中。

（5）臭荠（*Coronopus didymus*（L.）J. E. Smith.） 草本，全株有臭气，主茎短且不显明，基部多分枝，有柔毛；叶1回或2回羽状全裂，裂片线形，先端急尖，基部楔形，全缘，两面无毛；总状花序腋生或与叶对生；萼片开展；花白色；短角果近圆形，侧扁，表面有粗糙皱纹。生于路边、荒地。

（6）独行菜（*Lepidium apetalum* Willd.） 草本，茎具分枝，顶生总状花序；花小，雄蕊2～4，上部具窄翅；短角果圆形，稍扁，两面各有1条深纵沟。生于田野，各地均有分布。

（7）荠菜（*Capsella bursa～pastoris*（L.）Medic.） 草本，茎具分枝，基生叶丛生，羽状分裂；茎生叶基部抱茎；总状花序顶生或腋生，花白色，短角果。生于山坡、路旁、田埂及屋旁。

（8）播娘蒿（*Descuminia sophia*（L.）Webb. ex Prantl.） 草本，茎直立多分枝，有毛，叶羽状深裂，裂片窄条形，花淡黄色；长角果狭线形，斜上，无毛。生于山坡、路旁、田野。

（9）花旗竿（*Dontostemon dentatus*（Bunge）Ledeb.） 草本，有毛，茎上部分枝；叶互生，茎下部叶有柄，上部叶无柄；总状花序顶生或腋生；花瓣紫色或淡紫红色；雄蕊6，长雄蕊花丝成对合生；长角果线形，无毛，果瓣稍隆起，有3条脉纹；种子圆形，边缘有膜质翅。生于山坡、路边或草丛中。

（10）匍匐南芥（*Arabis flagellosa* Miq.） 草本，茎自基部丛生，茎叶有毛；基生叶有柄，呈莲座状；茎生叶无柄或有短柄，向上渐小，基部略抱茎，边缘有疏齿或近于全缘；总状花序鼎盛；花瓣白色，匙形；长角果线形，扁平，无中脉，开裂。生于林下、溪谷、岩石阴湿处。

（11）拟南芥（*Arabidopsis thaliana*） 草本；基生叶有柄呈莲座状，叶片倒卵形或匙形；茎生叶无柄，披针形或线形；总状花序顶生，花瓣4片，白色，匙形；长角果线形。生于山坡杂草丛中和路旁砂地上。

（12）小花糖芥（*Erysimum cheiranthoides* Linn.） 草本，叶无柄，条形；顶生总状花序；花淡黄色，雄蕊6枚近等长；长角果线形，稍有棱，散生叉状毛，熟时开裂；果瓣中脉隆起。生于山坡、路旁或山谷沟边。

26. 景天科（Crassulaceae）

草本，叶肉质，雄蕊为花瓣的2倍，蓇葖果。

(1) 瓦松(*Orostachys fimbriatus*(Turcz.) Berger.) 两年生肉质草本,第一年生莲座叶丛,条形,中央有刺,边缘具流苏状齿;第2年生花茎,叶互生,稀疏,有刺;总状花序,花瓣5,白色至粉红色;雄蕊10;心皮5,分离;蓇葖果,狭椭圆形,具喙。生于岩石或屋顶瓦缝。

(2) 八宝(*Hylotelephium erythrostictum*(Miq.) H. Ohba.) 肉质草本,块根胡萝卜状,茎直立不分支;叶常对生,叶片椭圆形或长倒卵形,边缘有疏锯齿,无柄;伞房花序,多花密集,花瓣5,粉红色或白色;蓇葖果,具喙。生于山坡草地、沟边。

(3) 轮叶八宝(*H. verticillatum*(L.) H. Ohba.) 多年生草本,茎直立不分枝;4～5叶轮生,茎下部叶为3叶轮生或对生,叶通常长于节间,边缘有整齐的疏齿,背面苍白色;伞房状聚伞花序顶生,花密集成近半球形;萼片5,三角状卵形,基部稍合生;花瓣5,淡绿白色至黄白色;雄蕊10;心皮5;蓇葖果。生于山坡草丛中或沟边阴湿处。

(4) 费菜(*Sedum aizoon* L.) 肉质草本,无毛,茎直立,不分枝,基部紫褐色;顶生聚伞花序,花密生;花瓣5,黄色;雄蕊10;心皮5,基部合生,腹面有囊状突起;蓇葖果星芒状排列。生于向阳山坡的岩石上或土层上。

(4) 藓状景天(*S. polytrichoides* Hemsl.) 草本;茎木质,丛生,有多数不育枝;叶互生,线形至线状披针形,肉质,基部有距,顶端急尖,全缘;聚伞花序;萼片5,卵形,无距;花瓣5,黄色,狭披针形,顶端渐尖;雄蕊10,稍短于花瓣;心皮5,稍直立;蓇葖果星芒状叉开,腹面有浅囊状突起。生于山坡石上。

(5) 爪瓣景天(*S. onychopetalum* Frod.) 草本;无毛,根须状;叶对生或轮生,披针形或宽线形,先端钝,基部宽而有距,常带紫红色;聚伞花序顶生,呈蝎尾状;花无梗;萼片5;花瓣5,黄色,披针形,分离,上部狭成爪状,顶端一侧有小尖头突起;雄蕊10;心皮5,基部合生,顶端有细长的花柱;种子细小,长圆形,无翅,表面有乳头状突起。生于阴湿石上。

(6) 佛甲草(*S. lineare* Thunb.) 肉质草本,全体无毛,茎纤细倾卧,着地部分节节生根;叶3～4片轮生,近无柄,线形至倒披针形,先端钝尖,基部无柄,有短矩;聚伞花序顶生,花黄色,细小;萼5片,线状披针形;花瓣5;雄蕊10;花柱短;蓇葖果略叉开。生于山野水湿地及岩石上。

(7) 垂盆草(*S. sarmentosum* Bunge.) 草本,无毛,茎丛生,匍匐;叶常3片轮生,全缘,基部有距,肉质;伞形花序顶生,花黄色;蓇葖果有长的宿存花柱。生于山坡向阳处或岩石上。

(8) 凹叶景天(*S. emarginatum* Migo.) 草本,茎倾斜,着地部分生有不定根;叶对生,匙状倒卵形至宽匙形,顶端凹缺,有时基部渐狭,近无柄,有短距;聚伞花序顶生,常3分枝,花无梗;萼片5,披针形至长椭圆形,顶端钝,基部有短距,短于花瓣;花瓣5,黄色;雄蕊10,短于花瓣,花药卵状,紫色;心皮5,基部连合;蓇葖果略叉开,腹面有浅囊状隆起。生于山坡阴湿处的林下或石隙中。

27. 虎耳草科(Saxifragaceae)

花两性,萼片、花瓣同数,雄蕊与花瓣同数或为其倍数。

（1）黄水枝（*Tiarella polyphylla* D. Don） 草本，被柔毛和腺毛；基生叶近心形或宽卵形，常3～5裂，先端急尖，基部心形，两面有毛；托叶膜质；茎生叶2～3片；有短柄。总状花序顶生或腋生，被腺毛；花白色或淡红色；蒴果。生于山地林下。

（2）大叶金腰（*Chrysosplenium macrophyllum* Oliv.） 草本；叶数枚基生，厚革质，倒卵形或狭倒卵形，顶端圆，基部渐狭，边缘有波状浅圆齿或全缘，上面疏生短毛，下面叶脉隆起；叶被锈色柔毛；茎生叶1片，匙形；聚伞花序紧密，基部具叶状苞片；萼片4，卵形，直立；雄蕊8；子房上位，心皮2；蒴果水平叉开。生于山地林下或阴湿沟边。

（3）中华金腰（*C. sinicum* Maxim.） 草本，无毛；叶卵形；聚伞花序紧密；花钟状，黄绿色，萼片直立，蒴果2裂状。生于山坡林中或沟谷处。

（4）虎耳草（*Saxifraga stolonifera*） 草本，有毛，红紫色；叶数片基生，肉质，密生长柔毛，圆形或肾形，基部心形或截形，边缘有不规则钝锯齿，两面有长伏毛，上面有白色斑纹，下面紫红色或有斑点；圆锥花序；蒴果卵圆形，2裂。生于阴湿山坡石缝中。

（5）落新妇（*Astilbe chinensis*（Maxim.）Franch. et Sav.） 多年生草本，根状茎粗，羽状复叶，圆锥花序密生柔毛，花红紫色，蒴果，种子纺锤形。生于山野林下。

（6）草绣球（*Hydrangea macrophylla*） 落叶灌木；叶对生，无托叶，卵圆或椭圆形，大而薄，顶端突尖，基部圆形，叶缘有粗齿；花序大，顶生，球形伞房状；无花瓣，萼片发育增大而成花瓣状；花初时白色，后变为粉红色或蓝色，全部是不孕花。栽培。

（7）圆锥绣球（*H. paniculata* Sieb.） 小枝稍带方形；叶在上部节上，有时3片轮生；圆锥花序顶生；不孕花白色；萼瓣4，大小不等；孕性花白色，芳香；蒴果近卵形。生于海拔300～1600m的山溪旁、山谷或灌丛中。

（8）伞形绣球（*H. umbellata* Rehd.） 落叶灌木，单叶对生，薄膜质，披针形、长圆披针形或倒卵形，先端尾状渐尖，基部楔形，边缘除基部外有牙状锯齿，上面黄绿色，沿中脉疏生长软毛，下面粉白色，疏被粗硬毛，沿叶脉较密；叶柄被卷曲毛；伞形花序，花2型，多数；花瓣倒卵状长圆形，黄色；蒴果椭圆形。生长于山坡溪沟边及林缘。

（9）黄山梅（*Kirengeshoma palmata* Yatabe） 多年生草本，茎无毛，带紫色；单叶对生，圆心形，掌状分裂，边缘具粗锯齿，两面有伏毛；聚伞花序生于上部叶腋及茎端，常具3花；花两性，黄色，花梗稍弯曲而多少俯垂；萼筒半球形，裂片5，三角形；花瓣5；雄蕊15，排成3轮，不等长；子房半下位；花柱3～4，丝状；蒴果，花柱宿存；种子扁平，周围具斜翅。生于海拔1100～1600m。

（10）冠盖藤（*Pileostegia viburnoides* Hook. f. et Thoms.） 木质藤本，叶上面无毛，下面具星状毛；顶生圆锥花序；花白色或绿白色；蒴果陀螺状。生于海拔500～900m，攀缘于路边、洞穴、岩壁的树干上。

（11）山梅花（*Philadelphus incanus* Koehne） 灌木，叶对生，花序有7～11朵花，白色，花瓣4，花外具毛，雄蕊多数，蒴果倒卵形，宿存萼上周位。生于海拔800m的灌木林中。

（12）矩形叶鼠刺（*Itea chinensis* Hook. et Arn. var. *oblonga*（Hand. －Mazz.）Wu）灌木，叶薄革质，长矩圆形；下面网脉明显，边缘有细浅齿；总状花序；被微柔毛；蒴果狭披针形，先端有喙，深 2 瓣裂，有短柔毛。生于海拔 300～600m 的阔叶林下、林缘或沿沟谷的灌丛中。

28. 蔷薇科（Rosaceae）

草本、灌木或小乔木，有刺或无刺，有时攀缘状；叶互生，单叶或复叶，常有托叶；花两性，稀单性，整齐，单生或排成伞房、圆锥花序，花瓣和萼片同数，通常 4～5，雄蕊多数，周位，稀 5 或 10；子房由 1 至多个分离或合生的心皮所成，上位或下位；蓇葖果、瘦果、核果或梨果。

（1）李叶绣线菊（*Spiraea prunifolia* Sieb. et Zucc.） 落叶灌木，叶小，椭圆形至卵形，叶缘中部以上有锐锯齿，叶背有细短柔毛或光滑；伞形花序无总梗；花白色，重瓣。蓇葖果，无毛。分布于本省各地。

（2）麻叶绣线菊（*S. cantoniensis* Lour.） 灌木，小枝无毛。叶柄无毛；叶菱状披针形，先端尖，中部以上有锯齿，具明显网状小脉，两面无毛。伞形总状花序有总梗，花梗无毛；萼筒钟状，花瓣近圆形或倒卵形，雄蕊 20～28，短于花瓣，蓇葖果直立，开展，无毛。本省山地野生。

（3）三裂绣线菊（*S. trilobata* L.） 灌木，小枝无毛；叶近圆形，先端钝，通常 3 裂，边缘自中部以上有少数圆钝锯齿，两面无毛，基脉 3～5 出；伞形总状花序具总梗，无毛，花小，白色，萼筒钟形，花瓣宽倒卵形，先端常微凹；雄蕊 18～20，比花瓣短；子房被短柔毛；蓇葖果开展，沿腹缝微被短柔毛。产本省江淮地区。

（4）中华绣线菊（*S. chinensis* Maxim.） 灌木，叶片菱状卵形或倒卵形，锯齿锐尖，下面密被黄褐色绒毛；伞形花序具花梗，有毛，白色；雄蕊 22～25，短于花瓣或与花瓣等长；子房具短柔毛，花柱短于雄蕊。蓇葖果开张，被短柔毛。产大别山、皖南山区及江淮丘陵山地。生于海拔 700m 以下的山坡灌丛中及山谷溪边。

（5）土庄绣线菊（*S. pubescens* Turcz.） 落叶灌木，小枝嫩时褐黄色，被短毛，老时灰褐色，无毛；叶片菱状卵形至椭圆形，先端急尖，基部宽楔形，边缘自中部以上有深刻锯齿，有时 3 裂，上面有疏柔毛，下面有灰色短柔毛，叶柄有短柔毛。伞形花序无毛，具总梗；花瓣卵形、宽倒卵形或近圆形，雄蕊多数，与花瓣近等长；蓇葖果张开，宿存花柱顶生。生于山坡地杂木林内。

（6）假升麻（*Aruncus sylvester* Kostel.） 多年生草本，1～3 回羽状复叶，无托叶，心皮 3～4，离生；蓇葖果直立，无毛，果梗极短，下垂，宿存萼片开展状。生于海拔 1000m 以上的山坡、沟边、杂木林下。

（7）野珠兰（*Stephanandra chinensis* Hance） 灌木，小枝细，拱曲，微有毛，红褐色。叶互生，卵形至长卵形，先端渐尖成尾状，边缘浅裂，背面脉上疏生银灰色柔毛。圆锥花序顶生，花梗和萼筒无毛。蓇葖果近球形。生于海拔 200～1400m 的林缘、溪边及疏林中。

（8）小米空木（*S. incise* Zabel.） 灌木，小枝细而弯曲，褐色，被微毛，老枝紫色；叶三角状卵形或卵形，边缘深裂，两面被柔毛；圆锥花序顶生，花梗和萼筒被柔毛。蓇葖果近球形。生于林缘路边。

（9）白鹃梅（*Exochorda racemosa*（Lindl.）Rehd.） 落叶灌木；单叶互生，长椭圆形至长圆状倒卵形，先端圆钝，基部楔形，全缘叶，两面无毛，叶柄极短，叶背面灰白色；花两性，顶生总状花序，全体无毛，有短花梗，萼筒钟状，黄绿色，萼片边缘有尖细锯齿，花瓣倒卵形，白色，先端钝，基部有短爪；雄蕊15～20枚，心皮5，花柱分离。蒴果，倒圆锥形，具5棱脊，有短果梗。生于海拔500m以下的山坡灌丛及路旁。

（10）平枝栒子（*Cotoneaster horizontalis* Decne） 常绿或半常绿灌木；叶小，厚革质，近卵形或倒卵形，先端急尖，表面暗绿色，无毛，背面疏生平贴细毛；花小，无柄，粉红色，花瓣直立倒卵形；果近球形。多生于干燥的山坡。

（11）毛灰栒子（*C. acutifolius* Turcz. var. *villosulus* Rehd. & Wils.） 落叶灌木；小枝圆柱形，幼时被长柔毛，老时红褐色，无毛；叶片椭圆形或卵形，叶下密被长柔毛，聚伞花序具梗，被长柔毛，花瓣直立，白色微带红晕，雄蕊短于花瓣，花柱2，离生。果紫黑色。生于海拔850～1000m。

（12）火棘（*Pyracantha fortuneana* H. L. Li） 半常绿灌木，侧枝短刺状；叶倒卵形，两面无毛；复伞房花序，花白色；果近球形，成穗状。生于海拔250～450m河岸、沟岸、滩地和丘陵地阳坡灌丛中。

（13）山楂（*Crataegus pinnatifide* Bunge） 落叶乔木，叶片羽状深裂，基部截形或宽楔形，侧面伸达裂片先端和裂片分裂处；伞房花序；果深红色，近球形，有斑点。生于山坡落叶阔叶林或灌丛中。

（14）野山楂（*C. cuneats* Sieb.） 落叶灌木，枝条有刺针；幼枝无毛。叶阔倒卵形与倒卵状长椭圆形，基部楔形，边缘有缺刻及不整齐锯齿，顶端常为3裂，表面平滑无毛，背面有疏毛，脉上亦稍有毛，托叶近于卵形，有齿。花白色，伞房花序，子房下位；梨果。产本省各地。

（15）石楠（*Photinia serrulata* Lindl.） 常绿小乔，幼枝绿色或灰褐色，光滑；单叶互生，厚革质，长椭圆形至倒卵状椭圆形，先端突渐尖，基部圆或楔形，边缘疏生具细锯齿，叶脉羽状，叶表面绿色，幼叶红色，中脉微具毛，叶柄粗壮；顶生复伞房花序，花两性，花部无毛，花白色，雄蕊20枚，内外2轮，与花瓣近等长；梨果，球形。生于路边灌丛或沟谷溪边。

（16）光叶石楠（*P. glabra*（Thunb.）Maxim.） 常绿乔木；老枝灰黑色，无刺，皮孔棕黑色，近圆形，散生。叶革质，幼时及老时皆呈红色，椭圆形、长圆形或长圆倒卵形，先端渐尖；复伞房花序顶生，花瓣内面被柔毛；果卵形红色。生于山坡、溪边。

（17）椤木石楠（*P. davidsoniae* Rehd.） 常绿乔木；幼枝黄褐色，疏生柔毛；单叶互生，革质，倒卵状椭圆形，先端急尖或渐尖，基部楔形，边缘稍反卷，有带腺的细锯齿，幼时表面沿中脉贴生短柔毛，后脱落；复伞形花序顶生；梨果黄红色，球形或卵形。生于山坡树林中。

（18）绒毛石楠（*P. schneideriana* Rehd. et Wils.） 灌木或小乔木，小枝具明显皮

孔；单叶互生，披针形或长椭圆形，先端渐尖，基部宽楔形，边缘有锐锯齿，顶生复伞房花序，花梗无毛；萼筒杯状，外面无毛；萼片直立、开展，圆形，先端具短尖头，内面上部有疏柔毛；花瓣白色，近圆形，无毛，雄蕊 20，约与花瓣等长；花柱 2～3，基部连合，子房顶端有柔毛；果实卵形，种子卵形黑褐色。生于海拔 700～1300m 山坡疏林中。

(19) 枇杷（*Eriobotrya japonica*（Thunb.）Lindl.）　常绿小乔木，小枝密生锈色或灰棕色绒毛；叶片革质，披针形、长倒卵形或长椭圆形，顶端急尖或渐尖，基部楔形或渐狭成叶柄，边缘有疏锯齿，表面皱，背面及叶柄密生锈色绒毛。圆锥花序顶生；花序梗、花柄、萼筒密生锈色绒毛；梨果近球形或长圆形，黄色或橘黄色，外有锈色柔毛，后脱落。产皖南地区。

(20) 石斑木（*Rhaphiolepis indica*（L.）Lindl.）　小乔木或灌木，初生幼枝覆淡褐色绒毛，后脱落；叶片集生于枝顶，卵形、长圆形；顶生圆锥花序或总状花序，总花梗和花梗被锈色绒毛；果实球形，紫黑色。生于海拔 200～800m 处。

(21) 木瓜（*Chaenomeles sinensis*）　灌木或小乔木，枝无刺；叶长圆状卵形，稀有倒卵形，有锯齿，嫩叶背面被绒毛，先端急尖，边缘有刺芒状锐锯齿，齿尖有腺点；花单生于叶腋，红色或白色，果实长椭圆形。产淮北、江淮及皖南等地。

(22) 沙梨（*Pyrus pyrifolia*（Burm. f.）Nakai）　落叶乔木，小枝光滑，或幼时有绒毛，1～2 年生枝紫褐色或暗褐色。叶卵状椭圆形，先端长尖，基部圆形或近心形，叶缘具刺毛状锐齿，有时齿端微向内曲，光滑或幼时有毛；伞形总状花序。本省普遍栽培。

(23) 豆梨（*P. calleryana* Decne.）　落叶乔木，小枝幼时有绒毛，后脱落。叶片宽卵形或卵形，少数长椭圆状卵形，顶端渐尖，基部宽楔形至近圆形，边缘有细钝锯齿，两面无毛；伞形总状花序，花序梗、花柄无毛，萼筒无毛，萼片外面无毛，内有绒毛；花柱 2，少数 3，无毛。梨果近球形。生于海拔 900m 以下。

(24) 三叶海棠（*Malus sieboldii*（Regel）Rehd.）　落叶灌木，枝条开展，无毛；叶片卵形、椭圆形或长椭圆形，先端急尖，基部圆形或广楔形，边缘有锐锯齿，新枝上的叶片锯齿粗钝，常 3 浅裂，稀 5 浅裂，幼时两面均被短柔毛，老时脱落，仅背面沿叶脉被疏毛；果实近球形。生于海拔 600～1400m 的山坡阔叶林或灌丛中。

(25) 金樱子（*Rosa laevigata* Michx.）　常绿攀缘灌木，小叶 3～5 片，椭圆状卵形或披针状卵形，边缘有细锯齿，两面无毛，背面沿中脉有细刺；叶柄、叶轴有小皮刺或细刺；托叶线形，和叶柄分离，早落；花单生侧枝顶端，白色，花柄和萼筒外面密生细刺；蔷薇果近球形或倒卵形，有细刺，顶端有长而外反的宿存萼片。生于山坡、灌丛及路旁。

(26) 月季（*R. chinensis* Jacq.）　常绿或落叶灌木，小枝绿色，散生皮刺，也有几乎无刺的；多数羽状复叶，小叶 3～5 片，椭圆或卵圆形，叶缘有锯齿，两面无毛，光滑，托叶与叶柄合生；花生于枝顶，常簇生，稀单生；肉质蔷薇果，成熟后呈红黄色，顶部裂开。广泛栽培。

(27) 悬钩子（*R. rubus* Levl. et Vant.）　落叶或半常绿蔓生小灌木，攀缘茎，绿色，茎上有钩状的刺；羽状复叶，小叶 5 片，上面有多数侧脉，形成皱纹；花单生，大型，大多白色，单瓣，有香味，不结实。生于海拔 500m 以上的沟谷、溪旁或灌丛中。

（28）单瓣黄刺玫（*R. xanthina* Lindl. var. *normalis* Rehd. et Wils.） 落叶灌木，茎直立，枝开展，小枝细长，树皮深褐色，具刺，无刺毛；刺直立，仅基部稍扁；小枝及叶柄常有成对的皮刺；奇数羽状复叶，小叶 7～13 片，长 0.8～1.5cm，先端钝圆，宽卵形，叶缘有钝锯齿，背面幼时有长柔毛；托叶披针形或线状披针形，全缘，中部以下与叶柄合生；花单生，无毛，无苞片；果球形，红色。生于路旁灌丛中。

（29）玫瑰（*R. rugosa* Thunb.） 灌木；茎枝有皮刺和刺毛，小枝密被绒毛；单数羽状复叶互生，小叶 5～9 片，上面光亮，多皱，无毛，下面有柔毛和腺体，叶柄和叶轴有绒毛，疏生小皮刺和刺毛；托叶大部附着于叶柄，边缘有腺点；叶柄基部的刺常成对着生；花单生或数朵聚生；花梗有绒毛和腺体；果扁球形，内有多数小瘦果。栽培。

（30）龙牙草（*Agrimonia pilosa* Ledeb.） 多年生草本，植株有长柔毛，奇数羽状复叶，夹杂有小型小叶，顶生总状花序，黄色。瘦果具钩刺。生于低山荒草坡、林缘、林下灌丛及溪沟边。

（31）地榆（*Sanguisorba officinalis* Linn.） 多年生草本，根圆柱状肥厚，茎上部分枝，奇数羽状复叶，顶生穗状花序直立，圆柱形或稍短，花萼暗紫色，球形瘦果。生于山坡草地、灌丛中及林缘路旁。

（32）棣棠花（*Kerria japonica*（L.）DC.） 落叶灌木，小枝略曲折，无毛或疏生柔毛；单叶互生，托叶细小，钻形，早落；花单生于侧枝顶端，黄色，雄蕊多数，瘦果，萼片宿存。生于山坡杂林中。

（33）鸡麻（*Rhodotypcs scandens*（Thunb.）Makino） 落叶小灌木，小枝无毛，单叶对生，叶上面幼时被柔毛，后无毛，下面被绢状长柔毛；托叶狭带形，被柔毛，早落；花单生小枝顶端，花瓣白色，倒卵形；核果。生于山坡灌丛及沟边林中。

（34）太平莓（*Rubus pacificus* Hance） 常绿矮小灌木，分枝无毛或略具柔毛或白粉；单叶互生，革质，先端锐尖或渐尖，边缘具锐尖细锯齿，下面疏生灰色绒毛，基生 5 出脉，下面网脉显明；花白色，3～6 朵聚成总状花序或单生于叶腋；总花梗密生茸毛；萼钵状，5 裂，先端尾尖，两面密生茸毛；花瓣 5，广圆形或广卵形，略长于萼。聚合果球形，红色。生于山坡灌丛和路边草坡。

（35）掌叶覆盆子（*R. chingii* Hu） 落叶灌木；新枝略带蔓性，紫褐色，幼枝绿色，被白粉，有少数倒刺。叶互生，近圆形，掌状 5～7 裂，边缘具不整齐锯齿，两面脉上被白色短柔毛；叶柄散生细刺，托叶线形。花单生于枝端叶腋；萼片 5，卵形或长椭圆形，被灰白色柔毛；花瓣 5，近圆形，白色；雄蕊多数；聚合果球形，密被白色短柔毛。生于海拔 800m 以下山坡灌丛及沟边。

（36）盾叶莓（*R. peltatus* Maxim.） 直立灌木，茎散生皮刺，小枝绿色，有白粉；单叶互生，盾状，卵状圆形，掌状 3～5 浅裂，边缘有不整齐细锯齿，上面贴生硬毛，下面有柔毛，沿叶脉较密；叶柄有钩状细刺；托叶卵状披针形；单花和叶对生，白色，萼裂片卵状披针形，边缘具疏齿，两面有白色绢毛；雄蕊多数；聚合果圆柱形，橘红色。

生于山坡或山沟。

(37) 山莓（*R. corchorifolius* Linn. f.）　落叶灌木，小枝红褐色，有皮刺，幼枝有柔毛及皮刺；叶卵形或卵状披针形，边缘有不整齐的重锯齿，两面脉上有柔毛，背面脉上有细钩刺；托叶线形，基部贴生在叶柄上。花白色，常单生在短枝上；萼片卵状披针形，有柔毛，宿存。聚合果球形，成熟时红色。生于山坡灌丛及路旁。

(38) 寒莓（*R. buergeri* Miq.）　常绿匍匐性小灌木，小枝密被灰白色或褐色长柔毛；单叶，叶边缘5～7浅裂，下被柔毛，老时脱落，基生掌状3～5出脉，托叶边缘条裂，托叶基部与叶柄分离，早落；花组成短总状花序或数朵簇生；果近球形，无毛。生于山坡杂林内。

(39) 茅莓（*R. parvifolius* Linn.）　落叶灌木，有短柔毛及倒生皮刺；单数羽状复叶，通常3小叶，有时5，小叶菱状宽卵形至宽倒卵形，顶端圆钝，边缘浅裂，有不整齐粗锯齿，上面疏生柔毛，背面密生白色绒毛；叶柄、叶轴有柔毛及小皮刺。伞房花序顶生或腋生；总花序梗和花柄密生柔毛及小皮刺；花红色或紫红色，萼片卵状披针形至三角状卵形，顶端尖，外面有柔毛，边缘及内面密生柔毛。聚合果球形，红色。生于山坡灌丛，低海拔山地。

(40) 白叶莓（*R. innominatus* S. Moors）　落叶灌木；3小叶复叶，稀5片，顶生小叶，卵形、宽卵形至长椭圆状卵形，边缘有不整齐粗锯齿，上面疏生短柔毛，下面密生白色绒毛；总状花序或圆锥状花序顶生和腋生，密生绒毛和红色腺毛；花紫红色，花瓣有啮蚀状边缘。果近球形，熟时暗红色。生于海拔760m的山坡灌丛或路旁沟边。

(41) 黄果悬钩子（*R. xanthocarpus* Bureau et Franch.）　草本，具匍匐根状茎，植株具细钩刺，叶羽状3出，花白色，2～3朵顶生或腋生，果实卵形或扁球形，熟时呈黄色。生于山坡路旁及灌丛中。

(42) 红腺悬钩子（*R. sumatranus* Miq.）　直立或攀缘灌木；枝、叶柄和叶轴被红色长腺毛，并散生钩状皮刺；羽状复叶，小叶5～7，很少3片，卵状披针形至披针形，顶端渐尖，基部圆形且稍偏，边有不整齐尖锯齿，两面脉上被疏柔毛，下面中脉上有小钩刺；有托叶；花白色，花萼外被腺毛和短毛；单生或数朵排成总状花序。果长圆形，无毛，熟时橘红色。生于海拔200～500m山坡杂林中。

(43) 空心泡（*R. rosaefolius* Smith.）　灌木，小枝具浅黄色腺点；羽状复叶，小叶5～7枚，披针形或卵状披针形，先端渐尖，基部圆形，边缘有不整齐重锯齿，两面均有突起的紫褐色或黄色腺点，花白色，1～3朵腋生。果矩圆形，无毛，红色，有光泽。生于海拔400m的以下山坡岗地及林下阴处。

(44) 插田泡（*R. coreanus* Miq.）　灌木，小枝常被白粉，无毛，具直立或钩状皮刺；羽状复叶，5～7片小叶，稀3片，小叶下面无毛或疏生柔毛，伞房花序。生于海拔400～1000m的向阳山坡灌丛、路旁及沟谷溪边。

(45) 蛇莓（*Duchesnea indica*（Andrews）Focke）　草本，具长匍匐茎，被白色柔毛，羽状三出复叶，花单生叶腋，黄色，具长梗，果实成熟时，花托膨大成球形，聚合果球形，瘦果红色。产本省各地。

(46) 朝天委陵菜(*Potentilla supina* Linn.) 茎被疏柔毛，奇数羽状复叶，无柄；花单生于叶腋，黄色，花瓣较萼片长，瘦果卵圆形，黄褐色，背部具脊状狭翅。生于低湿水沟边、田埂或房前屋后荒地。

(47) 莓叶委陵菜(*P. fragarioides* Linn.) 多年生草本；基生叶为奇数羽状复叶，叶柄被开展疏柔毛；两面绿色，散生长柔毛，下面较密；茎生叶小，有3小叶，叶柄短或无。伞房状聚伞花序顶生，花多，松散，总花梗和花梗具长柔毛，花黄色，瘦果近肾形，表面有脉纹。生于低山阴湿处，或山坡草丛。

(48) 委陵菜(*P. chinensis* Ser.) 草本，根木质化，茎具白色绒毛，羽状复叶，小叶密生白色，羽状深裂，顶生聚伞花序，花黄色，卵形瘦果。生于向阳的荒地、荒坡、漂洗砂质地。

(49) 翻白草(*P. discolor* Bunge) 草本，具纺锤状块根，叶被白色绵毛，羽状复叶具长柄，小叶无柄，长圆形，聚伞花序，花黄色，花瓣5，聚合瘦果。生于低山丘陵阳坡、路旁或其他杂草丛中。

(50) 三叶委陵菜(*P. freyniana* Bornm.) 多年生草本，全株疏生柔毛；三出复叶；基生叶的小叶椭圆形、矩圆形或斜卵形；总状聚伞花序，顶生；总花梗和花梗有柔毛；雄蕊多数，雌蕊多数，花柱侧生；花托稍有毛。瘦果小，黄色，卵形，无毛，有小皱纹。生于河滩、沟旁和海拔500～1200m的山地。

(51) 蛇含委陵菜(*P. kleiniana* Wight et Arn.) 草本，须根簇生，茎匍匐丛生有毛，掌状复叶，小叶5，顶生聚伞花序，花小黄色，瘦果。生于田边、沟旁、荒地等潮湿处。

(52) 榆叶梅(*Prunus triloba* Lindl.) 落叶灌木，小枝细，无毛或幼时稍有柔毛。叶椭圆形至倒卵形，单叶互生，其基部呈广楔形，端部3裂，边缘有粗锯齿。花2～3朵簇生，花梗短；核果，红色，球形，表面具不整齐的网纹。产皖南歙县。

(53) 山樱花(*Cerasus serrulata* (Lindl.) G. Don ex London) 落叶乔木，树皮暗栗褐色，光滑而有光泽，具横纹，小枝无毛；叶卵形至卵状椭圆形，边缘具芒齿，两面无毛；伞房状或总状花序，花白色或淡粉红色；棱果球形，黑色。生于海拔1000m以下的山谷林内。

(54) 樱桃(*C. pseudocerasus* (Lindl.) G. Don) 落叶乔木；树皮具明显的横条皮孔，冬芽卵形无毛；叶长圆状卵形或长卵形，先端渐尖或尾状渐尖，基部宽楔形或近圆形，边缘有尖锐重锯齿，齿间常有腺体，上面近无毛，下面沿叶脉或脉间有疏柔毛；托叶披针形，有腺齿，早落；伞形花序，花3～6朵，白色；核果近球形，红色。生于向阳山坡或沟边。

(55) 毛樱桃(*P. tomentosa*) 落叶灌木，叶椭圆形，上面深绿有皱纹，散生柔毛，下面密生绒毛。花1～2朵，白色略带红色，雄蕊多数，心皮1，球形核果。生于向阳山坡灌丛中。

(56) 郁李(*P. japonica* Thunb.) 落叶灌木，无毛；叶卵形或宽卵形，少有披针形卵形，先端长尾状，基部圆形，边缘有锐重锯齿，无毛或下面沿叶脉生短柔毛，托叶

条形，边缘具腺齿，早落；花单生或2～3朵簇生，花梗无毛，花瓣粉红色或近白色，倒卵形；雄蕊多数，离生，比花瓣短；心皮1，无毛，花柱约与雄蕊等长或稍长；核果近球形，无沟，暗红色，光滑而有光泽。生于低山丘陵、山坡林缘及灌丛中。

（57）欧李（*P. humilis* Bunge） 落叶灌木，小枝被柔毛；叶互生，长圆形或椭圆状披针形，先端尖，边缘有浅细锯齿，下面沿主脉散生短柔毛；托叶线形，早落；花单生或2朵并生，花梗有稀疏短柔毛；萼片5，花后反折；花瓣5，白色或粉红色；雄蕊多数；心皮1；核果近球形，熟时鲜红色。生于向阳坡地灌丛中。

（58）麦李（*P. glandulosa*（Thumb.）Lois.） 落叶灌木；叶卵状长椭圆形至椭圆状披针形，先端急尖而常圆钝，基部广楔形，缘有细钝齿，两面无毛或背面中肋疏生柔毛；花粉红或近白色；果近球形，红色。生于山坡、沟边或灌丛中。

（59）短梗稠李（*P. brachypoda*（Batal.）Schneid.） 落叶乔木，树皮黑褐色，无毛；叶先端渐尖或急尖，稀短尾尖，边缘具锐锯齿，齿间有短芒，两面无毛或在下面脉腋有髯毛，叶柄无毛；总状花序，花萼脱落；核果黑褐色。生于海拔1000m的山坡灌丛中或山谷林中。

（60）灰叶稠李（*P. grayana*（Maxim.）Schneid.） 落叶小乔木，叶先端尾状长尖或渐尖，边缘具尖锐锯齿，齿尖有短齿，两面无毛或下面沿中脉被疏柔毛；叶柄无毛，无腺体；托叶线形，有腺齿，早落；总状花序，多花，基部3～5枚叶片无毛，花萼脱落；核果卵球形。生于海拔1000m左右的山坡。

（61）细齿稠李（*P. obtusata*（Koehne）Yü et Ku.） 落叶乔木，叶先端急尖或渐尖，有时短尾尖，边缘具细密锯齿，两面无毛或近下面脉腋有簇生毛，下面网脉较明显突起；总状花序，基部2～4叶片，花序梗和花梗在果时不增粗，花萼脱落；核果。生于海拔900～1600m的山坡杂木林中或山谷溪地。

（62）绢毛稠李（*P. wilsonii* Schneid.） 落叶乔木，叶缘疏生圆卵锯齿，有时带尖头，下面被白色或棕褐色平伏绢状毛；总状花序，基部有3～4片小叶，花序梗和花梗在果时增粗，花萼果时脱落，核果。生于海拔1000m左右的山坡杂木林中及山谷林缘。

29. 豆科（Leguminosae）

草本、灌木、乔木和藤本。叶互生，稀对生或轮生，羽状或掌状复叶，稀单叶。有托叶，叶枕发达，叶轴顶端有时有卷须。花两性，排成总状花序、圆锥花序或头状花序，顶生、腋生或对生，5基数；花萼5，结合；花瓣5，辐射对称至两侧对称；雄蕊多数至定数，常10个，往往成两体；雌蕊1心皮，1心室，含多数着生在腹背线上的胚珠。花柱1，通常下弯，柱头头状，顶生或侧生。荚果。种子无胚乳。根常具根瘤，内含有固氮细菌。

（1）合欢（*Albizia julibrissin* Durazz.） 乔木，树皮褐灰色，树冠开展，小枝褐绿色，略具棱，无毛，皮孔灰黄色。羽片4～12（20）对，小叶10～30对，镰状长圆形；花冠淡红色；荚果条形。多生于低山丘陵及平原。

（2）云实（*Caesalpinia decapetala*（Roth）Alston.） 攀缘灌木，树皮暗红色，幼枝密被褐色短柔毛和倒钩刺。羽状复叶，总叶柄与叶轴被褐色柔毛和倒钩刺，后渐脱落。

总状花序顶生。荚果窄长圆形，腹缝具窄刺，沿背缝线开裂，栗色，无毛。产皖南黄山、九华山、太平、石台、贵池、宁国、泾县、广德和大别山区潜山、霍山以及江淮地区滁县琅玡山、来安、凤阳、萧县、宿县。

(3) 皂荚（*Gleditsia sinensis* Lam.） 乔木，树皮暗灰或灰黑色，粗糙，分枝刺粗壮，圆柱形，基部粗圆，幼小枝无毛。1 回偶数羽状复叶，荚果袋状，弯或直。果荚木质，不扭曲。种子多数，长圆形，扁平。产大别山区太湖，本省南北各地丘陵、平原习见栽培。

(4) 短叶绝明（*Cassia leschenaultana* DC.） 半灌木状草本。茎直立，多分枝，密被黄色柔毛。1 回羽状复叶，小叶 16～25 对，披针形至线形，直或微呈镰刀状，偏斜。花通常单生于叶腋。荚果扁平。种子近菱形，棕褐色。生于山坡、路旁、草丛中。

(5) 紫荆（*Cercis chinensis* Bge.） 小乔木，经栽培后，通常为丛生状灌木。小枝无毛，具皮孔。叶近圆形。花先叶开放，5～8 朵生于很短的总花梗上，花梗细，萼红色，花冠玫瑰红紫色。荚果扁带形。生于海拔 750～1000m 的杂木林内，现各地广泛栽培。

(6) 马桉树（*Maackia chinensis* Takeda） 乔木，树皮暗灰绿色，小枝浅灰绿色。小叶 9～13 片，卵状椭圆形或椭圆形，下被柔毛。奇数羽状复叶，无托叶刺，总状花序直立，花冠白色，但其花为 4 数，荚果扁平椭圆形或条形，无翅。生于山地疏林内、林缘、灌丛中及沟谷地，海拔可高达 1500m。

(7) 香槐（*Cladrastis wilsonii* Takeda） 乔木，树皮灰或黄灰色。柄下裸芽叠生，奇数羽状复叶，小叶 9～11 枚互生，长椭圆形或长圆状倒卵形，先端渐尖，基部楔形或圆形；圆锥花序顶生或腋生，花白色，具芳香；荚果扁平，长条形。生于海拔 1000～1300m 的山谷、沟边杂木次生林中。

(8) 苦参（*Sophora flavescens* Ait.） 多年生草本或灌木，主根圆柱形，外皮黄色。单数羽状复叶，披针形至线状披针形，很少椭圆形，顶端渐尖，基部圆形，背面有平贴柔毛。总状花序顶生，有疏生短柔毛或近无毛；花冠淡黄色，旗瓣匙形，翼瓣无耳。荚果圆筒形，种子间微溢缩，呈不明显的串珠状，疏生短柔毛。生于向阳山坡草丛中和山麓、郊野、路边、溪沟边，南北各地均有分布。

(9) 南苜蓿（*Medicago hidpida* Gaertn.） 一年或多年生草本；茎匍匐或稍直立，基部多分枝，无毛或稍有毛。小叶阔倒卵形或倒心形，顶端钝圆或微凹，有细锯齿，下部楔形，表面无毛，背面有疏柔毛，两侧小叶略小；托叶裂刻很深。总状花序腋生，有花 2～6 朵；花萼筒有疏柔毛。荚果螺旋形，边缘具有钩的刺。生于排水良好的土壤和沙质壤土。

(10) 葛藤（*Pueraria lobata* Ohwi.） 多年生革质藤本植物，块根肥厚。全植株被黄色长硬毛。茎粗长，蔓生，常匍匐地面或缠绕其他植物之上。三出复叶，菱状卵形，全缘或 3 浅裂。小叶长 6～20cm，宽 7～20cm。总状花序，腋生，花大，紫红色。荚果带状，扁平，茎和荚果密生茸毛。种子扁卵圆形，红褐色。生于丘陵地区的坡地上或疏林中，常生长在草坡灌丛、疏林地及林缘等处，攀附于灌木或树上的生长最为茂盛。

(11) 野豇豆（*Vigna vexillata*（L.）Bonth.） 多年生缠绕藤本。主根圆柱形或圆

锥形，外皮橙黄色。茎有棕色粗毛，成熟后几无毛。小叶3片，卵形或菱状卵形，顶端渐尖，基部宽楔形或近圆形，两面有淡黄白色贴生柔毛；小叶柄极短，有棕褐色粗毛；花2～4朵着生于总花梗上端，花梗短，有棕褐色粗毛；花萼钟形，萼齿与萼管几等长；花冠淡红紫色。荚果圆柱形，顶端有喙，有棕褐色粗毛；种子椭圆形，黑色，有光泽。生于向阳坡林缘、疏林下或与杂草混生。

(12) 紫藤 (*Wisteria sinensis* (Sims) Sweet.) 落叶攀缘缠绕性大藤本植物，干皮深灰色，不裂。嫩枝暗黄绿色密被柔毛，冬芽扁卵形，密被柔毛。奇数羽状复叶互生，有小叶7～13枚，卵状椭圆形，先端长渐尖或突尖，叶表无毛或稍有毛，叶背具疏毛或近无毛，小叶柄被疏毛。侧生总状花序，呈下垂状，总花梗、小花梗及花萼密被柔毛，花紫色或深紫色，花瓣基部有爪，近爪处有2个胼胝体，雄蕊10枚，2体(9+1)。荚果扁圆条形，密被白色绒毛；种子扁球形，黑色。生于海拔300～600m的阳坡，林缘、溪边、灌丛中。

(13) 锦鸡儿 (*Caragana sinica* Rehd.) 落叶灌木，小枝细长有棱。偶数羽状复叶，在短枝上丛生，在嫩枝上单生，叶轴宿存，顶端硬化呈针刺，托叶2裂，硬化呈针刺，长约8mm；小叶2对，倒卵形，无柄，顶端1对常较大，长5～18mm，顶端微凹有短尖头。春季开花；花单生于短枝叶丛中，蝶形花，黄色或深黄色，凋谢时变褐红色。荚果稍扁，无毛。喜光，常生于山坡向阳处、林缘、路旁灌丛中或村庄附近。

(14) 紫云英 (*Astragalus sinicus* L.) 一年生草本，茎直立或匍匐，无毛。奇数羽状复叶，具7～13枚小叶。小叶全缘，倒卵形或椭圆形。花为伞形花序，一般腋生，少顶生，常有小花8～10朵，簇生在花梗上，排列成轮状。花冠紫色或白色，荚果2列，线状长圆形，联合成三角形，稍弯，黑色，无毛，顶端有喙。每荚有种子4～10粒，种子肾状，种皮光滑，一般黄绿色。生于海拔1500m以下的山坡、路旁、林下及河边。

(15) 黄檀 (*Dalbergia hupeana* Hance.) 落叶乔木，树皮灰黑色，条状绽裂，小枝无毛，冬芽扁。奇数羽状复叶，小叶9～13片，互生，椭圆形，坚纸质至近革质，先端钝或微缺，上面无毛，下面被平伏柔毛。圆锥花序顶生或腋生，总花梗和枝无毛，萼5，筒钟状。花冠淡紫色或黄白色，花瓣具长爪，旗瓣原型，顶端微缺。荚果长圆形或条形，扁平。生于600～1400m的山坡、溪旁、沟谷森林。

(16) 合萌 (*Aeschynomene indica* L.) 一年生半灌木状草本。茎直立，圆柱形，质软中空，多分支，无毛。双数羽状复叶，小叶20对以上，矩圆形，全缘。总状花序腋生，花数1～4，膜质苞片2，花萼2深裂成唇形。花冠黄色带紫纹，旗瓣宽卵形，雄蕊10，子房无毛有柄。荚果线状条形或狭圆形，有6～10个荚节。种子肾形，黑褐色。生于温暖湿润的塘边、草地、凹地、河堤、路旁、沟边、溪边和平原水稻田埂边。

(17) 中华胡枝子 (*Lespedeza chinensis* G. Don) 直立小灌木，有时稍平卧，高1m左右。幼枝疏生柔毛。三出复叶，互生，先端圆钝，微凹，有极短的芒刺。复叶柄具柔毛；花黄白色具紫纹，腋生总状花序，总花轴极短，长仅1cm左右，花轴和花梗均被柔毛，花萼深5裂，旗瓣倒卵形，顶端微凹，雄蕊10枚，2体，花柱细长而弯曲，柱头小。荚果卵圆形或广椭圆形，扁平，略超出宿存萼外，顶端具刺芒状尖头，外被柔毛。

生于向阳山坡疏林下或林缘草丛中和裸岩附近。

(18) 杭子梢（*Campylotropis macrocarpa* (Bge.) Rehd.） 落叶灌木，幼枝密生白色短毛。3片小叶，顶生小叶椭圆形或卵形，顶端圆或微凹，有短尖，基部圆形，表面无毛，脉纹明显，背面有淡黄色柔毛，侧生小叶较小，叶柄短，密被柔毛。总状花序腋生；花梗细，长可达1cm，花序轴和叶柄密被柔毛；花萼阔钟状，萼齿4，中间2萼齿三角形，有柔毛；花冠紫色。荚果斜椭圆形，脉纹明显，边缘有毛。生于海拔800m以下的山坡灌丛中，喜湿润肥沃山地褐土。

(19) 鸡眼草（*Kummerowia striata* (Thunb.) Schindl.） 一年生草本，分枝多，枝条细长而坚硬，被毛茸。叶互生，3小叶，小叶倒卵状长椭圆形，顶端原型，偶有微凹，边缘无锯齿，侧脉密生，平行。叶脉上有毛，叶柄短，托叶三角形。花淡红紫色，蝶形，1～2朵，腋生，萼钟状，5裂，雄蕊10枚，2体。荚果卵圆形或稍宽，外被细毛。多生于山坡、田边、林边草地、溪边，村落、城镇庭院中也有生长。

30. 酢浆草科（Oxalidaceae）

草本，稀灌木；叶互生或基生，掌状或羽状复叶；花两性，辐射对称；萼5裂，覆瓦状排列；花瓣5；雄蕊10，2轮，外轮与花瓣对生，花丝基部连合，花药2室；雌蕊1，子房上位，5心皮合生，5室，每室1至多数倒生胚珠，生于中轴胎座上，花柱5，分离，宿存；蒴果。

(1) 酢浆草（*Oxalis corniculata* Linn.） 多年生草本，全体有疏柔毛；茎匍匐或斜升，多分枝；叶互生，掌状复叶有3小叶，倒心形，小叶无柄；花黄色，1至数朵组成腋生的伞形花序，萼片长圆形，顶端急尖，有柔毛；花瓣倒卵形，微向外反卷；花丝基部合生成筒状；蒴果近圆柱状，5棱，有短柔毛。生于旷野、路旁、耕地或沟边。

(2) 铜锤草（*O. corymbosa* DC.） 多年生草本，地下具球形根状茎，白色透明；叶基生，叶柄较长，3小叶复叶，小叶倒心形，三角状排列；花从叶丛中抽生，伞形花序顶生，总花梗稍高出叶丛；蒴果。本省栽培。

(3) 山酢浆草（*O. griffithii* Edgew. et Hook. f.） 多年生草本，无地上茎；叶基生，掌状三出复叶，小叶无柄，倒三角形，顶端平截，有微凹，基部宽楔形，两面均被柔毛；花单生；萼片5，卵形；花瓣5，倒卵状披针形；雄蕊10，花丝基部合生；花柱5，离生；蒴果长圆形，成熟时胞背开裂。生于海拔500m以上林下较阴湿的地方。

31. 牻牛儿苗科（Geraniaceae）

草本或亚灌木；叶互生或对生，羽状分裂或掌状分裂；花两性，辐射对称或稍两侧对称；花5基数，子房上位；蒴果先端有长喙。

(1) 野老鹤草（*Geranium carolinianum* L.） 一年生草本；叶圆肾形，上部也常对生，掌状5～7深裂，每裂片又3～5裂，小裂片条形，两面有柔毛；花小，辐射对称，花瓣淡红色，与萼片等长或稍长；蒴果。生于路旁、荒地、杂草中。

(2) 老鹤草（*G. wilfordii* Maxim.） 多年生草本；叶对生，肾状三角形，3深裂，先端尖，上部具缺刻或锯齿，两面稍有毛，侧裂片张开，稍小；花序腋生，2花；蒴果。产本省各地，生于海拔100～500m的草坡、林下。

(3) 天竺葵(*Pelargonium hortorum* Bailey) 多年生直立草本;茎肉质,叶圆肾形,基部心脏形,波状浅裂,上面具暗红色马蹄形环纹;伞形花序顶生;花瓣红色、粉红色、白色;蒴果成熟时5瓣开裂。本省各地栽培。

(4) 香叶天竺葵(*P. graveolens* L′Her.) 亚灌木,茎基部带木质化,全株有长毛;有香气;叶对生,宽心脏形至近圆形,有5~7掌状深裂,边缘有不规则的羽状齿裂;伞形花序与叶对生,花梗长,花较小,红或淡紫色。本省各市、县栽培。

(5) 牻牛儿苗(*Erodium stephanianum* Willd.) 一年生草本,全株有毛;叶对生,2回羽状全裂,具长柄,小裂片狭线形,两面有细柔毛;伞形花序腋生,花2~5朵;萼片椭圆形,顶端有长芒,背部有长毛;花瓣蓝紫色,倒卵形;蒴果。产沿江、江淮及淮北地区。生于草坡、路旁、水沟边。

32. 蒺藜科(Zygophyllaceae)

灌木或草本;叶对生或互生,偶数羽状复叶或单叶,托叶对生;花两性,常辐射对称,单生叶腋或总状花序或二岐聚伞花序;萼片、花瓣各5,稀4;雄蕊与花瓣同数或为其2~3倍,花丝分离,基部或中部有1腺体;子房上位,4~5室,每室有1至多颗胚珠;蒴果、分果,稀为浆果或核果。

(1) 蒺藜(*Tribulus terrestris* L.) 一年生匍匐草本,多分枝,全株有柔毛;羽状复叶互生;小叶4~14,长椭圆形,基部常偏斜,有托叶;花单生于叶腋;萼片5,宿存;花瓣5,黄色,早落;雄蕊10,5长5短;子房上位,5室,柱头5裂;果实分裂为5个小分果,每果瓣具长短刺各1对。本省淮北地区有分布,喜生沙地、荒地或路旁。

33. 大戟科(Euphorbiaceae)

体内常有乳白色液汁;叶互生,单叶,稀复叶,有托叶,基部或叶柄上有时有腺体;花单性,常为聚伞花序;有花萼而无花瓣或花萼和花瓣均无;萼片离生或合生,覆瓦状或镊合状排列;有花盘或退化为腺体;雄蕊与花被片同数或2倍,或极多或很少或1;花丝离生或联合成柱状,花药2~4室,退化子房有或无;退化雄蕊有或无;子房上位,通常3室,稀1至多室,每室有1~2枚胚珠,生于中轴胎座上,花柱与子房室同数;蒴果,成熟时分裂成3瓣,有时不开裂而成浆果状或核果状。

(1) 算盘子(*Glochidion puberum* (Linn.) Hutch.) 落叶灌木,小枝密生短柔毛;单叶互生,顶端尖或钝,基部宽楔形,表面疏生柔毛或近于无毛,背面密生短柔毛;花2~5朵簇生于叶腋;雄蕊3;子房密生短柔毛,常5~8室,每室2胚珠,花柱形成短而环形的盘;蒴果扁球形,有纵沟,外面有绒毛。生于海拔1000m以下的山坡或沟边灌丛。

(2) 馒头果(*G. fortunei* Hance) 灌木,无毛;叶先端钝或微尖,基部楔形,渐尖,全缘,革质,下面淡绿色;花簇生叶腋,萼片6,雄蕊3,子房6室,花柱结合成短筒;蒴果。产黄山、大别山区,生于山地灌木丛中。

(3) 叶下珠(*Phyllanthus urinaria* Linn.) 草本;茎直立,紫红色,具翅状纵棱;叶2列,左右互生,似羽状复叶,倒卵状长椭圆形或狭长圆形,全缘,先端尖或钝,基部圆形,几无叶柄;雌雄同株,无花瓣;雄花2~3朵簇生叶腋,萼片和花盘腺体均为6,腺体与萼片互生,雄蕊3;雌花单生叶腋,萼片6;蒴果。多生于山坡、路旁、田埂、村边。

（4）蜜柑草（*P. matsumurae* Hayata） 草本，茎直立，无毛；不分枝或稍分枝；单叶互生，宽披针形或狭长圆形，有时椭圆形，先端急尖而钝，基部圆形，全缘，下面带白霜，几无叶柄；雌雄同株，花腋生，无花瓣；雄花萼片 4，花盘腺体 4，分离，与萼片互生，无退化子房；雌花萼片 6，花盘腺体 6，子房 6 室，柱头 6；蒴果有细柄，下垂，圆形，褐色。多生于山坡、路旁、荒地上。

（5）一叶荻（*Flueggea suffruticosa*（Pall.）Rehd.） 落叶灌木；茎无毛，有棱；叶先端急尖，基部楔形，全缘，两面无毛；托叶小；花小，单性异株，无花瓣；雄花簇生叶腋，萼片 5；雄蕊 5，花盘腺体 5，分离，2 裂，与花萼互生；雌花单生或数朵簇生叶腋，子房球形，无毛，花柱短；蒴果扁球形，无毛。生于海拔 1000m 以下的丘陵山坡、路边、灌丛中。

（6）地构叶（*Speranskia tuberculata* Baill.） 多年生草本；单叶互生；叶片披针形至椭圆状披针形，先端钝尖或渐尖，并有疏而不规则的粗齿，两面被白色柔毛；总状花序顶生，密被短柔毛；雄花位于花序的上端，花盘腺体 5，与萼片对生；雌花位于花序下端；子房上位，花柱 3，均 2 裂。蒴果 3 棱状，顶端开裂。生于山坡、荒地。

（7）白背叶野桐（*Mallotus apelta*（Lour.）Muell. Arg.） 灌木或小乔木；小枝密生星状毛；叶互生，卵形或宽卵形，常 3 浅裂，顶端渐尖，基部截形，两面有星状毛与棕色腺体，背面灰白色，毛密；叶柄密生柔毛。花单性异株，无花瓣；雄穗状花序顶生，不分枝或基部略有分枝；雌穗状花序顶生或侧生，花萼 3～6 裂，雄蕊 50～65，花药 2 室，子房 3～4 室，花柱短，羽毛状；蒴果近球形，密生软刺与星状毛；种子近球形，黑色。生于海拔 1000m 以下丘陵、山坡的灌木丛中。

（8）野梧桐（*M. japonicus* Muell.－Arg.） 落叶乔木；单叶互生，宽卵形或菱形，先端渐尖，基部圆形或宽楔形，全缘或 3 浅裂，下面散生黄色小腺点，叶柄长，被褐色茸毛；雌雄异株，顶生总状花序；雄花序较雌花序为细长；雄花疏生于被褐色柔毛的花轴上，雄蕊多数；雌花密生，子房 3 室，花柱 3；蒴果球形，有细软刺。生于山坡、路边草丛中。

（9）粗糠柴（*M. philippensis*（Lam.）Muell. Arg.） 常绿小乔木；单叶互生；叶下面密被短星状毛及红色腺点，基出 3 脉，近叶柄处有 2 腺体；花单性，雌雄同株；总状花序顶生或腋生，常有分枝，花序梗及花梗密被星状柔毛及腺点；雄花萼片 3～4，外被星状柔毛及腺点，无花瓣；雄蕊多数，花药 2 室；子房 2～3 室，外被红色颗粒状腺点；蒴果球形，密被鲜红色粉状茸毛。生于海拔 250～600m 的山地杂林中。

（10）石岩枫（*M. repandus*（Willd.）Muell. Arg.） 枝被绣色星状毛或绒毛；单叶互生，三角状卵形，顶端渐尖，基部圆形或截形，全缘，下面散生黄色透明腺点；基出 3 脉；花无花瓣，单性，雌雄异株；雄花序穗状，腋生；雌花序顶生或腋生；蒴果球形，被黄色星状绒毛；种子球形，黑色，有光泽。生于海拔 250～1550m 的向阳荒山灌木丛中。

（11）山麻杆（*Alchornea davidii* Franch.） 落叶小灌木；单叶互生，叶广卵形或

圆形，叶缘有齿牙状锯齿，主脉由基部3出，下面基部有2腺体；雌雄同株，无花瓣；雄花密生成穗状花序，萼4裂，雄蕊8，花丝分离；雌花疏生成总状花序，位于雄花序的下面，萼4裂，紫色，子房3室，花柱3，细长；蒴果扁球形，密生短柔毛；种子球形。本省各地均有。

(12) 铁苋菜（*Acalypha australis* Linn.） 一年生草本，被柔毛，茎直立，多分枝；单叶互生，椭圆状披针形，顶端渐尖，基部楔形，两面有疏毛或无毛，叶脉基部3出；叶柄长，花序腋生，有叶状肾形苞片1～3，不分裂，合时如蚌；通常雄花序极短，着生在雌花序上部，雄花萼4裂，雄蕊8；雌花序生于苞片内。蒴果钝三棱形，淡褐色，有毛；种子黑色。产本省各地。

(13) 白乳木（*Sapium japonicum*（Sieb. et Zucc.）Pax et Hoffm.） 乔木或灌木，枝细。有白色乳汁；叶卵形、椭圆状卵形至倒卵形，叶两面绿色，全缘，侧脉与中脉成锐角；叶柄顶端有盘状腺体2；雌雄同株，无花瓣及花盘；穗状花序顶生；雄蕊3，少数2，花丝极短，花药球形；雌花萼片3，三角形，子房光滑，3室，花柱3，基部合生；蒴果；种子球形无蜡层。生于海拔1200m以下的山坡杂林中。

(14) 乌桕（*S. sebiferum*（Linn.）Roxb.） 落叶乔木；叶菱形或菱状卵形，先端突渐尖，基部宽楔形，全缘；叶柄细长，顶端有2腺体；雌雄同株，无花瓣及花盘；穗状花序顶生；蒴果木质；种子外层有白蜡层。各地栽培于路旁、村边、田埂或山坡上。

(15) 大戟（*Euphorbia pekinensis* Rupr.） 多年生草本，全株含有白色乳汁；茎直立，被白色短柔毛；单叶互生，几无柄，全缘，下面稍被白粉；杯状聚伞花序，通常5个伞梗；基部有叶状苞片5枚；子房圆形，3室，花柱3，顶端2裂；蒴果三棱状球形，具疣状突起；种子卵形，光滑，灰褐色。多生于低山丘陵的坡地、路旁、荒山草丛及疏林下。

(16) 乳浆大戟（*E. esula* Linn.） 多年生草本，有白色乳液。茎直立，下部带淡紫色；短枝或营养枝上的叶密生，线形；长枝或有花茎上的叶互生，倒披针形或线状披针形；多歧聚伞花序顶生，常5个伞梗，每伞梗再2～3回叉状分枝；苞片对生，半圆形，顶端短尖；腺体4，新月形，两端有弯角。蒴果无毛；种子灰褐色或有棕色斑点。多生于山坡、路旁草丛间。

(17) 泽漆（*E. helioscopia* L.） 草本，全株含乳汁；叶互生，倒卵形或匙形，先端微凹，边缘中部以上有细锯齿，无柄；多歧聚伞状，顶生，有5个伞梗，每伞梗生2～3个小伞梗，每小伞梗又第3回分为2叉；杯状聚总苞钟形，顶端4裂，腺体4，肾形；子房3室，花柱3。蒴果无毛；种子卵形，表面有凸起的网纹。本省各地的荒山、草地、路旁、田边常见。

(18) 地锦（*E. humifusa* Willd.） 草本，茎细，呈叉状分枝，表面带紫红色；单叶对生，椭圆形，先端钝圆，基部偏斜，边缘具小锯齿，绿色或淡红色，两面无毛或疏生细柔毛，叶柄短；杯状聚伞花序腋生，细小；蒴果三棱状球形，表面光滑；种子细小，卵形，褐色。产本省各地，多生于山坡、草地、田边、路旁、沟边的阴暗处。

(19) 斑地锦（*E. supine* Rafin.） 茎柔细多分枝，匍匐，被白色疏柔毛；叶对生，先端钝，基部偏斜，近圆形，边缘上部常有细小锯齿，下部全缘，上面无毛，中央有紫斑，下面具柔毛；叶柄短；花序腋生，被毛；蒴果三角状球形，被白色柔毛；种子卵状有棱。多生于平原或低山丘陵的路旁湿地。

34. 芸香科（Rutaceae）

芳香性植物，常具刺；叶片具透明腺点，无托叶；花常两性，辐射对称，萼片4～5，常合生；花瓣4～5，分离；雄蕊着生于花盘基部，与花瓣同数或为花瓣倍数；蓇葖果、蒴果、柑果或浆果、核果。

（1）白鲜（*Dictamnus dasycarpus* Turcz.）　草本，茎直立，基部木质；叶互生，奇数羽状复叶；总状花序，顶生，花白色或淡紫红色；蓇葖果。生于山坡、林缘地带。

（2）松风草（*Boenninghausenia albiflora*（Hook.）Reichb. Ex Meiss.）　有强烈气味的多年生宿根直立草本；叶互生，为3回三出羽状复叶，亦有2回羽状复叶的；小叶片全缘，具透明油腺点；花白色或淡红色，顶生聚伞花序，萼片、花瓣均4枚，雄蕊8，子房上位；蓇葖果，开裂；种子表面有瘤状凸起。生于海拔800m以下，常见于石灰岩山地、阴湿林边及灌丛中。

（3）吴茱萸（*Evodia rutaecarpa*（Juss.）Benth.）　灌木或小乔木；幼枝、叶轴、叶柄及花序均被黄褐色长柔毛。羽状复叶对生；小叶有透明腺点；花单性异株，顶生聚伞圆锥花序；果序松散，果实不密集成团。生于海拔400～800m的树林中及林缘路边。

（4）竹叶花椒（*Zanthoxylum armatum* DC.）　常绿灌木或小乔木；奇数羽状复叶，互生，叶轴具明显的翼叶和皮刺；嫩枝、嫩叶柄及花轴无毛；聚伞圆锥花序；花被6～8，1轮；雄蕊6～8；雌花心皮2～4；蓇葖果红色，表面有凸起的粗大油点。生于海拔1000m以下的山坡疏林、灌丛、溪边、路旁。

（5）野花椒（*Z. simullans* Hance）　灌木，枝通常有皮刺及白色皮孔；单数羽状复叶，互生，叶轴边缘有狭翅和长短不一的皮刺；小叶对生，两面均有透明腺点；顶生聚伞状圆锥花序；花单性，花被片5～8，1轮；雄花雄蕊5～8；蓇葖果，基部有伸长的子房柄，表面有粗大的腺点。生于海拔500m以下的灌丛或林缘。

（6）花椒（*Z. bungeanum* DC.）　落叶灌木或小乔木，茎干通常有增大皮刺；奇数羽状复叶，互生，叶轴边缘有狭翅，无毛；小叶对生，先端尖或微凹，基部近圆形，边缘有细锯齿，表面中脉基部两侧常被一簇褐色长柔毛，无针刺；聚伞圆锥花序顶生，花被片4～8；雄花雄蕊5～7，雌花心皮3～4，无子房柄；蓇葖果球形，红色或紫红色，密生疣状凸起的油点。生于山坡灌丛、沟旁、路边，喜阳光充足、温暖、肥沃的地方。

（7）青花椒（*Z. schinifolium* Sieb. et Zucc.）　灌木，枝无毛，有短小皮刺；奇数羽状复叶，互生，叶轴腹面有狭窄的叶质边缘；小叶顶端钝尖而微凹，基部楔形，边缘有细锯齿，齿缝间有腺点，表面绿色，有细毛，背面苍绿色，疏生油点；伞房状圆锥花序顶生；萼片、花瓣、雄蕊均为5；雌蕊心皮3；分果瓣顶端有短小喙状尖。生于海拔500m以下的山坡灌丛、沟边、路边。

（8）臭常山（*Orixa japonica* Thunb.）　落叶灌木；单叶，互生，表面无毛或仅叶脉着生短毛，并散生黄色半透明的油点，背面被长毛，捣碎有恶臭；花小，萼片和花瓣

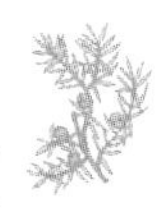

各4；雄蕊4，与花瓣互生；心皮4，离生；蓇葖果，4果瓣。生于海拔500～1250m的山坡灌丛中或林缘路边。

(9) 枸橘（*Poncirus trifoliata*（L.）Raf.） 灌木或小乔木，全株无毛；分枝多，稍扁平，具棱角，密生粗长棘刺，刺基部扁平；三出复叶，互生；叶柄有翅；小叶基部楔形，先端圆或微凹，边缘具波状齿或近全缘；花单生或成对腋生；萼片5，被短毛；花瓣5，雄蕊8～20；子房6～8室；柑果球形。本省各地均有，生于山坡、村边、路旁。

35. 苦木科（Simaroubaceae）

乔木或灌木，树皮具苦味；羽状复叶，叶互生，稀对生，无托叶；花序腋生，总状花序或圆锥花序，花小，单性异株或杂性，稀为两性，萼片3～5，花瓣3～5，花盘球状或杯状，雄蕊与花瓣同数或2倍，子房上位，心皮2～5合成复雌蕊；核果、浆果或翅果。

(1) 苦木（*Picrasma quassioides*（D. Don）Benn.） 落叶乔木，幼茎无毛，具黄色皮孔；叶互生，羽状复叶，卵形或卵状椭圆形，先端锐尖，边缘具不整齐钝锯齿，沿中脉有柔毛；聚伞花序腋生；核果倒卵形，有宿萼。生于海拔1000m以下的山坡、沟谷阔叶林中或山麓边缘。

(2) 臭椿（*Ailanthus altissima* Swingle） 落叶乔木，树冠呈扁球形或伞形；树皮平滑，稍有浅裂纹。奇数羽状复叶，互生，小叶卵状披针形，中上部全缘，近基部有1～2对粗锯齿，齿顶有腺点，叶总柄基部膨大，有臭味；圆锥花序顶生，花白色，微臭；翅果扁平，长椭圆形或纺锤形。多生于海拔1000m以下的山坡、沟旁阔叶林中或林缘。

36. 楝科（Meliaceae）

乔木或灌木；叶互生，常为1～3回羽状复叶，少数为3小叶或单叶；无托叶；花两性或雌雄异株，常为圆锥花序，稀总状或穗状花序；通常5基数；萼4～5；花瓣4～5，稀3～10，子房上位，分离或与花盘合生，2～5室；蒴果、浆果或核果；种子常有假种皮，有时具膜质翅。

(1) 香椿（*Toona sinensis*（A. Juss.）Roem） 落叶乔木；叶互生，偶数羽状复叶，叶痕大，小叶长椭圆形，叶端锐尖，叶背红棕色，披薄蜡质，略有涩味，叶柄红色；圆锥花序顶生，下垂，两性花，白色，有香味，花小，钟状，子房圆锥形，5室，每室胚珠3，花柱比子房短，朔果，狭椭圆形或近卵形，果皮革质，开裂成钟形。分布本省各地。

(2) 苦楝（*Melia azedaeach* L.） 落叶乔木，皮孔多而明显；叶互生，2～3回奇数羽状复叶；圆锥状复聚伞花序腋生，花淡紫色，有香味；花萼5裂，裂片披针形，两面均有毛；花瓣5，平展或反曲，倒披针形；雄蕊管通常暗紫色；核果近球形，熟时黄色，宿存枝头，冬天不落。全省各地普遍分布。

37. 漆树科（Anacardiaceae）

乔木或灌木；叶互生，稀对生，单叶或羽状复叶；花单性或两性，辐射对称，排成圆锥花序或总状花序；萼片3～5；花瓣3～5，稀缺；花盘环状；雄蕊10～15，稀更多；子房上位，1～5室，每室1胚珠；核果。

(1) 毛黄栌（*Cotinus coggygria* Scop var. *pubescens* Engl.） 落叶灌木，有强烈气味的树汁；小枝有灰色柔毛；单叶互生，卵圆形至倒卵形，全缘；顶生圆锥花序，花序轴被灰白色柔毛；果序上有不育花的花梗伸长而成羽毛状；核果。生于海拔 400m 以下的低山残丘上。

（2）黄连木（*Pistacia chinensis* Bunge.） 落叶乔木，树皮薄片状剥落；常为偶数羽状复叶，小叶披针形或卵状披针形，先端渐尖，基部偏斜，全缘；雌雄异株，圆锥花序，无花瓣，雄花序淡绿色，雄蕊 3～5，雌花序紫红色；核果。多散生于低山丘陵及平原。

（3）南酸枣（*Choerospondias axillaris*（Roxb.）Burtt. et Hill.） 落叶乔木；单数羽状复叶，互生；小叶对生，顶端长渐尖，基部不等而偏斜，背面脉腋内有束毛；花有花萼或花瓣，花瓣覆瓦状排列；雄花花瓣淡紫色，组成圆锥花序；雌花较大，单生于枝条上部叶腋，具核；核果，椭圆形。生于海拔 400～1400m。

（4）盐肤木（*Rhus chinensis* Mill.） 落叶小乔木；小枝、叶柄及花序都密生褐色柔毛；奇数羽状复叶互生，叶轴有狭翅；小叶边缘具粗钝锯齿，背面密被灰褐色毛；圆锥状花序顶生，密生柔毛；圆锥花序顶生；核果。全省均产，为本省杂木林或杂木灌丛中习见树种。

（5）青麸杨（*R. potaninii* Maxim.） 落叶乔木，小枝无毛；奇数羽状复叶互生，叶轴无翅，被微柔毛；小叶全缘，叶两面沿中脉被微柔毛或近无毛；小叶具短柄；圆锥花序顶生；苞片钻形；花萼、花瓣和雄蕊均为 5；核果近球形，略压扁，密被具节柔毛和腺毛。生于海拔 1370m 杂木林内。

（6）毛漆树（*Toxicodendron trichocarpum*（Miq.）O. Kuntze.） 落叶乔木；奇数羽状复叶，叶轴圆柱形，被粗毛，小叶 13～17 片，长 4～10cm；圆锥花序腋生；核果球形；不产漆。生于海拔 700～1350m。

（7）漆树（*T. vernicifluum*（Stokes）F. A. Barkl.） 落叶乔木，有乳汁；奇数羽状复叶，小叶常 7～15，长卵形或椭圆形；圆锥花序腋生，花序轴密被黄褐色粗毛；花小，黄绿色；核果球形。生于海拔 1550m 以下的向阳避风山坡。

（8）木蜡树（*T. sylvestre*（Sieb. Et Zucc.）O. Kuntze） 落叶灌木或小乔木；单数羽状复叶，多聚生于枝顶；小叶 9～15，对生，长椭圆状披针形，先端长尖，基部稍不对称或楔形，全缘，两面平滑无毛；圆锥花序腋生；花小，杂性；花萼 5；花瓣 5；雄蕊 5；子房上位，1 室；核果扁平而偏斜。生于海拔 100～1000m。

（9）野漆树（*T. succedaneum*（Linn.）O. Kuntze） 落叶小乔木或灌木，小枝粗壮，无毛；奇数羽状复叶，小叶 7～15，对生，薄革质，长椭圆状披针形或椭圆状披针形，顶端长尖，基部楔形而偏斜，全缘，两面光滑无毛；圆锥花序腋生，花序梗光滑；核果扁平，斜菱状圆形，果皮薄，干时有皱纹。生于海拔 700～900m。

38. 槭树科（Aceraceae）

乔木稀灌木；叶对生，具叶柄，单叶或复叶，无托叶；花小，绿色，单性、两性或杂性；萼片、花瓣各 4～5，稀无花瓣；雄蕊 4～10，通常 8；子房上位，2 室，每室 2 胚珠，仅 1 枚发育；小坚果，常有翅，又称翅果。

（1）紫果槭（*Acer cordatum* Pax.） 常绿乔木；单叶对生，叶先端渐尖，基部浅心

形，顶端有时有稀疏浅锯齿，两面无毛，基部3出脉，中脉与侧脉在上下两面隆起，下面网脉显著，无白粉；伞房花序，着生小枝顶端；萼片、花瓣各5；雄蕊8，花盘微裂无毛；翅果。生于海拔200～450m的山谷疏林中。

（2）青榨槭（*A. davidii* Franch.） 落叶乔木；单叶对生，叶广卵形或卵形，上部3浅裂，有时5裂，基部心形，边缘有钝尖二重锯齿，上面暗绿色，平滑无毛；总状花序顶生，下垂；小坚果卵圆形。生于海拔1000m以下的沟谷及杂木林中。

（3）苦茶槭（*A. ginnala* Maxim. ssp. *theigerumm*（Fang）Fang） 落叶灌木或小乔木；单叶，3裂或不明显5裂，有时不裂，上面无毛，下面有白色疏柔毛；顶生伞房花序；子房有疏柔毛；翅果，两翅近直立或开展成锐角。生于海拔200～700m的山坡林缘。

（4）五角枫（*A. mono* Maxim.） 落叶乔木，叶基部心形或浅心形，通常5裂，裂深达叶片中部，有时3或7裂；裂片卵状三角形，顶部渐尖或长尖，全缘，表面绿色，无毛，背面淡绿色，基部脉腋有簇毛；顶生伞房花序；萼片和花瓣各5；雄蕊8，生于花盘内侧；翅果极扁平。生于海拔150～1300m喜湿润的凉爽气候及深厚肥沃的土壤。

（5）元宝槭（*A. truncatum* Bge.） 落叶乔木，单叶，宽长圆形，掌状5裂，裂片三角形，先端渐尖，有时裂片上半部又侧生2小裂片，叶基部截形或近心形，掌状脉5，两面光滑或仅在脉腋间有簇毛；花杂性同株，顶生伞房花序；雄蕊4～8，生于花盘内缘；花盘边缘有缺凹。翅果扁平，翅与果等长。生于村旁、路旁及庭院内。

（6）大叶槭（*A. Amplum* Rehd.） 落叶乔木；单叶，基部截形或近心形，通常掌状5裂，稀3裂，裂片边缘全缘；叶下面无毛，仅在脉腋有宿存的簇生毛；伞房花序，总花梗短，无毛；花瓣5；雄蕊8；子房有腺体，柱头2，反卷；翅果。生于海拔700～1350m的阔叶林中。

（7）三角枫（*A. buergerianum* Miq.） 落叶乔木；叶倒卵状三角形、三角形或椭圆形，常3裂，裂片三角形，近于等大而呈三叉状，全缘或略有浅齿，无毛，背面有白粉，初有细柔毛，后变无毛；伞房花序顶生；子房密生柔毛。翅果两翅呈镰刀状，中部最宽，基部较窄，两翅开展成锐角。生于海拔700m以下的次生阔叶林中。

（8）鸡爪槭（*A. palmatum* Thunb.） 落叶小乔木；单叶对生，掌状7裂，基部近楔形或近心脏形，裂片先端尾状，披针形，先端锐尖或尾尖，边缘具锯齿，嫩叶两面密生柔毛，后叶表面光滑；花紫色，伞房花序；翅果平滑。生于海拔1200m以下的林缘或疏林中。

（9）毛果槭（*A. nikoense* Maxim.） 落叶乔木，小枝皮孔明显；3小叶复叶，小叶先端锐尖，边缘具稀疏的钝锯齿，上面绿色，沿脉有柔毛，下面灰绿色，被长柔毛；聚伞花序；萼片5；花瓣5；雄蕊8，无毛；小坚果近球形。生于海拔800～1500m的天然阔叶林中。

（10）建始槭（*A. henryi* Pax.） 落叶乔木；三出复叶，对生，小叶长椭圆形，顶端渐尖或尾尖，边缘全缘，或近先端部分疏具3～5钝锯齿，基部楔形至阔楔形，下面沿脉腋有毛；小叶柄被短柔毛；穗状花序下垂，花单性，雌雄异株；子房无毛；翅果张开成锐角或近于直立。混生于海拔200～1100m的山谷溪旁、山坡天然阔叶林中。

39. 无患子科（Sapindaceae）

乔木或灌木，稀攀缘藤本；羽状复叶，稀单叶、三出或掌状复叶；花常小，单性；圆锥或总状花序，萼片和花瓣常 4 或 5 片；雄蕊 8～10，花丝分离，有毛；子房上位，2～4 室；蒴果、核果或浆果状。

（1）无患子（*Sapindus mukorossi* Gaerth.） 落叶乔木，树皮灰白色，平滑不裂；偶数羽状复叶，全缘，互生；圆锥花序顶生，萼片 5，花瓣 5；核果近球形。产淮南以南，为低山丘陵石灰岩地区常见树种。

（2）栾树（*Koelreuteria paniculata* Laxm.） 落叶乔木，小枝稍有圆棱，无顶芽，皮孔明显；奇数羽状复叶；小叶卵形或长卵形，边缘具锯齿或裂片，背面沿脉有短柔毛；顶生大型圆锥花序，花小金黄色；蒴果三角状卵形，顶端尖。产宿县、凤阳、萧县、灵璧、滁县等地。

（3）文冠果（*Xanthoceras sorbifolia* Bounge.） 落叶小乔木或灌木，小枝幼时紫褐色，有毛，后脱落。奇数羽状复叶互生，上面暗绿色，无毛，下面疏生星状毛；总状花序顶生；花杂性，整齐，白色，基部有由黄变红之斑晕；蒴果椭圆形。本省栽培。

40. 清风藤科（Sabiaceae）

乔木、灌木或藤本；叶互生，单叶或羽状复叶，无托叶；花两性或杂性异株，小，腋生或顶生的聚伞花序或圆锥花序；萼片 4～5，裂片不相等，覆瓦状排列；花瓣 4～5，覆瓦状排列；雄蕊 5，与花瓣对生，有时仅 2 枚有花药；子房上位，2～3 室，基部常有花盘，每室 1～2 胚珠；核果。

（1）清风藤（*Sabia japonica* Maxim.） 落叶攀缘木质藤本；老枝上常存留单刺状或双刺状的叶柄基部；叶卵状椭圆形或卵形；花先叶开放，单生于叶腋；花基部有包片 4；萼片 5，具缘毛；花瓣 5；雄蕊 5；子房卵形，被细毛。生于海拔 700m 以下的山路林缘或路旁、沟边。

（2）鄂西清风藤（*S. campenulata* Wall. ex Roxb. subsp. *sitchieae*（Rehd. etWils.）Y. F. Wu） 落叶攀缘木质藤本，老枝不常存留单刺状叶柄基部；叶幼时狭卵状披针形，老时长圆形或椭圆状卵形；花单生叶腋，花基部无苞片。生于海拔 900m 以下的山坡杂林中或沟谷两侧林缘或路边。

（3）灰背清风藤（*S. discolor* Dunn.） 落叶攀缘木质藤本；嫩枝、花序、嫩叶柄及叶两面均无毛；叶柄长 7～12mm；聚伞花序成伞状，花 2～5 朵。生于海拔 1100～1500m 的沟谷两侧林缘或山坡落叶阔叶林中。

（4）尖叶清风藤（*S. swinhoei* Hemsl.） 常绿攀缘木质藤本；嫩枝、嫩叶柄均被柔毛，叶下面被短柔毛或仅脉上有柔毛；叶柄长 3～5mm；聚伞花序有花 2～7 朵。生于海拔 600m 以下的沟谷两侧常绿阔叶林中或林缘。

（5）细花泡花树（*Meliosma parviflora* Lecomte.） 落叶小乔木或灌木；单叶互生，倒卵形或倒卵状椭圆形，先端圆或近平截，具短急尖；圆锥花序顶生，直立，被柔毛，主轴与侧枝不呈“之”字形曲折；萼片 5；花瓣 5，内面 2 片 2 裂，裂片具缘毛；花盘环状；子房被短柔毛；核果球形，具明显凸起细网纹，中肋锐隆起。生于海拔 500m 以

下的低山、丘陵坡地杂林中。

(6) 垂枝泡花树(*M. flexuosa* Pamp.) 落叶小乔木或灌木;单叶互生,倒卵形或倒卵状椭圆形,先端渐尖或骤狭突尖;圆锥花序向下弯垂,主轴与侧枝具明显“之”字形曲折;萼片5;花瓣5,内面2片常2裂;子房无毛;核果近卵形,具明显凸起的细网纹,中肋锐隆起。生于海拔700~1600m的山坡、沟谷两侧杂木林中或林缘。

(7) 多花泡花树(*M. myriantha* Sieb. et Zucc.) 落叶乔木;单叶互生,长椭圆形或倒卵状长椭圆形,基部圆或钝;圆锥花序顶生,直立;萼片4~5;花瓣5,内面2片狭披针形,与外面花瓣几等长,不分裂;子房无毛;核果倒卵形或圆球形;果核中肋稍钝凸起,两侧具细网纹。生于海拔700m以下的山坡、沟谷阔叶林缘。

(8) 暖木(*M. veitchiorum* Hemsl. et Wils.) 落叶乔木;单数羽状复叶,连柄长60~90cm,叶轴顶端小叶的小叶柄具节;萼片常4,花瓣5;核果近圆球形;果核半球形,平滑,中肋显著隆起。生于海拔900~1400m的山坡疏林中或沟谷两侧林缘湿润处。

(9) 红枝柴(*M. oldhamii* Maxim.) 落叶乔木;单数羽状复叶,连柄长15~30cm,叶轴顶端小叶的小叶柄无节;萼片常5,花瓣5;核果球形;果核具明显凸起的网纹,中肋明显隆起。生于海拔1200m以下的山地阔叶林中或林缘及丘陵、岗地杂木林中。

41. 凤仙花科(Balsaminaceae)

肉质多汁草本;单叶互生或对生或轮生,无托叶;花两性,两侧对称,萼片3~5,最下一片延长成距;花瓣5,侧生2瓣常相连,上边一片常直立;雄蕊5;子房上位,5室,胚珠多数;蒴果。

(1) 华凤仙(*Impatiens chinensis* L.) 一年生草本;叶对生,线形或线状长圆形至倒卵形;叶柄极短或无柄;花序无明显的总花梗;萼片线性;旗瓣圆形,渐尖,翼瓣无柄,2裂,基部一侧有耳,唇瓣舟形;蒴果椭圆形,中部膨大。生于田边、水沟边草丛和沼泽地上。

(2) 牯岭凤仙花(*I. davidii* Franch.) 一年生草本;单叶互生,顶端尾状渐尖,边缘有粗圆齿,齿端有小点,基部楔形,有叶柄;花两性,花梗腋生,基部有苞叶;萼片2;花瓣5,旗瓣近圆形,背面中肋有宽翅,顶端具短喙,翼瓣具柄,2裂;雄蕊5;子房上位,5室;蒴果长椭圆形。生于沟边草丛中或山谷阴湿处。

(3) 水金凤(*I. nolitangere* L.) 一年生草本;叶互生,狭长椭圆形至卵形,先端钝或稍锐尖,基部楔形,边缘具粗锯齿;花生于花轴上,从叶腋伸出,花梗细弱,下垂,聚伞状花序;萼片2;雄蕊5,花药先端尖;蒴果,棒状,两端具尖,无毛。生于山坡下、林缘或水沟、溪流边草丛中。

42. 冬青科(Aquifoliaceae)

乔木或灌木;单叶互生,稀对生;花小,辐射对称,单性,稀两性,单生或成束生于叶腋内;萼4~8,宿存;花瓣4~8,分离或于基部合生;雄蕊与花瓣同数;子房上位,2至多室,每室1~2胚珠;核果。

(1) 具柄冬青(*Ilex pedunculosa* Miq.) 常绿灌木,无毛;叶薄革质,边缘中部以上或近先端处具不明显的疏钝锯齿或近全缘;萼裂片三角形;花瓣卵圆形;雄花单生叶腋，稀聚伞花序，雌花腋生聚伞花序；核果球形；分核中央具 1 条纵纹，内果皮革质。生于海拔 800～1630m 的山坡杂木林内或灌丛中。

（2）冬青（*I. purpurea* Hassk.） 常绿乔木，无毛；叶薄革质，狭长椭圆形或披针形，顶端渐尖，基部楔形，边缘有浅圆锯齿，具叶柄；聚伞花序着生于新枝叶腋内或叶腋外，雄花序有花 10～30 朵，雌花序有花 3～7 朵；花瓣向外反卷；果实椭圆形或近球形；分核背面有一纵沟。生于海拔 200～1500m 的次生杂林内。

（3）构骨冬青（*I. cornuta* Lindl.） 常绿灌木或小乔木，枝开展而密生；叶硬革质，矩圆形，顶端扩大并有 3 枚大尖硬刺齿，中央 1 枚向背面弯，基部两侧各有 1～2 枚大刺齿；叶有时全缘，基部圆形；花小，簇生于 2 年生枝叶腋；核果球形，具 4 核。生于海拔 500m 以下的杂木林或灌丛中。

（4）毛冬青（*I. pubescens* Hook. et Arn.） 常绿灌木，小枝呈四棱形，密被短毛；单叶互生，叶柄短，密生短毛；叶膜质或纸质，卵形、椭圆形或卵状长椭圆形，先端尖，常有小凸头，基部宽楔形或略钝，边缘具稀疏小突齿或近全缘，中脉上密被短柔毛；雌雄异株；花序簇生；雄花有具单花的分枝组成聚伞花序；花萼深裂，被短柔毛；核果卵状球形；分果具 3 条纵纹。生于海拔 200～600m 的山地丛林中。

（5）矮冬青（*I. lohfauensis* Merr.） 常绿小乔木，密生短柔毛。叶薄革质或纸质，椭圆形或矩圆形，少为菱形或倒心形，全缘，具缘毛，两面沿脉都有柔毛；棱花 4 数，偶 5 数，雌雄异株；花序簇生叶腋；核果球形，红色；分核 4 颗。生于丛林中。

（6）尾叶冬青（*I. wilsonii* Loes.） 常绿乔木或灌木，小枝有棱角，近于无毛；叶革质或厚革质，倒卵形或矩圆形，基部楔形，顶端尾尖，全缘，无毛；雌雄异株，花序簇生于两年生小枝的叶腋内；雄花序由具 3～5 花排成聚伞花序或伞形花序状的分枝组成；雌花序簇由具单花的分枝组成；核果小，球形，分核 4。生于海拔 860m 的山坡杂林内。

（7）大果冬青（*I. macrocarpa* Oliv.） 落叶乔木，有长枝和短枝；叶纸质，卵状椭圆形，顶端短渐尖，基部圆形，边缘有疏细锯齿，两面均无毛；花白色，雄花序有花 2～5 朵，簇生于两年生长枝及短枝上，或单生于长枝的叶腋或基部鳞片内；雌花单生于叶腋；核果球形，宿存柱头头状；分核 7～9 颗，背部有纵纹，木质。生于海拔 610m 的林内。

43. 卫矛科（Celastraceae）

乔木或灌木，常攀缘状；托叶小或无，早落；单叶互生或对生；花序为腋生或顶生的聚伞花序或总状花序；花两性，有时单性；萼片 4～5，宿存；花瓣 4～5；雄蕊 4～5，与花瓣互生；子房上位，1～5 室，每室 1 至多胚珠；翅果、浆果或蒴果；种子常有假种皮。

（1）扶芳藤（*Euonymus fortunei*（Turcz.）Hand. －Mazz.） 常绿灌木，半直立至匍匐；叶对生，卵形或广椭圆形，革质，浓绿色；枝条上有细密微突皮孔；聚伞花序腋生；蒴果近球形。生于海拔 200～1500m 的山坡、林缘。

（2）冬青卫矛（*E. japonicus* Thunb.） 常绿灌木或小乔木，小枝近四棱形；叶对生，革质，倒卵形或狭椭圆形，顶端尖或钝，基部楔形，边缘有细锯齿；聚伞花序腋生，花4数；蒴果扁球形，有4浅沟；种子棕色，假种皮橘红色。栽培。

（3）胶东卫矛（*E. kiautschovicus* Loes.） 直立或蔓性半常绿灌木，小枝圆形。叶片纸质，对生，宽倒卵形或椭圆形，顶端渐尖，基部楔形，边缘有粗锯齿；叶柄长达1cm；聚伞花序二歧分枝，成疏松的小聚伞；花淡绿色，4数；雄蕊有细长花丝；蒴果扁球形，粉红色，4纵裂，有浅沟；种子包有黄红色的假种皮。生于海拔400～800m的山谷、河旁或村庄附近。

（4）黄山卫矛（*E. chenmoui* W. C. Cheng） 落叶或半常绿匍匐小灌木；小枝四棱，叶片薄纸质，侧脉3～4对，不下陷，网结不明显，叶柄极短；聚伞花序短小，仅3花；蒴果圆球形，被疏短刺。生于海拔1300～1680m间的山坡或石缝处。

（5）丝棉木（*E. bungeanus* Maxim.） 落叶小乔木或灌木，无毛；叶对生，纸质，椭圆状卵形或宽卵形，边缘有细锯齿；聚伞花序腋生，花3～7朵，黄绿色；蒴果4瓣裂；种子有橘红色假种皮。生于海拔1000m以下的低山丘陵。

（6）栓翅卫矛（*E. phellomanus* Loes.） 落叶灌木，枝近四棱，有4纵裂木栓质翅；叶对生，纸质，矩圆形至矩圆披针形，先端渐尖，基部楔形，边缘有细锯齿，两面无毛；聚伞花序腋生；蒴果4裂，卵圆形，红色，花柱宿存，呈短尖头。生于海拔50～150m左右的石灰岩残丘、路旁或林缘。

（7）卫矛（*E. alatus*（Thunb.）Sieb.） 灌木，无毛，小枝四棱形，有2～4纵裂木栓质翅；叶对生，倒卵形至椭圆形，两头尖，很少钝圆，边缘有细尖锯齿；花黄绿色，常3朵集成聚伞花序；蒴果棕紫色，深裂成4裂片，有时为1～3裂片；种子褐色，有橘红色的假种皮。生于山间杂木林下、林缘或灌丛中。

（8）苦皮藤（*Celastrus angulatus* Maxim.） 藤本，小枝有4～6角棱，皮孔密而明显；单叶互生，革质，宽卵形或近圆形，顶端有短尾尖，边缘有圆钝齿；叶柄粗壮；聚伞状圆锥花序顶生，花梗粗壮，有棱；花黄绿色，5出数；蒴果黄色，近球形；种子近椭圆形，有红色假种皮。生于荒坡灌丛中。

（9）南蛇藤（*C. orbiculatus* Thunb.） 藤本，小枝无毛，有多数皮孔，髓坚实；单叶互生，近圆形至倒卵形或长圆状倒卵形，顶端尖或突尖，基部楔形至近圆形，边缘有细钝锯齿；聚伞花序腋生或在枝端成圆锥状而与叶对生；花黄绿色，雌雄异株，偶有同株的；蒴果近球形，棕黄色，花柱宿存；种子包有红色的肉质假种皮。生于山坡、荒地、灌丛。

（10）雷公藤（*Tripterygium wilfordii* HooK. f.） 藤状灌木；叶大，互生；托叶锥尖，早落；花小，杂性，排成顶生的圆锥花序；萼片5；花瓣5；雄蕊5，着生于花盘的边缘；子房上位，三棱形，3室，每室有胚珠2颗，果为1翅果，有3翅。生丁山地林内阴湿处。

44. 省沽油科（Staphyleaceae）

乔木或灌木；奇数羽状复叶或单叶，对生或互生；有托叶，稀无；花整齐，两性或杂性，稀雌雄异株，排列成顶生或腋生的总状花序或圆锥花序；花5数；雄蕊着生于杯状花盘外，与花瓣互生；花盘通常明显；子房上位，3室，稀2或4室，每室有1至数颗胚珠；蒴果、浆果、核果或蓇葖果。

(1) 省沽油（*Staphylea bumalda* DC.） 灌木或小乔木；三出复叶，对生，有长柄，顶端渐尖，基部圆形或楔形，边缘有细锯齿，表面深绿色，背面苍白色，主脉及侧脉有短毛，托叶小，早落；圆锥花序顶生。直立；萼片黄白色；花瓣白色，较萼片为大；蒴果膀胱状，膜质、膨大、扁平，2 室，先端 2 裂；种子椭圆形而扁，黄色，有光泽。生于山坡灌丛林中或林缘、路旁、沟边。

(2) 野鸦椿（*Euscaphis japonica*（Thunb.）Dippel.） 落叶小乔木或灌木；叶对生，奇数羽状复叶；圆锥花序顶生，花多；蓇葖果，果皮软革质，红色；种子近圆形，假种皮肉质，黑色，有光泽。生于海拔 1000m 以下的山坡、沟谷阔叶林中。

(3) 银鹊树（*Tapiscia sinensis* Oliv.） 落叶乔木，小枝有皮孔，无毛；叶互生，奇数羽状复叶；小叶 5～9，卵形或长卵形，先端渐尖，基部圆形或心形，边缘具锯齿，上面深绿色，下面灰白色，被乳头状白粉点，脉腋被毛；圆锥花序腋生；雄花与两性花异株；雄花具退化雌蕊；两性花的花萼 5 浅裂；花瓣 5；雄蕊 5，伸出花外；子房 1 室，胚珠 1，花柱长过雄蕊；浆果状核果椭圆形或近球形。生于海拔 400～1000m 的山地沟谷两侧疏林中。

45. 黄杨科（Buxaceae）

灌木至小乔木，稀草本；单叶，无托叶；花单性，整齐，无花瓣，雌雄同株或异株，花序总状或穗状，有苞片，雄花萼片 4，雌花萼片 6，均 2 轮，雄蕊 4～6，与萼片对生；子房上位，3（稀 2～4）室，每室有 2 下垂的倒生胚珠，宿存；蒴果，室背裂开，或核果状浆果。

(1) 黄杨（*Buxus sinica*（Rehd. et Wils.）） 常绿灌木或小乔木，小枝有 4 棱，披柔毛；叶倒卵形或倒卵状长椭圆形至宽椭圆形，背面主脉的基部和叶柄有微细毛；花簇生于叶腋或枝端，无花瓣；雄花萼片 4；雄蕊比萼片长 2 倍；雌花生于花簇顶端，萼片 6，2 轮；花柱 3；子房 3 室；蒴果球形，沿室背 3 瓣裂。生于溪边、山谷林下。

(2) 尖叶黄杨（*B. harlandii*） 常绿矮小灌木，小枝有 4 棱，披柔毛或近无毛；叶倒披针形或倒卵状椭圆形，顶端钝圆而微凹，表面绿色、光亮，叶柄极短；花序腋生，密集成球形；蒴果。生于海拔 500～700m 的石灰岩山谷杂木林中或林缘。

(3) 顶花板凳果（*Pachysandra terminalis*） 仰卧匍匐亚灌木，茎肉质；叶互生或聚生，菱状卵形或倒卵形，上部边缘有齿牙，基部楔形；花序顶生，直立；核果浆果状。生于海拔 1350～2200m 的山谷沟边或林中较阴湿处。

46. 鼠李科（Rhamnaceae）

乔木或灌木，直立或攀缘状，稀为草本，常有刺；叶通常互生，单叶；托叶小，脱落；花小，辐射对称，两性或稀单性，通常排成聚伞花序或穗状花序、伞形花序、总状花序和圆锥花序，有时簇生；子房上位、半下位至下位，2～3 室，每室有 1 倒生胚珠；花柱 2～4 裂；核果、蒴果或核果。

(1) 鹊梅藤（*Sageretia thea*（Osbeck.）Johnst.） 攀缘灌木；叶近对生或对生，革质，卵形或卵状椭圆形，顶端有小尖头，基部近圆形或心形，边缘有细锯齿，表面无毛，背面稍有毛或两面有柔毛，后脱落；穗状或圆锥花序密生短柔毛；花小，绿白色，无柄；核果近球形，具1～3分核。生于山坡灌丛或山谷林缘。

(2) 小叶鼠李（*Rhamnus parvifolius* Bunge） 灌木；叶纸质，在短枝上簇生，在长枝上近对生或偶兼互生，基部楔形，边缘具细锯齿，齿端有腺点，侧脉2～3（4）对；聚伞花序腋生，花单性，异株，常4数，花梗无毛，雌花柱头2裂；核果开裂，内具2核；种子倒卵圆形，背沟长约为种子的4/5。生于海拔200m以下的向阳山坡灌丛中。

(3) 冻绿（*R. utilis* Decne.） 落叶灌木或小乔木，小枝无毛，枝端刺状；叶在短枝上簇生，在长枝上近对生或偶兼互生，上面无毛或中脉被疏柔毛，下面干后黄色或金黄色，沿脉或脉腋被金黄色柔毛，侧脉5～7对；雄花数朵至30余朵簇生，雌花2～6朵簇生；核果近球形，黑色；种子背侧基部有短纵沟。生于海拔700m以下的山地灌丛中或疏林下。

(4) 拐枣（*Hovenia acerba* Lindl.） 落叶乔木；叶片椭圆状卵形或广卵形，顶端渐尖，基部圆形或心形，常不对称，边缘有细锯齿，表面无毛，背面沿叶脉或脉间有柔毛；2叉式聚伞花序顶生和腋生；花柱常裂至中部或深裂；核果球形，无毛，形态似万字符“卍”，故称万寿果。生于海拔750m以下的山坡、山谷路旁的林缘或灌丛中。

(5) 牯岭勾儿茶（*Berchemia kulingensis* Schneid.） 攀缘灌木；单叶互生，先端钝圆，有时渐尖，具有明显的小芒尖，全缘，基部通常圆形或宽楔形，两面无毛，侧脉7～9对，两面微隆起；叶柄无毛；花排成疏松的不分枝的聚伞总状花序，花序梗无毛；萼片三角形，边缘被缘毛；花瓣倒卵形；核果长柱形，基部宿存盘状花盘；果梗无毛。生于海拔300～1600m的山谷灌丛、林缘或林内。

(6) 多花勾儿茶（*B. floribunda*） 攀缘灌木，无毛；叶互生，卵形或卵状椭圆形，全缘；聚伞圆锥花序，花小，白色；核果圆柱状椭圆形，红色。生于海拔600～1680m的山坡灌丛或山谷沟边、路旁。

(7) 铜钱树（*Paliurus hemsleyanus* Rehd.） 落叶乔木，小枝无毛，无刺或有刺；叶片宽卵形或椭圆状卵形，顶端短尖或尾尖，基部宽楔形至圆形，稍偏斜，边缘有细锯齿或圆齿，两面无毛；聚伞花序无毛，顶生或兼腋生；花黄绿色，无毛；核果周围有薄木质的阔翅，非常像铜钱，无毛，紫褐色。生于石灰岩山地林缘或路旁。

(8) 枣树（*Zizyphus jujuba* Mill.） 落叶乔木，枝无毛；叶卵形至卵状长披针形，先端钝或尖，边缘有细锯齿，基生3出脉，叶面有光泽，两面无毛；聚伞花序腋生，花小，黄绿色；核果卵形至长圆形；果核坚硬，两端尖。产全省各地。

47. 葡萄科（Vitaceae）

具与叶对生的卷须；叶互生，有托叶；花序聚伞状，常与叶对生；萼片4～5；花瓣4～5，分生，镊合状排列；雄蕊与花瓣同数，并与之对生，着生于下位花盘的基部，分生，少有合生；雌蕊由2枚心皮形成，子房上位，2～8室，每室1～2倒生胚珠；浆果。

(1) 刺葡萄（*Vitis davidii* Foex.） 藤本；小枝密生皮刺，卷须分枝；叶宽卵形，顶端短渐尖，有时有不明显的3浅裂，基部心形，边缘有细锯齿，无毛，背面灰白色，仅主脉上有长腺毛和柔毛；叶柄疏生皮刺；圆锥花序与叶对生；浆果球形。生于海拔900m

以下的沟谷或山坡杂木林中。

(2) 秋葡萄 (*V. romanetii* Roman.)　藤本；幼枝和叶柄密生柔毛和腺毛；叶宽卵形或卵圆形，顶端有不明显的3～5浅裂或不裂，基部心形，边缘浅齿有短刺尖，表面脉上稍有毛，背面被柔毛和腺毛；花淡黄绿色；浆果熟时紫黑色，球形。生于山坡灌丛中。

(3) 毛葡萄 (*V. quinquangularis* Rehd.)　木质藤本，幼枝、叶柄和花序轴密被蛛丝状柔毛；单叶互生，卵形或不明显的五角状卵形，顶端急尖，基部浅心形，边有小齿，上面近无毛，下面密被棕色绒毛；花5数；圆锥花序与叶对生；浆果球形，熟时黑紫色。生于山坡灌木丛中、石崖上或沟边。

(4) 葡萄 (*V. vinifera* L.)　落叶木质藤本，幼枝光滑；叶卵圆形，3深裂至中部，先端尖，基部深心形，弯缺常闭锁，边缘粗齿；圆锥花序，与叶对生；浆果，外有白粉。栽培。

(5) 蛇葡萄 (*Ampelopsis brevipedunculata* (Maxim.) Trautv.)　枝粗壮，具皮孔，幼枝有柔毛。卷须分叉，与叶对生；叶互生，纸质，宽卵形，先端渐尖，基部心形，常3浅裂，边缘有粗锯齿，表面暗绿色，背面淡绿色；聚伞花序顶生或与叶对生；花黄绿色；浆果近圆球形。生于海拔250～450m左右的低山坡地或山脚疏林中。

(6) 白蔹 (*A. japonica* (Thunb.) Makino.)　木质藤本，幼枝无毛；掌状复叶互生，小叶3～5片，一部分羽状分裂，一部分羽状缺刻，叶轴有宽翅，裂片基部有关节，两面无毛；聚伞花序，序梗细长而缠绕，无毛；萼片5；花瓣5；雄蕊5；花盘杯状，边缘稍分裂；浆果球形或肾形，熟时蓝色或白色，有针孔状凹点。生于海拔1400m以下的林缘或山地灌丛中。

(7) 掌裂草葡萄 (*A. aconitifolia* Bge. var. *glabra* Diels. et Grig.)　木质藤本，小枝光滑无毛；单叶，3～5掌状全裂，裂片菱状狭卵形或菱形，边缘有不规则粗锯齿；聚伞花序与叶对生：总花梗较叶柄长；花萼不分裂；花瓣卵形；花盘边缘平截；浆果球形。生于向阳山坡、路边。

(8) 爬山虎 (*Parthenocissus tricuspidata* (Sieb. et Zucc.) Planch.)　落叶木质藤本；叶互生，花枝上的叶宽卵形，常3裂，或下部枝上的叶分裂成3小叶，幼枝上的叶较小，常不分裂；聚伞花序常着生于两叶间的短枝上，较叶柄短；花5数；萼全缘；花瓣顶端反折；子房2室，每室2胚珠；浆果小球形。产本省淮河以南各地。

(9) 异叶爬山虎 (*P. heterophylla* (Bl). Merr.)　木质藤木；营养枝上的叶为单叶，心形，缘有小齿；花果枝上的叶为具长柄的三出复叶，中间小叶倒长卵形，侧生小叶斜卵形，基部极偏斜，叶缘有不明显的小齿；聚伞花序常生于短枝端叶腋；花萼全缘；浆果球形。生于沟旁岩石上。

(10) 乌蔹莓 (*Cayratia japonic* (Thunb.) Gagnep.)　革质藤本；掌状复叶，小叶5片，排列成鸟足状，中间的呈椭圆状卵形，先端急尖或短渐尖，基部楔形或钝圆，边缘疏生齿牙；聚伞花序腋生或假顶生；花小，具短梗；萼杯状；花瓣4，卵状三角形；雄蕊4，与花瓣对生；子房陷于花盘内；浆果倒卵形，成熟时黑色。产本省各地。

(11) 角花乌蔹莓 (*C. corniculata* (Benth.) Gagnep.)　落叶攀缘藤本；鸟足状复

叶，小叶5片；中间小叶披针形或狭长圆形，先端渐尖，基部楔形或广楔形，叶缘有齿，齿有短尖；聚散花序腋生，具长柄，无毛；花瓣4；雄蕊4；花柱锥形；浆果球形；种子卵状三角形。生于湿润的沟谷林缘、溪沟边灌丛中。

（12）大叶乌蔹莓（*C. oligocarpa* Gagnep.）　落叶木质藤本；奇数羽状复叶，呈鸟足状排列，小叶5片，小叶狭卵形，中间小叶明显较大，叶片先端渐尖，基部钝圆或宽楔形，每侧约有20枚齿，上面脉有毛后变无毛，叶背密被短柔毛；腋生聚伞花序，花梗无关节，被短毛；花瓣4；花盘杯状，子房陷于花盘内；浆果球形。生于湿润的沟谷林缘、溪沟边灌丛中。

48. 椴树科（Tiliaceae）

具星状毛或细毛；单叶互生，稀对生，具基出脉；花两性，稀单性；萼5，稀4；花瓣5片，覆瓦状或不存在，基部常有腺体；雄蕊10或多数，花丝分离或连合；子房上位，2至多室，胚珠多数；蒴果、核果、浆果或翅果。

（1）华东椴（*Tilia japonica* Simonk.）　乔木；单叶互生，卵形或扁圆状心形，先端短渐尖，基部心形，偶见截形，边缘具锐锯齿，上面无毛，下面沿脉有细毛，脉腋有棕褐色簇生毛；聚伞花序下垂；核果有纵棱。生于海拔1100～1700m。

（2）少脉椴（*T. paucicostata* Maxim. var. *paucicostata*）　乔木；叶卵圆形，先端急渐尖，基部斜心形或斜截形，边缘有粗锯齿；聚伞花序；萼片卵状披针形；花瓣披针形；雄蕊多数，5束，每束具匙状退化雄蕊1；核果倒卵状圆筒形或梨形。生于山坡、沟旁疏林。

（3）甜麻（*Corchorus aestuans* Linn. var. *aestuans*）　一年生草本；叶卵形或阔卵形，边缘有锯齿，上面几无毛，下面沿脉有疏毛，3出脉；托叶钻形；聚伞花序腋生；萼片5或4，船形；花瓣5或4，与萼片近等长；雄蕊多数；子房有毛；蒴果圆筒形，具6～8纵棱，其中3～4棱呈翅状突起，顶端有3～5个喙状突起的脚；种子间具横隔。生于路旁、沟旁或田边草坡上。

（4）田麻（*Corchoropsis tomentosa*（Thunb.）Makino.）　一年生草本；叶卵形或狭卵形，边缘有钝齿；两面密生星芒状短柔毛；基出脉3；托叶钻形，长2～4mm，脱落；花黄色，有细长梗；萼片狭披针形；花瓣倒卵形；能育雄蕊15，每3个成1束；不育雄蕊5，与萼片对生，匙状线形；子房密生星芒状短柔毛，花柱单一；蒴果角状圆筒形，有星芒状柔毛；种子长卵形。产本省各地，生于丘陵或低山干燥山坡或多石处。

（5）光果田麻（*C. psilocarpa* Harms.）　一年生草本；叶卵形或狭卵形，边缘有钝牙齿，两面均密生星状短柔毛，基出3出脉；托叶钻形，脱落；花单生于叶腋；萼片5片，狭披针形；花瓣5片，黄色，倒卵形；发育雄蕊和退化雄蕊近等长；雌蕊无毛；蒴果角状圆筒形，无毛；种子卵形。产本省各地，生于荒坡、路旁或田埂、沟旁。

（6）扁担杆（*Grewia biloba* G. Don）　灌木，小枝有星状毛；叶狭菱状卵形或狭菱形，边缘密生小牙齿，表面几无毛，背面疏生星状毛或几无毛；聚伞花序与叶对生；萼片5；雄蕊多数；子房密生长毛；核果橙红色，无毛，2裂，每裂有2核，内有2～4枚种子。产本省各地，生长于丘陵、低山路边草地、灌丛或疏林。

49. 锦葵科（Malvaceae）

草本、灌木或乔木，常被星状毛；单叶互生，通常为掌状脉，有时分裂，托叶常早落；花两性，辐射对称，萼片5；花瓣5，基部与雄蕊管的基部合生；雄蕊多数，花丝连成管状，花药1室；子房上位，2至多室，多5室，由2至多个心皮环绕中轴而成；蒴果或分裂成数个果爿。

（1）苘麻（*Abutilon theophrasti* Medic.） 一年生草本，茎被毛；叶互生，心脏形，先端尖锐，基部心形，叶缘具细圆浅锯齿，叶柄长及叶两面被星状细柔毛；花单生叶腋，花梗被长柔毛；花萼、花瓣各5片，呈钟形，花冠橙黄色；蒴果球形，密生短茸毛；种子肾形，被星状毛。产本省各地。常见于路边、田野、河岸等地，亦有栽培于耕地。

（2）锦葵（*Malva sylvestris* L.） 两年生草本，茎直立，有分枝，外被粗毛；叶肾形，具5～7圆齿状钝裂片；花簇生于叶腋，萼杯状，5裂，萼片三角形，两面被星状柔毛；花瓣5片，先端凹入，紫红色，爪具髯毛；雄蕊被刺毛，花丝无毛；蒴果，分果扁球形。产本省各地。

（3）野葵（*M. verticilata* Linn.） 两年生草本；叶肾形至圆形，常为掌状5～7裂，裂片三角形，具钝尖头，缘有钝齿，两面被极疏糙伏毛或几无毛；叶柄仅上面槽内被绒毛；托叶卵状披针形，被星状柔毛；花簇生叶腋；总苞的小苞片线状披针形，被纤毛；萼杯状，萼裂5，广三角形，疏被星状长硬毛；花瓣先端微缺，爪无毛或有少数细弱毛；雄蕊被毛；果扁圆形，背面平滑，两侧具辐射状网纹；种子肾形。产本省各地。

（4）蜀葵（*Althaea rosea*） 多年生草本，密被星状簇毛和刺毛；叶近圆形，5～7掌状浅裂或为波状；花呈总状花序，顶生、腋生、单生或近簇生，被星状长硬毛；蒴果盘状，被短柔毛。产本省各地。

（5）地桃花（*Urena lobata* L.） 直立半灌木草本，全株被柔毛及星状毛；单叶互生，下部近圆形，上部叶椭圆形或近披针形，基部近圆形或心形；花单生叶腋或稍丛生；小苞片5；花萼5，裂片较副萼小，两面均被星状毛；花瓣5；雄蕊无毛；花柱微被长硬毛；蒴果扁球形。生于干热的空旷地、草坡或疏林下。

（6）木芙蓉（*Hibiscus mutabilis* L.） 落叶灌木或小乔木，小枝、叶柄、花梗和花萼密被星状毛和与直毛相混的细棉毛；叶宽卵形至圆卵形或心形，掌状5～7裂，裂片三角形，基部心形，叶缘具钝锯齿，两面被毛；花单生枝端叶腋间；花梗近端具节；小苞片线形；萼钟形；花瓣外面被毛，基部具髯毛；雄蕊无毛；蒴果扁球形。生于沟谷、河边、宅旁。

（7）木槿（*H. syriacus* L.） 落叶灌木或小乔木；叶菱状卵形，先端钝，基部楔形，边缘具不整齐齿缺；花单生于枝端叶腋，被星状短柔毛；花柱无毛；蒴果卵圆形，被黄色绒毛。产本省各地。

（8）野西瓜苗（*H. trionum* L.） 草本，被白色星状粗毛；叶2型，下部叶圆形，不分裂，上部叶掌状裂，再羽状深裂；花单生叶腋，小苞片12，线形；萼钟状，裂片三角形；花冠5瓣，淡黄色，具紫色心；蒴果长圆状球形，被粗硬毛。分布本省各地。

（9）草棉（*Gossypium herbaceum* L.） 叶掌状5裂，宽常大于长，裂片宽卵形，先端渐尖，基部心形，全缘，两面有毛；花单生叶腋；蒴果卵圆形，具喙。分布本省各地。

50. 瑞香科（Thymelaeaceae）

乔木、灌木稀草本；单叶互生或对生，全缘，无托叶，叶柄短；花两性或单性，整齐，头状花序、穗状花序或总状花序，稀单生；有或无叶状苞片，花萼筒状或钟状，4～5裂；花瓣缺或鳞片状；雄蕊与萼片同数或为其2倍；花盘环状、杯状或鳞片状，稀无花盘；子房上位，1室1胚珠，稀2室。核果、浆果或坚果，稀为2瓣开裂的蒴果。

（1）荛花（*Wikstroemia canescens*（Wall.）C. A. Meyer）　小灌木；叶互生，披针形，顶端尖，基部宽楔形，上面平贴丝状柔毛，下面被弯曲长柔毛，叶脉隆起；头状花序；花盘鳞片状线形；雄蕊8，2轮；子房棒状，花柱短。核果。生于海拔400m以上的山坡林缘和灌丛中。

（2）芫花（*Daphne genkwa* Sieb. et Zucc.）　落叶灌木；叶对生，稀互生，纸质，椭圆形，下面有绢状毛，先端尖，基部楔形，全缘；花先叶开放，3～6朵簇生于叶腋；花萼筒状，先端4裂；无花被；雄蕊8，2轮；花盘环状，边缘波状；子房柔毛，柱头头状；核果。生于路旁及山坡林间。

（3）瑞香（*D. odora* Thumb.）　常绿灌木，无毛；单叶互生，厚纸质，椭圆形至倒披针形，基部狭，上部暗绿色；顶生头状花序，无总梗；花被筒状，上端4裂；无花被；雄蕊8，2轮；花盘环状，边缘波状；子房无毛；核果卵状椭圆形。生于海拔300m以上的石灰岩上。

（4）结香（*Edgeworthia chrysantha* Lindl.）　落叶灌木，3叉状分枝，有皮孔；叶散生，簇生枝顶，长椭圆形，全缘；花先叶开放，头状花序，下垂，总柄粗短；花被圆筒形，先端4齿裂，花瓣状；子房无柄，仅上面被柔毛；核果皮革质。生于海拔300～1200m的山谷林下或灌丛中。

51. 胡颓子科（Elaeagnaceae）

全株被银白色或褐色至锈色盾形鳞片或星状绒毛；单叶互生，稀对生或轮生，全缘，叶脉羽状，具柄，无托叶；花单生或腋生伞形花序或总状花序；两性或单性；花萼常联合成筒，顶端4裂或2裂，在子房上面收缩；无花瓣；雄蕊与花萼裂片同数或为花萼裂片倍数；子房上位，1心皮，1室，1胚珠；瘦果或坚果，为增厚而肉质的萼筒所包被。

（1）蔓胡颓子（*Elaeagnus glabra* Thunb.）　常绿蔓生或攀缘灌木，小枝密被锈色鳞片；单叶互生，革质；卵状椭圆形，先端渐尖，基部圆形，上面深绿色，下面有锈色鳞片，侧脉6～8对；花淡白色，下垂，外面密被锈色鳞片，3～7朵聚生叶腋成总状花序；萼筒漏斗状，上部4裂，裂片宽卵形，内面被白色星状绒毛；雄蕊4；花柱无毛；核果矩圆形，密被锈色鳞片。生于海拔1000m以下的灌丛、路边或林缘。

（2）胡颓子（*E. pungens* Thunb.）　常绿灌木，小枝被绣褐色鳞片；叶厚革质，椭圆形或矩圆形，顶端钝尖，基部圆形，边缘呈波浪状扭曲；幼叶表面有鳞斑，以后变得平滑并出现光泽，背面也有银白色的鳞斑，以后变成淡绿色，侧脉7～9对；花腋生，密被鳞片；萼筒在子房上部骤收缩，顶端4裂，内面被白色星状绒毛；核果椭圆形。生于海拔1000m以下的山坡、丘陵及平原。

(3) 沙枣（*E. angustifolius*） 落叶灌木或小乔木；叶纸质，互生，长圆状披针形至狭披针形，两面均有白色鳞片，背面尤密，成银白色；花芳香，密被白色鳞片，1～3朵生于小枝下部叶腋；萼筒钟形，上部4裂；核果椭圆形或近圆形，粉质，无浆汁。生于海拔100～250m。

(4) 牛奶子（*E. umbellata* Thunb.） 落叶灌木，枝具刺；叶纸质，椭圆形至倒卵状披针形，先端钝尖，基部圆形至阔楔形；花先叶开放，芳香，被银白色鳞片；花被筒漏斗形，上部4裂；雄蕊4；花柱疏生白色星状柔毛；核果近球形。生于向阳空旷地区。

52. 大风子科（Flacourtiaceae）

单叶，叶互生；托叶无或早落；花小，辐射对称，单性或两性，雌雄异株或同株；总状、圆锥花序；萼片2～15，宿存；雄蕊通常多数，互生退化雄蕊；花盘着生于雄蕊下或周围，肿胀；子房上位，胚珠倒生。蒴果、浆果。

(1) 柞木（*Xylosma japonicum*（Walp.）A. Gray） 常绿乔木，有刺；单叶互生，革质，卵形，先端渐尖或微钝，基部阔楔形，边缘有钝锯齿，两面无毛；总状花序腋生，被细柔毛；雄花有雄蕊多数；浆果球形。生于海拔400m以下的山坡灌丛中。

(2) 山桐子（*Ldesia polycarpa* Maxim.） 落叶乔木，具皮孔；单宽卵形，先端锐尖或短渐尖，基部圆形或心形，缘具疏大浅锯齿，掌状基出脉，5～7条；叶柄具散生腺体；顶生下垂圆锥花序，花梗无毛；萼片常5；雄花有多数雄蕊，花丝白色被细毛；雌花子房球形；浆果球形。生于山坡林中。

(3) 山拐枣（*Poliothyrsis sinenis* Oliv.） 乔木；单叶互生，卵形或卵状长椭圆形，边缘有锯齿；掌状脉3～5条；顶生直立圆锥花序，疏松；子房有毛；蒴果椭卵形；种子有翅。生于海拔600～1200m处的山坡林中。

53. 堇菜科（Violaceae）

草本，叶基生，单叶互生。花瓣5，雄蕊5，与花瓣互生。

(1) 三色堇（*Viola tricolor* Linn.） 全株无毛，茎有棱；基生叶有长柄，叶片近圆心形；茎生叶卵状长圆形或宽披针形，边缘有圆钝锯齿；托叶大叶状，基部羽状深裂；花单生叶腋，花蝶状，每朵花有紫、白、黄3色；花瓣近圆形，假面状，覆瓦状排列，距短而钝；蒴果。栽培。

(2) 庐山堇菜（*V. stewardiana* W. Beck.） 多年生草本；基生叶三角状心形，先端近渐尖，基部心形或截形，边缘具圆齿；茎生叶卵形，基部楔形，稍下延近菱形，两面有褐色腺点；托叶披针形，边缘有栉状长齿；花腋生，中上部有个线形苞片；萼片5，基部附属物短；子房上位，柱头具喙，喙端具柱头孔；蒴果长椭圆形，先端具短尖。生于海拔600～1300m间的山谷溪边、山坡路旁、河边沙砾岩缝中。

(3) 紫花堇菜（*V. grypoceras* A. Gray） 多年生草本，全株无毛；叶片三角状心形或近圆心形顶端钝尖或圆，基部心形，边缘有钝齿，齿尖有腺点，两面有褐色腺点；托叶披针形，边缘有栉状长齿；花由茎基或茎生叶的腋部抽出；萼片披针形，基部附属物半圆形；花瓣有棕色腺点，距管状，稍弯；柱头前方具喙，不分裂；蒴果椭圆形，有棕色腺点。生于水边草丛中或林下湿地。

(4) 堇菜 (*V. verecumda* A. Gray) 多年生草本；基生叶有长柄，柄有翼翅；茎生叶少，疏列，叶柄短，具狭翅；花具长柄，基生或腋生；苞片位于花梗中上部；萼片卵状披针形，附属物很小，半圆形；花瓣下部有紫色条纹；子房无毛；柱头前端具斜向上的小喙，两侧具边喙；蒴果小，长圆形，先端锐尖。生于湿草地、草坡、田野、屋边。

(5) 蔓茎堇菜 (*V. diffusa* Ging.) 草本，全株被白色长毛；基生叶莲座状，茎基生出数枚匍匐枝，匍匐枝上的叶簇生枝端；花梗中部有 2 枚连星苞片；花瓣长椭圆状倒卵形，有香气，侧瓣较宽，距短，球形；子房卵形；柱头前端稍向上具喙；蒴果椭圆形，无毛。生于沟边、林下或草丛中。

(6) 毛果堇菜 (*V. collina* Bess.) 多年生草本，有毛叶基生，心形或近圆形，基部浅心形或深心形，顶端钝或圆，两面有柔毛，边缘有浅钝齿；叶柄有狭翅，倒向粗短毛；托叶膜质，边缘有疏睫毛；花有长柄；萼片披针形，基部附属物不显著，有毛；花瓣淡紫色，下瓣有距；子房有毛；柱头不分裂；蒴果球形，密生柔毛。生于山溪边、山坡旁、灌丛等腐殖质土层厚和阴湿草地上。

(7) 南山堇菜 (*V. chaerophylloides* (Regel) W. Bckr.) 多年生草本；无地上茎；叶基生，有长柄；叶片 3～5 掌状全裂或 5 深裂并再裂，最终裂片的形状多变化，常为卵状披针形、披针形或条状披针形，有缺刻或不整齐的深锯齿；花梗无毛；苞片条状披针形，生于花梗中部以下；萼片长卵圆形或披针形，边缘膜质，无毛，具 3 脉，基部附属物明显，顶端有齿；子房无毛，花柱基部细，微向前膝曲，柱头前端稍有喙，两侧及后部有边缘；蒴果长圆形。生于阔叶林下或溪谷阴湿地。

(8) 裂叶堇菜 (*V. dissecta* Ledeb.) 多年生草本，无地上茎；叶基生，无毛，掌状 3～5 全裂，裂片再羽状深裂，终裂片线形；花大，无毛；萼片基部附属物小；子房无毛；花柱基部细，柱头前端具短喙，两侧具稍宽边缘；蒴果无毛。生于草地及固定沙丘向阳处。

(9) 斑叶堇菜 (*V. variegata* Fisch ex Link) 多年生草本，无地上茎；叶基生，圆形或圆卵形，先端圆形或钝，基部明显呈心形，边缘具平而圆的钝齿，沿叶脉有明显的白色斑纹，背带紫红色；托叶边缘具疏睫毛；花梗自叶腋内长出，长短不等，中部有 2 枚线形的小苞片；萼片 5，基部附属物较短；花瓣 5；子房球形无毛，花柱棍棒状，前方具短喙；蒴果椭圆形至长圆形无毛。生于草地、林下或岩石上。

(10) 心叶堇菜 (*V. concordifolia* C. J. Wang) 多年生草本；叶片长卵形至三角状卵形，或广卵形，顶端钝，基部心形或浅心形，边缘有锯齿，背面有时稍带紫色；托叶有稀疏的细齿；萼片披针形，附属物上有钝齿；花瓣淡紫色；柱头呈三角形凸面；蒴果长圆形。生于路旁山地。

(11) 箭叶堇菜 (*V. betonicifolia* Sm. ssp. *nepalensis* W. Beck.) 多年生草本，无毛；地下茎很短；叶基生，有长柄，基部稍下延于叶柄，截形或略带心形，有时稍成戟形，顶端钝或稍圆，边缘有疏浅的波状齿；托叶膜质，边缘有疏齿；花梗长于叶；萼片披针形，基部附属物卵状三角形；花瓣有紫色条纹，囊形；蒴果椭圆形。生于山坡、田野湿润处。

54. 旌节花科（Stachyuraceae）

落叶或常绿灌木或小乔木，有时攀缘状；单叶，互生，边缘具锯齿，具托叶，早落；总状花序或穗状花序腋生，下垂；花整齐，两性、杂性或雌雄异株，无梗或具短梗；苞片 2；萼片 4，花瓣 4，均覆瓦状排列，靠合；雄蕊 8，离生，花丝细，花药 2 室，纵裂；子房上位，4 室，胚珠多数；花柱短而单生，柱头 4 浅裂；浆果球形，多数种子，具假种皮。

（1）旌节花（*Stachyurus chinensis* Franch.） 落叶灌木；叶片互生，纸质卵形至卵状矩圆形，先端骤尖或尾尖，基部近心形或圆形，边缘具粗大锯齿，上面无毛，下面沿脉被疏毛；总状花序下垂，苞片、萼片三角形；柱头无毛；浆果球形。生于海拔 300～1200m 的山坡林缘、沟谷旁及路边湿地。

55. 秋海棠科（Begoniaceae）

一年生或多年生肉质或木质草本，或灌木；单叶互生，稀对生，全缘、具齿或分裂，基部偏斜，两侧常不对称；有叶柄；托叶 2，早落；花单性，雌雄同株，辐射对称或两侧对称，腋生二歧聚伞花序；雄花萼片 2，稀 5 片，呈花瓣状；花瓣 2；雄蕊多数，花丝分离或基部合生；子房下位，有棱或翅，2～3 室，中轴胎座；花柱 2～3，分离或基部合生，柱头常扭曲；蒴果或浆果。

（1）秋海棠（*Begonia evansiana* Andr.） 多年生草本或木本，有球状块茎，上生须根，茎上不多分枝；叶互生，宽卵形，顶端渐尖，基部心形，偏斜；边缘呈细波状，表面被锈色刺毛；聚伞花序自顶端腋生；雄蕊花柱伸长达 2mm 以上；蒴果具 3 翅。生于山沟旁等阴湿处。

（2）中华秋海棠（*B. sinensis* DC.） 多年生草本，块茎球形，茎直立，常不分枝；托叶膜质，卵状披针形；叶互生，叶柄细长，叶片薄纸质，斜卵形，基部心形，偏斜，先端渐尖，有时呈尾状，边缘呈尖波状，有细尖齿牙，表面疏被硬毛；聚伞花序腋生，雄蕊花柱短于 2mm，不伸长；花柱 3；蒴果倒卵形，具 3 翅。生于林下岩石旁等阴湿处。

56. 葫芦科（Cucurbitaceae）

革质藤本，有卷须；叶互生，无托叶，具柄，具网状脉；花单性同株或异株，稀两性；萼管与子房合生，5 裂；花瓣 5，或花瓣合生而 5 裂；雄蕊似 3 枚，实为 5 枚，其中 2 对合生，花药分离或合生；子房下位，侧膜胎座；瓠果不开裂。

（1）栝楼（*Trichosanthes kirilowii* Maxim.） 革质藤本；茎多分枝，卷须 2～5 歧；叶纸质，长 3～5 浅至中裂，裂片常再分裂；叶基心形，两面沿叶脉被柔毛状硬毛；雌雄异株，花白色，雄花成总状花序；雌花单生于叶腋，果实近球形，成熟时金黄色；种子多数，扁长椭圆形。生于山坡林下、灌丛、沟边草地和宅旁路边。

（2）蛇瓜（*T. anguiua* L.） 攀缘藤本；叶膜质，密生绒毛，不规则浅裂，两侧不对称；花雌雄同株；果实长圆形，常扭曲似蛇。栽培。

（3）王瓜（*T. cucumeroides*（Ser.）Maxim.） 革质藤本，茎多分枝，被短茸毛，散生柔毛，有卷须；叶纸质，阔卵形或近圆形，浅 3 裂或 5 裂，缘具细齿或波状齿，叶通常密被短而直的茸毛；雌雄异株；雄花序总状；苞片披针形；花萼长筒状，上端 5 裂；花

冠白色，5裂，裂片边缘细裂呈丝状；雄蕊3；雌花单生于叶腋；子房长圆形，被茸毛；瓠果球形乃至长椭圆形；种子横长十字形，中央有一隆起的环带。生于海拔200～600m的阳坡疏林灌丛和路边草丛。

(4) 盒子草 (*Actinostemma tenerum* Griff.) 攀缘草本，卷须2分叉或不分叉；叶互生，叶柄具短柔毛；叶片2种，雌雄同序者厚纸质，背面和边缘齿端有大量点状浅褐色分泌物；雌雄异序者膜质，分泌物少，两面脉具淡褐色柔毛；雄花序呈总状圆锥花序，腋生；雌花单生于雄花花序基部叶腋内，子房卵球形，表面疣状突起；果实近中部有一环，环上方纵形小齿钩形；种子2。生于山坡阴湿处草丛中、沟边灌丛中。

(5) 绞股蓝 (*Gynostemma pentaphyllum* (Thunb.) Mak.) 革质藤本，茎横断面呈五角形或多边形，卷须无毛；复叶，鸟足状5～7片小叶；叶柄被糙毛；侧生小叶卵状长圆形或长圆状披针形，中央1枚较大，先端渐尖，基部楔形，两面被粗毛，叶缘有锯齿，齿尖具芒；浆果球形。生于海拔100～1200m的阔叶林下、山坡灌丛、沟边谷地的砾石缝中和村边宅旁、路边草丛等阴湿环境中。

(6) 苦瓜 (*Momordica charantiap* L.) 一年生攀缘草本；叶互生，掌状5～7深裂；花小，单性，雌雄同株，黄色；果实纺锤形，有瘤状凸起。本省普遍栽培。

(7) 丝瓜 (*Luffa cylindrica* (L.) Roem.) 一年生攀缘草本植物，枝具棱，有卷须；单叶互生，有长柄，叶片掌状心形，宽稍大于长，边缘有波状浅齿，两面均光滑无毛；雌雄同株，雄花为总状花序，先开；雌花单生，有长柄，花冠浅黄色；果长圆柱形，下垂。本省普遍栽培。

(8) 西瓜 (*Citrullus lanatus* (Thunb.) Matsum. et Nakai) 一年生蔓性草本植物；叶互生；雌雄异花同株，主茎第3～5节现雄花，5～7节有雌花；花冠黄色；子房下位，侧膜胎座；雌雄花均具蜜腺；果面平滑或具棱沟；种子扁平、卵圆或长卵圆形，平滑或具裂纹。本省普遍栽培。

(9) 葫芦 (*Lagenaria siceraria* (Molina) Standl.) 一年生攀缘草本，有软毛；卷须2裂；叶片心状卵形至肾状卵形，稍有角裂或3浅裂，顶端尖锐，基部心形；叶柄顶端有2腺点；雌雄同株；雄花花梗细；花萼5；雄蕊3；雌花花梗长，密被长柔毛；子房倒卵形；瓠果；种子截形或2齿裂。本省普遍栽培。

(10) 南瓜 (*Cucurbita moschata*) 一年生蔓生草本，茎长达数米，节处生根，粗壮，有棱沟，被短硬毛，卷须分3～5叉；单叶互生，叶片心形或宽卵形，5浅裂有5角，稍柔软，两面密被茸毛，沿边缘及叶面上常有白斑，边缘有不规则的锯齿；花单生，雌雄同株异花；雄花花托短；花萼裂片线形，顶端扩大成叶状；花冠钟状，5中裂，裂片外展，具皱纹；雄蕊3；雌花花萼叶状，子房圆形或椭圆形，1室，花柱短，柱头3，各2裂；瓠果，表面有纵沟和隆起。栽培。

57. 千屈菜科 (Lythraceae)

草本；叶对生或互生有时轮生，全缘；无托叶，近无柄；花两性，辐射对称，单生或簇生组成穗状花序或稠密花序；花萼管状或钟状，宿存，3～6裂，裂片间常有附属体，花瓣与花萼裂片同数，有时无花瓣；雄蕊2～8；子房2～4室，胚珠多数，着生于中轴胎座；蒴果。

(1) 水苋菜（*Ammannia baccifera* Linn.） 一年生草本，茎有4棱，多分枝，略带淡紫色；叶对生，披针形、倒披针形或狭倒卵形；顶端钝，基部渐狭或成短柄状。腋生聚伞花序，较密集；总花梗短；苞片线状钻形；萼管钟形，4齿裂，裂片三角形，无棱；无花瓣；雄蕊4；子房球形；蒴果球形，不规则开裂；种子小，近三角形。产本省各地，生于湿地或水田中。

(2) 节节菜（*Rotala indica*（Willd.）Koehne） 一年生草本，茎呈不明显的四棱形；叶对生，无柄或近无柄；叶片倒卵形或椭圆形，边缘有一圈软骨质狭边；花序腋生；苞片叶状，小苞片2，狭披针形；花萼钟状；花瓣4；蒴果椭圆形，常2瓣开裂。产本省各地，生于水田中。

(3) 圆叶节节菜（*R. rotundifolia*（Buch.－Ham. ex Roxb.）Koehne） 一年生草本；叶对生，无柄或具短柄，圆形、倒卵形至阔矩圆形；稠密穗状花序顶生；苞片叶状，约与花等长，小苞片2，披针形或钻形；萼管钟形，裂齿4，三角形，裂片间无附属物；花瓣4，倒卵形，长约为萼齿的2倍；雄蕊4；子房近梨形，柱头盘状；蒴果椭圆形，3～4开裂。生于水田中或潮湿地区。

(4) 千屈菜（*Lythrum salicaria* Linn.） 多年生草本，多分枝，枝常4棱；叶对生或3叶轮生，披针形或阔披针形，顶端钝或短尖，基部圆形或心形；聚伞花序，簇生；苞片阔披针形至三角状卵形，萼筒有纵棱12条，稍有粗毛，针状附属物；花瓣6；雄蕊12，6长6短；蒴果扁圆形。产本省各地，生于沟边、河岸、湖畔、水湿草地间。

(5) 紫薇（*Lagerstroemia indica* L.） 落叶灌木或小乔木，幼枝略呈四棱形，稍成翅状；叶互生或对生，椭圆形、倒卵形或长椭圆形，先端尖或钝，基部阔楔形或圆形，光滑无毛或下面沿主脉上有毛；圆锥花序顶生；花萼6浅裂；花瓣6，皱缩，具长爪；雄蕊36～42，外侧6枚花丝较长；子房3～6室；蒴果椭圆状球形；种子有翅。栽培。

58. 山茱萸科（Cornaceae）

乔木或灌木，稀草本；单叶对生或互生；花两性或单性；萼4～5齿裂或缺；花瓣4～5或缺；雄蕊4～5，与花瓣同着生于花盘的基部；子房下位，1～5室；每室1胚珠；核果或浆果状核果。

(1) 灯台树（*Cornus controversa* Hemsl.） 落叶乔木，无毛；叶互生，簇生于枝稍，广卵圆形；伞房状聚伞花序生于新枝顶端，白色；核果近球形，顶端有近放形的深孔。生于海拔600～1500m的山坡杂木林中。

(2) 梾木（*C. macrophylla* Wall.） 落叶乔木或灌木；叶对生，椭圆状卵形至长圆形，顶端渐尖，基部宽楔形，侧脉6～8对；顶生圆锥状聚伞花序；萼齿三角形，外面有柔毛；花瓣4，长圆状披针形；子房下位，花柱短，棍棒形；核果球形，熟时蓝黑色。生于山坡或溪边杂木林中。

(3) 四照花（*Dendrobenthamia japonica* var. *chinensis*） 落叶小乔木；叶对生，纸质，顶端渐尖，基部圆形或宽楔形，上面绿色，疏被白柔毛，下面粉绿色，被白柔毛外，脉腋有淡褐色毛；球形头状花序，总苞片卵形或卵状披针形；果序球形，紫红色。生于

海拔 700～1650m 的沟谷落叶阔叶林中。

（4）山茱萸（*Macrocarpium officinalis* Sieb. et Zucc.）　落叶灌木或小乔木；叶对生，卵状披针形或卵形，顶端尖，基部圆或楔形，表面疏生柔毛，背面毛较密，侧脉 6～8 对，脉腋有黄褐色短柔毛；叶柄有平贴毛；伞形花序腋生，先叶开花，4 个小型苞片，卵圆形，褐色，花黄色；花萼 4 裂，裂片宽三角形；花瓣 4；核果椭圆形。生于山沟、溪旁或较湿润的山坡林缘。

（5）毛梾（*C. walteri*（Wanger.）Sojak）　落叶乔木；单叶对生，椭圆形或卵状椭圆形，先端渐尖，基部楔形，全缘，两面都生有短柔毛；侧脉弧形，4～5 对；伞房状聚伞花序顶生；花白色，有香气；萼齿三角形；花瓣披针形；雄蕊 4；子房密被灰色短柔毛，花柱棍棒状；核果球形。生于中性土壤及石灰性土壤的山地。

（6）青荚叶（*Helwingia japonica*）　落叶灌木；叶纸质，卵形或卵状椭圆形，边缘具细锐锯齿；雌雄异株，花小，黄绿色，雄花 4～12 朵，雌花 1～3 朵簇生于叶面主脉中部或近基部；浆果近球形。生于海拔 400～1600m 的山沟、林缘。

59. 五加科（Araliaceae）

草本、灌木或乔木，茎有时有刺；叶互生，稀轮生，单叶或羽状复叶或掌状复叶；花两性或单性，辐射对称，伞形花序、头状花序、穗状花序或总状花序；萼筒与子房合生；花瓣 5～10，常分离；雄蕊与花瓣同数而互生，着生于花盘的边缘；子房下位，1～15 室，每室 1 胚珠；浆果或核果。

（1）通脱木（*Tetrapanax papyrifer*）　掌状叶集生于茎的顶端，裂片 5～11 个，叶背被白色星状绒毛；圆锥花序顶生或近顶生；花白色；果球形，成熟时紫黑色。生于河沟旁和土壤肥沃的荒地或疏林中。

（2）树参（*Dendropanax dentiger*（Harms）Merr.）　小乔木或灌木；叶革质或厚纸质，密生粗大半透明红棕色腺点；不裂叶生于枝下部，椭圆形、椭圆状披针形至披针形；分裂叶为倒三角形，2～3 深裂或浅裂；出脉 3，侧脉 4～6 对；伞形花序顶生，单生或 2～5 枚聚生成复伞形花序；子房 5 室，花柱 5；果长圆形或近球形，具 5 棱，每棱各有纵脊 3 条，宿存花柱。生于海拔 1200m 以下的常绿阔叶林中、灌丛中，或沿沟谷生长。

（3）常春藤（*Hedara nepalensis* K. Koch var. *sinensis*（Tobl.）Rehd.）　常绿攀缘藤本，茎枝有气生根；叶革质，具长柄；营养枝上的叶三角状卵形或三角状长圆形，先端渐尖，基部楔形，全缘或 3 浅裂；花枝上的叶椭圆状卵形或椭圆状披针形，先端长尖，基部楔形，全缘；伞形花序单生或 2～7 个顶生；花小，黄白色或绿白色，花 5 数；子房下位，花柱合生成柱状；果圆球形，浆果状，黄色或红色。生于海拔 960m 以下的山林中。

（4）刺楸（*Kalopanax septemlobus*（Thunb.）Koidz.）　落叶乔木；叶纸质，近圆形，掌状 5～7 裂；叶在长枝上互生，在短枝上簇生；伞形花序聚生成顶生圆锥花序；花瓣 5；雌蕊 5；子房下位，2 室；果球形，熟时蓝黑色。生于 1000m 以下的林中或灌丛中。

（5）藤五加（*Acanthopanax leucorrhizus*（Oliv.）Harms.）　灌木，全体无毛；指状复叶，有小叶 5，稀 3～4；小叶纸质，具短柄，先端渐尖至长渐尖，基部楔形，边缘有锐尖的重锯齿，侧脉6～10对，两面隆起而明显，网脉不显；伞形花序顶生，或伞房状；花萼无毛，边缘有5小齿；花瓣5，开后反折；雄蕊5；子房5室，花柱合生成一短柱状；果实卵球形，具5棱，花柱宿存。生于海拔1000～1600m的沟谷、林缘和灌丛中。

(6) 五加（*A. gracilistylus* W. W. Smith.） 灌木，蔓生状，无毛；掌状复叶在长枝上互生，在短枝上簇生；小叶5，很少3～4，中央1片小叶最大，倒卵形至倒卵状披针形，叶缘有锯齿，两面无毛，或叶脉有稀刺毛；伞形花序单生于叶腋或短枝的顶端；花瓣5；花柱2；果扁球形。生于海拔300～1600m的山地林缘、路边或灌丛中。

(7) 棘茎楤木（*Aralia echinocaulis* Hand. －Mazz.） 小乔木；2回羽状复叶；叶柄疏生短刺；托叶和叶柄基部合生；小叶片膜质至薄纸质，长圆状卵形至披针形，先端长渐尖，基部圆形至阔楔形，歪斜，两面均无毛，下面灰白色，边缘疏生细锯齿，侧脉6～9对，上面较下面明显，网脉在上面略下陷，下面略隆起，不甚明显；圆锥花序顶生；伞形花序有花12～20朵，稀30朵；苞片卵状披针形；萼无毛，边缘有5个卵状三角形小齿；花瓣5；雄蕊5；子房5室；花柱5，离生；果实球形，具5棱；宿存花柱，基部合生。生于海拔360～1300m的阴坡、山谷、灌丛中。

(8) 楤木（*A. chinensis* L.） 小乔木，疏生粗壮直刺；小枝、伞梗、花梗密生黄棕色绒毛，小枝疏生小皮刺；2～3回羽状复叶；小叶厚纸质至薄革质，卵形、宽卵形或长卵形，边缘具细锯齿或不整齐的重锯齿；伞形花序组成大型圆锥花序；果球形，熟时黑色，宿存花柱离生或中部以下合生。生于海拔700m的灌丛中或林缘路边。

(9) 毛叶楤木（*A. dasyphylla* Miq.） 灌木或小乔木；2回羽状复叶，叶轴密被黄色绒毛，羽片有小叶5～9，小叶边缘具细锯齿，齿端有细尖头，上面粗糙，下面密被棕色绒毛；大型圆锥状复花序，密被黄棕色绒毛；苞片、花梗密被柔毛；小苞片宿存；花萼5，无毛；花瓣5，雄蕊5；子房5室，花柱5，分离；果球形，紫黑色，具5棱。生于海拔200～1000m的林中或向阳山坡的灌丛中。

(10) 土当归（*A. cordata* Thunb.） 多年生草本；2回羽状复叶，每羽片有小叶3～5；小叶片卵形至长圆状卵形，顶端尖锐，基部圆形至心形，偏斜，边缘有锯齿，两面叶脉上有短柔毛；花序腋生，由多伞集成圆锥花丛，有柔毛；花白色；萼无毛，边缘有5齿，花瓣5，三角状卵形；雄蕊5；子房5室，花柱5，分离；果实球形，具5棱。生于山坡草丛中。

60. 伞形科（Umbelliferae）

多为草本，伞形花序，叶柄基部扩大成鞘状，双悬果。

(1) 天胡荽（*Hydrocotyle sibthorpoioides* Lam.） 多年生矮小草本，有气味；叶互生，圆形或肾形，边缘有钝锯齿，上面绿色，光滑或有疏毛，下面通常有柔毛；伞形花序与叶对生，单生于节上；无萼齿，双悬果略呈心形，侧面扁平，中棱略锐。生于湿润的草地、沟塘边、稻田埂。

(2) 积雪草（*Centella asiatica*（L.）Urban.） 匍匐草本；节上生根；单叶互生，叶柄长；叶片圆形或肾形，缘有钝锯齿，基部阔心形，掌状脉5～7；单伞形花序生于叶腋，总包片2，宿存；果实圆球形，稍侧扁。生于阴湿的草地或水沟边。

（3）变豆菜（*Sanicula chinensis* Bunge.）　草本无毛，茎直立，茎生叶 3 深裂，基部联合，伞形花序，卵形双悬果。生于林下草丛中。

（4）峨参（*Anthriscus sylvestris*（L.）Hoffm.）　草本，根圆锥形，茎圆柱形，中空；叶互生，2 回 3 出式羽状分裂或 2 回羽状分裂；裂片披针状卵形，边缘羽状缺裂或齿裂，下面疏生柔毛。生于山坡林下或路旁、山谷、溪边石缝中。

（5）破子草（*Torilis japonica*（Houtt.）DC.）　草本，支根多数，茎有纵条纹及刺毛；叶片长卵形，1～2 回羽状分裂，两面疏生紧贴的粗毛；复伞形花序顶生或腋生；总苞片线形；萼齿三角状披针形；花瓣顶端内折，下面贴生细毛；果实圆卵形，通常有内弯或呈钩状的皮刺。生于路旁荒地及草丛中。

（6）明党参（*Changium smyrnioides* Wolff.）　多年生草本；茎直立，中空，具粉霜；基生叶为 3 出 2～3 回羽状全裂，最终裂片披针形，叶柄长，基部呈鞘状；茎上部叶鳞片状或鞘状；复伞形花序无总苞；小总苞片钻形；花白色；双悬果扁圆形至卵状长椭圆形。生于山地土壤肥厚的地方。

（7）红柴胡（*Bupleurum scorzonerifolium* Willd.）　多年生草本，主根圆锥形；叶细线形，基生叶下部略收缩成叶柄，其他均无柄，顶端长渐尖，基部稍窄抱茎，质厚稍硬挺，两脉间有隐约平行的细脉，叶缘白色，骨质，上部叶小，同形；伞形花序形成较疏松的圆锥花序；总苞片针形，1～3 脉，常早落；子房主棱明显，表面常有白霜；果广椭圆形，棱浅褐色，粗钝凸出。生于向阳山坡上。

（8）北柴胡（*B. chinense* DC.）　多年生草本；基生叶倒披针形或狭椭圆形，顶端渐尖，基部收缩成柄，早落；茎中部叶倒披针形或广线状披针形，顶端渐尖或急尖，有短芒尖头，基部收缩成叶鞘抱茎，脉 7～9，常有白霜；复伞形花序，花序梗，常水平伸出，形成疏松的圆锥状；总苞片狭披针形；花瓣上部向内折，中肋降起，小舌片矩圆形，顶端 2 浅裂；果广椭圆形，棕色，两侧略扁，棱狭翼状。生于向阳山坡、路旁、草丛中。

（9）鸭儿芹（*Cryptotaenia japonica* Hassk.）　多年生草本，呈叉式分枝；基生叶 3 出，中间小叶片菱状广卵形，顶端短尖，基部楔形，边缘有锯齿或重锯齿；茎上部的叶无柄，小叶片披针形；复伞形花序不规则，伞辐 2～3，不等长，通常彼此靠近，整个花序呈圆锥形；总苞和小总苞各有 1～3 个线形、早落的苞片和小苞片；小伞形花序有 2～4 花；双悬果线状长卵形，侧面扁平，光滑，果棱细线状圆钝。产本省各地，生于林下较阴湿处。

（10）水芹（*Oenanthe javanica*（Blume）DC.）　草本，无毛，有匍匐茎，近地面界上生根，复伞形花序顶生。产本省各地，多生于浅水沟旁或低洼地。

（11）蛇床（*Cnidium monnieri*（L.）Cuss.）　一年生草本；基生叶叶片 2～3 回 3 出羽状全裂，终裂片线形或线状披针形；复伞形花序；总苞片线形，边缘具白毛；小总苞片 8～12，线形；萼齿无，花白色，花柱 2，直立；双悬果广椭圆形，背部略扁，果棱宽翼状，棱槽中各具 1 条油管，合生面有 2 条油管。产本省各地，生于田野、路旁及山地。

（12）前胡（*Peucedanum decursivum*（Miq.）Maxim.）　多年生草本；叶 1 回至近

2回羽状分裂，叶轴翅状，先端尖，缘有细锯齿；茎上部叶片成膨大的紫色叶鞘；复伞形花序，顶生或腋生；小总苞数个，披针形；果实椭圆形，背扁，无毛；背棱钝，侧棱有狭翅，棱槽中各具1～3条油管，合生面有4～6条油管。生于山坡草地或稀疏林下。

(13) 野胡萝卜(*Daucus carota* Linn.) 草本，主根肉质，全株密被白色细毛，叶羽状分裂，伞形花序，白色。生于田边、路旁、荒坡草丛中。

61. 萝藦科(Asclepiadaceae)

具乳汁，叶全缘，聚伞花序通常伞形；花两性，正气，5基数；花萼5深裂；花瓣合瓣；雄蕊5；无花盘，子房上位，雌蕊2，离生，胚珠多数；蓇葖果双生；种子顶端具白绢毛。

(1) 杠柳(*Periploca sepium* Bunge.) 灌木；单叶对生，叶片稍革质，卵状披针形，全缘，两面无毛；具叶柄；聚伞花序腋生；花冠内面基部有10个小腺体；花冠紫红色，辐状，副花冠环状；花粉颗粒状，松弛，位于载粉器上；子房无毛，胚珠多数，柱头盘状凸起；蓇葖果双生，纺锤状圆柱形，具纵条纹，无毛。生于平原、岗地，低山丘陵的沟坡、田埂、灌丛、草地及林缘。

(2) 牛皮消(*Cynanchum auriculatum* Royle ex Wight.) 半灌木；叶对生，宽卵形至卵状长圆形，顶端短渐尖，基部心形，两耳垂直或略向内；具长叶柄；聚伞花序伞房状，花多达30朵；花序梗和花梗均被微毛；花冠白色，辐状，开后反折；副花冠5裂，裂片肉质，内面中部有1枚三角形的舌状片；花药顶端有圆形的膜片；花粉块长圆形，下垂；子房无毛，柱头圆锥状，顶端2裂；蓇葖果双生；种子长颈瓶状。生于山坡林缘及路旁灌木丛中。

(3) 白薇(*C. atratum* Bge.) 多年生草本；叶对生；具短柄；叶片卵状椭圆形至广卵形，两面均密被白色绒毛；伞形聚伞花序，无梗，有花8～10朵；花紫红色；花萼外侧密被细柔毛，内面基部有小腺体5枚；花冠，辐状，5深裂，有缘毛；副花冠5裂，裂片盾状圆形；雄蕊5，上部与雌蕊合成蕊柱；蓇葖果单生；种子扁平，先端有白绢毛。生长于山坡或树林边缘。

(4) 白前(*C. stauntonii* (Decne.) Schltr. et Lévl.) 多年生草本；单叶对生，具短柄；叶片披针形至线状披针形，先端渐尖，基部渐狭，边缘反卷；聚伞花序腋生；花萼绿色，5深裂；花冠紫色，5深裂，裂片线形，基部短筒状；副花冠5，上部围绕于蕊柱顶端，较蕊柱短；雄蕊5，与雌蕊合成蕊柱，花药2室；雌蕊1，2心皮几乎分离，花柱2，在顶端连合成1个平盘状的柱头；蓇葖果角状；种子多数，顶端具白色细绒毛。生于山坡路旁。

(5) 萝藦(*Metaplexis japonica* (Thunb.) Makino) 革质藤本；叶对生，卵状心形，顶端渐尖，基部心形、两侧有耳，无毛；总状聚伞花序腋生或腋外生；花萼有柔毛；花冠白色，近辐状，内面有柔毛；副花冠环状，5浅裂，裂片兜状；花柱延伸成长喙；蓇葖果双生，纺锤形，无毛。生于林下、林缘、山坡及路旁。

(6) 七层楼(*Tylophora floribunda* Miquel.) 藤本，根须状，黄白色，茎多分枝；叶长对生，卵状披针形，背面密被小乳头状凸起；羽状脉，侧脉3～5对；聚伞花序

广展多歧；花冠紫色；副花冠生于合蕊冠基部；柱头盘状五角形；蓇葖果双生，近水平开展，无毛。生于海拔 800m 以下的山坡路旁、荒山草丛、灌丛及林缘。

62. 茜草科（Rubiaceae）

草本、灌木或乔木，枝多带刺；单叶，常全缘叶；托叶各式；花辐射对称，各式排列；萼管与子房合生；花冠常 4～6 裂，稀更多；雄蕊与花冠裂片同数而互生，花药 2 室；子房下位，常 2 室；蒴果、浆果或核果。

（1）细叶水团花（*Adina rubella* Hance）　小灌木；叶对生，厚纸质，卵状披针形或卵状椭圆形；头状花序，单一或 2～3 个顶生或腋生；花冠紫红色；蒴果楔形；种子有翅。生于溪边、山坡路旁湿地。

（2）水团花（*A. piluliferae*）　灌木至小乔木；叶对生，纸质，倒披针形或长圆状椭圆形；头状花序多单生于叶腋，很少 2～3 枚，或顶生；总花梗被柔毛；萼片 5，裂片近匙形；花冠白色，顶端常 5 裂，裂片卵状；蒴果楔形。生于河边、溪边和密林下。

（3）鸡仔木（*Sinoadina racemosa*（Sieb. et Zucc.）Miq.）　乔木，叶片纸质，卵形或宽卵形，表面无毛，背面脉腋有柔毛；托叶 2 裂，裂片圆形，早落；头状花序球形，10 余个呈总状排列，顶生；蒴果楔形。生于海拔 350～600m 的山林地带。

（4）钩藤（*Uncaria macrophylla*（Miq.）Jacks.）　藤本；枝四棱形；叶对生，纸质，宽椭圆形或长椭圆形，全缘；托叶 2 裂，裂片条钻形；叶腋有弯曲钩；头状花序单个腋生或为顶生的总状花序；花冠漏斗形，5 裂，淡黄色；雄蕊 5；子房下位；蒴果倒卵形或椭圆形，被毛，有宿萼。生于灌木林或杂木林中。

（5）香果树（*Emmenopterys henryi* Oliv.）　落叶乔木；单叶对生，革质，有柄；叶片宽椭圆形或宽卵形，全缘；托叶三角状卵形，早落；花序疏松，多花；花大，淡黄色，有柄；花萼小，5 裂，有 1 裂片扩大成叶状，结实后宿存；花冠漏斗状，顶端 5 裂；雄蕊 5，与花冠裂片互生；花盘杯状；花柱线形；子房 2 室，胚珠多数；果具棱，室间 2 瓣裂；种子细小，具宽翅。生于海拔 500～1100m 的山坡及路边林中。

（6）流苏子（*Thysanospermum diffusum* Champ.）　攀缘状灌木；叶对生，近革质，卵状披针形至披针形；托叶条状披针形，被毛；花 5 数，偶为 4 数，单生叶腋；花梗细长，近中部有关节和 1 对小苞片；花萼小，球状，裂片短，宿存；花冠白色或淡黄色，高脚碟状，被绢毛，裂片覆瓦状排列；花药条形，伸出；蒴果近球形。种子扁圆形，边缘流苏状。生于海拔 180～300m 的阴湿山坡及疏林中。

（7）白花蛇舌草（*Hedyotis diffusa* Willd.）　一年生草本，全体无毛，茎扁圆柱形；叶交互对生，膜质，无柄，线形；托叶膜质，基部合生，顶端 1～4 齿裂；花单生或成对生于叶腋，具梗；花冠白色；花柱线形；蒴果膜质，扁球形，室背开裂，花萼宿存。生于山坡、路边、溪畔草丛中。

（8）栀子（*Gardenia jasminoides* Ellis.）　常绿灌木；叶对生或 3 叶轮生；叶片革质；托叶膜质，鞘状；花单生于枝顶；花萼筒倒圆锥形；花冠高脚碟状，裂片 5 或较多，初白色，后渐为乳黄色；雄蕊 6；花药线形，伸出；柱头棒状；果具 5～9 条翅状纵棱。生于山坡灌丛中。

(9) 虎刺 (*Damnacanthus indicus*) 常绿小灌木，根链珠状，根皮淡黄色，枝2叉分枝，大叶叶柄间有刺；叶对生，革质，卵形或阔椭圆形；托叶生叶柄间；花白色，4基数，叶腋，有短梗；萼筒倒卵形，宿存；花冠漏斗状，裂片4；核果近球形，有4枚分核。生于阴山坡竹林下和溪谷两旁灌丛中。

(10) 白马骨 (*Serissa serissoides* (DC.) Druce) 落叶小灌木；叶对生或丛生于短枝上，倒卵形或倒披针形，先端短尖，全缘，基部渐狭而成一短柄；托叶基部膜质，顶有锥尖状裂片数枚；花数朵簇生于枝端或叶腋，无梗；萼5裂，裂片3，具披针状锥尖，宿存；花冠漏斗状，白色，5裂；雄蕊5；子房2室；核果近球形，有2枚分核。生于山坡、路边、溪旁、灌木丛中。

(11) 鸡矢藤 (*Paederia scandens* (Lour.) Merr.) 藤本，揉碎后有恶臭；叶对生，近革质；托叶三角形；花多数集成聚伞状圆锥花序腋生或顶生，分枝对生，末回分枝上花呈蝎尾状排列；花萼筒钟形，5裂；花冠淡紫色；雄蕊5，着生于花冠筒内；子房2室，基部连合；核果球形，内有2枚分核。生于海拔800m以下的沟旁、林缘灌丛中。

(12) 茜草 (*Rubia cordifolia* L.) 多年生攀缘草本，茎四棱形，沿棱有倒刺；4叶轮生，叶片卵形或卵状披针形，基部心形，叶缘和背脉有倒生小刺，基出3～5脉；叶柄具倒生小刺；聚伞花序顶生或腋生，常组成大而疏松的圆锥花序；花冠黄白色或白色，辐状，有缘毛；柱头头状；浆果近球形。生于山坡岩石旁或沟边草丛中。

(13) 线叶拉拉藤 (*Galium linearifolium* Tucrz.) 多年生草本，茎无刺毛；叶4枚轮生，无柄，叶狭线形，边缘常反卷；聚伞花序顶生或腋生于上部叶腋，花稀疏而小；花萼和花冠均无毛，花冠白色；果2室，仅1室发育，无毛。生于林下石缝中，海拔700m左右。

(14) 四叶葎 (*G. bungei* Steud.) 多年生丛生草本，茎有4棱；叶4片轮生，卵状长椭圆形，先端尖，上面及下面中脉疏生短刺毛；花小，数10朵成腋生或顶生的聚伞花序；花冠淡黄绿色；果瓣近球形，常双生，被鳞片状或短钩毛。生于田畔、沟边等湿地。

(15) 蓬子菜 (*G. verum* L.) 多年生草本，茎密被短柔毛；叶6～10片轮生，稍革质，线性，无柄，边缘反卷；聚伞圆锥花序顶生和腋生，多花；花小，淡黄色，4基数；花冠辐射状；果小，果瓣双生，无毛。生于山地林缘及灌丛中。

(16) 猪殃殃 (*G. aparine* L. var. *tenerum* (Gren. et Godr.) Reichb.) 蔓生或攀缘状草本，茎四棱形，棱上和叶背中脉及叶缘均有倒生细刺；叶6～8片轮生，线状倒披针形，顶端有刺尖，表面疏生细刺毛，无柄；花3～10朵组成顶生或腋生的聚伞花序；花萼有钩毛；雄蕊伸出，辐射状；果具1到2枚近球形果瓣，密生钩状刺毛。生于路边、旷野草坡或荒地。

63. 马鞭草科 (Verbenaceae)

叶常对生，稀轮生或互生，无托叶；花常两性，左右对称，很少辐射对称；花萼常宿存；花冠管圆柱形；雄蕊着生于花冠筒上，花丝分离，花药常2室；花盘不显著；子房上位，每室1～2胚珠，花柱顶生；核果或蒴果。

(1) 马鞭草 (*Verbena officinalis* L.) 多年生草本；叶对生，卵形至长圆形，两面有硬毛，基生叶边缘有粗锯齿或缺刻，茎生叶无柄，多3深裂，有时羽裂，裂片边缘有不整齐锯齿；穗状花序长如鞭，顶生和腋生，每花1苞片，苞片比萼略短，具硬毛；花冠淡紫色或蓝色；雄蕊4；子房无毛；蒴果长圆形，熟时分裂为4分果。生路旁、村边、田野、山坡。

（2）黄荆（*Vitex negundo* L.） 灌木或小乔木；小枝具有4棱，密生灰白色的细绒毛；掌状复叶对生，小叶5枚，少3枚，顶端渐尖；圆锥形聚伞花序顶生；花萼钟形；花冠淡紫色，呈唇形5裂；核果卵状球形。生于向阳山坡、原野。

（3）单叶蔓荆（*V. trifolia* Linn. var. *simplicifolia* Cham.） 灌木；单叶对生，叶片倒卵形或近圆形；聚伞花序组成圆锥状，顶生；花萼钟形；花冠淡紫色，呈唇形5裂；核果近球形。生于沙滩、河边及沟边。

（4）大青（*Clerodendron cyrtophyllum* Turcz.） 灌木；叶对生，长椭圆形至卵状椭圆形；伞房状聚伞花序，顶生或腋生；花萼杯状，粉红色；花冠白色，5裂，裂片卵形；雄蕊4，与花柱同伸出花冠外；子房4室，柱头2裂；果实球形或倒卵形，蓝紫色，具紫红色宿萼。生于海拔1500m以下的山坡、林缘、林下或溪谷旁。

（5）海州常山（*C. trichotomum* Thunb.） 灌木或小乔木；叶片纸质，卵圆形、阔卵形、椭圆形或三角状卵形，基部两侧对称，脉腋无腺体；伞房状聚伞花序顶生或腋生；花萼紫红色基部合生；花冠细长筒状，顶端5裂，白色或粉红色；核果近球状，蓝紫色。多生于山坡、路旁和溪边、村旁。

（6）白棠子树（*Callicarpa dichotoma*（Lour.）K. Koch.） 灌木，小枝紫红色，有星状毛；叶片倒卵形，顶端急尖，基部楔形，边缘上半部疏生锯齿，两面无毛，背面有黄棕色腺点；聚伞花序纤弱，2～3次分歧，花序梗长为叶柄的3～4倍；苞片线形；花萼杯状，无毛；花冠紫红色，无毛；药室纵裂；子房无毛，有黄色腺点；果实球形，紫色。生于低山区的溪边或山坡灌木丛中。

（7）红紫珠（*C. rubella* Lindl.） 灌木，全体被柔毛和腺毛；叶倒卵形或倒矩圆形，先端急尖至锐尖尾，边缘有三角状锯齿，基部心形；叶柄短或近无柄；聚伞花序，4～6分歧；苞片细小；萼杯状，萼齿钝三角形，具腺点；花冠紫红色、淡紫色或白色；花丝长约花冠2倍；子房无毛；果实紫红色。生于山坡、溪边或疏林、草丛中。

（8）紫珠（*C. bodinieri* Levl.） 灌木，小枝被星状毛；叶卵状长椭圆形至椭圆形，顶端渐尖，基部楔形，边缘有锯齿，背面有红色腺点；聚伞花序，5～7次分歧，花序梗稍长于叶柄或近等长；花萼有星状毛和红色腺点，萼齿不明显；花冠淡紫色，有腺点；花丝约为花冠2倍，药室纵裂；子房无毛；果实球形，紫色，无毛。生于海拔200～1300m的林下、林缘及灌丛中。

（9）豆腐柴（*Premna microphylla* Turcz.） 灌木，幼枝有柔毛，老枝无毛；叶有臭味，卵形、卵状披针形、倒卵形或椭圆形，顶端急尖至长渐尖，基部渐狭，下延，全缘以至不规则的粗齿；圆锥花序顶生；花萼绿色，有时带紫色；花冠淡黄色，外有柔毛和腺点。生于山坡林下或林缘。

64. 唇形科（Labiatae）

含芳香油，茎常四棱形；无托叶；聚伞花序腋生，形成轮伞花序；花常两性；花萼基部合生；花冠多为二唇形，着色；雄蕊 4，2 强，稀 2 枚，贴生在花冠筒上，花药 2 室，纵裂；子房上位，由 2 个心皮形成，假 4 室，每室 1 胚珠；花柱通常生于子房基部，柱头 2 裂；果为 4 枚小坚果，藏于宿萼内。

（1）金疮小草（*Ajuga decumbens* Thunb.） 草本，具匍匐茎，全体被白色长柔毛；基生叶很多，较茎生叶长且大，柄具狭翅，呈紫绿色；茎生叶对生，匙形或倒卵状披针形，顶端钝至圆形，基部渐狭，下延，边缘具不整齐的波状圆齿或近全缘；轮伞花序多花，排列成间断的假穗状花序；萼漏斗状；花冠白色，外面被疏柔毛，里面近基部具毛环，檐部假单唇形，上唇短，圆形，顶端微凹，下唇宽大，3 裂；小坚果倒卵状三棱形，背部具网状皱纹。生于溪边、路边、田边及湿润的草地上。

（2）紫背金盘（*A. nippponensis* Makino） 草本，茎从基部分枝，全体被长柔毛；基生叶花期枯萎；茎生叶对生，宽椭圆形或卵状椭圆形，顶端钝，基部楔形，下延，边缘具不整齐的波状圆齿；花轮向上渐密集成顶生假穗状轮伞花序；萼 5 齿；花冠白色，有时淡紫色，近基部具毛环，檐部二唇形，上唇短，下唇宽大；小坚果卵状三棱形，具网纹。生于林缘、路边、溪边草丛中。

（3）韩信草（*Scutellaria indica* Linn.） 多年生草本，全体有毛；叶卵圆形或肾形，先端钝圆，基部圆形至心脏形，边缘有圆锯齿，两面密生细毛；顶生假总状花序；苞片卵圆形，两面都有短柔毛；小梗基部有 1 对刚毛状小苞片；花冠紫色，外面被有腺体和短柔毛，内面仅唇瓣被毛，下唇中裂片具紫色斑点；小坚果卵圆形，有小瘤状突起。生长于路边、山坡。

（4）半枝莲（*S. barbata* D. Don） 多年生草本，茎四棱形，无毛；叶对生，三角状卵形或卵状披针形，基部截形或圆形，边缘具波状疏钝齿，下面有腺点；叶柄短或近无。轮伞花序具 2 花，形成假总状花序；花萼紫色，长约 2mm，上唇背部盾片高约 1mm，果时增大；花冠蓝紫色，冠筒基部前方囊状，下唇中裂片梯形；雄蕊 4，2 强。小坚果扁球形，褐色，具瘤。生于田边、路旁。

（5）夏至草（*Lagopsis supina*（Steph.）IK. －Gal.） 草本，茎多分枝，四棱形，紫红色，密被微柔毛；叶圆形，掌状 3 深裂；轮伞花序腋生，多花密集；小苞片针刺状；花冠白色，两面无毛，在花丝基部密生簇毛，冠檐二唇形，上唇直伸，全缘，下唇 3 裂；雄蕊 4；小坚果长卵形，褐色。生于旷野、草地、路旁。

（6）藿香（*Agastache rugosus*（Fisch. Et Mey.）O. Ktze.） 多年生草本，有香气，茎四棱形，略带红色，上部微被柔毛；叶心状卵形或长圆状披针形，边缘有不整齐钝锯齿，下面有短柔毛和腺点；轮伞花序组成顶生的圆筒状假穗状花序；苞片披针状线形；花萼筒状，有缘毛和腺点；花冠淡紫色或红色，下唇中部裂片有波状细齿；雄蕊伸出花冠外，花丝扁平，无毛；花柱与雄蕊近等长，子房顶部具绒毛；小坚果顶端有毛。生于路边、田野。

（7）活血丹（*Glechoma longituba*（Nakai）Kupr.） 草本；叶肾形至圆心形，两面

有毛或近无毛，背面有腺点；叶柄有毛；轮伞花序常2花，稀2～6花，腋生；苞片近等长或长于花柄，刺芒状；花萼筒状，萼齿顶端芒状，外面有毛；花冠淡蓝色至蓝紫色；小坚果长圆状卵形，无毛。生于较荫湿的荒地、山坡林下及路旁。

（8）夏枯草（*Prunella vulgaris* Linn.） 多年生草本，茎四棱形，常带淡紫色，有细毛；叶卵形或卵状长圆形，全缘或疏生锯齿；轮伞花序集成穗状顶生；苞片扁圆形，顶端尾状尖，具放射状脉纹，外面和边缘有毛；花萼钟形；花冠蓝紫色或红紫色；小坚果长圆状卵形。生于山坡草地、田野、路旁和潮湿地上。

（9）宝盖草（*Slamium amplexicaule* Linn.） 草本，茎基部多分枝，常带紫色；叶圆形或肾形，边缘具钝齿，两面有糙毛，上部叶无柄；轮伞花序具6至多花；花冠粉红色或紫红色，筒外有细毛；花丝无毛，花药被白色长硬毛；小坚果倒卵状三棱形，表面有白色瘤状凸起。生于路边及荒地上。

（10）野芝麻（*Lamium barbatum* Sieb. et Zucc.） 草本，根具匍匐枝，茎四棱形；叶卵状心形至卵状披针形，两面被短硬毛；轮伞花序有花4～14，生在茎的上部叶腋；苞片线形，具缘毛；花冠白色或浅黄色，上唇直伸，下唇侧裂片先端有针状小齿；小坚果倒卵形。生于路边、溪旁、林缘、荒坡阴湿处。

（11）益母草（*Leonurus heterophyllus* Sweet.） 草本，茎四棱形，有倒生白毛；根出叶近圆形，叶缘5～9浅裂，有长柄；中部叶掌状3深裂，侧裂片有1～2小裂；花序上的叶线状披针形，全缘或有少数齿；轮伞花序腋生，有花8～15；小苞片针形；花萼钟形，5齿裂，齿端刺尖；花冠淡红色或紫红色，二唇形，冠筒内有毛环，上唇直伸。生于山坡、旷野、路边。

（12）水苏（*Stachys japonica* Miq.） 多年生草本，具根状茎，茎四棱形，棱及节上被刚毛；叶有柄，长圆状披针形，边缘具圆锯齿，两面无毛；轮伞花序6～8花，于茎顶或分枝顶端集成穗状花序；花萼钟形，外被腺毛，先端具刺尖；花冠粉红色或淡红紫色，花冠筒内有毛环；小坚果卵球形，无毛。生于林下、河岸、溪边等湿地草丛中。

（13）丹参（*Salvia miltiorrhiza* Bge.） 多年生草本，根肥厚，外面红色，茎有长柔毛；羽状复叶；小叶3～7片，卵形或椭圆状卵形，两面有毛；轮伞花序4至多花，组成顶生或腋生假总状花序，密生腺毛或长柔毛；花萼钟形，外有长柔毛和腺毛；小坚果黑色，椭圆形。生于山坡、林下、草坡。

（14）荔枝草（*S. plebeia* R. Br.） 草本，茎多分枝，被倒向柔毛；根出叶丛生，有柄，叶片长圆形或披针形，边缘有圆齿，叶面皱折，两面有毛，下面散布黄色小腺点；茎生叶对生；轮伞花序6朵花；花萼钟形，外被金黄色腺点及柔毛；花冠淡紫色至蓝紫色，筒内有毛环；小坚果倒卵圆形，光滑。生于山坡、路边、荒地、河边。

（15）风轮菜（*Clinopodium chinense*（Benth.）O. Kuntze） 多年生草本，茎多分枝，全体被柔毛；叶卵形，顶端尖或钝，基部楔形，边缘有锯齿；花密集成轮伞花序，腋生或顶生；苞片针形；花萼筒状；花冠紫红色；小坚果倒卵形，无毛。生长于草地、山坡、路旁。

（16）细风轮菜（*C. gracile*（Benth.）Matsum.） 纤细草本，茎多数，自匍匐茎生

出；叶圆卵形或卵形，先端钝，基部圆形，边缘具疏圆齿，上面近无毛，背面脉上被疏短硬毛；轮伞花序分离或密集于茎端成短假总状花序；花萼筒形，基部一边鼓胀，外面脉上被短硬毛，上唇3齿短，三角形，果时外翻；花冠淡红色或紫红色；小坚果卵球形，光滑。生于路边、沟边、空旷草地、林缘、灌丛中。

(17) 薄荷（*Mentha haplocalyx* Briq.） 多年生草本植物，全株有香气，茎下部匍匐；茎直立，方形，具倒生柔毛；叶对生，披针形、卵形或长圆形，先端锐尖或渐尖，基部楔形，边缘有锯齿，两面疏生短柔毛和腺点；轮伞花序多花腋生；花萼筒状钟形，花冠紫青色、淡红色或白色，冠檐4裂；小坚果卵形。生于山谷、溪边、田边、水旁阴湿草丛中。

(18) 紫苏（*Perilla frutescens*（L.）Brltt.） 一年生草本，茎紫色，有长柔毛；叶单宽卵形或圆卵形，基部圆形或宽楔形，先端渐尖或尾状尖，边缘具粗锯齿，两面紫色，或下面紫色，或两面绿色，上面被疏柔毛，下面密被贴生柔毛；轮伞花序2花，组成顶生和腋生的偏向一侧的假总状花序；苞片具腺点；花萼钟状，外面被长柔毛，内面喉部具疏柔毛；花冠白色至紫红色；小坚果近球形。生于田野、路边、草地及山坡林缘和疏林下。

65. 茄科（Solanaceae）

草本或木本；单叶，互生，全缘，分裂；或为复叶，无托叶；花两性，辐射对称，单生或成各式聚伞花序，常花轴与茎结合；花萼5裂，宿存或在结果时增大；花冠5裂；雄蕊5，稀4，分离或靠合，与花冠裂片互生；花药2室，纵裂或顶孔开裂；心皮2，合生，子房上位，2室或不完全4室，花柱线形，柱头头状；浆果或蒴果。

(1) 枸杞（*Lycium chinense* Mill.） 灌木，具刺；叶卵形、卵状菱形或卵状披针形，全缘；花单生，紫色；雄蕊5；花药纵裂；浆果长圆状卵形，红色。生于海拔500～700m以下的林缘、山坡、路旁、旷野及宅旁。

(2) 曼陀罗（*Datura stramonium* L.） 一年生粗壮草本；叶互生，边缘有不规则波状浅裂；花大，单生，白色；花萼筒状；花冠漏斗状；蒴果大，表面生硬针刺。生于路边、宅旁及草地。

(3) 龙葵（*Solanum nigrum* Linn.） 一年生草本；单叶互生；叶卵形，顶端尖锐，全缘或有不规则波状粗齿，基部楔形，渐狭成柄；短蝎尾状或近伞状花序，侧生或腋外生；花萼杯状，5浅裂；花白色；雄蕊5，花药顶孔开裂；浆果球形，种子近卵形，压扁状。

(4) 千年不烂心（*S. cathayanum* C. Y. Wu et S. C. Huang.） 革质藤本，多分枝，全株密被多节的长柔毛；叶互生，常心形，先端渐尖，基部心形或戟形，全缘，少数基部3深裂；聚伞花序顶生或腋外生；花梗基部具关节；萼杯状，5裂；花冠蓝紫色或白色；雄蕊着生于花冠筒喉部，花药长圆形，顶孔开裂；子房卵形；浆果红色，果柄无毛；种子两侧压扁，具细网纹。生于海拔800～1000m以下的山坡、荒地、路旁、林缘及灌丛中。

(5) 白英（*S. lyratum* Thunb.） 革质藤本，全株密被具节的长柔毛；叶互生，多为琴形，顶端渐尖，基部常3～5深裂，裂片全缘，侧裂片较小，顶端钝，中裂片较大，卵形，两面都有长柔毛；聚伞花序顶生或腋外生，疏花；花萼杯状，5裂；花冠蓝色、紫蓝色，稀白色，5深裂，裂片披针形；浆果球形，深红色。生于山坡、林缘、荒地、路边及灌丛中。

（6）挂金灯（*Physalis alkekengi* L. var. *francheti*（Mast.）Makino.）　草本，茎不分枝，有纵棱，节稍膨大；叶互生，长卵形至宽卵形，或菱状卵形，基部宽楔形，先端渐尖，全缘、波状或具不规则粗齿，具缘毛；花单生于叶腋；花萼钟状，被柔毛，5裂；雄蕊与花柱短于花冠，花药黄色；浆果球形，包于膨胀的宿存萼内，橙红色；种子多数，黄色。生于林缘、山坡草地、路旁、田间及住宅附近。

66. 玄参科（Scrophulariaceae）

草本、灌木或乔木；叶互生、对生或轮生，无托叶；花两性，常左右对称，排成各式的花序；萼4～5齿裂，宿存；花冠合瓣，4～5裂，裂片多少不等或二唇形，或广展；雄蕊通常4，2长2短，有时2或5枚；花盘无；子房上位，2室，柱头2裂或头状，每室有胚珠多颗；蒴果或浆果。

（1）白花泡桐（*Paulownia duclouxii* Dode）　小乔木；叶卵圆形，薄革质，顶端急尖，基部深心脏形；聚伞花序，花白色，无斑点，花冠管钟状漏斗形，外面被稀疏极细的星状柔毛，5裂；花萼钟形，厚革质，果时宿存，萼齿5，仅萼齿边缘密被污黄色棉毛；蒴果较小，卵圆形，果皮厚革质，2瓣裂开；种子具白色透明膜质翅。生于海拔1000m以下的山坡、林缘、山谷沟边。

（2）阴行草（*Siphonostegia chinensis*）　一年生草本；叶对生，有翼状短柄，叶羽状深裂，裂片披针形；花腋生，密集枝端呈穗形总状花序；花冠黄色，上唇微带紫色；蒴果长圆形；种子长卵形，有皱纹。生于低山山坡或草地上。

（3）松蒿（*Phtheirospermum japonicum*（Thunb.）Kanitz）　一年生直立草本，全体被腺毛；茎多分枝；叶片长三角状卵形，近基部羽状全裂，向上则羽状深裂；花萼5裂，裂片叶状，裂齿先端锐尖；花冠紫红色或淡紫红色；蒴果卵球形；种子卵圆形，扁平。生于山坡、灌丛、林缘及草地。

（4）通泉草（*Mazus japonicus*（Thunb.）O. Kuntze）　一年生草本，无毛或疏生短柔毛；基生叶少或多数，有时成莲座状或早落；具短柄；叶片倒卵状匙形或倒卵状披针形，膜质至薄纸质，基部楔形，下延成带翅的叶柄，先端钝，边缘具不规则的粗齿；总状花序顶生，花稀疏，3～20朵；苞片披针状；花萼钟状，果期多少增大，萼裂片与萼筒近等长；花冠白色、紫色或蓝色；子房无毛；蒴果球形；种子黄色，种皮具不规则的网纹。生于湿润草地、沟边、路旁及林缘。

（5）弹刀子菜（*Mazus stachydifolius*（Turcz.）Maxim.）　多年生草本，全株被多细胞白色长柔毛；基生叶及茎下部叶具短柄，叶片匙形，常早枯萎，茎上部叶对生及互生，无柄，叶片椭圆形至倒卵状披针形，纸质，茎中部叶常较大，基部楔形，边缘具不规则锯齿；总状花序顶生，花较稀疏；苞片三角状卵形；花萼漏斗状，萼裂片略长于筒部；花冠蓝紫色，花冠筒与唇部近等长；蒴果扁卵球形。生于山坡草地、林缘、阳坡石砾质地或路旁。

(6) 地黄（*Rehmannia glutinosa*（Gaert.）Libosch） 多年生草本，全株密被灰白色多细胞长柔毛和腺毛；根肉质，鲜时黄色；茎紫红色；叶多基生，莲座状；叶片倒卵形至长椭圆形，基部下延成柄，先端钝，叶缘具不规则钝或尖齿；茎生叶互生，向上渐小；总状花序顶生；花萼坛状，具10条隆起的脉；萼齿5；花冠筒状，微弯，外面紫红色，里面黄紫色；蒴果卵形至长卵形。生于海拔50～1100m的砂质壤土、荒山坡、山脚、墙边、路旁等处，野生或栽培。

(7) 陌上菜（*Lindernia procumbens*（Krock）Bobas） 一年生草本，无毛，基部多分枝；叶无柄；叶片卵状椭圆形至长圆形，先端钝至圆头，全缘或有不明显的钝齿，基出3～5脉；花单生于叶腋；花萼基部连合，5裂；花冠粉红色或淡紫色；蒴果球形或卵球形，与萼近等长或稍长，室间2裂；种子多数，有网纹。生于水边黏泥质浅滩和沼泽湿草地。

(8) 婆婆纳（*Veronica didyma* Tenore） 铺散多分枝草本，被长柔毛；花单生叶腋，苞片叶状，花柄与苞片等长或稍短；花萼4深裂几达基部，裂片卵形；花冠淡红色，红紫色；蒴果近于肾形，稍扁，密被柔毛，略比萼短，凹口成直角，裂片顶端圆，花柱与凹口齐或略过之；种子舟状深凹，背面波状纵皱纹。生于荒地、路旁、菜园及庄稼地。

(9) 蚊母草（*V. peregrina* Linn.） 一年至两年生草本，无毛或有腺毛；下部叶倒披针形，有短柄；上部叶长矩圆形，无柄；叶全缘或有细锯齿；总状花序；苞片与叶同形而略小；花冠白色或淡蓝色；蒴果倒心形，边缘具短腺毛，宿存花柱不超出凹口；种子矩圆形。生于河旁、沟旁或湿地及路旁。

67. 菊科（Compositae）

多为草本；无托叶；头状花序单生或再排成各种花序，头状花序有总苞；萼片退化，花冠合生；雄蕊4～5，花药合生成筒状；雌蕊心皮2，合生，子房下位，1室，1胚珠，柱头2裂；瘦果，种子无胚乳。

(1) 林则兰（*Eupatorium lindleyanum* DC.） 多年生草本；叶对生，叶两面粗糙，被白色粗毛，背面有黄色腺点，基出3脉；头状花序含5枚管状小花，总苞片顶端急尖；瘦果具5棱，散生黄色腺点，冠毛刚毛状，与花冠等长或略长。生于山坡草地。

(2) 华泽兰（*E. chinense* L.） 多年生草本；叶对生，卵形或宽卵形，上面无毛，下面有柔毛和黄色腺点，羽状脉；头状花序含5枚两性管状小花，总苞片顶端圆钝；瘦果具5棱，无毛但有腺点。生于海拔1000～1200m以下的山坡、林缘、林下及沟边。

(3) 泽兰（*E. japonicum* Thunb.） 多年生草本；叶对生，披针形或长椭圆形，羽状脉；头状花序多数；总苞钟状，含5枚两性管状小花，总苞片顶端圆钝；瘦果具5棱，无毛但有腺点。生于海拔1000m以下的山坡、林缘、沟边及草地。

(4) 下田菊（*Adenostemma lavenia*（L.）Kuntze） 一年生草本；茎基部叶对生，上部互生；头状花序，小花全为管状花；瘦果，冠毛棍棒状，4枚，基部结合成环状，顶端各具1枚棕黄色腺体。生于海拔800m以下的潮湿林下或林缘沟边。

(5) 鬼针草（*Bidens pilosa* Linn.） 一年生草本，单叶或三出复叶，边缘具不规则

的钝齿或分裂；头状花序外层总苞片条状匙形；舌状花缺或偶见 4～5 枚；管状花顶端 5 裂；瘦果条形，具硬毛，顶端芒刺 3～4 枚，具倒生刺毛。生于路边、荒野或住宅旁。

（6）金盏银盘（*B. biternata*（Lour.）Merr. et Sherff.） 一年生直立草本；叶对生，1 回羽状复叶，边缘具均匀锯齿；头状花序，总苞外层条形；舌状花常 3～5 枚，先端 3 齿裂，不育或无舌状花；管状花顶端 5 齿裂；瘦果条形，上半部被稀疏小刚毛，顶端芒刺 3～4 枚，具倒向刺毛。生长于荒地及路边。

（7）婆婆针（*B. bipinnata* Linn.） 一年生草本，1 回羽状复叶，叶边缘具不规则锯齿；头状花序，总苞片 2 层，外层条状；舌状花常 1～3 枚，不育；管状花 5 裂；瘦果条形，顶端芒刺 3～4 枚，具倒向刺毛。生于路旁、沟边和荒野。

（8）狼把草（*B. tripartita* L.） 一年生草本；叶对生，3～5 羽状深裂；头状花序顶生或腋生；总苞片 2 层，外层倒披针形，叶状；全为两性管状花，顶端 4 裂；瘦果扁平，两侧边缘各有 1 列倒硬刺，顶端有芒刺 2，具倒向硬刺。生于海拔 600m 以下的水边及潮湿旷野或山坡。

（9）豨莶（*Siegesbeckia orientalis* L.） 一年生草本；枝上部密被灰白色长柔毛和紫褐色腺毛，叶对生，有柄，叶缘有不规则的锯齿至浅裂；头状花序顶生或腋生排成二歧式分枝；总花梗密被长柔毛和腺毛，分泌黏液；总苞片 2 层，外层线状匙形，背面有紫褐色头状具柄腺毛；边缘为舌状花黄色，雌性；中央为管状花，两性；瘦果倒卵形，基部收缩并向内弯曲；无冠毛。生长于山坡及路边杂草中。

（10）虾须草（*Sheareria nana* S. Moore） 一年生湿生草本，单叶互生；叶片线形至钻形，顶端尖锐，具尖头，基部无柄；头状花序生于枝端或叶腋；缘花舌状，盘花管状；瘦果长椭圆形，具翼状棱 3 条，棱缘具细齿；无冠毛。生于潮湿湖边、河滩、水沟及稻田边。

（11）马兰（*Kalimeris indica*（L.）Sch. －Bip.） 多年生草本，叶互生，叶形多变，边缘具 2～4 对细齿或粗齿，上部叶渐小，全缘；头状花序单生枝顶，总苞半球形，具睫毛；花序托圆锥形；缘花舌状，盘花管状；舌状花 1 层；管状花多数；瘦果长约 2mm，被短毛及腺点。生于海拔 1000～1200m 以下的田边、池边、路旁、沟边。

（12）野菊（*Dendranthema indicum*（Linn.）Des Moul.） 多年生草本，叶互生，3～7 掌状半裂、浅裂，裂片顶端尖，裂片有锯齿；头状花序；舌状花小，黄色；管状花两性；瘦果。生于海拔 1000～1200m 以下的路边、山坡及旷野。

（13）旋覆花（*Inula japonica* Thunb.） 多年生草本，有平伏毛；叶互生，中部叶椭圆状披针形或狭椭圆形，先端锐尖，基部渐狭具半抱茎小耳，全缘，无柄；头状花序多个排成疏伞房花序，总苞线状披针形；舌状花 1 层，黄色；管状花多数，密集；瘦果圆柱形；冠毛 1 层。生于海拔 900～1000m 以下的路边、旷地、山坡。

（14）碱菀（*Tripolium vulgare* Nees） 一年生草本；叶互生，长圆形或线形；头状花序具异型小花，排成伞房花序式；总苞片 2～3 层；缘花舌状，1 列，雌性，蓝紫色或浅红色，顶端具 3 齿；盘花管状，多数，两性，花冠顶端有 5 个不等长的裂片；瘦果圆柱形，具厚边肋，两面各有 1 条细肋；冠毛多层，不等长。生于海拔 150m 以下的沟边、沼泽及盐碱地。

(15) 女菀（*Turczaninowia fastigiata*（Fisch.）DC.） 多年生草本；叶互生，基部叶线状披针形或条形；茎上叶无柄，条形；头状花序具异型小花，密集成伞房状；周围舌状花白色，雌性；中心管状花黄色，两性，顶端5裂；瘦果边缘有细肋，被短毛；冠毛灰白色或带红色。生于河岸、山坡低湿地、盐碱地及草原。

(16) 三脉紫菀（*Aster ageratoides* Turcz.） 多年生草本，下部叶在花期枯落；中部叶边缘有3～7对浅或深锯齿；上部叶渐小，有浅齿或全缘，纸质，上面被糙毛，下面被短柔毛，常有腺点，离基，3出脉，侧脉3～4对，网脉常显明；头状花序径向排列成伞房或圆锥伞房状；总苞片3层；舌状花紫色，浅红色或白色；管状花黄色；瘦果。生于林缘、山坡、路旁及草原等处。

(17) 苍耳（*Xanthium sibiricum* Patrin.） 一年生草本；叶互生，卵状三角形，边缘有不规则的锯齿或常成不明显的3浅裂，基出3脉，两面有贴生糙伏毛；叶柄密被细毛；雄头状花序球形，雄花多数，花冠钟形；雌头状花序椭圆形；总苞有钩刺；瘦果2，两端尖，边缘具2条狭窄翅。生于海拔500～800m以下的山坡、路旁、旷野的向阳处。

(18) 天名精（*Carpesium abrotanoides* Linn.） 多年生草本，基生叶顶端尖或钝，全缘或有不规则的锯齿，背面有细软毛和腺点；中上部叶无柄，向上逐渐变小；头状花序多数，沿枝条一侧着生于叶腋；瘦果圆柱形，具细纹，顶端有短喙。生长于山坡、路旁或草坪上。

(19) 猪毛蒿（*Artemisia scoparia* Waldst. et Kit.） 多年生草本；叶1～3回羽状全裂，裂片丝状，较短；基生叶有短柄，茎生叶近无柄；头状花序多数，排成狭圆锥形；缘花5～7枚，雌性，结实；盘花4枚，不育；瘦果椭圆形。生于海拔800～1000m以下的路旁和山坡。

(20) 黄花蒿（*A. annua* L.） 一年生草本，中部叶2～3回羽状深裂；头状花序多数排列成大型带叶的圆锥花序；总苞片2～3层，革质，沿缘膜质；缘花雌性；盘花两性，均结实；瘦果矩圆形，无毛。生于山坡、林缘、荒地、田边。

(21) 红足蒿（*A. rubripes* Nakai） 多年生草本；基部叶2回羽状，花期枯萎；中部叶1～2回羽状深裂；上部叶3裂或不裂；头状花序密集成狭圆锥花序；缘花雌性；盘花两性，均结实；瘦果卵圆形。生于海拔400～500m以下的路边、河边、林缘、荒地及旷野。

(22) 白术（*Atractylodes macrocephala* Koidz.） 多年生草本，叶互生，3～5羽状全裂，边缘具针刺状缘毛；头状花序单生茎枝端，总苞钟状，花紫红色；瘦果。生于海拔500～600m以下的山坡及林下。

(23) 鼠曲草（*Gnaphalium affine* D. Don） 两年生草本，全株密被白绵毛；叶互生，基生叶花后凋落，下部和中部叶匙形或倒披针形；头状花序多数，排成伞房状；总苞片3层，金黄色；花黄色，边缘雌花花冠丝状，中央两性花管状；瘦果倒卵形，冠毛污白色。生于海拔500～800m以下的荒地、山坡、旷野、路边。

(24) 大丁草（*Gerbera anandria*（Linn.）Sch. －Bip） 多年生草本，春型植株：

叶提琴状羽状分裂；头状花序单生，舌状花紫色。秋型植株：与春型植株叶具等样分裂，头状花序，全为管状花。瘦果纺锤形，有纵条，被毛。生于海拔 850～1000m 以下的山坡、路旁、林缘和草地。

（25）千里光（*Senecio scandens* Buch，—Ham.） 多年生草本；叶互生，卵状披针形或三角形，先端渐尖，基部截形，似大头羽状分裂，背面被细毛；头状花序多数，排成伞房状或圆锥状；总苞筒形，总苞片 1 层；花黄色，舌状花雌性，管状花两性；瘦果圆柱形，有沟纹，被短毛；冠毛污白色或白色。生于海拔 100～800m 的山坡、沟边、林下及路边。

（26）牛蒡（*Arctum Iappa* L.） 两年生草本，根肉质，茎粗，略带紫色，上部多分枝；叶心形，上面无毛，背面具白毛，全缘；头状花序排成伞房状，花淡紫色，总苞先端有刺钩；瘦果。生于海拔 800m 以下的路旁、山坡、草地。

（27）蓟（*Cirsium japonicum* DC.） 多年生草本，根肉质，茎有分枝；基部叶有柄，花时不凋落，疏生长毛，背面脉上有长毛，边缘羽状分裂，裂片边缘有刺；中部叶基部无柄，抱茎，边缘羽状深裂，有刺；上部叶渐小；头状花序单生或排成短总状花序；总苞片多层，线状披针形，外层较内层的短，先端有短刺，最内层较长，无刺；花红紫色；瘦果长椭圆形，表面具细条纹；冠毛羽毛状。生于海拔 1000～1200m 以下的山坡、林缘、灌丛、荒地、田间或路旁。

（28）毛连菜（*Picris japonica* Thunb.） 两年生草本；叶倒披针形，两面有钩状硬毛，边缘疏生细锯齿；中上部叶无柄；下部叶具短柄；头状花序排列成伞房状；内层苞片背面有硬毛或短毛；全部舌状花，黄色；瘦果纺锤形，红棕色，有纵棱及横行皱纹；冠毛灰白色。生于海拔 1200m 以下的山坡、荒地、路旁。

（29）剪刀股（*Ixeris debilis* A. Gray） 多年生草本，含乳汁，具匍匐茎；基生叶丛生成莲座状，全缘或具稀疏的锯齿或下部呈羽裂状；有柄；花茎上的叶很少，仅 1～2 枚，全缘；无柄；头状花序 1～5 枚；总苞圆筒状，无毛，外层苞片极短小，内层苞片线状披针形，先端钝，边缘干膜质；花黄色，花冠舌状；瘦果黄棕色。生于海边、路旁及荒地上。分布华东及中南各地。

（30）苦菜（*I. chinensis*（Thunb.）Nakai） 多年生具乳汁草本，全体无毛；基生叶丛生，全缘或疏具小齿或呈不规则分裂，无柄；头状花序多数，排列成稀疏的伞房状聚伞花序；全为舌状花，黄色、淡黄色、白色；瘦果狭披针形，黄棕色；冠毛白色。生于海拔 700m 以下的田埂、黄叶、路边、山坡、草丛等处。

（31）苦荬菜（*I. denticulate*（Houtt.）Stebb.） 一或两年生草本，无毛，有乳汁；基生矩圆形或倒长卵形，边缘波状齿裂至羽状分裂；茎生叶互生，舌状卵形，无柄，抱茎；头状花序排成伞房状；总苞圆筒形，舌状花黄色；瘦果纺锤形，有喙；冠毛白色。生于海拔 950m 以下的山坡、路旁、田野等处。

（32）苣荬菜（*Sonchus brachvotas* DC.） 多年生草本植物，含乳汁，具长匍匐茎，无毛；单叶互生，茎生叶基部渐狭成柄，边缘具疏浅裂；茎生叶无柄，基部耳状抱茎；头状花序排成伞房状，花两性，皆为黄色舌状；瘦果纺锤形，有 3～4 条纵肋；冠毛白色，易脱落。生于海拔 500m 以下的山坡、路旁、田野。

(33) 苦苣菜(*Sonchus oleraceus* Linn.) 一年生或两年生草本，圆锥状根；叶片长椭圆状广倒披针形，深羽裂或提琴状羽裂，裂片边缘有不整齐的短刺状齿至小尖齿；茎生叶片基部常为尖耳廓状抱茎，基生叶片基部下延成翼柄；头状花序排成伞房状聚伞花序；舌状花黄色；瘦果倒卵圆形，两面各具 3 纵肋，粗糙；冠毛白色。生于路旁、黄叶、草地等处。

(34) 亚洲蒲公英(*Taraxacum officnala*) 多年生草本，含白色乳汁；叶莲座状簇生，狭倒披针形，大头羽裂或羽裂，裂片三角形，先端稍钝，基部渐狭成柄，无毛；头状花序；总苞片紫红色，先端有或无小角；舌状花鲜黄色；瘦果中上部有刺状瘤，先端有喙；冠毛污黄色。生于路旁、田野、山坡。

(35) 翅果菊(*Pterocypsela indica* (Linn.) Shih.) 一年生或两年生直立草本，主根纺锤形；叶偶羽状浅裂，裂片下倾，叶缘常带暗紫色；无柄，基部半抱茎；头状花序在茎端排成圆锥花序；总苞圆锥形，下部膨大，先端尖；小花朝夕闭合，午间开放，淡黄色；瘦果具喙；冠毛白色。生于海拔 400m 以下的林缘、荒地、山坡及路边。

68. 百合科(Liliaceae)

多年生草本，具根状茎、块茎或鳞茎，很少为亚灌木或乔木；叶脉常基出；花两性，很少单性；花被通常 6 枚；雄蕊通常 6；花药基生或丁字状着生，通常 2 室，开裂；子房上位或很少半下位，一般 3 室，具中轴胎座，少有 1 室为侧膜胎座；每室具 1 至多数倒生胚珠；蒴果室背开裂，少数为室间开裂，或浆果；种子具丰富的胚乳和很小的胚。

(1) 玉簪(*Hosta plantaginea* (Lam.) Aschers.) 多年生草本；叶基生，卵形至心状卵形；总状花序，花梗直立；基部具苞片，内苞片小或不存在；花白色，芳香；花丝下部与花被管贴生，并与花被等长或稍伸出花被外，花柱常伸出花被外；蒴果圆柱形；种子黑色。生于溪谷、山沟及林下阴湿处。

(2) 紫萼(*H. ventricosa* (Salisb.) Stearn) 多年生草本；叶基生，叶片卵形至卵圆形，具 5～9 对拱形平行的侧脉，基部心形；叶柄两边具翅；花茎从叶丛中抽出，具 1 枚膜质苞片叶状；总状花序，基部具 1 枚膜质卵形的苞片；花紫色或淡紫色，无香味；雄蕊着生于花被管基部，花丝与花被管完全离生，伸出花被管外；蒴果圆柱形，顶端具细尖；种子黑色。生于山坡林下阴湿处。

(3) 萱草(*Hemerocallis fulva* L.) 草本，具短的根状茎和肉质、肥大的纺锤状块根；叶基生，条形，排成 2 列，下面呈龙骨状突起；花茎粗壮，螺壳状聚散花序再组成圆锥花序；苞片卵状披针形；花具短梗，花橘红色至橘黄色，无香味；花被下部结合成花被管，外轮花被裂片矩圆状披针形，内轮裂片矩圆形；雄蕊伸出、上弯，比花被裂片短；花柱比雄蕊长；蒴果矩圆形。生于山坡、山谷草地。

(4) 铃兰(*Convallaria keiskei* Miq.) 多年生草本，植株全部无毛；叶柄鞘状互相抱着；叶 2 枚，极少 3 枚；叶片椭圆形或卵状披针形，基部楔形，先端渐尖；花茎稍弯曲，比叶短；总状花序下垂，偏向一侧；苞片披针形，短于花梗；花梗近端处有关节，果熟时从关节处脱落；花白色；花被片下部结合成花被筒，中部以上浅裂，裂片卵状三

角形，先端锐尖，有1脉；花丝稍短于花药，花药近矩圆形；花柱柱状；浆果球形，熟后红色，下垂；种子扁圆形或双凸状，表面具细网纹。生于林下、林缘草地。

（5）玉竹（*Polygonatum odoratum*（Mill.）Druce） 根状茎圆柱形，节间长；叶互生，椭圆形至卵状矩圆形，顶端尖，下面无毛；花序腋生；花被白色或顶端黄绿色，合生呈管状，裂片6；雄蕊6，花丝着生于花被管中部，近平滑至具乳头状突起；浆果蓝黑色。生于山坡、林缘、林下及灌木丛中。

（6）鹿药（*Smilacina japonica* A. Gray） 根状茎圆柱状，有时膨大结节；茎中部以上被粗毛；叶互生，卵状椭圆形或狭矩圆形，先端近渐尖，具短柄；圆锥花序，有毛；花单生，白色；花被片6，矩圆形或矩圆状倒圆形，分离或仅在基部稍连合；雄蕊6，比花被片短，花丝基部贴生于花被片；柱头几乎不分裂；浆果近球形，红色，具1～2颗种子。生于林下、阴湿处、沟谷溪边或岩缝中。

（7）白背牛尾菜（*Smilax nipponica* Miq.） 直立或稍攀缘草本植物，具根状茎；茎中空，有少量髓，无刺；叶互生卵形至矩圆形，基部浅心形至矩圆形，先端渐尖，叶下面苍白色，具粉尘状微柔毛；几十朵花排成伞形花序，总花梗稍扁，较粗壮，果期尤甚；花序托膨大，小苞片极小，早落；花黄绿色或白色；花被2轮排列，盛开时花被片外卷；雄蕊的花丝明显长于花药；花药狭椭圆形；雌花具6枚退化雄蕊。浆果黑色，带白粉霜。生于林下、路旁、山坡灌丛、草丛中。

（8）牛尾菜（*S. riparia* A. DC.） 革质藤本，具根状茎；茎革质，中空，有少量髓，干后凹瘪，具纵沟，无刺；叶常为卵形、椭圆形至长圆状披针形，背面绿色，无毛；叶柄具卷须；花单性，雌雄异株，淡绿色，花多朵排成伞形花序；雄花花被片6；花药条形，多少弯曲；雌花比雄花小；浆果球形，成熟时黑色。生于林下、灌丛或草丛中。

（9）华东菝葜（*S. sieboldii* Miq.） 攀缘灌木或半灌木，具根状茎；茎枝具刺，刺黑色、细长；叶革质，卵形；叶柄具卷须；花单性，雌雄异株，绿黄色；伞形花序；雄花外轮花被匙状倒披针形，边缘多少具细缘毛；内轮花被片较外轮花被片稍狭；雄蕊6枚，退化，稍短于花被片；雌花小于雄花；浆果球形，成熟时黑色。生于林下、灌丛及山坡草丛中。

（10）菝葜（*S. china* L.） 攀缘灌木，根状茎粗厚、坚硬；茎与枝条通常疏生刺；叶薄革质或纸质，宽圆形或圆形，基部圆形或楔形，叶背面淡绿色，有时具粉霜；叶柄中下部扩大，每侧具鞘，每侧各具1枚卷须，少有例外；花单性，雌雄异株，绿黄色；伞形花序，生于小枝上；雄花外轮花被片3、矩圆形，内轮花被片3、稍狭；雌花与雄花大小相似，具6枚线形退化雄蕊；浆果球形，成熟时红色。生于路旁、山坡、丘陵的林下和灌丛中。

（11）老鸦瓣（*Tulipa edulils*（Miq.）Baker） 草本，地下鳞茎卵圆形；叶2枚，条形；花茎由叶中抽出2枚对生或3枚轮生的条形苞片；花1朵；花被片6，矩圆状披针形，白色，有紫脉纹；雄蕊6，无毛；子房长椭圆形，柱头不增大呈鸡冠状；蒴果近球形。生于向阳的山坡、路旁草丛中、林下、灌丛。

（12）条叶百合（*Lilium callosum* Sieb. et Zucc.） 多年生草本，鳞茎小、球形；

叶条形，稀疏，两端窄，边缘有小乳头状突，基部无柄；花少数，下垂；苞片顶端明显加厚；花被片6，倒披针形、匙形，橘红色或橙黄色，中部以上反卷；蜜腺两边具乳头状突起；花丝钻形；子房圆柱形，花柱比子房短；蒴果狭矩圆形。生于林下阴湿地、草丛中、溪谷沟边。

(13) 卷丹 (*L. lancifolium* Thunb.)　多年生草本，鳞茎宽球形；茎具白色绵毛；叶矩圆状披针形或披针形，两面近无毛，具3～5脉，基部无柄；茎上部叶腋有珠芽；花3～6朵或更多，橘红色，平展或稍下垂；花梗具白色绵毛；花被片6，披针形或内轮花被片宽披针形，反卷，内面具紫黑色斑点，蜜腺有白色短毛，两边具乳头状突起；雄蕊上端向外开展；花丝钻形，淡红色，无毛；花药矩圆形。生于林缘路旁、山坡草地。

(14) 绵枣儿 (*Scilla sinensis* (Lour.) Merr.)　草本；鳞茎卵圆形或卵状椭圆形，有黏液；基生叶线形或倒披针状线形；总状花序多花；基部苞片膜质、线形；花被片粉红色至紫红色，长圆形，开展；雄蕊基与花被片等长；花丝基部扩大，扩大部分边缘具小乳头状突起；子房卵状球形，基部变狭成短柄，每室具1胚珠；蒴果倒卵形，直立；种子黑色。生于山坡、草地、林缘。

69. 禾本科 (Gramineae)

草本，秆圆柱形，节间中空；单叶互生，成2列；叶鞘边缘常分离且覆盖秆；叶片狭长，叶脉平行；由小穗组成多种花序；颖果。

(1) 菰 (*Zizania latifolia* Turcz.)　多年生水生草本；具根状茎；秆直立，基部节部具不定根；叶鞘肥厚，基部叶鞘常具横脉纹；叶舌膜质，近三角形；叶片平展，表面粗糙，背面光滑；圆锥花序；颖果圆柱形，黑褐色，花柱宿存其上而成一喙。生于池沼、沟渠、河湖边缘中。

(2) 芦竹 (*Arundo donax* L.)　多年生丛生草本；具粗壮的根状茎；秆直立，上部节有分枝；叶稍无毛，长于节间；叶舌膜质，顶端平、具短纤毛；叶片披针状线形，基部接近叶鞘处呈淡紫色，心脏形而抱茎；圆锥花序顶生；小穗含花2～4花；颖膜质，披针形，顶端渐尖，3～5脉；外稃披针形，3～5脉；内稃长为外稃之半。生于河堤两旁及池塘边。

(3) 芦苇 (*Phragmites australis* (Clav.) Trin.)　多年生，地下具粗壮匍匐的根茎；节下通常具白粉；叶鞘有横脉纹；叶舌极短，截平，或为1圈纤毛；叶片扁平，条形至披针形；圆锥花序，开展，微下垂；小穗通常4～7花；颖具3脉；外稃具3脉；基盘具丝状柔毛。生于池沼、河旁、湖边，在沙丘边缘及盐碱地上亦可生长。

(4) 臭草 (*Melica scabrosa* Trin.)　秆直立或基部微膝曲；叶鞘无毛，光滑或微粗糙；叶舌透明膜质，顶端截平而两侧下延；叶片，干后常内卷；圆锥花序狭窄；小穗柄细，顶端弯曲，上部被微毛；小穗椭圆形，常有孕性小花2～4，顶部数个不孕外稃集成小球形；颖顶端尖，几等长，膜质，具3～5脉；外稃先端尖或稍钝，膜质，具7脉，脉间有颗粒状突起，并有小刺毛；颖果纺锤形，褐色，光亮。生于山坡草地或路旁。

(5) 硬质早熟禾 (*Poa sphondylodes* Trin.)　多年生；秆直立，密丛生，有3～4节，花序下秆稍粗糙；叶鞘无毛，无脊；叶舌膜质，顶端锐尖；叶片平展；圆锥花序紧缩，几成穗状，基部着生小穗；小穗绿色至草黄色，有4～6朵小花；颖披针形，顶端尖，具3脉；外稃披针形，硬纸质，顶端具狭膜质，有5脉，基盘有绵毛。生于山坡、路旁及草地。

(6) 白顶早熟禾（*P. acroleuca* Steud.）　一或两年生草本；秆丛生直立，有3～4节，平滑；叶鞘光滑，常完全闭合；叶舌膜质，顶端近圆形；叶片柔软，光滑或表面微粗糙；圆锥花序金字塔形，每节具2～5分枝，分枝下部裸露；小穗粉绿色，卵圆形，有2～4朵小花；颖披针形，顶端尖或稍钝，有狭膜质边缘，脊上部稍粗糙；外稃长圆形，顶端钝，膜质，脊及边脉中部以下有柔毛，基盘有绵毛；内稃较外稃稍短，具2脊，脊上具长丝状毛。生于林边或阴湿处。

(7) 早熟禾（*P. annua* L.）　一年生或两年生；秆丛生，柔软，具2～3节；叶鞘无毛，中部以下闭合；叶舌膜质，顶端圆；叶片扁平，顶端呈船形，边缘微糙；圆锥花序开展，卵圆形，每节具1～2（3）分枝；小穗绿色，含3～5小花；颖质薄，顶端钝，具宽膜质边缘，第1颖具1脉，第2颖具3脉；外稃椭圆形，顶端钝，边缘及顶端宽膜质，具5脉，脊和边脉中部以下具柔毛，基盘无绵毛；内稃与外稃近等长或稍短，脊上具长柔毛。生于路边草地及湿草地。

(8) 无芒雀麦（*Bromus inermis* Leyss.）　多年生，具横走根茎；秆直立，无毛或节下具倒毛；叶鞘常无毛；叶舌硬质；叶片线状披针形，顶端渐尖，通常无毛；圆锥花序开展，每节具3～7分枝，分枝细而较硬，微粗糙；小穗具4～8朵小花，小穗轴上有刺毛；颖披针形，边缘膜质，第1颖具1脉，第2颖具3脉；外稃宽披针形，具5～7脉，无毛或基部微粗糙，通常无芒或背部近顶端处有短芒；内稃短于外稃，脊上具纤毛；花药黄色；颖果与内稃近等长。生于山坡、路旁及砂地。

(9) 雀麦（*B. japonicus* Thunb.）　一或两年生；秆直立，基部膝曲；叶鞘密被柔毛，紧密包秆；叶舌膜质，顶端不规则齿裂；叶片两面被柔毛；圆锥花序开展，前端弯曲，每节有3～7分枝；小穗有7～14朵小花；颖披针形，边缘膜质，第1颖具3～5脉，第2颖具7～9脉；外稃椭圆形，具7～9脉，顶端具2微齿，近顶端处具芒；内稃狭，明显短于外稃；颖果压扁。生于山坡路旁。

(10) 鹅观草（*Roegneria kamoji*（Ohwi.）Ohwi.）　秆丛生，直立或基部倾斜；叶鞘光滑，外侧边缘常有纤毛；叶舌截平；叶片扁平；穗状花序长下垂；小穗绿色或微带紫色，含3～10朵小花；小穗轴被微小短毛；颖卵状披针形至长圆形，边缘膜质，具3～5脉；外稃披针形，背部光滑无毛或沿脉稍粗糙，边缘具较宽膜质，基盘无毛或近无毛，第1外稃先端具芒，芒粗糙；内稃稍长或等长于外稃，先端钝，脊具狭翼，翼缘具细小纤毛。生于山坡或草地。

(11) 纤毛鹅观草（*R. ciliaris*（Trin.）Nevski.）　秆直立，平滑无毛；叶鞘常无毛；叶片平展，两面均无毛，边缘粗糙；穗状花序下垂；小穗通常绿色，含7～10朵小花；颖长圆状披针形，顶端常有短尖头，一侧或两侧稍有齿，有明显的5～7脉，边缘和边脉有纤毛；外稃长圆状披针形，背部被短刺毛，边缘具长而硬的纤毛，具5脉，通常在顶端两侧或一侧具齿，基盘两侧及腹面具短毛，第1外稃顶端具芒；内稃长圆状倒卵形，长约为外稃长的 2/3，先端圆钝。生于路旁、草地或山坡。

(12) 浴草（*Koeleria cristata*（L.）Pers.） 秆直立，花序下密生绒毛；叶鞘无毛或被柔毛，基部枯死的叶鞘有时撕裂呈纤维状；叶舌膜质，截平或边缘呈细齿状；叶片扁平或内卷；圆锥花序穗状，有时下部间断，草绿色或黄绿色，主轴、花序分枝及小穗柄均具密毛；小穗无毛；颖卵状长圆形或长圆状披针形，顶端尖，边缘宽膜质，脊上粗糙，第 1 颖 1 脉，第 2 颖 3 脉；外稃长圆状披针形，顶端尖，边缘膜质，5 脉，无芒；内稃稍短于外稃，顶端 2 裂，透明膜质。生于山坡、草地、林缘及路旁。

(13) 野燕麦（*Avena fatua* L.） 秆直立，光滑，具 2～4 节；叶鞘松弛，光滑或基部被微毛；叶舌透明膜质；叶片扁平；圆锥花序开展，分枝有棱状纵条纹，粗糙；小穗轴密生毛，节脆硬易断；颖近等长，具 9～11 脉；外稃背部有毛，基盘具密毛，芒生于外稃中下部，膝曲扭转；颖果被淡棕色柔毛，腹面具纵沟。生于荒野、路边及田野。

(14) 看麦娘（*Alopecurus aequalis* Sobol.） 一年生；秆少数丛生，光滑无毛，节处常膝曲；叶鞘光滑；叶舌膜质；叶片扁平；圆锥花序圆柱形，灰绿色；小穗椭圆形或卵状长圆形；颖膜质，基部连合，脊上具纤毛，侧脉上具短毛；外稃膜质，顶端钝，与颖等长或稍长，下部边缘连合，芒生于外稃的下部，不露出或稍露出颖外；花药橙黄色。生于田边、路边及潮湿地。

(15) 粟草（*Millium effusum* L.） 根细弱，稀疏；秆质地较软，光滑无毛，具 3～5 节；叶鞘光滑无毛，具明显脉纹，通常短于节间；叶舌透明膜质；叶片线状披针形，边缘微粗糙，常表里反转；圆锥花序开展，每节有分枝 2～5，分枝细长，分枝下部裸露，上部着生小枝或小穗；小穗长椭圆形，灰绿色；颖纸质；外稃椭圆状软骨质，光亮；内、外稃同质同长。生于林下及阴湿草地。

(16) 知风草（*Eragrostis ferruginea*（Thunb.）Beauv.） 多年生；秆丛生、直立或基部膝曲；叶鞘两侧极扁压，鞘口两侧密生柔毛，脉上具腺体；叶舌退化为 1 圈毛；叶片扁平或内卷，质地较坚韧；圆锥花序开展，分枝单生或 2～3 个聚生，枝腋间无毛，具 1～2 回小枝；小穗柄有腺体；小穗线状长圆形，具 7～12 朵花，紫色至黑紫色；颖披针形，1 脉，顶端锐尖至渐尖；外稃卵形，侧脉明显；内稃短于外稃，脊上有微小纤毛，迟落或宿存。生于山坡路旁。

(17) 画眉草（*E. pilosa*（L.）Beauv.） 一年生；秆丛生，直立或斜上升；叶鞘稍压扁，疏松包秆，光滑，鞘口有长柔毛；叶舌为 1 圈纤毛；圆锥花序较开展，分枝腋间有长柔毛；小穗成熟后暗绿色或带紫色，具 4～10 朵小花；颖顶端钝或第 2 颖稍尖，第 1 颖常无脉，第 2 颖具 1 脉；外稃侧脉不明显；内稃常作弓形弯曲，背上粗糙或具短纤毛，迟落或宿存。生于荒野、路边及杂草地。

(18) 秋画眉草（*E. autumnalis* Keng） 一年生；秆直立或基部膝曲；叶鞘压扁，鞘口处常具长柔毛；叶舌为 1 圈毛；叶片内卷或对折，表面粗糙，有时疏生柔毛；圆锥花序较紧缩，密生小穗，小枝直立或上升，枝腋间通常无毛；小穗具 4～8 朵小花，灰绿色或草绿色，有时略带紫色；颖顶端尖或稍钝，具 1 脉；外稃卵状披针形；内稃脊上粗糙，较外稃迟落或宿存。生于路边草地。

(19) 大画眉草（*E. cilianensis*（All.）Link）　一年生草本，新鲜时有鱼腥味；秆直立或自基部向外张开而上升，节下常有1圈腺体；叶鞘稍扁压，脉上有腺体，鞘口有柔毛；叶舌为1圈纤毛；叶片平展或内卷，边缘通常有腺体；圆锥花序开展，分枝粗壮、单生，腋间及小穗柄上均有黄色腺体；小穗铅绿色、淡绿色至乳白色，有3～10朵小花；颖顶端尖，具1脉或第2颖3脉，沿脊有腺点；外稃侧脉明显，顶端稍钝，脊上具腺点；内稃长为外稃3/4，宿存。生于草地及路旁。

(20) 小画眉草（*E. minor* Host.）　一年生草本；秆丛生，基部稍膝曲，细弱；叶鞘通常具腺点，鞘口具柔毛，有时脉间具稀疏的长柔毛；叶舌为1圈纤毛；叶片平展或干后内卷，背面光滑，主脉及边缘具腺体，表面粗糙或疏生柔毛；圆锥花序较开展而疏松，分枝单生，腋间无毛；小穗柄上具腺点；小穗线状披针形，具4至多数花；颖近等长，通常具1脉，脉上常有腺点，顶端锐尖；外稃宽卵形，顶端钝，侧脉明显，主脉亦常具腺点；内稃稍短于外稃，宿存，脊上具短纤毛。生于草地、路旁及荒野。

(21) 北京隐子草（*Cleistogenes hancei* Keng）　多年生草本，具粗短根茎，植株基部有向外斜伸的鳞芽，根茎上有坚硬鳞片；秆粗壮，几乎全被叶鞘所包；叶鞘无毛或疏生疣毛；叶舌短，顶端具细毛；叶片线状披针形，扁平或内卷，两面均粗糙；圆锥花序开展，分枝多数；小穗灰绿色或带紫色，具3～7朵小花；颖具3～5脉；外稃披针形，有紫黑色斑纹，边缘内卷处疏生柔毛，基盘具短毛；顶端具2微齿，具5脉，主脉延伸成短芒；内稃顶端稍凹，脊上粗糙。生于山坡和路旁。

(22) 牛筋草（*Eleusine indica*（L.）Gaertn.）　一年生草本；秆丛生，直立或基部倾斜向四周开展；叶鞘扁平而具脊，口部有柔毛；叶片扁平或卷折，无毛或表面具疣毛；由3至数个穗状花序呈指状排列，簇生于秆顶；小穗具3～6朵花；颖披针形，具脊，脊上粗糙；第1外稃具脊，脊上具狭翼；内稃短于外稃，脊上具小纤毛；种子卵形，有明显波状皱纹。生于路边及荒草地。

(23) 乱子草（*Muhlenbergia hugelii* Trin.）　多年生；根茎具硬而有光泽鳞片；秆稍硬，直立，有时带紫色，节下贴生白色微毛；叶鞘平滑无毛；叶舌膜质，无毛或具纤毛；叶片扁平，狭长披针形，两面及边缘粗糙；圆锥花序开展，每节簇生数分枝，分枝斜向上升、细弱；小穗柄短于小穗，与穗轴贴生；颖白色透明膜质，有时稍紫色，第1颖无脉，第2颖顶端尖具1脉；外稃与小穗近等长，具铅绿色斑纹，下部具柔毛；花药黄色。生于林下、山谷及河边潮湿地。

(24) 结缕草（*Zoysia japonica* Steud）　基部常宿存枯萎的叶鞘，叶鞘无毛；叶舌纤毛状；叶片硬，表面疏生柔毛，背面无毛，平展或对折；总状花序；小穗卵圆形；小穗柄常弯曲；外稃膜质，具1脉；柱头开花前伸出颖外；颖果卵形。生于路边及山坡草地。

(25) 中华结缕草（*Z. sinica* Hance）　基部常宿存枯萎的叶鞘，叶鞘无毛，仅鞘口有毛；叶舌短而不明显；叶片质硬，顶端具硬尖头，无毛，边缘常内卷；总状花序幼时包于叶鞘内，成熟后伸出鞘外；小穗披针形，紫褐色；颖厚革质，光亮，脉不明显；外稃膜质，具1条中脉；雄蕊3。生于河岸、路边及山坡。

(26) 稗子（*Echinochloa frumentacea*（Roxb.）Link.） 叶鞘光滑无毛、松弛；叶片线形，无毛，边缘粗糙；圆锥花序直立，主轴具角棱，粗糙，分枝密集；小穗无芒或具小头头；第1颖三角形，具5脉；第2颖稍短于小穗，具5脉；第1外稃革质，具7脉；第1内稃与外稃等长，具2脊，第2外稃平凸状，椭圆形，顶端具小尖头，成熟后变硬，边缘内卷，包裹着内稃。栽培。

(27) 马唐（*Digitaria sanguinalis*（L.）Scop.） 一年生；秆基部倾斜或开展，节处生根或具分枝，光滑无毛；叶鞘疏松，疏生疣基软毛，稀无毛；叶舌膜质，黄棕色；叶片线状披针形，表面无毛。总状花序3～10枚呈指状排列，中肋白色，两侧绿色；小穗披针形，通常成对着生；第1颖微小，钝三角形，薄膜质；第2颖具不明显的3脉，具纤毛；第1外稃与小穗等长，具明显的5～7脉，中部3脉极明显，脉间距离较宽而无毛，边脉上具小刺状粗糙，脉间及边缘贴生柔毛。生于草地及荒野路旁。

(28) 毛马唐（*D. ciliaris*（Retz.）Koel.） 一年生；秆基部倾斜卧地，节上生根；叶鞘具长柔毛；叶舌膜质；叶片线状披针形，两面疏生柔毛；总状花序4～10枚呈指状排列，中肋白色；小穗狭披针形，孪生于穗轴一侧，小穗柄三棱形，粗糙，第1颖很小，第2颖长为小穗的一半，被丝状柔毛；第1外稃长于小穗，具7脉，脉间距离较宽而无毛，边脉上具小刺状粗糙，间脉及边缘贴生柔毛。生于草地及荒野路旁。

(29) 狗尾草（*Setaria viridis*（L.）Beauv.） 一年生；秆直立或基部膝曲，通常较细弱；叶鞘较松弛，无毛或具柔毛；叶舌具纤毛；叶片平展，通常无毛；圆锥花序紧密呈圆柱形，微弯垂或直立，具刚毛，粗糙，绿色、黄色或紫色；小穗椭圆形，顶端钝；第1颖卵形，具3脉，长约为小穗的1/3，第2颖具5（7）脉，几与小穗等长；第1外稃具5脉，与小穗等长，内稃狭窄；第2外稃长圆形，顶端钝，有细点状皱纹，成熟时很少肿胀。生于荒野、路旁及田间。

(30) 金色狗尾草（*S. glauca*（L.）Beauv.） 一年生；秆直立或基部倾斜，并于节处生根；叶鞘光滑无毛；叶舌退化为1圈柔毛；叶片无毛；圆锥花序圆柱形，直立，主轴有微毛，刚毛金黄色或有时稍带紫色；在小穗簇中通常仅有1个小穗发育；小穗顶端尖；第1颖广卵形，具3脉，长约为小穗的1/3，顶端尖，第2颖长约为小穗的1/2，具5～7脉，顶端钝；第1外稃与小穗等长，具5脉，有等长的膜质内稃；第2外稃等长于第1外稃，成熟时有明显横皱纹，背部极隆起，黄色或灰色。生于荒野、路旁及田间。

(31) 芒（*Miscanthus sinensis* Anderss.） 具根茎；秆直立，无毛或花序下疏生柔毛；叶鞘除鞘口具长柔毛外，均无毛；叶舌钝圆，顶端具微纤毛；叶片线形，表面无毛，背面疏生柔毛；圆锥花序扇形，分枝强壮而直立，穗轴节间与小穗柄均无毛；小穗长圆披针形，基盘有毛；第1颖两侧具脊，无毛；第2颖舟形，顶端渐尖，背部无毛，边缘具小纤毛；第1外稃长圆状披针形，顶端钝，稍短于颖；第2外稃较狭，长为颖的2/3，顶端2裂至1/3处，裂齿间具芒；内稃微小，顶端不规则的齿裂。生于山坡及荒野。

(32) 荻（*M. sacchariflorus*（Maxim.）Benth.） 具粗壮被鳞片的长根茎；秆直立，无毛，多节；叶舌顶端圆，有小纤毛；叶片线形，表面基部密生柔毛，其余无毛；圆锥花序扇形；小穗狭披针形，草绿色，基盘毛长为小穗的2倍；第1颖顶端膜质，渐尖，具

2脊，两侧及上部有白色长丝状柔毛；第2颖舟形，3脉；第1外稃披针形，具3脉，稍短于颖；第2外稃披针形，较颖短1/4，具小纤毛，无脉或有一不明显的脉；内稃短而窄，顶端不规则齿裂；雄蕊3。生于山坡草地和河岸湿地。

(33) 荩草（*Arthraxon hispidus*（Thunb.）Makino） 一年生；秆细弱，基部倾卧，多节，常分枝；叶鞘边缘具短硬疣毛；叶舌膜质，顶端圆形，边缘具小纤毛；叶片卵状披针形，基部心形抱茎，除下部边缘具纤毛外余均无毛；总状花序2～10枚呈指状排列或簇生秆顶；穗轴节间无毛；小穗孪生，一有柄，一无柄，有柄小穗退化仅剩短柄；无柄小穗淡绿色或带紫色；第1颖革质，具7～9脉，脉上疏生短刺毛；第2颖舟形，边缘宽膜质，脊上粗糙，具3脉，2侧脉不明显；第1外稃透明膜质，长圆形，第2外稃与第1外稃等长，近基部伸出一膝曲的芒；雄蕊2；花药黄或紫色。生于山坡、草地及阴湿处。

(34) 白羊草（*Bothrichloa ischaemum*（L.）Keng） 多年生丛生草本；秆直立或基部膝曲，具3至多节，节无毛或具白色短毛；叶鞘无毛；叶舌膜质，顶端钝；叶片线形，两面疏生柔毛或背面无毛；总状花序4至多数呈指状簇生于秆顶，灰绿色或带紫色，穗轴节间与小穗柄两侧有丝状柔毛；第1颖背部中央稍凹，有5～7脉，边缘内卷成2脊，脊上粗糙，顶端钝而带膜质，第2颖舟形，脊上粗糙，中部以上具纤毛；第1外稃长圆状披针形，顶端尖，边缘上部疏生纤毛，第2外稃退化成线形，顶端延伸成膝曲扭转的芒；有柄小穗雄性，无芒，且较无柄小穗色深。生于山坡、草地及路边。

(35) 黄背草（*Themida japonica*（Will.）C. Tanaka） 多年生；秆粗壮，直立；叶鞘通常有硬疣毛；叶舌顶端钝圆，有小纤毛；叶片线形；伪圆锥花序长30～40cm，总状花序长12～17mm，总梗下托以佛焰苞；总状花序上具7枚小穗，其中4枚轮生在同一平面上，雄性，无柄；小穗两性，通常1枚，纺锤状圆柱形，基盘有棕色柔毛，第1颖革质，棕色，上部被短硬毛，第2颖与第1颖等长，两边为第1颖所包，顶端圆钝；第1外稃透明膜质，第2外稃退化为芒的基部，1～2回膝曲，下部密生短柔毛；有柄小穗雄性。生于山坡及路旁。

70. 天南星科（Araceae）

草本，常有乳状液汁；叶通常基生，如茎生则为互生2列；肉穗花序，外有佛焰苞；花两性或单性，辐射对称；花被缺或为4～8个鳞片状体；雄蕊1至多数，分离或合生成雄蕊柱，退化雄蕊常存在；子房1，有1至多室，每室有胚珠1至多数；浆果，密集于肉穗花序上。

(1) 菖蒲（*Acorus calamus* Linn.） 多年生水生草本植物；根状茎横走，粗壮；叶基生，剑形，叶基部成鞘状，中脉明显隆起，侧脉平行；叶基部有膜质叶鞘；花序柄三棱形，长于叶，叶状佛焰苞；花两性，密集生长，花被6；雄蕊6；浆果红色，长圆形。生于沼泽、溪旁、水稻田边。

(2) 石菖蒲（*A. tatarinowii* Schott.） 多年生草本，全株具香气；根状茎横走，多分枝；叶基生，剑状条形，两列状密生于短茎上，全缘，先端渐尖，有光泽，中脉不明显，基部对折，具膜质边缘；花序柄三棱形，短于叶，肉穗花序近直立，圆柱形，花小而密。生于海拔200～1000m间密林下的山谷溪流石上或林中湿地。

(3) 金钱蒲 (*A. gramineus* Soland.) 多年生草本，根茎横走，多分枝，植株丛生状；叶基生，叶片较厚，线形，先端长渐尖，中脉不显，基部对折，叶鞘膜质；花序柄扁三棱形；叶状佛焰苞短；肉穗花序狭圆锥形；浆果倒卵形。生于海拔 1000m 以下的山谷、山涧及溪流的水石间。

(4) 龟背竹 (*Monstera deliciosa* Liebm.) 常绿藤本植物；茎粗壮，节多似竹，故名龟背竹；茎有气生根和白色半月形叶迹；叶厚革质，2 列互生；幼叶心脏形，无孔，长大后叶呈矩圆形，具不规则羽状深裂，自叶缘至叶脉附近孔裂，如龟甲图案；花状如佛焰，淡黄色。栽培。

(5) 马蹄莲 (*Zantedeschia aethiopica* Spreng.) 多年生草本，根状茎；叶基生，叶柄下部具鞘，上部具棱；叶卵状箭形，全缘或波状；花梗着生叶旁，高出叶丛，肉穗花序包藏于佛焰苞内，佛焰包形大，开张呈马蹄形；肉穗花序圆柱形，鲜黄色，花序上部生雄蕊，下部生雌蕊；浆果短圆形；各地温室、花房栽培。

(6) 滴水珠 (*Pinellia cordata* N. E. Brown) 多年生草本；块茎球形至长圆形，生多数须根；叶片 1；叶柄几无鞘，下部及顶部各有珠芽 1 枚；叶片表面绿色、暗绿色，背面常淡紫色，全缘，侧脉羽状，在边缘处联合；佛焰苞下部管状不明显地过渡为檐部，檐部椭圆形；肉穗花序；下部雌花序，附属器青绿色，渐狭为线形；浆果长圆状卵形。生于海拔 800m 以下的林下溪旁、阴湿草丛、石隙中及石壁上。

(7) 半夏 (*P. ternata* (Thunb.) Breit.) 多年生草本，块茎球形；叶 2～5 片，幼时单叶；叶柄具鞘，近基部内侧和顶端各有珠芽 1 枚；叶片先端锐尖，基部楔形；佛焰苞下面管状，绿色，檐部长圆形；肉穗花序顶生；其雌花序轴与佛焰苞贴上，绿色，附属器鼠尾状；浆果卵圆形，花柱明显。产本省各地，生于林下、山谷、河岸或荒草丛中阴湿处。

(8) 虎掌 (*P. pedatisecta* Schott.) 草本，块茎近球形；叶鸟足状分裂。小叶 6～11 片，披针形；叶柄下部具鞘；花茎比叶长；佛焰苞披针形，绿色；肉穗花序上部的附属物鼠尾状，伸出佛焰苞外。生于林下、山谷、河岸或荒草丛中阴湿处。

(9) 花南星 (*Arisaena lohatum* Engl.) 多年生草本，块茎球形；叶片 3 全裂，中裂片具长 1.5～5cm 的柄，侧裂片无柄，极不对称的长圆形；叶鞘具紫色斑块；花序柄短于叶柄；佛焰苞外面淡紫色，管部漏斗状，喉部斜截形，无耳，檐部披针形；肉穗花序单性；雄花具短柄；子房倒卵圆形；浆果。生于海拔 600～1000m 的林下、草坡或荒地较湿润处。

(10) 天南星 (*A. heterophyllum* Blume.) 多年生草本；块茎近球形，扁平；叶单一，叶鞘筒状；叶片鸟足状分裂，小叶全缘；花序柄从叶鞘筒内抽出；佛焰苞管部圆柱形，喉部斜形，檐部卵形或卵状披针形，有时下弯成盔状；肉穗花序单性，下部雌花序，上部雄花序，花序附属器细长，鼠尾状，伸出佛焰苞外；浆果圆柱形，红色。生于林下、灌丛中阴湿地。

(11) 灯台莲 (*A. sikokianum* Franch.) 多年生草本，块茎扁球形；常具 2 叶，叶鞘筒缘口截平；叶片鸟足状 5 裂；佛焰苞深紫色，带白绿色条纹，较大，管部漏斗状，喉部近截形、无耳，檐部卵状披针形至长圆披针形；肉穗花序单生，雄花序圆柱形，雌花

序圆锥形，附属器具明显细柄，直立、粗壮；浆果黄色，卵圆形。产皖南山区。

（12）东北天南星（*A. amurense* Maxim.） 多年生草本，块茎近球状或扁球状，上方须根放射状分布；叶片1，鸟趾状全裂，裂片5枚（一年生裂片3枚），倒卵形或广倒卵形，基部楔形，全缘或有不规则齿；花序柄较叶低；佛焰苞下部筒状，口缘平截，绿色或带紫色；花序轴先端附属物棍棒状；浆果红色。产本省各地。生于山地林下和阴湿处。

（13）一把伞天南星（*A. erunescens*（Wall.）Scohott.） 多年生草本植物；块茎扁球形；叶片1，中部以下具鞘，叶片呈放射状分裂，形如一把伞，裂片披针形至椭圆形；花序柄比叶柄短，佛焰苞背部有白色条纹，管部圆筒形，喉部边缘截形或稍外卷，檐部三角卵形至长圆卵形；肉穗花序的附属器棒状，圆柱形，顶端钝；浆果红色。生于海拔1000m左右的山沟及阴湿林下。

（14）独角莲（*Typhonium giganteum* Engl.） 多年生草本，全株无毛，块茎密披褐色小鳞片，有环状节；叶1～4片，戟状箭形，先端渐尖，基部箭形；叶柄基部常带紫色细纵条斑点；肉穗花序，顶端延长成紫色棒状附属物，不超出佛焰苞；佛焰苞紫色，下部管状，檐部展开卵形，先端尖常弯曲；花单性，雄花序在上部，顶孔开裂；雌花序在下部，顶端截平；无花被；子房1室，2胚珠，柱头无柄；浆果。生于林下或山涧阴湿处。

（15）魔芋（*Anorphophallus rivieri* Durieu） 多年生草本，块茎扁球形；基部具膜质鳞叶2～3；叶柄粗、肥而多浆质，光滑，有暗紫色或白色斑点；叶片3全裂，3裂片再2～3次分裂，小裂片互生羽状排列，长圆状椭圆形，先端骤狭渐尖，基部楔形，一侧下延于羽轴上成狭翅；佛焰苞漏斗状，基部席卷，管部边缘紫红色，檐部心状圆形；肉穗花序比佛焰苞长1倍；附属器圆锥状，具小薄片或长圆形痕迹；花柱与子房近等长，柱头微3裂；浆果球形或扁球形。生于土壤肥厚的疏林、林缘及溪谷两旁湿润处。

（16）疏毛魔芋（*A. sinensis* Belval.） 多年生草本，块茎扁球形；叶片大，3全裂，小裂片羽状排列；羽状裂片的中轴有狭翅；叶柄粗，多浆汁，绿色，有紫褐色斑点；花茎基部有数个鳞片状的叶；佛焰苞长卵形或漏斗状筒形，淡绿色，有紫色斑块，内面基部有皱纹；肉穗花序，附属体圆柱形，暗紫色，散生紫色硬毛；浆果红色。生于山谷、溪边、林下石缝中。

（17）芋（*Colocasia esculenta*） 多年生湿生草本；叶基生，2～5枚成簇，叶片卵形，盾状着生，顶端短尖或渐尖，全缘或带波状；花序柄短于叶柄，单生；佛焰苞管部绿色，檐部披针形或椭圆形，舟状，向上渐尖，淡黄色；肉穗花序，附属器钻形。产本省各地，常栽培。

（18）野芋（*C. antiquorum* Schott.） 一年生草本；块茎球形；叶柄肥厚、直立；叶片盾状着生，卵状长椭圆形，先端锐尖，基部心形；花序柄短于叶柄；佛焰苞管部长圆形，淡绿色，檐部为狭长的线状披针形，先端渐尖，金黄色；肉穗花序短于佛焰苞，雌花序与不育雄花序等长，能育雄花序与附属器等长；雌蕊具极短花柱。多生于田边、水沟旁及林下阴湿地。

71. 莎草科（Cyperaceae）

多年生或一年生草本；秆实心，常三棱形，花序之下无分枝；叶通常3列，叶片狭长，叶鞘闭合，有时仅具鞘而无叶片；花序多种多样；花小，两性或单性；花被缺或为下位刚毛、丝毛或鳞片；雄蕊 1～3；子房 1 室，有直立的胚珠 1 枚，花柱单一，柱头羽状；小坚果。

（1）荆三棱（*Scirpus fluviatilis*（Torr.）A. Gray.） 多年生草本；根状茎粗壮、匍匐，顶端具球状块茎，块茎呈黑褐色；秆粗壮，锐三棱柱形；叶基生和秆生；叶片线形，扁平；叶状总苞苞片 3～5 枚；长侧枝聚伞花序，具 5～8 个辐射枝，辐射枝顶端具 1～3（4）个小穗；小穗椭圆形，锈褐色；鳞片矩圆形；雄蕊 3；花线形；柱头 2；3 小坚果倒卵状三棱形，表面有细网纹。生于沼泽、湿地、河岸或湖沼边缘。

（2）扁秆荆三棱（*S. planiculmis* Fr. Schmidt.） 多年生草本；秆较细，三棱柱形，光滑；叶基生和秆生，扁平；叶状总苞苞片 1～3 枚；复出长侧枝聚伞花序常缩成头状；小穗卵形或矩圆形，锈褐色，多花；鳞片矩圆形，膜质；雄蕊 3，花药线形；花柱长，柱头 2；小坚果宽倒卵形，平滑，有小点状突起。生于田边、河沟边湿地或浅水中。

（3）藨草（*S. triqueter* L.） 多年生草本；匍匐根状茎细长；秆散生，粗壮，三棱柱形；基部具 2～3 个鞘；苞片 1 枚，如秆之延长，三棱形；长侧枝聚伞花序简单，假侧生，有 1～8 个不等长辐射枝，每辐射枝顶有 1～8 个簇生小穗；小穗多花密生，卵形或长圆形；鳞片矩圆形或宽圆形；下位刚毛 3～5 条，与小坚果等长或稍长，具倒生刺；雄蕊 3；柱头 2；小坚果倒卵形，平凸状，成熟时褐色有光泽。生于河岸湿地及沼泽地。

（4）萤蔺（*S. juncoides* Roxb.） 多年生草本；根状茎短；秆丛生，圆柱状；基部具 2～3 个无叶片的叶鞘；苞片 1，直立；长侧枝聚伞花序聚缩为头状，有 2～5 个小穗，假侧生；小穗卵形或矩圆状卵形；鳞片宽卵形或卵形，顶端圆，具小尖头；下位刚毛 5～6，具倒刺；雄蕊 3；柱头 3；小坚果宽倒卵形或宽卵形，黑褐色，有不明显波状横纹。生于路旁湿地及水边湿地。

（5）水葱（*Schoenoplectus tabernaemontani*（C. C. Gmel.）Palla.） 多年生草本；根状茎粗壮、匍匐；秆圆柱状，基部具 3～4 个鞘；叶片线形；苞片 1 枚，钻状；长侧枝聚伞花序假侧生，具 4～13 个不等长的辐射枝；小穗单生至 2～3 个簇生，卵形或矩圆状卵形；鳞片椭圆形或卵形至宽卵形，有锈色疣状小突起；下位刚毛 6 条，与小坚果等长，具倒刺；雄蕊 3；柱头 2；小坚果倒卵形，双凸状，平滑。生于湖边及沼泽地水中。

（6）水毛花（*S. mucronatus*（L.）Palla.） 多年生草本；根状茎粗短；秆锐三棱形；基部具 2 枚叶鞘，无叶片；苞片 1 枚，三棱状；长侧枝聚伞花序聚缩成头状，假侧生，具 5～9 小穗；小穗矩圆形、卵形；下位刚毛 6 条，具倒生刺；雄蕊 3，花药线形；柱头 3；小坚果宽倒卵形，扁三棱形，具不明显皱纹。生于河岸湿地、草甸或沼泽。

（7）牛毛毡（*Eleocharis yokoscensis*（Franch. et Sav.）Tang et Wang） 多年生草本；根状茎具匍匐枝，纤细；秆细如毫发，密丛生；叶鳞片状；小穗卵形；鳞片卵形，顶端锐尖，中间绿色，两侧微紫，边缘白色膜质；下位刚毛 1～4 条，具倒刺；雄蕊 3；柱头 3；小坚果狭矩圆形，无棱。生于河岸湿地、沼泽及水田中。

（8）羽毛荸荠（*E. wichurai* Bockler） 多年生草本；一般无匍匐根状茎，有时具短的匍匐枝；秆少数丛生，细瘦；秆基部有 1～2 个叶鞘，无叶片；小穗矩圆状披针形，稍

斜生；鳞片椭圆形或矩圆形；雄蕊3；下位刚毛6条，比小坚果稍长，密生柔毛，呈羽毛状；柱头3；小坚果倒卵状扁三棱形，背部明显隆起。生于山坡、田埂、路边湿地。

（9）高秆莎草（*Cyperus exaltatus* Retz.） 多年生草本；根状茎短，木质状；秆粗壮，钝三棱柱形，平滑，基部具叶；叶鞘长，红褐色；叶片边缘粗糙；苞片3～6枚，叶状；长侧枝聚伞花序复出或多次复出；辐射枝不等长，一级辐射枝5～10个，斜开展，扁三棱形，二级辐射枝向外开展；穗状花序圆筒形，具柄；小穗多数，距圆状披针形，近2行排列；小穗轴纤弱，具狭翅；鳞片卵形或倒卵形，3～5条脉，顶端具小尖；雄蕊3；小坚果椭圆形或倒卵形，三棱形，淡黄色。花柱细长，柱头3。生于湖滩、塘、沟等近水湿地。

（10）聚穗莎草（*C. glomeratus* L.） 一年生草本，具须根；秆散生，粗壮，钝三棱柱形；叶鞘红棕色；叶片短于秆；苞片叶状，3～5枚，比花序长得多；长侧枝聚伞花序复出，具3～9个不等长的辐射枝，具多数小穗的穗状花序呈矩圆形或卵圆形，稀辐射枝减化而呈头状；小穗线状披针形，近直立，后开展，几扁平，具8～16朵花；小穗轴具翅；鳞片排列稍疏松，膜质，卵状矩圆形，顶端钝，棕红色，背面龙骨状突起；雄蕊3，花药短，矩圆形；小坚果矩圆状三棱形，灰色，具明显的网纹。生于水边湿地。

（11）莎草（*C. rotundus* L.） 多年生草本；根状茎匍匐，细长；秆纤细，锐三棱柱形，下部多叶，基部块茎状；叶线形，比秆短或稍长；苞片叶状，2～4枚，比花序长；长侧枝聚伞花序复出或简单，具3～8个不等长的辐射枝；小穗线状披针形，扁压，顶端急尖，具10～36朵花；小穗轴具宽翅；鳞片膜质，矩圆状卵形，顶端稍钝，有时具极小的短尖头；雄蕊3，花药线形；柱头3；小坚果矩圆状倒卵状，三棱形，具细点。生于路边、田野、山坡，为常见杂草。

（12）扁穗莎草（*C. compressus* L.） 一年生草本，具须根；秆丛生，三棱柱形，基部具较多的叶；叶比秆短或与秆近等长，平张，灰绿色；苞片3～5枚，叶状，长于花序；长侧枝聚伞花序简单，具2～7个辐射枝；小穗密集成头状，线形、近扁四棱形；鳞片卵圆形，背部龙骨状突起；雄蕊3；花柱长，柱头3；小坚果倒卵形三棱形，具细点。生于山坡路边、田野、河岸等处。

（13）碎米莎草（*C. iria* L.） 一年生，具须根，无根状茎；秆丛生，纤细，扁三棱形；叶基生；叶片线形，平张或折合；叶鞘红棕色或褐紫色；苞片叶状3～5枚；长侧枝聚伞花序复出，稀简单，具4～9个不等长的辐射枝，每辐射枝具3～8个穗状花序；穗状花序矩圆状卵形；小穗线状矩圆形，压扁；鳞片宽倒卵形，顶端微缺，具极短的小尖，背脊明显，绿色，具3～5脉；雄蕊3；花柱短，柱头3；小坚果椭圆状或倒卵状三棱形，密生微突起细点。生于田间、路边、荒地较潮湿的地方。

（14）水莎草（*C. glomeratus* L.） 多年生草本，根状茎长；秆散生，扁三棱柱形，平滑；叶片少，基生，基部折合，上部平张，边缘稍粗糙，背部中肋呈龙骨状突起；叶状苞片3～4枚；长侧枝聚伞花序复出，具4～7个辐射枝，每个辐射枝具1～3个穗状花序，每个穗状花序具5～17个小穗；花序轴，被短硬毛；小穗排列稍松，近平展，披针形或线状披针形，具10～35朵花；小穗轴具翅；鳞片2行排列，纸质，宽卵形，顶端钝或圆，有时微凹，中肋绿色，具5～7脉；雄蕊3，花药线形；柱头2；小坚果椭圆形或倒卵

形，平凸状，具突起细点。生于浅水中及河边湿地。

(15) 球穗扁莎（*Pycreus globosus*（All.）Rchb.）　一年或多年生草本；根状茎短；秆丛生，细弱，三棱柱形，一面具沟；叶片线形，比秆短；苞片2～4，叶状；长侧枝聚伞花序简单，具2～5个不等长辐射枝，每一辐射枝具2～20多数小穗；小穗线状矩圆形，极扁压，多花；小穗轴四棱形，两侧有横槽；鳞片稍疏松排列，膜质，长圆状卵形，顶端钝，背面龙骨状绿色突起，具3条脉，边缘膜质透明；雄蕊2；柱头2；小坚果倒卵形或倒卵状矩圆形，双凸状，顶端具小尖头。生于田边、沟边潮湿处及河岸沙地。

(16) 夏飘拂草（*Fimbristylis aestivalis*（Retz.）Vahl.）　一年生草本，无根状茎；秆密集丛，扁三棱形；叶片狭线形，短于秆，平张，边缘稍内卷；叶鞘短，棕色；苞片丝状，3～5枚，被疏柔毛；长侧枝聚伞花序复出，疏散，具3～7个辐射枝；小穗单生，具棱角，具多数小花；鳞片螺旋状排列，膜质，卵形或长圆形，顶端圆，具短尖，背部淡锈褐色或带棕褐色，龙骨状突起，绿色，3脉；雄蕊1，花药披针形；小坚果倒卵形，双凸状，黄色，基部近无柄；花柱长而扁平，上部具缘毛，基部膨大；柱头2。生于田间、路边及水边湿地。

(17) 水蜈蚣（*Kyllinga brevifolia* Rottb.）　多年生草本；根状茎细长匍匐，被褐色鳞片；秆散生，扁三棱柱形，平滑，基部4～5个叶鞘，鞘口斜截形，上部2～3个叶鞘具叶片；叶片比秆短或近等长；苞片叶状，3枚，开展；穗状花序单一，顶生，近球形，具多数密生小穗；小穗矩圆状披针形，扁平，具1枚两性花；鳞片膜质，卵椭圆形，具锈色斑点，5～7脉，背部龙骨状突起；雄蕊2，花药线形；柱头2；小坚果倒卵形，扁双凸状，黄褐色，具密的细点。生于山坡、路旁、田边和沟、塘边湿地。

(18) 卵果薹草（*Carex maackii* Maxim.）　多年生；根状茎短；秆三棱柱形，上部粗糙，基部具淡褐色叶鞘；叶片短于秆，质软；苞片刚毛状；小穗卵形或球形，花密生；雌花鳞片卵圆形，顶端急尖，中间绿色，具龙骨状突起的中肋，两侧白色带淡褐色；果胞卵形至卵状披针形，平凸状，膜质，淡黄绿色，无毛，边缘具狭翅，上部具疏锯齿，基部稍圆有短柄，上部渐狭为长喙，喙口2齿裂；小坚果卵状矩圆形，不等的双凸状；柱头2。生于湿地及水边。

72. 兰科（Orchidaceae）

多年生草本；单叶互生，常排成2列，常无毛；基部有叶鞘，鞘常呈管状抱茎；花有香味，两性，极少单性；两侧对称，形成唇瓣，有合蕊柱和花粉块；子房下位，1室，具侧膜胎座，罕有3室而为中轴胎座的，具倒生胚珠；蒴果常为三棱状圆柱形或纺锤形，3～6开裂，但开裂后顶端部分仍相连；种子极多，微小，无胚乳。

(1) 天麻（*Gastrodia elata* Blume.）　块茎横生，长椭圆形或卵圆形，肉质；茎黄褐色；叶退化成鞘状鳞片；总状花序；苞片膜质，披针形；花淡绿黄色；萼片与花瓣合生成斜歪筒，口部偏斜，顶端5裂，裂片近三角形，先端钝，唇瓣酒精灯状，基部贴生于花被筒内壁上，3裂，中裂片舌状、具乳突、边缘不整齐，侧裂片耳状；合蕊柱顶端有2个小附属物，基部具明显的足；子房倒卵形，子房柄扭转；蒴果椭圆形。生于山坡稀疏林下较阴湿、腐殖质较厚的地方。

(2) 叉唇角盘兰 (*Herminium angustifolium* (Lind.) Vuijk) 陆生草本；块茎小，肉质，近圆球形或椭圆形；茎中部具 4 片叶；叶线状披针形，先端渐尖或急尖；总状花序狭圆柱形，密生多花；苞片披针形，短于子房；花小，绿色或黄绿色，萼片卵状椭圆形，急尖或稍钝；花瓣线形，不裂、急尖，短于或近等于萼片；唇瓣近长圆状，基部凹陷，先端 3 裂；退化雄蕊 2，侧生；柱头 2，分开；子房棒状，稍被毛。生于山坡阔叶林缘、灌丛下或草丛中。

(3) 角盘兰 (*H. monorchis* (L.) R. Br.) 陆生，块茎球形；茎直立，无毛，下部生 2～3 叶；叶狭椭圆状披针形或狭椭圆形，先端急尖，基部渐狭略抱茎；总状花序圆柱状，具多数花，密生；苞片线状披针形，锐尖；花小，淡黄绿色；中萼片宽卵圆形、钝，侧萼片卵状披针形、稍狭；花瓣近菱形；退化雄蕊 2，显著；花粉块近圆球形；柱头 2 裂，叉开；子房无毛。生于海拔 600～1800m 以上的山坡草地及阴湿林下。

(4) 朱兰 (*Pogonia japonica* Rchb. f.) 陆生，根状茎短；叶 1 枚，生于茎中部，无柄；叶片长圆状披针形，急尖，直立伸展；花 1 朵，淡紫色；苞狭矩圆形；萼片长圆形或倒披针状狭矩圆形；唇瓣与侧萼片近等长，中部以上 3 裂，侧裂片短小，中裂片显著较大，边缘成明显的流苏状齿，自唇瓣上面基部至中裂近顶部有 2 条纵褶片，纵褶片在唇瓣的上半部具鸡冠状附属物；子房圆柱状纺锤形。生于海拔 700～1200m 的山坡林下或山坡草丛中。

(5) 绶草 (*Spiranthes sinensis* (Pers.) Ames) 陆生草本，根数条簇生；基生叶 2～4，条形或线状披针形，茎生叶呈苞片状；花序穗状，顶生，具多数密生小花；花粉红色，稀白色，呈螺旋状排列；苞片卵形，先端长渐尖；萼片离生，中萼片狭椭圆形、先端钝，侧萼片与中萼片近等长、较狭；花瓣与中萼片近等长，先端钝；唇瓣近卵状长圆形；蒴果长圆形。生于林缘、稍湿草地、林下。

(6) 密花舌唇兰 (*Platanthera hologlottis* Maxim.) 阴生直立草本；根指状，肉质茎纤细；叶线状披针形；总状花序，密生多花；苞片披针形；花白色；中萼片直立，卵圆形，顶端钝，侧萼片斜矩圆形，常反折；花瓣卵形，较小；唇瓣舌状或蛇状披针形，向前伸展，微向下弯曲，稍肉质；距狭长呈线形，悬垂，近端部向上弯曲；子房圆柱形。生于湿草地、沼泽边湿地、草甸、林缘。

(7) 小花蜻蜓兰 (*Tulotis ussuriensis* (Regel. et Maack.) Hara.) 陆生草本，具指状伸长的肉质根状茎；叶 2 (3) 枚通常互生于茎下部，狭长椭圆形至椭圆状披针形，茎中上部或上部生有 1 至数枚狭小的苞片状小叶；总状花序，具 10～20 朵花；苞片狭披针形；花小，淡黄绿色；中萼片宽卵形，侧萼片斜狭椭圆形；花瓣狭长圆形、几与萼片等长；唇瓣肉质、基部 3 裂，中裂片舌状线形，侧裂片三角状半圆形；距纤细，向顶部略宽，和子房近等长；蕊柱宽，基部两侧各具 1 枚钻状退化雄蕊。生于山坡林下或溪边。

(8) 十字兰 (*Habenaria sagittifera* Rchb.) 陆生，块茎长圆形、肉质；叶散生茎上，条状披针形，先端长渐尖；总状花序顶生，疏生 10～30 朵花；苞片卵形，短于或长于子房，渐尖；花白色或绿白色；中萼片直立，宽卵形；侧萼片斜半卵形，稍大，反折；花瓣卵形，与中萼片近等长，基部向前延长成钩状齿；唇瓣较长，基部狭，裂成十字形，侧裂片顶端撕裂状；柱头具前伸的突起物，在前部 2 深裂。生于山坡、沟谷或林下阴湿处。

附3：安徽省常见蕨类植物分科检索表

1. 地上茎明显，叶退化或细小如鳞片形、披针形或钻形，均仅具中肋，孢子囊单生于叶腋，或聚生于枝顶的孢子叶球内…………………………………………………………………………………… 2
1. 地上茎无或不发达，叶发达，单叶或复叶，具主脉和侧脉，孢子囊生于叶的下面或边缘，聚生成孢子囊群或孢子囊穗…………………………………………………………………………………… 5
2. 茎中空，有明显的节，单一或在节上有轮生分枝，中空，叶退化成鞘状，孢子囊多数，在枝顶上形成单一的椭圆形孢子叶球 ……………………………………………… 木贼科（Equisetaceae）
2. 枝实心，无明显的节，1至多次2叉分枝，叶小而正常，鳞片形、钻形、线形至披针形，孢子囊单生，散生枝上或在枝顶聚生成穗状……………………………………………………………………… 3
3. 茎辐射对称，无根托；叶同形，螺旋状排列，孢子囊同型…………………………………………… 4
3. 茎扁平，有背腹之分，具根托，叶通常2形，交互对生，背腹各2列，孢子囊2型 ………………………………………………………………………………… 卷柏科（Selaginellaceae）
4. 茎直立或斜升，孢子囊生于叶腋内，孢子叶与营养叶同色、同形或较小 ………………………………………………………………………………… 石杉科（Huperziaceae）
4. 茎匍匐，具直立短侧枝，少有攀缘，孢子囊着生于顶生的孢子叶穗内，孢子叶不同于营养叶，干膜质…………………………………………………………………………… 石松科（Lycopodiaceae）
5. 孢子囊壁厚，由多层细胞组成…………………………………………………………………………… 6
5. 孢子囊壁薄，由1层细胞组成…………………………………………………………………………… 7
6. 单叶，叶脉网状，孢子囊序单穗状，孢子囊大，扁圆球形，陷入囊托两侧 ……………………………………………………………………………… 瓶尔小草科（Ophioglossaceae）
6. 羽状复叶，叶脉分离，孢子囊序复穗状，孢子囊小，圆球形，不陷入囊托 ……………………………………………………………………………… 阴地蕨科（Botrychiaceae）
7. 孢子同型，植物体形代表通常的蕨类植物，陆生或附生……………………………………………… 8
7. 孢子异型，水生植物，体型完全不同于一般蕨类 ………………………………………………… 40
8. 植物体全无鳞片，也无真正的毛，仅幼时有黏质腺体状绒毛，不久消失……………………………… 9
8. 植物体多少具鳞片或真正的毛，有时鳞片上也还针状刚毛 ……………………………………… 11
9. 叶柄基部两侧膨大成托叶状，叶2型或羽片2型，1～2回羽状 …………………………………… 10
9. 叶柄基部两侧不膨大成托叶状，叶1型，2～4回羽状细裂，少为1回羽状 ……………………………………………………………………………… 稀子蕨科（Monachosoraceae）
10. 叶柄基部两侧外面不具疣状突起的气囊体，能育叶或羽片形成穗状或复穗状的孢子囊穗 ……………………………………………………………………………… 紫萁科（Osmundaceae）
10. 叶柄基部两侧外面各具1行疣状突起的气囊体，能育叶的羽片成狭线形，孢子囊满布叶下，幼时叶边反折如假囊群盖 ……………………………………………… 瘤足蕨科（Plagiogyriaceae）
11. 叶2型，不育叶1回羽状，能育叶的羽片在羽轴两侧卷成荚果状或狭缩成念珠状 ……………………………………………………………………………… 球子蕨科（Onocleacese）
11. 叶为1型或2型，如为2型，能育叶仅有不同程度的缩狭，不如上述那样卷缩 ……………………………………………………………………………………………… 12
12. 孢子囊群或囊群托突出于叶边之外……………………………………………………………………… 13
12. 孢子囊群生于叶缘、缘内或叶背面……………………………………………………………………… 14

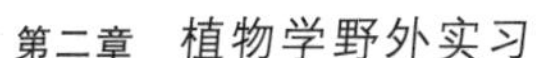

13. 缠绕植物，有无限生长的叶轴，孢子囊椭圆形，横生于短囊柄上，具顶生的环带 …………………………………………………………………………… 海金沙科（Lygodiaceae）

13. 非缠绕植物，不具无限生长的叶轴，叶一般为薄膜质，孢子囊近球形，无柄，具斜行环带，生于柱状而往往突出于叶缘外的囊群托上 ………………………………… 膜蕨科（Hymenophyllaceae）

14. 孢子囊群生于叶缘，有由叶边向下反折的假囊群盖，囊群盖开向主脉……………………… 15

14. 孢子囊群生于叶缘内，囊群盖生自叶缘内的囊托上，向叶边开口，或仅生于叶背上………… 18

15. 孢子囊群盖圆形、肾形或长肾形，叶脉为扇形多回 2 叉分枝 …………………………………………………………………………… 铁线蕨科（Adiantaceae）

15. 孢子囊群盖线形或断裂，叶脉不为扇形 2 叉分枝………………………………………………… 16

16. 孢子囊群生于侧脉顶端的联结脉上，在叶缘形成 1 条线形汇合囊群，叶柄禾秆色……………… 17

16. 孢子囊群生于小脉顶端，幼时彼此分离，成熟时往往向两侧扩散，彼此汇合成线形，叶柄和叶轴为栗棕色 ……………………………………………………………… 中国蕨科（Sinopteridaceae）

17. 根状茎长而横走，密被锈黄色节状长柔毛，无鳞片，叶片遍体被柔毛，囊群盖有内外 2 层 …………………………………………………………………………… 蕨科（Pteridiaceae）

17. 根状茎短而直立或斜升，有鳞片，遍体无毛，囊群盖仅有 1 层 …………………………………………………………………………… 凤尾蕨科（Pteridaceae）

18. 囊群盖生于叶缘内的囊托上，两侧多少和叶肉融合，至少内瓣位于小脉顶端而向外开，或向下开……………………………………………………………………………………………… 19

18. 孢子囊群生于小脉背部，远离叶缘，少生于叶脉顶端，如有囊群盖，则不同于上述，也不开向叶边……………………………………………………………………………………………… 21

19. 通常为附生植物，很少为攀缘，根状茎上有鳞片，叶柄或羽片以关节着生 …………………………………………………………………………… 骨碎补科（Davalliaceae）

19. 土生植物；根状茎上有灰白色针状刚毛或红棕色毛状钻形的简单鳞片…………………………… 20

20. 植株全体有灰色针状刚毛，孢子囊群单生于小脉顶端，囊群盖碗形 …………………………………………………………………………… 碗蕨科（Dennstaedtiaceae）

20. 植株仅根状茎上有红棕色钻状的简单鳞片；孢子囊为叶缘生的汇生囊群，生于几条小脉顶端的结合脉上，囊群盖长圆形、线形或杯形 ……………………………… 鳞始蕨科（Lindsaeacea）

21. 孢子囊群圆形、长形、线形、弯钩形、马蹄形，彼此分离，叶通常 1 型，少有 2 型………… 22

21. 孢子囊群圆形，布满于能育叶下面，叶通常 2 型 ……………………… 水龙骨科（Polypodiaceae）

22. 孢子囊群圆形……………………………………………………………………………………… 23

22. 孢子囊群长形或线形……………………………………………………………………………… 31

23. 孢子囊群有盖……………………………………………………………………………………… 24

23. 孢子囊群无盖 …………………………………………………………………………………… 27

24. 囊群盖由孢子囊群下面生出，幼时往往将孢子囊群全部包被，钵形、蝶形，有时简化成睫毛状 …………………………………………………………………………… 岩蕨科（Woodsiaceae）

24. 囊群盖平坦覆盖于囊群上面，盾形、圆肾形或少为卵形而基部略压在成熟的孢子囊群下面 ……………………………………………………………………………………………… 25

25. 植物体有淡灰色的针状刚毛或疏长毛；叶柄基部有 2 条扁阔的维管束…………………………… 26

25. 根状茎上有棕色阔鳞片；无上述针状毛，叶柄基部有多条小圆形维管束 …………………………………………………………………………… 鳞毛蕨科（Dryopteridaceae）

26\. 常生于石灰岩石缝中；叶柄基部膨大，包藏于一大簇红棕色的阔鳞片中 ……………… 肿足蕨科（Hypodematiaceae）

26\. 生于土中；叶柄基部不膨大，鳞片小而稀疏 ……………… 金星蕨科（Thelypteridaceae）

27\. 叶为2至多回的等位2叉分枝，分叉处的腋内有1枚休眠芽，叶下面灰白色；孢子囊群由2～10个孢子囊组成，环带横生 ……………… 里白科（Gleicheniaceae）

27\. 叶为单叶或羽状分裂，下面不为灰白色；孢子囊群由多数孢子囊组成；环带纵行 ……………… 28

28\. 叶柄基部以关节着生于根状茎上 ……………… 水龙骨科（Polypodiaceae）

28\. 叶柄基部无关节 ……………… 29

29\. 植物遍体、至少各回羽轴上面有针状毛 ……………… 30

29\. 植物体仅被鳞片，无针状毛 ……………… 蹄盖蕨科（Athyriaceae）

30\. 叶柄基部仅具1条维管束，叶2～3回羽状；孢子囊群顶生于1条小脉上，多少为叶缘反折的锯齿遮盖 ……………… 姬蕨科（Hypolepidaceae）

30\. 叶柄基部具2条维管束，叶1～3回羽状或羽裂；孢子囊群生于小脉中部，或有时生于近顶部，叶缘不反折 ……………… 金星蕨科（Thelypteridaceae）

31\. 孢子囊群有盖 ……………… 32

31\. 孢子囊群无盖 ……………… 34

32\. 孢子囊群生于主脉两侧的狭长网眼内，贴近中脉并与之平行，囊群盖开向中脉，叶柄基部有多条圆形维管束排成1圈 ……………… 乌毛蕨科（Blechnace）

32\. 孢子囊群生于中脉两侧斜出分离小脉上，与中脉斜交，囊群盖斜开向中脉，叶柄基部有2条扁阔的维管束 ……………… 33

33\. 叶柄内2条维管束向叶轴上部不汇合；囊群盖长形或线形，常单生于小脉向轴的一侧，少有生于离轴的一侧 ……………… 铁角蕨科（Aspleniaceae）

33\. 叶柄内2条维管束至叶轴上部汇合成倒V字形，囊群盖生于小脉的一侧或两侧，长线形、腊肠形、马蹄形，或上端呈钩形，横跨小脉 ……………… 蹄盖蕨科（Athyriacea）

34\. 孢子囊群沿小脉分布，如为网状脉，则沿网眼着生 ……………… 35

34\. 孢子囊群不沿小脉分布 ……………… 37

35\. 叶遍体有灰白色针状毛 ……………… 金星蕨科（Thelypteridaceae）

35\. 叶遍体不具上述的毛 ……………… 36

36\. 孢子囊有长柄，密集于小脉中部成长形囊群；叶革质，叶轴及各回羽轴相交处上面有一肉质角状扁粗刺 ……………… 蹄盖蕨科（Athyriaceae）

36\. 孢子囊有短柄，疏生于小脉上，成线形囊群；叶纸质，叶轴及各回羽轴相交处上面不具上述刺 ……………… 裸子蕨科（Hemionitidaceae）

37\. 叶为线形；孢子囊群生于叶边和主脉之间的1条沟槽中，少有生于表面，各有1条与主脉平行 ……………… 38

37\. 叶非线形；孢子囊群表面生，与主脉斜交 ……………… 39

38\. 叶片不以关节着生于根状茎上；孢子囊群有带状或棍棒状隔丝 ……………… 书带蕨科（Vittariaceae）

38\. 叶片以关节着生于根状茎上；孢子囊群有具长柄的盾状隔丝 ……………… 水龙骨科（Polypodiaceae）

39. 叶柄基部以关节着生于根状茎上，叶革质或纸质，网脉的网眼内藏小脉 …………………………………………………………………………… 水龙骨科（Polypodiaceae）

39. 叶柄基部不以关节着生于根状茎上；叶片肉质；网脉的网眼不内藏小脉 …………………………………………………………………………… 剑蕨科（Loxogrammaceae）

40. 浅水或湿地生植物；根状茎细长横走；叶由 4 片倒三角形的小叶组成，生于长柄的顶端；孢子果生于叶柄基部 …………………………………………………… 苹科（Marsileaceae）

40. 漂浮植物；无真根或有短须根，单叶，全缘或为 2 深裂，无柄，2～3 列；孢子果生于茎的下面 …………………………………………………………………………………… 41

41. 植物无真根；3 叶轮生于细长茎上，上面 2 叶矩圆形，漂浮水面，下面 1 叶特化，细裂成须根状，悬垂水中；孢子果生于沉水叶上 ………………………… 槐叶苹科（Salviniaceae）

41. 植物有纤细的根；叶微小如鳞片，呈 2 列覆瓦状排列，每叶分裂成上下 2 片，上裂片漂浮水面，下裂片浸沉水中，上生孢子果 ………………………………………… 满江红科（Azollaceae）

附 4：安徽省常见种子植物分科检索表

1. 胚珠裸露，无子房包被，花各部分仍保持孢子叶球的形态，胚乳发生在受精作用之前，不形成果实 …………………………………………………………………… 裸子植物门（Gymnospermae）
  2. 茎不分枝；叶大型，羽状复叶，常绿，集生于粗大的树干或分枝的顶端 ………………………………………………………………………………… 苏铁科（Cycadaceae）
  2. 茎或树干通常分枝；叶较小，单生，叶针形、扇形或线性，不集于树干的顶端
    3. 叶呈扇形，有多数 2 叉分枝的叶脉；落叶乔木 …………………… 银杏科（Ginkgoaceae）
    3. 叶不为扇形，也不具 2 叉分枝的叶脉；常绿乔木或灌木，稀落叶
      4. 雌球花发育成球果状；种子无肉质套被或假种皮，常具翅
        5. 雌球花的珠鳞与苞鳞互相分离；每珠鳞有 2 颗胚珠；花粉具气囊 ………………………………………………………………… 松科（Pinaceae）
        5. 雌球花的珠鳞与苞鳞互相半合生或完全合生；每珠鳞有 1 至多颗胚珠；花粉无气囊
          6. 叶与种鳞均螺旋状排列，少交互对生；每种鳞有 2～9 粒种子 ………………………………………………………… 杉科（Taxodiaceae）
          6. 叶与种鳞均对生或轮生；每种鳞有 1 至多粒种子 …………… 柏科（Cupressaceae）
      4. 雌球花发育为单粒种子，不形成球果；种子全部或部分包于肉质套被或假种皮中
        7. 雄蕊有 2 花粉囊，花粉常具气囊；胚珠常倒生 …………………………………………………… 罗汉松科 Podocarpaceae
        7. 雄蕊有 3～9 花粉囊，花粉无气囊；胚珠直立
          8. 雌球花具多数交互对生的苞片，每苞片具 2 胚珠，假种皮全包种子 ………………………………………………… 三尖杉科（Cephalotaxaceae）
          8. 雌球花仅具 1 胚珠，假种皮杯状、瓶状或全包种子 ………………………………………………… 红豆杉科（Taxaceae）

1. 胚珠包于子房内，花通常具有花被；胚乳发生在受精作用之后，形成果实；木本或草本 ………………………………………………………………… 被子植物门（Angiospermae）
  9. 乔木、灌木、半灌木或木质藤本植物
    10. 寄生或半寄生的绿色植物

11. 半寄生草本，花小形，叶互生，狭细，具1～3脉，果为坚果或核果 …………………………………………………………………………………………… 檀香科（Santalaceac）
11. 灌木，常着生在其他木本植物的茎上；果为浆果，有黏性…………… 桑寄生科（Loranthaceae）
10. 自养的绿色植物
12. 叶片极小，叶小，鳞形，无叶柄和托叶 ……………………………………… 柽柳科（Tamaricaceae）
12. 叶片不退化
13. 果为荚果；花冠极不整齐，呈蝶形或稍不整齐或完全整齐 …………… 豆科（Leguminosae）
13. 果不为荚果
14. 茎秆具节和中空的节间，地下具根状茎；包着茎秆的叶鞘（箨鞘）常革质 …………………………………………………… 禾本科 Gramineae（竹亚科 Bambusoideae）
14. 非上述性状
15. 花序具佛焰苞，乔木或灌木；叶丛生茎顶，大型，掌状或羽状分裂 …………………………………………………………………………… 棕榈科（Palmaceae）
15. 花序不具佛焰
16. 花和果生于叶片主脉上，落叶灌木 …………………………………… 山茱萸科（Cornaceae）（青荚叶属 *Helwingia*）
16. 花和果生于叶腋内或枝顶
17. 冬芽包于膨大的叶柄基部内
18. 花雌雄同株；乔木；小坚果再集生成球状果序，1～3枚生于叶腋 ……………………………………………………… 悬铃木科（Platanaceae）
18. 木质藤本；花单性，雌雄异株；浆果 ……………………………………………………… 猕猴桃科（Actinidaceae）
17. 叶柄基部不包着冬芽
19. 植株具卷须或卷须状的叶柄，木质藤本或稀蔓性草本
20. 叶柄缠绕代替卷须 ………………… 毛茛科（Ranunculaceae）（铁线莲属 *Clematis*）
20. 卷须非叶柄所代替
21. 卷须和花序与叶对生，卷须有时变为吸盘；两被花 …………………………………………… 葡萄科（*Vitaceae*）
21. 卷须生于叶柄的两侧；单被花 ………………………… 百合科（Lilaceae）（菝葜属 *Smilax*）
19. 植株无卷须
22. 藤本；萼片花瓣状，无花瓣，雄蕊多数；瘦果成熟时花柱伸长呈羽毛状 ……………… 毛茛科（Ranunculaceae）
22. 果实非上述性状
23. 叶对生、轮生或近似对生
24. 叶为各式复叶
25. 叶为3～7枚小叶组成的掌状复叶
26. 乔木；枝圆柱形；花瓣离生，雄蕊5～9枚 ………… 叶树科（Hippocastanaceae）

26. 灌木或小乔木；枝四方形；花瓣合生，唇形，雄蕊常 4 枚
……………………………………………………… 马鞭草科 Verbenaceae（牡荆属 *Vitex*）

25. 叶为三出复叶或羽状复叶

27. 具 2 翅展开的双翅果 ……………………………………… 槭树科（Aceraceae）

27. 非双翅果，有时为单翅的翅果

28. 子房下位 ……………………………… 忍冬科 Caprifoliaceae（接骨木属 *Sambucus*）

28. 子房上位

29. 花瓣离生

30. 花常两性，心皮 3 枚 ……………………………… 省沽油科（Staphyleaceae）

30. 花常单性，心皮 4～5 枚 ………………………………… 芸香科（Rutaceae）

29. 花瓣合生，如果离生则雄蕊 2 枚

31. 雄蕊 4 枚，二强雄蕊，花冠漏斗状具 5 个开展的裂片
………………………………………………… 紫葳科（Bignoniaceae）

31. 雄蕊 2 枚，花冠基部合生或少有离生 ……………… 木犀科（Oleaceae）

24. 叶为单叶，全缘、具齿或深裂

32. 双被花，花瓣合生

33. 子房下位

34. 具托叶 …………………………………………………………… 茜草科（Rubiaceae）

34. 无托叶 ……………………………………………………… 忍冬科（Caprifoliaceae）

33. 子房上位

35. 雄蕊 2 枚，有时具不育雄蕊

36. 无不育雄蕊 …………………………………………………… 木犀科（Oleaceae）

36. 具不育雄蕊 2～3 枚

37. 落叶乔木或灌木；花萼不整齐，无副花冠 ………… 紫葳科（Bignoniaceae）

37. 附生常绿矮小半灌木；花萼整齐，具副花冠 …… 苦苣苔科（Gesneriaceae）

35. 雄蕊 4～5 枚

38. 植物体具乳汁

39. 具副花冠和花粉块，花药合生 …………… 萝藦科（Asclepiadaceae）

39. 无副花冠和花粉块，花药离生 …………… 夹竹桃科（Apocynaceae）

38. 植物体无乳汁

40. 常绿攀缘状灌木或常绿半灌木，后者植物体具腺点

41. 常绿攀缘状灌木 ……………………… 马钱科（Loganiaceae）

41. 常绿半灌木；具匍匐根状茎，叶、花、果均具腺点
……………………………………………… 紫金牛科（Myrsinaceae）

40. 落叶植物

42. 花辐射对称，花萼和花冠均 4 裂，雄蕊 4 枚等长
………………………………… 醉鱼草科（Buddlejaceae）

42. 花常两侧对称，花冠常 5 裂，雄蕊 4～5 枚

43. 灌木，幼枝光滑，花萼叶质，雄蕊等长
……………………………… 马鞭草科（Verbenaceae）

43. 乔木，幼枝被星状绒毛；花萼革质，雄蕊 2 长 2 短 ………………… 玄参科（Scrophulariaceae）

32. 无被花或单被花，若两被花则花瓣离生

44. 果为 2 翅展开的双翅果 ……………………………………………………………… 槭树科（Araceae）

44. 非双翅果，可以是具单翅的翅果

45. 无被花、单被花或花被退化为鳞片而苞片变成花瓣状

46. 具长枝和短枝，短枝密生环纹；叶在长枝上对生而在短枝上互生；花单性，无花被 ……………………………………………………………… 连香树科（Cercidiphyllaceae）

46. 非上述性状

47. 无被花，芳香，苞片近三角形，雄蕊 1～3 枚，合生 ……………………………………………………………… 金粟兰科（Chloranthaceae）

47. 单被花或退化的两被花

48. 花被片多枚，螺旋状排列，花药外向 ………………… 腊梅科（Calycanthaceae）

48. 花被片或多或少，或两被花花冠退化为鳞片状

49. 花被离生

50. 叶分裂或有齿，基出脉；子房 1 室，雄蕊与花被片同数且对生 ……………………………………………………………… 荨麻科（Urticaceae）

50. 叶全缘，羽状脉；子房 3 室，雄蕊与花被片同数且互生 ……………………………………………………………… 黄杨科（Buxaceae）

49. 花被合生，或花冠退化为鳞片状或缺

51. 雄蕊 4～5 枚，子房 2～4 室 ………………… 鼠李科（Rhamnaceae）

51. 雄蕊 8 枚，子房 1 室 ……………………… 瑞香科（Thymelaceaeae）

45. 双被花

52. 子房上位，有时花盘发达而子房藏于花盘内

53. 雄蕊多数，具副萼片 4 枚 ………………… 蔷薇科（Rosaceae）（鸡麻属 *Rhodotypos*）

53. 雄蕊 4～5 枚，稀 10 枚，无副萼片

54. 核果 ……………………………………………………… 鼠李科（Rhamnaceae）

54. 蒴果，种子具假种皮 ……………………………………… 卫矛科（Celastraceae）

52. 子房下位或半下位

55. 具副花冠；叶多具 3～9 条基出脉 …………… 野牡丹科（Melastomataceae）

55. 无副花冠

56. 花萼肉质肥厚，萼筒 5～7 裂，花瓣 5～7 片生于萼筒内，具皱纹；浆果具肥厚革质果皮 …………………………………… 石榴科（Punicaceae）

56. 花非上述性状

57. 常绿植物

58. 叶常有腺点，全缘；两性花 …………… 桃金娘科（Cornaceae）

58. 叶无腺点，有齿；单性花，雌雄异株 ……………………………………………… 山茱萸科（Cornaceae）

57. 落叶植物

59. 雄蕊 4 枚，与花瓣互生………………… 山茱萸科（Cornaceae）

59. 雄蕊 8～10 枚或更多 …………… 虎耳草科（Saxifragaceae）

23. 叶互生或簇生枝顶以及短枝上

60. 叶为各种复叶

61. 滕本，掌状或三出复叶 …………………………………………………… 木通科（Lardizabalaceae）

61. 乔木、灌木或蔓生灌木

62. 双被花，花冠合瓣，雄蕊 2 枚 ……………… 木犀科（Oleaceae）（茉莉花属 *Jasminum*）

62. 双被花、单被花和无被花，花冠离瓣

63. 子房下位

64. 单被花，花单性，雌堆同株，雄花为柔荑花序 ………… 胡桃科（Juglandaceae）

64. 双被花，两性花

65. 花托壶状，雄蕊多数着生于花托边缘；梨果 …………… 蔷薇科（Rosaceae）

65. 花托非壶状，雄蕊与花瓣同数；核果或浆果
……………………………………………………………………… 五加科（Araliaceae）

63. 子房上位，有时花盘发达包埋着子房

66. 2 回三出复叶；花大，单一或数朵顶生或同时腋生，花瓣 5 至多数，雄蕊多效，心皮 2～7 枚离生，蓇葖果………… 毛茛科（Ranunculaceae）（芍药属 *Paeonia*）

66. 非 2 回三出复叶

67. 掌状三出复叶；单被花，单性，雄雄异株，子房 3～4 室
…………………………………………………………… 大戟科（Euphorbiaceae）

67. 多为羽状复叶；花常两性

68. 单身复叶或羽状复叶，具透明油点，全体含挥发抽；花盘发达；柑果或蓇葖果 ………………………………………………… 芸香科（Rutaceae）

68. 非单身复叶，可以是其他复叶，叶内无透明油点

69. 雄蕊和花被共同着生壶状或杯状花托的边椽，雄蕊多数，基部多少合生 ……………………………………………… 蔷薇科（Rosaceac）

69. 雄蕊有定数，4～10 枚，非上述着生方式

70. 花瓣 5 枚，不等大，外面 3 片大，内面 2 片极小，常 2 裂，雄蕊 5，外面 3 枚不育，内面 2 枚与小花瓣对生
……………………… 清风藤科 Sabiaceae（泡花树属 *Meliosma*）

70. 花瓣或花被等大，雄蕊非上述情况

71. 雄蕊数常为花瓣的 2 倍，合生成雄蕊管，顶端 10～12 裂，花药着生在裂片间的内面………………… 楝科（Meliaceae）

71. 雄蕊不形成雄蕊管

72. 常绿灌木 …………………… 小蘖科（Berberidaceae）

72. 落叶乔木，稀灌木

73. 偶数羽状复叶

74. 小叶基部对称；蒴果
……………… 楝科 Meliaceae（香椿属 *Toona*）

74. 小叶基部歪斜不对称；核果

75. 小叶披针形，顶端渐尖，全缘 ……………
漆树科 Anacardiaceae（黄连木属 *Pistacia*）

75. 小叶卵状披针形至长椭圆形，顶端较钝，叶缘呈微波状
……………………………………………………… 无患子科 Sapindaceae（无患子属 Sapindus）

73. 奇数羽状复叶

76. 树皮常含树脂、乳汁或漆汁；心皮合生，花丝基部光滑 …… 漆树科（Anacardiaceae）

76. 树皮不分泌液汁但味极苦；心皮多离生，花丝基部有鳞片 … 苦木科（Simaroubaceae）

60. 叶为单叶，全缘或各种程度的分裂

77. 雄蕊和花被共同着生在壶状或杯状花托的边缘……………………………… 蔷薇科（Rosaceae）

77. 雄蕊和花被非上述着生方式

78. 具副萼，花丝结合成筒状，套在花柱外，花药单室 ………………… 锦葵科（Malvaceae）

78. 无副萼，花丝常不结合成筒状，花药 2 室

79. 藤本植物，叶盾状着生；叶若非盾状着生，则花瓣顶端 2 裂
…………………………………………………………………… 防己科（Menispermaceae）

79. 叶非盾状着生

80. 两性花两侧对称，花瓣 3～5，不等大；中央 1 瓣为龙骨瓣状，雄蕊 8 枚，花丝合生成鞘状，花药顶孔开裂 ………………………………………… 远志科（Polygalaceae）

80. 花辐射对称，花药非顶孔开裂

81. 全体有银白色或褐锈色盾状或星状鳞片，尤其叶背明显，常为灌木
………………………………………………………………… 胡颓子科（Elaeagnaceae）

81. 植物体无盾状或星状鳞片

82. 无被花或单被花

83. 无被花，或至少雄花无花被，具苞片或不具苞片

84. 树皮和叶片折断后有白色细胶丝相连 …… 杜仲科（Eucommiaceae）

84. 树皮和叶不具上述性状

85. 至少雄花为柔荑花序

86. 雌雄同株，花基部无花盘和腺体，坚果或翅果
…………………………………………… 桦木科（Betulaceae）

86. 雌雄异株，花基部有杯状花盘或腺体，蒴果
……………………………………………… 杨柳科（Salicaceae）

85. 花序穗状、头状或簇生于叶腋

87. 落叶乔木；花 6～12 朵簇生叶腋处，雄蕊 6～14 枚；翅果
…………………………………………… 领春木科（Eupteleaceae）

87. 常绿植物；花序穗状或雌花序头状
…………………………………………… 杨梅科（Myricaceae）

83. 单被花

88. 子房下位，多为柔荑花序

89. 坚果生于壳斗上 ……………… 山毛榉科（壳斗科）（Fagaceae）

89. 坚果或翅果，坚果外面被果苞托着或包着
……………………………………………… 桦木科（Betulaceae）

88. 子房上位，花序种种，少为柔荑花序

90. 花被片 1～5 枚，1 轮着生

91. 花被合生成管状，4 裂，雄蕊 8～10 枚成 2 轮着生于花被管上，近无花丝
…………………………………………………………………………… 瑞香科（Thymelaeceae）

91. 花被和雄蕊非上述特征

92. 雄蕊与花被同数或为其 2 倍且与之对生

93. 叶基部常偏斜；花单生或簇生成聚伞花序……………………………… 榆科（Ulmaceae）

93. 叶基部对称

94. 乔木、灌木或藤本，多具白色乳汁，花序头状、隐头、柔荑或复聚伞花序；聚花果
…………………………………………………………………………… 桑科（Moraceae）

94. 半灌木状的纤维植物，无乳汁，总状或圆锥花序；单果
…………………………………………… 荨麻科（Urticaceae）（苎麻属 *Boehmeria*）

92. 雄蕊数与花被无规则的数量关系，且多与之互生

95. 单体雄蕊，心皮 5；蒴果呈蓇葖果状，成熟前裂开为叶状果瓣，2～4 粒种子着生于果瓣基部的边缘 ……………………………………… 梧桐科（Sterculiaceae）

95. 雄蕊和果实非上述性状

96. 常绿植物

97. 枝常有刺，叶卵形，长 4～8m
……………………………… 风子科（Flacourtiaceae）（柞木属 *Xylosma*）

97. 枝无刺，叶长椭圆形

98. 叶长 3～7cm；蒴果
……………… 金缕梅科（Hamamelidaceae）（蚊母树属 *Distylium*）

98. 叶长 10～l5cm；核果………………… 交让木科（Daphniphyllaceae）

96. 落叶植物

99. 叶掌状 3～7 裂，掌状脉 5～7 条，托叶线形，红色，早落；蒴果集成球形果序，花柱宿存钅刺状
………… 金缕梅科（Hamamelidaceae）（枫香属 *Liquidambar*）

99. 叶全缘，稀 3 浅裂；蒴果不集成球形果序

100. 植物体常具乳汁；具 2～3 室的蒴果，每室 1 颗种子
…………………………………… 大戟科（Euphorbiaceae）

100. 植物体不具乳汁；具 1 室的蒴果或浆果，前者有多颗种子
…………………………………… 大风子科（Flacourtiaceae）

90. 花被片 6 或更多，2 轮或多轮着生

101. 藤本植物；具穗状或头状的聚合果
…………………………………………………… 木兰科（Manoliaceae）（五味子属 *Schisandra*）

101. 乔木或灌木

102. 枝条节处具针刺，短枝上的叶簇生
…………………………………………………………………………… 蘖科（Berberidaceae）

102. 枝条节上无针刺，叶互生或簇生于枝顶端

103. 雌蕊 3 心皮合生，花药瓣裂
…………………………………………………………………………… 樟科（Lauraceae）

103. 雌花多心皮离生，花药非瓣裂 ……………………………… 木兰科（Magnoliaceae）

82. 两被花，花瓣合生或离生

104. 子房上位

105. 花冠离瓣

106. 雄蕊 4～5 枚，有时具退化雄蕊

107. 雄蕊与花瓣互生

108. 叶散生细小油点；花单性雌雄异株，雄花成总状花序，每花具 1 枚大型苞片，花 4 数；蒴果 …………………… 芸香科 Rutaceae（日本常山属 *Orixa*）

108. 叶无细小油点

109. 叶多聚于枝顶；花瓣常向外反卷，侧膜胎座；蒴果 3 瓣裂 ………………………………………………………… 海桐科（Pittosporaceae）

109. 叶散生枝上；果非上述性状

110. 花无发达花盘；浆果状核果 …………… 冬青科（Aquifoliaceae）

110. 花具发达花盘；萌果或翅果，种子多有假种皮 ………………………………………………… 卫矛科（Clastraceae）

107. 雄蕊与花瓣对生

111. 植物体常具刺；花瓣大小一致，花瓣着生萼筒内，常短于小于花萼 ……………………………… 鼠李科（Rhamnaceae）

111. 植物体无刺，花瓣大小不一，常内方 2 片较小 ……………………………………………… 清风藤科（Sabiacaea）

106. 雄蕊 6 至多数

112. 植物体具乳汁；叶柄顶端具 2 枚腺体；核果较大，2～5 室，每室 1 种子 ……………………………………… 大戟科（Euphorbiaceae）（油桐属 *Aleurites*）

112. 植物体无乳汁；叶柄顶端无腺体

113. 花具 2 枚小苞片，常对生于萼下

114. 穗状或总状花序；萼片和花瓣均 4 枚，雄蕊 8 枚 …………………………………………………… 旌节花科（Stachyuraceae）

114. 花单生或簇生叶腋；萼片和花瓣多为 5 枚，雄蕊多数 ………………………………………………………… 山茶科（Theaceae）

113. 花无小苞片，但花序轴有时具大型舌状苞片

115. 叶 3～5 基出脉；花序轴有时具大型舌状苞片，花瓣边缘整齐，基具腺体 1 枚 ……………………………… 椴树科（Tiliaceae）

115. 叶多羽状脉；花序轴无舌状苞片，花瓣边缘不整齐

116. 常绿乔木；花瓣比萼片稍短或近等长，上部浅裂；核果或蒴果 ………………………………… 杜英科（Elaeocarpaceae）

116. 落叶植物；花瓣比萼片稍长或长很多；蒴果

117. 圆锥花序顶生和腋生，花瓣有爪，内卷，边缘具齿或波状皱缩 …… 千屈菜科（Lythraceae）（紫薇属 *Lagerstroemia*）

117. 由 3～6 枚总状花序构成顶生的圆锥花序，花瓣顶端微缺 ……………………………… 柳科（Clethraceae）

105. 花冠合瓣
118. 叶、花萼和果实上均有腺点 …………………………………… 紫金牛科（Myrsinaceae）
118. 叶、花萼和果实上均无腺点
119. 常具刺的蔓状灌木；花丝基部有毛环，浆果 …… 茄科（Solanaceae）（枸杞属 *Lycium*）
119. 植物体无刺；花丝无毛环
120. 雄蕊与花冠裂片同数或2倍，花药顶端孔裂，花粉常为四分体
……………………………………………………………… 杜鹃花科（Ericaceae）
120. 雄蕊非上述性状
121. 花萼和花冠裂片及雄蕊数均为5
122. 花多单生；浆果 ………………………………………… 茄科（Solanaceae）
122. 花常组成大型花序；核果或小坚果 ………… 紫草科（Boraginaceae）
121. 花萼和花冠裂片及雄蕊数非均为5
123. 单性花稀杂性同花，花萼深裂，结果时增大宿存；浆果
…………………………………………………… 柿树科（Ebenaceae）
123. 两性花稀杂性同花，花萼浅裂，宿存但不增大；核果或蒴果
…………………………………………………… 野茉莉科（Styraceae）

104. 子房下位或半下位
124. 花冠离瓣，但有时花瓣在蕾期合生，开放时离生且反卷
125. 花序轴具关节；花瓣与萼片同数，线形或舌形，蕾期结合成管状，开放时分离且反卷
……………………………………………………………………… 八角枫科（Alangiaceae）
125. 花序轴无关节；花瓣在蕾期不结合，或与花萼合生成一帽状体
126. 叶常具透明腺点……………………………………………… 桃金娘科（Myrtaceae）
126. 叶无透明腺点
127. 常绿植物 ……………………………………………… 冬青科（Aquifoliaceae）
127. 落叶植物
128. 叶全缘
129. 头状花序顶生或聚伞状总状花序；单性花 …… 紫树科（Nyssaceae）
129. 伞房状聚伞花序顶生，两性花 ……………… 山茱萸科（Cornaceae）
128. 叶具齿
130. 伞形或头状花序……………………………… 五加科（Araceae）
130. 多为总状花序，稀花单生或簇生
131. 植物体具星状毛；木质蒴果
……………………………… 金缕梅科（Hamamelidaceae）
131. 植物体无星状毛；浆果多数有宿存的花萼
……………………………… 虎耳草科（Saxifragaceae）

124. 花冠合瓣
132. 有长枝和短枝；花冠管内面近花药处有1束粗毛，具副萼 ……… 铁青树科（Olacaceae）
132. 无长枝和短枝之分；花非上述特征
133. 雄蕊与花冠裂片同数或2倍，着生于花盘基部，花药顶端孔裂，药隔常有芒状附属物，花粉常为四分体 …………………………………… 杜鹃花科（Ericaceae）

133. 花药非孔裂，花粉不为四分体

134. 植物体常具星状毛或鳞片；雄蕊为花冠裂片的 2 倍，花丝基部常合生成筒；核果或蒴果，花萼裂片常脱落 …………………………………………………… 野茉莉科（Styraceae）

134. 植物体具绒毛或柔毛；雄蕊多数，花丝分离或合生成几组，浆果状核果，顶端具宿存的萼裂片 ………………………………………………………………… 山矾科（Symplocaceae）

9. 一年生或多年生草本或革质藤本植物

135. 非绿色寄生或腐生草本植物，有时茎为绿色但也无绿叶

136. 缠绕性革质藤本；花簇生成球状……………… 旋花科（Convolvlacea）（菟丝子属 *Cuacuta*）

136. 直立草本植物

137. 寄生于其他植物根上

138. 花单性，单被花，花被片离生 ……………………… 蛇菰科（Balanophoracae）

138. 花两性，双被花，花瓣合生 ……………………… 列当科（Orobanchaceae）

137. 腐生草本植物

139. 叶成鞘状鳞片生于节上；具大型总状花序，萼片和花瓣合生成壶状 …………………………………… 兰科（Orchidaceae）（天麻属 *Gastrodia*）

139. 叶为鳞片状互生在茎上；非大型总状花序

140. 小型草本；花单生或 3～8 朵组成偏向一侧的总状花序 …………………………………………………… 鹿蹄草科（Pyrolaceae）

140. 大型草本；大型圆锥花序 …………………………… 兰科（Orchidaceae）（山珊瑚兰属 *Galeola*）

135. 绿色草本植物

141. 纤细食虫草本，沼生；叶基生，线形或匙形，长 lcm，开花时萎缩消失；花冠合瓣，唇形 ……………………………………………………………… 狸藻科（Lentibulariaceae）

141. 植物体非上述性状

142. 水生植物，有时挺水植物具 2 型叶

143. 漂浮水面的叶状体，无茎叶区别，有根或无根 ………… 浮萍科（Lemnaceae）

143. 具根茎叶的植物

144. 叶盾状着生……………………………………… 睡莲科（Nymphaeaceae）

144. 叶非盾状着生

145. 叶柄中部膨大成海绵状气囊，浮水叶菱状三角形，具齿 ………………………………………………………… 菱科（Trapaceae）

145. 叶柄粗细均匀不膨大，沉水植物；叶线形或披针形

146. 叶同型或异型，叶片 1 至数回分裂或分叉

147. 叶背面具腺点 ………………… 玄参科（Scrophulariaceae）

147. 叶背面无腺点……………… 小二仙草科（Haloragidaceae）

146. 叶片不分裂

148. 头状花序 1～4 个，腋生，无总梗 …………………… 苋科（Amaranthaceae）（莲子草属 *Alternanthera*）

148. 非头状花序

149. 叶片卵形、圆形或肾形，基部心形

150. 叶柄粗壮，基部具鞘 …………………………………………… 雨久花科（Pontederiaceae）

150. 叶柄细长，基部无鞘，叶圆形或肾形

151. 叶背有海绵状浮飘组织 ………………………………… 水鳖科（Hydrocharitaceae）

151. 叶背面无海绵状浮飘组织

152. 弧形脉；大型圆锥或总状花序，花小 …………… 泽泻科（Alismataceae）

152. 掌状脉；花单生，花大……………………………… 睡莲科（Menyanthaceae）

149. 叶基部非心形

153. 叶具平行脉，或叶为线形；花芽外面包有托叶鞘，无苞片；花被 4～6 或无 …………………………………… 眼子菜科（Potamogetonaceae）

153. 叶具羽状脉；花芽无托叶鞘，单性花，雄蕊 1 枚 ………………………………………………… 水马齿科（Callitrichaceae）

142. 陆生植物或具单型叶的挺水植物

154. 叶退化为膜质鳞片、刺或缺

155. 肉质草本，叶通常缺或退化，鳞片叶的叶腋生刺 ………………… 仙人掌科（Cactaceae）

155. 非肉质草本

156. 叶退化为膜质鳞片，叶状枝线形或针形，1 至数枚簇生于退化叶腋内；蔓生草本或革质藤本，具数个纺锤状块根 ………… 百合科（Liliaceae）（天门冬属 *Asparagus*）

156. 叶退化仅存膜质叶鞘；茎不分枝，簇生且多湿生

157. 叶鞘闭合；由小穗组成聚伞花序，或小穗单生 ………… 莎草科（Cyperaceae）

157. 叶鞘开裂；由单花组成聚伞花序或圆锥花序 ………… 灯心草科（Juncaceae）

154. 叶为正常叶

158. 由管状花和舌状花或全由管状花或舌状花组成的头状花序，花序外由 1 至数层总苞片组成的总苞围绕，花药聚合 ……………………………………………… 菊科（Compositae）

158. 花序和花非上述性状

159. 荚果或节荚；花多为蝶形花或多具二体雄蕊 ………………… 豆科（Leguminosae）

159. 非荚果

160. 角果，花冠十字形，花瓣具爪，四强雄蕊 …………… 十字花科（Cruciferae）

160. 非角果

161. 双悬果，叶基部具鞘状抱茎，伞形或复伞形花序 …………………………………………………… 伞形科（Umbelliferae）

161. 非双悬果

162. 具膜质或革质筒状托叶鞘 …………………… 蓼科（Polygonaceae）

162. 无筒状托叶鞘

163. 具卷须的藤本植物

164. 卷须与叶对生；多分叉；子房上位 … 葡萄科（Vitaceae）

164. 卷须生于叶腋或与叶柄成 90°角，子房下位 ……………………………………… 葫芦科（Cucubitaceae）

163. 直立或匍匐草本或无卷须的藤本植物

165. 缠绕的革质藤本

166. 叶片盾状着生 …… 防己科（Menispermaceae）

166. 叶片非盾状着生
167. 叶互生
168. 植物体常有乳汁
169. 单叶全缘或各种深裂；花蕾扭旋，花冠呈喇叭状
…………………………………………………………………… 旋花科（Convolvulaceae）
169. 单叶或复叶，不裂，花蕾不扭旋，花冠钟形………… 桔梗科（Campanulaceae）
168. 植物体无乳汁
170. 单性花
171. 掌状脉；核果……………………………… 防己科（Menispermaceae）
171. 弧形脉；有时中部以上叶对生或基部 3～4 片叶轮生；蒴果具 3 个棱翅
……………………………………………………… 薯蓣科（Dioscoreaceae）
170. 两性花
172. 叶 3～5 掌状分裂；花两侧盔状，萼片花瓣状，花瓣具长爪
………………… 毛茛科（Ranunculaceae）（乌头属 *Aconitum*）
172. 叶和花非上述特征
173. 花单生叶腋，两侧对称；蒴果
……………………………… 马兜铃科（Aristolochiaceae）
173. 聚伞花序腋生，花辐射对称；浆果
……………………… 茄科（Solanaceae）（茄属 *Solanum*）
167. 叶对生
174. 三出复叶或羽状复叶；若为单叶，则雄蕊花丝两侧有长柔毛；叶柄往往变成攀缘器官
………… 毛茛科（Ranuncula ）（铁线莲属 *Clematis*）
174. 单叶
175. 植物体常具乳汁，茎圆柱形无刺，无恶臭味，叶全缘，花具副花冠；蓇葖果；种子有毛
………………………… 萝藦科（Asclepidaceae）
175. 植物体无乳汁，茎有棱，倒生钩刺；或茎圆柱形无刺，但揉碎后具恶臭味
176. 叶卵形或掌状五角形，掌状深裂或不裂，叶背面多有黄色腺点；单被花
………………… 大麻科（Cannabinaceae）
176. 叶卵心形或披针形，全缘，多轮生；以对生为主者茎圆柱形，叶和茎揉碎后具恶臭味 …………………… 茜草科（Rubiaceae）
165. 直立、蔓性或攀缘草本
177. 叶片盾状着生
178. 食虫小草本；叶半月形，边缘密生腺毛，顶端膨大，红紫色
…………………………………………………………………… 茅膏菜科（Droseraceae）

178. 叶非上述性状

179. 植株高大，多分枝；叶 5～11 掌状中裂；蒴果外被软刺 …………………………………………………………… 大戟科（Euphorbiaceae）（蓖麻属 *Ricinus*）

179. 植株较小，不分枝，或无地上茎

180. 叶全缘，无地上茎；花具佛馅苞 …………………… 天南星科（Araece）（芋属 *Colocasia*）

180. 具地上茎；叶 4～9 浅裂；花无佛焰苞…… 小蘖科（Berberidaceae）（八角莲属 *Dysosma*）

177. 叶片非盾状着生

181. 叶基部有膜质鞘；肉穗花序外包有 1 枚各种颜色的佛焰苞 ……………… 天南星科（Araceae）

181. 花序外无佛焰苞

182. 由叶鞘相互抱合构成粗大假茎；叶大，长椭圆形，羽状脉平行 …… 芭蕉科（Musaceae）

182. 植物体非上述特征

183. 掌状复叶，有 3 小叶，小叶倒心形，蒴果 ………………… 酢浆草科（Oxalidaceae）

183. 叶非上述性状

184. 茎具坚韧的内皮，多为纤维植物

185. 花具副萼，花丝结合成筒，花药单室 ……………… 锦葵科（Malvaceae）

185. 花无副萼，花丝不结合成筒，花药 2～4 室

186. 花多单性，单被花

187. 叶基部平截，近圆形或浅心形 ………………………… 桑科（Moraceae）（水蛇麻属 *Fatoua*）

187. 叶基部楔形，或不对称…………………… 荨麻科（Urticaceae）

186. 花两性，双被花，叶卵形或剑状披针形，有齿，子房 3 室少 5 室，若 5 室则叶基两则各有 1 枚下弯的钻形齿；蒴果多长形 ………………………………………………………… 椴树科（Tiliaceae）

184. 茎不具坚韧的内皮

188. 叶为各种复叶

189. 叶对生或轮生

190. 由 3～7 枚小叶组成掌状复叶，轮生于茎顶；伞形花序单生于茎顶 …………………… 五加科（Araliaceae）（人参属 *Panax*）

190. 羽状或三出复叶

191. 羽状复叶；复伞房花序 ………… 忍冬科（Caprifoliaceae）（接骨木属 *Sambucus*）

191. 1～2 回三出复叶；总状或圆锥花序 ……… 小蘖科（Berberidaceae）（淫羊藿属 *Epimedium*）

189. 叶互生、簇生或基生

192. 由 3～7 枚小叶组成的掌状复叶；花瓣呈十字形排列，具雌雄蕊柄；蒴果 …………………………… 白花菜科（Capparidaceae）

192. 非上述佳状

193. 叶具透明腺点；雄蕊 8 或 10 枚，具花盘 …………………………… 芸香科（Rutaceae）

193. 叶无透明腺点；雄蕊不定数，多无花盘

194. 花两侧对称，有距

195. 雄蕊 6 枚，成 2 体 ……………………… 罂粟科（Papaveraceae）（紫堇属 *Corydalis*）

195. 雄蕊多数，非 2 体 ………………………………………………… 毛茛科（Ranunculaceae）

194. 花无距

196. 叶基不对称；伞形花序多数组成顶生大型圆锥花序，花基数 5 ………………………………………………………… 五加科 Araliaceae（楤木属 *Aralia*）

196. 非上述性状，叶基部常对称

197. 小叶 5～9 对，大小相间排列；花药贴合成一圆锥体 ……………………………………………… 茄科（Solanaceae）（茄属 *Solanum*）

197. 小叶大小均匀，花药不贴合

198. 具托叶；花托凸起或内凹，雄蕊和花冠均着生在萼筒上，心皮离生，聚合瘦果、核果或蓇葖果 …………………………………… 蔷薇科（Rosaceae）

198. 非上述特征

199. 雄蕊 10 枚，无退化雄蕊，心皮 2 枚 …… 虎耳草科（Saxifragaceae）

199. 雄蕊多数，有时具退化雄蕊，心皮多枚 … 毛茛科（Ranunculaceae）

188. 叶为单叶，浅裂、深裂或全裂

200. 花生于颖片或鳞片内，覆瓦状排列构成小穗，由小穗构成各种花序

201. 茎秆圆柱形，具节，节间中空，叶鞘开裂，具叶舌；多为颖果 ………………………………………………………………………………… 禾本科（Gramineae）

201. 茎秆常三棱形，实心无节，叶鞘闭合，无叶舌；小坚果 ………… 莎草科（Cyperaceae）

200. 花序和花非上述性状

202. 植物体具乳汁

203. 单性花，无被，杯状聚伞花序，子房有长柄，3 心皮 ……………………………………… 大戟科 Euphorbiaceae（大戟属 *Euphorbia*）

203. 两性花，双被花，非杯状聚伞花序，子房无柄

204. 花冠合生，雄蕊 5 枚

205. 子房上位，雄蕊着生于花冠筒中部；蓇葖果双生 ………………………………………………… 夹竹桃科（Apocynaceae）

205. 子房下位，雄蕊着生花盘边缘；蒴果 …… 桔梗科（Campanulaceae）

204. 花冠离生，雄蕊多数，多具有色乳汁 …………… 罂粟科（Papaveraceae）

202. 植物体不具乳汁

206. 肉质草本，茎和叶均肉质肥厚

207. 蓇葖果，心皮与花瓣同数，雄蕊与花瓣同数或 2 倍 ……………………………………… 景天科（Crassulaceae）

207. 蒴果；心皮、花瓣与雄蕊之间数量关系无规则

208. 萼片 2 枚，子房 1 室 ……… 马齿苋科（Portulaceae）

208. 花萼 4～5 裂，子房 2～6 室 … 番杏科（Aizoaceae）

206. 非肉质草本或仅茎肉质而叶非肉质多汁

209. 子房上位

210. 单被花、裸花或花被退化为各种形状，以及少数花冠为膜质的双被花

211. 叶线形或条状披针形，平行脉；花被无艳色

212. 双被花，花冠筒状膜质，穗状花序 …………………………… 车前科（Plantaginaceae)

212. 单被花或裸花

213. 两性花，单被花，叶疏生白色长毛；花簇生或单生再排成聚伞花序 …………………………………………… 灯心草科（Juncaceae）（地杨梅属 *Luzula*)

213. 单性花，裸花或单被花

214. 花紧密排列成蜡烛状或棍棒状的穗状花序 ……………… 香蒲科（Typhaceae)

214. 花紧密排列为头状花序

215. 花序生于花葶顶端，雌雄花同序 ………………… 谷精草科 Eriocaulaceae

215. 花序生于茎枝顶端，雌雄花分别生于不同的花序上 ………………………………………………… 黑三棱科（Sparganiaceae)

211. 叶非线形或长条形，若为线形则具艳色的花枝，网状脉或弧状脉

216. 双被花，花冠合生或离生，膜质或鳞片状；穗状花序 ………… 车前科（Plantaginaceae)

216. 单被花或裸花

217. 单被花多具艳色，花被合生或离生

218. 穗状、头状或圆锥花序，花被片干膜质；胞果 ……… 苋科（Amaranthaceae)

218. 非上述性状

219. 雌蕊由 2～3 枚或更多枚心皮合生

220. 雄蕊 4 枚；叶有显著的纵脉和横脉 ………… 百部科（Stemonaceae)

220. 雄蕊 6 枚

221. 花两侧对称，其中 1 枚雄蕊较大 ……………………………………… 雨久花科（Pontederiaceae)

221. 花辐射对称，雄蕊大小一致，具鳞茎或球茎或块茎 ………………………………………………… 百部科（Liliaceae)

219. 雌蕊由单心皮或数个离生或半合生心皮组成

222. 蓇葖果，多心皮离生，花被离生 …………………………………… 毛茛科（Ranunculaceae)

222. 瘦果或蒴果，心皮 1 或 5 枚，花被合生

223. 小叶互生，披针形 ………………………………… 虎耳草科（Saxifragaceae）（扯根菜属 *Penthorum*)

223. 叶对生，卵形…………… 紫茉莉科（Nyctaginaceae)

217. 裸花或单被花，花被肉质或膜质，无鲜艳色彩

224. 裸花，每花仅具 1 枚小苞片，总状或穗状花序，有时基部有 4 枚白色花瓣状苞片；托叶贴生在叶柄上 ……………………………… 三白草科（Saururaceae)

224. 单被花

225. 雌蕊为单心皮或合生心皮，子房 1 室

226. 叶基楔形或不对称；花多单性，花丝在芽中内曲；瘦果或核果 ………………………………………………… 荨麻科（Urticaceae)

226. 花多两性，花丝在芽中直立，坚果或胞果

227. 一年生匍匐草本，多分枝，节处多生根；叶对生 ………………… 苋科（Amaranthaceae）
227. 直立草本；叶互生……………………………………………………… 藜科（Chenopodiaceae）
225. 雌蕊为离生的多心皮，或由 3～5 心皮合生，子房 3～5 室
228. 雌蕊为 8～10 枚离生心皮组成；块根肉质圆柱形 ………… 商陆科（Phytolaccaceae）
228. 雌慈为 3～5 心皮合生，子房 3～5 室
229. 叶对生或轮生 ……………………………………………… 粟米草科（Molluginaceae）
229. 叶互生……………………………………………………… 大戟科（Euphorbiaceae）
210. 两被花，花被合生或离生
230. 花冠离生
231. 叶具叶鞘或叶基有鞘状膜质边缘；萼片和花瓣均 3 枚，雄蕊多为 6 枚
232. 叶茎生；雌蕊合生；蒴果………………………………… 鸭跖草科（Commelinaceae）
232. 叶基生；雌蕊由多枚离生心皮组成；瘦果 ………………… 泽泻科（Alismataceae）
231. 叶无叶鞘；花基数 4 或 5
233. 常绿多年生草本，叶基生，总状花序生花葶上，花 5 基数；蒴果，花柱宿存
……………………………………………………… 鹿蹄草科（Pyrolaceae）
233. 植物体、花和果非上述待征
234. 花具退化雄蕊，蒴果浅裂，每果瓣有 1 种子，成熟时果瓣由基部向上反卷，与花柱相连接形成喙……………………… 牻牛儿苗科（Geraniaceae）
234. 果实非上述性状
235. 叶对生或轮生
236. 植物体常具透明或黑色腺点；雄蕊多数，常合生成束
……………………………………… 金丝桃科（Hypericaceae）
236. 植物体不具腺点；雄蕊与花瓣同数或为其 2 倍，不合生成束
……………………………………… 千屈菜科（Lythraceaee）
235. 叶互生或簇生
237. 叶多簇生，无茎或少有茎，具托叶并宿存；花两侧对称，花萼宿存，子房 1 室，种子多数 …… 堇菜科（Violaceae）
237. 非上述特征
238. 聚伞花序顶生，花 4～5 基效，辐射对称；蓇葖果
……………………………… 景天科（Crassulaceae）
238. 非聚伞花序顶生
239. 花丝分离，花药离生
……………………… 毛茛科（Ranunculaceae）
239. 花丝连合成鞘状，或花丝上部连合，花药连合围抱着雄蕊
240. 萼片 3 枚，背后 1 枚较大；基部延伸成距
……………… 凤仙花科（Balsaminaceae）
240. 萼片 5 枚，无距，花冠中间 1 片呈龙骨瓣状…………………… 远志科（Polygaceae）
230. 花冠合生

241. 叶互生或簇生

242. 花冠两侧对称，若辐射对称者，则叶只有 1 或 2 片，基生，或花丝具须毛

243. 多年生草本，叶 1 或 2 片或数片基生，无地上茎 …………… 苦苣苔科（Gesneriaceae）

243. 具地上茎，叶互生或兼基生 ………………………………… 玄参科（Scrophulariaceae）

242. 花冠辐射对称

244. 植物体有糙毛；顶生二歧分枝蝎尾状聚伞花序，或总状或穗状花序，后者花冠筒喉部有鳞片；核果或小坚果…………………………………… 紫草科（Boraginaceae）

244. 植物体常无糙毛；非蝎尾状聚伞花序；浆果或蒴果

245. 花单生于花葶上或花葶顶端为伞形花序、总状花序，少单生叶腋；蒴果 ………………………………………………………… 报春花科（Primulaceae）

245. 花顶生、腋生或腋外生的聚伞花序或丛生花序，有时单生或簇生；浆果，少蒴果，后者具较长的花冠筒 ……………………………… 茄科（Solanaceae）

241. 叶对生或轮生

246. 花冠辐射对称

247. 雄蕊 2 枚 ………………………………………………… 玄参科（Scrophulariaceae）

247. 花萼裂片、花冠裂片和雄蕊均为 5 ………………………… 报春花科（Primulaceae）

246. 花冠两侧对称

248. 茎常四棱形；果实为 4 枚小坚果，或蒴果包在萼内成熟后裂为 4 枚带翅小坚果

249. 子房 4 裂，花柱基生；果实为 4 枚小坚果 ……………… 唇形科（Labiatae）

249. 子房不裂，花柱顶生；蒴果包在萼内成熟后裂为 4 枚带翅小坚果 ………………………………………………………… 马鞭草科（Verbenaceae）

248. 茎常圆柱形；瘦果或蒴果，其蒴果成熟后不裂成 4 枚小坚果

250. 瘦果包于萼内，下垂，棒状，有 3 枚萼齿呈芒状钩刺 ………………………………………………………… 透骨草科（Phrymataceae）

250. 蒴果，无芒状萼齿

251. 叶大，椭圆形，长达 15～18cm；叶柄有翅，基部合生成船形，或叶柄无翅，花常单生叶腋，或对生或成头状

252. 具纤弱走茎的草本；发育雄蕊 2；蒴果镰刀状 ……………………………………………… 苦苣苔科（Gesneriaceae）

252. 直立草本；发育雄蕊 4；蒴果四棱状长卵形或长椭圆形 ………………………………………………… 胡麻科（Pedaliaceae）

251. 叶常较小，若叶长达 15cm 者，则花具苞片；花常组成大型花序，若单生叶腋者，则叶较小近无柄

253. 花序常具艳色苞片，小苞片 2 或退化，花药 2 室或 1 室，蒴果 ………………………………………… 爵床科（Acanthaceae）

253. 花序无艳色苞片，花药 2 室，等大并等高；蒴果内无种钩 ……………………………………… 玄参科（Scrophylariaceae）

209. 子房下位或半下位

254. 叶对生或轮生

255. 花冠合生

256. 叶常轮生，少对生，全缘，常具托叶 …………………………… 茜草科（Rubiaceae）

256. 叶对生，具齿或羽状裂，无托叶

257. 聚伞花序，无苞片 ………………………………………… 败酱科（Valerianaceae）

257. 头状花序或间断的穗状花序，有苞片且顶端尖成芒 ………… 川续断科（Dipsaceae）

255. 花冠离生，单被花或裸花

258. 茎4棱，有糙伏毛；叶披针形具3～9条纵脉；头状花序顶生，具副花冠 …………………………………………………………… 野牡丹科（Melastomataceae）

258. 茎常圆柱形；叶脉网状；非顶生头状花序，无副花冠

259. 双被花，花萼筒状，与子房合生且延伸于外 ……………… 柳叶菜科（Onagraceae）

259. 单被花或裸花

260. 植物体细弱，无明显的节，具根状茎，单被花，单生或聚伞花序 …………………………………………………… 虎耳草科（Saxifragaceae）

260. 植物体直立，节明显，无根状茎；裸花，穗状、圆锥或头状花序 ………………………………………………… 金粟兰科（Chloronthaeae）

254. 叶互生或簇生

261. 叶具网状脉或掌状基出脉；无叶鞘

262. 叶片1～2枚基生，心形或肾形；花单生叶腋 ………………………………………… 马兜铃科（Aristolochiaceae）（细辛属 *Asarum*）

262. 叶片多枚；花组成花序

263. 茎节明显且膨大，叶基偏斜；萼片花瓣状 ………………… 秋海棠科（Begoniaceae）

263. 茎节常不明显膨大，叶基对称

264. 花萼筒状，与子房合生且延伸于外，雄蕊生于花瓣上 ………………………………………………………… 柳叶菜科（Onagraceae）

264. 花萼筒状或漏斗状，不向外延伸；常无花瓣 ……… 虎耳草科（Saxifragaceae）

261. 叶具平行脉，常有叶鞘，叶常线形或剑形

265. 花具合蕊柱，内轮花被其中1片成唇瓣，有时基部延伸成距；种子多而极小 ……………………………………………………… 兰科（Orchidaceae）

265. 花不具合蕊柱

266. 发育雄蕊1枚，不育雄蕊花瓣状

267. 总状或圆锥花序顶生，萼片离生，花药1室 …………………………………………… 美人蕉科（Cannaceae）

267. 穗状或圆锥花序由根状茎节部抽出，萼片联合成管状或佛焰苞状，花药2室 ………………………… 姜科（Zingiberaceae）

266. 发育雄蕊3～6枚

268. 叶常基生而嵌叠状成2列；聚伞花序 ………………………………………… 鸢尾科（Iridaceae）

268. 叶基生非嵌叠状成2列；伞形花序或总状花序

269. 总状花序 ……… 百合科（Liliaceae）（沿阶草属 *Ophiopogon*）

269. 伞形花序 ………………… 石蒜科（Amarylhdaceae）

第三章　动物学野外实习

第一节　无脊椎动物野外实习

一、无脊椎动物的野外实习方法

1. 浮游动物的采集与处理

浮游动物是一类经常在水中浮游、本身不能制造有机物的异养型无脊椎动物和脊索动物幼体的总称，它们或者完全没有游泳能力，或者游泳能力微弱，不能作远距离的移动，也不足以抵抗水的流动力。浮游动物的种类组成极为复杂，从微小的原生动物、腔肠动物、栉水母、轮虫、甲壳动物、腹足动物等低等动物，到高等的尾索动物，几乎每一类都有其代表动物，其中又以桡足类种类繁多、数量极大、分布较广。此外，也包括阶段性浮游动物，如底栖动物的浮游幼虫和游泳动物（如鱼类）的幼仔、稚鱼等。浮游动物在水层中的分布也比较广，无论是淡水或海水，都有其典型的代表。浮游动物又是经济水产动物，是中上层水域中鱼类和其他经济动物的重要饵料，对渔业的发展具有重要意义。浮游幼虫在养殖业和生态系统研究中占重要地位的一般有原生动物、轮虫、枝角类和桡足类等。由于很多种浮游动物的分布与气候有关，因此，也可用作暖流、寒流的指示动物。

（1）采集方法与时间　野外实习中，采集水体中浮游动物的方法有两种：第一种方法是用采水器采水后进行沉淀分离，这种方法适用于原生动物、轮虫等小型浮游动物的采集；第二种方法是用网过滤，这种方法可用于枝角类、桡足类等甲壳动物的采集。采样的时间一般在上午 8：00～10：00 进行，采集的次数根据情况决定。在长江中下游地区，一年至少可以采集 4 次，即春、夏、秋、冬各 1 次；如果调查的目的仅仅是为了了解水体中的供饵能力，则应选择在秋季（9～10 月）采集比较合适，这是因为 9～10 月份正是鱼类摄食旺季，为鱼类生长的最佳时期，如果此时有较高的现存量，则可认为该水体中有较大的供饵能力。

采集标本之前，可根据水体划分不同的采集区域，然后根据不同区域所占的份额，按比例取混合水样。采集水样的层次和深度可由水体的深度决定，不能只采一个表层或一个底层的水样。一般来说，在夏季，浮游动物的幼虫喜欢在表层活动，而成体则在深层活动，尽管这种分布格局因季节、时间和水深而有变化，但浮游动物存在垂直分布却是一个普遍现象。因此，如果只取表层水样就不能完整地采集到水体中的浮游动物，也就不能正确地测算浮游动物的现存量。许多水库或深水湖泊，水深 20m 以上，这种水体在夏季及冬季存在温跃层（或称变温层）。由于在温跃层以下缺乏光照，浮游植物数量极少，赖以植物生存的浮游动物数量也相应减少，因此只需要采集温跃层以上的水层就可以了。

(2) 采样点的选择　采样点的选择也很重要，采样点在平面上的分布要尽量有代表性，一般要求湖心、库心、江心必须采样，有条件时采样点可适当多设一些，如大的湖湾、库湾，河流的上、中、下游水体的沿岸带、浅水区等也要设立采样点。一般来说水深不超过 2m 的水体，可在采样点水下 0.5m 处采水，水深 2～10m 以内，应距底 0.5m 处另外采 1 个样，当水深超过 10m 时，还应于中层增采 1 个水样。

①池塘　采样点可设在距岸边 1m 处。水深小于 2m 时采一个中层水样。若水深大于 2m 时，最好采上、中、下层水样。

上层：水下 20cm 左右。

中层：水体中间部分。

下层：离底 20cm 左右。

②水库及河流　样点可设在上、中、下游。

上游：设 10 个点（亚表层或中层）

中游：水在 2～3m 深时设 1 个点，采 2 个样（上中层和中下层）

下游：设 2～3 个样点。中心点 3 个样（上、中、下层），两测点各 1 个样（中层）

③湖泊　中心区设 1 个点。进水口和出水口也应该设点。

(3) 采水量的确定　浮游动物不但种类组成复杂，而且个体大小相差也极悬殊。大的浮游动物，可达 10mm 以上，肉眼可以看见，而小的如原生动物，只有 20～30μm，只能在显微镜下方能观察清楚。它们在水体中的数量也极不相同，原生动物一般从几百个到几万个，通常为几千个；轮虫一般从几十个到上万个，通常为几百个；甲壳动物一般从几个到几百个，通常为几十个。因此要根据它们在水体中的不同密度而采不同的水量，一般来说，采集原生动物、轮虫的水样以 1L 为宜，枝角类、桡足类则以 10～50L 水样较为合适。

(4) 浮游动物样品的固定　原生动物和轮虫可用鲁哥氏液（Lugol's solution）固定。方法是：将 6g 碘化钾溶于 20mL 水中，待其完全溶解后，加入 4g 碘充分摇动，待碘全部溶解后定容到 100mL 即配成鲁哥氏液；枝角类和桡足类一般用 5%福尔马林固定。原生动物、轮虫的种类鉴定需活体观察，为方便起见，可加适当的麻醉剂，如普鲁卡因、乌来糖（尿烷），也可用苏打水等。

2. 底栖动物的采集与处理

底栖动物是指在水底栖息的动物总称，一般包括水生环节动物、软体动物、甲壳动物和水生昆虫等。底栖动物调查的目的在于了解水体中底栖动物的种类组成和分布，可以对水体单位面积上底栖动物的平均密度和生物量作出比较可靠的估计，还可用这些调查数据评述水体的污染程度。

(1) 采集工具　底栖动物的采集主要用采泥器进行，市场上有盒式采泥器、蚌斗式采泥器和带网夹泥器等 3 种。其原理是利用采集工具本身具有的重量，沉入水底，取出一定面积的底泥，从而了解水体中底栖动物的种类组成和分布，还可推算出某一水体中底

栖生物的数量。

(2) 采样点的选择 采样点的代表性要强，因此应选择那些有水域特性的地区和地带，如水库、江河流域内的库湾部分，水库的近坝区、消落区，沉入水下的旧河床地段等。采样点要反映整个水体的基本状况，因此在选点之前，要根据水体的详细地形图，对其形态及环境进行了解，从而根据不同环境特点（如水深、底质、水生植物等）设置断面和采样点。断面上设置的点是直线的，每隔一定距离设一采样点。断面上采样点的多寡要根据具体情况而酌情增减，通常设断面必须考虑以下几个因素：底质、水深、水生高等植物的组成，如进水口、出水口、湖湾以及受污染地区等。每一段区域断面上的每一采样点的位置都需标在地图上，采集时可按图上编号顺序进行。

(3) 样品的采集 采样的时间视调查任务而定。鉴于底栖动物生长、繁殖的速度比浮游动物较慢，所以，一般每季度采样 1 次，最低限度应在春季和夏末秋初各采样 1 次。如果是水库，还需在水库最大蓄水时和最小蓄水时各进行 1 次。采样时，应事先记录当时的天气、气温、水温（表层、底层）、透明度、水深，然后进行采样，同时记录底质及水生植物情况。采样时每个采样点上的大型和小型底栖动物要各采 2 次样品。带网夹泥器采得样品后，连网在水中剧烈洗涤摇荡，洗去污泥，网口要保持禁闭，然后提到船上打开，拣出全部螺、蚌、蚬等，放入广口瓶中，并贴上标签（写明地点、编号、日期），然后带回室内处理。蚌斗式采泥器采得的泥样，先倒入 40 目的铜丝分样筛中，然后将筛底放在水中轻轻摇荡，洗去样品中的污泥（若样品量大可分几次洗涤），最后将筛中的渣滓倒入塑料袋中，并放入标签，将袋口缚紧带回实验室分拣。这一过程也可将采的泥样倾入脸盆中，到岸边筛选，以免采样时间过长。样品采完后，还可以在各采样点上采一定数量泥样作定性标本用，也可在不同生境中，用抄网捞取一些定性样品。来不及分拣的样品，应放入冰箱内保存，以免虫体腐烂不利于分析。

(4) 样品的处理和保存 将上述采得的样品当场或带回实验室内进行分拣。将塑料袋内的样品倒入分样筛内，在自来水中冲洗（或在岸边水中筛洗），直至污泥完全洗净，然后将渣滓倒入白色解剖盘内，加入清水，拣出水蚯蚓和昆虫幼体，放入口瓶中固定保存。对于水蚯蚓，可利用其对温度的敏感性，在装有样品的解剖盘上，放一纱布，覆盖样品，然后倒入 40℃左右的热水，水蚯蚓即钻到纱布上面来，这样就可以一网打尽，效果较好。分拣标本一般用小镊子、解剖针等，柔软较小的动物也可用毛笔分拣。分拣时，要避免损伤虫体。每一塑料袋的样品分拣完毕后，要将袋内的标签放进指管瓶内，并在每瓶外面贴上一个同样的标签。

分拣出的底栖动物分别固定分装在样瓶中。水蚯蚓应先麻醉，使其舒展再固定，可以把水蚯蚓放在培养皿中，加少量水，然后每隔 10min 滴加 95%酒精，直至虫体全部伸直，然后用 4%～10%甲醛液固定，或固定 1～2d 后，移入 70%酒精中封存。螺蚌类可保存于 70%～80%的酒精中，4～5d 再换 1 次酒精即可。也可用甲醛液固定，但要加入少量苏打或硼砂中和酸性甲醛，不然，软体动物的钙质壳会被酸性甲醛腐蚀。此外，软体动物也可去除内脏后，将壳干燥保存。昆虫及甲壳动物，可用 75%酒精固定，昆虫成虫亦可制成针插标本保存。

3. 昆虫的采集与处理

昆虫分布范围很广，水陆空都有，很多昆虫栖息在草丛、花间、河边丛林等处，可用捕虫网进行采集。初春时昆虫尚未大量起飞，有时在一些荫蔽的洞穴内常可获得大批栖息的种类，或者在它们特嗜的植物上，用扫网捕捉，有一些昆虫则栖息在地面且有毒菌的树叶、腐木或砖石下及一些动物尸体的附近，或土壤表面，可用网或手捕捉。对于向光的昆虫如金龟子、蛾类，可在灯下或以诱虫灯捕捉。水生昆虫幼虫则可用水网伸入不同深度捞取，于溪水石块下，也能找到若干种类的幼虫，如石蝇、石蛾、蜉蝣等。

（1）采集工具　包括捕虫网、毒瓶、吸虫器、诱虫灯等。

① 捕虫网　根据各种昆虫生活的场所、取食方式和个体大小等不同，应采用不同的网进行采集，常用的捕虫网有捕网、扫网和水网等。

捕网是用来采集能飞善跳的昆虫。网圈可用粗铅丝制成，网袋一般用轻便通风的纱布制成，网圈直径约 30～40cm，网袋的深度约 60～70cm，网柄可以用硬木料制作，长约 0.8～1.2m。扫网主要用于在草丛中扫荡隐藏于枝叶下的昆虫，网袋要用较结实的布制作，直径与袋深可以比捕网略小，其他与捕网基本相同。水网是用来捕捉水生昆虫的，网袋需要用坚固不怕水的材料制作，如尼龙、亚麻、金属纱等，也可用机布和粗布制作，要根据虫体的大小选取不同孔径的纱，网袋直径约 30cm，网柄要根据水深适当做长一点。

采集标本时，网必须保持清洁和干燥，水网用后应立即晒干，以防腐烂，扫网须避免有刺的树木。用扫网捕虫时应左右扫动，然后要清除网中杂物，把毒瓶伸入网内捕取昆虫，小型的昆虫用吸虫器吸取，有刺的昆虫，可隔网用毒瓶杀死，蝶蛾类可隔网轻按其胸部，使其昏迷，再放入毒瓶。

② 毒瓶　毒瓶是用来收集和迅速杀死昆虫的。毒瓶一般可用 500mL 的广口瓶制作。制作的方法是将 40～50g 的氰化钾（也可用氰化钠）置于瓶底，上面铺 1 层锯末，浇上石膏浆，待石膏硬化后用针在上面扎一些小孔，最上面再铺 1 层滤纸，盖好瓶盖备用。由于氰化钾是剧毒品，使用时要格外小心。为安全起见，学生野外实习时毒瓶的制作可用乙醚、乙酸乙酯或三氯甲烷来代替氰化钾。制作的方法也很简便，先在瓶底铺 1 层脱脂棉，其上再铺 1～2 层滤纸，采集之前倒入适量的乙醚（或乙酸乙酯、三氯甲烷），盖紧瓶盖备用即可，由于这几种试剂极易挥发，所以要及时添加以保持麻醉效果。

毒瓶制备好以后一定要标明“有毒”二字，且制备时不要用鼻子嗅闻，瓶中最好放置一些吸水纸条，以防潮湿。因为氰化钾可使昆虫体色变成黄色或红棕色，同时使虫体易变脆，因此昆虫死后应该立即取出，放入标本盒内。毒瓶使用一段时间后会失效，要注意及时更换新的毒瓶，取出的氰化钾要深埋土中。要特别注意的是野外工作时不能遗失毒瓶，更不可将毒瓶放在有食物的地方。

③ 吸虫器　吸虫器可用大型指管制作，塞以二孔橡皮塞，孔中各插入一弯玻管，一管为吸取虫的入口，一管底端用纱布蒙住，顶端则接 30～40cm 长的橡皮管，其上并接一短玻管，以便噙于口内。虫被吸入管后，可迅速换一个附有小毒管的橡皮塞，杀死捕得的昆虫。吸虫器通常吸取小型昆虫，毒死小昆虫之后，如弹尾目、缨尾目等可保持于 75%的酒精中。

④ 诱虫灯　诱虫灯是用来夜间诱捕昆虫特别是蛾类的工具，要求诱虫灯的灯光射程要尽量远一点，诱来的昆虫落入灯下的容器中就不易逃脱，或使昆虫落在旁边放置的白色的幕布上，然后准备几个毒瓶，就可大量收集了。

⑤ 采集袋和三角纸袋　在野外采集昆虫，一般需要携带很多采集用具，为了便于携带，应该用采集袋装载，采集袋一般有2种，一种是背的，另一种是围在腰上的。采集到的鳞翅目（如蝶、蛾）一类的昆虫，为了防止翅上的鳞片脱落，要先放入三角纸袋里，再连同三角纸袋一起放入毒瓶里毒杀；三角纸袋要选用半透明的并且吸水性能好的纸张来制作，纸张的长宽比大致为3∶2，三角纸袋的大小随虫体而定，纸袋的外面要写明采集地点、采集时间和采集者的姓名。

⑥ 其他工具　铁锹（挖土工具）、采集箱、白色的幕布、放大镜、剪刀、镊子、小刀、记录本、铅笔、毛笔、记录本等。

（2）采集方法　昆虫的种类繁多，分布很广，因此采集昆虫标本之前要掌握昆虫的相关知识，熟悉其生活习性，这样才能确定采用何种采集方法。

① 网捕法　网捕是采集昆虫最常用的方法，对于善飞的昆虫，如蝶类、蛾类、蜻蜓等可以用这种方法采集。采集时先将昆虫兜入网内，当昆虫入网后，使网袋底部往上甩，将网底连同昆虫倒翻上面来；或者当昆虫入网后，转动网柄，使网口向下翻，将昆虫封闭在网底部。捕到昆虫后，应及时取出并装进毒瓶，或将已经打开盖子的毒瓶送到网底，把虫赶入瓶内，底部有开口的网，可打开结扎，将虫送入毒瓶。取虫时，先用手握住网袋中部，将虫束在网底，再将昆虫取出，或将毒瓶伸入网内扣取。对蜇人的蜂类和刺人的猎蝽等昆虫，由网中取出时，不要用手碰到它，可将有虫的网底部装入毒瓶中，先熏杀后再取出，也可以用镊子、毒虫夹取出昆虫。对蝶蛾类昆虫，应隔网用手轻捏其胸部，使其丧失飞翔能力，以免因虫体挣扎，而使翅和附肢遭到损坏。采集水生昆虫，应根据虫体的大小和所处水域的环境，选用不同的水网采集。

② 诱虫法　利用许多昆虫对光线、食物等因子的趋性，用诱集法进行采集，是非常省力而又有效的方法。常用的诱集法有灯光诱集、糖蜜诱集、腐肉诱集和异性诱集等。

灯光诱集：利用有些昆虫有趋光性的特点，在夜间用诱虫灯来诱捕昆虫，方法是在没有月光又无风的夜晚，选择一个植物茂盛、最好还有水的地方，将诱虫灯安装好，就会诱来各种昆虫，其中最多的是大小不一的蛾类，四面飞来停在幕布上，只要准备几个毒瓶，就可大量收集了。这种灯光诱集，在闷热的夏夜收获最大，阴天或雨后也可以，甚至正在下着小雨，只要将灯和幕布遮好，照常可以进行诱集。

糖蜜诱集：蝶蛾类喜欢吸食花蜜，许多甲虫和蝇类也经常在花上或集聚在树干流出的含糖液体上。利用昆虫这种对糖蜜具有趋性的特点，可以在树干上涂抹一些糖浆进行诱捕。方法是用50%红糖、40%食醋、10%白酒，在微火上熬成浓的糖浆，用时涂抹在树干上，白天有少量蛱蝶等蝶类飞来取食，夜间则可诱到许多蛾类和甲虫。用手电筒照明检查，凡停集的用毒瓶装，飞动的用网捕，大型蛾类可直接用注射器注射石炭酸毒杀。使用糖蜜诱集时，要注意蚁类和多足纲动物也喜食糖蜜，常将所涂抹的糖浆霸占，使别的昆虫不敢前来取食。可在涂有糖浆的树干下面圈上一圈黏纸，使这些动物无法接近糖浆。

腐肉诱集：利用某些昆虫对腐肉一类物质的趋性进行诱集，也是一种有效的采集方法，尤其适于采集各种甲虫。诱集时，将一个玻璃瓶埋在土中，瓶口与地面相平，瓶内放置腐肉或鱼头一类腥臭物，如果瓶口较大还应在瓶口上方用树枝或石块进行遮盖，以防鼠、鸟衔食。过些时候检查，则会有许多甲虫落入瓶中。

异性诱集：有一些昆虫的雌性个体能释放一种性信息素，将距离很远的同种雄性个体吸引到身边进行交配。如舞毒蛾、天蚕蛾和盲蝽等。根据昆虫的这一习性，可将采到的或饲养出的雌蛾囚于小纱笼内，挂在室外，则能诱来许多同种的雄蛾。但雌蛾一定要用没有交配过的，因为雌蛾一旦交配，便停止释放性信息素了。

③ 击落法　对于高大树木上的昆虫，可用振落的方法进行捕捉。其方法是先在树下铺上白布，然后摇动或敲打树枝树叶，利用昆虫假死的习性，将其振落到白布上进行收集。用这种方法可以采集到鞘翅目、脉翅目和半翅目的许多种类。有些没有假死习性的昆虫，在振动时，由于飞行而暴露了目标，可再用网捕法进行采集。

④ 搜寻法　很多昆虫躲藏在各种隐蔽的地方，需要用搜索法进行采集。树皮下面、朽木当中是很好的采集处，用刀剥开树皮或挖开朽木，能采到很多种类的甲虫。砖头、石块下面也是采集昆虫的宝库，可以到处翻动砖石土块，一定有丰富的收获。采集无翅亚纲的双尾目、弹尾目以及原尾目等，更要依靠这种方法。另外，遇到蜂巢、鸟兽巢穴，不要放过，因为会有许多昆虫栖息其中。蚁巢和白蚁巢中有不少共生的昆虫，如注意搜索，会有很大收获。在秋末、早春以及冬季里，用搜索法采集越冬昆虫更为有效，因树皮、砖石、土块下面、枯枝落叶中甚至树洞里面都是昆虫的越冬场所。在搜索中，遇到小型昆虫，可用吸虫管吸取，或用毛笔轻轻扫入瓶中。对于枯枝落叶中的昆虫，可以连同枯枝落叶一起带回，用烤虫器或采虫筛等工具分离。

（3）固定保存　小型的昆虫，如蜂类、蚊类、蚜虫等，还有脂肪多的昆虫幼虫（鳞翅目和鞘翅目的幼虫），均可以放入70%～75%的乙醇中杀死，然后再保存于5%福尔马林中；用氰化钾（或乙醚）杀死的昆虫则可暂时贮藏于小标本盒内；很多昆虫的成虫均可制成干制标本保存，如蝶、蛾、蜻蜓等，先用蜡光纸折成三角纸包，放入标本盒内，然后再制成针插标本保存。

如果是用于解剖和研究的，则需要制成浸制标本，其方法是先将昆虫直接放入70%乙醇中杀死固定，1～2d后移入同浓度的新乙醇或5%福尔马林溶液中保存，体型较大的昆虫则需向体内注射5%福尔马林溶液。如果需要研究昆虫内部的结构，则必须使内部组织有较好的固定，方法是将80%乙醇、福尔马林和冰醋酸按15∶5∶1的浓度制成混合液进行保存，如果要在一定的时间内保护昆虫的体色，可采用冰醋酸5mL、白糖5g、福尔马林5mL和蒸馏水100mL的混合液保存。

二、无脊椎动物常见种类的采集和处理方法

1. 原生动物

原生动物是动物界中最原始的类群。淡水生活的原生动物，主要以草履虫、变形虫

和眼虫为主。原生动物采集的关键是如何寻找水源、如何观察水质。原生动物大都生活在有机质丰富、水质腐败且不大流动的污水中，一般情况下在稻田、鱼塘里都有大量的原生动物分布。不同的水质，生活的原生动物种类也不一样。在城市郊区、平房居民区、下水井外面，常常有几米或十几米的排水沟，有机质丰富，也是采集原生动物的理想场所。

(1) 草履虫的采集、培养与观察　草履虫属于原生动物门纤毛纲，是一类体型较大的原生动物，在自然界中分布广泛，也容易采集和培养，是观察研究原生动物的好材料。草履虫种类很多，其中体型最大和最常见的是大草履虫。

① 采集　草履虫生活在阳光充足，带有腐草的湖沼、水沟、池塘、水田以及城市生活用水的下水沟中，以细菌、藻类和其他腐败的有机物为食，在浸有较多烂草或牛粪的塘边水中含草履虫最多。草履虫在水温0℃～30℃情况下能正常生活，最适水温为24℃～27℃。在南方地区，常年都可以采到草履虫，春秋两季更易采得。在水底沉渣表面浮有灰白色絮状物的有机物质丰富的水中，有大量的草履虫。

一般来讲，在稻田灌水期间，用广口瓶在旧稻茬附近取水，随后放进几根旧稻草，这样的水中往往会有许多草履虫，返回实验室后，放在温暖明亮处，3～5d后，用显微镜检查是否有草履虫存在。当环境变得干旱或寒冷时，草履虫能向身体表面分泌一层蛋白质的薄膜，形成包囊，附着在稻草近根部的几节茎上。因此，可选取新鲜稻草近根部的几节，剪成3～4cm长的小段，放入广口瓶中，注入清水，放在明亮温暖处，1周以后，用显微镜检查是否有草履虫。

采集草履虫用的容器，最好是透明度较高的白色玻璃瓶，这样较容易观察到所采集的池水中是否有草履虫以及数量有多少。如果看见瓶里的水中有一些小白点在移动，这很可能是草履虫。但采集到的材料，还不能直接用于实验，因为池水中草履虫的数量还很少，在显微镜下观察，不一定能找到草履虫。另外，虫体太小，难以观察内部构造，所以必须经过培养。

② 培养　不论是野外采回还是室内用稻草浸水法获取的草履虫液，除了含有草履虫外，还有其他小生物，如变形虫、眼虫、钟形虫、其他小纤毛虫以及藻类等。如何把草履虫和其他小生物分离，这是纯种培养的重要环节。一般可用稻草培养液来培养草履虫，取一些稻草，剪成2～3cm长，将其揉松后，称10g倒入锅里，再加1000mL水，煮沸15～20min，冷却过夜。这时许多细菌的孢子被杀死了，可是有一种叫做枯草杆菌的孢子并未被杀死。放置24h后，枯草杆菌的孢子破壳而出并在稻草液里大量繁殖，这种细菌是草履虫最爱吃的营养品。制备好的稻草培养液，可分装在试管、广口瓶或玻璃缸里，试管口用药棉塞住，瓶口盖上纱布，用橡皮圈扎紧，以免灰尘落入。

用干净的普通吸管从野外采集来的水样中吸取少许含有白色小点的液体，滴在载玻片上，置于显微镜下观察，用微型吸管（毛细管）在显微镜下逐个吸取草履虫作种源，移入盛有稻草培养液的试管、广口瓶或玻璃缸里，置于温暖、光亮的地方培养，经过5～7d，能繁殖出大量草履虫。为了保持草履虫的密度，要注意补充或更新培养液，可将少许的小麦粉、玉米粉、昆虫尸体、肝脏碎片等加入培养液中，但不可过量，以免培养液变质。培养液要保持 pH6.5～7.0（可加入适量的 1% Na_2CO_3）。

③ 观察　要在显微镜下观察草履虫的结构，必须设法使其停止运动。如果用药物杀死后再观察当然可以，但就无法观察草履虫的生理活动，因此可用棉花纤维进行拦阻再进行观察，但这种方法只能把把草履虫限制在一定的范围内活动，因为草履虫是1个胶囊状的动物体，它先缩小前部分，再缩小后部分，从棉花纤维的间隙慢慢地爬过去，这对观察结构有一定影响。因此可以用凉干法和黏结法来进行观察。

使用凉干法时，先滴1滴草履虫培养液在载玻片上，等到凉得稍为干些时，草履虫就不游动，此刻观察最好。如果太干，虫体会破裂；凉干法也可以结合拦阻法，即凉干到一定程度时，再用棉花纤维进行拦阻，然后盖上盖玻片，可延长观察时间。使用黏结法时，先用 1g 淀粉加 50mL 水煮成稀糊，用时，先取 1 滴稀糊滴在载玻片上，然后取 1 滴培养液在稀糊上，用牙签拌匀，盖上载玻片，草履虫因受稀糊的黏附，运动受阻，甚至不动，适合镜下观察。

(2) 变形虫的采集、培养与观察　变形虫属于原生动物门肉足纲，种类很多，在淡水中常见的种类主要是大变形虫。

① 采集　变形虫生活在较清的淡水中，附着在腐烂的荷叶、树枝和水草上，在泥底和水面的泡沫上则更多。变形虫生活的最适水温为 18℃～22℃。在南方地区常年可以采到变形虫，春秋两季更易采得。采集变形虫前，先要选好采集地，再用广口瓶取些水面浮沫或刮取水底的泥土，连水放进瓶中，带回室内，也可以将水生植物茎叶一起采回。静止 24h 后，用吸管吸取沫或泥水，滴 1 滴在干净的载玻片上，放在显微镜下低倍镜观察，即有可能观察到变形虫。

由于变形虫常以包囊形式存在于潮湿土壤中，也可用人工简易培养法来获取变形虫。首先从野外连根拔起狗尾草（根上带少量土为好）带回室内，把根、茎、叶剪成 1.5～2cm 长的小段，再将其揉松软后，浸入玻璃缸清水中，用玻璃棒搅拌，然后把玻璃缸移到温暖、明亮的地方。经过一星期左右，狗尾草培养液表面有一层淡黄色浮膜，在浮膜中就会出现大量的变形虫。

② 培养　不论是野外采的还是室内用狗尾草浸水法获取的变形虫液，除含有变形虫外，还有其他的小生物，如草履虫、眼虫和藻类等，因此把变形虫和其他小生物分离开是纯种培养的重要环节。变形虫的培养液有稻草培养液、麦粒培养液和大米培养液等。稻草培养液的配制原理和方法与草履虫的培养液相同。麦粒培养液是将水和小麦粒按 1000mL∶50～60 粒的比例放在烧杯中，标记水面，煮沸 15min 后，将水加到标记处，再次煮沸，盖上双层纱布，放置 24h 即可用来培养变形虫。大米培养液是按 100mL 水加入 3～4 粒大米的比例配制而成的，这种培养液常能产生大量的无色鞭毛虫，供变形虫食用。

把培养液分装在广口瓶里，高度为瓶的 2/3，瓶口盖上纱布，用橡皮圈扎牢。分离时，用吸管吸取变形虫液，滴 1 滴在干净的载玻片中央，放在显微镜低倍镜下观察，可以看到变形虫和其他生物。取下载玻片，加 1 滴冷水于变形虫液中，再把载玻片略微震动一下，变形虫在突然改变的环境中会牢牢附着在载玻片上。紧接着，拿着载玻片，呈 45°倾斜，用水缓缓地冲洗 10～15min，以冲走其他生物。这样连做 3～7 片作种源，连载玻片

浸入盛有培养液的广口瓶口，瓶口仍盖上纱布，圈上橡皮圈，放在温暖、明亮的地方，但不要让日光直接照射。两星期后，培养液里就会有大量变形虫。如果需长期培养，每隔 1～2 周要更换部分培养液。

③ 观察　用吸管从培养瓶中吸取一些变形虫液，滴 1 滴在干净载玻片中央，盖上盖玻片，接着把制成的装片放在显微镜低倍镜下观察，就能看到一个个半透明、半流动的东西，好像一滴滴油珠掉在水里，这就是变形虫。仔细观察一段时间，能看到它慢慢伸出伪足，并在载玻片上作缓慢运动，不断改变形状。

(3) 眼虫的采集、培养与观察　眼虫是一种常见的鞭毛虫，广泛分布于有机质比较丰富的水中，春、夏、秋季常见到，有大量眼虫的水体呈鲜绿色，旺盛生长时呈绿色水花，是水质污染的指标之一。

① 采集　眼虫一般生活在不太流动的腐烂植物较多的池塘、水沟和水田中，春天是眼虫大量繁殖的时候，常使水呈绿色。绿眼虫的采集比较简单，一般用长柄水舀把呈绿色的上层池水取回来放入玻璃缸中，就可以采到大量的眼虫，在显微镜下观察，能看到一个个绿色纺锤形的眼虫。

② 培养　采集到的水样中常杂有许多其他的小生物，分离纯化可参照草履虫的纯培养方法。眼虫的培养液有多种，常有菜园土培养液和麦粒培养液。取腐殖质比较丰富的泥土 20g，加入 100mL 水或取麦粒 8～10 粒，水 200～250mL，煮沸 15～20mim，冷却过滤后接种眼虫，放置于向阳处，但不要让阳光直射，20℃～27℃培养 10d 左右，就会有大量的眼虫。

③ 观察　用吸管吸一些眼虫培养液，滴在载玻片上，并加盖玻片，先在低倍镜下观察，在镜内可看到许多绿色流动的眼虫。对于刚采到的眼虫应该及时观察，时间久了，虫体常会形成圆形的厚壁包囊，而影响观察。眼虫虫体较小，因此，用低倍镜找到虫体后必须换上高倍镜仔细观察。

2. 腔肠动物

腔肠动物在动物的系统进化上占有重要地位，观察和研究腔肠动物，对了解后生动物的起源和演化具有重要意义。淡水生活的腔肠动物主要是水螅，是生物教学中必需的实验材料，但在自然状态下，水螅数量较少，加上受季节的限制，不易采到，因而掌握采集和培养方法很有必要。

(1) 采集　生活于池沼、水田、水沟和缓流中，只有在水质清洁、无污染、无臭味的浅水中才能采到水螅。15℃～20℃的水温最适于水螅的生存，因此采集季节在春季五月份、秋季九月份为宜，采集时以中午为好。水螅以基盘附着于水生植物、石块或木桩上，有时也借分泌的黏气泡上升，漂浮于水面。因水螅体小，颜色又与水草、石块相近，不易辨认，因而采集时可采些水草连同池水一起放入容器中带回，静置数小时后，可在水草或缸壁上寻找水螅。

(2) 培养　自然环境采到水螅，往往数量不多，有时采来后不能立即做实验，必须加以培养。若是短期培养，方法很简单。把采回来的水螅，连同水草一起饲养在池水里即可，一星期内不会饿死。如果获取池水有困难，可自来水或井水代替，但需要“养水”。因为井水里有较多的矿物质，自来水里既有矿物质又有残余的氯气，这些都对水螅的生长不利，容易引起死亡。养水的方法是将自来水或井水放在玻璃缸中，里面最好放些水草，4～5d后氯气自行散失，矿物质也被水草利用。这时可用吸管把1～2个水螅移入水里，如果水螅不出现收缩现象，那么这些水就可以用来培养水螅。

生活在自然界的水螅，主要是吃生活着的小动物如水蚤、剑水蚤、介腺虫等，人们把这些小动物通称为鱼虫。在室内培养，最好也喂鱼虫，鱼虫可在不流动、不清洁的水池、水沟中用细布网捞取，养在室内的玻璃缸中，一般每周喂2～3次为宜。在冬季，不易获取鱼虫，可以用牛肉切成细屑，晒干后饲喂水螅，量要少些，水要勤换，否则水易发臭。

水螅生长的最适温度为15℃～20℃，超过28℃水螅就会死亡；夏季室内水温要求控制在23℃以下，若室内气温超过25℃时，要及时把培养缸移到阴凉处；冬季室温不能低于14℃；其他季节，水温很容易保持在15℃～20℃之间。若欲获得带芽的水螅，可把温度保持在15℃～22℃，让水螅吃饱，水要清洁，水体氧气要充分，并有适当的太阳光，1～2d就可出芽。若欲获得带精巢或卵巢的水螅，可把水温从22℃突然降到8℃～10℃，并且让水螅饥饿和不见阳光，2～3d就能出现精巢或卵巢。

培养水螅时，一定要保持水的清洁。喂食后，要及时把多余的食物（死鱼虫或牛肉屑）用吸管移走，以免水浑或发臭，若发现水混浊，应立即进行部分或全部换水。另外，如果培养缸内有大量藻类繁殖时，也会影响水螅正常生活，应及时除去水藻，清洁培养缸后再换水培养。

（3）繁殖　水螅在室内饲养，若生活条件良好，特别是喂活鱼虫，往往生长很快，经常以出芽生殖进行无性繁殖。体下端1/3处为出芽区，每个芽最初为1个小水螅，以后其足盘部封闭，与其母体脱离，形成1个新个体。水螅在良好的饲养条件下，母体带芽数目较多，一般有6～7个，最多达18个，这么多新芽，在母体上往往呈螺旋状排列。

水螅有性繁殖一般是一年2次，时间在早春和深秋，在饲养水螅过程中，若人工改变水温，如从15℃以上升到20℃时或从20℃下降到15℃时，都能引起水螅卵巢和精巢发育，促使其进行有性繁殖。多数水螅是雌雄异体，生殖能力很强，往往在形成卵巢或精巢的同时，仍能进行出芽生殖。

水螅的运动很特别，不仅身体能伸长、缩短，还会作全身运动，移动位置。水螅的运动有屈伸前进（尺蠖式）和翻筋斗两种方式。若用放大镜对准吸附着水螅的水草，耐心地观察，能看到水螅的运动。有时，水螅用触手和基盘相互交替着附着在水草上，像翻筋斗那样地运动；有时，弯着身体，用触手附着在水草上，然后基盘向触手的方向移动，接着触手固定在新的位置，基盘再向前移动，就这样一屈一伸地向前运动。

3. 扁形动物

扁形动物是两侧对称、三胚层、无体腔的动物，在动物界的系统发生上具有重要地位，淡水或生活在潮湿土壤中的扁形动物，仅限于涡虫纲一纲。

（1）采集　涡虫喜欢生活在阴凉的溪流中，常常隐蔽在水底石块或树叶下面，以捕食水中的小型甲壳类、轮虫、线虫和昆虫幼虫为主。因此采集涡虫应选择林下或背阴处

的溪流，翻动水底石块和树叶，往往就可以找到涡虫，发现涡虫后，可轻轻用毛笔将涡虫置入采集瓶中。如果寻找不到涡虫，可用鱼鳃、鱼肠和牛肉等动物性食物作为诱饵，放在水中，用石块压好，过几小时或以后检查诱饵，往往可以见到有涡虫在诱饵上取食。

（2）麻醉　涡虫身体柔软，收缩力强，如果不事先麻醉而直接固定，往往会引起身体变形，而无法辨认。采到涡虫类动物以后，可以将其置水中，以50%酒精逐滴滴下，每隔1～2min滴1滴，一直到溶液浓度达到10%为止。等到麻醉后以毛笔触动涡虫而毫无反应时，此时即可用毛笔挑在玻璃片上放平，用毛笔将其刷直，并用吸管滴加数滴70%酒精，再以另一片玻璃片压平，并用棉线结扎。

（3）固定和保持　玻璃片结扎好后，随即浸入70%酒精内固定2～3h。固定后，可将玻璃片结线剪断，将压平的涡虫保存于70%的酒精内。

4. 环节动物

环节动物是身体分节的高等蠕虫，野外实习中容易采集到的主要是蛭类（蚂蟥）和陆生寡毛类（蚯蚓）。

（1）采集　蚯蚓的采集可以用铲掘取，但最好用大铲，小铲易使蚯蚓被挖断，挖时注意蚯蚓的卵茧。在雨后的泥地上，特别在土边的路上常有许多蚯蚓外出，此时即可捡取，晚间提灯在野外亦可捡到蚯蚓。不论通过什么途径采集蚯蚓，都应采集体型大、性成熟和没有伤残的个体。对采集来的蚯蚓，要放到盛有潮湿土壤的容器中，不能在空气中暴露时间过久，更不能在阳光下暴晒，以免因皮肤表面干燥而窒息死亡。

野外实习中常见的蛭类有水蛭和山蛭2种。水蛭常吸附于鱼体或蛙体上，也经常在水中游动。人在池沼、河流中游泳或裸腿在水田中作业，常遇到水蛭吸附于腿上吸血。见到水蛭在水中游动，即可用细纱水网捞取，然后用竹片夹轻轻夹取。山蛭一般生活在潮湿的树林下或水沟边，下雨时一般靠尾部的吸盘固定在树干或树叶上，采集时用树枝或竹片夹取即可。采集到的蚂蟥放在盛有清水的小采集桶或其他容器中带回处理。

（2）麻醉　蚯蚓的麻醉方法和扁形动物基本一样。蚂蟥身体柔软，善于伸缩，因此处理时必须注意，切勿使其过度伸缩，以免失去常态。处理前应先将蚂蟥放在盛有清水的广口瓶中静置半小时左右，然后往瓶中缓缓投入Na_2CO_3粉末，使瓶里的水变成30%的Na_2CO_3溶液，经过一定时间后，蚂蟥就被麻醉了。如果发现麻醉得不好，可继续加入一定量的Na_2CO_3，这样将很快地见到效果。

（3）处理　以注射器吸取10%福尔马林，选取中号针头，和蚯蚓几成水平方向插入蚯蚓的体壁（亦可插入消化道），这样针头即插入蚯蚓之体腔中，此时将10%福尔马林注入即可见蚯蚓整个身体逐渐变圆伸直，如此在尾部和中部各注射1次，直至其全身伸直变圆，口前叶伸出即可，如未达到要求应补注射，直到达到上述要求为止。注射完毕之后，即可将其置5%福尔马林中，以毛笔刷直，静置数小时待其完全硬化后，即可移于瓶中或其他器皿中保存，但保存的容器要足够长，避免蚯蚓在其中曲折。

蚂蟥被麻醉后，将其移在5%的福尔马林中杀死并固定1～2d，然后缚在玻璃片上或直接放在小型标本瓶中，用混有少量甘油的5%的福尔马林保存。要注意的是，蚂蟥的固定和保存，最好不要单独使用酒精，因为酒精常常会使蚂蟥体表变白，状似被膜，有失本色，影响标本的质量。

5. 软体动物

软体动物又称“贝类”，包括陆生贝类和水生贝类。

(1) 陆生贝类标本的采集与保存　陆生贝类是指生活在陆地上的软体动物，大致可以将它们分为带壳的和不带壳的两大类。带壳的一类统称蜗牛（俗名叫水牛、天螺、蜒轴螺等），不带壳的一类统称蛞蝓（俗名叫鼻涕虫、无壳蜒轴螺、赤膊蜒轴螺等）。

① 标本的采集　采集陆生贝类标本时，应注意采集地的生境、植被、地形、土壤等，仔细在草丛、树干、树根、石块下及岩石缝隙中寻找蜗牛和蛞蝓。陆生贝类也是一类土壤动物，有些种类个体非常小，有时用肉眼不易见到，可以用小铁铲铲少量的含腐殖质较多的、较潮湿的地表面的土壤于土壤筛中，进行筛选标本，把筛选出来的标本小心用镊子挑出来，装入纸盒里或置入小玻璃瓶内保存。采集时要同时记录其生境的各种因子，如果有条件的话可用相机将标本及其生境拍摄下来，带回实验室进行研究。

② 标本的处理和保存　陆生贝类标本有浸制法和干制法两种保存方法。在处理标本过程中，由于有些陆生贝类标本个体特别小，壳质很薄，加之有些种类壳面上有毛刺，有些则有各种色泽，而且固定时很容易将身体收缩入壳内，或收缩一团，往往影响标本的全貌，给鉴定分析标本带来很大的困难，所以在保存之前，应进行冲洗干净，并注意不要把壳弄破，较小的个体以免丢失，同时还应记载标本活体时的色泽（因用酒精或福尔马林浸泡后容易退色）。若是蛞蝓一类标本，还应进行大小测量。在制作浸制标本之前要进行麻醉，使其伸展身体。其方法可将标本置于盛满水的瓶中，进行闷杀，动物慢慢窒息而伸展身体，或缓慢加入少量 $MgSO_4$（薄荷或多聚乙醛等药品）进行麻醉，然后将经麻醉伸展后的标本置入 70%～75%酒精溶液中进行固定，可长期保存。蜗牛一类可将其置于开水中，水应置满容器，则不久窒息而腹足伸长，此时即可将其投入固定液中。为了运输上的方便，可将浸泡几天的标本，直接用纱布、棉花包裹盛入瓶内带回；此外有一些陆生贝类标本个体较大，一时不易固定好，为防止腐烂，可用 5%福尔马林向肌肉进行注射。有些带壳的陆生贝类，可将肉体部分除去后保留空壳制成干制标本。除去肉体可采用腐烂或蒸煮的方法，再用镊子剔去肉即可。有些种类，如圆口螺科的种类，亮口有厣，也必须将厣取下和壳一块保存，最好用棉花填充空壳，再把厣黏贴在壳口。

(2) 淡水贝类标本的采集与保存　淡水贝类是指在淡水里生活的贝类，主要包括腹足纲和瓣鳃纲的类群，也就是通常所说的螺类和蚌类。淡水贝类标本采集方法比较容易，在河边和溪水边经常可以发现，用手捡或用镊子夹即可，标本采集后，先放入搪瓷盘中洗净，在搪瓷盘中进行活体爬行观察后即可以浸泡固定，可以先将其置于 50℃的温水中，不久便张开双壳，此时投入福尔马林中即可，但为了研究鉴定的方便，则保存在酒精中更好。也可以将肉体部分除去后保留空壳制成干制标本，方法同陆生贝类干制标本的制作方法。大多数蚌类栖息于深水区，可以参考底栖动物的采集方法进行采集，也可以向渔民收购一些，还可以在岸边或浅水区捡不同种类的蚌壳。

6. 节肢动物

野外实习中，常见的节肢动物有昆虫，还有蜈蚣、马陆、虾、蟹等。采集的方法前面一节已有叙述，这里不再重复。

（1）昆虫针插标本的制作

① 针插固定　从毒瓶里取出毒死的昆虫，用昆虫针插起来（野外实习时也可以用大头针代替昆虫针）。昆虫针按其粗细可分为00、0、1、2、3、4、5号共7种，00号最细，为短针，其他针为长针（40mm），5号针最粗，1号则用以插入极小型昆虫，4号、5号可插入大型蛾、蝶、蝉等。

如果标本已经干硬，则需要在制作标本前将已干硬的虫体进行软化处理。将一干燥器底部铺以沙子，注入适量清水，加入数滴防腐剂，如石炭酸或甲醛等，在水面上部的有空瓷盘上铺一层滤纸，将采到的昆虫放于滤纸上，加盖密封软化1～3d即可（时间不能太长，否则虫体则变黑）。如果采集后立即制作标本，则可省略这一步。

针插的部位要根据各类昆虫不同的形态特点来确定，标准是保持虫体的完整、平稳、美观和整齐。在针插的方法上，应该注意下针的方向一定要和虫体相垂直。昆虫针插入虫体以后，上端要留出针长的1/5左右。各种昆虫针插的部位也是有要求的，鳞翅目昆虫（蛾、蝶、蜻蜓等）应插在中胸正中央；双翅目及膜翅目昆虫（蜂、蚁、蝉、蝇等）应插在中胸中央偏右一点；鞘翅目昆虫（瓢虫、天牛、金龟子等）要插在右面鞘翅的基部，针正好穿过胸部腹面中足与后足之间；直翅目昆虫（蚱蜢、纺织娘、蝗虫、蟋蟀等）要插在前翅基部上方的右侧，即前胸中线偏右方；半翅目及同翅目插于小盾板中线略偏右方。

针插标本必须保持水平姿势，足和触角于干燥前须加上整理，若腹部下垂者，可在身体下面垫以棉球以保持其身体水平。针插标本之高度可用三阶平台或插针台，以便保持一定高度，按国际标准每级为9mm，第一级定昆虫的高度，第二级定标签的高度。小型昆虫可用00号微针插入于小软木板上或赛璐珞纸片上，然后再用2号或3号昆虫针插于软木上或赛璐珞纸片上。

② 展翅整姿　在制作蝶类、蛾类和蜻蜓等标本时，需要进行展翅处理。要先用昆虫针把标本固定在展翅板中央槽内的软木上，然后展开两翅，两前翅的后缘须与身体成一直角，后翅略被前翅覆盖，尽量使左右翅对称，然后用纸条压在2对翅上，纸条两端用大头针固定，然后再将触角和足加以整理。

③ 干燥保存　将展翅好的标本放在通风干燥而阳光不直射的地方，等虫体完全干燥后将标本取出来按类别放在昆虫标本盒里。标本盒可自仪器店购买，也可自制，通常是木质的，上面是玻璃盖。标本盒的大小可根据情况而定，盒底一般贴一层厚5cm的软木或者硬质泡沫塑料，便于插放标本；插放标本时要排列整齐、匀称，标本的下方要贴上标签，标签上写明采集地点、采集时间和采集者的姓名等。标本盒里必须放入樟脑，以防虫蛀，如标本生虫则需用氰化钾熏蒸。

（2）其他节肢动物标本的制作

其他节肢动物如蜈蚣、马陆可直接投入4%福尔马林或70%酒精中保存。但虾、蟹一类，为防止节肢断溃，常再加以5%的甘油。昆虫幼虫亦可直接浸渍于4%福尔马林或70%酒精中。制成的液体浸制标本须用蜡封口，内外均须附以标签，保存于指形管内的标本须放置于木架上。

附5：昆虫（成虫）分目检索表

1. 无翅，或极度退化…………（2）
   翅2对或1对…………（23）
2. 无足，幼虫状，头和胸愈合，内寄生于膜翅目、半翅目及直翅自等昆虫内，仅头肢部露出寄主腹节外…………捻翅目（Strepsiptera）
   有足，头和胸部不愈合，不寄生于昆虫体内…………（3）
3. 腹部除外生殖器和尾须外有其他附肢…………（4）
   腹部除外生殖器和尾须外无其他附肢…………（7）
4. 无触角；腹部12节，第1～3节各有1对短小的附肢…………原尾目（Protura）
   有触角，腹部最多11节…………（5）
5. 腹部至多6节，第1腹节具腹管，第3腹节有握弹器，第4腹节有1分叉的弹器…………弹尾目（Collembola）
   腹部多于6节，无上述附肢，但有成对的刺突或泡…………（6）
6. 有1对长而分节的尾须或坚硬不分节的尾铗，无复眼…………双尾目（Diplura）
   除1对尾须外还有1条长而分节的中尾丝，有复眼…………缨尾目（Thysanura）
7. 口器咀嚼式…………（8）
   口器刺吸式或舐吸式、虹吸式等…………（18）
8. 腹部末端有1对尾须，或尾铗…………（9）
   腹部无尾须…………（15）
9. 尾须呈坚硬不分节的铗状…………革翅目（Dermaptera）
   尾须不呈铗状…………（10）
10. 前足第1跗节特别膨大，能纺丝…………纺足目（Embidina）
    前足第1跗节不特别膨大，不能纺丝…………（11）
11. 前足捕捉足…………螳螂目（Mantodea）
    前足非捕捉足…………（12）
12. 后足跳跃足…………直翅目（Orthoptera）
    后足非跳跃足…………（13）
13. 体扁，卵圆形，前胸背板很大，常向前延伸盖住头部…………蜚蠊目（Blattaria）
    体非卵圆形，头不为前胸背板所盖…………（14）
14. 体细长杆状…………竹节虫目（phasmida）
    体非杆状，社会性昆虫…………等翅目（Isoptera）
15. 跗节3节以下…………（16）
    跗节4～5节…………（17）
16. 触角3～5节，寄生于鸟类或兽类体表…………食毛目（Mallophaga）
    触角13～15节，非寄生性…………啮虫目（Corrodentia）
17. 腹部第1节并入后胸，第1和第2节之间紧缩成柄状…………膜翅目（Hymenoptera）

腹部第 1 节不并入后胸，第 1 节和第 2 节之间不紧缩为柄状 ……………… 鞘翅目（Coleoptera）

18. 体表密被鳞片，口器虹吸式 ………………………………………………… 鳞翅目（Lepidoptera）

体表无鳞片，口器刺吸式、舔吸式或退化……………………………………………………（19）

19. 跗节 5 节……………………………………………………………………………………（20）

跗节至多 3 节…………………………………………………………………………………（21）

20. 体侧扁（左右扁） ………………………………………………………… 蚤目（Siphonaptera）

体不侧扁 ……………………………………………………………………… 双翅目（Diptera）

21. 跗节端部有能伸缩的泡，爪很小 ……………………………………… 缨翅目（Thysanoptera）

跗节端部无能伸缩的泡………………………………………………………………………（22）

22. 足具 1 爪，适于攀附在毛发上，外寄生于哺乳动物 ………………………… 虱目（Anoplura）

足具 2 爪，如具 1 爪则寄生于植物上，极不活泼或固定不动，体呈球状、介壳状等，常被蜡质、胶质等分泌物 ……………………………………………………………… 同翅目（Homoptera）

23. 翅 1 对…………………………………………………………………………………………（24）

翘 2 对…………………………………………………………………………………………（32）

24. 前翅或后翅特化成平衡棒……………………………………………………………………（25）

无平衡棒…………………………………………………………………………………………（27）

25. 前翅形成平衡棒，后翅大 ……………………………………………… 捻翅目（Strepsiptera）

后翅形成平衡棒，前翅大………………………………………………………………………（26）

26. 跗节 5 节 ………………………………………………………………………… 双翅目（Diptera）

跗节仅 1 节 …………………………………………………………………… 同翅目（Homoptera）

27. 腹部末端有 1 对尾须…………………………………………………………………………（28）

腹部无尾须………………………………………………………………………………………（30）

28. 尾须细长而分节（或还有 1 条相似的中尾丝），翅竖立背上 ……………… 蜉蝣目（Ephemerida）

尾须不分节，多短小，翅平覆背上……………………………………………………………（29）

29. 跗节 5 节，后足非跳跃足，体细长如杆或扁宽如叶 ………………… 竹节虫目（Phasmida）

跗节 4 节以下，后足为跃跃足 ………………………………………… 直翅目（Orthoptera）

30. 前翅角质，口器咀嚼式…………………………………………………… 鞘翅目（Coleoptera）

翅为膜质，口器非咀嚼式………………………………………………………………………（31）

31. 翅上有鳞片 ……………………………………………………………… 鳞翅目（Lepidoptera）

翅上无鳞片 …………………………………………………………… 缨翅目（Thysanoptera）

32. 前翅全部或部分较厚为角质或革质，后翅膜质………………………………………………（33）

前翅与后翅均为膜质……………………………………………………………………………（40）

33. 前翅基半都为角质或革质，端半部为膜质 ………………………… 半（异）翅目（Hemiptera）

前翅基部与端部质地相同，或某部分较厚但不如上述…………………………………………（34）

34. 口器刺吸式 ……………………………………………………………… 同翅目（Homoptera）

口器咀嚼式………………………………………………………………………………………（35）

35. 前翅有翅脉………………………………………………………………………………………（36）

前翅无明显翅脉…………………………………………………………………………………（39）

36. 跗节 4 节以下，后足为跳跃足或前足为开掘足 ……………………… 直翅目（Orthoptera）

跗节 5 节，后足与前足不同上述………………………………………………………………（37）

37\. 前足捕捉足 …………………………………………………………………… 螳螂目（Mantodea）

前足非捕捉足 ……………………………………………………………………………… (38)

38\. 前胸背板很大，常盖住头的全部或大部分 ………………………………… 蜚蠊目（Blattaria）

前胸背板很小，头部外露，体似杆状或叶片状 ……………………… 竹节虫目（Phasmida）

39\. 腹部末端有1对尾铗，前翅短小，不能盖住腹部中部 ………………… 革翅目（Dermaptera）

腹部末端无尾铗，前翅一般较长，至少盖住腹部大部分 ……………… 鞘翅目（Coleoptera）

40\. 翅面全部或部分被有鳞片，口器虹吸式或退化 ………………… 鳞翅目（Lepidoptera）

翅上无鳞片，口器非虹吸式 ………………………………………………………… (41)

41\. 口器刺吸式 ……………………………………………………………………………… (42)

口器咀嚼式、嚼吸式或退化 ………………………………………………………… (44)

42\. 下唇形成分节的喙，翅缘无长毛 ………………………………………………… (43)

无分节的喙，翅极狭长，翅缘有缨状长毛 ………………………… 缨翅目（Thysanoptera）

43\. 喙自头的前方伸出 …………………………………………………… 半（异）翅目（Hemiptera）

喙自头的后方伸出 ………………………………………………………… 同翅目（Homoptera）

44\. 触角极短小，刚毛状 …………………………………………………………………… (45)

触角长而显著，非刚毛状 ………………………………………………………………… (46)

45\. 腹部末端有1对细长多节的尾须，或还有1条相似的中尾须，后翅很小……………………… ……………………………………………………… 蜉蝣目（Ephemerida 或 Ephemeroptera）

尾须短而不分节，后翅与前翅大小相似 ……………………………………… 蜻蜓目（Odonata）

46\. 头部向下延伸呈喙状 ……………………………………………………… 长翅目（Mecoptera）

头部不延长呈喙状 ………………………………………………………………………… (47)

47\. 前足第1跗节特别膨大，能纺丝 ………………………………………… 纺足目（Embidina）

前足第1跗节不特别膨大，也不能纺丝 ………………………………………………… (48)

48\. 前、后翅几乎相等，翅基部各有1条横的肩缝，翅易沿此缝脱落 ………… 等翅目（Isoptera）

前、后翅无肩缝 …………………………………………………………………………… (49)

49\. 后翅前缘有1排小的翅钩列，用以和前翅相连 ………………… 膜翅目（Hymenoptera）

后翅前缘无翅钩列 ………………………………………………………………………… (50)

50\. 跗节2～3节 ……………………………………………………………………………… (51)

跗节5节 …………………………………………………………………………………… (52)

51\. 前胸很大，腹端有1对尾须 …………………………………………… 襀翅目（Plecoptera）

前胸很小如颈状，无尾须 …………………………………………………… 啮虫目（Corrodentia）

52\. 翅面密被明显的毛，口器（上颚）退化 ……………………………… 毛翅目（Trichoptera）

翅面上无明显的毛，毛仅着生在翅脉与翅缘上，口器（上颚）发达 ……………………… (53)

53\. 后翅基部宽于前翅，有发达的臀区，休息时后翅臀区折起，头为前口式……………………… ……………………………………………………………………… 广翅目（Megaioptera）

后翅基部不宽于前翅，无发达的臀区，休息时也不折起，头为下口式 ………………………… (54)

54\. 头部长。前胸圆筒形，也很长；前足正常。雌虫有伸向后方的针状产卵器………………… ……………………………………………………………………… 蛇蛉目（Raphidiodea）

头部短。前胸一般不很长，如很长时则前足为捕捉足（似螳螂）。雌虫一般无针状产卵器；如有，则弯在背上向前伸 ……………………………………………… 脉翅目（Neuroptera）

第二节 脊椎动物野外实习

一、鱼类实习内容

全世界约有26 000多种鱼。我国近3 000种，其中海水鱼1 500多种，淡水鱼1 000多种。鱼类野外实习的主要目的在于初步掌握实习地常见鱼类的多样性及特征、鱼类的生活环境及其习性以及学习鱼类生态、渔业资源调查研究的基本方法。鱼类学野外实习最好是选择大型水域、渔业生产基地或鱼类较多并易于采集的中小型水域，这样才能在较短的实习期内达到预期的目的。

1. 鱼类标本的采集方法

通过采集鱼类标本，可帮助学生了解实习水域的鱼类种群组成、数量、分布以及资源状况，初步了解当地常见的捕鱼方法以及鱼类标本采集、记录和制作方法。捕捞鱼类常用的网具有拉网、围网、刺网、张网等。

(1) 标本采集　采集鱼类标本的主要方法有以下几种。

① 向当地专业捕鱼队收集，收集各种大小适中、新鲜、完整的鱼。

② 市场购买。乡镇集市往往有不同种类的杂鱼出售，也是标本来源的重要场所。

③ 组织学生使用各种捕捞工具，到江河、湖泊、山塘、水库和山溪直接捕捞。专业捕鱼队所得到的标本，一般体形较大，种类也较单一。为了让学生认识更多的鱼类，了解鱼类的种群组成、年龄、分布以及进行鱼类分类实践，需要采集一些小型非经济鱼类和不同年龄的个体。因而，学习在江湖河汊进行捕捞实践，既能丰富采集的种类又能使学生体验渔业生产，学习捕鱼技术。

④ 根据实习的要求需要，请求渔民有目的地捕捞各种鱼。

⑤ 组织参观水产馆、标本馆的各种鱼类标本。

(2) 测量前的处理工作　把收集的鱼类标本，先用清水洗涤，有的鱼类体表多黏液，特别是鲶科、鳅科鱼类和黄鳝等黏液特别多，更需要以清水刷洗干净。洗涤时如发现有寄生虫，要小心取下放入瓶内，并加70%的酒精保存，要以标签注明采集编号。

每一种鱼都有独特的颜色，同一种鱼如在不同的环境中，其体色也有差异。鱼类体色虽非主要鉴别特征，但对于认识鱼类也有一定意义。一种有特殊体色的种类，在浸制以后，体色会逐渐变淡或变色，因而趁活着时或尚新鲜时，仔细做体色描述甚为重要。

(3) 登记编号　把描述过体色及洗涤好的标本，放在工作台上或大瓷盘里，根据采集顺序依次登记编号。在登记时，每个标本要系1个标签，拴在胸鳍基部。标签可用白布条制作，规格为4cm×0.8cm，正面可预先编好号（用绘图墨水写上，干后涂上清漆），然后折叠好，塞入鱼的口腔深部（表3－1）。

表 3-1　鱼类采集记录

<table>
<tr><td rowspan="2">采集地</td><td>名称</td><td></td><td>水系</td><td></td><td>日期</td><td></td></tr>
<tr><td>坐标</td><td colspan="3">E：　　　N：</td><td>海拔</td><td></td></tr>
<tr><td rowspan="5">河流环境</td><td>生境</td><td colspan="5">原始森林　次生原始林　沟谷雨林　农田　开阔地河流</td></tr>
<tr><td>河流比降</td><td></td><td colspan="2">水流速度</td><td colspan="2"></td></tr>
<tr><td>河流底质</td><td></td><td colspan="2">透明度</td><td colspan="2"></td></tr>
<tr><td>河宽</td><td></td><td colspan="2">水深</td><td colspan="2"></td></tr>
<tr><td>水生植物</td><td></td><td colspan="2">渔具</td><td colspan="2"></td></tr>
<tr><td rowspan="2">生态因子</td><td>气温</td><td></td><td colspan="2">水温</td><td colspan="2"></td></tr>
<tr><td>pH</td><td></td><td colspan="2">风力和风向</td><td colspan="2"></td></tr>
<tr><td colspan="7">鱼类种类和数量</td></tr>
<tr><td>鱼类名称</td><td>鱼类编号</td><td>数量</td><td>鱼类名称</td><td>鱼类编号</td><td colspan="2">数量</td></tr>
<tr><td></td><td></td><td></td><td></td><td></td><td colspan="2"></td></tr>
</table>

2. 鱼类标本的制作与保存

经过上述清理、测量计数和编号登记的标本，经整形后，向腹腔注射适量的10%福尔马林，然后暂时在装有上述浓度的福尔马林的容器内固定。待鱼体定型变硬后，再用5%的福尔马林溶液分别保存。

实习期间，除保存整体标本外，还要进行内部解剖观察。解剖观察时要注意分离肠胃和性腺，并将它们分别装入有固定液的瓶中，贴上标签，以供鉴定食物和计数怀卵量之用。

各采集点采集来的标本测量计数后，填写鱼类种类及其数量登记。定点随机取样捕得的鱼种及数量，或渔业生产单位在某水域捕获的鱼类，经测量记录后汇总填表，留待以后在室内作进一步研究分析。

3. 鱼体测量与分类常用名词术语

(1) 外部形态测量（图 3-1）

全长：从吻端到尾鳍末端的直线长度。

体长：从吻端或上颌前端至尾鳍基部的直线长度。

躯干长：由鳃盖骨后缘到肛门的长度。

体高：躯干中部最大的垂直距离。

头长：从吻部至鳃盖后缘的直线距离。

吻长：吻端至眼眶前缘的直线长度。

口裂长：吻端至口角的长度。

眼径：眼眶前缘至后缘的直线距离。

眼间距：两眼眶背缘间的最小宽度。

眼后头长：眼后缘至鳃盖骨后缘的长度。

尾长：从泄殖腔孔至尾鳍末端距离。

尾柄长：臀鳍基部后端至尾鳍基部距离。

尾柄高：尾柄部分最狭长的垂直距离。

除将上述项目测量记录外，还应将鱼的性别、虹膜色彩、体表颜色以及采集时间和地点等作详细记录。

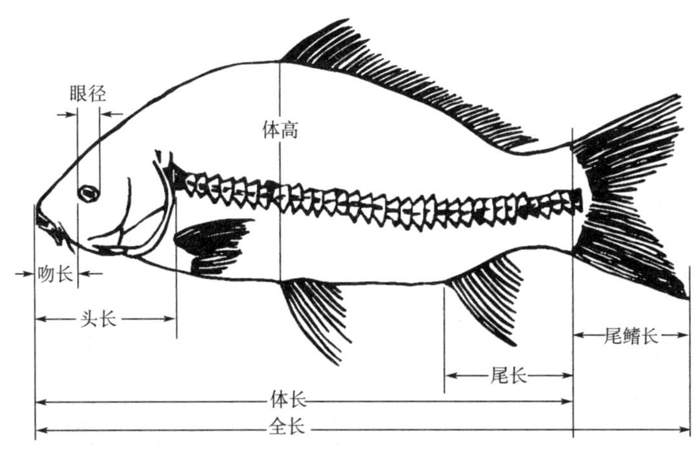

图 3-1 鱼类外部形态测量

为了快速准确地测量鱼体各个部分的长度，最好用体长板。体长板可用塑料板划上厘米制方格刻度制成，也可在市场购置塑料制坐标纸，钉在木板上使用。鱼体外部形态测量内容如表 3-2 所示。

表 3-2 鱼类测量表

标本编号								
采集地								
全长								
体重								
体长								
体高								
头长								
吻长								
眼后头长								
眼径								
眼间距								

（续表）

尾柄长								
尾柄高								
体长/体高								
体长/头高								
体长/尾柄长								
体长/尾柄高								
头长/吻长								
头长/眼径								
头长/眼间距								
尾柄长/尾柄高								

（2）鱼体外部性状计数

侧线鳞：沿侧线直行鳞片数目，即从鳃孔上角鳞片至最后有侧线的鳞片数。

侧线上鳞：从背鳍基部的前 1 枚鳞斜行数至侧线鳞片的鳞片数。

侧线下鳞：臀鳍基部斜向前上方至侧线鳞片的鳞片数。

鳞式：侧线鳞数＝侧线上鳞数/侧线下鳞数，如鲤鱼鳞式为 33～36＝5～6/4～5，表示侧线鳞 33～36 枚，侧线上鳞 5～6 枚；侧线下鳞 4～5 枚。

鳍条和鳍棘：鳍由鳍条和鳍棘组成。鳍条柔软而分节，末端分叉（分支鳍条）或不分叉（不分支鳍条）。鳍棘刚硬且不分节，由左右两半组成的鳍棘为假棘，不能分为左右两半的鳍棘为真棘。

鳍式：用 D、P、V、A 和 C 分别代表背鳍、胸鳍、腹鳍、臀鳍和尾鳍，用罗马数字表示鳍棘数目，用阿拉伯数字表示鳍条数目。鳍棘与鳍条相连时，用半字线表示，分离时用逗号表示，罗马数字或阿拉伯数字中间的一字线表示范围。

例如鲤鱼的鳍式：

D. Ⅲ—Ⅳ-18—19；P. Ⅰ-16—18；V. Ⅱ-8—9；A. Ⅲ-5—6；C. 20—22。

上式表示鲤鱼背鳍有鳍棘 3～4 条，软鳍条 18～19 条；胸鳍鳍棘 1 条，软鳍条 16～18 条；腹鳍鳍棘 2 条，软鳍条 8～9 条；臀鳍鳍棘 3 条，软鳍条 5～6 条；尾鳍软鳍条 20～22 条。同时鳍棘与鳍条均相连。

咽喉齿：鲤科鱼类咽喉齿是分类根据之一。咽喉齿着生在下咽骨上，其形状和行数随种类而异，一般 1～3 行，也有 4 行。其计数方法是左边从内到外，右边从外到内，如鲤鱼咽喉齿式为 1·1·3/3·1·1。

鳃耙数：计算第一鳃弓外侧或内侧的鳃耙数。

鱼体各部性状计数内容如表 3-3 所示。

表 3-3 鱼体各部性状计数表

脊椎骨								
侧线鳞								
侧线上鳞								
侧线下鳞								
背鳍前鳞								
围尾柄鳞								
咽齿式								
背鳍条								
鳃耙								
臀鳍条								
胸鳍条								
腹鳍条								

(3) 其他常用术语

颊部：眼的后下方和鳃盖骨的中间部分。

颏部：下颌与鳃膜着生地方之间的部分。

峡部：颏部的后方，分隔两鳃腔的部分。

喉部：鳃膜与胸鳍之间的部分。

腹部：躯干腹面。

胸部：喉部后方、胸鳍基底之前。

脂鳍：在背鳍后方的1个无鳍条支持的皮质鳍。

腹棱：指肛门到腹鳍基前腹部中线隆起的棱，或到胸鳍基前的腹部中线隆起的棱，前者称腹棱不完全，后者称腹棱完全。

棱鳞：指某些鱼类的侧线或腹部呈棱状突起的鳞。

腋鳞：胸鳍的上角和腹鳍外侧，有扩大的特殊鳞片即腋鳞。

口前位：口裂向吻的前方开口，如鲤鱼。

口下位：口裂向腹面开口，如鲟科的鱼。

口上位：口裂向上方开口，如翘嘴红鲌。

原尾型：外形对称，内部脊椎骨不上翘。

歪尾型：外形不对称，内部脊椎骨上翘。

正尾型：外形对称，但内部脊椎骨上翘。

4. 安徽省鱼类常见种类的特征与识别

(1) 中华鲟（*Acipenser sinensis*） 鲟形目。体被5行骨板，左右鳃膜与峡部相连，分布于长江。

(2) 白鲟（*Psephurus gladius*） 鲟形目。吻呈剑状突出，口能伸缩，分布于长江。

(3) 鳗鲡（*Anguilla japonica*） 鳗鲡目。头长大于背鳍起点到臀鳍起点的距离，两颌及犁骨具小牙，沿长江口上游到长江我省区域。

(4) 黄鳝（*Monopterus alhus*） 合鳃目。体呈蛇形，无偶鳍，左右鳃孔合一，开口于腹面，广布于我省各水域。

(5) 鲥鱼（*Macrura reevesi*） 鲱形目。溯河性鱼类，腹部有锐利棱鳞，分布广，我省长江流域可见，为名贵鱼类。

(6) 长颌鲚（*Coilia ectenes*） 鲱形目。身长而侧扁，腹银色而多脂，因形似一把尖刀而得名。上颌骨长，向后可达胸鳍部。溯河性鱼类，我省长江段有分布。

(7) 短颌鲚（*C. brachygnathus*） 鲱形目。上颌骨短，向后不超过鳃盖后缘，为淡水生活鱼类，分布长江中下游。

(8) 凤鲚（*C. mystus*） 鲱形目。上颌骨长，向后延达胸鳍基部，为河口洄游性鱼类，沿长江口上游至长江我省区域。

(9) 大银鱼（*Protosalanx hyalocranius*） 鲑形目。舌上具齿，个体大，背鳍位于臀鳍前上方，分布于近海及河口。

(10) 太湖新银鱼（*Neosalanx taikhuensis*） 鲑形目。背鳍与臀鳍相距很近，分布于长江中下游及其附属湖泊。

(11) 青鳉（*Oryzias latipes*） 鳉形目。栖息于湖泊、河流、沟渠、池塘等浅水处，与养殖鱼争食饵料，广布于我省各水域。

(12) 胭脂鱼（*Myxocyprinus asiaticus*） 鲤形目。幼体侧扁，成鱼延长，背鳍很长，分布于长江中上游。

(13) 泥鳅（*Misgurnus anguillicaudatus*） 鲤形目。体略圆筒形，尾鳍圆形，口周围有须 5 对，我省各水系均有分布。

(14) 长薄鳅（*Leptobotia elongata*） 鲤形目。为长江上游大型底层鱼类。

(15) 花鳅（*Cobitis linnaeus*） 鲤形目。体背部及体侧中部各有 10 余个褐色斑状，尾鳍有一黑点，背尾鳍有几条弧形黑纹，生活于江边及湖岸的浅水处。

(16) 鳅鮀（*Gobio bpappenheimi*） 鲤形目。胸腹部裸露无鳞，背部及体侧具发达皮质棱嵴，体侧有 6～9 个棕色斑状，多数分布于长江以南河流。

(17) 鲤鱼（*Cyprinus carpio*） 鲤形目。口下位，须 2 对，咽齿 3 行 1·1·3/3·1·1，呈臼齿状，全省分布。

(18) 鲫鱼（*Carassius auratus*） 鲤形目。口端位，无口须，咽齿 1 行 4/4，铲形，全省分布。

(19) 齐口裂腹鱼（*Schizothorax prenantl*） 鲤形目。下颌前端有锐利的角质缘，为长江上游的重要食用鱼。

(20) 银飘鱼（*Parapelecus argenteus*） 鲤形目。背鳍不具硬棘，常在水面集群飘游，全省分布，为普通食用鱼。

(21) 鲹条（*Hemiculter leucisculus*） 鲤形目。背鳍具光滑硬棘，广布全国各水系，为小型食用鱼。

(22) 鳊 (*Parabramis pekinensis*) 鲤形目。腹棱完全，广布全省各地。

(23) 红鳍鲌 (*Culter erythropterus*) 鲤形目。体长，侧扁，口上位，下颌突出，上翘，广布全省江河湖泊，为中小型经济鱼类。

(24) 鲂 (*Megalobrama terminalis*) 鲤形目。背鳍高度显著大于头长，广布我省各水域，为小型食用鱼。

(25) 团头鲂 (*Megalobrama amblycephala*) 鲤形目。背鳍高度短于头长，腹棱不完全，分布长江中游及湖泊。

(26) 翘嘴红鲌 (*Erythrocultev ilishaeformis*) 鲤形目。口上位，口裂几垂直，体银白色，各鳍灰黑色，为湖泊河流大型经济鱼类。

(27) 蒙古红舶 (*Erythrocultev mongolicus*) 鲤形目。尾鳍下叶鲜红色，臀鳍、腹鳍及胸鳍橙黄色，分布于我省各大河流湖泊。

(28) 青梢红鲌 (*Ergthrocultev dabryi*) 鲤形目。体上部深灰色，各鳍灰色。

(29) 银鲴 (*Xenocypris argentea*) 鲤形目。腹部无腹棱或不完全，广布江河湖泊。

(30) 黄尾密鲴 (*Xencypris davidi*) 鲤形目。长江流域常见。

(31) 细鳞斜颌鲴 (*Plagiognathops microlepis*) 鲤形目。腹棱完全，我省各江河、湖泊均有分布。

(32) 圆吻鲴 (*Distoechodon tumirostris*) 鲤形目。无腹棱，分布淮河以南水域。

(33) 似鳊 (*Acanthobrama simoni*) 又称逆鱼，鲤形目。喜逆水集群而游，为长江流域常见的小鱼。

(34) 中华鳑鲏 (*Rhodeus sinensis*) 鲤形目。侧线不完全，我省长江流域有分布。

(35) 彩石鲋 (*Pseudoperilampus lighti*) 鲤形目。体长不超过 60mm，喜生活在水流缓慢的池塘、溪流中，全省各地均有分布。

(36) 大鳍刺鳑鲏 (*Acanthorhodeus macropterus*) 鲤形目。背鳍分枝鳍条 15 枚以上，我省南北各水系均产，栖息于水草丛生处。

(37) 赤眼鳟 (*Squaliobarbus curriculus*) 鲤形目。眼上方有一块红斑，体背部有一黑斑，为杂食性鱼类。

(38) 鳡鱼 (*Elopichthys bambusa*) 鲤形目。吻尖突如喙，口裂大，下颌前端有突起，为肉食性鱼类。

(39) 鯮 (*Luciobrama macrocephalus*) 鲤形目。头前部细长，略呈鸭嘴状，口上位，无须，为江河凶猛鱼类，分布于长江水系。

(40) 马口鱼 (*Opsariichthys uncirostris*) 鲤形目。臀鳍 1～4 条分枝鳍条特别延长，为小型凶猛鱼类。

(41) 青鱼 (*Mylopharyngodon piceus*) 鲤形目。体背及偶鳍青黑色，咽齿 1 行，臼齿状，全省分布。

(42) 草鱼 (*Ctenopharyngodon idellus*) 鲤形目。体背黄绿色，偶鳍灰黄色，咽齿 2 行，梳状，全省分布。

(43) 宽鳍鱲 (*Zaccopla typus*) 鲤形目。雄鱼臀鳍前方的几枚鳍条特别延长，为

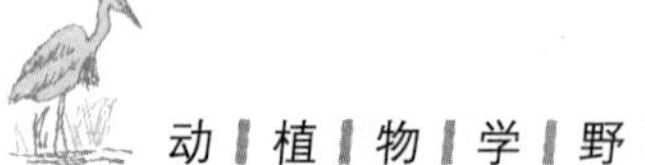

杂食性小鱼，全省分布。

(44) 鳡（*Ochetobius elongatus*） 鲤形目。头小而尖，口前位，上颌的末端可达鼻孔和眼前缘下方，产于长江及其以南淡水。

(45) 黑鳍倒刺鲃（*Barbodes caldwelli*） 鲤形目。背鳍末根鳍条柔软，不为棘状，我省南方水域有分布。

(46) 倒刺鲃（*Barbodes denticulatus*） 鲤形目。背鳍末根粗壮，棘状具锯齿，分布于皖南。

(47) 光唇鱼（*Acrossocheilus fasciatus*） 鲤形目。唇后沟间距宽大于口宽的1/3，分布于长江流域。

(48) 白甲鱼（*Varicorhinus simus*） 鲤形目。口下位，横裂，下颌具锐利角质前缘，广布长江流域。

(49) 东方墨头鱼（*Garra orientalis*） 鲤形目。栖息于江河、山涧水流湍急的环境中，底栖生活，唇后有吸盘，分布皖南。

(50) 花䱻（*Hemibarbus maculatus*） 鲤形目。背鳍具光滑的硬棘，体侧及背鳍、尾鳍具黑斑，广布我省各水系，为小型经济鱼类。

(51) 唇䱻（*Hemibarbus labeo*） 又称重唇鱼，鲤形目。外形似花滑，个体较花䱻大，广布我省各水系，为经济鱼类。

(52) 似刺鳊鮈（*Paracanthobrama guichenoti*） 鲤形目。体较高，体高显著大于头长，分布于长江中下游及其附属湖泊。

(53) 麦穗鱼（*Pseudorasbora parva*） 鲤形目。口小，上位，呈“1”字形，广布全省南北水体，是小水域中习见的小鱼。

(54) 华鳈（*Sarcocheilichthys sinensis*） 鲤形目。体侧有4条宽而垂直的黑褐色斑带，各鳍黑色，边缘白色，为平原水域小型鱼类。

(55) 黑鳍鳈（*Sarcocheilichthys nigdpinnis*） 鲤形目。体侧有黑色不规则斑块，鳃盖后缘及峡部呈橘黄色，鳃孔后缘有一深黑色的斑块，虹膜鲜红色，为南北水域小型鱼类。

(56) 铜鱼（*Coreius heterodon*） 鲤形目。头小，吻尖长，体背侧古铜色，腹部淡黄色，分布于长江水系。

(57) 棒花鱼（*Abbottina rivularis*） 鲤形目。体沙黄色，体侧中轴有8～9个较大的黑色斑块，背鳍和尾鳍有许多波纹状的黑色斑条，为小型鱼类，遍及全省各水体。

(58) 蛇鮈（*Saurogobio dabryi*） 鲤形目。体侧中轴有1条浅黑色的纵带，上有10～12个黑斑，广布我省南北各水域。

(59) 鲢（*Hypophthalmichthys molitrix*） 鲤形目。体长为头长的4倍，腹棱自肛门前伸至胸部，体银白色，我省南北水系均产。

(60) 鳙（*Aristichthys nobilis*） 鲤形目。体长为头长的3倍，腹棱自肛门前伸至腹鳍基部，体具黑色斑点，我省南方均产。

(61) 鲶鱼（*Parasilurus asotus*） 鲶形目。体裸露，臀鳍长与尾鳍相连，无脂鳍，

我省各地均有分布。

(62) 黄颡鱼 (*Pelteobagrus fulvidraco*) 鲶形目。具脂鳍，胸鳍刺后缘具锯齿，我省各地均有分布。

(63) 胡子鲇 (*Claris fuscus*) 鲶形目。须4对，现我省南北均有养殖。

(64) 鲇 (*Silurus asotus*) 鲶形目。须2对，全省各地均产，为经济鱼类。

(65) 长吻鮠 (*Leiocassis longirostris*) 又称江团，鲶形目。为长江水域的经济鱼类。

(66) 乌鳢 (*Ophiocephalus argus*) 鲈形目。胸鳍亚胸位，全省各水系分布。

(67) 圆尾斗鱼 (*Macropodus chinenisis*) 鲈形目。体长圆形，侧扁，尾鳍圆形，体色草绿，具横斑纹，分布于长江水系。

(68) 沙塘鳢 (*Odontobutis abscurus*) 鲈形目。又称暗色土布鱼，体黑褐色，具数个黑色大斑，我省南方河沟和湖泊均产。

(69) 鳜鱼 (*Siniperca chuasti*) 鲈形目。口大，分布我省南北各水系。

(70) 弓斑东方纯 (*Fugu oullatus*) 鲀形目。无腹鳍，背鳍无棘，内脏和血液剧毒，我省沿江有分布。

附6：中国硬骨鱼常见目检索表

1 (2) 体被5行骨板（鲟科），若裸露无鳞，则尾鳍上叶有硬鳞（白鲟科），歪型尾 …………………………………… 鲟形目 (Acipenseriformes)

2 (1) 体被圆鳞、栉鳞或裸露，一般为正型尾

3 (36) 成鱼体对称，眼位于头的两侧

4 (37) 上颌骨正常，不与前颌骨愈合

5 (38) 胸鳍正常，基部不呈柄状；鳃孔一般位于胸鳍基底前方

6 (9) 体延长，呈蛇形

7 (8) 左右鳃孔不相连 …………………… 鳗鲡目 (Anguilliformes)

8 (7) 左右鳃孔在喉部联合为一，无胸鳍 …………………… 合鳃目 (Symbranchiformes)

9 (6) 体形多样，不呈蛇形。

10 (25) 背鳍一般无鳍棘，一些种类背、臀鳍或胸鳍前有骨化的硬刺（假棘）。

11 (24) 腹鳍腹位，背鳍1个。

12 (15) 上颌口缘由前颌骨和上颌骨共同组成。

13 (14) 无脂鳍，无侧线 …………………… 鲱形目 (Clupeiformes)

14 (13) 一般有脂鳍，侧线存在 …………………… 鲑形目 (Salmoniformes)

15 (12) 上颌口缘仅由前颌骨组成

16 (17) 无侧线 …………………… 鳉形目 (Yprinodontiformes)

17 (16) 具侧线

18 (19) 侧线位低，接近腹侧；背鳍与臀鳍相对 …………………… 颌针鱼目 (Beloniformes)

19 (18) 侧线正常

20 (21) 两颌无牙，无脂鳍，具韦伯氏器 …………………… 鲤形目 (Cypriniformes)

21 (20) 两颌具牙，一般具脂鳍

22（23）体被圆鳞，无口须 ………………………………………… 灯笼鱼目（Myctophiformes）
23（22）体裸露或被骨板，具1～4对口须 ………………………………… 鲶形目（Siluriformes）
24（11）腹鳍胸位或喉位，背鳍1～3个 ……………………………………… 鳕形目（Gadiformes）
25（10）背鳍一般具鳍棘
26（27）吻通常呈管状，背、臀、胸鳍鳍条大多不分支 ……………… 刺鱼目（Gasterosteiformes）
27（26）吻不呈管状，背、臀和胸鳍鳍条大多分支
28（31）腹鳍存在时，具1～17鳍条，棘有或无
29（30）尾鳍主鳍条18～19；臀鳍一般具3鳍棘 ……………………… 金眼鲷目（Beryeiformes）
30（29）尾鳍主鳍条10～13；臀鳍具1～4鳍棘 ………………………………… 海鲂目（Zeiformes）
31（28）腹鳍一般具1鳍棘，5鳍条。
32（33）腹鳍亚胸位或腹位，2个背鳍分离颇远 ……………………………… 鲻形目（Mugiliformes）
33（32）腹鳍腹位或喉位，背鳍2个，接近或连接。
34（35）第2眶下骨后延，横过颊部与前鳃盖骨相接，形成眶下骨架 …… 鲉形目（Scorpaenifotm）
35（34）第2眶下骨后延成眶下骨架 ………………………………………………… 鲈形目（Perciformes）
36（3）成体体不对称，两眼位于头部的一侧（左侧或右侧） ………… 鲽形目（Pleuronectiformes）
37（4）上颌骨与前颌骨愈合成骨喙，腹鳍1鳍棘2鳍条或左右合成1硬棘或如 ……………………
……………………………………………………………………………… 鲀形目（Tetrodontiformes）
38（5）胸鳍基部呈柄状，鳃孔位于胸鳍基底后方 ……………………………… 鮟鱇目（Lophiiformes）

附7：安徽省常见鱼类检索表

1（6）体呈蛇形
2（3）无偶鳍，左右鳃孔合一，开口于腹面 ……………………………………………………… 黄鳝
3（2）具偶鳍，左右鳃孔分离
4（5）背鳍具1排短刺 …………………………………………………………………………………… 刺鳅
5（4）背鳍无1排短刺 …………………………………………………………………………………… 鳗鲡
6（1）体形各样，但不呈蛇形
7（12）腹中线具棱鳞
8（9）臀鳍短，分枝鳍条不及20，胸鳍无特别延长的鳍条 ……………………………………… 鲥鱼
9（8）臀鳍长，分枝鳍条超过20，胸鳍具特别延长的鳍条
10（11）上颌骨长，向后可达胸鳍部，体侧纵列鳞74～84 ……………………………………… 长颌鲚
11（10）上颌骨短，向后至多达鳃盖骨后缘，体侧纵列鳞67～77 ……………………………… 短颌鲚
12（7）腹中线圆或具狭窄的腹棱，但无棱鳞
13（24）具脂鳍
14（17）体透明，浸制标本头骨透明，脑可外见
15（16）吻圆钝，口盖无齿，下颌前端无犬齿 …………………………………………… 太湖短吻银鱼
16（15）吻尖锐，口盖具细齿，下颌前端具犬齿 ……………………………………………… 大银鱼
17（14）体不透明，浸制标本脑不可外见
18（21）尾鳍叉形
19（20）体长不及体高4倍 ………………………………………………………………………… 黄颡鱼
20（19）体长超过体高4倍 ……………………………………………………………………… 瓦氏黄颡鱼

21（18）尾鳍圆形或内凹形
22（23）尾鳍圆，体长为体高 6 倍 ……………………………………………………………… 圆尾鮠
23（22）尾鳍内凹，体长不及体高 6 倍 ………………………………………………………… 盎塘鮠
24（13）无脂鳍
25（26）背鳍基部短，背鳍条少于 6 根 ………………………………………………………… 鲶鱼
26（25）背鳍基部长，背鳍条多于 6 根
27（158）颌无齿
28（149）具鳞，一般无须，如具须不超过 2 对（鳅具 4 对须例外），常具腹棱
29（32）背鳍及臀鳍均具齿状棘
30（31）头部具须 2 对 ……………………………………………………………………… 鲤鱼
31（30）头部无须 …………………………………………………………………………… 鲫鱼
32（29）臀鳍不具齿状棘
33（36）眼位低，鳃膜左右相连
34（35）胸鳍后延不及腹鳍 1/2，腹棱从胸部至肛门……………………………………… 白鲢
35（34）胸鳍后延超过腹鳍 1/2，腹棱从腹部至肛门………………………………………… 鳙
36（33）眼位正常，鳃膜左右不相连
37（44）下颌具角质缘，无须
38（41）下咽齿 3 行
39（40）腹鳍与肛门间腹鳞完全 ……………………………………………………… 细鳞斜颌鲴
40（39）腹鳍与肛门间腹鳞不完全或全无 ……………………………………………… 黄尾密鲴
41（38）下咽齿 2 或 1 行
42（43）下咽齿 2 行，侧线鳞超过 70 枚，无腹棱 ……………………………………… 圆吻鲴
43（42）下咽齿 1 行，侧线鳞 40～50 枚 ………………………………………………… 似鳊
44（37）下颌无角质缘，如具角质缘，则具须
45（64）臀鳍长，分枝鳍条超过 14 根，常具腹棱
46（55）腹棱完全
47（48）背鳍无棘 ………………………………………………………………………… 银飘
48（47）背鳍具棘
49（52）侧线在胸鳍后急剧下曲
50（51）背鳍棘呈锯齿状 ………………………………………………………… 似鳊（锯齿鳊）
51（50）背鳍光滑 ……………………………………………………………………………… 鲹条
52（49）侧线在胸鳍后缓和略向下斜
53（54）口端位，体长为体高 2.5～2.9 倍，臀鳍分枝鳍条 27～35 根 ……………… 北京鳊
54（53）口上位，体长为体高 3.5～5.0 倍，臀鳍分枝鳍条 25～28 根 ……………… 红鳍鲌
55（46）腹棱不完全
56（57）侧线在胸鳍以后急剧下曲 …………………………………………… 拟鲹（异鲦鱼）
57（56）侧线在胸鳍后缓和下斜
58（61）口端位
59（60）臀鳍分枝鳍条 26～32 根 ……………………………………………………………… 鲂
60（59）臀鳍分枝鳍条 18～24 根 ……………………………………………………… 大眼华鳊

61（58）口上位或半下位

62（63）口裂垂直，侧线鳞超过 80 枚 …… 翘嘴红鲌

63（62）口裂一般斜，侧线鳞不及 80 枚 …… 蒙古红鲌

64（45）臀鳍短，分枝鳍条不及 14 根，无腹棱

65（102）臀鳍中长，分枝鳍条 7～14 枚

66（81）体细长，臀鳍起点在背鳍基部之后

67（68）咽齿 1 行，齿面呈臼齿状，胸、腹鳍皆黑色 …… 青鱼

68（67）咽齿 2 或 3 行

69（72）咽齿 2 行

70（71）咽齿镰刀状，鳞大 …… 草鱼

71（70）咽齿不呈镰刀状，鳞小排列不齐 …… 兰氏穗

72（69）咽齿 3 行

73（76）上颌前端有突起，刚好嵌入下颌的缺口中

74（75）下颌缘具缺口，为相应上颌突起嵌入 …… 马口鱼

75（74）下颌缘无缺口，上下颌强有力呈喙状 …… 鳡

76（73）上下颌正常

77（78）具须，生活时眼具红斑 …… 赤眼鳟

78（77）无须，生活时眼无红斑

79（80）体长，略呈管状，侧线鳞 65～75 枚 …… 鳍鱼

80（79）体通常侧扁，侧线鳞不及 60 枚 …… 宽鳍鱲

81（66）体卵圆形，臀鳍起点常在背鳍基部之下，背鳍和臀鳍具棘

82（89）侧线不完全

83（86）下咽齿齿面平滑无齿纹

84（85）体长为体高的 2.3 倍以上 …… 中华鳑鲏

85（84）体长为体高的 2.3 倍以下 …… 高体鳑鲏

86（83）下咽齿齿面具明显的齿纹或齿纹不太显著

87（88）背鳍和臀鳍具棘 …… 方氏鲥

88（87）背鳍和臀鳍无棘 …… 彩石鲥

89（82）侧线完全

90（99）背鳍和臀鳍具棘

91（92）下咽齿齿面平滑无齿纹 …… 须鲇

92（91）下咽齿齿面具明显齿纹

93（96）口角具 1 对触须

94（95）背鳍分支鳍条 15 根以上，臀鳍分支鳍条 13 根以上 …… 大鳍刺鳑鲏

95（94）背鳍分支鳍条 11～13 根，臀鳍分支鳍条 8～11 根 …… 短须刺鳑鲏

96（93）口角无触须

97（98）背鳍分支鳍条 16～17 根，臀鳍分支鳍条 12～13 根 …… 斑条刺鳑鲏

98（97）背鳍分支鳍条 12～15 根，臀鳍分支鳍条 10～11 根 …… 具凯刺鳑鲏

99（90）背鳍和臀鳍无棘

100（101）口角无须 …… 彩副鲇

101（100）口角具1对触须 ………………………………………………………………… 草条副鲌
102（65）臀鳍较短，分枝鳍条5～6枚（极少例外）
103（116）咽齿3行（少数为2行），臀鳍分支鳍条多为5根，体形正常
104（105）背鳍前端有一直而尖端向前方的倒棘 ………………………………………… 倒棘鲃
105（104）背鳍前端无平卧倒棘
106（109）眼眶下缘具1排黏液腺腔，体侧由6～7个大斑排列1行，下唇正常
107（108）背鳍具棘 ……………………………………………………………………………… 花䱻
108（107）背鳍无棘 ……………………………………………………………………………… 似䱻
109（106）眼眶下缘无1排黏液腺腔，下唇退化缩在口的两侧
110（113）口呈弧形或马蹄形，下唇瓣呈明显两叶状
111（112）两下唇分离，其间距大于口宽1/3 ……………………………………………… 光唇鱼
112（111）两下唇靠近，其间距小于口宽1/3 …………………………………………… 薄颌光唇鱼
113（110）口呈横裂形，下唇瓣不呈明显的两叶状
114（115）侧线鳞46枚以上 …………………………………………………………… 多鳞小颌鱼
115（114）侧线鳞46枚以下 …………………………………………………………… 台湾小颌鱼
116（103）咽齿1～2行，臀鳍分支鳍条多为6根，体形多呈圆筒状，腹部多平坦
117（118）背鳍具粗壮长棘 ………………………………………………………………… 似刺鳊鮈
118（117）背鳍无棘
119（120）口上位，口角无须 ……………………………………………………………… 麦穗鱼
120（119）口端位或下位，口角具须
121（126）下颌具发达的角质边缘
122（123）口呈弧形，下唇两叶前伸几达下颌前端，无须 ……………………………… 黑鳍鳈
123（122）口呈马蹄形，下唇低于两侧口角处，具2对小须
124（125）侧线鳞40～41枚，背鳍最后1根鳍条基部变硬，末端柔软分节 …………………… 华鳈
125（124）侧线鳞35～36枚，背鳍最后1根鳍条为软棘 ……………………………………… 小鳈
126（121）下颌无角质边缘
127（140）唇薄，简单，无乳状突起
128（137）体中等长，略侧扁，背鳍起点距吻端较其基部距尾鳍基为大
129（132）口端位，肛门位置紧接于臀鳍起点的前方，尾柄较高
130（131）口裂较小，颌骨末端不达眼前缘的下方 …………………………………… 细纹颌须沟
131（130）口裂较大，颌骨末端伸达眼前缘的下方 …………………………………… 隐须颌须沟
132（129）口亚下位，肛门位于腹鳍与臀鳍间的后1/3处，尾柄较细
133（134）侧线鳞39～42枚 ……………………………………………………………… 银色颌须沟
134（133）侧线鳞35枚以下
135（136）侧线鳞35～36枚，须短，不及眼径的1/3 …………………………………… 西湖颌须沟
136（135）侧线鳞33～35枚，须长，其长度等于或大于眼径 ……………………………… 点纹颌须沟
137（128）体长，前端圆筒形，后侧扁，背鳍起点距吻端较其基部后端距离尾鳍基为小
138（139）吻不突出，须长，其末端可达前鳃盖骨后缘，侧线鳞54枚以上 ……………………… 铜鱼
139（138）吻显著突出，须短，其末端不超过眼后缘下方，侧线鳞51枚以下 …………………… 吻鮈
140（127）唇厚，发达，上下唇均具乳突，上唇一般分叶

141（146）背鳍起点到吻端之距大于其止点到尾基之距
142（143）吻长而扁，其长度超过眼径 2 倍以上，咽齿 2 行 ……………………………… 似鮈
143（142）吻短而扁，其长度等于或稍大于眼径，咽齿 1 行，胸部无鳞
144（145）上下颌无角质缘，唇无显著乳突 ……………………………………………… 棒花鱼
145（144）上下颌具角质缘，唇具显著乳突 ………………………………………… 福建棒花鱼
146（141）背鳍起点到吻端之距小于或等于其止点到尾基之距
147（148）侧线鳞 57～61 枚，体长为体高的 7.4～9.8 倍 ………………………………… 长蛇鮈
148（147）侧线鳞 47～50 枚，体长为体高的 5.0～7.0 倍 …………………………………… 蛇鮈
149（28）无鳞或具小鳞，具 2 对以上的须
150（151）腹部平坦，胸鳍、腹鳍向左右平展 …………………………………………… 平鳍鳅
151（150）腹部圆形，胸鳍、腹鳍均不向左右平展
152（153）眼下无眼刺 ……………………………………………………………………… 泥鳅
153（152）眼下具眼刺
154（155）眼下刺分叉 ……………………………………………………………………… 沙鳅
155（154）眼下刺不分叉
156（157）尾分叉 …………………………………………………………………………… 薄鳅
157（156）尾不分叉 ………………………………………………………………………… 花鳅
158（27）颌具齿
159（160）下颌向前突出如针 ……………………………………………………………… 细下尖鱼
160（159）下颌正常，腹鳍胸位或喉位
161（162）具一短背鳍，体呈圆球形，被有或大或小刺 ………………………………… 星弓斑圆钝
162（161）背鳍 2 个，或背鳍基很长，体被鳞，无刺，两眼正常
163（168）前后两背鳍联合成一
164（165）体形正常，无鳃上器 ……………………………………………………………… 圆尾斗鱼
165（164）体长圆筒形，具鳃上器
166（167）具腹鳍 ……………………………………………………………………………… 乌鳢
167（166）无腹鳍 ……………………………………………………………………………… 月鳢
168（163）前后两背鳍界限明显
169（178）左右腹鳍不联合成吸盘状
170（175）体左右侧扁，腹鳍左右分离
171（172）鳃耙退化，体长为体高的 4.7～5.5 倍，幽门垂 10 个 ……………………… 长体鳜
172（171）具鳃耙，体长为体高的 4 倍以下
173（174）头长约为眼径的 6.3～8.1 倍，幽门垂 100 个以上，眼后缘不超过上颌骨后缘 ……… 鳜
174（173）头长约为眼径的 4.3～5.6 倍，幽门垂 68～95 个，眼后缘超过上颌骨缘 ……… 大眼鳜
175（170）体略上下扁平，左右腹鳍转向体之腹侧
176（177）头在眼以前扁平，体侧常具褐色大型块斑 …………………………………… 沙鳢
177（176）头在眼以前侧扁，体侧常具横条斑纹 ………………………………………… 黄蚴
178（169）左右腹鳍联合成吸盘状
179（180）头后背部完全裸露无鳞 …………………………………………………… 克氏鰕虎
180（179）头的背部被圆鳞，胸鳍基部有一大黑点 ……………………………………… 吻鰕虎

二、两栖类实习内容

我国有280多种两栖动物，一些原始种类生活在淡水中，大部分种类成体在陆上生活，幼体仍栖于淡水中。两栖类野外实习的目的就是在野外观察这些动物的生态习性及其形态结构，学会两栖动物标本的采集、制作和野外资源的调查方法，并认识一些常见种。

1. 两栖类的采集及标本制作方法

（1）两栖类标本的采集

① 采集地点与时间的选择　采集地点的选择：一是选择大环境，即确定某个地区作为采集地点，一般气候温和、雨量较多的地区是良好采集地；二是选择小环境，应注意山溪、河流、稻田、水塘等水源较为丰富、林木繁茂、昆虫较多的地方。时间的选择也比较重要，应把握住两栖类集中出现的时期，这样才能快而多地采到标本。根据两栖类的活动规律，春夏季里气候闷热无风或雨后的傍晚和夜间，是采集两栖类的最适时间。

② 采集用具　采集网、手电筒、布袋、广口瓶、长镊子、防护手套、笔记本、笔、标签布、水温计、指南针、海拔仪、采集背包等。

③ 采集方法　采集标本最关键问题在于如何寻找与发现动物，若根据各生态类群栖息环境特点进行寻找，可减少盲目性。

野外采集标本，如在山溪进行采集，应逆流而上，否则会将上游的水搅浑流下而看不清下游动物。寻找时应保持安静，以免惊跑动物。对周围环境应保持耳清目亮，捕抓时力求准确迅速。两栖类成体宜晚上采集，白天应观察环境以熟悉方向和路径，同时采集卵和蝌蚪，确定路线后再选择适宜气候的夜晚前去捕捉。晚上外出采集，用电筒照明较为方便，凡光束所到之处，如只见一点金红或蓝绿反光者，则多是蛙类所在，继续照着，慢慢接近，一般不会惊跑；亦可循雄蛙鸣声方向寻其踪迹，此时应保持安静，否则鸣声停止将增加采集的难度。采集时，以采集网捕捞或戴上防护手套用双手捕捉均可，捕住后放入布袋带回营地。

卵是个体发育的一个阶段，受环境条件的影响及系统发育的制约。两栖类一般都在气候温暖的春季繁殖、排卵。不同种类的产卵场所和卵群的排列也有所差异，当发现卵时，不要急着采集，应先对卵进行观察、记录，然后再采集。

静水型种类的卵于水面或水底，一般无他物遮盖，容易发现，用水网捕捞即可。流溪型种类卵粒大，常挂在水中树根或石壁上，或贴于石块下，可用镊子将其刮下。树栖种类的卵常产于植物叶子，带泡沫，可连叶采回；也有浮于水面的，用网捞取即可。采集时，应注意收集完全，以便统计数量。将其装于广口瓶或试管中带回，一般一个蛙的卵装一个容器。

蝌蚪一般当年完成变态，有的甚至仅几天，所以要抓住时机采集。静水型多底栖，要深捞细找；流溪型全部底栖于乱石缝穴中，且行动敏捷，所以动作要快。采集蝌蚪宜用网捕捞，采集在急流中的蝌蚪时，可先用网拦截于水流下方，翻开石块，蝌蚪即被冲入网中。

（2）记录

按记录表（表3-4）要求，记录各项目。

表3-4 两栖动物采集记录表

采集号数：________________ 日期：________________

采集地点：________________________________

海　　拔：________________ 湿度：________ 酸碱度：________

气　　温：________________ 水温：________________

水域类型：________________________________

生活习性及特征：________________________________

____

____

____

____

____

____

____

____

____

学　　名：________________________________

地 方 名：________________________________

附　　记：________________________________

____

采集记录人：

（3）标本处理

① 麻醉　制作标本时，首先应将动物杀死，方法是将动物分批装入密不透气的容器中，投入浸透乙醚的棉球（数量视动物数量与容器大小而定），时间以刚使动物窒息而死为宜，届时立即取出，用清水冲净其身上的污物及黏液。

② 固定　向已洗净的个体腹中注入适量10%福尔马林溶液，置于解剖盘中，然后将标本整理成所需姿势（一般以自然状态为佳），系好标签，慢慢向盘中倒入足量10%福尔马林液，固定12～24h。

③ 保存　将固定好的标本取出，装入标本瓶中（必要时系在玻璃板上），用5%～7%福尔马林液保存。蝌蚪及卵可直接装在瓶中的5%福尔马林杀死并保存。蝌蚪应头向下，以免压弯标本。卵宜同一成蛙的卵放于一个瓶中，必要时留部分作培养用。

④ 标签　标本固定后，应及时系上标签布，加上编号并准确标明其采集时间及地点。标签以白色棉布或涤棉布条做成，长宽60mm×15mm，以“A”代表两栖动物，其后是年份与标本编号，如A2008001即表示2008年采得的两栖动物第一号标本。编号应与采集记录的编号一致（或采集时即系上），标本瓶外也应贴上标签纸，写明种名及采集地等项目。

2. 两栖动物的活动规律和生态学习性

（1）两栖类的生境与生态类群

根据两栖类栖息环境，可将其分为水栖、陆栖、树栖、穴居几种类型。

① 水栖 根据水环境不同，又可分成静水型与流水型两类。

静水型：有尾类的蝾螈属（*Gynops*）与疣螈属（*Tylototriton*）和无尾类的铃蟾属（*Brmbina*）、蟾蜍属（*Bufo*）、雨蛙属（*Hgla*）、浮蛙属（*Occidozvga*）、姬蛙属（*Microhyla*）、狭口蛙属（*Kalaophrynus*）及蛙属（*Rana*）的部分种是静水型，常以湖泊、水池、水坑、稻田等地为栖息地。此类环境水流相对平静，在此生活的种类，一般体粗壮，后肢适中，蹼发达，善游泳，第二性征不明显。

流水型：有尾类的大鲵属（*Andrias*）、小鲵属（*Hynotiidae*）、肥螈属（*Paohytriton*）、瘰螈属（*Paramesotriton*）和无尾类锄足蟾科（*Pelobatidae*）全部种、湍蛙属（*Amolops*）、棘蛙群、臭蛙群及水蛙群的部分种是流溪型，栖息于终年流水不断的山溪或平原水沟中，溪边带有大小不等的石块或枯枝乱草。此环境的水处于流动状态，或急或慢，生活于此的种类受到水流的冲击，故蛙类常后肢发达而有力，蹼发达，游泳力强。雄蛙前肢粗壮，适于交配时有力拥抱雌体，棘蛙类胸部或腹部有棘，加强了雄性的固着力而免受水流冲击的影响，在急流中生活的种类如湍蛙，指、趾端具发达吸盘，能牢固吸附在石块上。

② 陆栖 无尾类大部分种类属陆栖种类，除生殖期以外，一般不在或很少在水中生活，常以平原陆地或溪边、田边的草丛为栖息地，此类蛙耐旱力强，后肢较长而发达，适于在陆地上跳跃。

③ 树栖 树蛙科（*Rhacophoridae*）的树蛙属（*Rhacopohrus*）和小树蛙属（*Philautinae*）属此类型，它们常以周围有丰富植被，终年不干枯而又不深的水坑、水塘为主要栖息地，也有发现于沼泽地和稻田区的。这类蛙一般呈绿色，指、趾端有吸盘，可吸附在树干上。

④ 穴居 无足类、无尾类的一些种常生活于土穴中。无足类体细长，四肢和眼退化；有尾类一般体肥壮，后肢粗短，不善跳，皮肤厚而轻微角质化，富于腺体或疣粒，能适应较干燥的环境。

（2）活动规律

① 季节性活动 野外采集两栖类，除了对其栖息环境有必要的了解外，同时须了解其季节性活动规律。一般来说，两栖类不能经受严寒，在1℃～8℃的温度下，便陷入麻痹状态，而在－2℃时就会死亡。但也有例外，据报道，有人将16条幼鲵笼养在完全封冻的河水中，都安全越冬，在河水解冻后全部活动自如。同时，两栖类由于身体裸露，不能防止水分蒸发，也不能适应干燥性气候，当失水量超过体重1/4时，便会死亡，但大蟾蜍（*Bufo gargarizans*）能耐受较干燥的环境。

两栖类在南方一般3～4月开始从冬眠中醒来，北方则因气温较低，要推迟1个月左右。如大蟾蜍在华东地区，一般在2月开始活动，黑斑蛙（*Rana nigromacutata*）和泽蛙（*R. limnocharis*）多在四月。有的种类苏醒后，即进入繁殖期，如大蟾蜍；有些种类则在以后才进入繁殖期，如泽蛙。总的来说，夏季是两栖类繁殖、觅食、活动的好时机。当天气渐冷，两栖类进入冬眠。不同地区、不同种类的冬眠时间不同，冬眠的地点也各异。如大鲵多在较深的洞穴或深水内越冬，黑龙江林蛙（*Rana amurensis*）于河水深处的沙砾或石块下越冬，蟾蜍多潜在水底淤泥或烂草中，也有的在陆上泥土里越冬。

② 昼夜活动　无尾两栖类大多为夜间活动，白天匿居于隐蔽处，躲避炎热的天气。如大蟾蜍常隐蔽在杂草丛生的凹穴中，黑斑蛙多隐蔽在草丛中，黎明前或黄昏后活动较强，雨后更加活跃，泽蛙多在白天活动。

有尾两栖类一般在夜间活动。如大鲵，白天潜居于有回流水和细沙的平坦洞穴内，洞穴一般比鲵体稍大，有回旋余地。傍晚或夜间出洞活动，但在气温较高的天气，白天也离水上陆，或爬到岸边，或伏于倒卧的树干上。

（3）食性

将野外所采集到的两栖类，对其食物作食性分析，便于了解两栖动物在生态系统中的作用和地位。两栖类以昆虫为主要食物，但在不同地区、不同生境、不同季节，其食物会有不同，有时差异还很大。当然，不同种类或同种个体大小不同，其食物也有所不同。如大雨后捕到的蟾蜍胃内80%以上是蚯蚓，在河岸边捕到的蟾蜍，胃内有鱼。有报道，棘胸蛙胃内发现五步蛇幼体。一般情况下五步蛇是吃蛙的，但也会出现个体相当大的棘胸蛙将幼蛇作为佳肴的现象。有人对广东省两栖类食性作调查，发现泽蛙的食物有80种之多，包括环节动物到脊椎动物的鱼类（小鱼苗），同时还有杂草种子。但总的看来，动物性的食物占绝大比例（98.6%），主要是昆虫（发现频率达80%），只有在极偶然的情况下，才发现胃内含有植物性食物（占1.4%）。其中，动物性的食物中，有害动物占57.6%，有益动物占42.4%。

无尾目大蟾蜍的食量较大，每只每天平均为2.94g，食物中包括65%的有害动物，22%的有益动物，其他占13%。动物性的食物中，昆虫占83.5%，其他占16.5%。从以上数据可看出，两栖类对防御害虫有很大作用，应加强保护。

两栖类食性的季节性变化。以大蟾蜍为例，在春夏季节的5～8月，主要吞食鞘翅目昆虫，占此期食物总数的34%，而秋季（10月）则主要以直翅目昆虫为主，占此期食物总数40%以上。另外，两栖类的食性与其生活环境的变化也存在密切的关系，食量与个体大小的关系，一般来说，个体大，食量大。

对两栖类的食性研究，最好从出蛰到冬眠的各月进行，采集标本，进行剖胃，统计其食物的种类、数量以及各种食物在胃内出现的频次数，并把结果按季节、环境、个体大小等规律加以统计分类，可得到所需要各种数据。其食物种类百分比和频次百分比按以下两公式计算：食物种类百分比＝该类食物数量/各类食物的总数×100%，频次百分比＝该类食物在胃中出现的次数/解剖胃数×100%。

（4）繁殖

① 两栖类的雌雄鉴别　两栖类在外形上，两性并无明显的差别，但在繁殖季节，由于雄性性征的发育而有别于雌体。如峨眉角蟾（*Megophry someimonlis*）雄性第一、二指婚垫上着生有角质刺；大蟾蜍性成熟的雄体，小于雌体，皮肤疏松而光滑，瘰粒少而圆

滑，未角质化，前臂较粗壮，在越冬和繁殖时期前肢内侧 3 指基部均有明显的黑色婚垫；沼蛙（*Rana guenther*）雄性体前肢有明显的肱腺；棘胸蛙（*R. spinosa*）雄性个体明显比雌性粗壮，其胸部有小而密集的刺；泽蛙（*R. limnocharis*）雄性较小，有鸣囊，喉部有黑赤褐色带。

② 两栖类的繁殖 两栖类开始繁殖一般在气候温和转暖的季节。其中蟾蜍是最早开始繁殖的，但也因各地气候条件的影响，时间有早有晚。如大蟾蜍在华东区一般在 2 月中下旬便开始抱对产卵，但因水温较低，卵及蝌蚪发育迟缓，至 4 月下旬才完全变态。大多数两栖类在 5～7 月抱对产卵。

温度与产卵是密切相关的，在南方黑斑蛙产卵的温度最低为 11℃，最高为 21℃，最适温度为 12℃～18℃。不同种类对产卵的温度要求有所不同。

两栖类产卵离不开水，如在气候干燥、周围长期缺水情况下，许多蛙集中在雨后一两天的积水处产卵。多数两栖类卵是浮在水面的，但蟾蜍的卵沉在水底，蝾螈（*Cynops orientalis*）的卵黏在水草上，斑腿树蛙（*Rhacophorus leucomystax*）产卵于水塘边的草丛中，卵团成球状，有大量黏性泡沫状物保护着；而大树蛙（*R. dennysi*）却在水池上方的阔叶树上产卵，泡沫状卵团由几片树叶包着，待蝌蚪孵出后，掉入水中发育。

无尾类在发育过程中需经变态，其幼体为蝌蚪。蝌蚪形态结构似鱼，有侧线和膜质外鳍，在水中营游泳生活，先用外鳃呼吸，后用内鳃呼吸；消化道长而盘曲，以水中浮游生物、水绵、藻类及腐烂的有机质为食料。随着蝌蚪的不断生长，到一定程度即开始发生变态，变态过程与环境温度、营养条件密切相关。一般说来，环境温度适宜，营养条件良好的情况下，变态所需时间要短。

③ 两栖类繁殖的调查方法 通常采用野外、室内剖检相结合的方法，对生殖器官进行描述测量和称量，来了解繁殖器官的季节变化。

繁殖开始日期及持续期的确定：要了解两栖类繁殖开始的确切日期，需作野外定期的观察，发现最早抱对的日期，即是其繁殖开始日期，对产卵持续日期的确定，只需解剖一段时期内所采集的雌体。确定最后一只雌体怀卵的日期，则从繁殖开始日期到此期间即为持续产卵期。产卵盛期的确定，可通过统计繁殖现场抱对数，其高峰期即为产卵盛期。

受精率的调查：可以野外采集已卵裂的整个卵块，拣出未卵裂的卵，就是未受精卵，用整个卵块卵的数量减去未受精的卵，然后除以整个卵块卵的数量，就是其受精率。孵化率的调查，可将受精卵在实验池内孵化，当蝌蚪孵出后，进行统计，用孵出的蝌蚪数除以受精卵总数，就是其孵化率。用上述方法，同样可计算出其变态率。

3. 两栖类的数量统计

对两栖类的数量统计，应根据不同种类、不同环境和不同时期，采用不同的统计方法，但常用的方法不外以下 3 种。

(1) 固定水域抱对数统计法 此法用于繁殖期。有些两栖类在解除冬眠后，即开始抱对，如大蟾蜍、黑龙江林蛙等。在该地连续统计数次，最后可得到较为准确的数量。泽蛙集群繁殖，性成熟后的个体群居在不大的范围内，用此法便于统计。

(2) 路线统计法　用于非繁殖期，此期两栖类多分散活动，可选择典型环境，沿一定的方向、一定的速度行走、仔细观察两侧的两栖类，记录遇到的种类和数量。若杂草丛生不易观察时，可用小竹竿打草驱赶，以便使两栖类受惊跳动。由于两栖类昼夜活动的强度各不相同，统计工作应在上午、中午、傍晚和晚上重复进行。以“只/时间”为单位，也可以“只/距离”为单位，最后所得到的数字即为该地区两栖类昼夜活动的相对数量。此法统计应用比较方便，花费劳力较小，具有相对的准确性，也适用于不同景观栖息密度的比较。

(3) 捕尽法　适用于农田统计，如玉米田、大豆田、水稻田及棉花田等。任意取样，测量面积，然后将样地的全部两栖类在一昼夜内捕尽。同时，可进行种群结构的分析，如性别、年龄组成等，然后算出各不同种类所占的百分比数及单位面积内的数量（只/m^2）。

综观上述 3 种方法，各有优缺点。其中第一种方法的缺点在于受时间的限制，非繁殖期不能采用。第 2 种方法准确性相对较低，且所需时间相对较长。第 3 种方法劳动强度较大。如条件许可，同时使用上述 3 种方法，则所统计结果更准确，所需各类数据也较全面。

4. 常见两栖类的识别特征

两栖类现在2 500种，我国约 280 多种。根据四肢及尾的有无，共分 3 个目，即无足目（Apoda）、有尾目（Candata）、无尾目（Anura）。其中无足目我国仅产 2 种，即分布于广西的双带鱼螈（*Ichthyophis glutinosus*）与分布于云南的版纳鱼螈（*I. bannanicus Yang*）。两者相似，体长圆柱形，体表光滑具环褶，头扁平，眼退化，尾明显存在。两者主要区别：版纳鱼螈第 1 颈沟距口角远，第 2 颈沟从背见不到两端；双带鱼螈则相反。我省不产。

(1) 有尾目的成体度量和分类术语（图 3-2）

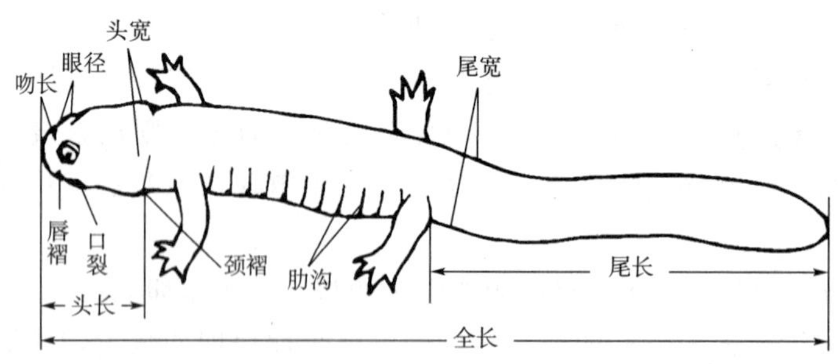

图 3-2　有尾两栖动物成体的测量

全长：自吻端至尾末端的长度。

头体长：自吻端至肛门后缘的长度。

头长：自吻端至颈褶或口角（无颈褶者）的距离。

头宽：头或颈褶左右两侧之间的最大距离。

吻长：自吻端至眼前角之间的距离。

躯干长：自颈褶至肛孔后缘的长度。

眼间距：左右上眼睑内侧缘之间的最窄距离。

眼径：与体轴平行的眼之直径。

尾长：自肛孔后缘至尾末端的长度。

尾高：尾上下缘之间的最大距离。

尾宽：尾基部即肛孔两侧之间的最大宽度。

前肢长：自前肢基部至最长指末端的长度。

后肢长：自后肢基部至最长趾末端的长度。

腋至胯距：自前肢基部后缘至后肢基部前缘之间的距离。

犁骨齿：着生在口腔内犁腭骨上的细齿，其齿列的位置、形状和长短均具有分类意义。

肋沟：体侧相当于两肋骨间形成的凹痕。

唇褶：颌缘皮肤肌肉组织的突出部分，一般存在于上颌后半部或后角，掩盖下颌。

颌褶：颈部侧面及腹面皮肤的皱褶。

尾鳍褶：位于尾上（背）、下（腹）方的皮肤肌肉褶襞，在尾上方的称尾背鳍褶，反之称为尾腹鳍褶。

角质鞘：一般指四肢掌、蹠及指、趾底面皮肤的角质化表层，呈黑棕色。

(2) 无尾目成体的度量与分类术语（图 3－3）

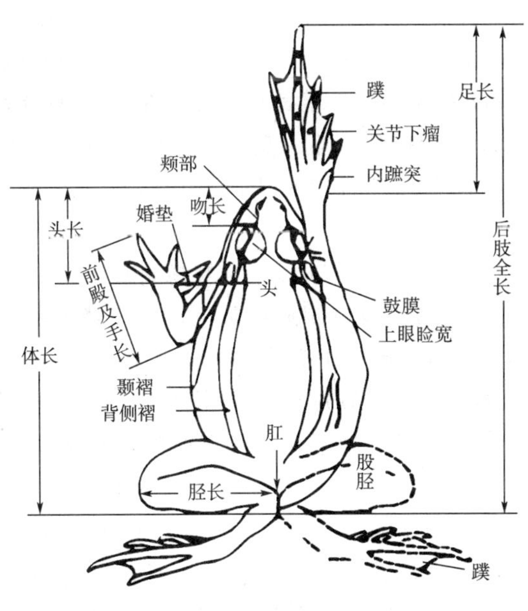

图 3－3　无尾两栖动物成体的测量

体长：自吻端至体后端的长度。

头长：自吻端至上、下颌关节后缘的长度。

头宽：头两侧之间的最大距离。

吻长：自吻端至眼前角的长度。

鼻间距：左右鼻孔内缘的距离。

眼间距：左右上眼睑内侧缘之间的距离。

眼径：与体轴平行的眼之直径。

固胸型：左右上喙骨较小，其内侧在腹中线处紧密连接而不重叠。

弧胸型：上喙软骨甚大，其左右不相连，而是重叠。

间介软骨：指、趾远侧端最末两节骨间具一块软骨（或已退化）。

“Y”形软骨：指、趾最末节骨游离端分叉。

吸盘：指、趾端膨大呈圆盘状，大于其基部骨节的横径。

马蹄形横沟：吸盘游离缘的凹沟。

蹼：指、趾间皮膜结构，可分为蹼迹、半蹼、全蹼几种。

背侧褶：自眼后至胯部的1对纵行皮肤隆起，位于背部。

褶：眼后经口角达肩部的皮肤隆起。

耳后腺：眼后枕部两侧因皮肤腺聚集而增厚部分，外形可见。

瘰料、疣料、痣粒：均为皮肤腺聚集而成的突起。痣粒小，疣粒较粗圆而光滑，瘰粒粗但不光滑。

5. 安徽省有尾目常见种及识别

（1）商城肥鲵（*Paehyhynobius shargchengensis*）　小鲵科。体长200mm左右，体形肥壮，头部扁平，犁骨齿呈倒“八”字形，尾短于头体长，指4、趾5，掌蹠部无角质鞘，生活时体背、尾侧黑色，腹面色浅。省内见于大别山区金寨县、霍山县、岳西县等。

（2）大鲵（*Andrias davidianus*）　隐鳃鲵科。两栖类体型最大者。头大而扁平，眼小无眼睑，犁骨齿与上颌齿平行排列，躯干扁平，体侧有宽而厚的皮褶，趾间微蹼，体表光滑，以棕黑色为主，有深色斑。省内见于皖南山区休宁、祁门以及大别山区岳西、金寨、霍山等县。

（3）细痣疣螈（*Tylototriton asperrimus*）　蝾螈科。上下颌骨具细齿，犁骨齿列呈“八”字形；头侧棱嵴明显，背棱嵴及体侧瘰粒黑色；尾腹鳍褶达泄殖孔后缘；头后侧黑色，指、趾及泄殖孔周围橘红色；尾短于头体长。省内见于大别山的岳西县。

（4）中国瘰螈（*Paramesotriton chinensis*）　蝾螈科。皮肤极粗糙，头及体背有较多大瘰粒，背嵴棱明显；背侧棱不显；吻不显著长于眼径，唇褶显；腹面有鲜艳斑块。省内见于皖南山区的休宁县。

（5）无斑肥螈（*Pachytriton labiatus*）　蝾螈科。体中等大小，不超过200mm；皮肤光滑，头躯扁平，四肢细弱；体背色深，腹色浅，具橘红色斑，周身无深色圆斑。上下颌有细齿，犁骨齿呈“∧”形排列。省内见于九华山及皖南山区。

（6）东方蝾螈（*Cynops orientalis*）　蝾螈科。体小，全长不超过90mm，黑色，腹面朱红，缀以不规则黑斑；皮肤粗糙有疣粒；唇褶与耳后腺明显；四肢较长，上下颌有细齿，犁骨齿呈“∧”形排列。省内见于沿江、大别山区和皖南山区。

6. 安徽省无尾目常见种及识别

（1）淡肩角蟾（*Megophrys boettgeri*）　锄足蟾科。体背褐色，皮肤光滑，肩部有1色浅而大的半圆斑；颏部中央有1对小白疣粒，胸部近腋处左右也各有1白色疣粒，股

部后侧有1较大的浅色疣粒；头正常，吻远突出于下颏，具颞褶；上颌有齿，无犁骨齿。省内见于皖南山区。

(2) 中华大蟾蜍（*Bufo gargarizans*） 蟾蜍科。体型大，皮肤极粗糙，成体瘰粒多而密，耳后腺显著，趾间具蹼，体背暗褐色，无显著花纹；腹面乳黄且具黑褐色斑，无显著花斑，雄性无声囊。省内各地均见。

(3) 花背蟾蜍（*B. raddei*） 蟾蜍科。体型较小，背橄榄绿色，有许多灰色疣粒，并有不规则红棕色花斑，第4指短，约为第3指的1/2，雄性有声囊。省内见蚌埠市郊、宿州市郊和萧县。

(4) 无斑雨蛙（*Hyla arborea immaculata*） 雨蛙科。皮肤光滑，背部翠绿色、无斑纹，腹部白色，体侧及大腿全无斑点，颞褶明显，四肢细长，足长于胫，趾间有蹼，指、趾端有发达的吸盘。省内见于江淮之间、大别山区、沿江江南的平原丘陵地区。

(5) 中国雨蛙（*H. chinensis*） 雨蛙科。体小，体表光滑纯绿色，体侧及腹部有深色斑，肩部有长三角形深色斑；头宽而圆；四肢细长，均具吸盘与横沟，半蹼。省内见于长江以南地区。

(6) 三港雨蛙（*H. sachiangensis*） 雨蛙科。体侧及前后有大小不等的黑色状斑，颞部、鼓膜上下的2条深色细浅纹几乎平等，上侧1条伸延到肩后，颞褶较细，眼下至口角浅色斑明显；上颌及犁骨齿发达。省内见于皖南山区和大别山区。

(7) 秦岭雨蛙（*H. tsnligesis*） 雨蛙科。吻宽圆且高，肢端具吸盘及马蹄形横沟，前肢腕背具一横凹痕。背绿色，体侧及前后具深色斑，吻、头侧具细黑线和棕色的“*Y*”形斑，上颌缘及上臂基部具半环形黑纹；犁骨齿两小团。省内见于大别山区岳西县。

(8) 弹琴蛙（*Rana adenoplenra*） 蛙科。体长50mm，较肥，头略扁，呈三角形；背部棕绿色，背侧褶色浅，背中央有浅蓝嵴线，头长宽相等，吻超出下颌；四肢有横纹，后肢疣上有黑斑，指吸盘有横沟，趾吸盘却无，半蹼。省内见于皖南山区。

(9) 沼蛙（*R. guentheri*） 蛙科。体大，皮肤光滑；背棕色，背侧褶与颞褶连续，沿褶有黑线纹，体侧有黑斑，头扁平而长，犁骨齿横置；后肢长约为体长1.5倍，有横纹，肢后有黑斑，趾端无吸盘但有马蹄形横沟，全蹼。省内曾见于皖南山区，现已罕见。

(10) 日本林蛙（*R. japonica*） 蛙科。体长40～60mm，两膝互交，趾端尖出无横沟，背侧褶狭而直，自眼后直达胯部；鼓膜处有一明显的三角形黑斑；趾间有蹼。省内见于大别山区、皖南山区和九华山。

(11) 大头蛙（*R. kuhlii*） 蛙科。雄性成蛙头极大而扁平，头长几达体长之半，雌蛙头小；背部皮肤光滑，黑灰或深绿色，体侧及胯部有黄色花斑，上下颌缘有纵纹；四肢短，有横纹，趾间全蹼。省内见于皖南山区。

(12) 阔褶蛙（*R. latouchii*） 蛙科。背侧褶宽厚，其最宽处与上眼睑宽几乎相等。口角后有两团淡黄色的颌腺；犁骨齿双行，位于内鼻孔内侧，舌尖缺刻深。省内见于大别山区和皖南山区。

(13) 泽蛙（*R. limnocharis*） 蛙科。体深灰褐色；有些种背中有浅色嵴线，背部不规则纵肤棱间有小疣，无背侧褶；头长宽相等，上下颌缘有6～8条纵纹，眼间有横斑，

犁骨齿两小团；四肢有横纹，趾端无吸盘，后肢具半蹼或2/3蹼。省内见于各地。

(14) 大绿蛙（*R. livida*） 蛙科。皮肤光滑有背侧褶，背面鲜绿色，头体侧浅棕色；头长长于头宽，四肢有横纹，前臂及手长几为体长之半，指细长具吸盘及马蹄形横沟，后肢长，具吸盘，全蹼。省内见于皖南山区。

(15) 黑斑蛙（*R. nigromaculata*） 蛙科。背黄绿色且有不规则黑斑，背侧褶金黄色，两褶间有4～6行不规则纵肤棱；犁骨齿两小团，眼间距小于上眼睑宽；四肢背面有黑色横纹，但大腿无白色纵纹，趾间全蹼。省内见于各地。

(16) 金线蛙（*R. plancyi*） 蛙科。体中小型，体长50mm左右，鼓膜大而显著，生活时背面为草绿色或橄榄绿色；背侧有1对宽厚的背侧褶，自眼后至胯部出现1条棕黄色的纵线；趾间蹼发达，几为全蹼。省内见于各地。

(17) 湖北金线蛙（*R. hubeiensis*） 蛙科。趾间全蹼；背侧褶明显；胫跗关节前伸达鼓膜；雄性无声囊，鼓膜大于眼径。省内仅见于大别山区。

(18) 隆肛蛙（*R. quadranus*）体小型，体长80～85mm，鼓膜小而不显，指、趾末端膨大成球状，趾间全蹼；雄性肛部呈囊状隆起。省内仅见于大别山区。

(19) 花臭蛙（*R. schmackeri*） 蛙科。背面绿色与棕色交织成斑纹，无背侧褶；四肢细长，指、趾端有吸盘与横沟，股后有云状斑，雄性有1对咽侧下外声囊。省内仅见于皖南山区。

(20) 棘胸蛙（*R. spinosa*） 蛙科。俗称石鸡。体大，背黑棕色有浅色斑，有长形疣和小疣，疣上有刺，头宽宽于头长，吻超出下颌，眼间有深色横纹，前肢特别粗壮，后肢长，趾端球形，趾间全蹼；腹面有灰褐色小云斑，雄性胸部有成片肉质疣，疣上有肉质刺。省内仅见于皖南山区。

(21) 天台蛙（*R. tientiensis*） 蛙科。无背侧褶，吻端有一明显的浅色纵纹，体背灰褐色，背腹面均粗糙，密被小疣粒；指基下瘤清晰，有外蹠突，趾间满蹼；雄性有声囊。省内见于皖南山区。

(22) 虎纹蛙（*R. tigeinea*） 蛙科。体大而粗壮，背面黄绿色，有长短不规则纵肤棱，散有小疣，体侧具不规则横斑；腹灰白，咽部有灰棕色斑；犁骨齿两列，弧形；四肢短，具明显横纹，趾间全蹼。省内见于淮河以南各地丘陵、平原地区。

(23) 凹耳蛙（*R. tormotus*） 蛙科。头体背具细疣，头部无颞褶，背侧褶显著，鼓膜凹陷成一外耳道，具1对咽侧下外声囊，上唇具白（黄）缘；趾具马蹄形横沟。省内仅见于黄山。

(24) 竹叶蛙（*R. versabilis*） 蛙科。体不大，皮肤光滑，背面浅褐色，有背侧褶，褶外侧绿色；头长，吻尖圆，吻棱明显；四肢均细长，趾间满蹼，后肢股部有横纹。省内仅见于黄山、祁门。

(25) 武夷湍蛙（*Amolops wuyiensis*） 体中小型，皮肤粗糙，散有大小不等的疣粒，颞褶宽厚；无犁骨齿，鼓膜较小，指、趾端具吸盘，吸盘游离缘具马蹄形横沟，背面凹痕。雄性婚刺棕黑色。省内仅见于皖南山区。

(26) 大树蛙（*Rhacophorus dennysi*） 树蛙科。头宽，吻钝圆；四肢细长，均具吸盘和蹼；背部皮肤小刺多，体色能随环境改变，体侧与背面有少数分散不规则棕色斑，下颌及咽部紫罗兰色。省内见于大别山和皖南山区。

(27) 斑腿树蛙（*R. leucomystax*） 树蛙科。背部颜色能随环境改变，两眼间有“Y”形斑纹；皮肤背面光滑，腹面多瘤；四肢细长，均具吸盘；趾间具蹼，四肢背面有横纹，股后有显著网状纹。省内见于皖南山区和大别山区。

(28) 黑点树蛙（*R. nigropunctatus*） 树蛙科。头长与宽几相等，肢端具明显的吸盘和横沟，吸盘背面有“Y”形骨迹，指、趾间具不发达的蹼。体背绿色，体侧及股前后具方形或长条形黑斑。省内仅见于大别山区岳西县。

(29) 小弧斑姬蛙（*Microhyla heymonsi*） 姬蛙科。体极小，体长不超过 20～25mm；皮肤较光滑，背面土灰色，有明显纵沟，背中有米黄嵴线，嵴线两侧有黑棕色波状长线纹；体侧有深色纵纹，咽部满是褐色小花点，四肢具横纹，前肢极细弱，有小吸盘，后肢粗壮，具吸盘。省内见于大别山区和皖南山区。

(30) 合征姬蛙（*M. mixtura*） 姬蛙科。体小，头宽大于头长，皮肤光滑，体背散有疣粒；无犁骨齿；胫跗关节不过眼前角；指间无蹼，指端无吸盘，背面无纵沟；趾端有吸盘，背面有纵沟，趾侧缘膜相连成蹼。省内见于大别山。

(31) 饰纹姬蛙（*M. ornata*） 姬蛙科。体小，皮肤较光滑，背面为灰棕色，有对称深棕色斜花纹；头小，眼后至胯部有斜排列的大长疣，枕部有横肤沟；四肢有横纹，前肢细弱，后肢短。省内见于各地。

(32) 北方狭口蛙（*Kaloula borealis*） 姬蛙科。体型肥壮；背面浅棕色或橄榄色，有黑色斑点，体侧、咽、前后肢均有圆斑；前肢细长，后肢粗短，趾间微蹼；能鼓胀身体，故俗称气鼓子。省内见于六安及合肥以北各地。

附 8：两栖动物分科检索表

1 (2) 终生无四肢，似蚯蚓 …………………………………………………… 无足目（Apoda）
2 (1) 成体有四肢
3 (8) 四肢短，颈部明显，具尾 ………………………………………… 有尾目（Candata）
4 (5) 犁骨齿呈“∧”形 ……………………………………………… 蝾螈科（Salamandridae）
5 (4) 犁骨齿不呈“∧”形
6 (7) 有活动眼睑，肋沟明显，犁骨齿呈“U”形 ………………………… 小鲵科（Hgnobiidae）
7 (6) 无眼睑，体侧有纵肤褶，犁骨齿与上颌齿平行成弧形 ……… 隐鳃鲵科（Gryptobranchidae）
8 (3) 四肢发达，体宽短，成体无尾 ……………………………………… 无尾目（Anura）
9 (10) 舌盘状，不能伸出口外 ………………………………………… 盘舌蟾科（Diseoglossidae）
10 (9) 舌不呈盘状，能伸出口外
11 (16) 肩带弧胸型
12 (13) 上颌无齿，皮肤粗糙，耳后腺发达 ……………………………… 蟾蜍科（Bufonidae）
13 (12) 上颌具齿
14 (15) 指、趾端尖细，无吸盘，有耳后腺 ……………………………… 锄足蟾科（Pelobatidae）
15 (14) 具吸盘，无耳后腺 ………………………………………………… 雨蛙科（Hylidae）

16（11）肩带固胸型

17（18）上颌无齿，鼓膜不显，无蹼 …………………………………………… 姬蛙科（Microhylidae）

18（17）上颌具齿，鼓膜明显，具蹼

19（20）无吸盘或有吸盘其背面有横凹痕，无间介软骨……………………………… 蛙科（Ranidae）

20（19）具吸盘，末两节间具有间介软骨，末节有“Y”形软骨 …………… 树蛙科 Rhacophoridae

8. 安徽省常见两栖动物检索表

1（12）成体具尾，后肢不特别大于前肢 ……………………………………………………………（有尾目）

2（3）无眼睑，犁骨齿排成弧形，体侧具纵皮褶 ………………………………………（隐鳃鲵科）大鲵

3（2）具眼睑，体侧无明显纵皮褶

4（5）犁骨齿排成“V”形 ……………………………………………………………………（小鲵科）小鲵

5（4）犁骨齿排成“∧”形 ……………………………………………………………………………（蝾螈科）

6（9）头背两侧有突起的嵴棱，皮肤粗糙，有瘰粒

7（8）体侧有排列规则的球形瘰粒 ……………………………………………………………… 细痣疣螈

8（7）体侧无球形瘰粒，但体表满布大小不等的疣粒 ……………………………………… 中国瘰螈

9（6）头背两侧无嵴棱，皮肤较光滑，无大的瘰粒

10（11）皮肤光滑，躯干扁平，眼径不及吻长之半，四肢短，指、趾宽扁，舌宽大，两侧缘不游离 ……………………………………………………………………………………………………… 无斑肥螈

11（10）皮肤有细小疣粒，躯干背部隆起，眼径超过吻长之半，四肢长，指趾细长，舌较小，两侧缘游离 …………………………………………………………………………………………… 东方蝾螈

12（1）成体不具尾，后肢大于前肢 ……………………………………………………………（无尾目）

13（26）上颌无齿（若有齿，则第4指特小）

14（19）背皮粗糙具瘰粒，具耳后腺，口裂较大 ……………………………………………（蟾蜍科）

15（16）头部具黑色角质棱 ………………………………………………………………………… 黑眶蟾蜍

16（15）头部无黑色角质棱

17（18）背部花斑显著，内蹠特小，雄性具声囊 ……………………………………………… 花背蟾蜍

18（17）背部无显著花斑，雄性无声囊，体形较大 ……………………………………………… 大蟾蜍

19（14）背皮一般较光滑，无耳后腺，口裂较小 ……………………………………………（姬蛙科）

20（23）无趾吸盘，如有吸盘时，背面则无纵沟

21（22）体背具重叠相套之若干相同的扇形斑 ………………………………………………… 花姬蛙

22（21）背部具“∧”形斑，第1个主干自眼间开始，斜向两侧 …………………………… 饰纹姬蛙

23（20）具趾吸盘，吸盘背面有纵沟

24（25）指端具吸盘，背部具纵沟，皮肤光滑，背正中有1对小弧 ……………………… 小弧斑姬蛙

25（24）指端无吸盘，背面无纵沟 ……………………………………………………………… 合征姬蛙

26（13）上颌具齿

27（28）瞳孔多纵置，具耳后腺 ……………………………………………………（锄足蟾科）淡肩角蟾

28（27）瞳孔不纵置，无耳后腺，指趾关节下瘤一般显著，节间无皮棱

29（34）舌卵圆形，后端微有缺刻，吻短圆而高，指趾末端均有吸盘 …………………………… 雨蛙科

30（31）体侧及股前后无黑斑，足长于胫 ………………………………………………………… 无斑雨蛙

31（30）体侧及股有黑斑

32（33）颞部、鼓膜上下方深色细纹在肩部相合成三角状 …………………………………… 中国雨蛙

33（32）颞部、鼓膜上下方深色细纹在肩部平行，或无细纹 ………………………… 三港雨蛙
34（29）舌长圆形，后端缺刻深，吻一般不显著
35（38）指趾末端具宽大吸盘，从吸盘背面一般可见到 Y 骨迹 ………………………… 树蛙科
36（37）指间具发达的蹼，体背蓝绿色 ……………………………………………… 大树蛙
37（36）指间无蹼，股部后缘具网状斑纹 …………………………………………… 斑腿树蛙
38（35）指趾末端无吸盘，也无 Y 骨迹，如有吸盘，则其背具一横凹痕或吸盘很小 ………（蛙科）
39（42）指趾末端具宽大吸盘，背具一横凹痕
40（41）具犁骨齿，鼓膜极小或不显，雄性第 1 指上具乳白色刺状突起 ………………… 华南湍蛙
41（40）无犁骨齿，鼓膜较小，雄性第 1 指上具棕黑色婚刺 …………………………… 武夷湍蛙
42（39）指趾末端尖，或稍膨大成球状，若具吸盘其宽度不及下面指节的两倍，背面无横凹痕
43（54）趾末端呈吸盘状，若膨大不显著，其间具马蹄形横沟
44（45）雄性鼓膜下陷，背棕色且带小黑斑，上唇具醒目黄纹 ………………………… 凹耳蛙
45（44）鼓膜不下陷
46（49）指端不膨大或略膨大，横沟不显著
47（48）背侧褶宽厚，褶间距，颌腺黄色 …………………………………………… 宽褶蛙
48（47）背侧褶正常，颌腺黄白色，雄性肱腺发达，呈肾形 …………………………… 沼蛙
49（46）指端略膨大成指吸盘，横沟显著
50（51）无背侧褶，背绿色而具棕色花斑 …………………………………………… 花臭蛙
51（50）具背侧褶
52（53）体纯绿色 ……………………………………………………………………… 大绿蛙
53（52）体棕褐色，或绿色，散有不规则斑点，上唇绿具白色锯齿状突 ………………… 竹叶蛙
54（43）趾末端尖出或膨大成球状，其间均无马蹄形横沟
55（64）无背侧褶
56（61）鼓膜明显，指趾末端尖出
57（58）趾间蹼缺刻深，上下唇缘具 6～8 条深色纵纹 ………………………………… 泽蛙
58（57）趾间蹼无刻深，上下唇缘也无纵纹
59（60）背具分枝的长短不一的皮棱，眼间距小于鼓膜直径，无外蹠突 ………………… 虎纹蛙
60（59）背部布满疣粒，具外蹠突 ………………………………………………… 天台蛙
61（56）鼓膜不甚明显，指趾末端膨大呈球状，趾间蹼发达，体肥壮
62（63）雄性胸部皮肤光滑，肛周皮肤有囊状泡，呈方形 ……………………………… 隆肛蛙
63（62）雄性胸部具疣棘，肛周皮肤正常 …………………………………………… 棘胸蛙
64（55）有背侧褶
65（66）鼓膜部具三角形黑斑，腿跟互相重叠，背侧褶细而直 ………………………… 日本林蛙
66（65）鼓膜部无三角形黑斑，腿跟不互相重叠
67（68）趾具全蹼，左右背侧褶间皮肤较光滑，腹面带黄色 ………………………… 金线蛙
68（67）趾非全蹼，左右背侧褶间具长短不一的皮褶，腹面白色 ……………………… 黑斑蛙

三、爬行类野外实习

爬行纲动物有 5 000 多种，我国约有 320 种，分属于龟鳖目、有鳞目和鳄目，我省近 70 种。除龟鳖类等营水陆两栖生活外，大多数爬行动物在陆地生活。观察爬行动物常见

种的特征及生态特性具有重要意义，也是野外实习的主要内容。

1. 爬行纲标本的采集

（1）龟鳖类的采集　龟科栖于山溪、小河及岸边半干半湿的石穴或土洞中。乌龟以农作区的稻田、小河、水沟为主要栖居场所，一般在11月进入冬眠，翌年4月出蛰，多在雨天出穴活动，杂食性。可将带腥味的动物脏器碎块、菜子饼等物放在其经常出没的地方，诱其来食，乘机捕捉。海龟科于夏季（有的地方终年有）在某些岛屿的岸边沙滩上掘坑产卵，可在夜间守候捕捉。鳖科栖于江、河、湖沼以及与江河相通的水库中，夏季在沙滩或泥滩上掘坑产卵，夏、秋季炎热天气常出水上岸，有时将整个身体埋于沙中。如发现其足迹终止，就可能隐没在该处的沙中（如果是在平展的泥沙上，有隆起呈弯月状或八字形的松散新泥沙，这就是鳖钻进泥沙中留下的痕迹）。可用钝头铁叉或棍棒进行探刺或敲甲，如触到鳖甲，就会有滑溜溜的感觉，并可听到“卜卜”的响声。此时可迅速用脚将其踏住，用手摸到鳖后胯下的两个凹进部位，即可捉住。在江、河、湖沼以及与之相通的水库中，还可以垂钓钓之；被水淹没的岩石缝穴和水洞也是其栖居场所，可用带倒钩的铁叉深入刺探。

（2）蜥蜴类的采集　双足蜥属常躲藏在草坪的石块下；脆蛇蜥栖于山地多石穴潮湿环境，雨后出没于草丛间。长鬣蜥、树蜥和飞蜥为树栖型。鳄蜥栖于山溪边潮湿阴凉的石缝石穴中，夜间爬伏于溪边灌丛枝上，如受惊扰即跳入下方的水中。晚上以灯光照明寻找，易于捕捉。蜥蜴亚目中的大部分为陆栖型。大壁虎栖于石山的缝穴或洞穴中；草蜥以路边或坡地的草丛和灌丛间为主要活动场所；沙蜥属或麻蜥属栖于戈壁滩及河岸沙坝环境；蝘蜓属及石龙子属中某些种类，常栖于潮湿阴暗有杂草碎石或墙脚地角等地方；壁虎科中除大壁虎和沙虎外，多栖于住宅的墙缝、墙洞、屋檐瓦椽之间，夏夜常爬在灯光照射下的墙壁上觅食。

我国产的蜥蜴类，除壁虎科为夜行性动物外，大多在白天活动。雨前闷热或雨后天晴出太阳，气温暖和，是蜥蜴类活动的黄金时间，尤其是中午前后最为活跃，这是寻找和捕捉蜥蜴的好时机。但在炎热夏天中午12时至下午2时常蛰于洞穴中避暑。我国的蜥蜴类均无毒，可根据具体情况，采用手捕或用采集网捞捕、软树枝扑打、活套、诱钓等法捕捉。

（3）蛇类的采集　蛇岛蝮、竹叶青和过树蛇属、林蛇属等常栖于树上。竹叶青的体色与绿叶很相似，蛇岛蝮的体色与树干相似，不易区别。因此，采集时应仔细查看再移步，避免头、手触及毒蛇而被咬伤。游蛇属部分种类及银环蛇、金环蛇和眼镜蛇等水栖性不是很强，但常发现其在池塘、沟渠及其附近活动。水蛇属栖居于池塘、稻田等静水，很少离水上岸；游蛇属的水赤链游蛇、环纹游蛇等，活动在溪流中及其附近；竹叶青和烙铁头等虽不是水栖种类，但有时也发现其在溪流中活动；海蛇科终生栖居海中。游蛇科中的许多属、科，如眼镜蛇科中的丽纹蛇属、蝰科中的烙铁头属及蝮属的一些科等，以山区边缘半农半林地带种类最多；竹叶青常发现于溪边岩石或灌丛枝叶上；而菜花烙铁头常见盘居于高山溪流边的草根间；五步蛇也常隐伏于溪边的附近阴湿岩石洞穴和枯树空桩内；眼镜蛇、蝮蛇、乌梢蛇和锦蛇属、鼠蛇属以及环蛇属的一些种类则以平原丘

陵地带为主要活动场所；眼镜蛇多在农户住宅周围池塘水域附近活动。

蝮属和烙铁头属蛇类多是夜行性动物，无风、闷热的夜晚多出来活动。五步蛇在炎热的夏天，白昼常盘曲在阴凉处，晚上遇火光有扑火的反应。金环蛇在夜晚有趋光的习性。因此夜间明火采集时要格外小心。眼镜蛇多见于晨昏时刻活动，但在夏天炎热的夜晚也出来活动。蛇类多在雨前、雨后、空气湿度大、闷热的天气出来活动。

发现蛇类时，要根据不同的种类和所在位置的具体情况使用蛇钩、蛇叉或其他工具捕捉。一般来说，如果是在较开阔平坦的地面，即可用蛇叉叉住蛇颈；如果是在草丛或凹凸不平之地或石缝、洞口，则先用蛇钩将其勾挪到较平坦处，再用蛇钩的平面按住或用蛇叉叉住其颈部。捕捉五步蛇、眼镜蛇等较大而凶猛的毒蛇时，一般在其伏地逃跑时，从其后面用蛇叉叉住蛇颈（如叉住身体前半段，则调整移动蛇叉的位置，最后叉住颈部），然后用手掐住其颞部，另一手掐住蛇尾，将其投入（先松尾部，后松头部，迅速投入）蛇笼中，总的原则是以安全为主，宁将其打死或让其跑掉，不能被其咬伤。

2. 爬行纲标本的制作

（1）麻醉　把标本装入不透气的容器中（蛇类可以连同蛇袋一起装进），然后用脱脂棉团浸透乙醚或氯仿随即扔进其中，并立即封住容器的口进行麻醉。麻醉时间应以动物已深度麻醉或刚窒息死亡为宜，并立即取出洗干净。

（2）固定　以10%的甲醛（即以市售的40%甲醛稀释10倍）注入体腔，蛇类要由前到后分段作斜向注射。然后将标本放在解剖盘内用10%的甲醛浸泡，液面以刚能没过标本为宜，随即用长镊子迅速将标本整理成所需要的姿势。蛇类标本可卷叠成数折，并用细线固定在玻璃板上，以利装瓶保存。一般固定12～24h，标本即定形。

（3）保存　最好用85%酒精保存。先向其体腔注入酒精，稍大的种类则需在其腹部中央纵划一刀，使其内脏也浸泡在酒精中。浸制时，要注意将标本由低浓度（50%）向高浓度逐步更换，最好保存在85%的酒精中。用此法浸制的标本，即便经长期保存，仍不失其柔软性及其原形，取出后仍可作解剖和组织切片之用。如果用甲醛保存，则将已固定了的标本浸泡在浓度为8%～10%的浸液中即可。若长期保存，则先用20%的浸制，然后移入10%的甲醛中保存。

（4）标签　标本处理好后，要立即编号，系上标签。编号可采用“动物类别代号＋年份＋标本号”方式，如R2008118，其中的“R”代表“爬行动物”，2008表示采集年份，118是标本号，即2008年采集爬行动物标本已有118个。标签可用白色棉布或涤棉布作成6cm×1.5cm的布条。标签上要用不溶于水的墨汁或铅笔工整地书写上编号、采集地点、海拔、采集日期等。每个标签的号码应与采集记录本上的编码相同。

3. 爬行类常用分类名词术语

（1）龟鳖目（Cheloda）分类检索常用名词术语

椎盾：背甲正中的1列盾片，一般为5枚。

颈盾：椎盾前方嵌于左右缘盾之间的1枚小盾片。

肋盾：椎盾两侧的2列宽大盾片，一般左右各4枚。

缘盾：背甲边缘的2列较小盾片，一般左右各12枚。

臀盾：背甲后缘正中的1对缘盾。

椎板：中央1列骨板叫椎板，一般为8块。

颈板：相当于颈盾部位的1块骨板。

臀板：椎板之后，通常有1～3枚，由前至后分别称为第1上臀板，第2上臀板和臀板。

肋板：椎板两侧的骨板叫肋板，通常左右各有8块。

缘板：背甲边缘的2列骨板叫缘板，一般左右各有11块。

(2) 蜥蜴目分类检索常用名词术语

吻鳞：吻端中央的单片大鳞。

上鼻鳞：紧接吻鳞后方，左右鼻鳞之间的成对鳞片。

额鼻鳞：吻鳞正后方的单枚鳞片。

前额鳞：额鼻鳞后方的1对大鳞，彼此相接或分离；或多于1对，或为单枚。

额鳞：两眼之间的1枚长形大鳞，在额鼻鳞正后方。

额顶鳞：紧接额鳞后的1对大鳞。

顶鳞：额顶鳞之后的1对大鳞。

顶间鳞：额顶鳞与顶鳞之间的1枚大鳞。

颈鳞：顶鳞后方1至数对宽大的鳞片。

鼻鳞：鼻孔周围的鳞片，由1～3枚切鼻孔的鳞片组成。

颊鳞：鼻鳞之后的1～2枚鳞。

眶上鳞：额鳞与额顶鳞两侧的对称大鳞，位于眼眶上方，一般为2～4对。

上睫鳞：眶上鳞外缘的1排小鳞。

颞鳞：位于眼后颞部，在顶鳞和上唇鳞之间的鳞片。

上唇鳞：吻鳞之后，沿上颌唇缘之鳞片。

颏鳞：下颌前端正中的1枚大鳞，与吻鳞对应。

后颏鳞：颏鳞正后方不左右对称的鳞片。

下唇鳞：自颏鳞之后，沿下颌唇缘之鳞片。

颏片：颏鳞后方左右对称排列的大鳞，位于下唇鳞内侧。

方鳞：身体腹面近于方形之大鳞。

圆鳞：身体背腹面近于圆形之大鳞。

粒鳞：鳞小而略圆，平铺排列。

疣鳞：分布于粒鳞间的粗大疣状鳞。

棱鳞：鳞片上面具有突起的纵棱者。

肛前窝：在肛前的部分鳞片上的小窝，形成1横排。

鼠蹊窝：在鼠蹊部的部分鳞片上的小窝。

股窝：在股部腹面部分鳞片上的小窝。

睑窝：下眼睑中央的无鳞透明区。

指、趾下瓣：在指、趾腹面排列成行的皮肤褶裂。

颌围：喉部横形的皮肤褶，褶缘具1排突出的大鳞。

(3) 蛇目分类检索常用名词术语（图 3-4）

吻鳞：位于吻端正中的 1 枚鳞片。

鼻间鳞：介于左右鼻鳞之间的鳞片。

前额鳞：鼻间鳞后的 1 对鳞片。

枕鳞：顶鳞正后方的 1 对大鳞片。

额鳞：介于左右眶上鳞之间的鳞片。

顶鳞：位于眶上鳞和额鳞后方的鳞片。

鼻鳞：位于吻鳞侧后方，鼻间鳞外侧；鼻孔开于其上的鳞片，左右各一。

眶下鳞：位于眼眶腹缘。

颊鳞：介于鼻鳞与前额鳞之间的较小鳞片。

窝下鳞：颊窝腹后方的一狭长鳞片。

上唇鳞：位于吻鳞后方，沿上颌缘排列的数目。

颞鳞：位于眶后鳞后，介于顶鳞与上唇鳞之间。

颏鳞：位于下颌前端正中央，与上颌的吻鳞相对，略呈三角形，单枚。

颏片：位于颏鳞后，介于左右下唇鳞间。

眶前鳞：位于眼眶前缘，1 至数枚。

眶上鳞：位于眼眶上缘，额鳞两侧。

眶后鳞：位于眼眶后缘，1 至数枚。

腹鳞：位于躯干腹面、肛鳞前正中的 1 行宽大鳞片。

肛鳞：位于肛孔处，紧盖肛孔，常为 1 枚或纵分为 2。

背鳞：被覆于躯干部背面的鳞片，互相叠盖，形成纵行或斜行的行列称为鳞列。

尾下鳞：指尾部腹面肛鳞后至尾尖的鳞片。

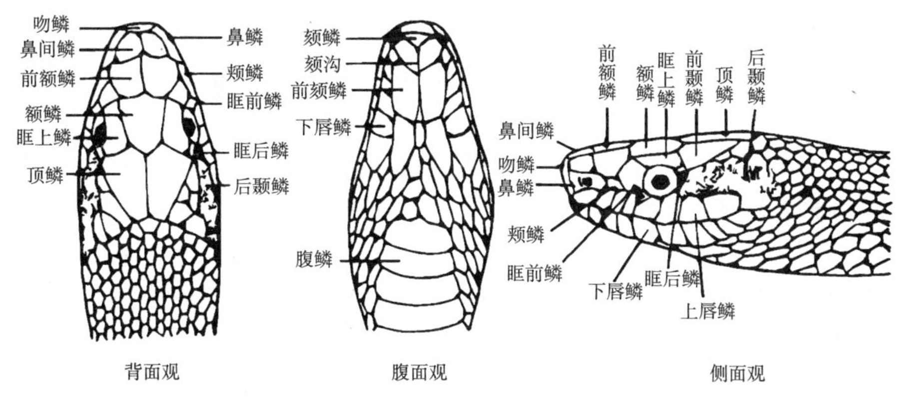

图 3-4　蛇类外部形态的测量

4. 安徽省龟鳖目常见种及识别

(1) 平胸龟（*Platysternon megacephatum*）　平胸龟科。头大，尾长，均不能缩入壳内；上、下颌发达，呈鹰嘴状；背甲较扁平，与腹甲以韧带相连，胸盾、腹盾与缘盾之间是下缘盾；体背为棕褐或深橄榄色，指、趾间具蹼，前肢5指，均有锐利的爪，后肢也5趾，但第5趾不发达也无爪。省内见于沿江及长江以南地区。

（2）眼斑水龟（*Sacalia bealei*） 龟科。头顶后部光滑无鳞；头顶布满深色的细纹，有2对眼状斑纹，前1对深褐色，后1对鲜黄色，每一眼斑内有1～2个小黑点。省内见于长江以南地区。

（3）黄喉拟水龟（*Mauremys mutica*） 龟科。头顶后部平滑无鳞，头侧眼后有2条黄色纵纹，喉部黄色无斑；腹甲黄色，染有黑色块状斑点；背甲较平，有3条纵棱。省内见于长江以南各县市。

（4）大头乌龟（*Chinemys megalocephala*） 龟科。头顶后部被细鳞，鼓膜明显；头甚大，其宽大于背甲宽的1/3，吻前端垂直向下达喙缘；指、趾间具蹼。省内仅见于黄山市。

（5）乌龟（*Chinemys reevsii*） 龟科。头较小，其宽度小于背甲宽度的1/4，头顶前部光滑，后肢皮肤被有细粒状鳞；头侧眼后有3条带黑边的黄绿色纵纹。省内各地均有分布。

（6）黄缘闭壳龟（*Cistoclemmys flavomarginata*） 又叫黄缘盒龟、山乌龟，龟科。背甲与腹甲能完全闭合，上喙有明显的勾曲；肛盾单片，其前端中央有一短纵沟，占肛盾长的一半左右。背甲棕红色，缘盾腹面黄色。省内分布于皖南山区和大别山。

（7）鳖（*Trionyx sinensis*） 鳖科。头骨背面凸起，吻延长成管状且等于眼径长；甲板外被以柔软的革质皮；指（趾）间具蹼。全省各地均有分布。

5. 安徽省有鳞目常见种及识别

（1）多疣壁虎（*Gekko japonicus*） 壁虎科。指、趾间有蹼迹，体背疣鳞小而密集，体背两侧及小腿疣鳞中等大，大腿一般无疣鳞，尾基两侧各有大疣2～3个。省内见于淮河以南各地。

（2）无蹼壁虎（*G. swinhonis*） 壁虎科。趾间无蹼，体背疣鳞较大而稀少，体背面粒鳞较大；背面灰棕色，躯干背面有5～6条深色宽纵纹，第1指、趾无爪。省内见于淮北平原各地。

（3）铅山壁虎（*G. hokouensis*） 壁虎科。吻鳞接鼻孔，雄性具肛前窝，尾基每侧大疣鳞1个，趾间具蹼迹，上鼻鳞被小鳞隔开，体背面疣鳞较高，体背线灰棕色，体侧有不显之花斑。省内见于皖南山区和大别山区。

（4）石龙子（*Enmeces chinensis*） 石龙子科。无后鼻鳞，后颏鳞2片，第2列下颞鳞楔状；颈侧及体侧红棕色。见于全省各地。

（5）蓝尾石龙子（*E. elegans*） 石龙子科。有上鼻鳞和后鼻鳞，后颏鳞1片，下眼睑也被鳞，雄性肛侧各有1大棱鳞；尾部蓝色，体背5条黄色纵纹可见。省内见于江淮丘陵及长江以南各地。

（6）宁波滑蜥（*Scincella modesta*） 石龙子科。眶上鳞4枚，无上鼻鳞，下眼睑中央有一透明睑窗；第4趾趾下瓣12～16枚，背鳞为侧鳞宽的2倍。省内见于沿江及以南地区。

(7) 蝘蜓(*Sphenomrphus iudicus*) 石龙子科。通身被圆鳞，无上鼻鳞，1对肛前鳞较大，眶上鳞4片，体中段鳞30行以上；背面古铜色，体侧有1条明显的黑色纵带。全省南北各地均有分布。

(8) 丽斑麻蜥(*Eremias argus*) 蜥蜴科。体被细鳞，眶下鳞正常不达唇缘，背中段小鳞1横排42～67枚；背有黑色边缘的棕色斑点6～8行；股窝10～12。省内见于淮北平原各地以及潜山、凤阳等地。

(9) 山地麻蜥(*E. brenchleyi*) 蜥蜴科。眶下鳞常扩大达唇缘；背中段小鳞1横排38～50枚；尾长超过头体长的1.5倍。省内见于宿州、淮北两市。

(10) 北草蜥(*Takydromus septentrionalis*) 蜥蜴科。体背具有对称排列的大棱鳞6行，腹鳞8行较大；颏片3对；尾细长，可达躯干长的3倍，鼠蹊窝1对。省内见于淮河以南地区。

(11) 白条草晰(*T. wolteri*) 蜥蜴科。尾长不超过体长的2.5倍，体背具大棱鳞7～8行，颏片4对；体棕灰色，腹面灰白色，体背及体侧有2条白色纵纹；第4趾趾下瓣19～22枚，鼠蹊窝1对。省内见于滁州市琅琊山及当涂等县。

(12) 脆蛇蜥(*Ophisaurus harti*) 蛇蜥科。无四肢，但有肢带的残迹；体长圆筒状，似蛇；体侧纵沟间背鳞16～18行，中央10余行明显起棱；鼻间鳞与单枚前额鳞间小鳞2枚。省内见于皖南山区。

(13) 黑脊蛇(*Achalinus spinalis*) 游蛇科。尾下鳞单行，肛鳞1片，缺眶后鳞；鼻间鳞沟短于前额鳞沟；背鳞中段23行以下，体背棕黑色，中央有黑背纹。省内见于皖南山区。

(14) 钝头蛇(*Pareas chinensis*) 游蛇科。体小形，无颏沟，具眶前鳞，颊鳞不入眶或仅后端入眶；背鳞平滑或仅中央少数几行起弱棱，通身15行。省内见于大别山区和皖南山区。

(15) 平鳞钝头蛇(*P. boulengeri*) 游蛇科。体小、头大、颈细，体略侧扁，无颏沟，无眶前鳞；背鳞平滑，通常15行。省内见于皖南山区。

(16) 钝尾两头蛇(*Calamaria septentrionalis*) 游蛇科。有眶前鳞，无颊鳞，无鼻间鳞，也无颞鳞，额鳞长宽相等；体背灰黑色，腹面橘红色，尾端圆钝。省内见于大别山区及皖南山区。

(17) 赤链蛇(*Dinodon rufozonatum*) 游蛇科。头较扁平，体背黑色或黑褐色，具70枚以上的红色横斑，体侧具不规则分散的深色斑点，中段背鳞平滑，颊鳞常入眶，颌无毒牙。省内见于南北各地。

(18) 黄链蛇(*D. flavozonatum*) 游蛇科。头部宽扁，体背黑或黑绿色，具60枚以下黄色窄横纹，体侧具不规则分散的斑点，中段背鳞中央数行微起棱，颊鳞不入眶，颌无毒牙。省内见于皖南山区。

(19) 双斑锦蛇(*Elapha bimaculata*) 游蛇科。背面灰褐，体尾背面有2行显著的黑色斑纹，左右两两相连，形似哑铃状，腹灰白色具黑斑。省内见丁皖南的宁国、绩溪、歙县、石台、祁门、芜湖，皖西南的安庆和皖西大别山区的霍山。

(20) 白条锦蛇（*E. dione*） 游蛇科。体背橄榄灰色或灰褐色，或棕黄色，其上具有3条较粗的白色纵纹及少量短横纹；头背有一粗大形的“∩”形暗褐色斑纹，腹面灰白或灰褐色；背鳞中央7～19行有微弱起棱，两侧数行平滑。省内见于芜湖、滁州、和县、无为和萧县等。

(21) 王锦蛇（*E. carinata*） 游蛇科。头背鳞缘及鳞沟黑色成“王”字形，背鳞具强棱；体尾背面黑黄两色混杂，略呈网纹。省内见于皖南山区、江淮丘陵和大别山区。

(22) 灰腹绿锦蛇（*E. frenata*） 游蛇科。背面纯绿色，眼前后有1条细黑纹，背鳞有微弱的起棱，腹鳞两侧向上卷折；腹面淡灰色，无颊鳞。省内见于皖南山区和大别山区。

(23) 玉斑锦蛇（*E. mandarina*） 游蛇科。上唇鳞7，头背有2条黑色横斑及2条黑色“∧”形斑；背鳞平滑；体尾背面有30余个黑色菱形大斑，斑的中央颜色较浅，多数为黄色。省内见于皖南山区和大别山区。

(24) 紫灰锦蛇（*E. porphyracea*） 游蛇科。背面紫灰色或者紫红色，躯干背面有10余个鞍形斑纹，头部具3条黑色短纵纹；腹部淡紫色或淡棕色。省内见于大别山区和皖南山区。

(25) 红点锦蛇（*E. rufodorsata*） 游蛇科。头上有3条深棕色“∧”形花纹，背淡红褐色，具4条红棕色长纹，腹面红棕色，布满黑色方形豆斑块。省内见于淮河以南各地。

(26) 黑眉锦蛇（*E. taeniura*） 游蛇科。体前端背面具有黑色梯状横斑，形如秤星，体后4条黑色纵纹，直达尾端，头侧眼后各具一黑色眉状纹。省内见于合肥以南各县。

(27) 棕黑锦蛇（*E. schrenckkii*） 游蛇科。体形较大，头部棕黄色，体背前段棕灰色，后段棕黑色，自体后段至尾部有20～25个土黄色横斑，腹面大部为灰白色。省内见于沿江平原和皖南山区。

(28) 黑背白环蛇（*Lycodon ruhstrati*） 游蛇科。体细长，背面黑色具白色环数十条，体前部环之间隔较长，向后渐短，背鳞中段17行，平滑或中段数行起弱棱；省内见于皖南山区。

(29) 颈棱蛇（*Macropisthodon rudis*） 游蛇科。体壮实，头略呈三角形，颈部明显，颞部及背部鳞片具强棱，上、下唇片红砖色，喉部土黄色，体背有长方形或椭圆形黑褐斑，无颊窝及毒牙。省内见于皖南山区。

(30) 赤链华游蛇（*Sinoatrix annularis*） 游蛇科。又称水赤链游蛇。体侧黑色横斑在腹中线处左右交错排列或连成环状，腹面黑斑间呈橘红色；1枚上唇鳞入眶，眶后鳞3枚，背鳞前中段19行，除最外行均起棱。省内见于各地。

(31) 华游蛇（*S. percarinata*） 又名乌游蛇，游蛇科。体背灰乌色，背面每两行黑横斑在体侧合并，或绕向腹面成一环斑，2枚或1枚上唇鳞入眶，眶后鳞大多4～5枚，背鳞前中段19行。省内见于皖南山区和大别山区。

(32) 渔游蛇（*Xenochrophis piscator*） 游蛇科。眼下及眼后黑纹达上唇缘，枕后具“*V*”形黑斑，体腹面具黑白相间的横斑；鼻间鳞前端窄，鼻孔背侧面。省内见于皖南

山区。

（33）锈链腹链蛇（*Amphiesma crapedoagaster*）　游蛇科。枕后侧各具一黄色椭圆形斑，身体背面深褐色，2条浅黄色纵纹上具1行铁锈点斑，腹鳞两侧的窄长黑点前后连成链条状，背鳞前中段19行，除最外一行外均起棱。省内见于大别山区和皖南山区。

（34）棕黑腹链蛇（*A. sauteri*）　又称棕黑游蛇，游蛇科。背鳞通身17行，起棱；上唇色线，具深色鳞缝；枕后具倒八字形浅色斑，每一腹鳞两侧的黑点前后连成链纹。省内见于皖南山区。

（35）草腹链蛇（*A. stolata*）　又名草游蛇，游蛇科。体背2条浅棕色纹间具多数黑横斑，黑横斑与浅纵纹相交处具浅黄色或白色小斑点，3枚上唇鳞入眶，背鳞19（17）行，除最外行平滑外，其余均起棱。省内见于大别山区和皖南山区。

（36）虎斑游蛇（*Rlabdophis tigrina*）　游蛇科。颈背具一浅槽沟，背面暗绿色或黄色，从颈部到身体中段的两侧有红色或黑色斑纹错综排列；眶前鳞2枚，背鳞中段19行。省内见于江淮丘陵、皖南山区和大别山区。

（37）小头蛇（*Oligodon chinensis*）　游蛇科。头短小，吻鳞大，背鳞中段17行，肛鳞完整，体背具10余个深色横斑，腹鳞具不规则黑斑，腹后部具红色纵线。省内见于皖南和皖西。

（38）饰纹小头蛇（*O. ornatus*）　游蛇科。头短小，吻鳞大，无颊鳞，背鳞通身15行，肛鳞2枚，体背具若干个黑色横斑，腹鳞具黑色方斑，腹面中央贯穿红色纵纹。省内见于皖南山区。

（39）翠青蛇（*Entechinus major*）　游蛇科。体背纯绿色，背鳞通身15行，通常有3枚唇鳞入眶；肛鳞2片；雄性尾鳞74～92枚。省内见于大别山区和皖南山区。

（40）山溪后棱蛇（*Opisthotropis latouchii*）　游蛇科。鼻孔开口略近端，前额鳞宽短，单枚，中段背鳞17行，体背橄榄棕色，并贯穿于若干深色纵线。省内见于皖南山区。

（41）福建颈斑蛇（*Plagiopholis styani*）　游蛇科。体小，形粗短；颈背具一深色横斑，体背红棕色，有部分鳞片具黑色边缘。上唇鳞6枚，无颊鳞，颞鳞2＋2，背鳞平滑，通身15行。省内见于皖南山区。

（42）花尾斜鳞蛇（*Pseudoxenodon stejnegeri striaticaudalus*）　游蛇科。体前部鳞列斜行，背面鳞起棱；背脊纵贯约23个近似菱形的斑块，至尾背中央合并为1条镶黑边的浅黄色纵线。省内见于大别山区和皖南山区。

（43）滑鼠蛇（*Ptyas mucosus*）　游蛇科。上、下唇鳞后缘有黑斑点，背面呈棕褐色，体背有黑色网纹或横斑点，腹面黄白色；背鳞19－17－14行。省内见于东至县、宿松县等地。

（44）灰鼠蛇（*P. korros*）　游蛇科。颊鳞3枚，背鳞15－15－11或15－13－11行，腹鳞175枚以下，背鳞棕灰色，每一背鳞中央有一黑褐色纵纹，前后缀连成黑纵纹。省内见于皖南山区。

（45）黑头剑蛇（*Sibyhophis chinensis*）　游蛇科。头背黑色，体背棕褐色，头枕后具黑背纹，枕部背纹两侧各具一浅色横斑纹，背面平等，通身17行。省内见于江淮丘陵、大别山区和皖南山区。

(46) 乌梢蛇（*Zaocys dhumnades*） 游蛇科。背鳞鳞列成偶数 14～16，背中央 2～4 行鳞起棱；背部绿褐色至灰褐色，背脊两侧有 2 条黑线贯穿全身。全省各地均见。

(47) 绞花林蛇（*Boiga kraepelini*） 游蛇科。头较大，颞区鳞片小，体鳞光滑，背鳞不明显扩大，肛鳞两分，背部具 1 行深褐色的粗大斑块。上颌具后沟牙。省内见于皖南山区。

(48) 中国水蛇（*Enhydris ehinensis*） 游蛇科。鼻间鳞 1 枚，上颌齿 10～16 枚，最后 2 枚为较大的沟牙；1 枚上唇鳞入眶，颊鳞不接鼻间鳞，背鳞中段 23～25 行。省内见于淮河以南。

(49) 银环蛇（*Bungarus multicinctus*） 眼镜蛇科。体表具黑白相间的环纹，白色环纹较细窄，尾末端较尖；上颌具前沟牙。省内见于沿江及皖南山区。

(50) 丽纹蛇（*Calliophis macclellandi*） 眼镜蛇科。头背黑色，两眼后具一醒目的宽形白色环斑，背红棕色，间以规则的黑色环形斑纹；背鳞通身 13 行，腹鳞 195～219 枚，尾下鳞 26～32 对。省内见于皖东和皖南山区。

(51) 眼镜蛇（*Naja naja*） 眼镜蛇科。发怒时前半身可竖立，颈可膨扁；颈背具白色似眼镜框状斑纹；体黑或黑褐色，有时可见白色细横纹；第 5、6 枚下唇鳞间常具 1 枚小鳞，上颌具前沟牙。省内见于皖南山区和大别山区的潜山县。

(52) 白头蝰（*Azemiops feae*） 蝰科。头背白色，具略为对称的浅褐色斑纹；体背灰紫或紫褐色，具红色横纹，头具大形对称鳞片，背鳞平滑，中段 17 行，上颌具管牙，眼鼻孔间无颊窝。省内见于皖南山区。

(53) 尖吻蝮（*Deinagkistrodon acutus*） 又称五步蛇、祁蛇，蝰科。头呈三角形，吻尖而上翘，头背具对称大鳞片，眼前有颊窝；体棕黑色，背有 1 行约 20 个灰白色菱形大斑；两侧有“∧”形暗褐色大斑纹。省内见于皖南山区。

(54) 蝮蛇（*Agkistrodon blomhoffii*） 蝰科。头略呈三角形，头背具对称大鳞片，眼前有颊窝；体褐色，体背具 2 行深色圆斑或 1 行横斑。省内见于南北平原、丘陵、山区各县。

(55) 烙铁头（*Trimeresurus mucrosquamatus*） 又称龟壳花蛇，蝰科。体背呈黄褐色，两侧具暗褐色斑块，头呈三角形，背具小鳞片，有颊窝；体棕褐色，背脊有 1 行紫棕色粗大逗点状斑，有时连成波纹。省内见于皖南山区。

(56) 山烙铁头（*T. montcola*） 蝰科。头背被小鳞，左右鼻间鳞之间，相隔 1～3 枚小鳞，左右眶上鳞间一横排小鳞 5～10 枚；体背带棕褐色，头较短宽，略呈三角形，吻钝圆，具管牙及颊窝。省内见于东至县。

(57) 竹叶青（*T. stejnegeri*） 蝰科。头部三角形，头背具小鳞，有颊窝，第 1 上唇鳞与鼻鳞之间有鳞缝分开，体背纯绿，尾尖红褐色，体侧多具 1 条近白色纵纹；尾尖最后 1 枚鳞片侧扁而尖长。省内见于皖南山区。

6. 安徽省鳄目的识别

扬子鳄（*Alligator sinensis*） 中小型鳄类，一般体长 1.5m，最大达 2m；皮革质，

覆以近方形的角质大鳞片排列纵横成行；四肢健壮，趾间具蹼，泄殖腔孔纵裂。省内见于马鞍山、芜湖、南陵、宣城、郎溪、泾县、广德等地。

附 9：安徽省爬行动物分科检索表

1（6）体短而略扁，背腹两面均被有由骨板形成的硬壳，上下颌缺齿而覆以角质鞘，肩带骨位于肋骨内侧…………………………………………………………………………… 龟鳖目（Testudoformes）

2（3）背腹甲表面被革质皮肤 ………………………………………………………… 鳖科（Trionychidae）

3（2）背腹表面被角质盾片

4（5）腹盾与缘盾间有下缘盾，头大尾长不能缩入壳内 ………………… 平胸龟科（Platysternidae）

5（4）腹盾与缘盾间无下缘盾 ……………………………………………………………… 龟科（Emydidae）

6（1）体较长，体表被鳞或鳞甲，无硬壳；上下颌具齿；肩带如有，则位于肋骨外侧

7（8）体被革质皮肤，背腹及尾部均有纵横成行略呈方形的鳞甲；齿着生于齿槽内，肛孔纵裂，交接器单个 ………………………………………… 鳄目（Crocodiliformes）鳄科（Crocodilidae）

8（7）体被覆瓦状或镶嵌排列的鳞片，齿着生于颌骨表面，肛孔横裂，交接器成对 ………………………………………………………………………………… 有鳞目（Squamata）

9（16）具四肢，如无四肢亦有肩带，具眼睑和鼓膜，尾长一般均大于头体长（蛇蜥例外） ……………………………………………………………………………… 蜥蜴亚目（Lacertilia）

10（11）无四肢，体呈蛇形 ………………………………………………………… 蛇蜥科（Anguidae）

11（10）有四肢，体呈蜥蜴形

12（13）头顶无对称排列的大鳞，体背被粒鳞 …………………………………… 壁虎科（Gekkonidae）

13（12）头顶具对称排列的大鳞，体背非粒鳞

14（15）有股窝或鼠蹊窝，腹鳞近方形……………………………………………… 蜥蜴科（Lacertidae）

15（14）无股窝或鼠蹊窝，腹鳞近圆形 ………………………………………… 石龙子科（Scincidae）

16（9）无四肢无带骨，无活动眼睑亦无鼓膜，尾长远短于头体长 ……………… 蛇亚目（Ophidia）

17（18）上颌骨前端无毒牙 ………………………………………………………… 游蛇科（Colubridae）

18（17）上颌骨前端有较大的毒牙

19（20）上颌骨前端具较长的前沟牙，上颌骨不能竖立，瞳孔一般为圆，头椭圆；体尾的长短、粗细较匀称 ………………………………………………………………… 眼镜蛇科（Elapidae）

20（20）上颌骨前端有甚长的管牙，可作平卧或竖立活动，瞳孔一般为直立椭圆形 ……………………………………………………………………………………… 蝰科（Viperidae）

21（22）眼与鼻孔间无颊窝 ……………………………………………………………… 蝰亚科（Viperinae）

22（21）眼与鼻孔间有颊窝……………………………………………………………… 蝮亚科（Crotalinae）

附 10：安徽省常见爬行动物检索表

1（14）体被硬壳或坚甲，泄殖孔纵裂

2（3）上下颌无角质鞘，具槽生齿 ………………………………………………………… （鳄目）扬子鳄

3（2）上下颌被角质鞘，无齿 ……………………………………………………………………… （龟鳖目）

4（11）体表被角质甲，指具 4～5 爪 …………………………………………………………………… （龟科）

5（6）头大，尾长，具缘下甲 ……………………………………………………………………… 平胸龟

6（5）头小，尾短，不具缘下甲

7 (8) 腹甲后缘圆，中段具一横裂皮肤褶 ………………………………………… 黄缘闭壳龟
8 (7) 腹甲后缘凹，中段无一横裂皮肤褶
9 (10) 头后部被粒状细鳞 ……………………………………………………………… 乌龟
10 (9) 头后部光滑无鳞 ……………………………………………………………… 黄喉水龟
11 (4) 体表被柔软的革质盾皮 …………………………………………………………… (鳖科)
12 (13) 吻突较长，约等于眼径 ………………………………………………………………… 鳖
13 (12) 吻突较钝，不及眼径之半 ……………………………………………………………… 鼋
14 (1) 体不被甲，泄殖孔横裂 ……………………………………………………………… (有鳞目)
15 (34) 腹鳞较小与背鳞相似，四肢一般发达（蛇蜥例外） ……………………… (蜥蜴亚目)
16 (19) 头顶被粒鳞，无活动眼睑，具肛门 …………………………………………… (壁虎科)
17 (18) 背面疣鳞多（枕部，背前方） ………………………………………………… 多疣壁虎
18 (17) 背面疣鳞小 …………………………………………………………………… 无蹼壁虎
19 (16) 头顶被大鳞
20 (21) 四肢退化，体呈蛇形，体侧具纵沟 ……………………………… (蛇蜥科) 脆蛇蜥
21 (20) 具四肢
22 (27) 腹鳞方形，具股孔或鼠蹊孔 ……………………………………………………… (蜥蜴科)
23 (24) 背鳞细小，不具棱，具股孔，指趾下瓣具棱 ………………………………… 斑丽麻蜥
24 (23) 背鳞较大，具棱，具 1 对鼠蹊孔
25 (26) 背鳞 6 行，颏片 3 对，腹鳞具棱 ………………………………………………… 北草蜥
26 (25) 背鳞 6 行，颏片 4 对，腹鳞中央几行无棱 ………………………………… 白条草蜥
27 (22) 腹鳞圆形，不具股孔或鼠蹊孔 ……………………………………………… (石龙子科)
28 (31) 具上鼻鳞
29 (30) 后颏单片，成体背面具 5 条明显的线纹 ………………………………… 兰尾石龙子
30 (29) 后颏鳞 2 片，成体背面无线纹 ……………………………………………………… 石龙子
31 (28) 无上鼻鳞
32 (33) 下眼睑被小鳞，背面古铜色，体侧有明显黑色纵带 ……………………………… 蝘蜓
33 (32) 下眼睑中央无鳞，成一透明睑帘，背鳞为侧鳞的 2 倍，肢长，第 4 趾趾下瓣 10～16 ……
………………………………………………………………………………………………… 宁波滑晰
34 (15) 腹鳞较背鳞大，四肢退化 ………………………………………………………… (蛇亚目)
35 (108) 上颌骨前端无毒牙 …………………………………………………………… (游蛇科)
36 (39) 鼻孔开于吻背，鼻间鳞 1 枚，位于鼻鳞之后 ………………………… (水游蛇亚科)
37 (38) 体中段背鳞 9 行，2 枚上唇鳞入眶 …………………………………………… 铅色水蛇
38 (37) 体中段背鳞 23～25 行，1 枚上唇鳞入眶 …………………………………… 中国水蛇
39 (36) 鼻孔开于吻的两侧
40 (41) 尾下鳞单行，肛鳞 1 枚 ……………………………………… (内皮蛇亚科) 黑脊蛇
41 (40) 尾下鳞双行
42 (43) 下颌无颏沟 …………………………………………………………… (钝头蛇亚科)
43 (42) 具前眼鳞 ………………………………………………………………………… 钝头蛇
44 (43) 无前眼鳞 …………………………………………………………………… 平鳞钝头蛇
45 (41) 下颌具颏沟

46（47）脊鳞略大，其略呈三角形，颞鳞多而小 …………………………………………… 絮花林蛇
47（46）脊鳞不扩大
48（49）头略呈三角形，头背大鳞糙，颞鳞具棱 ……………………………………………… 颈棱蛇
49（48）颞鳞无棱
50（51）无鼻间鳞及颞鳞 …………………………………………………………………… 钝尾两头蛇
51（50）具鼻间鳞及颞鳞
52（53）前额鳞 1 枚 ………………………………………………………………………… 山溪后棱蛇
53（52）前额鳞 2 枚
54（57）吻鳞较大，背面观察到部分等于或大于它与额鳞的距离
55（56）体中部鳞列 15 行，肛鳞 2 枚 ……………………………………………………… 饰纹小头蛇
56（55）体中部鳞列 17 行，肛鳞 1 枚 ………………………………………………………… 小头蛇
57（54）吻鳞较小，背面观察到部分小于它与额鳞的距离
58（62）颊鳞超过 1 枚，眼大
59（60）腹鳞 175 枚以下，背棕色，每一背鳞中央有 1 条褐纵线 ……………………… 灰鼠蛇
60（59）腹鳞 185 枚以上，背棕黑，可见黑色网纹或横斑 ………………………………… 滑鼠蛇
61（58）颊鳞正常
62（63）背鳞列成双（肛前 14） ……………………………………………………………… 乌梢蛇
63（62）背鳞列成单
64（71）背鳞列前后一致
65（68）背鳞 15 行
66（67）体绿色 ………………………………………………………………………………… 翠青蛇
67（66）体褐颈背具黑粒，无颊鳞，上唇鳞 6 枚 ………………………………………… 顶斑蛇
68（65）背鳞 17 行
69（70）颞鳞正常，体背棕黑色，头背具黑斑 ………………………………………… 黑头剑蛇
70（69）颞鳞较小，体背黑褐色 …………………………………………………………… 棕黑游蛇
71（64）背鳞列前后不一致（个别例处）
72（75）体前部背鳞列显著斜行
73（74）尾背中央具镶黑边的灰黄色纵纹 ……………………………………………… 花尾斜鳞蛇
74（73）体尾背面具黑或黑褐色的横斑，第一横斑两端沿颈侧前伸至顶鳞汇成一环 …… 横纹斜蛇
75（72）体前端背鳞列不显著斜行
76（77）体前、中段背鳞 15 行，背黑，具白横纹，中央背鳞有微棱 ……………… 黑背白环蛇
77（76）体前中段背 17 行以上
78（83）体前中段背 17～19 行
79（80）背前部绿色，两侧具黑红格状斑 ………………………………………………… 虎斑游蛇
80（79）背部具横斑
81（82）颊鳞常入眼，体背具 60 个以上红色窄横斑 ……………………………………… 赤链蛇
82（81）颊鳞不入眼，体背具 80 个以上黄色窄横斑 ……………………………………… 黄赤链
83（78）体前段背鳞 19 个（游蛇属为主）或超过 19 行（锦蛇属为主）
84（99）眼后鳞 2 枚 ……………………………………………………………………… （锦蛇属）
85（86）无颊鳞，体背翠绿色，眼前后贯穿黑纹 ………………………………………… 赤腹绿锦蛇

86（85）体背非翠绿色

87（90）体前段背鳞 19～21 行

88（89）体前段背鳞 19 行，头部具 3 条纵纹，体背后段具马鞍形横纹若干，体侧有 2 条较细的黑褐色纵线，腹面无斑 …………………………………………………………………… 紫灰锦蛇

89（88）体前段背鳞 21 行，体背前段具 4 行黑点向尾逐渐形成纵线，腹面具黑斑 ……… 红点锦蛇

90（87）体前端背鳞 23～29 行

91（92）背鳞具强棱，头背暗褐色，鳞缝黑，略呈“王”字，背面黑黄斑混杂，腹鳞 200 枚以上 ………………………………………………………………………………………… 王锦蛇

92（91）背鳞不具强棱

93（96）背鳞前段（头后）一段 23 行，平滑无棱

94（95）背面具 30 个以上镶边的黑色菱形斑，上唇鳞 7 枚 …………………………………… 王斑锦蛇

95（94）背面褐色，背正中央具 1 列深色哑铃形横斑，上唇鳞 7 枚以上 ………………… 双斑锦蛇

96（93）背鳞前段（头后）一段 23～27 行，具弱棱

97（98）背黄绿色，前具梯形斑纹，后内 4 条纵纹 ……………………………………… 黑眉锦蛇

98（97）背线灰，头具暗细纹，体尾具 3 条线纵纹，并具排列规则的涤色斑 …………… 枕纹锦蛇

99（84）眼后鳞 3 枚以上 ………………………………………………………………………（游蛇属）

100（103）体具粗大黑横纹或环纹，鳞具强棱，鼻孔开口于背侧面

101（102）背、腹黑纹斑交错呈环状，腹面呈黑红相间的横斑 ……………………………… 水赤链

102（101）背面每两条黑横斑在体侧合并，至腹面成单一横斑 ……………………………… 乌游蛇

103（100）体不具黑纹，鳞无强棱

104（105）背绿，具 5 排格状黑斑（或成网状），眼下后方各具 1 条斜行的黑细纹，背鳞中央几行起弱棱，腹鳞前黑褐色 …………………………………………………………… 渔游蛇

105（104）不具以上特征，背鳞起棱

106（107）背灰色，背中线具淡黑色横斑，眼前后具浅横斑，腹白色（喉略黄） ………… 草游蛇

107（106）背深褐色，体侧具黑点，形成断续的侧线，颈斑黄色呈“V”形，腹黄色…… 锈链游蛇

108（35）上颌骨前端具毒牙

109（120）具管牙，头多三角形，具颞窝，尾较短 ………………………………（蝰科，蝰亚科）

110（117）头背面具多数小形鳞片

111（112）背绿色，上唇及腹面均带绿色，体侧具白色（雌）或红、白各半纵纹（雄） … 竹叶青

112（111）背非绿色

113（114）背草绿，杂以黄、红、黑斑，红色斑在背正中形成 1 行较大斑块 ………… 菜花烙铁头

114（113）体色以棕褐为主，背面有深色大斑

115（116）头较长，吻较短，左右眶上鳞之间一横排小鳞 10 枚以上（14～16） …………… 烙铁头

116（115）头较短，吻圆钝，左右眶上鳞之间一横排小鳞 10 枚以下（6～8） ………… 山烙铁头

117（110）头的背面具少数大型成对鳞片

118（119）鼻间鳞和吻鳞上翘，头吻尖 ………………………………………………………… 尖吻腹

119（118）鼻间鳞和吻鳞不上翘，头吻钝 ……………………………………………………… 蝮蛇

120（109）具沟牙，头多椭圆形，无颊窝，尾正常 ………………………………………（眼镜蛇科）

121（122）背鳞扩大成六角形，背黑色具白环，躯背 30～50 个，尾背 9～15 个 …………… 银环蛇

122（121）嵴鳞正常

123（124）鼻间鳞不入鼻孔，背鳞全身13行，背褐红色，具黑横纹，头背具宽白横斑 …… 丽纹蛇
124（123）鼻间鳞入鼻孔，背中段鳞17～25行，颈部具花斑，背具浅窄横纹 …………… 眼镜蛇

7. 爬行动物的活动规律和生态学习性

（1）活动规律　爬行类的活动明显地受环境因素的影响，特别是受温度和光照的影响更为显著。因此，在研究爬行类活动规律时，除了对爬行类本身进行定时、定点的观察和数量统计外，还应详细测定和记录环境的温度和光照情况。

① 昼夜活动周期　爬行类的昼夜活动受环境温度的影响，在进行观察时，要详细测量和记录生境内的气温、地温、洞穴温、光照强度和动物体温，并以昼夜时数为横坐标，动物出现频次、温度为纵坐标，绘制与温度相对应的数量频次昼夜变化曲线。如蓝尾石龙子的昼夜活动规律：晴天约上午7时出洞，大都在阳光照射到的地方活动，这时气温在28℃左右，地表温25℃～26℃；以后，随环境温度升高而活动增强，到上午10时30分，动物活动达到高峰；12～13时，由于温度过高，活动显著减少；14～15时，温度略降，动物活动再次增加，17时后即停止活动。

天气变化对爬行类的活动有显著的影响，因此野外实习要注意晴天、阴天、刮风、下雨等天气变化时，爬行类的活动变化。

在不同季节里，由于气候条件的变化，爬行类昼夜活动规律也会改变。这方面的观察研究，要分散在春、夏、秋季进行，冬季爬行类进入冬眠，则无法进行。

② 季节活动周期　爬行类在不同的季节里有不同的活动规律，可按月份或农历的节气，分别进行观察活动。每次观察活动3d左右，进行全日数量统计。绘出季节活动曲线图，结合当地季节气温变化进行分析，从而了解动物的季节活动与温度变化的关系。

（2）食性　对爬行类进行食物分析，可以作为评价该种动物益害的主要依据之一，还可作为人工饲养该种动物饲料搭配的参考。

不同的爬行类有不同的食性，如壁虎类以蚊、蝇、蛾类为主食，蜥蜴以直翅目、鞘翅目等昆虫为主食，蛇类以昆虫、鱼、蛙、蜥蜴、鸟、鼠等为食，龟鳖以软体动物、甲壳动物、鱼、蛙等为食。

1）食物分析的方法　食物分析的方法主要有以下几种：

① 剖胃法　将杀死或浸制的动物剖开腹壁，找到胃，提起后小心剪开，取出全部内容物，放在解剖盘或培养皿中，进行检查。对于小型食物或食糜，需冲入表面皿内，加水稀释，在解剖镜下进行检查鉴定。

② 挤胃法　此法不用杀死动物，适用于小型爬行类，如蜥蜴、壁虎等。用左手挟持动物腰带及尾部，右手拇指、食指压挤动物腹部，从后向前推挤，即可将动物胃内食物从口中挤出。将挤出的食物分别装入盛有45%～75%酒精或5%甲醛溶液的试管中，带回实验室备查。

③ 排泄物收集法　将爬行类排出的粪便收集起来，检查其中的残留物，可帮助分析食物组成。

④ 饲喂法　在饲养条件下，用不同的饲料饲喂爬行类，可确定该种动物的食性，也可了解其食量、取食时间等情况。但此法与在自然界中取得的数据可能有差异。

2）食物种类和数量的统计　对于爬行类的动物性食物和植物性食物的种类，应用不同的统计方法。一般动物性食物常用动物的某一特定器官来计算其数量，如昆虫的大颚、翅、足等，鱼类的头骨、鳍棘、咽喉齿等，蛙骨、鼠骨或鼠类门齿等。注意：蛇类捕食的蛙体中的卵和鸟体中的昆虫、谷粒等，不能算蛇的食物。对植物性食物，主要以植物的种子、果实或叶片作为统计的依据。

根据食物种类和数量的统计结果，还要进行食物种类和数量占总量的百分比的计算。

爬行类的食物组成常随季节而变化，因此，按月或按季进行食性研究，有利于了解爬行类食物的全貌。

（3）繁殖　爬行类都是体内受精，在陆地上产卵，少数在体内发育成幼仔产出。卵外有钙质硬壳或革质软膜，卵常产在土窝或洞穴内。

野外实习时，对爬行类繁殖的观察研究，可从以下几个方面进行。

1）雌雄识别　大多数爬行类两性个体在外形上没有显著区别，但是，仔细观察，仍可从体色、体形、鳞片、四肢、各部比例上找到差异。如红点锦蛇和蝮蛇的雌性个体较雄性为粗，尾较雄性短。雌性乌龟甲壳稍带黄色，背部3条纵棱明显，尾较短而基部粗；雄性甲壳深黑色，尾较长且基部细。鳖的雌性尾短，不突出裙边外，雄性尾长，突出裙边之外。

蜥蜴中的雄性在繁殖季节出现第二性征，如蓝尾石龙子雄性腹侧及肛区漫布着紫红色小点，而雌性腹面为青白色。

实在不好区别的蛇类和蜥蜴，可用手压挤泄殖腔，如见到1～2个交配器从泄殖腔孔伸出，即为雄性，否则可定为雌性；用力压挤雄龟的头和脚，可从泄殖孔看到棍棒状的交配器。

2）性腺发育　爬行类性腺发育有季节变化，定期（如按月）解剖采获的雌雄个体，观察性腺发育状况，可以得到比较全面的资料。

① 雄性睾丸的发育　观察爬行类睾丸的发育，主要记录睾丸的颜色、测量睾丸的径长和计算其体积。如能制片观察性腺的发育，则判断性成熟的阶段会更准确。睾丸的颜色常与性成熟的程度有关，如未成熟的蜥蜴睾丸为乳白色，性成熟的多呈黄色或淡黄色。

以时间（如月份）为横坐标，以睾丸体积（或径长）为纵坐标，得到的曲线即是雄性个体睾丸发育随时间变化的反映。

② 雌性卵巢的发育　定期测量卵巢及卵的大小，测量输卵管的横径，统计卵的数目和进入输卵管的卵数，可获得爬行类卵巢发育过程的系统资料，从而正确地判定动物性发育的时期。一般将蜥蜴的卵巢发育过程划分成4期，即休止期、萌动期、中动期和成熟期。在不同地区、不同种类，各期所占时间也应有区别。

3）产卵与孵化

①产卵　爬行类多数为卵生，少数种类为卵胎生。在野外实习时，对一两种爬行类进行产卵情况的观察和记录，是十分有意义的。观察和记录的内容包括产卵的时间、地点、环境、巢穴状况，以及卵的形状、色泽、大小、数目、重量、壳膜性质等。

②孵化　爬行类卵的孵化靠自然温度和湿度，因此，人工孵化比较简单，瓦缸、瓦

罐、木箱都可以用来孵化龟鳖、蜥蜴类的卵。在缸罐底部铺上一层松软的泥土或细沙，将卵平放在沙土上（蛇类），或埋入土中（龟鳖、蜥蜴）；缸罐口盖上湿布或吊放一只小水箱，保持湿度，上面再加上木盖或竹筛，每隔1～2d观察1次。注意缸罐内的温度和湿度变化，并进行调节。未受精霉烂变臭的卵要及时取出。

在人工孵化的全过程中，都应作详细记录，对于出壳幼体还可进行测量体长、称量体重的工作。

4）数量统计　爬行类的繁殖季节也是相对集中的，对蜥蜴、蛇和龟鳖类的数量统计最好在春季交配时期进行。有的爬行类夜伏昼出，需在白天观察统计，有的爬行类昼伏夜出，需在夜晚观察统计。

统计地区的选择，应根据不同的研究目的来确定。如为了调查爬行类的生态分布，可选择几个不同生境，分别进行统计，在进行昼夜或季节活动周期研究时，则应在同一生境中进行多次统计。根据地形条件，可用样方统计法，或路线样带统计法，样方的大小和样带的宽度如同两栖类。

在进行生态分布数量统计时，常划分不同的数量级，用以表示不同动物或同种动物的相对数量。数量级的划分，要根据调查动物的种类和数量来确定。一般分为3级或4级，如每平方公里出现1 000只以上定为最丰富（＋＋＋＋），100～1 000定为丰富（＋＋＋），10～100定为一般（＋＋），10只以下定为稀少（＋）。

四、鸟类野外实习内容

目前，全世界共有9 700多种鸟类，中国就占有1 300多种。要正确地识别各种鸟类，不但要查阅有关书籍和标本资料，更重要的是野外观察其的外部特征和行为姿态。

一个初学者在野外开始观鸟，首先要学会观察鸟类的外部特征，比如是否有眼先，头部的形状、色彩、翅膀有无色斑等，然后根据这些观察与观鸟图鉴进行对比确认（图3-5）。如果能了解鸟类的外部结构，就可以自己阅读鸟类图鉴，从而掌握对鸟类鉴定的基本常识。

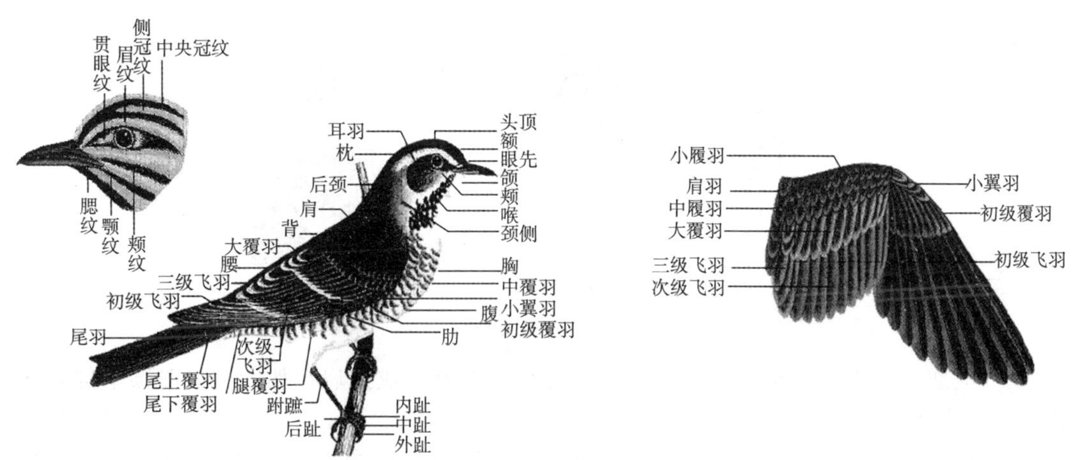

图3-5　鸟类外部特征的识别

1. 鸟体的度量与术语

（1）鸟体的度量　鸟体的度量，通常用于标本鉴定上所引征的数据，主要有下列 10 项（图 3－6）。

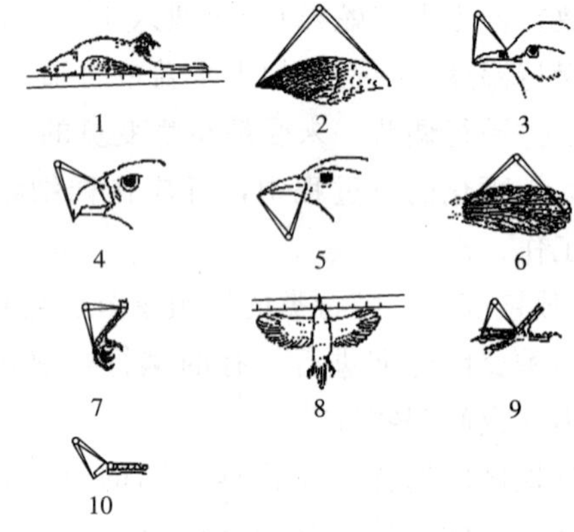

图 3－6　鸟体的度量

1. 全长；2. 翼长；3. 嘴锋长；4. 嘴锋长（不包含蜡膜）；5. 口裂；6. 尾长；7. 跗跖长；8. 展翅长；9. 趾长；10. 爪长

体长：嘴端至尾端。

嘴峰长：嘴基生羽处至上嘴末端的直线距离。

翼长：翼角（腕关节）至最长飞羽的先端直线距离。

尾长：尾羽基部至最长尾羽的尖端直线距离。

跗趾长：自胫骨与跗趾关节后面的中点到跗趾与中趾关节前面最下方的整片鳞的下缘。

展翅长：两翼展开后，飞羽间最大宽度。

嘴峰长（鸠鸽类）：腊膜外缘至上嘴末端的直线距离。

嘴裂长：嘴角至喙末端直线距离。

趾长：中趾关节最下方鳞片缘至中趾爪的起点间距离。

爪长：中指爪的两端直线距离。

（2）鸟体的常见术语

鸟体的外部特征有许多专业术语描述，野外实习常用到的有以下几条。

① 头部　鸟类头部的冠羽或特有的斑纹，是野外鸟种识别的依据之一（图 3－7）。鸟类头顶上部的冠，如黄色中央冠纹（扇尾沙锥）、羽冠（中华秋沙鸭）、枕冠（夜鹭）和肉冠（原鸡）；鸟类头部的斑纹，如灰白眉纹（画眉与灰林鵖）、黑色颊纹（黑领噪鹛）、贯眼纹（黑枕黄鹂）。

图 3－7　鸟类头部特征

② 颈部　着生在颈部的羽毛，少部分突出形成颈冠或披肩，如大白鹭前颈下部矛状饰羽。

③ 翼部　翼部的羽毛分为飞羽和覆羽，翼羽的色素细胞在阳光下折射出各种色彩，如宝蓝色（绿头鸭）、紫色金属（大嘴乌鸦）。

④ 尾羽 分居中 1 对的中央尾羽与其两侧的外侧尾羽。中央尾羽与外侧尾羽的长短不一致就形成各种形状的鸟尾。

⑤ 后肢部 胫的裸露（如鹤与鸻）与被羽（如鸽与鹰），跗跖着生鳞片有盾鳞（如百灵科）、网鳞（如石鸻科）、靴鳞（如鸫科）（图 3－8）。此外，有些鸟类跗跖上有距（如雉科），或中趾内侧具栉缘（如鹭类及夜鹰）。

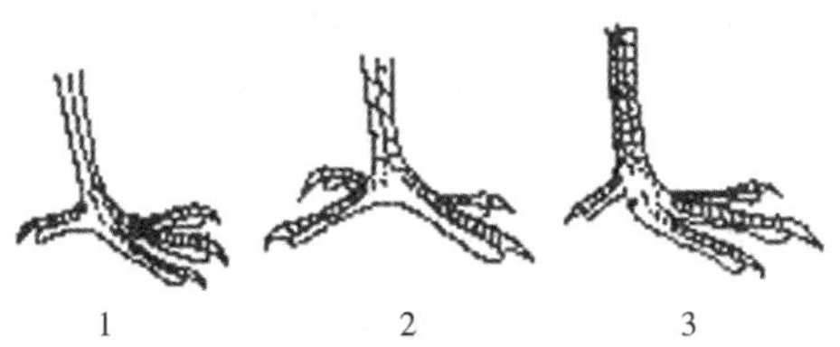

图 3－8 鸟类跗跖鳞片的类型

1. 靴状鳞；2. 盾状鳞；3. 网状鳞

⑥ 羽毛与羽色 根据羽色，可以把常见鸟类分成若干类。比如，鸟羽以黑色为主的有家燕、雨燕、八哥、乌鸦、黑卷尾、鸬鹚等；以白色为主的有天鹅、白鹭、海鸥等；以褐色为主的有百灵、画眉、三道眉草鹀、麻雀等；以绿色为主的有黄雀、柳莺、绿孔雀等。鸟类每年要换羽 2 次，多数种类，换羽前后的羽色没有明显差别，但是个别种类如雷鸟羽色冬季变白，而一些鸟繁殖季节羽色也有明显变化（如夜鹭）。

2. 鸟类野外特征识别

（1）形态特征

① 鸟的大小 野外观察鸟类，借助最常见的种类作为参照，可以帮助判别鸟体大小（图 3－9）。

图 3－9 常见鸟类的大小

暗绿绣眼鸟（10cm）：常见的类似鸟有鹪莺、柳莺雀、树莺、太阳鸟、毛脚燕和绣眼鸟等。

麻雀（15cm）：常见的类似鸟有鹀、鹨、文鸟、山雀、燕雀、金翅、红尾水鸲、金眶鸻等。

白头鹎（20cm）：常见的类似鸟有家燕、白鹡鸰、虎纹伯劳、画眉、林鹬、鹌鹑等。

八哥（25cm）：常见的类似鸟有绿啄木鸟、黑枕黄鹂、灰椋鸟、夜鹰、小杜鹃等。

山斑鸠（35cm）：常见的类似鸟有松鸦、黑领噪鹛、短耳鸮、丘鹬、灰头麦鸡、红隼等。

喜鹊（45cm）：常见的类似鸟有秃鼻乌鸦、乌鸦、花脸鸭等。

黑耳鸢（55cm）：常见的类似鸟有白颈鸦、毛脚鵟、普通鵟等。

白鹭（60～100cm）：常见的类似鸟有翘鼻麻鸭、红嘴蓝鹊、雉鸡、豆雁、苍鹭等。

白鹳（100cm 以上）：常见的类似鸟有大天鹅、大白鹭等。

② 鸟的喙　鸟类的喙与其食性有关，水禽的喙相对长些。滤食性的水禽喙末端膨大成杓状或扁平状，如雁形目或琵鹭；探寻食物的水禽，喙如针状且略弯曲如鸻鹬类。鸟类喙的长短、粗细、弯直等形态差异是野外观鸟的重要识别特征（图 3－10），如食肉性猛禽（鹰）喙成弯钩状，食谷性的鸟类（麻雀）喙成短粗的锥体状等。

图 3－10　鸟类的喙

③ 鸟的趾型：鸟类通常 4 趾，分外趾、中趾、内趾和大趾，依其排列的不同可分为 6 种类型（图 3－11）。

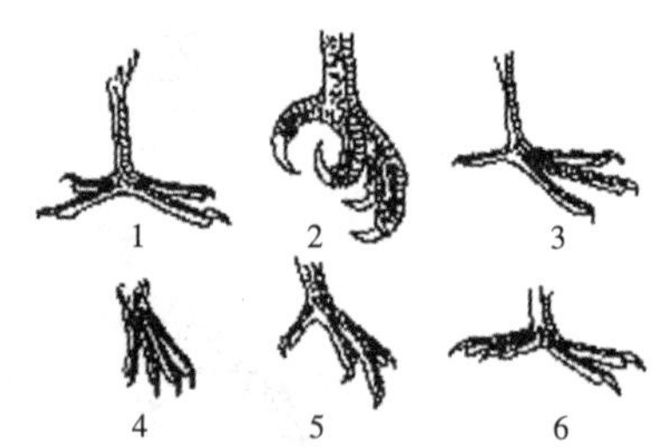

图 3－11　鸟类的趾型

1. 对趾型；2. 不等趾型；3. 离趾型
4. 前趾型；5. 并趾型；6. 异趾型

不等趾型：3 趾向前，大趾向后，如麻雀。

对趾型：外趾与中趾向前，大趾与内趾向后，如啄木鸟。

异趾型：中趾与内趾向前，大趾与外趾向后，如咬鹃。

离趾型：与不等趾相似，但内趾可扭转向后，如短耳鸮。

并趾型：似常态足（即前 3 后 1），但向前 3 趾的基部互相并连，如翠鸟。

前趾型：4 趾均向前，如雨燕。

④ 鸟的翼　翼的飞羽有长有短，构成翼端的形状也不同，通常分为 3 种：圆翼（黄鹂）、尖翼（家燕）、方翼（八哥）。当鸟类在空中慢飞或翱翔时，容易观察其翅形。对于一些难以接近的鸟，靠翅形的特征可以进行初步分类（图 3－12）。如鹰和隼在翅形上有

着明显的区别，鹰的翅多是圆形，隼的翅是尖长的。家燕和雨燕的翅均为尖形，但家燕的翅具明显的翼角，雨燕的翼角不明显，翅长呈粗镰刀状。

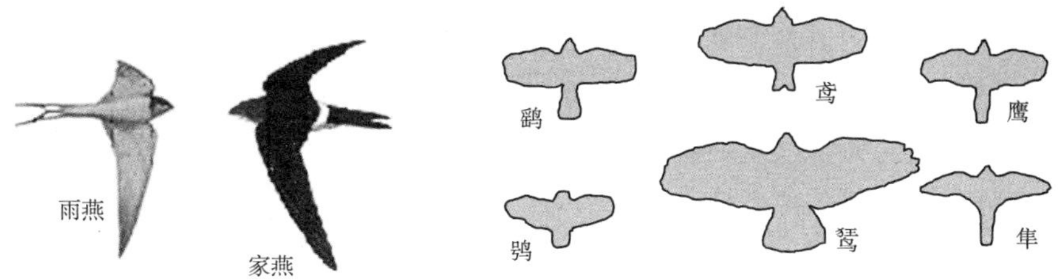

图 3-12　鸟类的翼

⑤ 鸟的尾　短尾鸟类有白胸苦恶鸟、鹛鹛、鹌鹑等；长尾鸟类有喜鹊、红嘴蓝鹊、寿带、雉鸡等。此外鸟尾的形状有平尾（鹭类）、圆尾（八哥）、凸尾（伯劳）、尖尾（蜂鸟）、叉尾（卷尾）、铗尾（燕鸥）（图 3-13）。如鹰科鸟类的翅是圆形的，如果同时具有叉形尾，就是鸢的特征。如果翅具有像家燕那样的翼角，但有浅叉状尾的鸟类就可能是沙燕，家燕的尾是深叉状的。

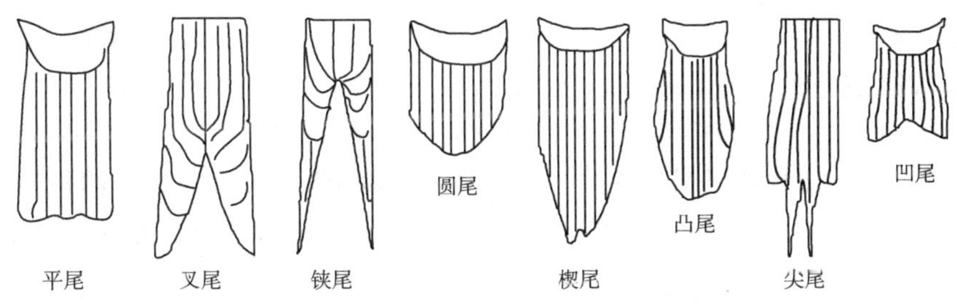

图 3-13　鸟类的尾

（2）生境特征

鸟类的分布很广，生活在不同环境条件之中，形成了各个生态类群。当着手进行鸟类资源调查时，首先要了解调查区域的自然生境特征和调查季节，大致了解栖居在这里有哪些生态型鸟类。当然有些鸟类，可以生活在两种或更多的生境里，比如啄木鸟，它在阔叶林中觅食，而在针叶林内也有它的足迹。

1）林灌鸟类　这类鸟主要栖息在森林小灌丛中。林区鸟的种类比较多，其中包括䴕形目的攀缘鸟类，雀形目的鸣禽鸟类和鸡形目的鸟类等。这些鸟类有很多共同特征，它们的翼较短、宽而钝，小翼羽通常发达；能自由地在树林中起飞和降落，脚趾都在同一平面上，大多数种类都能抓住树枝，牢固地停息在上面。这一类鸟大致可分成以下 3 种类型。

① 针叶林鸟类　主要有䴕形目的啄木鸟；鸡形目中的松鸡、榛鸡、雷鸟等；雀形目中的许多种类，如大山雀、太平鸟、交嘴雀、黄雀、金翅雀等。

② 阔叶林鸟类　主要栖息着鸽形目的一些种类，如珠颈斑鸠、厚嘴青鸠、绿鸠等；

雀形目的许多种类，如红耳鹎、白头鹎、相思鸟、柳莺等；此外，鸮形目和鹃形目的鸟类，也常出没在阔叶林中。

③ 灌木丛鸟类　灌木丛主要生活有鸡形目的雉类；还有雀形目中的许多鸟，如伯劳、画眉、钩嘴鹛、红尾鸲、山雀、鹪鹩以及鸥类等。

2）开阔区鸟类　这类鸟大多数都有保护色，包括能在空中翱翔的猛禽、飞行急速的毛腿沙鸡、善于奔跑的大鸨以及一些雀形目种类。

这类鸟又可分成以下 2 种类型。

① 草原鸟类　我国草原面积约占全国土地面积的 1/5。草原上生活有隼形目的草原雕、鹤形目的大鸨、鸽形目中的沙鸡以及雀形目中的百灵、小云雀等。

② 平原鸟类　这类鸟主要包括栖息在村镇、耕地、菜园等环境中的鸟，如隼形目中的一些鹰类和雀形目的乌鸦、戴胜、喜鹊、麻雀等。

3）水域鸟类　包括潜鸟目、鸊鷉目、鹱形目、鹈形目、雁形目、鸥形目中的鸟类，佛法僧目中的翠鸟科也属于这一类群。它们绝大多数羽毛丰满而紧密，趾间有蹼，善于游泳，以水中小动物为食。按栖息环境，可分为以下 2 种类型。

① 海洋鸟类　主要是潜鸟目、鹱形目、鹈形目中的鲣鸟和一些鸥形目中的鸟类。它们捕食水中的鱼、虾及甲壳类，平日均在岛屿、岸边一带栖息。

② 内河湖泊鸟类　主要包括鸊鷉目中的鸟类；鹈形目中的鹈鹕和鸬鹚；雁形目中的鸭科鸟类；鹤形目中的骨顶鸡和苦恶鸟；鸻形目中的鸻和鹬类；佛法僧目中的翠鸟以及大部分鸥形目中的鸟。它们常年栖居在内河湖泊中，以水中食物赖以生存。

4）沼泽鸟类　主要指鹳形目鸟类，诸如鹭、鹳和朱鹮；鹤形目中的鹤科鸟类；鸻形目中的鹬类和鸻类鸟，也可归于此类群。这些鸟类的脚和趾均细长，适于在泥泞中行走，有些种类的趾间具蹼，更能保证体躯免遭下沉；嘴均细长，适于在泥土、沙滩和沼泽中觅食。较为常见的有苍鹭、白鹭、灰鹤、白腰杓鹬和针尾沙锥等。

（3）鸟类的生态类群

鸟类通常分为 8 个生态类群，我国现存鸟类中除不善飞翔的走禽（鸵鸟类）和海洋性鸟类企鹅外，其他 6 个生态类群都有分布。

① 游禽　主要特征脚趾间具蹼（蹼有多种），善于游泳和潜水。尾脂发达，能分泌大量油脂涂抹于全身羽毛，以保护羽衣不被水浸湿。嘴形或扁或尖，适于在水中滤食或啄鱼。代表种类有绿头鸭、鸊鷉和潜鸟等。

② 涉禽　外形具有“三长”特征，即喙（嘴）长、颈长、后肢（腿和脚）长，适于涉水生活，因为腿长可以在较深水处捕食和活动。其趾间的蹼膜往往退化，因此不会游水。典型的代表种类是鹤和鹭。还有体形较小的鸻类和鹬类。

③ 陆禽　后肢强壮适于地面行走，翅短圆退化，喙强壮且多为弓形，适于啄食。代表种类有雉鸡、鹌鹑等。斑鸠和鸽虽然善飞翔，但取食主要在地面，因此也被归于陆禽。

④ 猛禽　嘴、爪锐利带钩，视觉器官发达，飞翔能力强，多具有捕杀动物为食的习性。羽色较暗淡，常以灰色、褐色、黑色、棕色为主要体色。代表种类有日行性的金雕、红隼、雀鹰和夜行性的雕、鸮等。

⑤ 攀禽 足（脚）趾发生多种变化，适于在岩壁、石壁、土壁、树干等处攀缘生活的鸟类。如2趾向前和2趾朝后的啄木鸟、鹦鹉、杜鹃，4趾朝前的雨燕，第3趾和第4趾基部并连的戴胜、翠鸟等均属于攀禽。

⑥ 鸣禽 种类繁多，鸣叫器官（鸣肌和鸣管）发达的鸟类。它们善于鸣叫，巧于营巢，繁殖时有复杂多变的行为，体为中、小型，雏鸟在巢中得到亲鸟的哺育才能正常发育。代表种类有乌鸦、麻雀、百灵、画眉、山雀等。

（4）行为特征

1）鸟的飞行方式 鸟类的飞行方式可分为2类：一类是借助气流进行滑翔飞行；另一类是借助肌肉扇动翅膀进行飞翔。鸟类在野外自由飞翔姿态多种多样（图3-14），归纳起来，主要下列几种方式。

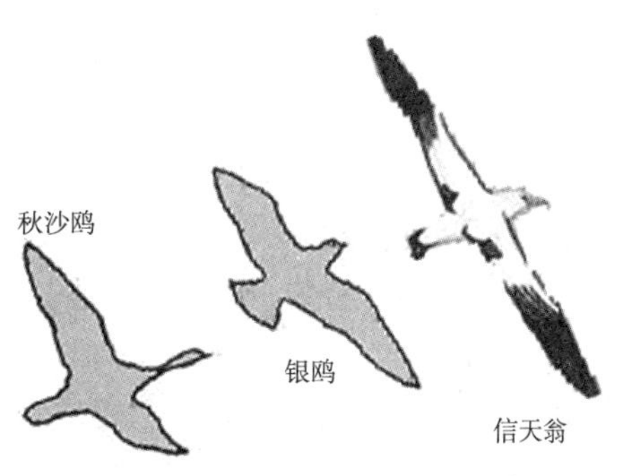

图3-14 鸟类飞翔姿态

① 振翅 这是一种边振翅边飞行的方式，麻雀穿过庭院，乌鸦在田野上空盘旋，鹭在湖面上慢悠悠地飞翔，都用这种最普通的飞行方式飞行。大白鹭有时不拍翅也能飞，在空中滑翔、盘旋，利用空中热气流，能绕着圈子飞行盘旋；仅仅在要飞往另一股热气流时，才需要拍1次翅。

② 翱翔 飞行时，在天空中呈划弧状飞翔。银鸥在江河湖海渡口处的上升气流中，就像悬挂在空中一样，一动不动地漂浮着，它那完全不同的两种形状的翼很适于翱翔。鹰科的鸟翼很宽，而野鸭和信天翁的翼则细长。值得注意的是：不管是哪一种类型的翼，展翅后的表面积都比未展翅的体表面积大。翱翔也可以看作是在上升气流中的滑翔。

③ 摆动 这是借助于迎面的风力，边振翅，边在空中停下来，然后吸吮花蜜或捕食枝头上的昆虫。最有名的例子是蜂鸟，它能像直升机一样，在自己身体一点也不动的情况下吸吮花蜜，这时振翅的速度达到25～80次/秒。云雀在高空中鸣叫时，也是边振翅边停在空中的。

④ 悬停 悬停需要有迎面风。这是鸟的尾部向下呈扇状展开，身体的后部向下方倾斜，顶着向后方流动的风，悬挂在空中。为了保持身体能在同一位置上，要不断地调整振翅次数和角度。鹗和普通燕鸥等都是典型的悬停飞行。

⑤ 滑翔 披肩鸡在振翅时，才能飞起来，飞到一定的速度，就转向树木间隙进行滑翔。成群的黑额雁则在湖上振翅飞翔，当降落在岸边水面上时，经常把身体侧向斜方，做下降时的滑翔准备，这时的滑翔距离和滑翔速度，受其自身体重、体表面、风向以及当时当地的上升气流量所支配。

2）鸟的停栖姿态 鸟类的停落姿势各式各样，因种而异（图3-15）。例如，许多水禽喜欢在水面上停落，可以根据它们的姿态区分种类。在观察时要注意其体型大小，身

体露出水面的情况，头颈的长短和角度，尾部与水面的角度等。越善于潜水的鸟，后肢越靠后，停落于水面时身体后部露出水面部分越少。在这方面鸬鹚、䴙䴘、天鹅、鸥及雁有明显的区别。红尾伯劳喜欢停栖在空旷地中突出的树枝或木桩上；青脚鹬在浅水处追逐小鱼；矶鹬习惯性的摆动尾部，这在众多水鸟中是很特殊的行为。

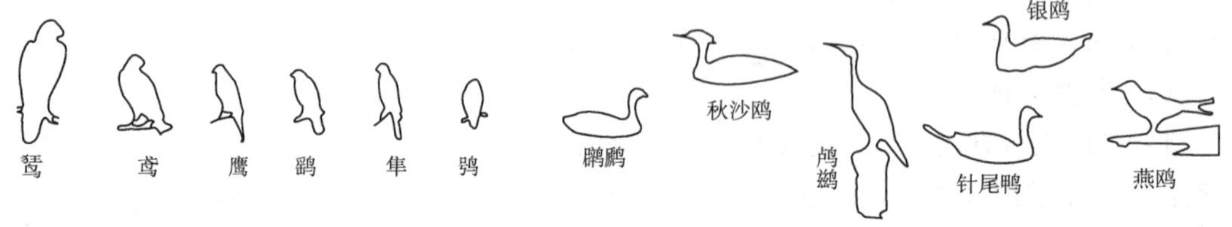

图 3－15　鸟的停栖姿态

3）鸟的鸣叫行为　鸟类集群、报警、种间识别、占据领域、求偶炫耀、交配等行为出现，都要伴随着特定的鸣叫。不同种类的鸣叫声存在着明显特异性，就是不同的亚种鸣叫声也有差异，因此近年来鸟类的声频分析用于雀形目的一些亚种分类研究屡见报道。野外利用鸣叫声来识别鸟类，主要辨别音频、音节和音色 3 个方面。

① 单调粗劣　大嘴乌鸦的“啊——”；小嘴乌鸦的“哇——”；绿头鸭的“嘎—嘎—嘎—”；绿啄木鸟的“哈——哈——”；环颈雉的“咯——咯——”；鹭、鹤、雁的叙鸣声。

② 清脆嘹亮　普通夜鹰的“哒、哒、哒—”；普通翠鸟的“嘀、嘀、嘀—”；白鹡鸰的“叽呤、叽呤、—”；白胸苦恶鸟的“苦恶、苦恶—”；大杜鹃的“布谷、布谷—”；大山雀的“仔仔嘿——”；黄眉柳莺的“驾驾吉——”；红角鸮的“王刚，王刚哥—”；四声杜鹃的“割麦割谷”等，这些都是非常容易辨别的典型叫声。

③ 尖细颤抖　小䴙䴘为“嘟、噜、噜、噜——”；太平鸟、燕雀、金翅等小型鸟类边飞边鸣，发出似摩擦金属或昆虫振翅，既颤抖又尖细的声音。

④ 婉转悠扬　绝大多数雀形目鸟类的鸣叫韵律丰富，悠扬悦耳，各具特色，如百灵、云雀、画眉、红嘴相思鸟、红点颏、乌鸫、八哥、白头鹎等，黄鹂还能发出似猫叫的声音。

3. 鸟类野外观察方法

（1）鸟类野外调查工具

① 服饰　野外观鸟，衣着的颜色尽可能与观察的自然环境接近，迷彩服成为首选服饰，切记不能穿与环境反差强烈的衣服，如冬季在湖泊泽地穿深色衣服，春季在山地里穿白色衣服等。

② 望远镜　野外观鸟的望远镜分为双筒望远镜和单筒望远镜 2 种类型，就其功能而言，各有利弊。双筒望远镜携带方便，视野开阔，景象抖动小，可手持观察景象，但放大倍率低，对鸟的局部特征如喙或趾型观察不甚清晰。单筒望远镜放大率高，配上数码相机可以野外拍摄鸟类，但价钱比双筒镜昂贵，且视野范围小，景象较暗，易抖动，因此要放在固定的三脚架上。一般而言，8×40 的双筒望远镜是最理想的选择；而放大率在

30左右且物镜直径为60～75mm单筒望远镜较适合野外观鸟与拍摄。

③ 全球定位系统（GPS） 全球定位系统（Global Positioning System）具有在地球上的任何地方、任何时刻连续接收信息以及准确定位和导航的能力。因此在野生动物调查和研究中，GPS也正在发挥着越来越大的作用，包括确定林区面积、确定调查地点等。

④ 海拔仪 通过海拔仪测量海拔高度可确定山头和深谷所在的位置。此外，海拔仪还可用来测量点高，绘制地形草图。

⑤ 相机 野外拍摄鸟类的相机一般是专业相机，对光圈与快门要求挺高。近年来，准专业的数码单反相机的性价比合适，配上长定焦（300mm）或通过转接环接在单筒望远镜上，可以达到拍摄野外鸟类目的。

⑥ 笔与本 无论是观鸟入门者还是资深的观鸟爱好者，随身带一本笔记本，记录所观察到的鸟类外部特征与相关信息是必要的。熟练地画一个简单的草图，在草图上标注出鸟类特征是野外鸟种辨识的技巧之一。通常勾勒出鸟的嘴、头、颈、翅、尾和腿等部分，然后把观察到的特征在相应的部分标注出来，再加上描述性文字，这样有助于鸟类识别。

⑦ 录音 在野外采集数据时，录音人员可使用野外录音设备录制动物的声音。将声音撷取出适当的长度与频率，并储存成wav格式，通过回放或通过频波分析仪，对鸟类鸣叫声对照分析，进一步确认鸟种。

（2）观鸟季节与时间

很多鸟类有迁徙的习性。按这种习性，可将鸟类分为三大类。

① 留鸟 终年在同一地区生活，没有迁徙现象，如乌鸦、喜鹊、麻雀等。

② 候鸟 由于季节不同而变更生活场所，冬季在南方越冬，春秋又飞往北方繁殖，如家燕、大雁、野鸭、天鹅，这类鸟在越冬区称为冬候鸟，在繁殖区称为夏候鸟，而在往返迁途中过境的鸟称之为旅鸟。候鸟迁徙的途径、远近和速度各有不同。有的种类仅在我国南北方之间或我国与周围邻国之间往返，如在我国东北繁殖的白鹭、白枕鹤，秋天只飞往日本国的南部去越冬；有的种类则要飞行很远的路程才能到达目的地，如在我国东北繁殖的红脚隼，迁徙时，途经我国的辽宁、山东、江苏、福建各省，再往南飞越印度洋，直到非洲的东部或南部越冬。

③ 漂泊鸟 一般没有固定的栖息场所，往往在同一地区的不同环境区间，随食物变化而改变栖息场所，如啄木鸟和山斑鸠夏天生活在山林中，冬天则迁到原野觅食和越冬。

（3）种类识别

鸟类识别或鉴别主要根据在野外特定的自然环境中，观察记录到鸟类的形态特征与行为特征，对照检索文献，依目科属种顺序，逐步加以确认。第一步采用排除法，第二步是顺序法。

① 排除法 首先根据观察区域的自然牛境特征，考虑剑有哪些生态型鸟类，如果在丘陵地带观鸟，这里的鸟多数是平原性鸟类（如麻雀与八哥）、阔叶林鸟类（如斑鸠与乌鸫）和灌木丛鸟类（如画眉与莺），不可能有草原鸟类（如百灵）和沼泽鸟类（如鹭与鸻鹬类）。其次根据观察季节，考虑有哪些迁徙鸟类如冬候鸟与夏候鸟，以及高山与平原地迁徙鸟类。最后要参考鸟类动物志或地方动物志，根据动物地理学原理考虑某种鸟类的

自然分布，当然不能排除极少数迷鸟，以及气候变化对个别鸟类分布的影响（如黑领椋鸟在黄山出现）。

② 顺序法　野外观察鸟类，辨别种类，难以区分的是雀形目与鸻鹬类的一些各类。

山地里鸟类识别特征顺序如下：①鸟体大小；②栖息地生境特征；③飞行特征；④形态特征（羽色、尾形）；⑤鸣叫声。

在湖泊或沼泽地辨认鸻鹬类所根据的特征按重要性来排列：①嘴的长度与形状；②腿的长度和颜色；③体型；④取食行为；⑤栖息地；⑥羽毛颜色。

从判断过程来说，不管涉及什么鸟都是依据排除法。首先要知道鸟类地理分布特征，把不可能出现的鸟类排除；其次要区分留鸟与候鸟，把季节中不可能出现的候鸟排除；最后根据局部生境特征，从生态型排除不可能出现的鸟类。接下来就遵循顺序法来确认鸟类，同时做好野外记录、拍摄和录音工作，这些野外资料对本地稀有鸟、旅鸟或迷鸟的识别是有帮助的。当然从主要特征来说，不同类群的鸟，排除过程会稍有不同，但基本思路是一致的。

③ 检索文献　鸟类分类体系有两种，即 Peters 分类体系与 Sibley & Ahlquist 分类体系，两个体系存在着显著的差异。前者以形态学为基础的自然分类体系，后者以分子生物学为基础的支序分类体系。我国陆续出版的各种鸟类图鉴或鸟类检索工具书都是 Peters 分类体系，如郑作新的《中国鸟类系统检索》和钱燕文的《中国鸟类图鉴》等。现在市面上较易购买到的是湖南教育出版社出版的《中国鸟类野外手册》就是 Sibley & Ahlquist 分类体系，其电子版放在 http：//www.cnbird.org.cn 上；刚刚整理出版的《世界鸟类名录》也采用了这个分类体系，虽然 Sibley & Ahlquist 分类体系提出的时间不长，还存在进一步完善的地方，但已为西方学者广泛使用。

鸟类在不同生长时期和不同的季节常常有不同的羽色，同一种鸟雌雄个体间的羽色也有差异。所以，野外观鸟不能照搬照套观鸟图鉴，掌握一定的观鸟技巧、识辨鸟类典型特征（如中华秋沙鸭腹部点斑状），以及能够区分同属下的鸟种细致差异（如家麻雀与树麻雀的区别是后者颊面有黑斑）尤为重要。当然，这些都需要观鸟者有长期积累的实践经验。

（4）数量统计

1）直接计数法　通过目视观察，对某个领域如湖泊或林地的鸟采用加法计数，因此也称领域统计法或集团统计法，主要应用于水鸟或定点观察统计迁徙鸟类。此外，这种方法也可以用于公园或林地，由于清晨和傍晚是鸟类飞出或飞入相对集中时间，此时选择东南西北方向或任一方向，统计飞出或飞入的数量。此方法简便，数据真实可靠，但这种方法往往耗时多且在大范围内野外统计鸟类所有个体是不可能的。此外，由于鸟类移动或外界干扰，实际观察记录的数据要低于真实结果，因此野外记录表中常设定最大观察记录数值与最小观察记录数值，并给出两者均值，或采用多人观察记录的平均值，目的是提高数量统计精确性。

2）样带法　样带法也是一种有限种群抽样法，它假定在宽 2W 长 L 的带中，所有离调查路线上垂直距离在 W 内的目标都被发现，样带中的个体数量被完全统计。样带法调

查中的路线设计有两点要求：①区域内所有样带的调查路线不能重叠；②调查路线生境特征具有多样性，尽可能包容调查区域所有生境类型。近年来广泛用于兽类资源调查的截线样带法，就是在样带法基础上进行改进的种群数量调查方法。它假定在2W边缘上，由于目标距离目击者越远，被发现的可能性越小，因此目标被发现的概率与观察距离是一种函数关系，这种方法借助于GPS和分析软件，调查的结果可靠且节省人力，是鸟类数量调查值得推荐的方法之一。

3）标志重捕法　主要用于某区域内留居鸟类（如斑鸠）或湖泊中迁徙鸟类（如白腰草鹬）的种群数量调查，系上标志可借助望远镜研究种群动态变化。一般在春秋季节或鸟类繁殖季节，选择早晨或傍晚时段来捕捉鸟类。捕捉鸟类的方法有直捕法和诱捕法。前者将捕捉工具架设好后，离开捕捉场地等候鸟类自投罗网；后者用食物、声音、鸟类、光线等媒介进行引诱，鸟类进入捕捉工具后被捕获。常见捕捉网具有黏网（主要捕捉雀形目）、吊网（主要捕捉猛禽）、拉网（主要捕捉水鸟）、拍网（主要捕捉小型鸟类）、环套（夜间捕捉树上的猛禽）等。此外，采用火药助推的抛网技术近年来被广泛运用。

4）巢穴统计法　极少数鸟类不筑巢，在地上产出的卵壳色泽与其环境十分相似如鸻和燕鸥，然而大多数鸟类在繁殖季节筑巢。在一定区域内统计鸟巢数目，可间接推算出某种鸟的数量。常见的鸟巢有下列几种类型。

① 简单巢　用一些树枝搭起来极其简单的巢如鸽子和白鹳，金雕的巢也是这种类型。这种鸟每年都在老巢的基础上再造新巢，只不过是给旧巢加上枝条。

② 杯形巢　这些巢中间一般都有羽毛之类的东西铺垫，对于卵和雏鸟有较好的保护作用。世界上最小的鸟——蜂鸟的巢就是这种类型的巢，仅用苔藓和蛛网筑成。与小巧的蜂鸟巢一样，乌鸦也是这种类型的巢，用泥巴和树枝、草营造成一坐混凝土式的结构，里面却是温暖又舒适的巢穴。

③ 封闭型巢　这种封闭型巢能够更好地保护鸟蛋和幼鸟不受天敌伤害，但比其他类型的巢要显得复杂得多，如鹭类的巢。

④ 悬挂型及编织型　这种类型巢是悬挂巢，巢下面有加固稳定装置。编织鸟有100种之多，其巢虽然形状各异，但都是鸟儿用嘴一下一上、一里一表的用嘴编起来的。

⑤ 穴巢　这类鸟的巢筑在土洞、地洞、树洞里。这些种类中，岩燕是以悬崖上的土洞为家；而翠鸟则以河岸上土洞作窝；啄木鸟是靠其坚硬的喙开凿出巢。

⑥ 泥巢　家燕用泥和唾液做成小泥丸，并黏起来而成巢。家燕通常上午筑巢，下午觅食，这样能够保证先前黏上去的泥球变干、结实，以便下一个泥球能黏上，最后在其中垫上柔软的草和羽毛，这样巢就筑好了。

4. 鸟类野外的摄影

（1）摄影器材

传统相机接上300mm以上专业长焦镜头，在野外能拍摄到鸟的理想画面，但价格十分昂贵，约几万元，不是一般人所能承受的。另外，专业长焦镜十分沉重，给拍摄飞行的鸟类带来一定的局限。而单筒望远镜（以徕卡为例）接上单反数码相机，就可以做800mm（或1000mm）镜头使用，价格不足万元。野外拍摄鸟类的单反数码相机要求光圈优先、快门速度不低于1/500s、连拍6张以上，并保证连续对焦且快速准确。

(2) 摄影技巧

① 伪装和接近　不能穿颜色鲜艳的服饰，器材的颜色也不要过于显眼，记住鸟类对管状的设备特别敏感和恐惧。接近鸟类的时候动作应该尽量轻，保持适当的距离。可以先在安全距离上寻找时机，或利用遮挡物，到达合适拍摄的距离后，迅速做好所有准备工作，然后再慢慢从遮挡物后移出，一阵猛拍。

② 稳定　在野外拍摄鸟类，需要用长定焦或将相机连接在单筒望远镜上，因此必须使用粗壮稳定的三脚架。

③ 对焦　数码相机的自动对焦范围有限，必须先用单筒望远镜的对焦旋钮进行粗调。对于平地上的小鸟以及小鸟站立的树枝前后附近枝叶较多时，对焦系统很容易失误，应该手动调整单筒镜的对焦旋钮达到对焦目的。

④ 曝光组合的设定　根据拍摄具体情况，可以选用自动挡、光圈优先以及全手动曝光。对于数码单反相机，自动挡很容易操作，也很容易设定曝光补偿，对于转瞬即逝的大好机会，应马上设定自动程序拍摄。

5. 鸟类标本的制作

(1) 鸟类标本的采集　鸟类标本主要通过枪击法和网捕法直接获取，但对一些珍贵鸟类或非区域性分布鸟类，只能从动物园中死亡鸟中收集。不管那种途经获取的标本，要求制作材料完整、洁净、新鲜。

(2) 鸟类标本剥制　我国鸟类标本剥制技术分南北流派，基本程序如下。

① 剥皮　棉球塞入鸟体的口腔与肛门，滑石粉撒在剥离的皮下；切开腹中线，由腹至背，由前至后；切断膝关节与肩关节，割断直肠末端与尾综骨。最后沿枕骨切断，将躯体与头部分开。

② 去肉　清除脑汁，摘除眼球与舌体；沿桡尺骨切开至指骨端，剔除肌肉；切开跗趾骨底部，钩出筋腱。

③ 防腐　一般用砒霜膏，也可用樟脑粉，涂撒在皮内。

④ 填料　通常选择稻草、竹丝、木丝或泡沫作为鸟体的假体材料。假体一般是实际躯体的1/4。此外，选用铅丝分别用于支撑头部、尾部、双翅与双腿。这6根铅丝连接在假体上固定成一个整体，同时要兼顾替代翅膀，腿部及颈部肌肉的充填物要自然舒展，使其充分展现鸟类外部形态特征。

⑤ 整理　一般将鸟的翅膀收拢起来，将两腿摆正伸直，略有弯曲，折起颈部使头抬起来，装上假眼（有机玻璃），并将脚掌底部的铅丝插入台板上。

6. 常见鸟类的检索

安徽省报道的鸟类除鹱形目、鹈形目与鹦形目没有外，其他鸟类均有分布，其中雀形目在我国有28科，安徽省约有18科。依据郑作新《中国鸟类系统检索》(第三版)，根据黄山地区鸟类和沿江平原区鸟类记录，编排的安徽常见鸟类的分科检索表，供野外实习参考。涉及科中单属单种的鸟则在检索表中直接注明，科中有2种以上的鸟则需要依据检索资料，继续查找。

附 11：安徽省常见鸟类分科检索表

1. 脚适于游泳，蹼发达……………………………………………………………… 2

   脚适于步行；蹼不发达或缺…………………………………………………… 4

2. 嘴不扁，雄性不具交配器…………………………………………………… 3

   嘴扁，先端具嘴甲，雄性具交配器 ……………………………………… 鸭科

3. 翅短，尾羽甚短 ……………………………………………………………… 䴙䴘科

   翅尖，尾羽正常 ……………………………………………………………… 鸥科

4. 颈和脚均较短；胫全被羽，无蹼 ……………………………………… 14

   颈和脚均较长；胫的下部裸出，眼先裸出………………………………… 5

5. 后趾发达，与前趾同在一个平面上，眼先裸出………………………… 6

   后趾缺，或欠发达而高于前趾，眼先常被羽……………………………… 8

6. 中趾之爪内侧具栉缘 ……………………………………………………… 鹭科

   中趾之爪内侧不具栉缘……………………………………………………… 7

7. 嘴形粗厚而侧扁，不具沟 ………………………………………………… 鹤科

   嘴呈匙状，鼻沟几乎伸至嘴端 …………………………………………（白琵鹭）

8. 翅大且短圆，眼先被羽或裸出，趾间无蹼，有时具瓣蹼……………… 9

   翅形尖，眼先被羽，趾间蹼不发达或缺 ………………………………… 11

9. 足仅具 3 趾 ………………………………………………………………（大鸨）

   足具 4 趾 ……………………………………………………………………… 10

10. 头顶被羽，后趾几乎与前趾平置……………………………………… 秧鸡科

    头上有裸出部，后趾位置较前趾高………………………………………… 鹤科

11. 鼻孔卵圆形，无鼻沟，嘴形宽阔，中爪具栉缘……………………（普通燕鸻）

    鼻孔直裂，有鼻沟，嘴形细狭，中爪不具栉缘…………………………… 12

12. 跗趾后侧与前缘均具盾状鳞……………………………………………… 鹬科

    跗趾后侧与前缘均具网状鳞……………………………………………… 13

13. 嘴端具隆起…………………………………………………………………… 鸻科

    嘴端不具隆起…………………………………………………………… 反嘴鹬科

14. 嘴和爪均呈锐利弯钩，嘴基具蜡膜…………………………………… 15

    嘴和爪均平直或稍曲，嘴基不具蜡膜…………………………………… 17

15. 蜡膜裸出，两眼侧置，外趾不能反转…………………………………… 16

    蜡膜被硬须掩盖，两眼向前，外趾能反转…………………………… 鸱鸮科

16. 上嘴左右两侧不具单个齿突………………………………………………… 隼科

    上嘴左右两侧无齿突或具双齿突…………………………………………… 鹰科

17. 3 趾向前，1 趾向后，各趾分离 ………………………………………… 26

    趾不具上列特征………………………………………………………………… 18

18. 足呈前趾型，嘴短阔而扁平，无嘴须……………………………（白腰雨燕）

    足不呈前趾型，嘴强而不平扁，常具嘴须……………………………… 19

19. 足呈对趾型…………………………………………………………………… 20

    足不呈对趾型………………………………………………………………… 22

20. 嘴强直呈凿状，尾羽通常坚挺尖出…… 21
    嘴端稍曲，不呈凿状，尾羽正常…… 杜鹃科
21. 嘴形直长而尖，呈楔状，跗趾仅前缘被盾状鳞…… 啄木鸟科
    嘴形短强，嘴峰弯曲，不呈楔状，跗趾前后缘被盾状鳞……（大拟啄木鸟）
22. 嘴形长或强直，鼻不呈细膜管状，中爪不具栉缘…… 23
    嘴形短阔，鼻呈细膜管状，中爪具栉缘……（夜鹰）
23. 嘴形粗厚而直…… 24
    嘴形细长而下曲…… 25
24. 嘴短，翅形长圆，尾脂腺裸出……（三宝鸟）
    嘴长，翅形短圆，尾脂腺被羽…… 翠鸟科
25. 头具羽冠，尾脂腺被羽，后爪远较中爪为长……（戴胜）
    头无羽冠，尾脂腺裸出，后爪远较中爪为短……（栗头蜂虎）
26. 嘴基具蜡膜，上嘴先端膨大且坚硬角质…… 鸠鸽科
    嘴全被以硬性角质，嘴基无蜡膜…… 27
27. 后爪不较他趾爪为长，雄性常具距…… 雉科
    后爪较他趾爪为长，雄性均无距…… 28
28. 跗趾后缘钝，具盾状鳞……（小云雀）
    跗趾后缘侧扁成棱状，光滑无鳞…… 29
29. 翅端圆形，初级飞羽 10 枚，其第 1 枚甚短 …… 30
    翅非圆形，初级飞羽 9 枚，或 10 枚但其第 1 枚短于覆羽 …… 41
30. 足攀型，后趾与中趾等长或更长，嘴不具缺刻…… 鳾科
    足非攀型，后趾与中趾为短，嘴常具缺刻…… 31
31. 跗蹠呈靴状鳞…… 32
    跗蹠前缘具盾状鳞…… 35
32. 体羽柔长而疏松，颈具发状纤羽，跗蹠短弱…… 鹎科
    体羽柔长而稠密，颈不具发状纤羽，跗蹠粗长…… 33
33. 无嘴须，尾短……（褐河乌）
    有嘴须，尾长…… 34
34. 嘴粗健而侧扁，缺刻明显，翅长而较平，幼鸟体羽具点斑 …… 鹟科（鸫亚科）
    嘴形细尖，缺刻不明显，翅短稍凹，幼鸟体羽无点斑 …… 鹟科（莺亚科）
35. 鼻孔全被羽毛或须所掩盖…… 36
    鼻孔裸露，或仅有少数羽或须掩盖…… 38
36. 第 1 枚初级飞羽超过第 2 枚长度的一半…… 37
    第 1 枚初级飞羽不及第 2 枚长度的一半…… 山雀科
37. 体较大，翅长超过 120mm，嘴形粗长，体羽结实且光有光泽 …… 鸦科
    体较小，翅长不及过 100mm，嘴形短厚似鹦鹉嘴，体羽较疏松 …… 鹟科（画眉亚科）
38. 鼻孔完全裸露……（黑枕黄鹂）
    鼻孔多少有羽或须遮蔽着…… 39
39. 腰羽的羽轴坚硬…… 山椒鸟科
    腰羽的羽轴正常…… 40

40. 嘴强壮而侧扁，上嘴具钩与缺刻，并常有齿突……………………………………… 伯劳科
嘴形细长，上常具缺刻，钩与缺刻并存时形似平扁状………………………………… 卷鸟科
41. 第1枚飞羽最长，内侧数羽渐短，翼端成尖形……………………………………………… 42
第1枚飞羽与其内侧数羽几乎相等，翼端成方形…………………………………………… 44
42. 嘴短阔而平扁，初级飞羽仅9枚，脚细短…………………………………………………… 燕科
嘴短强而不平扁，初级飞羽仅10枚，脚正常 ……………………………………………… 43
43. 翅与尾无辉斑…………………………………………………………………………… 椋鸟科
翅与尾均具辉斑……………………………………………………………………………（太平鸟）
44. 初级飞羽9枚，最长的次级飞羽接近翼端，后爪特长………………………………… 鹡鸰科
初级飞羽10枚（雀科除外），外则退化，最长的次级飞羽仅达翅长之半，后爪正常………… 45
45. 嘴粗短，呈圆锥状…………………………………………………………………………… 46
嘴不呈圆锥状………………………………………………………………………………… 47
46. 初级飞羽10枚，巢在窟隆或洞间 ……………………………………………………… 文鸟科
初级飞羽9枚，巢在地面上…………………………………………………………………… 雀科
47. 嘴形平扁，呈圆锥状 ……………………………………………………… 鹟科（鹟亚科）
嘴不呈平扁状………………………………………………………………………………… 48
48. 体纤小，飞羽退化成尖端小翼且呈镰刀状，体色纯绿，眼周具白环…………………… 暗绿绣眼鸟
体适中，飞羽退化成圆端，上体无绿色，眼周无白环 ………………………… 椋鸟科（部分）

五、哺乳类野外实习内容

哺乳动物是动物界中最高等的一个类群，世界现存哺乳类约有4 000多种，我国现存野生哺乳类多达600余种，968亚种（或居群），隶属13目、55科、235属。野外实习，采集、制作和保存标本是必不可少的。但是随着动物栖息环境的改变，许多大型哺乳类的数量已很稀少，或处于濒危灭绝的境地，因此，野外实习中应注意对野生动物的保护。小型哺乳类，特别是啮齿类等数量虽多，但过量捕捉也会给种群带来严重影响。因此，在组织学生进行野外实习时，教师依法行事，把握一个度，以小型哺乳类为主要采集对象，对当地的珍稀保护动物应加以保护，给学生制定出明确的目的、采集量和采集方式。

1. 常见哺乳类的野外识别

野外识别大型哺乳类是比较容易的，如虎、狼等；但对一些中小型种类而言，是很困难的，因为它们多在早晨或夜间出来活动，白天较少遇见；且在一定距离外识别，一般较难分辨到种。为做好哺乳类的野外识别，在实习前，学生应根据当地哺乳类名单和检索表，对照彩色图谱和实物标本，熟悉常见哺乳类及其主要特征。这样，在野外实习时，即使突然遇见迅速出现的哺乳类，也能大致辨认。

野外辨认哺乳类可根据直接观察和对足迹、皮张、洞穴等方面的识别来进行。

（1）直接观察

① 个体大小及形态　大型哺乳类，如虎、豹等；中型兽，如猫、兔等；小型兽，如家鼠、仓鼠等。

② 毛的疏密、粗细、长短和颜色　动物的基本毛色是什么色，头部、身体和臀部有无特殊的条纹或斑点等。

③ 角的有无与角的类型　如牛科动物所特有的洞角，鹿科动物的鹿角或叉角等。

④ 体色　哺乳动物的体色与其生活环境密切相关，如梅花鹿身上的白色斑点。

⑤ 外貌　如鼻、耳的形状，尾的长短以及行动方式。

⑥ 生活环境　是在树林里还是农田、水边发现的，是在地下、地上还是树上发现的等。

（2）足迹的识别　许多哺乳类行动迅速而机警，或多在夜间活动，对它们进行直接观察很困难，甚至不可能，而足迹在野外较易见到，且具连续性，因此，依据足迹特点来鉴别动物的种类，能获得它们生活的许多重要资料，在野外识别中较重要。但是，要注意在自然条件下，哺乳类足迹会受一些因素的影响而产生较大的差别，如天气条件变化、年龄差异以及动物的性别等。

哺乳类清晰的泥地足迹，可以小心挖取、晒干，制成标本；沙地足迹则需要先灌注木工水胶，再挖制成标本保存。足迹标本既是动物标本的组成部分，也是重要的研究资料。

在野外实习中鉴别哺乳类的足迹时，应该注意足迹的特点。

① 观测单足迹的类型、大小和形状。单足迹是指动物的单个脚印，单足迹的大小、形状，因种而异。根据足迹的长度（即步距），常可估计哺乳类的个体。长度在 5cm 以上的足迹为大形单足迹，如虎、鹿等；长度在 2cm 以上为中形单足迹，如松鼠。小形单足迹长度在 2cm 以下，如各种鼠类。测量足迹一般用单位精确到毫米（mm）的直尺。测量时，应把尺子放在足迹的一侧量，不要放在足迹上，以免弄乱足迹。

② 仔细观察足迹组的特点，对于准确鉴别具较大的实际意义。根据动物四足的脚印组即足迹组的特点，如大小、形状、步行、跳跃以及奔跑时各单足迹的排列位置来鉴别。哺乳类种类的不同，其足迹组具较大变化，如兔、松鼠的后足脚印落在前足脚印之前。

③ 对指趾式和指趾印的大小形状、着地趾数、着地类型以及掌脚垫来进行来鉴别。哺乳类的指趾数，通常用指趾式表达，例如偶蹄目猪科动物的指趾式为（2）3—4（5）：（2）3—4（5），这就是说，第 1 指（趾）已退化不见，第 2、5 指（趾）不发达，成为悬蹄，通常不着地，只有第 3、4 指（趾）着地行走。哺乳类的足趾类型，包括其着地类型、着地趾数、肉垫和爪等。陆生哺乳类足趾的着地类型大致分为 3 种：跖行型——整个脚掌着地行走，例如熊、鼠兔和松鼠等；趾行型——只用足趾着地行走，例如狼、狐和虎等；蹄行型——只用趾端的蹄着地行走，例如野猪、鹿、羊等。

④ 有无爪印、爪印的长度以及爪的特点，也具鉴别意义。如猫科动物的爪能伸缩，足迹上通常不见爪印，而犬科动物的爪不能伸缩，足迹上爪印明显。

（3）皮张识别　哺乳类皮张的识别，主要根据其张幅的大小、毛被的颜色、条纹、毛绒的特点及所带尾、爪和耳缘等特点来定。皮张的识别要特别注意皮张的季节特征，因为哺乳类的毛具有随季节不同而蜕换的现象，如春皮一般毛干枯，夏皮毛短而稀，秋皮毛短而平齐，冬皮毛长而密有光泽。毛被的色泽和着生于体表特征是重要的分类依据，主要分为 5 种类型：针毛、绒毛、棘或刺、鬃毛和触毛。

（4）哺乳类的洞穴　通过对哺乳类洞或巢的观察来鉴别动物。哺乳类的住所有 3 种类

型：①穴，即利用现成物体作为基底，挖掘成构造简单的露天住所；②洞，即利用现成物体作为基底（土地、岩洞、树干、建筑物等），挖掘成结构比较复杂而不外露的住所；③巢，利用树枝、干草、兽毛和其他物品筑成的住所，也有在洞内筑巢居住的。有些种类营群栖生活，其住所由一种或多种类型组成，或由多个洞或巢组成复杂的洞系或巢组；有些种类一生中没有固定的住所，其睡眠、休息、生育的地方只是临时选择一个较适宜的处所。不同的哺乳类住所都有自己特有的特点，如褐家鼠挖的洞穴结构复杂，分支多；小家鼠穴居，洞穴分支不多，但有2～3个洞口。

2. 哺乳类的食性与数量统计

（1）哺乳类的食性　哺乳类的食性是其活动的主要特征之一，哺乳动物与人类的关系，在很大程度上，通过食性表现出来。

1）食性的类型　哺乳类的食性多样，根据食性的特化程度，可分为广食性和狭食性两类。狭食性哺乳类的食性较小，如穿山甲主要吃蚂蚁等；兽类中的大多数是广食性的，广食性兽类能够交替利用当地的各种食物。

根据食性组成的特点，通常分为3种类型。

① 植食型　主要以植物性食物为食，包括木本、灌木和草本植物的根、茎、叶、花、果及种子，当然也有特化；大多数啮齿类动物是食植物性食物的，但也吃些昆虫。

② 动食型　主要以各种动物为食，如食肉类、食虫类等。这种类型的兽类食性也有特化，有主要吃昆虫的，如蝙蝠；有主要吃大中型活体动物的，如虎、豹等。

③ 杂食型　既吃植物也吃动物，如熊、褐家鼠等。然而，即便是杂食兽，在食性上也有所侧重或分化，如棕熊较偏于动物性食物；黑熊则偏于植物性食物。

这种类型划分主要是为了研究方便，在野外实习时不应把某一种兽类的食性绝对化。

2）食性的变异　兽类的食性因季节不同或地理分布的差异而有一定变化。一般说来，在南方热带雨林里，季节变化小，全年都有各种各样的食物，兽类的食性变化小；而在北方寒温带，气候条件变化大，四季明显，兽类的食性也就随之出现较大的变化。

3）哺乳类食性的研究方法　食性的研究内容，应包括采食时间、采食行为、食物组成及其利用的部分、含量及储食习性、采食范围、食物基地以及整个食性的季节变化和地理变异等。由此可见，观察和研究兽类的食性，需要搜集大量的实际材料，并需要多方面的动物学知识。研究兽类食性主要采用下列方法。

① 野外直接观察　适用于一些白天活动的鼠类和有蹄类，直接观察其采食的植物种类，或在冬季按照足迹跟踪，统计某种类的采食情况，根据啃食程度定出等级。

② 胃内食物分析法　此法多用于小型鼠类，逐月或按一定时间捕杀一定数量的活鼠，剖胃检查，分析并记录其所食成分。胃内食物如果尚未消化或未完全消化，则区分种类和计数均较易做到，如果食物已经胃液消化或半消化，则鉴别比较困难，往往只能根据食糜的颜色、形状、气味进行推断，因而分析工作必须细致，并需要一定的经验。通常可分辨的是植物绿色部分及非绿色部分的种子、花和根，无脊椎动物的几丁质外皮、头、翅和附肢等，或是脊椎动物的鸟羽、兽毛等。根据其出现频率即某种食物在100个胃中出现的次数作为指标，比较各种食物成分的重要性。鼠胃中的各种食物分别称重比较困难，

一般采用容量或目测估计各种成分所占的比例，通常分为5级：I—偶见，II—少量（10%～20%），Ⅲ—中等（约50%），IV—大量（50%～75%），V—很多（75%以上）。

③ 依据痕迹、储存物、粪便等分析兽类食物成分　兽类的采食痕迹，只有在野外能直接观察到的情况下，才较易判定。挖掘鼠洞时，常能获得某种鼠类的储存物，应及时将所储存物的种类、数量称量计数，记在野外记录本上。粪便分析常用于食肉类动物食物的分析，因为食肉类动物胃内常常是空的而且也不易获得大量标本。在野外工作中认真细致地检查岩洞附近、林间小道上或大块岩石上有无兽类粪便；若发现粪便，应首先观察其外形、块数、新鲜度、周围的足迹及其他痕迹，以判定是何种动物的粪便，然后在卡片上标明日期、地点、生境、种名，用纸包好或放入事先做好的粪便收集袋内，带回实验室分析。

(2) 哺乳类的数量统计　由于哺乳类中的大中型种类野外不易见到，因此，野外实习时以当地的小型兽类为主要内容。重点介绍用“夹日法”进行鼠类数量调查。

夹日是指1个鼠夹在野外摆放一昼夜的捕鼠单位。通常沿着一定的线路和面积，在一个生境中1d放100只鼠夹，1昼夜为统计单位，连续放3～5d，得到一个总布夹数和总捕获数，然后再求出捕获率。野外工作程序是：选择样地——准备诱饵——布鼠夹——检鼠——统计结果。一般在不同生境，不同季节进行数量的对比均以100夹日的捕获率来进行比较，公式是：

$$\text{捕获百分率}=\frac{\text{捕获总只数}\times 100\%}{\text{布夹数}}$$

样地要具有代表性，便于统计结果的比较。鼠夹可以是木板或铁板，无论何种鼠夹，其钢丝弹性要好，坚固、轻便、灵敏为佳，而且每次使用都得一致。食饵要新鲜一致，常用的有花生米、葵花籽等，这要因种而异，因地制宜。布夹的形式应力求一致，一般沿一条线每5米布1夹，行距不得少于50m，50只为1行，排列成方形或长方形，便于计算面积。布夹数量依实际情况而定。布夹时间多在傍晚或下午进行，2人1组，每组100夹，置夹时注意小生境，便于鼠上夹。置夹处如遇草丛，可扎草结或插块白布条作为标记，便于次日寻夹检鼠；检鼠时要带镊子、棉花、标签及白布袋，把鼠口及肛门塞上棉花，连同鼠放入白布袋中，1袋1鼠，袋口要扎紧；对被盗食的和打翻的鼠夹，进行换饵重置，同一地方一般放置一昼夜。检鼠一般在早晨进行，或下午再增检1次。

使用夹日法应严格遵守以下几点：①食饵和布夹方式必须力求一致，不能中途更换，便于统计结果的比较分析；②每次取回的夹子均应彻底擦洗血污和泥土，以免影响下次使用的效果；③如能判定失饵和翻夹是由鼠所致（如鼠夹上留有鼠毛），则应计入捕获数之内；④遇有大风、暴雨等异常天气，当天的捕获结果不计入正常统计数之内，其捕获数只作参考资料。

夹日法的优点是方法简便易行，不受地形和季节限制，在短期实习中可得到当地鼠类在不同生境中的数量分布资料；缺点是有些鼠类不上夹，尤其是在外界食物丰富时捕获率偏低。

3. 哺乳类的采集

在野外实习期间，除了组织学生进行观察和研究以外，应该采集一定数量的兽类，并制作成标本。制成的标本，不仅可作为科学研究的重要资料，而且也是动物学教学过程中必不可少的实验材料。因此在实习过程中，教师组织学生适当采集一些动物。如果动物数量较少，教师可进行制作标本的示范教育；数量多时，则应训练学生进行标本的制作。

（1）采集工具 哺乳类标本采集工具很多，主要有网具、猎枪、鼠笼和鼠夹等，但是由于对物种的保护，现在较少使用猎枪来捕猎动物，最常使用的是鼠夹和鼠笼诱捕。鼠夹可以是木板或铁板的制成，市上供应的多为铁板制成。无论何种鼠夹均以坚固、携带方便和灵敏为佳。鼠笼是用铁丝编制而成，长方形，一般笼孔为1cm，也可根据需要改为0.5cm。折叠式鼠笼携带较便，宜于野外使用。

（2）采集方法 实习中需采集适当数量的哺乳类来制作标本。采集方法除用猎枪进行猎捕和鼠笼、鼠夹诱捕外，还可采用以下的采集方法。

① 套子 用设置活套的方法，可以捕到多种兽类，当动物经过时，即可套住。套子可以用钢丝或麻绳等做成活套，置于猎捕动物常经过的路上，套子一端固定在树桩上。活套直径大小、放置位置及离地高度，视猎捕对象而定。

② 水灌 在野外发现有鼠洞，并判定洞内有鼠时，用水灌法效果较好。灌水前必须注意周围洞口，除置网的洞口外，其余均应堵塞，因为往往各个洞道相通，鼠类容易逃逸。

③ 小陷阱 用小铁桶或瓷罐制成，由于有些小型啮齿类或食虫类，在夜晚活动时，常常有沿着小沟前进的习惯，只要在有其活动的树林中，在倒木下或水源附近挖数个坑，将桶置入，并呈辐射状挖数米长小沟，则此类小动物会落入桶中。而且此类动物通常一只跟随一只排队前行，所以常常会一次捉到数只。为确保桶内小动物能够存活，应在桶内铺上一层腐殖土，并放有足够的食物，注意经常查看。

④ 电筒照射 蝙蝠的采集可以用手电筒照射，趁其没有飞走前用网具捕捉，有时也可用木条等抽打。蝙蝠常栖息在住房的屋檐下或瓦片的缝隙中，白天休息，傍晚出来捕食昆虫，可以乘夜晚捕捉。

4. 哺乳类标本的制作

采集到标本以后，应对标本进行整形，同时测量其外部形态，做好记录，以备日后教学和科研使用。哺乳类标本通常可分为剥制标本、骨骼标本、浸制标本及附属标本。

（1）剥制标本 主要是中小型哺乳类，如食肉目鼬科动物、食虫目、翼手目及啮齿目等体型较小的动物。将毛皮做成剥制标本，并附有头骨。对于大型食肉类和有蹄类等动物，因体型大，不适于做成剥制标本，一般可硝制成皮张，另行保存，因保存时往往挂起，故又称挂皮。

1）常用术语及测量方法与记录 兽皮伸缩性很大，装制时极易变形，为了使标本尽可能地避免失真，符合动物生活时的形态和大小，应在剥制前进行详细的测量，同时鉴别性别。

体重：为兽体的全重，以 g 或 kg 为单位。

体长（A）：由吻端至肛门或尾基的直线长度。

躯干长：肩部至肛门的长度。

耳长（D）：耳尖到耳基部之长（不包括耳毛）。

后足长（C）：由跗蹠至趾尖（不包括爪长）。

尾长（B）：自肛门或尾基到尾尖的长度（不包括尾毛的长度）。

将上述测量和解剖数据另行登记在事先准备好的记录表上，记录表的项目可自行设计，但除上述项目外，还应有编号、种名、日期和地点等，这对填装好标本和科学研究有着极其重要的意义。测量完以后，就可开始制作标本。剥制标本前要先准备解剖工具、常用防腐剂、标签（记录动物标本的名称、性别、采集地点）等。

2）制作方法　活的动物一般需在剥制前 1～2h 将其处死，待血液凝固后方可进行剥皮。处死方法有以下几种，可根据不同动物选用：①胸部压迫，使其无法呼吸，心跳而死亡。②空气针法。在动物的静脉中注入少量空气，阻断血液循环，如家兔可从耳部注射；鸟类可从翼部内侧肱静脉中注射。③溺死。④麻醉处死。

首先，将处死的动物腹面朝上放，用解剖刀自肛门沿腹部向前至胸骨后缘切开皮肤，注意不要割破腹腔，以免内脏及粪便外流，污染毛皮。剪开和剥离的同时，需撒入适量的滑石粉，用来吸掉血和脂肪，使毛皮不致受到污染。剥皮的顺序为先剥后肢，之后依次是尾巴、前肢，最后剥头部。将腹部肌肉和皮肤剥离，继而向两侧、背部及后肢推进，暴露出腿部后，在膝关节处剪断，并清理胫腓骨周围的肌肉。后肢骨剥完后，再把生殖器及直肠与皮肤连接处切断，清理尾基周围的结缔组织，用手指轻轻揉搓尾巴，然后左手指紧卡住尾基部皮缘，右手指紧拉尾椎，即可抽出尾椎骨。

继续向前剥离躯干的皮肤，可将皮向头颈部翻转，边翻边用解剖刀柄进行剥离，直至露出颅骨和前肢。沿颈与躯体相接的基部剪断颈部，之后将前肢皮肤彻底剥离，再将前肢骨从肘关节处剪断，并清除掉桡尺骨上的肌肉，这时躯干与皮肤就完全分离了。剥头部时，先遇到的是半透明的耳基软骨，小心地剪断耳基与头骨的相接处。眼部剥离时要留心，应紧贴头骨剪，以保持眼睑的完整。剥离上下唇，并在鼻尖软骨处切断。至此，头骨则与皮肤完全剥离（对于大型哺乳类，如果颈部皮肤无法翻过头颅，可在下颌处开一长口，由下向上剥出头部）。

用解剖刀和镊子尽可能剔除皮肤、四肢和尾部内表面附着的肌肉及脂肪组织，使兽皮成为毛朝里皮向外的皮筒，然后在皮上涂抹防腐剂。

最后对兽皮进行填充。先将一根铁丝对折，紧紧拧在一起，前端留一叉，根据标本头、胸、腹的粗细，在铁丝上分段缠绕棉花。将铁丝伸入头部皮肤内，轻轻推动棉花，翻转兽皮以包住棉花缠绕成的假体。另取一根铁丝，与尾椎骨粗细相似，一端缠在第 1 根铁丝上，另一端伸入到尾巴内，使尾巴挺直。这时再加一些填充物（棉花、泡沫塑料等），使标本形体变得自然而丰满，接着缝合腹部皮肤切口，用针由里往外缝合。

整形时，应将背部朝上，前足背向前朝上，不宜拉出很长；后足拉直向后，置于尾巴两侧。然后在后腿处系上标签及头骨，将标本置于通风处晾干。

（2）骨骼标本　主要应用于大中型哺乳类的头骨或全身骨骼。制作骨骼标本的步骤要经过剔除肌肉、腐蚀脱脂、漂白和整形装架等。

① 剔除肌肉　处死动物，剥出其皮肤，挖出内脏，在剖开腹腔时应注意勿剪断剑胸软骨和胸、肋软骨。然后从脊背开始剔除全身骨骼上的肌肉。可生剔或烧煮后熟剔，而以生剔效果为好，比较容易漂白，且不易返黄。去除脑、眼球和舌，在剔除肌肉时，要注意保留各关节处的韧带。对较粗厚的骨骼，如肱骨、尺骨、桡骨、股骨和胫骨等需要电钻钻洞，用水冲掉骨髓，以利于脱脂和漂白。

② 腐蚀脱脂　将骨骼洗净后浸入1%～1.5%氢氧化钠（或氢氧化钾）中2～4d（视气候和动物大小而定），残留在骨骼上的肌肉已成为透明状态，取出骨骼用清水冲洗，剔净残留肌肉；再浸入汽油或二甲苯中，约7d脱去骨骼中的脂肪。

③ 漂白　待骨骼洁白时取出，清水洗净。

④ 整形装架　将骨骼稍晾干整理成适当姿态后，取14号铜丝由寰椎一直插至荐椎，铜丝前端缠上棉花和白胶后插入脑颅中，肋骨之间用细铜丝进行联络绞合，在四肢骨中穿入铜丝并固定于台板上，也可用2根铜丝作支柱来支撑标本。编上号进行登记，以备日后查考。

（3）浸制标本　通常用70%～75%酒精或5%～10%甲醛溶液浸制的哺乳类标本包括整体、内脏、胚胎和幼体等。经过麻醉、处死、固定整形和保存等几个步骤，最后长期保存在固定液中。特别注意的是在内脏中，应多注射一些固定液，以防止腐烂。

（4）附属标本　指有关哺乳类生活习性及运动踪迹的各种标本，如足印、洞穴、爪痕和干粪便等。

5. 哺乳类常见种类的识别

了解哺乳纲重要目的特征，学习使用检索表，认识代表性和常见的种类。

（1）鼩鼱（*Sorex araneus*）　食虫目鼩鼱科。外貌似小鼠。体被灰褐色细绒毛，尾细长具疏毛。齿式为3·1·3·3/1·1·1·3。

（2）缺齿鼹（*Morera latouchei*）　食虫目鼹鼠科缺齿鼹属。我国常见的一种鼹鼠，适应于地下穿穴生活，夜行性。体粗短，密被不具毛向的绒毛，有利于在地道内进退。眼小，耳壳退化，锁骨发达，前肢粗短，掌心向外侧翻转，具粗大的长爪，为掘土的利器。齿式为3·1·4·3/3·0·4·3。多栖于低山的湿润地区，以地下昆虫为主食。在农作区内由于穿穴破坏作物根系，有一定害处。鼹鼠毛皮细软而富有光泽，有一定的经济价值。

（3）刺猬（*Erinaceus europaeus*）　食虫目猬科。身体肥矮，四肢短，体背被有棕、白相间的棘刺，其余部分具浅棕色深淡不等的细刚毛。爪弯而锐利。眼和耳都小。齿式为3·1·3·3/2·1·2·3。夜间活动，吃昆虫和环节动物，对农业有益，但有时也吃农作物。

（4）大马蹄蝠（*Hipposideros armiger*）　翼手目马蹄蝠科，喜群居于山洞的石壁上，以昆虫为食，昼伏夜出。

（5）中华鼠耳蝠（*Myotis chinensis*）　翼手目蝙蝠科。头部如鼠，但耳尖长，前折可达鼻端。耳屏细尖，约为耳长的一半。翼膜止于趾基。上体乌褐色，毛尖端沙褐色；下体暗灰色，毛尖端沙灰色。栖息于大岩洞中，单只或数只悬挂在岩洞顶壁。食飞虫，夜间出洞捕食，黎明前归洞。

(6) 蝙蝠（*Vespertilio superans*） 翼手目蝙蝠科。体小型。耳较大，眼小，吻短，前臂长约31～34mm。体毛黑褐色。

(7) 猕猴（黄猴）(*Macac mulatta*) 灵长目猴科最常见的一种猴。个体稍小，颜面瘦削，多呈肉色，胼胝红色，头顶没有向四周辐射的漩毛，额略突，肩毛较短，尾较长，约为体长的1/2。其身上大部分毛色为灰黄色或灰褐色，腰部以下为橙黄色，有光泽，胸腹部和腿部的灰色较浓。不同地区和个体间体色往往有差异。

(8) 短尾猴（青猴）（*Macaca thibetana*） 灵长目猴科。体形较大，毛色棕灰，尾短，仅为体长的1/10，且被毛稀少。除了在树上活动，也喜在地面活动。

(9) 穿山甲（*Manis pantadactyla*） 鳞甲目穿山甲科。体形狭长，全身有角质鳞甲，如瓦状，鳞片间杂有硬毛，尾扁平而长，背面略隆起。头呈圆锥状，眼小，吻尖，口内无齿，耳不发达。舌细长，善于伸缩。主要食物为白蚁和蚂蚁。

(10) 华南兔（*Lepus sinensis*） 俗称野兔，兔形目兔科。体型较小，背毛土黄色，后肢长而善跳跃；耳壳长；尾短。

(11) 红腹松鼠（*Callosciurus erythraeus Pallas*） 又叫赤腹松鼠，啮齿目松鼠科。体长在20cm左右，全身仅头、胸、腹部和四肢为短毛，其余均为长毛，尤其尾毛极为蓬松。体背为灰褐色，腹部为红色，除了生殖及哺育季外，日间活动于树上，以清晨及黄昏为高峰时间，午间在草丛间活动。

(12) 珀氏长吻松鼠（*Dremomys pernyi*） 又名“红嘴老鼠”，啮齿目松鼠科。体长20～25cm之间，四肢略短，尾细长，尾毛短而蓬松，背毛呈灰褐色，腹毛为灰白色。一般生活在密林中，不完全树栖，常到地面、倒木及草堆觅食，早晨和黄昏时最活跃。

(13) 岩松鼠（*Sciurotamias davidianus*） 啮齿目松鼠科。体型大，成体长约20～35cm，尾短于体长，尾大且毛蓬松。背毛青黑色，腹毛灰黄色，尾毛与背毛相似，但色浅。背腹无明显界限。栖居于山区或丘陵的多岩石处或林缘碎石滩、耕作区及居民点附近。

(14) 大仓鼠（*Cricetulus triton*） 又称灰仓鼠、田鼠，属于啮齿目仓鼠科。体长一般在14cm以上，尾长超过体长的一半，体重约70～120g。耳短而圆，有极窄的白边缘。口内具有颊囊，身体背面深灰色，大部分体毛的尖端为沙黄色，少部分为黑褐色。腹面与前后肢内侧为白色或土黄色，尾毛黑褐色，尾尖白色。栖息于农田、荒地或山坡。夜出活动。杂食性，以农作物种子、草籽、植物绿色部分及昆虫等为食。

(15) 黄鼠（*Citellus dauricus*） 啮齿目鼠科。体型中等，略似家鼠，头大，眼大而圆，体棕黄色，尾不具丛毛。耳壳退化，短小，颈、四肢、尾均较短。爪黑色，强壮。背毛深黄色，杂有黑褐色毛，腹部、体侧及前肢外侧为沙黄色。尾末端间有黑白色环。主要栖息于森林草原、荒漠平原、半荒漠草原。

(16) 灰鼠（*Sciurus vulgaris*） 啮齿目鼠科。夏毛褐色，冬毛灰色；尾具蓬松长

毛；耳尖具丛毛。为重要毛皮兽，其皮俗称灰鼠皮。

(17) 黑线仓鼠（*Crcetulus barabensis*） 啮齿目鼠科。体灰褐色，尾短，背中有1条黑色背纹；具颊囊。

(18) 小家鼠（*Mus musculus*） 啮齿目鼠科。尾与体长相当或略短于体长。体较小，吻短，耳圆形，明显地露出毛被外。上门齿后缘有一极显著的月形缺刻，为其主要特征。毛色随季节与栖息环境而异。体背呈现棕灰色、灰褐色或暗褐色，毛基部黑色。腹面毛白色、灰白色或灰黄色。尾两色，背面为黑褐色，腹面为沙黄色。四足的背面呈暗色或污白色。种群数量大，破坏性较强。

(19) 褐家鼠（*Rattus norvegicus*） 啮齿目鼠科。是家栖鼠中较大的一种，臼齿齿尖3列，每列3个。尾明显短于体长，被毛稀疏，环状鳞片清晰可见。耳短而厚，向前翻不到眼睛。后足较粗大，栖息生境十分广泛，多与人伴居。

(20) 黄胸鼠（*R. flavipectus*） 啮齿目鼠科。是我国主要家栖鼠种之一，长江流域及以南地区野外也有栖居。体形中等，尾和脚也较纤细，大部分的尾长超过体长，耳大而薄，向前折可遮住眼部。重要的识别特征是前足背面中央有一棕褐色斑，周围灰白色。尾的上部呈棕褐色，鳞片发达构成环状。幼鼠毛色较成年鼠深。

(21) 大足鼠（水老鼠）（*R. nitidus*） 啮齿目鼠科。属中型鼠类，体粗壮，耳大而薄，向前能拉达到眼部，尾较细长，尾长平均略短于体长，前足背面白色。背毛棕褐色，腹毛灰白色。上颌第1臼齿较大，第3臼齿最小，第1臼齿约等于第3臼齿的2倍。主要栖居于林区或山麓的农田地带。在林区主要栖居于溪流两岸的灌木丛或岩石缝隙中或靠水源较近的地带；在山麓农田，常栖居于水稻田田埂两旁的岩石缝隙中或水田周围的灌木丛和坟丘中。

(22) 青毛鼠（大山鼠）（*R. bowersii latouchei*） 啮齿目鼠科。属大型鼠类，体背毛色呈青褐色，前足背面灰白色，休侧毛有许多青白色带有光泽的斑块。耳大而薄，向前拉可以遮住眼部。上颌第1臼齿最大，第3臼齿最小，约等于第1臼齿的一半。主要分布于长江以南山地林区。

(23) 白腹巨鼠（*R. edwardsi*） 啮齿目鼠科。鼠科中较大的一种鼠类，体较青毛鼠粗壮，尾亦长而粗，末端多为灰白色。吻及眼眶周围暗褐色，耳壳大而薄，暗褐色，向前拉能遮住眼部。前足背中央区有一暗褐色斑块。胡须较粗长，基部为黑褐色，至末端颜色逐渐变淡，门齿背面为棕黄色，侧面和腹面为白色。第1臼齿较大，接近第2、第3臼齿之和。主要栖居于长江以南有林山地。

(24) 黑线姬鼠（*Apodemus agrarius*） 啮齿目鼠科。头小，吻尖。耳向前翻可接近眼部。尾长为体长的2/3，尾毛不发达，鳞片裸露呈环状。背部具1条明显黑线，从两耳之间一直延伸至接近尾的基部。尾毛短且稀，鳞片裸露，鳞片环清晰。头骨细长，吻部较尖，臼齿咀嚼面具3纵列丘状齿突。

(25) 猪尾鼠（*Typhlomys cinereus*） 啮齿目猪尾鼠科。外形如小家鼠，耳略具细毛，尾长超过体长，尾部腹面毛少而具鳞片，末端有簇毛。

(26) 巢鼠（*Micromys minutus*） 啮齿日。体型比小家鼠更小，外形与小家鼠相似，与小家鼠最主要区别是上颌门齿后方无缺刻，臀部周围毛色比背部毛色更为鲜艳。耳壳具三角形耳瓣，能将耳孔关闭。

（27）中华姬鼠（山小鼠）（*Apodemus draco*） 啮齿目。中小型鼠类，体细长，尾长多数略大于体长，背部无黑色条纹，耳壳比黑线姬鼠略大而薄。

（28）豪猪（箭猪）（*Hystrix hodgsoni*） 啮齿目豪猪科。从背部到尾部均披着棘刺，身体肥胖和牙齿锐利。是一种分布很广的夜行性动物，以树栖生活为主。

（29）狼（*Canis lupus*） 食肉目犬科。外形似家犬，但吻略尖。两耳直竖，尾较短，从不卷起。体色暗黄，头浅灰色，背部则是混杂的黑棕色，腹部白色稍带棕色，四肢内侧白色。捕食中、小型兽类。在我国大陆地区几乎到处都有分布。

（30）貉（*Nyctereutes procyonoides*） 食肉目犬科貉属。中等体型，外形似狐，但较肥胖，吻尖，耳短圆，面颊生有长毛；四肢和尾较短，尾毛长而蓬松；体背和体侧毛均为浅黄褐色或棕黄色，吻部棕灰色，两颊和眼周的毛为黑褐色，从正面看为“八”字形黑褐斑纹。生境颇广，平原、丘陵、河谷、溪流附近均有栖息，穴居。白天在洞内睡眠，夜间外出觅食，行动缓慢。

（31）豺（班狗）（*Cuon alpinus*） 食肉目犬科豺属。全身赤棕色，亦称红狼。体型比狼小而大于赤狐，下颌每侧具 2 个臼齿，尾毛长而密，呈棕黑色，类似狐尾。四肢也较短，尾较粗，毛蓬松而下垂。体毛厚密而粗糙。

（32）黑熊（*Selenarctos thibetanus*） 食肉目熊科。体毛粗密，一般为黑色（也有棕色）。吻部钝短，前肢腕垫大，与掌垫相连；胸部有 1 块明显的白色或黄白色的月牙形斑纹。

（33）狐（*Vulpes vulpes*） 食肉目。体长，面狭吻尖；四肢较短；尾长大，超过体长的 1/2，尾毛蓬松，端部白色。

（34）青鼬（黄猺）（*Martes flavigula*） 头部为三角形，四肢短健，足 5 趾，爪小、曲而锐利。全身棕褐色或黄褐色，头部及颜面黑褐色，喉胸部橙黄色，腹部灰褐，尾黑色。国家二级保护动物，生活在山地森林或丘陵地带，穴居在树洞及岩洞中，善于攀缘树木、陡岩，行动敏捷。

（35）黄腹鼬（松狼）（*Mustela kathiah*） 体形细长，尾长超过体长之半。体毛短，背腹毛的分界线明显。体背面从吻端经眼下、耳下、颈背到背部及体侧、尾和四肢外侧均呈棕褐色，体腹面从喉、颈下腹部及四肢内侧呈沙黄色，四肢下部浅褐色；颏及下唇为淡黄色。栖息于山地和盆地边缘，喜出没于河谷石堆、灌丛、林缘，栖居高度可达海拔 4000m 左右。

（36）黄鼬（*Musteal sibirica*） 食肉目鼬科。体形细长，四肢短。颈长，头小。尾长约为体长的 1/2，尾毛蓬松。背毛为棕黄色。

（37）鼬獾（白猸）（*Melogale moschata*） 食肉目鼬科。全身粗毛呈深灰褐色，由后颈经肩部至背中央有一白色纵带，额有黄白斑，至前颈和腹中央亦为黄白色。栖息于森林或短丛、树丛里，栖居于自行挖掘之树洞或岩洞内，于夜晚外出狩猎，白天则于洞穴内休息。

(38) 狗獾 (*Meles meles leptorhynchus*)　食肉目鼬科。体形肥大，头扁、鼻尖、耳短，颈短粗，尾巴较短，四肢短而粗壮，爪有力适于掘土，经常在洞里生活，背毛硬而密，基部为白色，近末端的一段为黑褐色，毛尖白色，体侧白色毛较多。头部有白色纵毛 3 条；面颊两侧各 1 条，中央 1 条由鼻尖到头顶。下颌、喉部和腹部以及四肢都呈棕黑色。多栖息在丛山密林、坟墓荒山、溪流湖泊以及山坡丘陵的灌木丛中。

(39) 猪獾 (*Arctonyx collaris*)　食肉目鼬科。鼬科中较大型种类。身体肥壮，四肢短健，前爪强大锐利。鼻吻部狭长而圆，形似猪鼻，耳、颈、尾均短。背毛棕黑色，颈背有 1 条短宽的白色纵纹；两颊在眼下各有 1 条污白色条纹。

(40) 大灵猫 (九节狸) (*Viverra zibetha*)　食肉目灵猫科。体形较大，身体细长，额部相对较宽，吻部略尖。体毛主要为灰黄褐色，头、额、唇呈灰白色，体侧分布着黑色斑点，背部的中央有 1 条竖立起来的黑色鬣毛，呈纵纹形直达尾巴的基部，两侧自背的中部起各有 1 条白色细纹。颈侧至前肩各有 3 条黑色横纹，其间夹有 2 条白色横纹，均呈波浪状。尾巴的长度超过体长的一半，基部有 1 个黄白色的环，其后为 4 条黑色的宽环和 4 条黄白色的狭环相间排列，末端为黑色，所以俗名“九节狸”。

(41) 小灵猫 (香狸) (*Viverricula indica*)　食肉目灵猫科。小灵猫外形与大灵猫相似而较小，比家猫略大，吻部尖，额部狭窄，四肢细短，会阴部也有囊状香腺。全身以棕黄色为主，唇白色，眼下、耳后棕黑色，背部有 5 条连续或间断的黑褐色纵纹，具不规则斑点，腹部棕灰。四脚乌黑，故又称“乌脚狸”。尾部有 7～9 个深褐色环纹。

(42) 果子狸 (青猺) (*Paguma larvata*)　食肉目灵猫科。又名花面狸。体色为黄灰褐色，头部色较黑，由额头至鼻梁有 1 条明显的色带，眼下及耳下具白斑，背部体毛灰棕色。后头、肩、四肢末端及尾巴后半部为黑色，四肢短壮，各具 5 趾。趾端有爪，爪稍有伸缩性；尾长，约为体长的 2/3。

(43) 食蟹獴 (石獾) (*Herpestes urva*)　食肉目。全身浅灰棕色混杂，四肢棕黄，头部两侧自口角经颊部至肩各有 1 条细纹；体毛和尾毛均较粗长、蓬松，绒毛稀少。喜栖于山林沟谷及溪水旁，多利用树洞、岩隙作窝。

(44) 豹猫 (*Felis bengalensis*)　食肉目猫科。头形圆，体形似家猫但稍大，尾较粗。两眼内侧至额后各有 1 条白色纹，从头顶至肩部有 4 条黑褐色点斑，耳背具有淡黄色斑，体背基色为棕黄色或淡棕黄色，胸腹部及四肢内侧白色，尾背有褐斑点半环，尾端黑色或暗棕色。

(45) 云豹 (*Neofelis nebulosa*)　食肉目猫科。体侧由数个狭长黑斑连接成云块状大斑，故名之为“云豹”。云豹体毛灰黄，眼周具黑环。颈背有 4 条黑纹，中间 2 条止于肩部，外侧 2 条则继续向后延伸至尾部；胸、腹部及四肢内侧灰白色，具暗褐色条纹；尾末端有几个黑环。

(46) 金钱豹 (*Panthera pardus*)　食肉目猫科。体型与虎相似，但较小，为大中型食肉兽类。尾长超过体长之半。全身颜色鲜亮，毛色棕黄，遍布黑色斑点和环纹，形成古钱状斑纹，故称之为“金钱豹”。其背部颜色较深，腹部为乳白色。

(47) 野猪 (*Sus scrofa*)　偶蹄目猪科。体形似家猪，但吻部更为突出。体被刚硬的针毛，背上鬃毛显著。毛色一般呈黑褐色。雄猪具獠牙。主要栖息于阔叶林、针阔混交林，也出没于林绿耕地。

(48) 黄麂（*Muntiacus reevesi*） 偶蹄目鹿科。皮毛颜色为灰褐色、红色或黑色。雄黄麂有锋利突出的上犬牙，可以给其他动物造成严重的伤害。短短的鹿角有1分叉。额骨较长，一直伸到脸部，所以又叫肋骨脸鹿。雌黄麂在长角的部位有个小节瘤。

(49) 黑麂（乌金麂）(*M. crinifrons*) 偶蹄目鹿科。体型较大。雄性具角，角柄较长，头顶部和两角之间有一簇长达5～7cm的棕色冠毛。尾较长，一般超过20cm，背面黑色，尾腹及尾侧毛色纯白，白尾十分醒目。眼后的额部有簇状鲜棕、浅褐或淡黄色的长毛，有时能把两只短角遮得看不出来。国家一级保护动物。

(50) 毛冠鹿（青麂）(*Elaphodus cephalophus*) 偶蹄目鹿科。上犬齿甚大，呈獠牙状，露出口外；无额腺，但眶下腺特别发达。泪窝大而深，比眼眶的直径还要大；尾短，仅10cm左右。各毛黑褐，毛粗硬，腹毛和后腿内侧白色。背部青灰色或黑褐色。耳尖黑，耳尖背面有一白斑。雄鹿有角，角极短，长度仅1cm左右，且角冠不分叉，尖略向下弯，隐藏在额顶上的一簇长的黑毛丛中；雌鹿无角。

(51) 梅花鹿（*Cervus nippon*） 偶蹄目鹿科。中型鹿类。头部略圆，颜面部较长，鼻端裸露，眼大而圆，眶下腺呈裂缝状，泪窝明显，耳长且直立。颈部长。四肢细长，主蹄狭而尖，侧蹄小。尾较短。在背脊两旁和体侧下缘镶嵌着有许多排列有序的白色斑点，状似梅花，因而得名。雌兽无角，雄兽的头上具有1对雄伟的实角，角上共有4个叉。

(52) 苏门羚（鬣羚）(*Capricornis sumatraensis*) 偶蹄目牛科。似羊而体型较大，雌雄均有1对短而尖的角，除角尖外，有狭窄的横棱。耳长似驴，尾短小。

附12：哺乳纲常见目检索表

1. 必具后肢……………………………………………………………………………… 2
   后肢缺 ………………………………………………………………………………… 12
2. 前肢特别发达，指及肢间具翼膜，适于飞行 ……………………………… 翼手目（Chiroptera）
   前肢构造不适于飞行…………………………………………………………………… 3
3. 牙齿全缺，身被鳞甲 …………………………………………………………… 鳞甲目（Pholidota）
   有牙齿，体无鳞甲……………………………………………………………………… 4
4. 上下颌的前方各有1对发达的呈锄状的门牙……………………………………… 5
   门牙多于1对，或只有1对而不呈锄状……………………………………………… 6
5. 上颌具1对门牙 …………………………………………………………… 啮齿目（Rodentia）
   上颌具前后2对门牙 ……………………………………………………… 兔形目（Lagomorpha）
6. 四肢末端指（趾）分明，指（趾）端有爪或趾甲……………………………………… 7
   四肢末端趾愈合，或有蹄 …………………………………………………………… 10
7. 前后足拇趾与他趾相对 …………………………………………………… 灵长目（Primates）
   前后足拇趾不与他趾相对……………………………………………………………… 8
8. 吻部尖长，向前超出下唇甚远。正中1对门牙通常明显大于其他各对 …… 食虫目（Insectivora）

上下唇通常等长，正中1对门牙小于其余各对…………………………………………………… 9

9. 体形呈纺锤状，适于游泳；四肢变为鳍状 ………………………………… 鳍足目（PinniPedia）

体形通常适于陆上奔走；四肢正常；趾分离，末端具爪……………………… 食肉目（Carnivora）

10. 体形特别巨大，鼻长而能弯曲 ………………………………………… 长鼻目（Proboscidea）

体形巨大或中等，鼻不延长也不能弯曲……………………………………………………… 11

11. 四足仅第3或第4趾大而发达 ……………………………………… 奇蹄目（Perissodactyla）

四足第3、4趾发达而等大 ………………………………………………… 偶蹄目（Artiodactyla）

12. 同型齿或无齿，呼吸孔通常位于头顶，多数具背鳍；乳头腹位 ………………… 鲸目（Cetacea）

多为异型齿，呼吸孔在吻前端，无背鳍；乳头胸位………………………… 海牛目（Sirenia）

第四章　野外实习中的生态学研究

第一节　野外实习中生态学研究的意义和内容

一、野外实习中生态学研究的意义

野外实习教学，一是将课堂上的理论知识与野外实际或生产实践相结合，通过野外观察来验证书本知识，从而达到巩固理论知识的目的；二是重视理论知识的应用，强调整个过程的参与和学习，发挥学生学习的主动性，激发学生的学习兴趣和创造力，培养学生的团队精神和协作意识。

在野外实习中，不仅可以认识许多动物种类，掌握它们的分类学特征，而且可以发现生物生存环境的不同。在某一生态环境中，有哪些动物种类生存？它们的数量分布如何？动物对其生存环境又会产生什么样的影响？这一切都会引起学生的极大兴趣。这些问题的最终解决，属于生态学研究范畴。生态学研究在野外实习中有其重要位置，是野外实习的重要组成部分。

二、野外实习中生态学研究的内容

生态学是研究有机体与其环境相互作用的科学。按照生态学研究的生物层次不同，有 4 个可辨别尺度的亚层：①个体对其环境的反应；②单个物种的种群对于环境的反应，探讨诸如多度及其波动等的过程；③群落的组成和结构；④生态系统内的各种过程，例如能流、食物网和营养物的循环等。在每个层次上，研究的内容和深度不同，分为生态学现象观察、生态学定量研究、生态学问题分析等。

第二节　野外实习中生态学研究的步骤

野外实习中生态学研究主要是指生态问题的定量研究和分析，需要设立专门课题（实习题目），制订实施方案。一般要经过课题设计、实施原则、实施过程和研究报告的撰写几个步骤。

一、课题设计

野外实习中的生态学研究，首先要进行研究设计。一个课题应该有一个明确的目的，不能涉及太多，包罗万象。生态学研究设计最困难的步骤就是选择一个既能顺利进行，又能完成预期目标的课题。一定要根据个人和实习小组的实际条件进行题目的设计。

二、实施原则

按照课题设计，确定具体的调查内容。不同课题研究内容不同，实施路线也不相同，

但遵守的原则是一样的，即遵守“对照原则”、“重复原则”、“随机原则”。

环境因子千差万别，时刻都在发生变化，因此需要实验，修正其他因子在调查过程中带来的影响。对照实验与调查时，除所研究的生态因子外，其余的生态因子应尽量一致，并注意选择正确的对照。只经过一次的实验就贸然得出的结论是不可靠的，为了检验结果是否可靠，最理想的方法是实验重复，以估计实验误差。实验误差是客观存在的，只能通过重复实验来估计、发现和减少实验所产生的错误，提高实验的精确度。每次重复实验都必须是单独进行的，不能把一次实验和多人计数的结果作为重复。实验结果必须是对实际情况的正确反映，不能带有实验者的主观性干扰。随机实验是消除研究者主观性干扰的有效方法，随机是指在调查地段中，任何一个生物个体都有同等的计数机会。

三、实施过程

实施过程就是将设计好的研究方案予以实施的过程。实施过程一般由以下几个方面组成：①调查地点的选择；②研究方法；③研究数据的搜集；④研究结果及分析；⑤研究结论；⑥研究报告的撰写。

第三节　植物生态学野外研究调查方法

野外调查是生态学，特别是植物生态学研究的一项基本工作。下面介绍野外调查的内容和方法，以方便学生查询和参考。

一、野外调查用品的准备

1. 野外调查设备

海拔表、地质罗盘、GPS、大比例尺地形图、望远镜、照相机、测绳、钢卷尺、植物标本夹、枝剪、小铲、小刀、植物采集记录本、标签、做样方纪录的一套表格纸、方格绘图纸、制备土壤剖面的简易用品。

2. 调查纪录表格

（1）野外植被调查的样地纪录总表　该表是根据法瑞学派的方法而设计的，也可用于英美学派。目的在于对所调查的群落生境和群落特点有一个总的纪录（表 4-1）。

表 4-1　植物群落野外样地调查记录总表

<table>
<tr><td>群落名称</td><td colspan="4"></td><td colspan="2">野外编号</td><td colspan="4"></td></tr>
<tr><td>纪录者</td><td></td><td>日期</td><td colspan="2"></td><td colspan="2">室内编号</td><td colspan="2"></td><td colspan="2"></td></tr>
<tr><td>样地面积</td><td></td><td>地点</td><td colspan="8"></td></tr>
<tr><td>海拔高度</td><td>坡向</td><td></td><td>坡度</td><td></td><td>群落高</td><td colspan="2"></td><td colspan="2">总盖度</td><td></td></tr>
<tr><td>主要层优势种</td><td colspan="10"></td></tr>
<tr><td>群落外貌特点</td><td colspan="10"></td></tr>
</table>

（续表）

分层及各层特点				层	高度		层盖度	
				层	高度		层盖度	
				层	高度		层盖度	
				层	高度		层盖度	
				层	高度		层盖度	
小地形及样地周围环境								
突出的生态现象								
地被物情况								
此群落还分布于何处								
人为影响方式和程度								
群落动态								

（2）法瑞学派的野外样地纪录分表（表 4－2）　对于样地中的乔木层、乔木亚层、灌木层、草本层、藤本和附生植物等均通用。既通用于各类森林群落，也通用于灌木丛和草地以及水生植物群落等。

表 4－2　植物群落野外样地记录表

群落名称＿＿＿＿＿面积＿＿＿＿＿野外编号＿＿＿第＿＿＿页　层次名称＿＿＿＿

层高度＿＿＿＿层盖度＿＿＿＿调查时间＿＿＿＿记录者＿＿＿＿

编号	植物名称	多优度－群集度	高度/m		粗度/cm		物候期	生活力	生活型	附记
			一般	最高	一般	最大				

（3）样地记录表　因为英美学派对森林的不同层次有不同调查项目和不同的样方面积，故可分乔木层、灌木层、草本层等不同的表格（表 4－3、表 4－4 和表 4－5）。

表 4-3 乔木层野外样方调查表

群落名称____面积____野外编号____第____页

层次名称________层高度________层盖度________调查时间________ 记录者________

编号	植物名称	高度	胸径	株数	盖度	物候期	附记

表 4-4 灌木层野外样地调查表

群落名称____面积____野外编号____第____页

层次名称________层高度________层盖度________调查时间________ 记录者________

编号	植物名称	高度/m		冠径/m		丛径/m		株丛数	盖度/%	物候期	生活力	附记
		一般	最高	一般	最大	一般	最大					

表 4-5 草本层野外样地调查表

群落名称____面积____野外编号____第____页

层次名称________层高度________层盖度________调查时间________ 记录者________

编号	植物名称	花序高度/m		叶层高		冠径/m		丛径/m		株丛数	盖度/%	物候期	生活力
		一般	最高	一般	最大	一般	最大	一般	最大				

二、取样方法

1. 种一面积曲线的编绘

样方调查是野外生态学最常见的研究手段。首先要确定样方面积，样方面积一般应不小于群落的最小面积。所谓最小面积，就是只有这样大的空间，才能包含组成群落的大多数植物种类。最小面积通常是根据种一面积曲线来确定的。

（1）样方面积的确定　在拟研究群落中选择植物生长比较均匀的地方，用绳子圈定一块小的面积。对于草本群落，最初的面积为 10cm×10cm；对于森林群落则至少为 5m×5m。登记这一面积中所有植物的种类。然后，按照一定顺序成倍扩大，逐次登记新增加的植物种类。开始植物种类数随面积扩大而迅速增加，然后随面积增加，种类数目降低，直到面积扩大时植物种类很少增加或不再增加。

（2）样方面积扩大的方法　法国的生态学工作者提出巢式样方法（图 4－1），即在研究草本类型的植物种类特征时，所用样方面积最初为 $1/64m^2$，之后依次为 1/32、1/16、1/8、1/4、1/2、1、2、4、8、16、32、64、128、256、$512m^2$，依次记录相应面积中物种的数量。把含样地总种数 84％的面积作为群落最小面积。

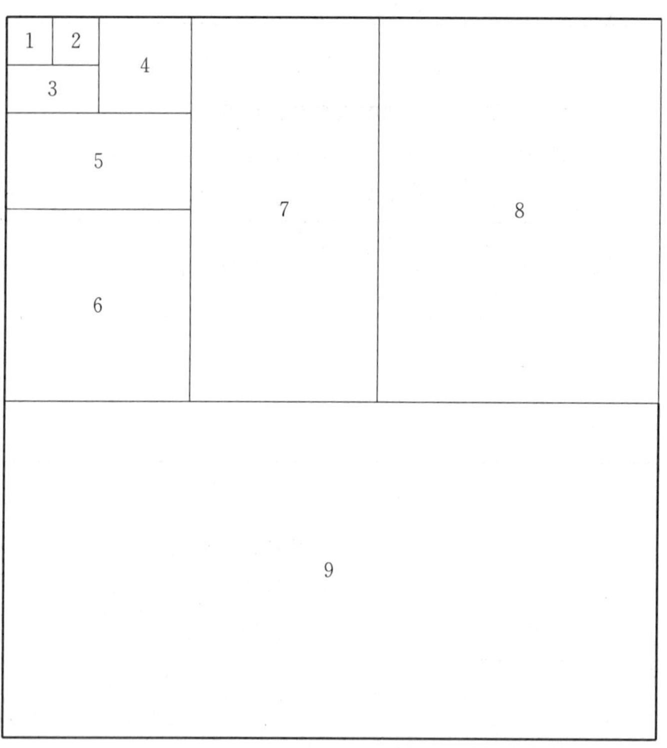

图 4－1　巢式样方示意图

针对不同的群落类型，巢式样方起始面积和面积扩大化的级数有所不同，但可参考如表 4－6 的形式进行设计。

将以上获得的结果，在坐标纸上以面积为横坐标、种类数目为纵坐标作图，可以获得群落的最小面积。

（3）群落类型与最小面积　一般环境条件越优越，群落的结构越复杂，组成群落的植物种类就越多，相应的最小面积就越大。例如，在我国西双版纳热带雨林群落，最小面积至少为$2\,500m^2$，其中包含的高等植物多达 130 种；在东北小兴安岭红松林群落中，最小面积约为 $400m^2$，包含的主要高等植物有 40 多种；在荒漠草原，最小面积只有 $1m^2$ 左右，包含的主要高等植物可能在 10 种以内。

表 4-6 巢式样方记录表

顺序	面积/m^2	种类
1	1/64	
2	1/32	
3	1/16	
4	1/8	
5	1/4	
6	1/2	
7	1	
8	2	
9	4	
10	8	
11	16	
12	32	
13	64	
14	128	
15	256	
…	…	

2. 样方法

样方，即方形样地，是面积取样中最常用的形式，也是植被调查中最普遍使用的一种取样技术。当然，其他形式的样地也同样有效，有时甚至效率更高，如样圆。样方的大小、形状和数目，主要取决于所研究群落的性质和采用的学术思路（如英美学派还是法瑞学派）。一般的，群落结构越复杂，样方面积越大，取样的数目一般不少于 3 个。取样数目越多，取样误差越小。因工作性质不同，样方的种类很多，可分为以下几种。

（1）记名样方　主要用来计算一定面积中植物的多度、个体数、茎蘖数；比较一定面积中各种植物的多少，就是精确地测定多度。

（2）面积样方　主要是测定群落所占生境面积的大小，或者各种植物所占整个群落面积的大小。该法主要用于比较稀疏的群落。一般是按比例把样方中植物分类标记到坐标纸上，然后，再用求积仪计算。有时根据需要，分别测定整个样方中全部植物所占的面积（样方面积）以及植物基部所占的面积（基面样方）。这些在认识群落的盖度、显著度中是不可缺少的。

（3）重量样方　主要是测定一定面积样方内的生物量。将样方内地上或地下部分进行收获称量，研究其中各类植物的地下或者地上部分的生物量。该方法适用于草本植物群落，对于森林群落，多采用体积测定法。

（4）永久样方　为了进行追踪研究，可以将样方外围明显的标记进行固定，从而便于以后再在该样方中进行调查。一般多采用较大的铁片或铁柱在样方的左上方和右下方打进土中深层位置，以防位置移动。

3. 样带法

为了研究环境变化较大的地方，以长方形作为样地面积，而且每个样地面积固定，宽度固定，几个样地按照一定的走向连接起来，就形成了样带。样带的宽度在不同群落中是不同的，草原地区为 10～20cm 左右，灌木林为 1～5m 左右，森林为 10～30m。有时，在调查一个环境异质性比较突出、群落也比较复杂多变的群落时，为了提高研究效率，可以沿一个方向，中间间隔一定的距离布设若干平行的样带，再在与此相垂直的方向，统一布设若干平行的样带。

4. 样线法

用一条绳索置于所要调查的群落中，调查绳索一边或两边的植物种类和个体数。样线法获得的数据在计算群落数量特征时，有其特有的计算方法。通常是根据被样线所截的植物个体数目、面积等进行估算。

5. 无样地取样法

无样地取样法是不设立样方，而是建立中心轴线，标定距离，进行定点随机抽样。无样地法有很多具体的方法，比较常见的是中点象限法。

在一片森林地上设若干定距垂直线（借助地质罗盘用测绳拉好）。在此垂直线上定距（比如 15m 或 30m）设点。各点再设短平行线形成四分象限，见图 4－2。在各象限范围内，测一株距中心点最近的、胸径大于 11.5cm 的乔木，要记下此树的植物学名，量其胸径或圆周，用皮尺测量此树到中心点的距离。同时在此象限内再测量此树到中心点最近的幼树（胸径 2.5～1.5cm），同样量胸径或圆周，量此幼树到中心的距离。有时不测幼树，每个中心点都要作 4 个象限，在中心点（或其附近）选作一个 $1m^2$ 或 $4m^2$ 的小样方，纪录小样方内灌木、草本及幼苗的种名、数量及高度。

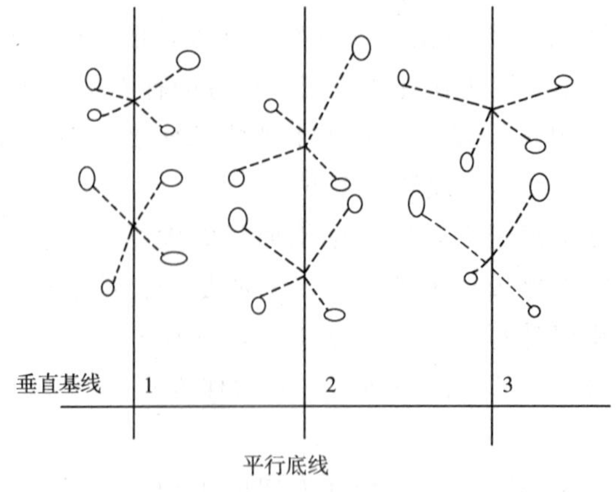

图 4－2　无样地取样法中的中点象限法

在我国亚热带常绿阔叶林及其次生林中采用这个方法，有人认为20个中心点的数据可以与2个500m^{2}样方的精确度相当。该方法也可用于草地群落，只是相关的距离要根据实际情况进行调整。

三、群落特征的描述与测量

1. 多优度—群聚度的估测及其准则

多优度和群聚度相结合的打分法和记分法是法瑞学派传统的野外工作方法。这是一种主观观测的方法，要有一定的野外经验。该法包括两个等级，即多优度等级和群聚度等级。

(1) 多优度等级（即盖度—多度级，共6级，以盖度为主结合多度）

5：样地内某种植物的盖度在75%以上者（即3/4以上者）；

4：样地内某种植物的盖度在50%～75%者（即1/2～3/4者）；

3：样地内某种植物的盖度在25%～50%者（即1/4～1/2者）；

2：样地内某种植物的盖度在5%～25%者（即1/20～1/4者）；

1：样地内某种植物的盖度在5%以下或数量尚多者；

+：样地内某种植物的盖度很小，数量很少。

(2) 单株群聚度等级（5级，聚生状况与盖度相结合）

5：集成大片，背景化；

4：小群或大片；

3：小片或小块；

2：小丛或小簇；

1：个别散生或单生。

因为群聚度等级也有盖度的概念，在中高级的等级中，多优度与群集度常常是一致的，故常出现5.5、4.4、3.3等记号情况，当然也有4.5、3.4等情况，中级以下因个体数量和盖度常有差异，故常出现2.1、2.2、2.3、1.1、1.2、+、+.1、+.2的记号。

2. 物候期的纪录

这是全年连续定时观察的指标，群落物候反映季相和外貌，故在一次性调查中纪录群落中植物的物候期仍有意义。在草本群落调查中，则更显得重要。

物候期的划分和纪录方法各种各样。有人分为5个物候期，即营养期、花蕾期、开花期、结实期、休眠期。经过多年实践，发现分为以下6个物候期的纪录更好：

A. 营养期，1或者不记；

B. 花蕾期或抽穗期，V；

C. 开花期或孢子期，O（可再分：初花∩；盛花O；末花∪）；

D. 结果期或结实期，+（可再分：初果⊥；盛果+；末果⊤）；

E. 落果期、落叶期或枯黄期，——（常绿落果——）；

F. 休眠期或枯死期，∧（一年生枯死者可记X）。

如果某植物同时处于花蕾期、开花期、结实期，则选取一定面积，估计其一物候期达

50%以上者记之，其他物候期记在括号中，例如开花期达50%以上者，则记O（V，+）。

3. 生活力的纪录

生活力又称生活强度或茂盛度。这是全年连续定时纪录的指标。一次性调查中只纪录该种植物当时的生活力强弱，主要反映生态上的适应和竞争能力，不包括因物候原因生活力变化者。

生活力一般分为3级：

强（或盛）：●（营养生长良好，繁殖能力强，在群落中生长势强，在群落中生长势很好）；

中：不记（生活力中等或正常，即具有营养和繁殖能力，在群落中生长势一般）；

弱（或衰）：○（营养生长不良，繁殖很差或不能繁殖，生长势很不好）。

4. Raunklaer 生活型类别及识别准则

（1）高位芽植物（Ph）　地上部分大于0.25m的植物，分大中小3类。

① 大高位芽植物（Meg. Ph）　指高30m以上的常绿大高位芽植物（E. Meg. Ph）和落叶大高位芽植物（D. Meg. Ph）。

② 中高位芽植物（Mes. Ph）　指7.5～30m以内的常绿中高位芽植物（E. Mes. Ph）和落叶中高位芽植物（D. Mes. Ph）

③ 小高位芽植物（Mic. Ph）　指高2～8m常绿矮高位芽植物（E. N. Ph）和落叶小高位芽植物（D. Mic. Ph）

④ 矮高位芽植物（N. Ph）　指高0.25～2m常绿矮高位芽植物（E. N. Ph）和落叶矮高位芽植物（D. N. Ph）

（2）地上芽植物（Ch）　过冬芽位于地上0～25cm处，如高山的矮小垫状植物、干旱地区的矮小灌木及半灌木。

（3）地面芽植物（H）　过冬芽位于地面，地上部分一直枯死到土壤表面，地下部分都活着，芽常由枯叶所保护，如大部分多年生草本、多数蕨类植物、冬季枯萎的草质藤本和地表附近植物等。

（4）地下芽植物（G）　过冬芽处于地下或水中。例如，多年生的根状茎、块茎、块根、鳞茎等地下芽植物，部分根状茎的蕨类植物，绝大部分的水生植物、个别草质藤本植物等。

（5）一年生植物（T）　种子过冬植物，如一年生植物，包括个别的两年生植物等。

还有一些附加的编写代号：阔叶（B）、针叶（N）、藤本（L）、木质藤本（WL）、草质藤本（H. L）、附生（E. P）、寄生（P）等。

法瑞学派在Raunklaer基础上修改后的生活型系统比较复杂，更为详细的内容在此略去。

5. 树高、干高、胸径和茎径的测量

（1）树高　树高指一棵树从平地到树梢的自然高度（弯曲的树干不能沿曲线测量）。通常在做样方的时候，先用简易的测高仪（例如魏氏测高仪）实测群落中的一株标准树木，其他各树则估测。估测时均与此标准相比较。

目测树高有 2 种简易方法，可任选 1 种。其一为积累法，即树下站 1 人，举手为 2m，然后往上积累至树梢；其二为分割法，即测者站在距树较远处，把树分割成 1/2、1/4、1/8、1/16，如果分割至 1/16 处为 1.5m，则 1.5m×16＝24m，即为此树高度。

（2）干高　干高即为枝下高，是指此树干上最大分枝处的高度，这一高度大致与树冠的下缘接近，干高的估测与树高相同。

（3）胸径　胸径指树木的直径，大约为距地面 1.3m 处的树干直径。严格的测量要用特别的轮尺（即大卡尺），在树干上交叉测 2 个数，取其平均值，因为树干有圆有扁，对于扁形的树干尤其要测 2 个数。在生态学调查中，一般采用钢卷尺测量。如果碰到扁树干，测后估一个平均数就可以了，但必须要株株实地测量，不能仅在远处望一望，任意估计一个数值。

如果碰到 1 株从根边萌发的大树，1 个基干有 3 个萌干，则必须测量 3 个胸径，在记录时用括号划在 1 个植株上。

胸径 2.5cm 以下的小乔木，一般在乔木层调查中都不必测量，应在灌木层中调查。

（4）茎径　茎径是指树干基部的直径，是计算显著度时必须要用的数据，测量时也要用轮尺或钢尺测 2 个数值后取取平均值。一般树干直径的测量位置是距地面 30cm 处。同时必须实测，不要任意估计。

6. 冠幅、冠径、丛径和盖度的测量

（1）冠幅　冠幅指树冠的幅度，专用于乔木调查时树木的测量。用皮尺通过树干在树下测量树冠投影的长度，然后再量树下与长度垂直投影的宽度。例如长度为 4m，宽度为 2m，则记录下此株树的冠幅为 4m×2m。

然而在植物学调查中多用目测估计，估测时必须在树冠下来回走动，用手臂或脚步帮忙测量。特别是那些树冠垂直的树，更要小心估测。

（2）冠径和丛径　冠径和丛径均用于灌木层和草本层的调查，因为调查样方面积不大，所以进行起来不会太困难。测量冠径和丛径的目的在于了解群落中各种灌木和草本植物的固化面积。冠径指植冠的直径，用于不成丛单株散生的植物种类，测量时以植物种为单位，选测一个平均大小（即中等大小）的植冠直径，记一个数字即可，然后再选一株植冠最大的植株测量直径记下数字。丛径指植物成丛生长的植冠直径，在矮小灌木和草本植物中各种丛生的情况比较常见，故可以丛为单位，测量共同种各丛的一般丛径和最大丛径。

（3）盖度　群落总盖度是指一定样地面积内原有生活着的植物覆盖地面的百分率，包括乔木层、灌木层、草木层、苔藓层的各层植物。所以相互层之重叠的现象是普遍的，总盖度不管重叠部分。如果全部覆盖地面，其总盖度为 100%，如果林内有一个小林窗，地表正好都为裸地，太阳光直射时，光斑约占盖度的 10%，其他地面或为树木覆盖，或为草本覆盖，故此样地的盖度为 90%。总盖度的估测对于一些比较稀疏的植被来说，是具有较大意义的。草本植被的总盖度可以采用缩放尺实绘于方格纸上，再按方格面积确定盖度的百分数。

层盖度指各分层的盖度，实测时可用方格纸在林地内绘出，比估测要准确的多。然而，有经验的植物学工作者都善于估计目测各种盖度。

种盖度指各层中每个植物种所有个体的盖度，一般也可目测估计。盖度很小的种，可略而不计或记小于1%。

个体盖度即指上述的冠幅、冠径，是以个体为单位，可以直接测量。由于植物的重叠现象，故个体盖度之和不小于种盖度，种盖度之和不小于层盖度，各层盖度之和不小于总盖度。

7. 多度与聚生多度

（1）多度　英美学派的多度是多度百分数，又称相对多度，是植被研究中经常用的一个指标。多度要以株数为基础，即为某种植物在单位面积内的百分数。计算公式如下：

多度＝样方内某种植物的株数/样方内各种植物的总株数×100

必须在同一层次内或者相同的生长型内进行多度的计算，否则没有太大意义。

（2）聚生多度　聚生多度又称德氏多度，是Drude首先应用而得名。这一多度概念源于欧洲，以后为前苏联学派所用。我国自苏联引入，现已不多用。该法与法瑞学派的多度等级制基本上相似，是一种用代号表示的相对等级。

聚生多度共有6个多度级和2个聚生度级，均以植物种为单位，乔木、灌木、草木分层估测。

多度级：cop^3——很多；cop^2——多；cop^1——尚多；sp——不多而分散；sol——少或个别；un——单株。

聚生度级：soc——个体相互靠拢成大片或背景化；gr——丛生成小团块或小块聚生。

多度和聚生度可以连用，如：cop^3 · soc——很多且聚成大片；sp · gr——不多但小块聚生。

8. 频度和相对频度

法瑞学派和英美学派对频度这一指标的概念和应用稍有不同。法瑞学派把频度和存在度的概念严格地分开，它的频度限于群丛个体范围内某种植物在各样地中的出现率。而英美学派的频度要领是广义的，它包括了法瑞学派的频度和存在度，是指某种植物在样方中出现的百分率，不管样方设在群丛个体之内或之间。英美学派频度的计算公式如下：

频度＝某种植物出现的样方数/样方总数×100

英美学派的相对频度是指一个群落中在已算好的各个种的频度基础上，再进一步求算各个种的频度相对值。其计算公式如下：

相对频度＝某种植物的频度/全部植物的频度之和×100

9. 重要值指数（DFD和IVI）的求算

重要值是一种植被研究的指标。DFD和IVI都表示重要值，但二者在求算技术上稍有不同。

（1）DFD指数　或叫“密度”、“频度”、“优势度指数”，其计算公式如下：

DFD指数＝相对密度＋频度＋相对显著度

在上式中，由于直接采用“频度”，而不是“相对频度”，故其理论上最大值可以等于300。

（2）IVI指数 即重要值指数，其计算公式如下：

$$IVI=相对密度+相对频度+相对显著度$$

在上式中，由于采用相对频度，其和不超过100，故理论上的最大重要值为100。

以上两个计算公式中的相对密度均可用相对度代替，因为相对多度是由一定样方面积中的株数求得，其重要性是相对的。当然，相对显著度也就是相对优势度。

第四节 动物生态学野外研究调查方法

一、土壤动物群落研究

土壤动物是指其生活史中的某一发育阶段在土壤中渡过，对土壤的形成、发育、肥力有一定影响的动物。研究土壤动物的目的在于了解土壤动物在自然界物质循环中的作用，了解土壤动物在土壤形成中的作用，了解土壤动物在环境污染检测中的指示作用。

土壤动物涉及的门类非常广泛，常可包括七八个动物门、数十个纲。由于各类动物体形大小相差悬殊，活动方式也各有差异，因而采集调查方法也有所不同。为了研究工作方便，将土壤动物按体形和习性分为以下4类：①微小土壤动物，如原生动物、轮虫等。体长一般在0.2mm以下，须借助显微镜观察。②小型湿生土壤动物，如线虫、线蚓、涡虫、桡虫等。此类动物生活在湿润环境中，肉眼采集比较困难，用Baermann湿漏斗法收集。③中小型节肢动物，如小型昆虫、蛛形类、多足类。此类动物生活在土壤的隙缝中，体形较小，其中螨和跳虫的数量极多，可占本类型动物总数的80%以上，肉眼采集比较困难，用Tullgren干漏斗法收集。④大型土壤动物，如蚯蚓、蜈蚣、马陆、甲虫等。此类动物大多生活在浅层土壤或地表，野外采集时使用筛网和手拣的方法收集标本。

1. 实习器材

（1）野外采集工具

土壤环刀（100mL、25mL）、大型土壤动物采样框、地温计、土壤采样铝盒、小铲子、卷尺、大小布袋、尼龙扫网、塑料布、白瓷盘、大小镊子、吸虫管、标本收集瓶、笔、记录本、标签纸、背包等。

（2）动物标本分离装置

① 干漏斗法烘虫箱 干漏斗法是根据土壤动物避光避热的特点而设计。烘虫装置可有不同的外形，但其核心部分都是由3部分组成：上部是热源，可用40W灯泡，灯泡的上方要加一罩；中部是金属网筛，供装料（土壤或枯枝落叶），网眼大小视要求而定；下部是收集漏斗，将通过网筛的动物收集到一个盛有75%乙醇溶液的器皿内。图4-3是常见的一种装置结构。箱内一次可放入直径10cm、高17cm的铁皮漏斗6个，漏斗内金属网为10～20目。

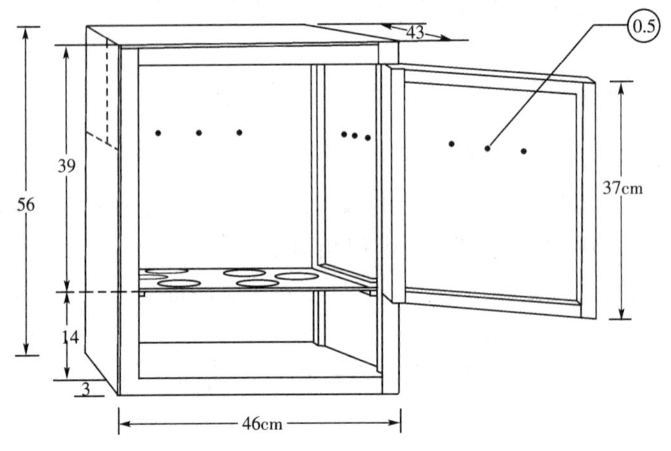

图 4-3　干漏斗法烘虫箱结构图（仿尹文英，1992）

②湿漏斗法烘虫箱　湿漏斗法是根据小型湿生动物不耐干、活动能力差的特点而设计。湿漏斗的核心部分类似于干漏斗，由 3 部分组成：上部是热源和罩；中部装料部分一般用 60 目的尼龙纱代替金属网；下部的漏斗要装水，漏斗下端连接一橡胶管，并用止水夹夹住。土壤动物受热下移，最后下沉到胶管的下端。放开止水夹，即可将动物注入另外的器皿中。图 4-4 是常见的一种装置结构。箱内一次可放入直径 9cm 的玻璃漏斗25 个。

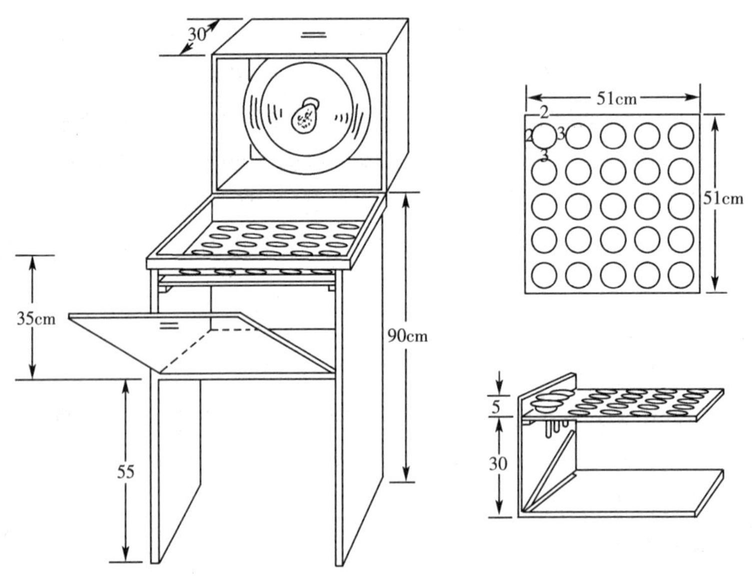

图 4-4　湿漏斗法烘虫箱结构图（仿尹文英，1992）

2. 实验步骤

(1) 实验设计

在实验设计之前，必须明确研究目的，掌握问题的性质和有关理论，提出初步假说。“在研究领域里，运气只光顾有准备的思想”，这里所指的有准备的思想就是假说。

进行土壤动物学研究，采集土壤动物标本时，一定要注意遵循“对照原则、重复原则和随机原则”。根据采集地区地形、植被等条件，设置不同的采样点以作对照。在每一个采样点，按实验要求，随机采取多个样本。

（2）土壤动物标本收集

1）大型土壤动物收集——手拣法 主要是采集蚯蚓、蜈蚣、马陆、鼠妇、蜘蛛及某些昆虫。采集方法如下：①在取样区内随机选取一地点；②利用大型土壤动物采集框收集土壤动物，挖出框内 5cm 深的土壤，拣出其中的土壤动物；③拣出的土壤动物装入玻璃瓶内，放入标签，除蚯蚓外，其他动物用 75%乙醇溶液保存；④带回实验室分类鉴定并计数。

2）中小型土壤动物收集——Tullgren 干漏斗法 主要采集螨类、跳虫、原尾虫、双尾虫、蚂蚁、昆虫幼虫、小型蜘蛛、小型多足类、小型等足类等。采集方法如下：①在取样区内随机选取采样点；②捡去采样点上面的枯叶，并收集部分落叶和土壤装入布袋，样品用于定性调查；③挖土壤垂直剖面；④在垂直剖面上打入容量为 $100cm^2$ 的圆形土壤取样器；⑤从最下层开始，逐个挖出取样器，将每个取样器内的土壤分别装入采集袋内，带回实验室，用于定量调查；⑥将采回的样品置于 Tullgren 漏斗，下接装有乙醇溶液的玻璃瓶，进行土壤动物分离；⑦在盛有土壤动物标本的玻璃瓶中加入乙醇溶液，使乙醇溶液浓度达到 70%，以备进行土壤动物的分拣、计数和鉴定。若有土壤动物标本漂浮在液面上，则可先进行水浴，漂浮的标本下沉后，再加入酒精。

3）小型湿生土壤动物收集——Baermann 湿漏斗法 主要采集线虫、线蚓、涡虫、蛭类和桡足类等。采集方法如下：①土壤样品的采集步骤与干漏斗法相同，但采样器的容量为 25mL；②将土壤样品用绢纱包好，分别放入小布袋内，带回实验室；③在 Baermann 漏斗下端套上乳胶管，其上部和下部各夹上一个试管弹簧夹；④在漏斗内加入清水，将包在绢纱内的土壤样品置入漏斗，使样品全部浸入水中；⑤烘虫 48h 后，把上部夹子打开，让下沉的土壤动物标本随水进入乳胶管，再夹上上部的夹子；⑥打开下部的夹子，把标本注入带有标签的玻璃瓶内；⑦往玻璃瓶内慢慢加入 95%的乙醇溶液，边加边摇，以利于动物标本缓慢固定，使最终浓度为 75%左右；⑧土壤动物标本的分拣、计数和鉴定。

4）土壤原生动物收集——培养分析法 主要步骤：①土壤样品的采集步骤与干漏斗法相同，但采样器的容量为 25mL；②将土壤样品分别放入铝盒内，带回实验室；③将土壤样品用纱布盖着晾干，等土样干燥后，放入纸袋内保存；④在室内作定性和定量培养分析（定性和定量的具体方法，可详见尹文英等 1992 年出版的《中国亚热带土壤动物》）。

（3）土壤动物分类

土壤动物的分类研究已有上百年的历史，但由于涉及的动物门类繁多，至今没有完整的研究成果。应用漏斗法采集到的土壤动物，首先要参照图 4-5 和图 4-6，进行粗略的分拣，然后分送各门类的专家作进一步的分类鉴定。在欧洲、日本等地，由于土壤动物分类学的基础雄厚，有不少的土壤动物分类学工具书已出版，除某些门类（如土壤线虫等）之外，工作中所遇到分类上的困难容易解决。中国土壤动物分类学的研究除个别门类外，仍处于落后状态，专门的土壤动物分类学工具书不多，较高阶元的分类可参照《中国土壤动物检索图鉴》（尹文英，1998）。

由于土壤动物数量巨大，种类众多，不可能将每一个动物标本都定名到种，仅能根据动物体的形态特征分类到纲、目或科及属。若能分类到科或属，就能满足土壤动物生态学分析的需要。

（4）土壤动物生态学分析

以《泰山地区土壤动物群落结构的定量研究》为例（付荣恕，1997）。该研究将调查地点设在泰山地区北部的莲台山、千佛山和华山，共设置 8 个采样点：L.Ⅰ、L.Ⅱ、L.Ⅲ、L.Ⅳ、Q.Ⅰ、Q.Ⅱ、H.Ⅰ、H.Ⅱ。土壤动物的野外采集于 1996 年 4 月至 1997 年 4 月进行。标本收集采用 Tullgren 漏斗法。环境因子主要测定了土壤温度、土壤含水量和土壤酸碱度。定量研究方法采用 Shannom Wiener 多样性指数、Pielou 均匀性指数、Simpson 优势度指数及 Jaccard 相似性系数和百分率相似性系数。从群落的种类组成和数量分布、群落的季节消长、群落的垂直分布、群落多样性和群落的相似性几个方面对调查结果进行分析。

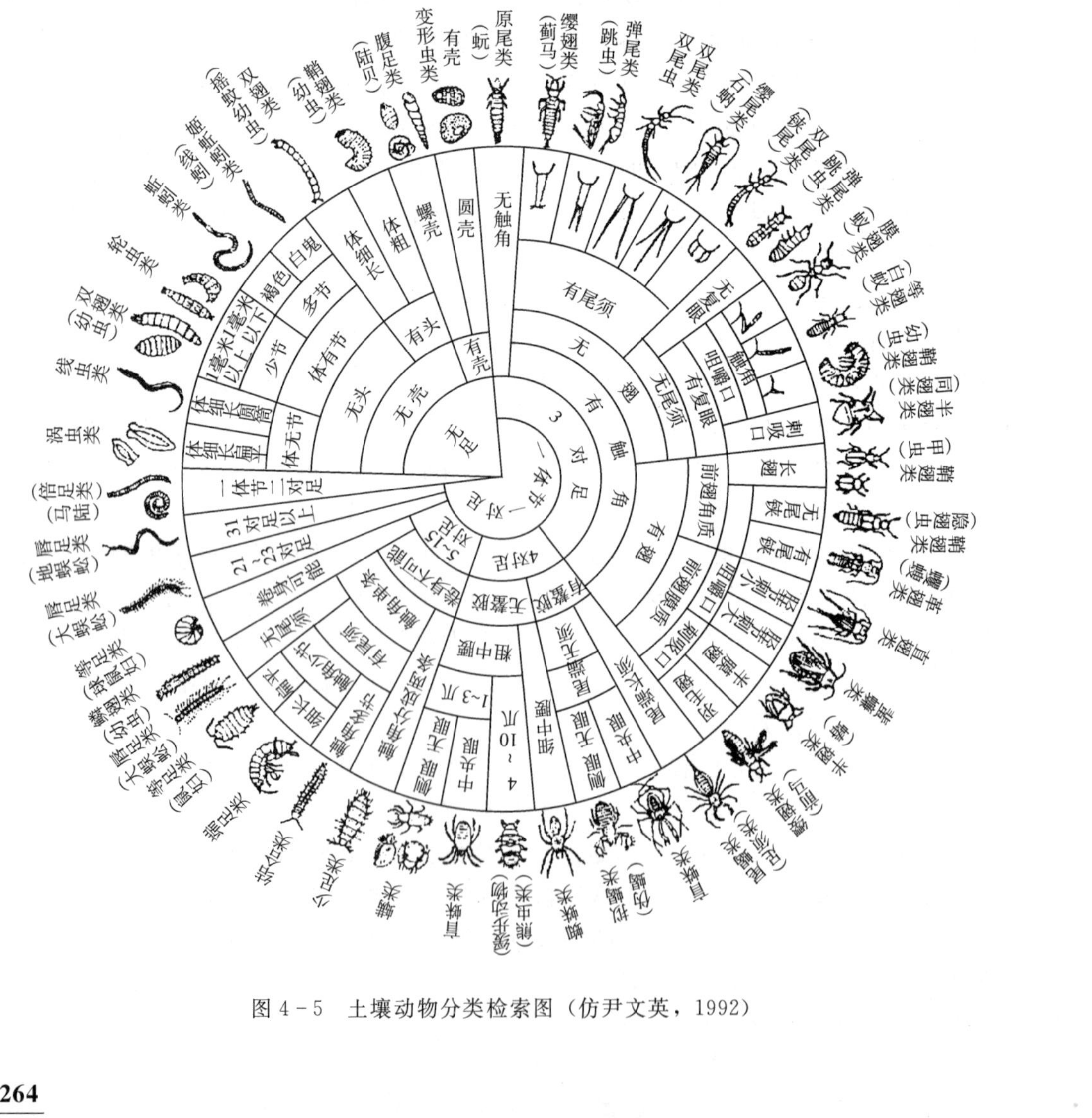

图 4－5　土壤动物分类检索图（仿尹文英，1992）

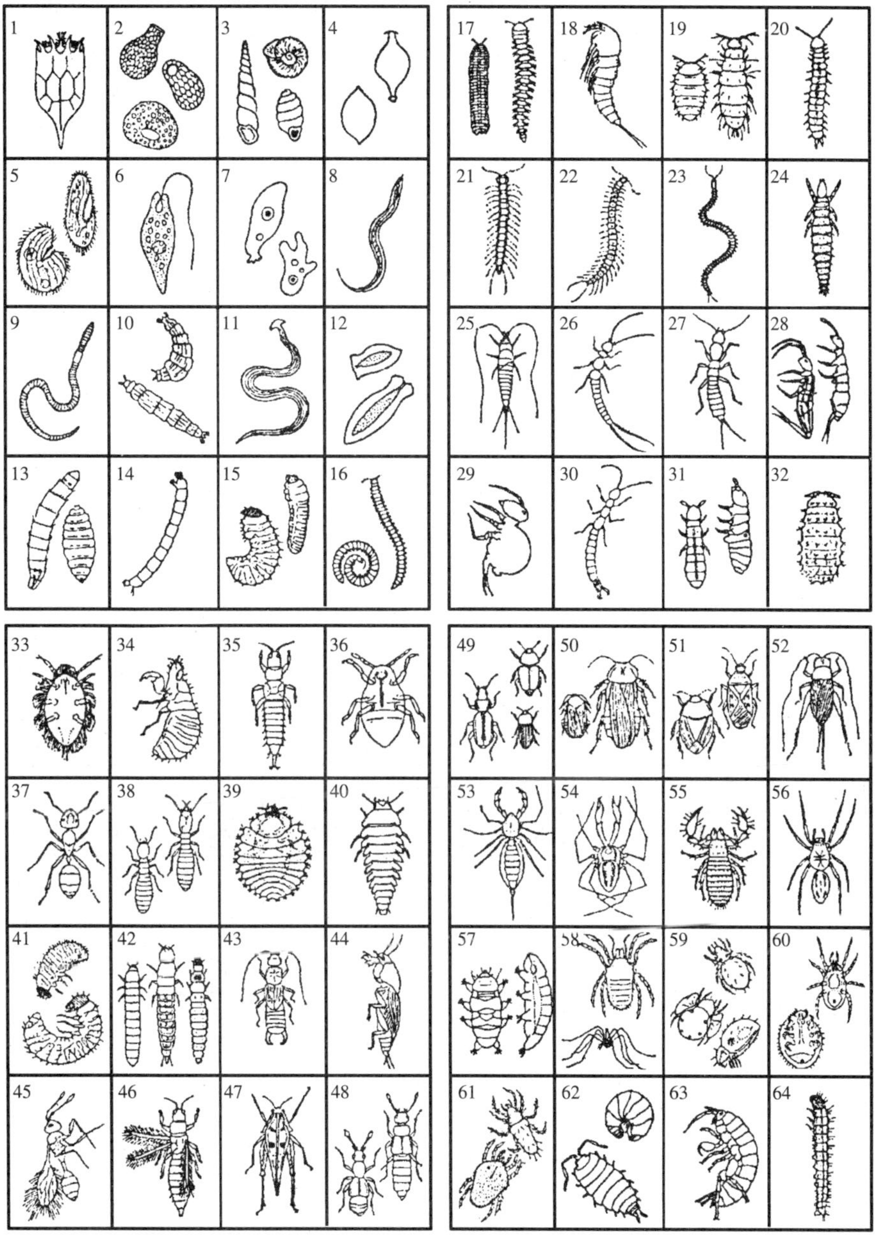

图 4-6 各类土壤动物的外形特征（仿尹文英，1992）

1. 轮虫；2. 有壳变形虫；3. 腹足类；4. 蚯蚓卵；5. 纤毛虫；6. 肉鞭毛虫；7. 变形虫；8. 线虫；9. 蚓类；10. 蛭形轮虫；11，12. 涡虫；13. 双翅类幼虫；14. 摇蚊幼虫；15，39～42. 鞘翅类幼虫；16，17. 倍足类；18. 甲壳类；19. 蝎蛛类；20. 结合类；21. 石蜈蚣；22. 大蜈蚣；23. 地蜈蚣；24. 原尾虫；25. 石蛃类；26，30. 双尾类；27，50. 蜚蠊；28，29，31，32. 弹尾类；33. 蚧虫；34. 蝉幼虫；35，46. 缨翅类；36. 蚜虫；37，45. 膜翅类；38. 等翅类；43. 革翅类；44. 蝼蛄；47，52. 直翅类；48，49. 鞘翅类；51. 蝽类；53. 尾蝎类；54，58. 盲蛛类；55. 拟蝎类；56. 蜘蛛类；57. 缓步类；59～61. 蜱螨类；62. 等足类；63. 端足类；64. 鳞翅类幼虫

① 群落组成和数量分布　调查共获得各类土壤动物10 115头，分别隶属于3门9纲20个类群（见表4－7）。其中螨类是该土壤动物群落的主要优势类群，占总数量的76.30%；跳虫是该地区土壤动物群落的另一优势类群，其数量占总数量的13.63%。螨类和跳虫二者相加，几乎占总数量的90%，构成该地区土壤动物群落的基本成分。原尾虫和线虫的数量超过总数量的1.00%，为该群落的常见类群。其余16类动物数量均不到总数量的1.00%，总计不足6.00%，为该群落的稀有类群。

表4－7　土壤动物群落的类群组成和数量分布

类群	LⅠ		LⅡ		LⅢ		LⅣ		QⅠ		QⅡ		HⅠ		HⅡ		全区	
	数量	百分比	数量	百分比	数量	百分比	数量	百分比	数量	百分比	数量	百分比	数量	百分比	数量	百分比	数量	百分比
线虫纲	15	0.74	14	0.61	3	0.55	38	2.68	35	1.93	40	4.00	1	0.19	8	1.59	154	1.52
线蚓科			6	0.26			5	0.35			1	0.10	4	0.77			16	0.16
拟蝎亚纲	4	0.20	3	0.13							2	0.20			2	0.40	11	0.11
蜱螨亚纲	1716	84.91	1766	77.15	359	65.27	985	69.42	1577	86.84	519	51.90	385	74.47	411	81.71	7718	76.30
蜘蛛亚纲	8	0.39	10	0.44	14	2.55	6	0.42	1	0.05	2	0.20					41	0.41
等足纲	2	0.10									1	0.10					3	0.03
唇足纲	1	0.05					2	0.14	2	0.11					1	0.20	6	0.06
倍足纲	10	0.49	15	0.66			1	0.07	1	0.05	12	1.20	1	0.19	2	0.40	42	0.41
综合纲	4	0.20	2	0.09	1	0.18	1	0.07	2	0.11	5	0.50	1	0.19	2	0.40	18	0.18
少足纲	1	0.05	7	0.30	1	0.18	4	0.28	2	0.11			2	0.39	1	0.20	18	0.18
原尾目	52	2.57	60	2.62	29	5.27	114	8.03	55	3.03	31	3.10	14	2.71	6	1.19	361	3.57
弹尾目	178	8.81	320	13.98	115	20.91	212	14.94	91	5.01	336	33.60	91	17.60	36	7.16	1379	13.63
双尾目	2	0.10	6	0.26	5	0.91	5	0.35	2	0.11							20	0.20
啮虫目			2	0.09			2	0.14	4	0.22	3	0.30	5	0.97	4	0.79	20	0.20
同翅目	1	0.05	12	0.52					1	0.05							14	0.14
半翅目			25	1.09	1	0.18					1	0.10	2	0.39			29	0.29
缨翅目	2	0.10	6	0.26							1	0.10					9	0.09
鞘翅目	7	035	15	0.66	7	1.27	9	0.64	6	0.33	19	1.90	3	0.58	2	0.40	68	0.67
膜翅目	6	0.30	2	0.09	7	1.27	13	0.92	19	1.05	19	1.90	6	1.16	27	5.37	99	0.98
双翅目	12	0.59	18	0.79	8	1.46	22	1.55	18	0.99	8	0.80	2	0.39	1	0.20	89	0.88
合计	2 021		2 289		550		1 419		1 816		1.00		517		503		10 115	

② 群落的季节消长　土壤动物对环境变化反应敏感，不适宜的生存环境，常常成为动物生存、分布的限制因素（见表4－8）。在诸多环境因素中，土壤温度和土壤含水量是影响土壤动物群落季节变化的主要因素。

土壤动物属于变温动物，因而对环境的依赖性较大，对土壤温度的改变只能被动地适应。与大气温度相比，土壤温度的变化比较缓慢，但周期性的温度变化对土壤动物的影响仍然是十分明显的。全区 7 月份的平均土壤温度为 25.5℃，土壤动物的平均密度仅为2 430头/m^2；10 月份的平均土壤温度为 19.9℃，土壤动物的平均密度为14 194头/m^2；1 月份和 4 月份平均土壤温度差异显著，分别为 5.75℃、12.25℃，但土壤动物的平均密度在17 708～18 208头/m^2之间，没有明显差异。由此可见，在一定的温度范围内，土壤动物的数量与土壤温度呈负相关，且抗高温的能力要远低于耐低温的能力。

对土壤动物来说，土壤水分是绝对不可缺少的，土壤含水量在时间和空间上的变化，常常能引起土壤动物数量和分布的变化。调查结果表明，土壤含水量的多少，在一定程度上决定着土壤动物数量的多寡，土壤动物的数量与土壤含水量在一定范围内呈正相关。

表 4－8 土壤动物群落及优势类群的季节变化

	时间	LⅠ	LⅡ	LⅢ	LⅣ	QⅠ	QⅡ	HⅠ	HⅡ	全区
土壤动物	9604	620	431	209	381	359	272	176	174	328
	9607	26	32	56	52	54	75	13	42	44
	9610	304	676	88	192	305	133	244	102	256
	9701	448	837	157	423	280	251	40	114	319
	9704	623	313	40	371	818	269	44	71	319
螨类	9604	532	292	111	319	375	124	106	156	252
	9607	19	15	35	24	39	53	5	16	26
	9610	213	523	46	70	226	46	216	85	178
跳虫	9701	361	685	136	337	258	151	32	94	257
	9704	591	251	31	235	733	145	26	60	259
	9604	73	92	68	50	17	128	57	7	62
	9607	3	14	12	9	8	9	7	8	9
	9610	36	103	25	73	26	38	15	6	40
	9701	50	82	6	43	19	77	7	12	37
	9704	16	29	4	37	21	84	5	3	25

③ 群落的垂直分布　大多数土壤动物都具有表聚性。一般说来，土壤动物垂直分布的规律是随着土壤深度的增加，土壤动物的类群和数量减少，但不同季节、不同生境有很大变化。表 4－9 是在不同季节 8 个采样点土壤动物群落的垂直分布资料。

由表 4－9 可见，不同季节、不同样点中土壤动物的垂直分布有明显变化。虽然大多数土壤动物都具有表聚性，但在冬季，0～5cm 土层中土壤动物的数量明显减少，甚至少于 10～15cm 土层中的动物数量。QⅡ样点与其他样点不同，在春季土壤动物数量随土壤深度的增加而增加。

表 4-9 土壤动物群落的垂直分布

样点	土层/cm	9604	9607	9610	9701	9704	全年
LⅠ	0～5	267	17	168	124	390	966
	5～10	218	6	77	158	122	581
LⅡ	10～15	135	3	59	166	111	474
	0～5	228	21	448	494	230	1422
	5～10	71	15	34	64	11	195
LⅢ	10～15	68	6	99	90	18	281
	0～5	84	31	32	68	23	238
	5～10	71	15	34	64	11	195
LⅣ	10～15	54	10	2	25	6	117
	0～5	182	23	74	200	137	616
	5～10	150	9	77	161	123	520
QⅠ	10～15	49	20	41	62	111	283
	0～5	185	41	222	196	725	1369
	5～10	122	13	51	60	75	321
	10～15	52		32	24	18	126
QⅡ	0～5	46	58	73	108	109	394
	5～10	111	10	15	81	60	277
	10～15	115	7	45	62	100	329
HⅠ	0～5	71	10	180	21	24	306
	5～10	47	1	30	17	7	102
	10～15	58	2	34	2	13	109
HⅡ	0～5	75	30	76	16	56	253
	5～10	88	9	16	74	10	197
	10～15	11	3	10	24	5	53

④ 群落多样性　各群落由于优势类群明显，群落的异质性差，多样性指数均较低。8个采样点土壤动物的群落多样性指数，最高的不足最大多样性指数（H－lnS）的1/2，低的还不到1/4（见表4-10）。螨类所占比例严重影响着群落的多样性，螨类所占的比例越大，群落的均匀性越低，多样性指数越小；反之，螨类所占比例越小，群落的均匀性就越高，多样性指数就越大。

8个采样点的虫口密度差异明显。虫口密度不仅与植被状况有关，人类干扰的影响极为重要，尤其是螨类，对人为影响更为敏感。

表 4－10　土壤动物群落多样性指标

采样点	动物类群数	密度/（头/m²）	多样性指数/H	均匀性指数/e	优势度指数/C
LⅠ	17	67 367	0.655	0.231	0.730
LⅡ	18	76 300	0.896	0.310	0.616
LⅢ	12	18 333	1.133	0.456	0.474
LⅣ	15	47 300	1.082	0.399	0.512
QⅠ	15	60 533	0.623	0.230	0.758
QⅡ	16	33 333	1.283	0.463	0.386
HⅠ	13	17 233	0.903	0.352	0.586
HⅡ	13	16 767	0.782	0.305	0.677
全区	20	42 146	0.931	0.311	0.603

⑤ 群落相似性　采用Jaccard相似性系数和百分比相似性系数，对8个采样点土壤动物群落相似性进行测定，根据组平均法进行聚类分析（见表4－11），绘制枝状谱系图。

表 4－11　土壤动物群落的相似性

	LⅠ	LⅡ	LⅢ	LⅣ	QⅠ	QⅡ	HⅠ	HⅡ
LⅠ	1	0.7500	0.6111	0.6842	0.7778	0.6500	0.5000	0.6667
LⅡ	0.9149	1	0.6667	0.7368	0.7368	0.7895	0.7222	0.6316
LⅢ	0.7921	0.8517	1	0.6875	0.6875	0.4737	0.6667	0.6000
LⅣ	0.8351	0.8960	0.8981	1	0.8750	0.6316	0.7500	0.7500
QⅠ	0.9491	0.8710	0.7697	0.8227	1	0.5500	0.6471	0.7500
QⅡ	0.6655	0.7212	0.8068	0.7631	0.6448	1	0.7059	0.6111
HⅠ	0.8688	0.9306	0.8841	0.8990	0.8427	0.7485	1	0.7333
HⅡ	0.9340	0.8869	0.7744	0.8150	0.9168	0.6544	0.8631	1

注：右上倒三角形为Jaccard相似性系数；左下三角形为百分比相似性系数。

图4－7是根据Jaccard相似性系数绘制的，在0.70水平上，8个采样点可分为3组。图4－8是根据百分比相似性系数绘制的，在0.85水平上，8个采样点被分为3组。很明显，根据两种相似性系数所绘制的8个采样点土壤动物群落的聚类图并不一致。Jaccard相似性系数仅与群落间共有类群数有关，而没有考虑各类群的数量多少。百分比相似性系数不仅与群落间共有动物类群数有关，还与各类群的相对多度有关。因此，前者虽然计算简便，但使用范围受限，对动物类群数多、异质性大、优势类群不明显的群落进行聚类，该方法可行；若群落的优势类群突出，该方法会减弱优势类群的作用，而影响聚类结果。后者计算较复杂，但能弥补前者的不足。

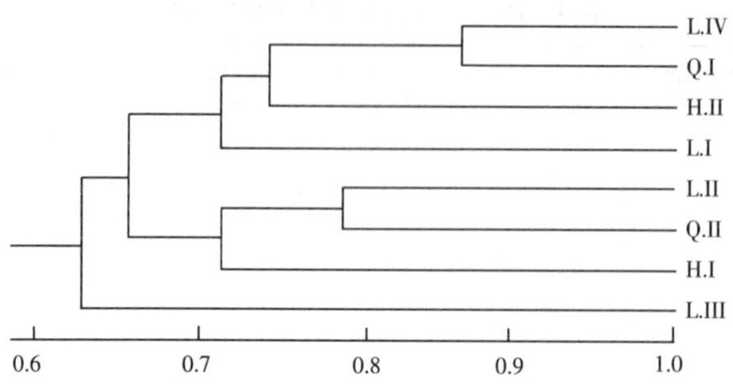

图 4－7　土壤动物群落的聚类分析（Jaccard 相似性系数）

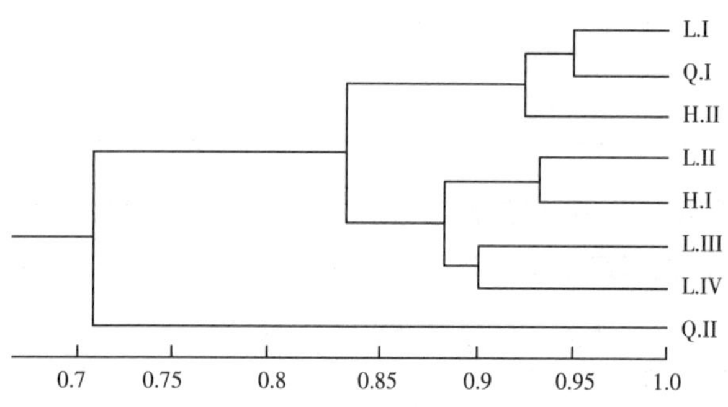

图 4－8　土壤动物群落的聚类分析（百分比相似性系数）

二、鱼类生态学研究方法

进行野外鱼类考察时，首先要对实习地点的自然环境进行描述和记载，包括实习水域的发源地及其特点，水深、流速、流经地区、长度或面积、水质、水位及其变化，以及人类活动对该实习地的影响，有无污染源等。根据实习水域的面积和流速等环境条件，设置断面和若干采样点进行非生物因子和生物因子的调查和测定。

1. 非生物因子的测定

水的物理化学特性，在鱼类生活中起着很大的作用。由于野外实习的时间较短，一般只选择对鱼类生活影响较大的因子进行测定。

（1）水温　鱼类的体温与周围水温相差一般不超过 0.5℃～1℃，水温对鱼类的新陈代谢强度以及生长、繁殖、越冬等，均有密切关系。水温的变化也是引起鱼类产卵和洄游等活动的刺激因子之一。水温的测定，视实习水域的深度而定，一般是在采样点分上中下 3 层进行。测定的方法可用深水温度计，温度计系在有长度（cm）标志的绳上，以便能将温度计放置在特定深度的水层中测定温度。在流水中，必须将深水温度计系上铅锤，使绳基本保持垂直状态。测定的时间最好在上午 8：00 和下午 14：00。

（2）透明度与水色　透明度是决定水中光照强度的重要因子，各种水域和同一水域的不同季节的透明度是有所不同的，如洪水期由于水土流失，河流含沙量增加，或夏季浮游生物大量繁殖时，透明度均较低，常使鱼类游到小河较浅的水区。

透明度可用塞奇氏盘测定，如果没有这种透明度盘，可以自制。用铁片板切割成直

径为 20cm 的圆板，在板的一面通过圆心作 2 条垂直相交的直线，将其分成 4 个等份，上面以黑白漆相间涂色。圆盘中心钻一小孔，穿入铁丝并在盘下加系铅锤。将铁丝与带有长度标记的细绳相连接。使用时将圆盘逐渐下沉，直到看不见盘面的白色为止，所记录的深度即为水的透明度。

透明度与浑浊度和水色都有密切的关系。浑浊度是指水中混合了各种悬浮物或各种浮游生物所造成的混度。水色是指水中溶解各类物质后所造成的颜色。但在养殖方面所指的水色一般是以营养物质为依据的。如水色较淡，呈蓝色或绿色的是贫营养水域；水色浓绿、黄绿或褐绿色的是富营养水域；腐殖质较多的贫营养水域为黄色或褐色。

（3）酸碱度　pH 值在一般水域中偏碱性，其变化直接影响鱼类的新陈代谢，如 pH 值增大时鱼类的食物吸收率有降低现象。pH 值可直接用试纸测定，用 pH 测定仪测定就更为精确。

（4）溶解氧的测定　水中的容氧量是鱼类的重要生活条件。水的溶解氧的测定，一般用测氧仪进行。有实验条件的，也可采用化学滴定法，具体操作方法可参考有关水质分析方法的专著。

（5）污染毒物的测定　实习水域上游如果有污染源——化肥厂、铜矿等，就会把废水排到水域中，造成水域污染。对污染物进行测定的主要项目和方法，可参照《污染调查暂行规范》。实习水域非生物因子的测定及记录可按表 4－12 逐项填写。

表 4－12　实习水域非生物因子观察测定记录表

记录项目 \ 采样点		1	2	3	4	5	6	7	8	9	10
水深											
流速											
水色											
透明度											
PH											
溶氧度											
电导率											
水温	上										
	中										
	下										
污染情况											
水生植物											
底质											
水域面积											
其他											
测定时间											

2. 生物因子的测定

水体的生物因子主要包括浮游生物和底栖动物的调查，尤其是对作为鱼类饵料基础的浮游生物进行调查是估计水域生产力和鱼类生产潜力的重要依据。有关浮游生物和底栖动物的调查方法可参考第三章第一节。

3. 鱼类的采集、测量、记录及保存

鱼类的采集、测量、记录及保存的方法参看第三章第二节。

4. 鱼类食性的研究

鱼类是水域生态系统中非常重要的组成部分。研究鱼类的食性对了解其形态、生理、行为特征和在生态系统中的物质循环、能量转换所占的位置等均占具重要意义。在生产上为了最合理的利用水域天然资源，了解饵料保障与鱼类数量波动的关系，以达到估计和预报渔业资源的目的，都必须研究鱼类的食性。研究食性的方法大致有以下几种。

(1) 材料收集　在一个水域内，能采到一些种类不同的鱼类。在收集材料时，应尽可能多采集一些种类和数量，这对了解同一水域内鱼类的种间关系是很重要的。对优势种应注意它们的食性常随年龄而变化，因此对大小不同的个体都要同时采集。收集数量应根据鱼产量，参加实习学生人数、时间安排等灵活掌握。一般如条件和时间允许，材料收集得越多，观察结果越准确。采集鱼类食性样品时，必须在同一水域采集水生生物样品，这对食性的定性和定量工作将会有所帮助。

(2) 胃容物处理　对体长 20cm 以下的小鱼，可以整条固定。固定之前，在鱼的腹下剪一小口，每个样品放置一个标签，用铅笔写明采集时间、地点和渔具渔法，用纱布紧裹，固定于福尔马林液中。大型个体，在测量记录鱼名、编号、长度、重量、性别、性成熟度等项目之后，尽快取出完整的胃肠。操作时，左手持鱼，腹部向上，右手拿剪从泄殖腔向上剪开腹壁，切记把剪刀尖端伸向深处。正确的剪法应将刀尖略向上挑起腹壁，再向前剪，以免损坏内脏。剪至腹鳍时沿腰带结合处剪开，剖开鱼腹，把消化道从食道到肛门的一段剪下。在取肠管时，应小心分离结缔组织，勿带出生殖腺。取出肠管，两端用线扎紧，栓上同号码的标签用纱布包裹后，固定于5%的福尔马林中。

样品带回实验室后，放在容器中洗去福尔马林，最好更换几次水。去除肠系膜上的脂肪组织，并把取下的脂肪称重，一般可根据鱼体内脂肪积累程度，来确定水域中鱼类饵料的丰富程度。分离出来的胃肠应轻轻拉直（不要拉得超过实际长度），测量其长度。目测胃肠管充塞度，共分 6 级：0 级——肠胃空；1 级——食物约占肠胃的 1/4；2 级——食物约占肠胃的 1/2；3 级——食物约占肠胃的 3/4；4 级——整个肠胃都有食物；5 级——食物极饱满，肠胃膨胀。逐个剖开胃（或肠），取出内容物，在小天平上称出重量，然后取其全部或一部分在解剖镜或显微镜下进行定性和定量工作。

① 定性　指鉴定饵料的种类。在进行此项工作之前，应先调查该水域的水生生物，并保留标本，以便与胃内的残肢破体对照，或与其他有关同学合作进行。实在无法鉴定的种类，可按大类区分。定性工作的食物取样，最好取自近口腔的部位，以便得到较完整的食物。由于鱼类的食性常随年龄而改变，因此必须对大小不同的个体都解剖鉴定。

② 定量 在定性的基础上计算出每一条鱼胃容物含有各种不同动植物的个体数，以浮游生物或小型生物为食的鱼类，取胃容物的一部分，于解剖镜或显微镜下逐个计数，一般应计数多次，取其平均值，再乘以胃容物总量，得该鱼所取食的总数，如胃容物总重10g，每次镜检仅取0.2g，共取4次，所得各种生物个数应除4再乘50。

（3）资料整理 在进行饵料分析之后，所得各种数据必须加以整理，才能看出问题。常用的方法有以下3种。

① 个数法 以个数为单位，计算鱼所吞食各种饵料的数量。这种方法虽较常用，但把所有大小不同的饵料生物，在营养价值上等量齐观，不尽合理。因此，常先算出鱼所吞食的各种饵料的个数，再换算为更正重量，进而得出组成百分比和饱满指数等。

② 重量法 重量法有2种：一种是用天平直接称胃容物的重量；另一为更正重量，即事先应了解每种饵料平均个体重，然后把计数出的个体数乘个体重，则得该种为鱼类所吞食的重量，把鱼类所吞食的各种饵料重量相加则得胃容物的总重量。

③ 出现频率法 指某种饵料在检查样品中出现的次数，这是对检查总尾数的百分比数值而言。如检查10条鳜鱼的胃，鲫鱼在其食物中出现的次数为6，则出现的频率为60%。最后将实验结果填入表内。

5. 鱼类的繁殖

繁殖是鱼类生命周期的一个环节，借以保证种的增殖与延续。在野外实习期间，能够遇到处于不同繁殖阶段的鱼类，是实践课堂上学习知识的良好机会。本节仅就有关鱼类繁殖活动的一般观察内容和方法加以介绍。

（1）产卵场环境的观察 鱼类过渡到产卵期，需要一定的外界条件，这些条件的综合即为产卵场的环境因子。测定环境因子的方法前已述及，特别要注意水温、水深、水流速度、pH值、底质及水草等。鲤鱼产黏性卵，必须有水草或附着物的条件；而草、青、鲢、鳙等产浮游性卵的鱼类，则要求在江河水流较急的环境中产卵。

1）水流条件 产卵场的水温条件适宜时，涨水可促进产卵。这是由于水位上涨、流量增加的结果，流量加多，流速相应加大，提高了水中的溶氧量，对鱼类生理活动起着刺激作用，从而促进产卵。一般说来，当流速增加到0.1～0.3m/s时就开始产卵。当水位下降，流速减少时，产卵即停止，少数在平水或退水时的产卵，也是在不同程度上受了流水刺激的缘故。

2）水温条件 水温也是鱼类繁殖的必要条件。水温随气温转暖而增高，水温在20℃～26℃时，为鲢亚科产卵的最适温度，此期活动最为频繁；27℃～28℃还能见到产卵；当水温低于18℃时，在松花江水系不见产卵，而在长江水系仍可见产卵。因此可以认为18℃水温是长江水系鲢亚科鱼类产卵温度的下限。

3）产卵环境 鱼类产卵场地的物理性、化学性和生物性因素是彼此互相联系、互为影响的，每一种鱼类在什么地方产卵，都是这些综合条件所决定的，就鱼类本身来说，它们所产卵的类型，也往往与产卵场所有密切关系。根据产卵场生境的特点，在实习时可以在不同的环境中进行观察。

① 底质富有砾石的水域 这些地段的水流较急，水层清澈，一般溶氧较丰富，是很

多产沉性卵鱼类的产卵场所。例如，鲥科、鲑科中的一些鱼类和松江鲈鱼、杜父鱼等将卵产在砾石间，亲鱼常在近旁守护。

② 富有水草的水域　通常在较浅的静水或缓流中，着生有挺水植物和各种水草，构成产黏性卵鱼的产卵场所，所产的卵黏附在植物上发育。这类鱼类有鲤、鲫、鳊、鲈及狗鱼等。

③ 沙质河底　水流及水层情况与砾石河床相似，常是红点鲑（*Salvelinus alpinus*）及大马哈鱼等理想的产卵场所，它们溯河而上，到达上游的浅水处，在沙底上挖穴成巢，产入大型沉性卵，亲鱼有护卵性行为。

④“寄宿性”产卵　少数鱼类（例如鳑鲏鱼）喜在河蚌的外套膜内产卵，它们在繁殖期自生殖孔内长出很长的产卵管，能伸入河蚌的壳内产卵，卵在河蚌的外套膜中发育。外套膜内不断往复的水流，为鳑鲏鱼卵的发育提供了良好的供氧条件。河蚌的壳也为鱼卵提供了良好的保护。

此外，还有很多鱼类是在适宜的水层中产卵。例如，鲢、鳙以及多数淡水鱼类，它们的卵和胚胎在水层中自己漂浮，随波逐流。

（2）性腺发育的分期　不同鱼类的性腺发育和成熟所需时间不同。大多数鱼类生殖周期为 1 年，有些种类不过数十天，一些溯河性鱼类（如鲟科）产卵周期达 2 年或更长（带鱼、鲤鱼）。不同鱼类的生殖腺发育速度及周期极不相同。为了便于观察鱼类性腺发育的分期，先测量所观测标本性腺的长和宽，观察其颜色、透明度、软硬度等，然后用肉眼鉴定性腺的成熟度。根据性腺的外形大小、颜色、血管充血程度、卵粒的大小和精液的浓度等，可将性腺的发育分为 6 期。

① Ⅰ期　性腺发育很不完全，细而透明，呈线状，紧贴于鳔下两侧的椎骨上，肉眼不能鉴定雌雄。

② Ⅱ期　性腺开始发育，卵巢为扁带形，多呈粉红色，肉眼看不清卵粒，在放大镜下可看清卵粒。精巢呈线形，血管不显著。

③ Ⅲ期　性腺逐渐成熟，用肉眼可看清卵粒。卵巢血管发达，卵细胞半透明，开始沉积少量卵黄，但卵粒不易分离。精巢呈圆杆状，为粉红色或淡黄白色，有精液，但挤压腹部或剪开精巢都没有精液流出。

④ Ⅳ期　性腺已成熟，卵巢很大，约占腹腔的 2/3。卵粒内充满卵黄，大而饱满，易分离，积压腹部可流出少量卵粒。精巢呈乳白色，早期积压腹部没有精液流出，晚期则能挤出白色精液。

⑤ Ⅴ期　生殖期。卵粒分离，提起鱼体，卵粒会从泄殖孔流出。提起雄鱼或轻轻按腹部，精液即从泄殖孔流出。性腺重量迅速减少。

⑥ Ⅵ期　已产过卵的卵巢，体积缩小，表面血管充血，外表呈紫红色，还残留少数卵粒，退化呈半透明。精巢体积缩小，呈淡黄色或淡红色。

性腺的重量是性腺发育的重要标志之一，因为它与鱼体的大小有密切关系。为了消除体重的影响，通常采用成熟系数来表示，即性腺的重量占体全重或去内脏后的体重的百分数，其公式为：成熟系数＝性腺重/鱼体重×100％或性腺重/去内脏鱼体重×100％。

(3) 怀卵量及计数方法　各种鱼类产卵数量差别很大，有的鱼类可产3亿粒卵（翻车鱼），鲤鱼可产5～100万或更多粒卵。

测定个体怀卵量一般是在鱼体测量称重后，取Ⅵ期卵巢称重，然后再取1g重的卵巢，放入4%福尔马林溶液中固定，全部计数。求出1g卵巢的卵粒数后，如卵粒大小不一样，可取不同部位计算平均值，将所得的数值乘以性腺总重量，就得出该鱼的怀卵量。

同一种鱼的个体繁殖力常有很大变化。首先是鱼体大小变化所引起的。大多数鱼的怀卵量随年龄和体重增加而逐渐增加，然后随个体衰老又逐渐减少。

6. 鱼类的年龄与生长

(1) 研究鱼类年龄与生长的意义　鱼类年龄与生长是鱼类生态学的重要指标。研究鱼类年龄与生长，在理论上和生产实际上都有重要意义。首先可以了解鱼类出生后第几年可达到性成熟、参加产卵群体，从而可制定出合理的捕捞规格。其次对鱼类产卵群体年龄组成的分析，可了解鱼类生命周期的最高年限以及各年龄组的自然死亡率，这样可以提出最适合捕捞年龄组，供合理利用资源参考。再次，鱼群可分为第一次参加生殖的群体（即补充群体）和生殖过的群体（即剩余群体），从某种鱼类历年渔获物年龄组成资料的分析，可以预报未来渔获量的变动范围。补充群体量大，未来渔获量就高些，反之则少。鱼群中缺少剩余群体，说明捕捞过度。另外，研究鱼类的洄游、饲养鱼的选种以及了解不同环境对鱼类的影响，均需进行年龄与生长的研究。

(2) 鱼类的年龄及其测定方法　鱼类的生长是在不断代谢中逐渐积累营养物质，增大其体重及体长。由于生活环境具周期性的变化，鱼类的生长也具明显的周期性。在一年的特定季节生长较快，而其他季节则较慢。这种一年之中生长的不平衡性，可在鳞片、鳍条、脊椎骨、鳃盖骨以及其他骨片和耳石上反映出来。因此，能利用鱼体上述部分来测定年龄。在实际工作中，常用鳞片来判断它们的年龄。现以鳞片为例说明年龄的测定方法。

1) 鳞片的构造和生长　鳞片分2层。

① 基片　透明纤维层，由胶原纤维及其间的鱼鳞质所组成，位于下层，由多层薄片相互叠合而成。薄片的数目，随年龄增大而增加。下一层比上一层宽大，宽度随生长情况而异。食物多，气候温暖，生长快，长成的薄片也宽，反之就窄。

② 骨质层　透明齿质层，位于表层。生长时加宽不加厚，但基片形成新层时，骨质层外突形成新的环片以覆盖基片加宽处。鳞片是由自上而下逐渐增加的薄片堆叠而成。最上面一层最先形成，面积最小；最下面一层最后形成，面积最大，因此，鳞片的中央比边缘厚。

2) 年轮的形成　年轮的形成是以四季生长不平衡为基础的。当鱼类生活环境有利时，生长迅速，形成的环片较宽，环片间距离也宽，组成疏带；当环境不利时，生长缓慢，形成的环片较窄，环片间距离也窄，组成密带。疏带与密带之间的分界线形成年轮。年轮的形成是周期性的、有规律的。年轮在圆鳞中是封闭的，但在栉鳞中不封闭，后部往往被细齿遮盖，通常看不见年轮。如果由于外在的或内在的原因，严重影响鱼类生长速度，以致在鳞片上留下了痕迹，称为副轮。年轮的形成是鱼在一年中生长起了非周期性的变化而形成的，具有 3 个特点：①不甚清晰，呈支离破碎的年轮；②在鳞片周围的某一区形成两三个紧密排列的环片，但不形成一个封闭的同心圆；③只能在部分鳞片上见到。

3）年轮的鉴别　硬骨鱼类鳞片上的年轮有如下 4 个特征。

① 环片分歧　这是最普通的一种形式，环片不像其他环片规则地排列，而是成不规则的分歧。在侧部与后部交界处环片分歧特别明显，形成“切割”现象。

② 疏密相间　由中央到边缘环片排列先密后疏，疏密相间，形成大小不同的同心圆（与副轮的突然由疏到密，然后很快变疏不同）。

③ 环片合并　由两个环片合并成一个粗而厚的环片，形状也不十分规则。

④ 环片形成间隙带　即缺一部分环片，在空隙部分出现大小不等的不规则突起，类似环片的加长、缩小或堆叠。年轮与年轮之间的间隔是有规律的，如间隔出现忽疏忽密，即应注意鉴别，去伪存真。

4）鳞片采集和标本制作　取得鱼后，放入清水中，用刀由前到后轻刮，以除去黏液和黏附在皮肤上的污物，洗净取出，在背鳍前半部下方、侧线上方，用镊子轻扯鳞片，即可取下完整鳞片。可对着光用肉眼初步检测，若中央成网状，乃是再生鳞，应弃除。每条鱼应取 20 片以上，利用鳞片本身的黏性贴于鳞片册上。鳞片册应写明名称、编号、体长、体重、性别、日期、地点，以备将来参考。在室内测年龄时，将取出的鳞片，放入清水或淡氨水中，用刷子将黏液等洗去，洗净后取出，用软布擦干，然后夹在两个载玻片中，用橡皮筋绑紧，在玻片上编号以免搞错。全部制好后，逐片置于双筒解剖镜下观察，观察时应根据具体情况，倍数不宜过高，以看清楚为原则。每条鱼至少应观察 5 片以上，以避免差错。

（3）鱼类的生长及测定方法　仔鱼从卵孵出后，不久便不断摄取外界物质，不断增长，每年所增加的长度（或体重）称生长率。测定鱼类的生长率，有直接和间接两种方法。

1）直接法　直接法是把已知体长、体重的鱼饲养于池内，经一定时间后再检测其体长和体重。另一种方法是将已知年龄、体长、体重的鱼，用标志放流法，经若干时间重捕，则可知其年龄和生长率，此法由于标志技术还存在一些问题，目前还未普遍采用，前者也由于学习期短而难于实现。

2）间接法　用得比较普遍的是彼得逊长度分布法和返算生长比例法。

① 彼得逊长度分布法　在自然条件下，由于捕捞和自然死亡的原因，年龄越大的鱼，数量越少，加之鱼类的体长和体重随年龄的增大而增大。根据这一客观事实彼得逊提出用长度分布法测定年龄和生长。其方法是利用捕获的各种大小鱼，以体长为横坐标，鱼数为纵坐标，将资料整理绘制于坐标纸上，则可以看到曲线上有几个波峰，此波峰常与所捕样品中的年龄组数一致，其中每一个波峰就代表一个年龄组，第 1 波峰为一龄鱼，第 2 波峰为二龄鱼，第 1 波峰到第 2 波峰的距离长度代表二龄鱼经过一年的生长的长度。同理，第 2 波峰与第 3 波峰的距离长度代表三龄鱼经过一年的生长的长度。此法要排除渔具渔法的影响，因为有些渔具不能把所有年龄组的鱼都捕起。另外，此法必须测量大批的鱼。若数量少，则很难反映客观真实情况。

② 返算生长比例法　此法是以鳞片的生长与鱼体长的增长成正比为根据，可以根据某鱼的鳞片算出以前几年中生长的情况，由此间接求出生长率。最早提出此法的是李安，后经许多学者进一步研究，总结出下列公式：

$$\frac{L_n}{L}=\frac{r_n}{R} \qquad 故\ L_n=\frac{L}{R}\cdot r_n$$

式中：L_n 为返算出的 n 龄鱼长度（即鱼以往某年的长度）；L 为鱼体实测长度；r_n 为 n 龄鱼鳞片长度；R 为该鱼鳞片长度（沿中线测量中心到外缘的鳞长）。

此公式简单易行，也还精确，因此是最常用的方法之一。

7. 鱼类的肥满度

鱼类肥满度的变动与鱼的生长关系最密切，为了比较同一种鱼在不同水域的生长情况，常常应用肥满度系数作为指标。肥满度系数是指鱼体重量与体长的立方的比，通常采用福尔敦提出的计算公式：

$$K=\frac{W}{L^3}\times 100$$

式中：K 为肥满度系数；W 为鱼的体重；L 为鱼的长度（长度取立方，是因为鱼的重量增长与体积增长成正比）。K 值越大，说明该水域的鱼类生长越好，K 值除了应用于同种鱼生活在不同水域的比较外，也应用于同种鱼生活在同一水体中，肥满度的季节、年龄、性别变化。为了消除性腺和胃容物对体重的影响，一般应剔除内脏，以纯体重计算肥满度系数。

8. 鱼类的数量统计

（1）鱼类的标志法　为了研究鱼类的洄游、数量、年龄和生长，常常利用标志放流法。我国一些水产研究单位，对海产鱼类也进行过不少研究，由于技术上还存在一些问题，目前这方面工作尚未广泛开展。

① 外部标志法　系挂标志物于鱼体的外部，一般多系挂于鳃盖、背鳍、尾鳍、尾柄等处。

② 内部标志法　将标志物放入鱼体内，所用标志牌以具有传导率高的金属材料为宜，这样便于点磁检查器检出。

③ 切鳍标志法　通常用于具有脂鳍的鱼类，把脂鳍切除作为标志，或切去部分鳃盖作为标志。

④ 示踪原子标志法　利用对鱼体无害的放射性同位素标志鱼类。

做标志的鱼，暂时蓄养于网片围成的临时活水槽。标志时，工作人员应戴纱手套以防手上温度太高对鱼体发生有害作用，用抄网把活水槽内的鱼取出。轻放于操作台上，轻按鱼体勿使其乱蹦乱跳以免受伤，迅速标志，然后放回另一临时活水槽中，等全部标志完毕即可放流。

（2）鱼类数量的统计方法　渔业资源调查的最终目的在于摸清渔业资源的数量及其变动规律，掌握鱼类数量的统计方法，其重要意义是不可言喻的。常用的方法有以下几种。

1）以捕获量或产量为根据的统计

① 以某一作业渔场、1 个湖泊、1 个水库、1 个鱼塘为统计单位，计算渔捞年度总产量，同时统计该水域优势种分类产量。这些数据的积累，对了解该水域鱼类数量变动规律有重要的意义。结合各年度的气候条件、水文条件、人们的经济活动以及鱼类本身的生物学特点，常可分析出引起数量变动的某些原因。

② 单位渔具渔获量也就是施网 1h、刺网捕捞每片网、围网放网 1 次、钓具 1 箱等的渔获量。这种统计常可用于不同水域鱼藏量的比较，以了解不同水域间的差异性。或者不同时间在同一水区进行捕捞比较，从而了解鱼类的活动规律和数量变动规律。

2）利用标志放流统计鱼类的数量

本方法是以某种鱼类的资源数量与捕捞量成正比，标志放流量与重捕量成比例为根据进行计算的。其公式为：

$$y=\frac{sm}{n}$$

式中：y 代表资源量；s 代表捕获量；m 代表标志放流量；n 代表标志鱼重捕量。

标志放流量、标志鱼重捕量和捕获量为已知量，因此资源量可据此推算出。这个公式所推测出的资源量仅能作为研究鱼类资源蕴藏量的参考。只有当标志鱼有相当大的数量时，此公式才反映真实情况。

三、鸟类生态学研究方法

1. 鸟类生活习性观察

（1）栖息环境　不同地形环境中栖息着不同类型的鸟，如森林中常见的有雀形目、鹦形目、鹃形目以及一些猛禽和鸠鸽类；旷野地栖的鸟常见有鹑鸡类；沼泽地区有鹳形目、鹤形目的鸟类；水栖的有游禽类，如各种雁鸭等。不同的海拔高度有不同代表性鸟类，不同植物类型栖息的鸟类也不同。栖息环境的气候条件会对鸟类的生活产生重要的影响，因此，研究鸟类的栖息地是鸟类生态学的重要内容。

在观察鸟类栖息环境时，应记录如下各项：①地形；②植被类型、植物组成、植物高度、鸟类喜栖的植物种类、栖息位置；③栖息地的温度等气候条件、郁闭度；④距水源距离。

（2）活动规律　鸟类活动具有一定的规律，年规律观察主要包括鸟的季节类型及候鸟每年迁来和迁走的时间、单独还是混合群迁徙等。每天的活动观察，应注意栖息地点，停息、起飞、飞翔、落地、行走及其他活动的姿态，如飞行、翱翔、攀缘和游泳或潜水等；受惊后的反应，飞出的距离，飞行高度，飞往何处，是否有返回原栖息地的现象；早上开始及晚上停止的时间，一天内活动的高潮、活动的距离和范围；单独、成对还是成群活动；飞出与归来时鸟的行为如何变化；夜宿何处（需记录夜宿地的环境、雌雄夜宿情况，一年中不同时期夜宿地的变化等）。

（3）食物基地、取食活动与形态的适应　每种鸟的食物不尽相同，其取食地点、取

食时间、捕食方式、行为以及嘴和腿的形态适应也不同。如食肉猛禽，嘴、爪呈钩状；食鱼水禽嘴扁有锯齿；捕食飞虫的燕和夜鹰等，嘴须发达。

在观察时，要记录以下内容：①取食地点，如有的在田间取食谷物，有的则在林地取食野果或杂草种子；有的在地面取食，还有的在树上或空中取食。②取食时间，如在白天还是夜间或晨昏取食。③取食方式，这与鸟的形态适应有关。④取食范围，如有的在近处取食，有的则飞往远处取食。⑤取食种类和数量，除直接观察外，主要可通过食性分析来了解。⑥天气（阴、雪、雨、光照）等对取食各方面的影响。

（4）鸣叫　各种鸟类有其独特的鸣叫声，而且雌、雄、成、雏之间以及繁殖与非繁殖期的叫声也各有区别。熟悉鸟类的鸣叫对了解鸟类的行为及调查鸟类的种类、数量等资源是很重要的。鸟的鸣叫可以分为鸣啭和叙鸣两种。鸣啭一般是雄鸟在繁殖期占区和吸引雌性并排斥同种其他雄性的一种信号。叙鸣又可分为呼唤声、警戒声、惊恐声、寻群声等。如柳莺的呼唤声为“ji—ji—ji”，警戒声也像山雀叫，短促粗粝，如“zha—zha—zha—zha—zha”。

研究和记录鸣叫声的方法，最简单的是在听清楚音节的长短高低之后，用方言、俗语、短语或汉语拼音等记录下来，如大杜鹃鸣叫声似“布谷、布谷”。红尾伯劳叫声可记录为“Ga—，Ga—，Ga—”或“zhiga—zhiga—”。叫声的音质可描述为鸣声嘹亮的哨音、清晰的哨音、似长笛声、锉磨声、芦笛声、刺耳声等。松鸦鸣叫声似小孩哭；夜鹰似打机关枪；金翅雀似铃声等。随着现代电子技术的发展，研究记录鸟的鸣叫也可以使用录音机、录音笔等。但录音机要有一个宽的频带，连接的微音器要灵敏且具高的电平输出，噪音小。微音器上装上反射装置，使声音聚集于微音器，提高录音效果。人处在下风的位置，要防止录音时风声及其他杂音的干涉。录好的磁带可反复播放，收听记忆，也可回放招引同种鸟类。还可以对所录声音进行频谱分析研究，可用于鸟类方言的鉴别和物种坚定。

（5）鸟类的种内和种间关系　鸟类与生态环境之间的关系错综复杂，可以通过食物将它们连接起来。种间关系包括捕食、竞争、寄生、共居或依存等关系。这些关系可随环境或季节的不同而改变，如许多隼形目猛禽和大嘴乌鸦等常以小鸟为食；肉食鸟类为捕食而竞争；食虫鸟类为争占巢区或争食昆虫而竞争。许多鸟类在繁殖季节，雄鸟之间为争偶占区而发生格斗。但有时在巢地缺乏的情况下，黑卷尾和喜鹊、红尾伯劳可在相距很近的地方筑巢而不发生格斗。乌鸦等有群体营巢现象。杜鹃不营巢，将卵产于其他小鸟巢中，让其代孵和育雏。大多鸟类仅繁殖季节有配偶。

鸟类还有集群的习性，但随季节而不同。春季如鸫类、鹟、莺类和山雀的集群，夏季到秋季，雏鸟离巢后，最初是形成家庭群的游荡，以后在适宜场地聚集。

观察鸟类集群时，可记录以下各项：①集群出现时期；②集群前有无聚集现象（地点、环境、种类、数量、活动习性等）；③混合群的种类组成，每种数量、活动范围大小、速度、行为等；④绘制活动路线图；⑤夜宿地（地点、环境）。

群体活动的全日观察，包括活动范围大小，种类组成，每种数量、行为、活动速度和路线，取食习性，每天活动多少时间，与其他种群的关系等。

2. 鸟类的食性观察

(1) 直接观察法　用肉眼或望远镜直接看到鸟类吃的食物，但常不易看清，因为这种方法只能作为对食性研究的一项辅助办法。观察时要记录鸟类的活动地点、活动规律和觅食情况。如是在树冠上还是树干上；是在空中捕食还是在地面觅食；是在草丛还是农田、菜地、翻耕地、空地、打谷场或谷物堆上。这样会有利于判断鸟的食物来源和分析某些鸟类的食性。

(2) 胃容物检查法　将采到的鸟的胃和嗉囊取出，称重后剖开，捡出内容物，再称重，与前者重量相减，得出食物重量。在胃容物存放的容器中加少量水，便于对未消化的食物加以分类。将同类食物归在一起，先计数，如昆虫个数或谷物、草籽粒数等，然后分别放入量筒内，用排除多少水来测量体积（单位 cm^3），此法为容积测定法。最后各装入盛有75%酒精或5%福尔马林溶液的指形瓶内保存。一般在野外为了节省时间，可用福尔马林固定保存，带回分析。为了鉴定得准确，需在当地采一些与胃内容物近似的昆虫和植物标本，以供鉴定时对比参考。昆虫幼虫水分多，易引起误差，可先将胃容物分类称重，烘干，再用天平称量各类食物的干重，此法称干重测定法。

(3) 食物残块检查法　对一些食肉鸟类和食鱼鸟类，每天可定时在巢内外收集食物残块和吐出的食物残团，以了解它们的食物成分。

(4) 雏鸟扎颈法　用细绳将雏鸟颈部扎住，松紧度以雏鸟不致将食物吞下为度。切勿扎得太紧，以免把雏鸟勒死。扎颈后在附近隐蔽处观察亲鸟的喂雏次数和时间，1h 后用镊子将雏鸟口中的食物以及落入巢内和巢旁的食物取出，装入瓶内，然后解开绳结，另喂食物，以防雏鸟饿死。一般可将巢内雏鸟分组轮流扎颈，以获得较多的食物样品。为了细致的研究雏鸟食性，在幼雏孵出后应尽早扎颈，并逐日收集样品。

3. 繁殖

(1) 占区和领域　观察时需记录的内容有：雄鸟和雌鸟飞来日期；巢区的环境情况，如植被及周围的事物等；巢区的大小；雄鸟和雌鸟每天生活的规律和保护巢区的变化；巢区保持多久，各阶段的变化；第 2 窝及第 3 窝时巢区的变化；次年亲鸟是否仍占去年的巢区。记录生境内其他种繁殖鸟类的情况。巢区及领域测定的方法是：以巢址为中心，以 50m 为半径画圆，再把圆划分为 8 等分。在与圆交界处标记，按这个比例在坐标纸上绘成一图，用不同符号表示巢周围的林型、小丘、小河、山路、村庄、农田等。然后选一适宜观察的地点，记录雄鸟（兼看雌鸟）从清晨起的活动路线，标成各点，按比例记录在坐标图上，记录雄鸟活动的各点以直线画出，将坐标纸上所记绘的最频繁活动的各点线的远端连接，即可算出巢区的面积。领域的大小则通过雄鸟驱逐入侵鸟行径的各点远端连线来计算面积。

(2) 求偶炫耀和筑巢活动　雄鸟在巢区以鸣叫来吸引雌鸟，还用羽色炫耀及不同形式的姿态向雌鸟“求爱”，刺激雌鸟发情。鸟类求偶的行为是多种多样的，如雉鸡表现为雄鸟绕雌鸟缓步；红尾伯劳的雄鸟常做摇头摆尾及“鞠躬”等姿态，然后以喙和雌鸟的喙摩擦，雌鸟答应则下垂双翅，做快速抖动，尾羽展开如扇。一般雌鸟答应说明求偶成功，形成配偶。

求偶行为观察包括：①求偶的性别；②求偶开始，高潮和终始阶段的表现；③配偶如何形成，形成配偶后的行为；④配偶保持时间，在生殖期中配偶关系的变化等。

鸟类选好配偶之后就开始筑巢。鸟巢都筑在隐蔽的地方，并伪装得很巧妙。在地面、水面、树洞、土洞、岩崖、高树杈、灌木丛中、石缝及建筑物等处都能筑巢。观察筑巢要用望远镜，观察记录内容有筑巢日期、筑巢期天数、筑巢环境及周围环境、筑巢鸟的性别及行为。如果全日进行观察要记录观察日的天气、温度、时间、地点等，1 日内开始和结束的时间，1 日内雌雄叼草多少次，雌雄间行为，与其他动物的关系，巢材获取地点与巢地距离等。全日观察可在筑巢期的前、中、后期 3 次进行。有的鸟在筑巢期间进行交配，有的在巢将完成前期进行交配。观察到鸟类交配时，要记录交配的时间、次数、间隔时间、交配时间长短、地点和行为方式等。

(3) 产卵和孵卵　站一个比巢高的位置或长杆系上镜子，通过反射用望远镜观察。记载鸟产卵日期、时间（多数于清晨产卵），每卵产出的时间，中间间歇的长短，最后一枚卵产出的时间。每窝卵数以及产卵期两性行为表现如何，如雌鸟在产卵期似乎很长时间地剃羽，并大部分时间用以找食物，似乎不关心巢和巢地；雄鸟则常随雌鸟活动，鸣叫增多并不时的进行交配等。

观察鸟类的孵卵，要记载孵卵开始的时间，如雁鸭、鸡类和大多数雀类在产卵结束和产出最后一枚卵开始孵卵。两性孵卵的行为，一般由雌鸟孵卵，两性羽色区别不大的，雌雄都参加孵卵。坐巢时间，夜间哪个亲鸟坐巢，孵卵的温度（可通过点温计，将引出线通到地面），孵化的时间等，如小型鸟一般 13～15d。

(4) 育雏　野外实习观察的对象主要是雀形目的晚成鸟，它们都和森林发生关系，这里主要以晚成鸟进行叙述。

① 育雏的观察　首先用不同色线拴在雏鸟的趾蹠部进行标记，然后观察记录两性在巢内或巢外抚幼和捕食活动：是雌性还是雄性喂食，或两性同时参与喂食；注意孵出后第一次和离巢最后一次喂食的时间、喂食的方法；有否清除巢内粪便和食物残渣的行为；亲鸟护雏防御雏鸟免受敌害的方法。在育雏期应做前、中、后期 3 个阶段的全日观察，内容为每天从何时开始喂雏，何时结束，观察日期、地点和气候怎样，一天中雌雄各喂多少次，喂几次雏鸟可分别得食一次，喂何种食物（幼虫、成虫或其他等）。取食范围可用图绘出。

② 雏鸟生长发育　雏鸟的生长发育以日龄（天）为单位，出壳日为 0 天。要记载出壳的全过程，如多少时间出壳，是否同时出壳。描述出壳幼雏的嘴、眼、耳、体色、绒羽等，并对雏鸟一一称重。刚出壳的晚成鸟，口宽头大，四肢短，肚子大，体裸无羽，眼闭，体温尚不恒定。随着亲鸟的育雏，雏鸟不断生长发育而发生变化。所以每日都要进行以下工作：每天早上逐个称量体重，测量体长、嘴峰、翅长、尾长及飞羽的长度；观察羽毛的生长情况及雏鸟的活动和行为；还可以用点温计测量雏鸟的体温（泄殖腔）的变化，以了解体温调节逐步完善的过程。当雏鸟羽被长成时，要注意幼鸟如何扇翅离巢，离巢距离，有否亲鸟带领，是否继续喂食，白天在何处活动，夜宿何处，是否归巢，亲鸟、雏鸟在一起生活共几天。

4. 鸟巢和鸟卵

（1）鸟巢　鸟巢可分为成地面巢、水面巢、洞穴巢、建筑物巢及编织巢等。鹑鸡类以及鸣禽中的百灵、云雀、柳莺等在地面土壤上筑巢，有的直接把卵产在地面的土坑中，有的在坑中铺垫一些树叶，有的在地表面用杂草编织成巢。啄木鸟、山雀、戴胜利用天然树洞作巢。许多鸟类在树上用树枝杂草等编织成巢，斑鸠的巢仅用少量的树枝搭成，十分简陋。白鹡鸰能做碗状巢。伯劳、卷尾、寿带、大苇莺能做杯状巢。短翅树莺、喜鹊、文鸟为球状巢。攀雀为瓶状巢。

因为多数鸟巢筑于隐蔽地方，且伪装得十分巧妙，在野外寻找鸟巢是一件有趣而又相当困难的工作。如何寻找鸟巢呢？①要熟悉鸟类的营巢习性，主要是筑巢地点和巢形。多数鸟在巢区终日鸣叫，可根据鸣叫声找巢。②寻找树上巢时，可观察亲鸟的活动，如在人接近巢时，雄鸟惊叫，不安的来回飞翔，久而不去；雌鸟却偷偷离巢，但仍在附近跳跃。如果隐蔽起来监视亲鸟，最后可发现其巢。③寻找树洞有无鸟巢时，可用力敲打树干，惊飞亲鸟或攀上树干直接寻找。

当发现鸟巢后，首先要隐蔽起来，观察确定巢主是谁。如果观察繁殖生态，应当在研究结束之后方可取巢。取巢时，记录采集时间地点、环境特点、巢的位置、巢材等。并测量巢距地面的高度（m）及巢高、巢深、巢的内径和外径（cm）。球形巢和树洞巢还要测量巢口直径，进行绘图或摄影。大型鸟巢在野外绘图或摄影后，只取少量巢材作标本。小型巢先杀死寄生虫，放入樟脑球，系上标签，带回干燥后放入标本盒内保存。

（2）鸟卵的鉴别与标本保存　鸟卵的形状、大小、颜色、重量及产卵数因种不同而有很大变化。即使同一种鸟也有变化，但一种鸟的卵大致相同。鸟卵的形状有卵形、钝圆形、球形、梨形等。卵上的斑纹有条纹状、块状斑、环状斑、细密斑、稀疏斑等。因此，根据上述特征可以鉴别是哪一种鸟的卵。在采集鸟巢时，对卵进行测量，用棉花包好，放入不易被压碎的盒里（如饭盒）带回处理。在鸟卵的侧面钻一小孔，用一金属丝插入孔中，将蛋黄搅碎，然后用带粗针头的注射器插入，注水徐徐将蛋黄、蛋清排出。如蛋内已有胚胎，可将孔略开大些，用小钩钩出，最后用清水冲洗数次，用70%酒精消毒，等干燥后放入原巢内，拍摄彩照，妥为保存。

5. 鸟类数量的统计方法

（1）样方统计法　该方法适用于繁殖季节的鸟类调查。先按生境选择 $1hm^2$（长、宽各 100m）大的样方。打桩标记，以便重复统计。如果实习地区某一生境面积不足 $1hm^2$ 的话，可选择同生境几块样地或在一块很大生境中选三四块有代表性的样地分别统计，最后将统计数加起来，算出 $1hm^2$ 面积鸟类的数量。再根据该生境在某地区的总面积，求出鸟类的数量。此法是按鸟巢数（一巢为两鸟）来计数。在树木较稠密的林区，营巢鸟类较多，为求准确，可按一定距离将样地分段标记，逐一仔细统计，再计算。统计时，用不同符号绘出样方内各种鸟巢的分布位置，按大致比例绘出主要植被、公路、小道、建筑物和河流等。这样对样方内的鸟类的数量可一目了然。在整个繁殖季节内定期统计和制图，可了解样地内每一种鸟类的数量变动、巢区分配、行为及种内和种间关系等问题。

（2）线路统计法　在统计前先要熟悉当地鸟的种类、活动规律和叫声等，然后选择

几种不同生境并选择取其具有代表性的地段和路径进行统计。统计时间应选择鸟类活动最活跃的时间。一般在日出和日落前2～3h为宜。要选晴朗无风的天气，阴雨及大风会影响鸟类的正常活动，也就会影响统计的效果。具体方法：统计前在记录本右页画好统计表格；左页空白作记录，记录调查的地点、时间、生境及其特征、气候状况等。统计时以每小时3km的速度前进，速度要均匀，不要停留，将每侧25m范围内看到、听到的鸟的种类和个体数记录下来。由前向后飞的鸟计数，但由后向前的鸟不计，以免重复。记录方法是先定种名，其后记录数量。见到单只鸟可用划“正”或“·”的办法计数，几只一起可用阿拉伯数记录。繁殖季节，对同一路线可重复调查3～4次，以使数据更加可靠。对调查结果进行统计和分析，如调查鸟的个体数占到总数的10%以上，或每小时遇见10只以上，则为优势种，用＋＋＋表示；百分数为1%～10%或每小时遇见1～10只，为普通种，用＋＋表示；1%以下或遇到1只以下为稀有种，用＋表示。但由于不同调查地区和不同调查地区和不同季节，鸟的数量状况不同，划分3种等级的标准可因地制宜的增减。一般某一地区的鸟类优势种只有少数几种，大多为普遍种。

(3) 样点统计法　在熟悉当地环境和鸟类的情况下，依生境配置选定相当数目的样点（统计点）。详细记述每点周围的环境特征。样点选择是随机的，各点间距离必须大于鸟鸣的距离。选定的样点应设标记或使用GPS仪定位，以备不同时期（如隔半月或1月）进行重复统计。要在鸟类活动最活跃的清晨进行样点统计，同时制图记录样点内各鸟位置（多次观察可了解鸟的活动路线和巢区）。统计时间依据研究对象和内容变化，可选5～20min不等。但一经确定后，应多年不变。每季度定时进行数次观察，以便能了解该生境鸟类的群落结构和变化情况。

与上述方法接近的还有线点统计法。首先按大比例地图确定工作地区内的统计路线，沿线路每隔一定距离（200～500m）标出一个统计样点，在笔记本上画出草图，并对路径附近的植被等环境特征加以标记。清晨沿预定路线行进，行进时不作统计，到样点时停3min，将看到、听到的及位于样点附近的鸟类种名及数量在草图上标记出来。一般在繁殖季节早期，经3次重复可得出较准确的数据。此法适于较大生境内的调查，必要时可骑自行车或乘汽车来完成。

(4) 鸟类的频度指数估计法　常采用的划分鸟类数量等级的一种方法。在调查期间，可用各种鸟遇见百分率（R）与每天遇见数（B）的乘积（RB）作为指数的方法，进行鸟类数量等级的划分。方法是：

$$\text{某种鸟类遇见百分率}(R)=\frac{\text{遇见鸟类的天数}(d)}{\text{工作总天数}(D)}\times 100$$

$$\text{每天遇见数}(B)=\frac{\text{每一种鸟的总只数}}{\text{工作总天数}}$$

凡RB指数在500以上，为优势种；200～500之间的为常见种；以下为稀有种。但划分等级的指数标准，在不同地区可根据具体环境和季节的差别进行调整，使优势种只占极少数。

四、哺乳动物的生态学研究

1. 哺乳动物的食性

野外实习中，观察和研究兽类的食性，是一项重要内容，根据研究哺乳动物食性，常常能判断动物的益害程度，为除害和动物的饲养驯化提供科学依据。

（1）兽类食性的类型

根据食性特化程度，可分为狭食性和广食性两类。狭食性兽类的食谱范围较小，如吸血蝠完全以血为食，大熊猫主要食竹等；广食性兽类食性较广，甚至能交替的利用当地的食物。

根据食物的性质，可分为草食性动物、肉食性动物和杂食性动物。

典型的草食性种类包括除猪科外的所有的有蹄类、有袋目的双门齿亚目、大蝙蝠、树獭、海牛等目，主要以植物性食物为食，食物包括木本、灌木和草本植物的根、茎、叶、花、果及种子。

肉食性动物主要以动物性食物为食，都具有高度特化的结构和特殊的捕食行为。具体可分为食虫类和食肉类。典型的食虫类为食虫目、大多数的翼手目和有袋目，如食蚁兽、土豚等专食蚂蚁和白蚁。典型的食肉类包括食肉目的大部分种类、某些有袋目和海豚科的逆戟鲸。

杂食性动物通常指既吃植物也吃动物的兽类，典型的如熊、褐家鼠。许多食肉性哺乳动物如鼬类、狐类，也食植物的浆果、坚果等；许多草食性哺乳动物也吃动物性饲料，如田鼠和跳鼠以昆虫为食。

（2）兽类食性的研究内容

① 采食时间　哺乳动物的最适觅食时间也因种类而异。一般可分为白昼觅食者、夜间觅食者以及昼夜觅食者等类群。植物的绿色部分所含能量相对较低，因而很多大型食草动物是昼夜觅食的。

② 采食行为　哺乳动物捕食食物的方式一般有 2 种。一类是“坐等”捕食者，具有快速出击的作风，虽然坐等要花费较多时间，但可以减少运动能耗。另一类更为普遍的是追击类群，具有敏捷耐久的奔跳能力，如社群性的狼就具有这种特性，能在大面积范围内捕食大型猎物，持久奔跑虽消耗大量能量，但收获也大，可捕到 400kg 左右的麋鹿等。

③ 采食范围及食物基地　最适的采食场常随种类的食性及栖居地而异。如我国北方荒漠草甸上的黄鼠，主要栖息在草地道路两侧及较坚硬的沙质地带，以该地各种植物的绿色部分为食；而栖息于农田土丘田埂的黄鼠，秋收期间则大量盗食田间的大豆、玉米、谷子等。

④ 食物组成　食物是决定哺乳动物生存和繁殖的重要因素。哺乳动物选择的最适食物应为能量储存最大或寻食时间最短的食物。食物的营养成分，是决定哺乳动物食物的选择的基本因素。不同地区的鹿，吃的植物尽管不同，但都是选食物最容易被消化吸收

的部分。调查食物组成，需查明采食植物的种类，哪些是主要食物，哪些是次要食物。

⑤ 食量及储粮习性 食量的多寡取决于对食物获得的能量。体积小的动物比体积大的动物需要相对更多的食物，如小型兽类鼩鼱 1d 的食物可以超过自身的体重。其他兽类，特别是食肉类，有间断摄食的习性，通常在猎得食物后暴食一餐，然后休息几天。许多哺乳动物能储藏食物，以供荒季之用。啮齿类在这一方面尤其突出，如田鼠能储存谷物及植物根类，松鼠能将蕈类倒挂在树枝上晒干等。

⑥ 食性的季节变化和地理变异 兽类的食性因季节不同或地理的差异有一定的变化。我国地处温寒带，气候条件变化大，动物和植物的物候期同步出现，兽类的食性有较大的变化。广泛分布的种类，在不同地区采食食物的种类差异很大。分布在高纬度地带的种类，由于气候较寒冷，往往需要高热能的食物。如普通的田鼠在南方胃内种子只有10％，往北则有19％，再往北为26％。

（3）兽类食性的研究方法

① 野外直接观察 直接观察动物的采食情况或按足迹跟踪观察。该方法主要适用于一些白天活动的鼠类和有蹄类。

② 野外观察分析 根据野外观察到的啃食痕迹、储存物、粪便等分析兽类食物成分。如粪便分析常用于食肉类动物的分析。收集粪便标本时，首先观察其外形、堆数、新鲜度、周围足迹及其他痕迹，判明是何种动物的粪便，其次在卡片上标明日期、地点、生境、种名，然后放入收集袋，带回实验室；实验室分析时，先将粪便水解，根据其中残剩可辨的骨骼、牙齿、毛、羽毛及昆虫残片等，分别计算其中成分的数量。

③ 胃含物分析法 此法指逐月或按一定间隔时间捕杀一定数量的活兽类，剖胃检查，分析并记录其所含成分。胃含物如果尚未消化或未完全消化，则区分种类和计数较容易做到，如果食物已经胃液消化或半消化，只能根据食糜的颜色、形状、气味等进行推断。此法多用于小型鼠类，也适用某些食肉类和有蹄类动物以及鹿科动物，但对大型动物的标本不易有目的、有计划的成批获得，有一定的局限性。

④ 饲养试验法 此法不仅可以提供兽类的采食活动、食物组成资料，而且可以测量食量和观察喜食度。根据试验研究的目的和实际条件，实行方法较多，如研究鼠类食性时，可用笼养；对于有蹄类，可带幼崽去野外，观察其自由采食的情况。此法已为试验研究者广泛采用。

2. 哺乳动物的繁殖

在哺乳类的野外实习中，通过野外观察兽类的繁殖习性和行为，初步掌握兽类繁殖的一般规律以及认识兽类繁殖规律和人类的关系。

（1）兽类的领域和巢区 许多哺乳动物季节性的或固定的在一定区域内活动。巢区指动物个体正常采食活动、配偶和照料幼崽的一定区域。巢区实际上可以允许部分重叠。巢区内通常有一块积极防御其他成员（尤其是同性个体）进入的区域，这种神圣不可侵犯的更小范围称之领域。领域不存在重叠现象。巢区或领域关系到该动物在一定栖息地内的数量，使动物在繁殖期在一定栖息地内得到比较合理的分布，如保证食物基地，利于觅食，环境熟悉，利于逃避捕食者等。总之，对于种群的发展和进化以及物种的繁衍

是有利的。巢区和领域范围在不同地区或同一地区不同个体之间也有很大的变化，这不仅和性别有关，也与年龄有关，并随季节的更换、食物的丰盛度等生态条件的不同而有差异。

研究巢区和领域常用标志流放法。由于哺乳类的巢区和领域的变化幅度较大，根据工作的目的、当地条件和研究对象的不同进行，选择样地——标志编号（剪趾法或兽毛染色法等）——原地放回——重捕记录。在不同时期、不同地点里捕若干次，最后可以绘制该种的巢区和活动范围。

近年来已开始用放射性同位素标志、微型无线电信号跟踪等方法确定其活动范围，对于一些巢区和领域较大的食肉动物更为适用。

（2）巢穴　巢穴主要是动物繁殖、育崽的处所，亦为一些动物隐蔽、休息、睡眠等的栖息地。哺乳动物的巢穴因种类而不一，有季节性和固定性之分。灵长类的巢多在树上；食虫类及啮齿类的一些种类在树洞内用软草团做巢；大熊猫无固定的巢穴，产崽时在树洞内用树枝及苔藓筑巢；大型食草动物漂泊生活，无固定的巢穴，幼崽发育很快，出生后不久，就能随母兽各处奔跑。

根据实习中观察到的不同巢穴，可作为研究兽类不同繁殖特性的依据之一。

（3）性别和性比　哺乳动物一般外形上均为两性同形或接近同形，有些种类亦有区别，如有些种类雄性具有特殊的性别特征：体较大（海豹）、犬齿较粗（海象）、体侧皮肤较厚（野猪）、有角（鹿）、有香腺（麝）、角较大（山羊）以及皮肤和毛的颜色等。实习中对于常见兽类雌雄的辨别，还可以直接观察外生殖器部分。一般雌性的阴门位于体后部肛门之下，雄性的尿殖器官在腹部后方，成熟雄性的阴囊外露（通常在鼠蹊部）。

种群的性比是动物种群的一个重要特征，与种群的繁殖能力和数量增长有关。哺乳类的性比通常为1∶1，但不同种类的性比有变化，有一些种类的雄性显著高于雌性。

（4）繁殖的季节性　一般而言，繁殖季节是指雄性动物从求偶活动开始直到雌性动物产崽的一个时期。由于哺乳动物的生理特征和生殖方式受各种因素的影响和制约，生殖季节及长短有极大的差别。这些差异主要反映在动物的发情季节和怀孕期长短方面。一般来说，无论春季繁殖或是秋季繁殖它们的产崽期都应是植被良好、食物丰富的时期，这样可使幼崽得到正常的生长，以提高成活率。

（5）年龄鉴别及种群年龄组成　动物的年龄组成指种群中不同年龄阶段的个体数目，在其种群中所占的百分率。种群的年龄组成不仅是种群的重要特征之一，而且还影响着该动物种群的繁殖能力。一个稳定的种群其年龄组成的分布比较适中，如果其原有年龄组成遭到破坏，种群能通过出生率和死亡率的调节，使得该种群恢复正常。

对于哺乳动物的划分，特别是某些小型哺乳类年龄的划分是比较困难的，通常研究哺乳类年龄只是鉴别其相对年龄。常用的年龄鉴别方法，主要是依据以下几个方面的变化。

① 牙齿　牙齿的生长和更换有一定的顺序和规律性。如：根据有蹄类牙齿的生长情况，可以判明早期的年龄；由于牙齿的磨损随年龄的增长而变化，臼齿的磨损程度可鉴定鼠类的相对年龄等。近年来，广泛应用于大中型偶蹄类和食肉类等动物的年龄鉴定法是根据齿质和齿骨质的生长层来区分年龄，通过切片和磨片，可以比较确切的鉴定动物

年龄。

② 体重和身长 根据体重和身长指标判定年龄，比较适合于一些小型啮齿类，其随年龄增长而增加体重。此法比较简单、有效而被广泛应用。但对于大多数动物来说，这一指标只适合幼年期使用，因为许多动物在达成年后，体重和身长不再增加。

③ 阴茎骨 所有食肉类、部分灵长类、鼠类、蝙蝠及一些食虫类，幼年动物和成年动物的阴茎骨在形态上有显著差别，是鉴别雄性成、幼体的有效指标。

④ 眼球晶体 兽类眼球晶体的生长情况在个体之间差异极其微小，而且眼球晶体的生长能保持一生。可用它来测定生命周期较短的兽类年龄。

⑤ 角 永久性角（如牛）可根据角生长的差异为依据；周期性脱落的角（如鹿）可根据角柄和角冠的生长状况来鉴别年龄。

（6）测定繁殖力 兽类繁殖力的大小取决于性成熟的年龄、怀孕率和胎指数、怀孕期的长短、每年繁殖的次数、一生中能繁殖的年龄等因素。

① 性成熟年龄 哺乳类达性成熟年龄极不一致，雌性往往略早于雄性。如小型啮齿动物出生后数月，已成熟，而象则需 20～25 年。

② 怀孕率和胎指数 怀孕率指调查时所捕获的种群，在全部成年雌体中正在怀孕个体的百分率。胎指数指在其子宫内肉眼所能看到的胚胎个数。在繁殖期捕获的小型兽类，应进行检查，记录怀孕率和胎指数。

③ 怀孕的长短 哺乳动物的怀孕期在相当程度上是与其体积成正比的。如小型啮齿类动物是 18～20 日，兔 1 个月左右，马 11 个月，象 20 个月等。

④ 每年繁殖的次数 通常哺乳动物一年产崽 1 次，但许多啮齿类动物在有利的条件下，一年可产若干窝，某些大型兽类如象要等 3～4 年才产崽 1 次。

实习中，通过对以上几方面的观察记录，可以对哺乳动物繁殖力的大小得到 个初步的认识。但应注意的是实际生殖力比测算出的繁殖力低得多，这是由于各种原因会使胚胎和幼崽大量死亡。

3. 哺乳动物的数量统计方法

兽类的数量状况反映了它们与当地环境条件的相互关系。野外实习中，统计兽类的数量，不仅可以查明某一种兽类的数量和变化情况，而且有利于研究保护周围环境。

调查兽类在大面积范围的绝对数量是很困难的，实习中常常进行相对数量调查。可根据研究目的、物种等具体情况选用适合的调查方法。

（1）夹日法 指一个鼠夹放置一昼夜的捕鼠单位。通常以在样地上放 100 只鼠夹一昼夜为统计单位。野外工作程序是：选择样地——检查鼠夹——准备诱饵——布夹——检鼠——统计结果。

夹日法的优点是方法简便易行，不受地形和季节限制，在短期实习中可得到当地鼠类在不同环境中的数量分布资料。缺点是有些鼠类不上夹，尤其在外界食物丰富时捕获率偏低。

（2）洞口统计法 指计数一定面积上鼠类的洞口数，以统计鼠类的数量。野外工作程序是：识别有鼠洞口——选定样地——确定洞口系数（洞口数与鼠数比值）——计算密度（单位面积鼠只数＝单位面积洞口数×洞口系数）。

洞口统计法的优点是适合于开阔地区大面积调查，尤其适合群居鼠类和大型鼠类，且统计结果接近鼠的绝对数量。缺点是农田、林区不适用，确定准确的洞口系数较困难。

（3）标志回捕法　在样地内用笼捕鼠，标记后原地释放，经一定的时间再行捕捉，以捕到标记鼠的百分数来推测该样地内实有的鼠数。野外工作程序是：选择样地——布笼捕鼠——标记编号——原地释放——第二次回捕——计算样地内的鼠数。

标记回捕法优点是在数量变化不大的季节，统计精确度较高，适于野外实习中鼠类数量统计。缺点是由于种群内雌雄成幼不同，个体的活动性和活动范围并不一致，会影响二次回捕的标记鼠数，从而使统计结果的误差增大，且对数量稀少而活动范围较大的种类不适用。

（4）样地捕尽法　指选取具代表性的样地，采取夹捕、挖洞等极端手段，全部捕尽样地内的鼠类，是取得单位面积内鼠类绝对数量指标唯一办法。野外工作程序是：选择样地——挖掘防范沟——样地分段挖洞——记录数据。

挖洞捕尽法的优点是可以统计样地鼠数的绝对数量。缺点是需人力较多，而且在山地或对大洞群的种类不适用。

（5）路线统计法　是大面积调查大中型动物数量的最基本方法。以路线调查为基础，采用路线统计，可以直接计数一定长度路线上遇见的动物实体，也可以计数遇见的雪地足迹，再根据实际调查获得的换算系数，推算动物的实体数。野外工作程序是：确定调查范围内的合理路线——按规定线路调查统计——汇总统计结果。同一线路反复统计 2～3 次，取其平均数。

路线统计法的优点是很少受生境条件的限制，适合大面积进行大中型动物数量统计。缺点是足迹路线统计所得的结果，只是一定路线上或一定面积上的足迹数，不是调查面积上的动物只数，有一定的误差。

（6）样地哄赶法　为单位面积上动物绝对数量的统计方法。野外工作程序是：选择样地——预查——哄赶——计数——总结。相同生境，可作 2～3 个哄赶样地，取其平均数。样地哄赶法的优点是假若哄赶效果好，可得较精确的绝对数量。

第五节　野外实习中生态学研究案例

一、植物生态学案例——群落的相似性与聚类分析

1. 实习目的

通过本试验，在了解群落的种类组成、密度、盖度、优势度及重要值等群落特征的基础上，引导学生探讨群落相似性与聚类分析的基本方法，并掌握相似性及聚类分析的技术要点，培养学生灵活运用所学理论的能力。

2. 基本原理

群落的相似性分析与聚类分析是群落排序和分类的基础。

群落的相似性分析是通过对样地调查所得原始数据进行处理，并根据所处理的数据结果判断两个群落（或样方、样地）之间的相似程度。群落相似程度的指标有2类：一类是相似系数，其数值的大小直接反映两群落间的相似程度，数值越大表示越相似；另一类是相异性系数，其数值大小反映两群落间的相异程度，数值越小表示越相似。表征2个群落间相似程度的指标虽多，但在数据处理上基本上都考虑2个因素：①计算两群落（样方）种类组成的相似性，如关联系数；②计算两群落（样方）共有种的数量数据的相似或相异程度，如距离系数。

群落的聚类分析是根据各群落（样方）间的相似关系，将群落归纳为若干组，使组内的群落尽量相似，而组间群落尽量相异，从而在客观上达到对群落分类的目的。在聚类分析中，一般把一些实体作为基本单位，就群落生态学来说，实体可以是样方、标地、地段、群落等，而把描述实体的各种特征作为属性，如种的存在度、种的频度、个体数量等。常见的聚类分析方法有等级聚合分类法、等级分划分类法等，这些分类方法只不过是实现分类过程的手段。

3. 实习器材

样绳、皮尺、钢卷尺、野外试验用纸、记录本、记录笔等。

4. 实习步骤

（1）样地设置与调查

按照“均匀性、代表性、典型性”的原则在野外不同的自然生境中选择样地，根据实际需要在样地中作面积适当的样方若干个，如20m×20m、10m×10m、5m×5m等。如果设立样方面积较大，可在大样方中沿纵横两个方向分别拉平行线，把大样方分为若干个面积相同的小样方，以利于样方内各种特征的调查。

对作好的样方进行植物调查，样方调查前详细记录样地所在地的坏境因子特征，如海拔高度、坡度、坡向等，记录样方内出现植株的种类、每种植株的个体数量、盖度、高度、胸径等属性特征。

（2）群落相似性分析

1）相似百分数　计算所调查各样方内植株的重要值，公式如下：

$$重要值（IV）=（相对多度+相对频度+相对盖度）/3$$

计算2个样方的相似百分数，公式为：

$$SI=\frac{2a}{(bc)}\times 100\%$$

式中：SI为所比较2个群落的相似百分数；a为2个群落共有种的重要值之和；bc分别为2个群落中非共有种植物的重要值之和。

2）关联系数　关联系数是较早提出的相似系数，适合于处理二元数据，因此其计算需要2×2列联表（表4-13）。

表 4-13　2×2 列联表

		x		
		+	−	
	+	a	b	$a+b$
y	−	c	d	$c+d$
Σ		$a+c$	$b+d$	$a+b+c+d=n$

表中 x、y 为 2 个实体（样方），a 为 2 个实体（样方）的共有物种数，b 为 y 样方具有而 x 样方不具有的种数，c 为 x 样方具有而 y 样方不具有的种数，d 为 x、y 样方均不具有的种数，n 为总种数。

① 卡方检验　利用公式计算均方关联系数并进行卡方检验。

$$V^2=\frac{x^2}{N}=\frac{(ab-bc)^2}{(a+b)\ (c+d)\ (a+c)\ (b+d)}$$

式中：均方关联系数的取值范围在（0，+1）之间，N 为实体数。

作统计检验时，可先测得两样方之间的关联性质 V，$V=0$ 为无关联，$V>0$ 为正关联，$V<0$ 为负关联，再根据 2×2 列联表计算 x^2 值，查 Z^2 表。因 2×2 列联表的自由度为 1，可以查得其在不同水平上的显著度。

② 应用实例　现对 2 个样方中 13 个种进行调查，获得二元数据如表 4-14。

表 4-14　2 个样方的调查结果

种＼样方	1	2	3	4	5	6	7	8	9	10	11	12	13
1	1	1	0	1	1	0	0	1	0	1	1	0	0
2	0	1	1	0	1	1	0	0	1	0	1	1	0

根据以上数据得下列 2×2 列表：

		样方 2		
		+	−	
	+	3	4	7
样方 1	−	4	2	6
Σ		7	6	13

利用公式计算均方关联系数并进行卡方检验：

$$V^2=\frac{x^2}{N}=\frac{(ab-bc)^2}{(a+b)\ (c+d)\ (a+c)\ (b+d)}$$

$$=\frac{(6-16)^2}{7\times6\times7\times6}=0.0567$$

$$X^2=0.0567\times13=0.7371$$

因此上例中样方 1 与样方 2 呈正相关，但相关不显著。

3）距离系数　以属性数据为坐标，以坐标空间的点表示每个样方，或将每个属性表示样方空间的点，这样两实体的相异性可以通过点间距离表示，距离越大，相异性越大。所有的距离系数均适用于数量数据，同时也可以处理二元数据。常用的有欧氏距离系数和 Bray—Curtis 距离系数。

① Bray—Curtis 距离系数

$$B_{(j,k)}=\frac{\sum_{i=1}^{p}|x_{ij}-x_{ik}|}{\sum_{i=1}^{p}|x_{ij}+x_{ik}|}$$

式中：j、k 代表不同的样方；i 代表种。

应用实例：现对 5 个样方中 3 个种的调查结果如表 4－15，试计算其距离系数。

表 4－15　5 个样方的调查结果

种 \ 样方	1	2	3	4	5	$\sum$
1	3	8	5	10	4	30
2	5	7	9	6	15	42
3	40	6	11	7	6	70
$\sum$	48	21	25	23	25	142

$$B_{(1,2)}=\frac{\sum_{i=1}^{p}|x_{ij}-x_{ik}|}{\sum_{i=1}^{p}|x_{ij}+x_{ik}|}=\frac{|3-8|+|5-7|+|40-6|}{|3+8|+|5+7|+|40+6|}$$

$$=41/69=0.5942$$

$$B_{(1,3)}=\frac{\sum_{i=1}^{p}|x_{ij}-x_{ik}|}{\sum_{i=1}^{p}|x_{ij}+x_{ik}|}-\frac{|3-5|+|5-9|+|40-11|}{|3+5|+|5+9|+|40+11|}$$

$$=35/73=0.4795$$

$$B_{(1,4)} = \frac{\sum_{i=1}^{p} | x_{ij} - x_{ik} |}{\sum_{i=1}^{p} | x_{ij} + x_{ik} |} = \frac{| 3-10 | + | 5-6 | + | 40-7 |}{| 3+10 | + | 5+6 | + | 40+7 |}$$

$$= 41/71 = 0.5775$$

同样的方法可以求得其他样方间的距离系数。

② 欧氏距离系数

$$d_{jk} = \left[\sum_{i=1}^{p} (x_{ij} - x_{ik})^2 \right] \frac{1}{2}$$

也可以用其平方的形式：

$$d_{jk}^2 = \sum_{i=1}^{p} (x_{ij} - x_{ik})^2$$

上述两式均可以计算两实体之间的相异系数，式中符号含义同 Bray-Curtis 距离系数。

如上例，计算方法如下：

$$d_{12}^2 = (3-8)^2 + (5-7)^2 + (40-6)^2 = 1185$$

因此 $$d_{12} = \sqrt{1185} = 34.42$$

同样的方法可以获得其他任意 2 个样方之间的欧氏距离系数。

群落的相似性分析还可以借助于其他相关系数，如匹配系数、内积系数、信息系数等，这些系数的计算方法可以查阅有关资料，在此不作介绍。

（3）群落的聚类分析

1）关联分析法　关联分析法一般只适用于二元数据，由 Goodall 最先提出，该法须考察种与种之间的关联系数矩阵，从中找出与其他种关联最大者为分划临界种，常用的关联系数为均方关联系数和卡方系数，现以实例说明其分析过程。

表 4-16 是对 9 个样方中的 6 个物种的调查结果，试利用关联分析法进行群落的聚类分析。

表 4-16　9 个样方的调查结果

种 \ 样方	1	2	3	4	5	6	7	8	9
1	1	0	0	1	1	1	1	1	1
2	1	1	1	1	0	0	1	1	1
3	0	1	1	0	0	1	1	0	0
4	1	1	1	0	1	1	0	0	0
5	0	0	0	1	0	1	1	1	1
6	1	0	0	1	1	1	0	1	0

① 求出种间关联系数矩阵 C_P 处理原始数据，选定某种关联系数计算 P 个种两两之间的关联系数，列出系数矩阵 $C_P=(C_{hj})$（h，$i=1$，2，3，…，P）。关联系数矩阵设列时要根据显著性水平来确定，2×2 列联表中算出 x^2 值遵从自由度为 1 的 x^2 分布，可用一定的显著性水平来检验，如 0.1、0.05、0.02 等。当算得的 x^2 值大于或等于上述水平所对应的临界值时，才认为在该水平下 2 个种 h、j 显著相关，才把 x^2 值记入 C_{hj}，否则令 $C_{hj}=0$。另外，一个种自身关联系数均定义为零；某个种在所考虑的全部样方中数值全为 1 或 0 时，也规定为零，或不考虑该种。

以均方关联系数为相似系数，显著水平确定为 0.1（此时 $x^2=2.706$），分别计算 9 个样方中每两个种的关联系数（同上述关联系数的计算），列成种间关联系数矩阵。

$$C_6=\begin{bmatrix} 1 & 2 & 3 & 4 & 5 & 6 \\ 0 & 0 & 0.3571 & 0 & 0.3571 & 0.3571 \\ 0 & 0 & 0 & 0 & 0 & 0 \\ & 0.3571 & 0 & 0 & 0 & 0 \\ 0 & 0 & 0 & 0 & 0.64 & 0 \\ 0.3571 & 0 & 0 & 0.64 & 0 & 0 \\ 0.3571 & 0 & 0.3025 & 0 & 0 & 0 \end{bmatrix}$$

② 确定临界种并进行第一次划分 在 C_P 中对每行（列也可）求和，从这些和值中选出最大者，记为 i_o。i_o 为本次划分的临界值，种 i_o 为临界种。据此把全部样方分为含 I_o 的组 N_1 和不含 i_o 的组 N_2。

计算上述矩阵各列关联系数之和分别为：

$C(1)=1.0718$ 最大，所以种一被确定为临界种；$C(2)=0$；$C(3)=0.6596$；$C(4)=0.64$；$C(5)=0.9971$；$C(6)=0.6596$。因此，9 个样方可分为两类：N_1 组为含物种 1 的样方，包括 1、4、5、6、7、8、9 样方；N_2 组为不含物种 1 的 2、3 样方。

③ 再分划 对已分划 2 个组 N_1 和 N_2 分别重复以上过程进行再分划，直至该组在选定的显著性水平上是不能再分的同质组。

首先对 N_1 组进行再分划，N 组数据列表如下（见表 4-17）。

表 4-17 N 组统计数据

种 \ 样方	1	2	3	4	5	6	7	8	9
1	1	1	1	1	1	1	1		
2	1	1	0	0	1	1	1		
3	0	0	0	1	1	0	0		
4	1	0	1	1	0	0	0		
5	0	1	0	1	1	1	1		
6	1	1	1	1	0	1	0		

因种 1 在 N_1 组样方中的数值全为 1，故该种可不必考虑。按前述方法计算种间关联系数，可得关联系数矩阵如下：

$$
\begin{array}{cccccc}
\text{种} & 2 & 3 & 4 & 5 & 6 \\
\end{array}
$$

$$
\begin{bmatrix}
0 & 0 & 0.533 & 3 & 0 \\
0 & 0 & 0 & 0 & 0 \\
0.5333 & 0 & 0 & 0.5333 & 0 \\
0 & 0 & 0.5333 & 0 & 0 \\
0 & 0 & 0 & 0 & 0
\end{bmatrix}
$$

同第二步，计算矩阵各列之和：C（2）＝0.533 3；C（3）＝0；C（4）＝1.066 6；C（5）＝0.533 3；C（6）＝0。C（4）＝1.066 6 最大，故再将物种 4 定为临界种，将 N 组分为含物种 4 的 M 组（样方 1、5、6）和不含物种 4 的 N_4 组（样方 4、7、8、9）。

对含物种 4 的 N_3 组进行再分划，N_3 组数据列表如下（表 4－18）。

表 4－18　N_3 组统计数据

种 \ 样方	1	5	6
2	1	0	0
3	0	0	1
5	0	0	1
6	1	1	1

因种 4 在 N_3 组样方中的数值全为 1，因此该种可不必考虑。按前述方法计算种间关联系数，可得关联系数矩阵如下：

$$
\begin{array}{ccccc}
\text{种} & 2 & 3 & 5 & 6 \\
\end{array}
$$

$$
\begin{bmatrix}
0 & 0 & 0 & 0 \\
0 & 0 & 1.0 & 0 \\
0 & 0 & 0 & 0 \\
0 & 1.0 & 0 & 0
\end{bmatrix}
$$

可见，矩阵中 C（3）最大，故可将 N_3 分为含种 3 的 N_5 组和不含物种 3 的 M_6 组。

用同样的方法可以发现，前面分出的 N_2、N_4、M_5、N_6 组均为不可再分的同质组，所以分划结束。

④ 图形表示　把上述的分划结果用树状图表示（图 4－9），图中每次分划都要表明临界种，包含该种的组用“＋”号注明，不含该种的组用“－”号注明；各组中的样方数在方块内用数字表示；纵坐标为关联系数的标度，横坐标表示出显著性水平和各组样方号。

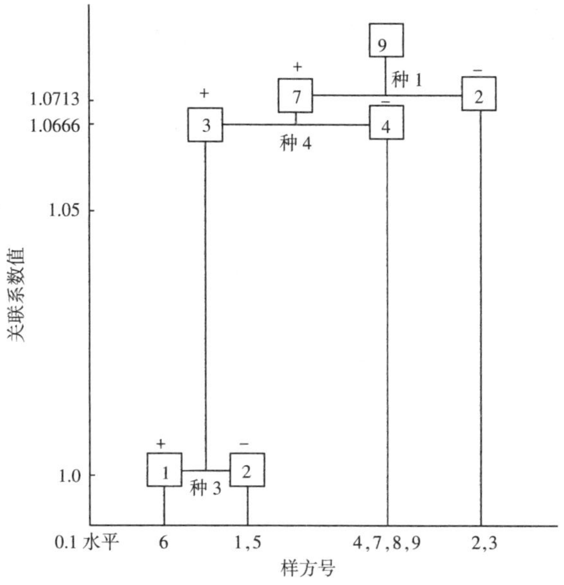

图 4－9　9 个样方关联分析树状图

2）组平均聚合法　组平均聚合法是按照平均性质的一种聚合方法。设 2 个样方组 A 和 B 各有 Ma、Nb 个样方，从两样方组中各任取一样方，计算两者的距离 D_{jk}，共有 M_aN_b 个，其平均距离定义为组 A 和组 B 之间的距离 D_{AB}，即

$$D_{AB} = \frac{1}{N_aN_b}\sum_{\substack{j\in A\\ k\in B}} D_{jk}$$

现将 A、B 组合并，设有样方 $M+N6$ 个，C 为另一样方组，内含 M 个样方，则根据上式得

$$D_{CA+B} = \frac{1}{N_cN_{a+b}}\sum_{\substack{j\in C\\ j\in B+B}} D_{jk}\ \frac{1}{N_cN_{a+b}}(N_c + N_a + N_{c+a} + N_cN_bD_{cb})$$

$$= \frac{N_a}{N_{a+b}}D_{ca} + \frac{N_b}{N_{a+b}}D_{cb}$$

现以实例的形式说明其聚合分类过程：组平均法在计算样方距离中可以用任何一种相异系数，本实例中选用欧氏距离系数。

对 6 个样方中的 4 个物种进行调查，结果如表 4－19。

表 4－19　6 个样方 4 个物种的调查结果表

种 \ 样方	1	2	3	4	5	
1	0	4	3	5	1	2
2	2	1	3	0	2	4
3	5	0	4	3	0	1
4	4	1	5	1	4	0

① 根据式 $d_{jk}=\left[\sum_{i=1}^{p}(x_{ij}-x_{ik})^2\right]^{\frac{1}{2}}$ 计算任意2个样方的欧氏距离，最终得欧氏距离矩阵如下：

$$\begin{bmatrix} 1 & 2 & 3 & 4 & 5 & 6 \\ 0 & 7.1414 & 3.4641 & 6.4807 & 5.0990 & 6.3246 \\ & 0 & 6.0828 & 3.3166 & 4.3589 & 3.8730 \\ & & 0 & 5.2915 & 4.6904 & 6.000 \\ & & & 0 & 6.1644 & 5.4772 \\ & & & & 0 & 4.6904 \\ & & & & & 0 \end{bmatrix}$$

其中最小者为 $D_{24}=3.3166$，第一次合并样方2和样方4，记为$2'$。

② 根据式 $D_{CA+B}=\frac{1}{N_cN_{a+b}}\sum_{\substack{j\in C\\ j\in B+B}}D_{jk}=\frac{N_a}{N_{a+b}}D_{cb}$，计算 $D_{12'}$、$D_{2'3}$、$D_{2'5}$、$D_{2'6}$，其他系数不变。列新的距离矩阵如下：

$$\begin{bmatrix} 1 & 2' & 3 & 5 & 6 \\ 0 & 6.8111 & 3.4641 & 5.0990 & 6.3246 \\ & 0 & 5.6872 & 5.2617 & 4.6751 \\ & & 0 & 4.6904 & 6.000 \\ & & & 0 & 4.6904 \\ & & & & 0 \end{bmatrix}$$

可见，$D_{13}=3.4641$ 最小，第二次合并样方1和样方3，记为$1''$。同上，根据公式计算 $D_{1''2'}$、$D_{1''5}$、$D_{1''6}$，其他系数不变。列新的距离矩阵如下：

$$\begin{bmatrix} 1'' & 2' & 5 & 6 \\ 0 & 6.2492 & 4.8947 & 6.1623 \\ & 0 & 5.2617 & 4.6751 \\ & & 0 & 4.6904 \\ & & & 0 \end{bmatrix}$$

可见，矩阵中 $D_{2'6}=4.6751$ 最小，第三次合并样方$2'$和6记为$2'''$，包括2、4、6三个样方，根据公式再计算 $D_{1''2'''}$、$D_{2'''5}$，列出新的矩阵如下：

$$\begin{bmatrix} 1'' & 2' & 5 \\ 0 & 6.2202 & 4.8947 \\ & 0 & 5.0713 \\ & & 0 \end{bmatrix}$$

由上可见，矩阵中 $D_{1''5}$ 最小，第四次合并 1″和 5，记为 1°，包括 1、3、5 三个样方。到此已将全部样方聚合完成。

3）图形表示　如图 4－10。

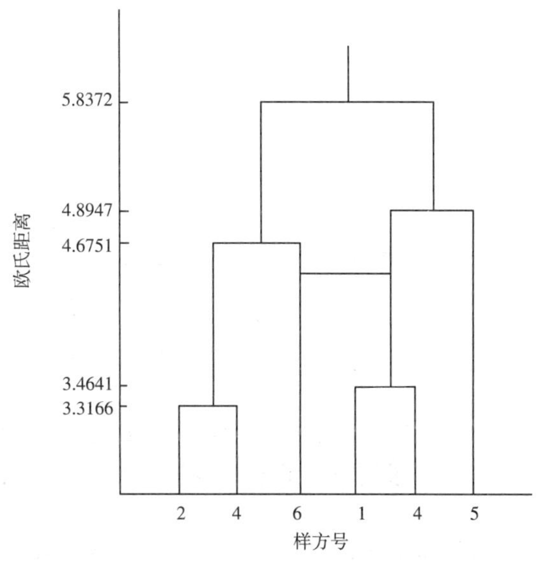

图 4－10　6 个样方组平均法聚合树状图

5. 实习注意事项

（1）关联分析时因每次只用 1 个种，在种数太少时有可能夸大一些偶见种的作用，建议在样方中去除存在度在 95%以上和 5%以下的种，并去除一些种数过少的样方。

（2）群落相似性分析与聚类分析，在样方数较多的情况下，数据处理会相当繁琐，建议用一些相关软件数据处理，如 EXCEL、SPSS 等。

6. 实习报告

（1）群落相似性分析。

（2）群落聚类分析。

二、动物生态学实习案例——安徽省沿江湖泊鸟类生态保护调查

1. 实习目的

沿江湖泊存在湿地面积较小、生态环境脆弱、易遭到破坏和污染以及破坏后难以恢复等问题。对湖泊湿地水鸟群落生态学和生物多样性保护研究有助于推动湖泊湿地的保护。对湖泊湿地鸟类群落性质、栖息地的研究，为湿地鸟类的保护提供依据，提供湿地

鸟类栖息地管理的模式。

2. 基本原理

调查各类型湿地生境的水鸟群落时空格局；利用 GIS 技术分析水鸟对栖息地的利用与选择模式；研究不同环境因子下鸟类群落结构的差异，以及环境因子变化后的鸟类群落变化特征。

对水鸟群落中小种群及濒危种群（IUCN 公布名录为准）遗传多样性进行分析；对在群落中起关键作用的种群进行分析。

利用 GIS 技术，在鸟类物种多样性和遗传多样性的基础上，加上对水鸟群落关键种群生存力计算机模拟，分析湖泊湿地生态价值，最终构建对湿地水鸟栖息地的管理模式和方法。

3. 实习器材

（1）实验用品　笔记本电脑、相机、单筒望远镜、双筒望远镜、激光测距仪、GPS 定位仪、录音笔、卷尺（10m）、游标卡尺、弹簧秤（最小刻度 0.1g）、解剖工具 1 套、样品采集袋或塑胶管。

（2）生活用品　水壶、水鞋、帽子、雨衣、常用药品。

4. 实习步骤

（1）研究方法

1）实验方法

① 种群数量、生境调查　一般采用常规样带调查。首先寻找到样带起始点（GPS 定位），然后以一定的速度行进，记录所发现的水鸟数量、距样带中心线的垂直距离以及所处生境。

② 直接计数法　对小种群和濒危种群进行直接计数。详细的调查法见本章后附录。

③ 物种多样性指数　可采用 GIS 栅格确定不同生境下鸟类群落中物种多样性指数。

2）关键种的确定方法　关键种的确定存在很大难度。较为理想的方法是人为去除法，即从群落或生态系统中将主观认定的关键种（一个或几个物种）控制性地全部去除，然后观察群落或生态系统由此引起的变化。

对越冬鸟类群落关键种拟采用比较法：①比较相同样方中鸟类的迁徙，当某一类群迁徙来（走）后引起群落多样性改变较大的种类为关键种；②比较相似生境不同样方中的鸟类，只有一样方中独有的类群，而且该类群的迁徙极大影响群落的多样性。

（2）研究区域

① 安徽省升金湖　该自然保护区已于 1997 年 12 月，被国务院正式批准为国家级湿地自然保护区（图 4－11），并被国家原林业部和世界自然遗产基金会联合列为中国 40 个有国际意义的保护区之一，先后成为中国人与生物圈网络保护区和东北亚鹤类网络保护区。其主要保护对象为鹤类、鹳类等珍稀越冬水禽及其栖息的生态环境，目前具有“中国鹤湖”的美誉。2005 年加入东亚—澳大利亚鸻鹬类网络保护区，2007 年 11 月加入中国首个流域层面上的湿地保护网络——长江中下游湿地保护网络。

② 安徽省菜子湖　菜子湖则是安庆沿江湿地中具有代表性的湖泊湿地之一（图 4－12）。

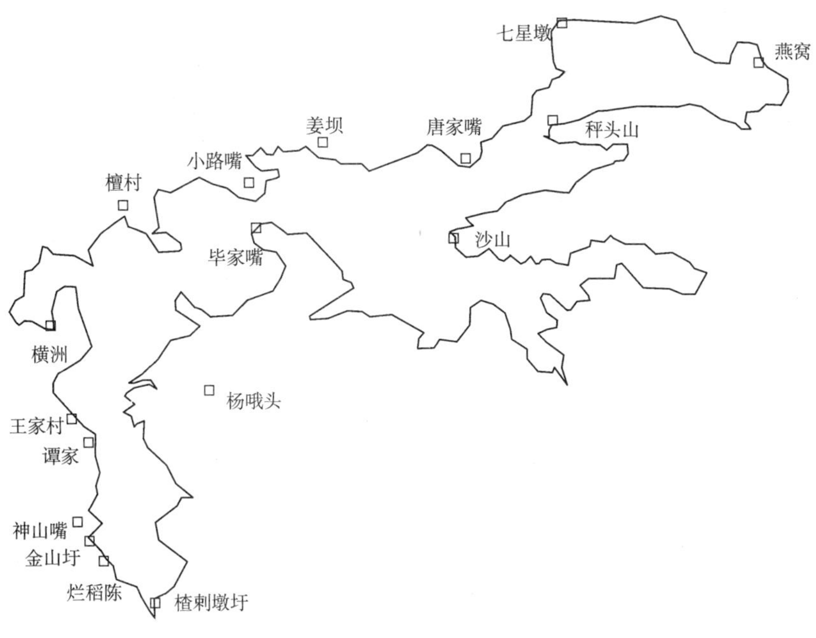

图 4-11 升金湖概况

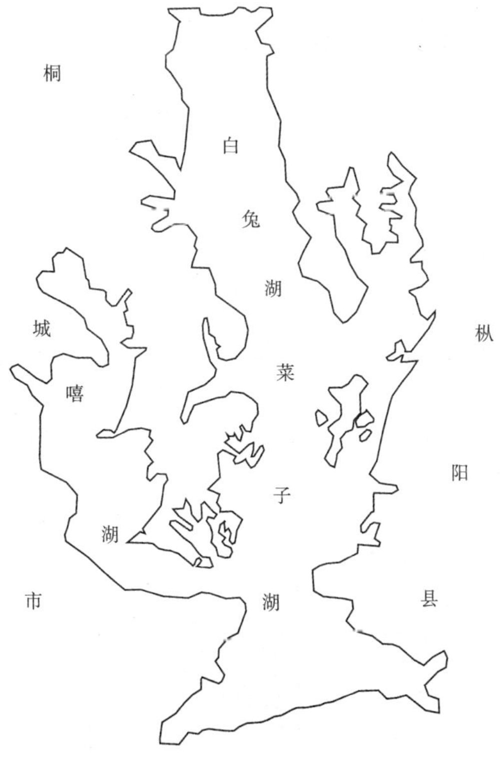

图 4-12 菜子湖概况

(3) 技术路线

本研究采用GIS技术、常规分子生物学技术和计算机软件模拟等方法，以安徽省沿江湖泊湿地生境和水鸟群落结构时空变化的关系为基础，分析不同阶段鸟类群落结构特征及其栖息地的选择，了解不同的环境因子对鸟类群落的影响；进而对群落中的小种群及濒危种群、关键种群和重要类群遗传多样性和种群生存力评估；在鸟类物种多样性和遗传多样性基础上对湖泊湿地生态价值进行评估。技术路线流程图如下（图4-13）：

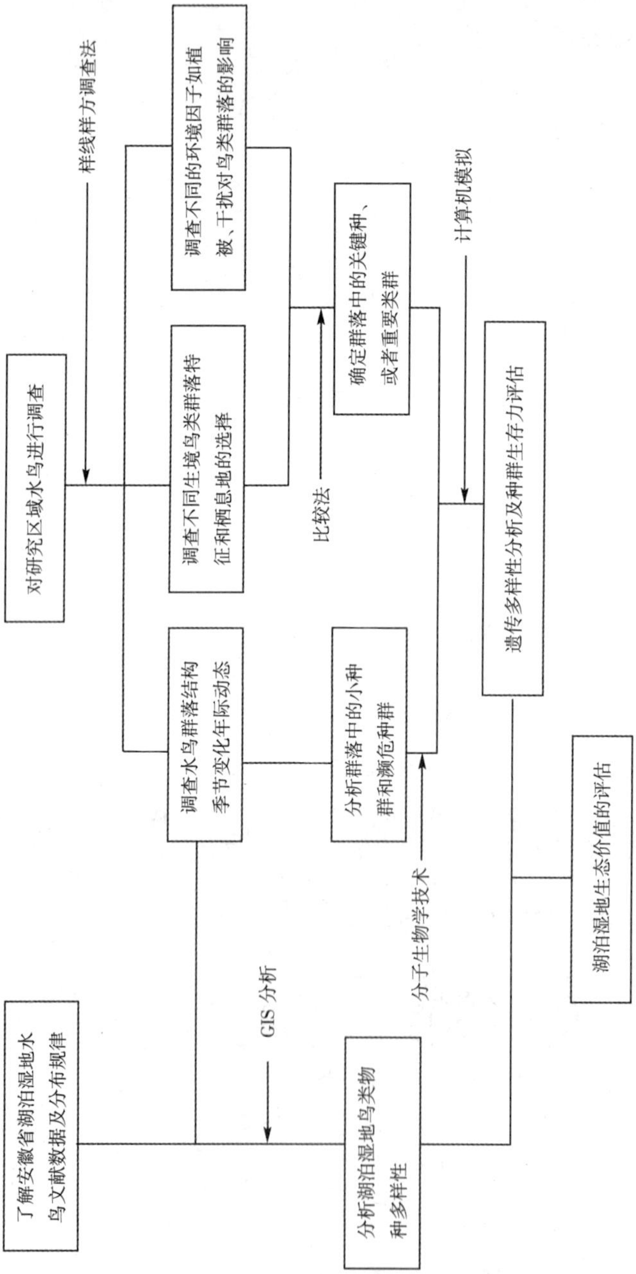

了解安徽省湖泊湿地水鸟文献数据及分布规律

GIS 分析

分析湖泊湿地鸟类物种多样性

对研究区域水鸟进行调查

样线样方调查法

调查水鸟群落结构季节变化年际动态

调查不同生境鸟类群落特征和栖息地的选择

调查不同的环境因子如植被、干扰对鸟类群落的影响

比较法

确定群落中的关键种、或者重要类群

分析群落中的小种群和濒危种群

分子生物学技术

计算机模拟

遗传多样性分析及种群生存力评估

湖泊湿地生态价值的评估

图 4-13 技术路线图

5. 实习注意事项

线路设定应该注意覆盖所有研究区域和鸟类的各种生境；路线要便于观察。每次调查需采用相同技巧；遇上大群鸟类时，则应重复计数鸟类数量2次或以上；统计时，应尽可能记录这些鸟类的年龄，例如成鸟、幼鸟等首次夏羽。若目睹一些非法行为，如捕鸟或设置陷阱等，亦应详细记录。

6. 实习报告

（1）安徽省升金湖水鸟调查报告。

（2）安徽省菜子湖水鸟调查报告。

附13：水鸟调查方法

一、样线设定

在调查区域根据实际情况设定调查线路。线路设定应该注意：覆盖所有研究区域和鸟类的各种生境；路线要便于观察。

在样线上设定调查样方。样方进行编号，样方总的长度应该在样线长度10％～15％。样方的设定要考虑鸟类各种小生境。

二、调查方式

每次调查需采用相同方法（恒定速度步行，或者骑自行车到达样方后步行），统计的鸟种包括所有水鸟以及常见于湿地的鸟种，如翠鸟、白颈鸦、丝光椋鸟及各种猛禽等。调查资料应随即以笔记本、记录表或录音方式记下，如以录音机作口述记录：5只琵嘴鸭、6只针尾鸭、23只绿翅鸭、1只琵嘴鸭、6只罗纹鸭等。资料应尽快整理。

三、鸟类数量统计

计数鸟类数目时，可按以下两种方法进行：先把鸟种分类，然后逐种计数，是较常用的方法。可先从数量较大的种类开始计数，就算鸟类突然飞走了，数量较少的种类，仍较易估计出其数量。另一方法是顺序观察每群数量较少的鸟类，这种计数方法快捷，但缺点是当鸟类飞走时，便无法估计尚未计数的鸟类数量。在任何情况下，未能被辨别的鸟类种类也应该立即记录下来，并注明其类别，如鸭类、涉禽类或鹭类、大/小白鹭、针尾/琵嘴鸭等。

统计鸟类的方法务求准确，应采用逐一计数方法。在某些情况下，只可评估鸟类的总数量，不过，当鸟类数量较少、处于静态、不被猛禽或人类活动所干扰，或集中在较小范围、散落在较广阔的区域时，应准确计数数量。相反，当鸟类数量较多、不断有鸟类在天空掠过或有大群鸟类聚集于栖息地时，则可以10、20、50或100为数据单位，协助简化计数，或估计整体数量。另外，可以倍数（即2、4、6、8、10等）快速计数鸟群数量，这比逐一计数较快。同时亦适用于估计鸟群的数量。当有大群鸟类时，可以10、20、100或1000为一组数据，作计数或估计。遇上大群鸟类时，则应重复计数鸟类数量2次或2次以上。

利用双筒望远镜计数或估计整体鸟群的数量，利用单筒望远镜顺序观察每一鸟群，都要及时记录所有种类，并对该处优势种类的数量作出评估。以上步骤可确保在鸟类受到干扰而飞离时，仍可掌握到部分资料。最后便可以利用单筒望远镜，耐心计数各个种类的准确数量。统计时，应尽可能记录这些鸟类的年龄，如成鸟、幼鸟或首次夏羽。若目睹一些非法行为，如捕鸟或设置陷阱等，亦应详细记录。

四、水鸟生境调查

将水鸟生境植被划分为以下类型：①“湖面”，指水面；②“泥滩”，指没有植被；③“草丛”，指长草（一般是指草被）；④“芦苇”，一般是指芦苇科植物；⑤“树丛”，指乔木或灌木林。

记录“堤岸植物”以及样方是否在被人们“荒废或使用中”的资料。

五、水鸟调查要点

水鸟调查方法要点可归纳如下：①遇上大群鸟类时，应先估计其整体数量；②先把种类分类，然后作计数，是较常用的方法；③应尽量逐一计数鸟类数量；④遇上大群鸟类时，可以一小群鸟类为数据单位来估计鸟群的总数量；⑤应计数所有水鸟，包括那些未能被分辨种类的鸟类；⑥应记录有关证实繁殖的资料。

六、数据记录表

表 4-20　水鸟调查记录表

<table>
<tr><td>调查者</td><td></td><td>样方样线编号</td><td></td><td rowspan="2">不要把名册上没有的鸟名插进去，请另记录</td></tr>
<tr><td>日期</td><td></td><td>调查方法</td><td></td></tr>
<tr><td>种类</td><td>数量</td><td>总数</td><td>生境类型</td><td>备注</td></tr>
<tr><td></td><td></td><td></td><td></td><td></td></tr>
<tr><td></td><td></td><td></td><td></td><td></td></tr>
<tr><td></td><td></td><td></td><td></td><td></td></tr>
<tr><td></td><td></td><td></td><td></td><td></td></tr>
<tr><td></td><td></td><td></td><td></td><td></td></tr>
<tr><td></td><td></td><td></td><td></td><td></td></tr>
<tr><td></td><td></td><td></td><td></td><td></td></tr>
<tr><td></td><td></td><td></td><td></td><td></td></tr>
</table>

第五章 安徽省主要自然保护区简介

第一节 安徽省自然条件概况

自然条件系由地理环境各组成成分构成的综合统一体，主要包括地形地貌、气候、土壤、植被、文水、动物等。其景观是按确定方向有规律的发生水平分化。它们受太阳能、构造运动和重力的作用，以及各成分受作用后在变化速度、时空规律等方面呈现不同程度的抗性，形成了地理环境相对稳定的综合特征——即地域分异规律。自然环境地域分异规律综合作用的结果便产生区域自然条件的差异。分析和掌握地理环境的地域分异规律，是自然区划的理论基础，也是研究动植物生态的前提。

一、地形地貌

地貌的发展和演变，深受地质构造控制。我省由于各地构造单元的不同，故各地具有不同地质发育历史和构造运动的规律，出现较大的差异性。

大别山、皖南山区南部，系安徽省成陆最早的地区，并以此为基础，形成皖南（黄山）和皖西（大别山）峰峦高耸的山地。它们的特点是山高谷深，坡地陡峻，高差悬殊，起伏急剧。山地内部，亦镶嵌了一系列断陷盆地。如黄山、九华山、牯牛降、陀尖、多云尖、金刚台等皆为千米以上的山地；而岳西、霍山、屯溪、绩溪等地，则又构成断陷盆地的地貌景观。

二、气候

安徽省处于中纬度地区，太阳辐射热量较高，且距海洋较近，季风气候影响显著。全省气候温和，四季分明，雨量适中，日照时数多，温差大，无霜期较长，给动植物正常生长发育带来有利条件。但全省降水的季节分配很不均匀，夏季最多，占年降水量的40%～60%，春季次多，秋季较少，冬季最缺。特别是夏末秋初常出现的伏旱，对动植物的生活与生长带来不利因素。

三、土壤

安徽省生物气候带属南北过渡类型，加以地形构造复杂及耕种历史悠久，在土壤形成上，既有受人为活动影响形成的耕作土壤，也有在自然条件下形成的自然土壤类型，又有水平和垂直的差异，构成土壤资源种类繁多的特点。根据地貌结构、土壤成因、气候特点和土壤类型组合，全省地带性的土壤主要分为棕壤、黄棕壤、黄壤和红壤四大带。

四、森林植被

植被是自然地理综合体的组成要素之一，也是其他自然环境的综合反映。安徽在全国植被分区上，隶属暖温带落叶阔叶区域和亚热带常绿阔叶林区域。我省学者在进行植被区划时，根据热量和降水的季节分配，以及自然地理特点、典型的植被型或亚型等，将全省划为3个植被地带。在植被地带内，又根据地貌特征点较低级的植被类型及其组合的不同、栽培植被的差异等，分为7个植被区。

1. 安徽北部南暖温带落叶阔叶林地带

包括淮河主流一线以北的地区。地带性植被属南暖温带落叶阔叶林。本地带内只划分一个植被区，即淮北平原植被区。

本区地带性植被类型为落叶阔叶树种（以落叶栎类为主）所组成的夏绿林，并有一些针叶林及针阔混交林。植被区东北部肖宿岛状丘陵局部自然植被保存较好的地方，仍可见到典型的落叶阔叶林类型，植被区内主要植物区系成分，以华北植物区系为主，如栓皮栎、麻栎、槲树、槲栎。椴属在植被区内也有分布，但喜暖性的南方种类南京椴渐占优势。

2. 安徽中部北亚热带落叶阔叶与常绿阔叶混交林地带

包括淮河主流一线以南，岳西北部经舒城、潜山县边境、桐城、铜陵、繁昌、湾址与水阳一线以北的安徽中部地区。地带性植被北界，大致与某些亚热带经济林木如马尾松、杉木、油桐、油茶、茶树等的自然分布北界相符。本植被地带内划分了3个植被区。

（1）江淮丘陵植被区　地带性植被类型为以落叶阔叶林为主，并含有少常绿阔叶树的混交林。外貌上接近于落叶阔叶林，主要组成树种为麻栎、栓皮栎、白栎、短柄枹、槲栎、小叶栎及茅栗等落叶栎类。此外还有枫香、化香、黄连木、黄檀、山槐、山胡椒等，枫香可以自然分布到滁县北部的黄皇甫山一带；石灰岩丘陵是以榆科树种为主的落叶阔叶林，主要组成树种有青檀、榉、柁木、白檀、老鸦柿、小叶女贞、胡颓子、竹叶椒等。区内还有特有植物琅琊榆、醉翁榆、秤锤树等分布。

（2）大别山北部植被区　包括霍山、金寨县的大部，舒城、桐城、岳西的一部分。本植被区地处亚热带向暖温带过渡地带的北部，植被组成成分也明显反映了过渡地带的特征，较典型的植被类型是以落叶栎类为主，并含有少量常绿阔叶树种。其常绿成分由北向南逐渐增加，组成典型的常绿落叶阔叶栎类混交林。树种主要有栓皮栎、麻栎、槲栎、短柄枹、茅栗、白栎、板栗等落叶栎类，伴有枫香、化香、合欢、黄檀、各种椴树、灯台树、枫杨、牛鼻栓等落叶树种以及少量耐寒常绿树种，如青冈栎、苦槠、冬青等。海拔1600m以上的地段分布有黄山栎，多数为山地矮林。针叶树种有马尾松，广布于海拔600m以下的丘陵低山；海拔700～1600m的山地丘陵，主要为天然次生林和次生灌丛。天然次生林以栓皮栎、麻栎或茅栗占优势，也有的以化香、山槐、朴树占优势；比较温暖的地方，可见到青冈栎、苦槠、冬青、石栎、柃木等常绿树种；次生灌丛主要由白檀、短柄枹、黄檀、盐肤木、胡枝子、山胡椒、映山红、山槐、白栎等组成。此外，还有大别山松的分布。人工栽植的杉木、毛竹可分布到800～1000m以下的山坡、谷地。

（3）芜湖沿江湖圩区植被区　地带性植被类型应为落叶阔叶与常绿阔叶混交林，但因本区属水网地区，残存的次生林仅限于生长在残丘上，植物组成种类有麻栎、黄檀、枫香、白栎、短柄枹、黄连木、桑树、构树、枫杨、乌桕、臭椿、白榆、刺槐、马尾松、黑松、杉木、毛竹等。常绿树种如青冈栎、苦槠等逐渐增多，但多不成为建群种。栽培的香樟、棕榈亦较普遍。林业上以栽培的马尾松为主，间有黑松、侧柏及零星分布的落叶阔叶与针叶混交林。

3. 安徽南部中亚热带常绿阔叶林地带

本植被地带位于安徽中部北亚热带落叶阔叶与常绿阔叶混交林地带以南的安徽南部地区的全部。地带性植被类型属中亚热带常绿阔叶林。本地带的北界，大致以甜槠为主的常绿阔叶林的分布北界相似。该地带共划分了3个植被区。

(1) 大别山南部植被区　包括岳西、潜山、桐城、太湖等县的一部分及宿松县的北部。地带性植被类型属于常绿阔叶林。主要常绿阔叶树种一般多在海拔400～500m以下，以青冈栎、苦槠、石栎、甜槠、樟树、紫楠、天竺桂、厚皮香等为主。人为影响较少的局部地块，可见以甜槠为主的常绿阔叶林，其他以青冈栎、苦槠、石栎及樟树等为主的小块常绿阔叶林，区内均有发现。海拔500m以下的低山丘陵，常见灌木有檵木、柃木、映山红、盐肤木、算盘珠、白檀等。

本植被区内除了局部保存的常绿阔叶林类型外，常绿阔叶与落叶阔叶混交林以及落叶阔叶林均有一定分布。

此外，本植被区内，人工林马尾松占有相当大的比重，杉木林次之。海拔较高地区分布有黄山松，海拔800m以下的山坡，有毛竹林分布。

(2) 安庆沿江湖泊植被区　地带性植被类型为常绿阔叶林。由于人为破坏严重，成片的常绿阔叶林已不多见。常绿阔叶树种如青冈栎、苦槠、石栎、樟树等呈零星分布；低山丘陵下部，主要为人工栽培的马尾松、杉木；山坡、谷地有毛竹林分布。

(3) 皖南山地丘陵植被区　地带性植被类型为常绿阔叶林。主要常绿阔叶树种有青冈栎、苦槠、石栎、甜槠、樟树、豹皮樟、秦氏樟、紫楠、红楠、大叶楠、厚皮香、木荷等，越向南走，常绿喜温性植物成分趋势增多，可见到大叶锥栗、罗浮栲、含笑花、刨花楠等。

上述常绿阔叶林中，常混生锥栗、茅栗、短柄枹、小叶栎、白栎、枫香、黄檀等落叶阔叶林。低山丘陵下部由于常绿阔叶林遭破坏，落叶阔叶树种渐渐占优势，形成常绿、落叶阔叶混交林。

本植被区内，落叶阔叶林占有一定比重，组成树种主要有麻栎、小叶栎、白栎、栓皮栎、茅栗、枫香、化香、黄檀以及响叶杨等。针叶林在植被区内占的比重最大，主要为马尾松、杉木、黄山松及毛竹等。

第二节　安徽省主要自然保护区简介

安徽地处暖温带和亚热带的过渡地带，自然条件优越，自然资源丰富。生态环境的多样性为建立多种类型的自然保护区奠定了坚实的基础。据不完全统计，截至2006年，安徽省先后建立了各级各类自然保护区33个（表5－1），其中国家级5个、省级25个、县市级3个，总面积约456 900hm²，约占全省国土面积的3.5％。涉及的范围包括湿地保护与恢复、野生动物保护、野生植物保护、森林生态系统保护、水源涵养和种质资源保护等。

表 5-1 安徽省自然保护区基本情况表

序号	名称	位置	面积（hm^2）	建立时间	主管部门
1	扬子鳄国家级自然保护区	宣城、郎溪、南陵、广德、泾县	43 300	1975	林业
2	牯牛降国家级自然保护区	石台、祁门	6 700	1982	林业
3	升金湖国家级自然保护区	池州市	33 400	1986	林业
4	鹞落坪国家级自然保护区	岳西县	12 300	1991	环保
5	天马国家级自然保护区	金寨县	28 900	1992	林业
6	歙县清凉峰省级自然保护区	歙县	1 000	1982	林业
7	萧县皇藏峪省级自然保护区	萧县	2 100	1982	林业
8	滁州皇甫山省级自然保护区	滁州市	3 600	1982	林业
9	绩溪清凉峰省级自然保护区	绩溪县	3 000	1986	林业
10	黄山自然和文化遗产	黄山市	11 700	1990	城建
11	黄山区十里山省级自然保护区	黄山市	1 900	1995	林业
12	舒城万佛山省级自然保护区	舒城县	2 000	1995	林业
13	安庆沿江湿地省级自然保护区	安庆市	120 000	1995	林业
14	潜山板仓省级自然保护区	潜山县	1 500	1995	林业
15	宁国板桥省级自然保护区	宁国市	5 000	1995	林业
16	休宁岭南省级自然保护区	休宁县	2 800	1995	林业
17	贵池区老山省级自然保护区	池州市	26 900	1998	林业
18	贵池区十八索省级自然保护区	贵池市	7 500	1998	林业
19	祁门查湾省级自然保护区	祁门县	1 600	2000	林业
20	砀山酥梨种质资源省级自然保护区	砀山县	1 400	2000	环保
21	霍山佛子岭省级自然保护区	霍山县	6 700	2000	林业
22	五河沱湖省级自然保护区	五河县	30 000	2000	
23	徽州区古天湖省级自然保护区	黄山市	4 500	2000	林业
24	岳西枯井园省级自然保护区	岳西县	4 000	2000	林业
25	铜陵淡水豚类省级自然保护区	铜陵市	30 900	2000	环保
26	黟县五溪山省级自然保护区	黟县	4 000	2000	林业

（续表）

序号	名称	位置	面积（hm^2）	建立时间	主管部门
27	颍上八里河省级自然保护区	颍上县	14 600	2001	林业
28	霍邱东西湖省级自然保护区	霍邱县	14 200	2001	林业
29	黄山区九龙峰省级自然保护区	黄山市	2 700	2001	林业
30	当涂石臼湖省级自然保护区	当涂县	10 700	2001	林业
31	怀远四方湖市级自然保护区保护区	怀远县	3 800	2004	
32	固镇怀洪新河市级自然保护区保护区	固镇县	2 000	2004	
33	东至紫石塔县级自然保护区	东至县	6 700	1998	林业

为更好地了解安徽省主要自然保护区的基本情况，现根据自然保护区的类型，将安徽省的国家级自然保护区以及主要的省级自然保护区的基本情况简介如下（图 5-1），供野外实习时参考。

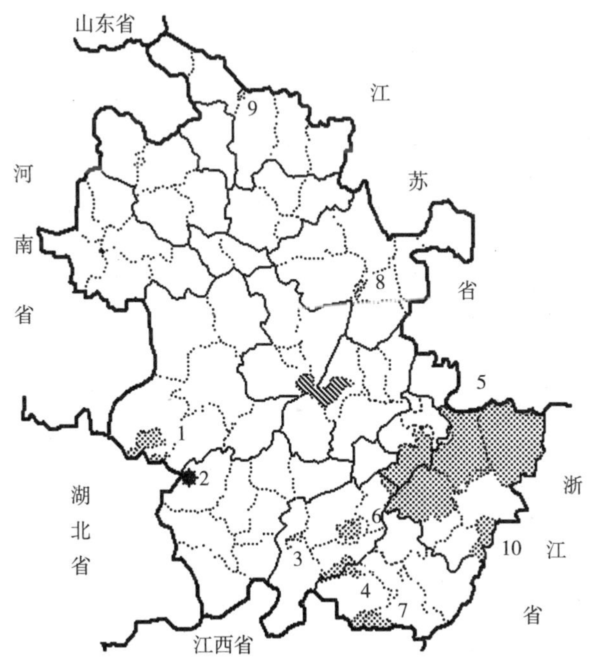

图 5-1　安徽省主要自然保护区分布图

━：省界；─：地（市）界；……：县界；▒：保护区

1. 天马国家级自然保护区；2. 鹞落坪国家级自然保护区；3. 升金湖国家级自然保护区；4. 牯牛降国家级自然保护区；5. 宣城扬子鳄国家级自然保护区；6. 老山省级自然保护区；7. 岭南省级自然保护区；8. 皇甫山省级自然保护区；9. 皇藏峪省级自然保护区；10. 清凉峰省级自然保护区

一、天马国家级自然保护区

1. 基本概况

安徽金寨天马自然保护区位于安徽省金寨县境内，鄂、豫、皖三省交错地带的大别山腹地，地理位置为北纬31°10′～31°20′，东经115°20′～115°50′，总面积28 900hm²，其中核心区为5 553.7hm²，缓冲区3 925.3hm²，实验区17 434.7hm²。保护区由安徽省政府1982年批建的马宗岭保护区和1990年批建的天堂寨保护区合并而成，主要保护对象为北亚热带常绿、落叶阔叶混交林及其山地垂直带谱。区内崇山峻岭，峭壁悬崖，高峰迭起，最高峰在天堂寨海拔1729.3m。天堂寨一马宗岭自然保护区的建立，对于保护大别山区残存的天然阔叶林、涵养水源都具有十分重要的意义。

2. 气候水文

保护区属北亚热带向暖温带的过渡地域，四季分明，气候温和，雨量充沛，日照充足，无霜期长；年平均气温13.3℃，极端最高气温38.1℃，极端最低气温－23.0℃，年平均降雨量1 480mm，年日照时数2 225.5h。本区还是淮河支流史河、淠河的发源地和下游梅山、响洪甸两大水库的水源涵养地。

3. 植物资源

保护区植被类型属暖温带落叶阔叶林向亚热带常绿阔叶林过渡型，植被垂直分布带谱明显，野生植物资源丰富，区系成分复杂，特有种多。现已查明维管束植物有178科753属1 881种，包括蕨类植物29科59属105种、裸子植物6科14属26种、被子植物143科680属1 750种。其中国家及省级保护植物有银杏、大别山五针松、金钱松、香果树、连香树、杜仲等28种。

4. 动物资源

保护区有陆栖脊椎动物22目61科185种，包括两栖动物2目8科17种、爬行动物2目7科24种、鸟类11目29科108种、兽类7目17科36种。其中国家及省级保护动物有金钱豹、原麝、小灵猫、豺、白冠长尾雉、大鲵、虎纹蛙等51种。

二、鹞落坪国家级自然保护区

1. 基本概况

鹞落坪国家级自然保护区位于安徽省西部岳西县境内，北与安徽省霍山县接壤，西与湖北省英山县毗邻，地理位置为北纬30°57′～31°06′，东经116°02′～116°11′，地处大别山主峰江淮分水岭。保护区总面积12 300hm²，覆盖安徽省岳西县包家乡全境。其中核心区为2 120hm²，缓冲区2 840hm²，实验区7 340hm²。这里是大别山主峰分水岭主段，其最高点多枝尖海拔1 721.4m。其主要保护对象为大别山区典型代表性的森林生态系统及其种类繁多的国家珍稀濒危野生动植物，同时保护区还作为淮河流域磨子潭和佛子岭水库的重要水源涵养林。保护区于1991年12月经安徽省人民政府批准成立，1994年4月经国务院批准升级为国家级自然保护区，归口环境保护部门管理。保护区原遭破坏的生态环境已得到良好的恢复，现森林植被覆盖率达90%以上。

2. 气候水文

保护区属北亚热带季风气候区，受江淮气旋与梅雨控制以及副热带高压进退的影响，

空气湿润，气候温和，年平均气温 11.5℃，降雨量丰富，年平均降雨量 1 400～2 000mm，有近 1 500 万 m^3 的涵养水源，每年有 1.22 亿 m^3 的优质地表水注入淮河主干支流淠河，为发挥淮河流域淠史杭灌溉工程的效益和改善淮河水质做出了重大的贡献。

3. 植物资源

鹞落坪境内植被属于北亚热带落叶一常绿阔叶混交林带的组成部分，植物区系属于泛北极植物区、中国一日本森林植物亚区的华东区，是华中、西南、华北、东北及华南植物与华东植物区系的渗透、过渡和交汇地带，植物区系复杂，植物种类繁多。这里有野生植物 141 科 572 属 1 297 种。其中有 2 种为已知仅分布于日本九州岛的中国地理分布新纪录，有 3 属 31 种 3 变种为安徽省植物地理分布新纪录。虽然保护区面积还不到全省国土面积的 8.8/10000，但全省高等维管束植物种类的 2/3 都可以在这里找到，可谓大别山区一个宝贵的植物物种基因库。

保护区有国家级珍稀濒危野生植物 23 种，如大别山五针松、金钱松、香果树、领春木、天女花、银杏、厚朴、凹叶厚朴、连香树、杜仲、白辛树、天目木姜子、黄山木兰、黄山花楸、紫茎、短萼黄连、八角莲、天麻、野大豆、青檀、天竺桂、榧树、巴山榧树等。区内还有国内少见、大面积集中分布的小叶黄杨林、多枝杜鹃林，还有呈块分布的香果树、领春木群落。

保护区地质历史古老，由于受第四纪冰川影响不大，因此成为许多古老植物的避难所之一，保存了大批古老孑遗植物及系统演化上原始或孤立的科、属。在本区被子植物中，单型科有 4 个，即杜仲科、大血藤科、透骨草科和银杏科；有世界性单型属 29 个，如连香树属、香果树属、杜仲属等；有世界性少型属 78 个，如领春木属、华箬竹属、大百合属等。此外区内还分布有相当丰富的古老孑遗植物，如银杏、领春木、连香树、金钱松、三尖杉、米心水青冈、杜仲、青皮木等。这里也是一些进化中的植物繁衍的场所，形成了一批地方特有植物，如大别山五针松、多枝杜鹃、长梗胡秃子、鹞落坪半夏、大别山冬青、美丽鼠尾草等数十种植物的模式标本均采自本区。这里还分布有安徽特有植物和中国特有植物 14 属，如安徽槭、安徽碎米、安徽贝母、金钱松属、杜仲属、青檀属、独花兰等。因此鹞落坪保护区被专家一致誉为是我国不可多得的植物物种宝库。

4. 动物资源

鹞落坪自然保护区动物区系具有南北过渡的特点，在动物地理区划上属于东洋界，既是一些古北界种类分布的南限，同时又是不少东洋界种类分布的北限，野生动物多样性相当丰富。初步查明，区内有两栖动物 2 目 8 科 16 种、爬行动物 3 目 7 科 24 种、鸟类 11 目 30 科 108 种、兽类 7 目 18 科 43 种。其中细痣疣螈、秦岭雨蛙、黑点树蛙为安徽省两栖类动物新纪录。属于国家重点保护的野生动物有 18 种，即细痣疣螈、大鲵、鸢、赤腹鹰、雀鹰、红隼、勺鸡、白冠长尾雉、领角鸮、红角鸮、斑头鸺鹠、草鸮、蓝翅八色鸫、金钱豹、豺、小灵猫、水獭、原麝等。还有 32 种动物为安徽省地方重点保护野生动物；在 108 种鸟类中有 83 种属于农林益鸟。

三、升金湖国家级自然保护区

1. 基本概况

升金湖国家级自然保护区位于安徽省贵池市东至县与贵池区境内，与九华山、黄山毗邻，与安庆市隔江相望，地理位置为北纬 30°15′～30°30′，东经 116°55′～117°15′之间，总面积 33 400hm²，平均海拔 11m，湖周平均海拔 25m。1986 年，安徽省政府在升金湖建立了省级水禽自然保护区，1992 年 2 月 28 日，林业部与世界自然基金会“中国自然保护优先领域研讨会”将升金湖列为中国 40 个具有国际意义的自然保护区之一，1997 年晋升为国家级自然保护区，是东亚地区最重要的水禽越冬地和歇息地之一，主要保护对象为白头鹤等越冬珍禽及湿地生态系统。保护区以升金湖为主体，由升金湖及周围的滩地组成。该湖有中国最大的白头鹤越冬种群，东方白鹤越冬种群数量占全世界总数的 1/8，白枕鹤、白鹤、灰鹤、大鸨、白琵鹭、黑鹳等国家重点保护动物数量也占有相当大比例。保护区内丰富的生物资源为鸟类提供了充足的饵料，使保护区成为我国东部大型水禽重要的越冬地和迁徙停歇地，也是白头鹤和东方白鹳等珍禽在我国的主要越冬地之一。

2. 气候水文

保护区属于亚热带季风气候，夏季炎热潮湿，冬季寒冷干燥，平均无霜期 240d，年平均降雨量 1 600mm，最高年降雨量 2 022mm，最低年降雨量 759mm，年平均气温 16.14℃，最高气温 40.2℃，最低气温－12.5℃。升金湖是长江中下游极少没有受到污染的浅水湖泊，水质优良，水体稳定。

3. 植物资源

保护区内已记录到有水生维管束植物 38 科 84 种、浮游植物 27 种。保护区内的植被属于草本湿地植被与水生植被型，按自然形态分为沉水植物、挺水植物和浮叶植物等几大类。

4. 动物资源

保护区内动物资源丰富，有浮游动物 13 种、底栖动物 23 种、爬行类 21 种、鱼类 62 种。以记录到的鸟类共 171 种，其中水鸟 84 种；水鸟区系组成中，冬候鸟 61 种，夏候鸟 13 种，留鸟 4 中，旅鸟 6 种。属于国家一级保护的鸟类有白头鹤、白鹤、黑鹳等 5 种，属于国家二级保护的鸟类有白枕鹤、小天鹅等 16 种。

四、牯牛降国家级自然保护区

1. 基本概况

牯牛降国家级自然保护区位于祁门与石台两县交界处，地处东经 117°15′～117°34′，北纬 29°59′～30°06′之间，总面积 6 713hm²，其中核心区 3 147hm²，实验区 3 566hm²，最高峰“牯牛大岗”海拔 1 728m。1988 年 5 月经国务院批准成为安徽第一个国家级的以森林生态类型为主的综合性自然保护区，2004 年 2 月又被国土资源部录入国家地质公园名录。牯牛降蕴藏着极为丰富的生物资源，有国家珍稀濒危保护的众多野生动植物，被科学家誉为“华东物种基因库”、“绿色自然博物院”，拥有华东地区唯一保存完好的原始森林，是国家级以森林生态系统为主的综合自然保护区。

2. 气候水文

牯牛降属亚热带湿润季风气候，气候温和，四季分明，区域气候垂直变化明显，山顶热量小，气温低，是终年无夏的“清凉世界”；年平均气温 9.2℃～16.0℃，≥10℃年积温 3 800℃，最高气温 29.3℃，最低气温－15℃，无霜期约 230d。牯牛降是安徽省最大降水中心之一，年平均降水量 1 600～1 700mm，最大降雨量超过 2 600mm，3—8 月雨量占全年的 76%，南坡比北坡总雨量多 7%。

牯牛降是阊江、秋浦、后河诸水的最高分水岭，山岭南北均属于长江流域。山南诸小河汇入阊江，经江西鄱阳湖转入长江，山北诸小河汇入秋浦河直接注入长江。水资源丰富，地表水资源模数为 98 万 m^3/km^2，地下水资源模数为 17 万 m^3/km^2，河流终年水不断流，非暴雨期间，河水清澈，含沙量为零，地表水基本属中性软水，天然水质良好。重金属和有机氯含量均远低于我国地表水质卫生标准。

3. 植物资源

牯牛降共有植物 1 300 余种，其中苔藓植物 50 科 97 属 138 种；维管束植物 180 科 629 属 1 210 种（亚种），包括蕨类植物 26 科 54 属 104 种，裸子植物 5 科 7 属 10 种，被子植物 149 科 568 属 1 096 种。牯牛降的野生植物科、属、种分别占安徽省维管束植物科的 87.7%、属的 62.3%、种的 39%，其中木本植物 88 科 239 属 539 种，分别占全省的 80.7%、76.8%、50.9%。按植物生长习性分为乔木、灌木、藤木和草本 4 类统计，牯牛降木本植物 539 种，其中乔木树种 224 种、灌木 225 种、藤木 90 种、草本植物 671 种。

保护区内有国家珍稀濒危保护的野生植物 20 种，其中一类保护树种有银杏、南方红豆杉、香果树 3 种；二类保护树种有鹅掌楸、花榈木、永瓣藤、独花兰 4 种；三类保护树种有黄山木兰、天女花、天竺桂、天目木姜子、青檀、黄山花楸、紫茎、银鹊树、长序榆、短穗竹、八角莲、短萼黄连、延龄草等 13 种。材用树种有乔木树种 224 种，其中许多是优良用材树种，如黄山松、杉木、南方红豆杉、鹅掌楸、黑壳楠、檫木、皂荚、花榈木等。

牯牛降是安徽省自然植被保存较完整的地区之一，在全国的植被区划中，居于东部中亚热带常绿阔叶林地带的北部，堪称我国中亚热带常绿叶林的前沿阵地。植物区系成分中，亚热带、温带性显著，占总类型的 60.8%，热带分布类型仅占 39.2%，而且这些属的直接后裔多是从其近代分布中心向北延伸至亚热带。在地理成分中，东亚、北美成分突出。在东亚成分中，又以华东区系种类占明显的优势，还有不少与日本相同或相近的种系。这里与华南及华中、西南植物区系之间表现出较密切的联系，同时与华北区系也显示了一定的关系。

牯牛降的植物区系有着很多古老成分和特有种、属，如牯牛降及邻近地区的特有种永瓣藤、紫荛花、安徽槭等，此外如青钱柳属、香果树属、银鹊树属等是我国特有属，绝大部分是单种属或是少种属，多为原始或古老的孑遗植物。

4. 动物资源

牯牛降共有高等动物 82 科 193 属 271 种，其中兽类 49 种、鸟类 147 种、爬行类 33 种、两栖类 17 种、鱼类 25 种。列为国家一级保护的有云豹、金钱豹、黑麂等 6 种。牯牛降又有蛇库之称，从山脚到山顶均有蛇的分布，共有28种，其中以五步蛇（蕲蛇）、眼镜蛇、竹叶青、银环蛇、蝮蛇等著称。

五、扬子鳄国家级自然保护区

1. 基本概况

保护区位于安徽省长江下游南岸的广德、宣州、南陵、郎溪、泾县五个县市境内，地处东经118°00′～119°40′，北纬30°00′～31°20′之间，总面积43 300hm²，1975年建立省级自然保护区，1986年晋升为国家级自然保护区，主要保护对象为扬子鳄及其生态环境。在保护区内海拔300m以下的池塘、沟冲、山洼和水库中，分布有我国特有的，也是现存最古老的爬行动物，有“活化石”之称的扬子鳄，数量极其稀少，被国家列为一级重点保护动物。为了尽快地抢救、恢复和发展这一古老物种，除了建立保护区，有关部门还在宣州市建立了占地100hm²的扬子鳄研究中心，经过多年的努力，人工繁殖扬子鳄已经获得成功。通过采取就地保护和人工繁殖相结合的措施，使扬子鳄的种群得到较大幅度的增长，初步解除了该物种濒临灭绝的危险，使这一古老的物种又喜获新生。

2. 气候水文

保护区地处江南古陆与金陵凹陷的过渡地带，属于亚热带北缘气候类型，四季分明、气候温和，日照充足，无霜期长，年平均气温15.9℃，年平均降水量1 294.4mm，无霜期228.7天。保护区属长江下游丘陵平原水网区，为皖南山区向长江沿岸平原的过渡区，区内多河漫滩，湖沼、丘陵山涧的滩地、山塘、堤坝，丘陵地带的山坳、沟塘、沼泽地，都是扬子鳄理想的栖生之地。

3. 植物资源

保护区植被为亚热带常绿阔叶林植被带，受人为生产活动影响较大，主要植被为芦苇、香蒲、荻、苔草、莎草、河柳、乌桕及各种竹等。竹叶、双穗雀等常被扬子鳄用于营巢。此外还有人工营造的马尾松、国外松、杉木、茶树，以及毛竹、油桐等经济林。

4. 动物资源

保护区内主要的野生动物有扬子鳄、黑麂、苏门羚、穿山甲、豹猫、灰喜鹊等。

扬子鳄为主要保护动物，中国古时称“鼍”，产地的人们称其为“土龙”，是我国特产的、珍贵稀有的淡水鳄类，起源于中生代，已有2亿年生存史的古老爬行动物，是恐龙的近亲，以“活化石”著称于世。扬子鳄为亚热带变温动物，穴居，每年10月下旬到次年4月初，潜伏穴中冬眠，不食不动，在活动季节的阴雨天也伏洞中，晴天则喜出来晒太阳，以提高体温。扬子鳄为食肉动物，喜食螺、蚌、鱼、蛙、鼠、鸟之类的小型动物，消化力强，耐饥力也很强，可半年不进食。体长2m左右，体重10kg，寿命达50～60年，皮肤革质，有角质鳞和骨板，背部暗褐色，腹部灰白色，四肢粗短，后肢趾间有蹼，爬行、游泳都非常敏捷，尾长而有力，在水中既能推动身体前进，又是自卫和攻击的武器。每年5—6月发情，在水上交配，1雄一般与4～5个雌鳄交配，7月在岸上产卵，每次产卵数枚至数十枚。卵大小似鸭蛋。扬子鳄不亲自孵化，靠自然孵化，约70d左右幼鳄破壳而出。扬子鳄性情温顺，一般不伤人，但雌鳄在守护卵巢期间异常凶猛。

六、老山省级自然保护区

1. 基本概况

安徽省老山省级自然保护区位于贵池区东南部，与青阳、石台及九华山风景区毗邻。保护区由刘街、棠溪、梅村三乡 11 个行政村毗连的山场组成，地处东经 117°39′～117°48′，北纬 30°19′～30°27′之间，总面积 26 876hm^2，其中核心区 8 000hm^2、缓冲区6 365hm^2、实验区 12 511hm^2，2001 年建立省级自然保护区。保护区属皖南山区，与九华山一脉相连，一般海拔 300～1 156m，大小山峰 50 余座，千米以上山峰 4 座，最高峰老山海拔 1 156m。境内山峦起伏，地形地貌复杂多变，气候条件优越，土地肥沃，造就了多姿多彩的森林生态景观，具有亚热带典型的植物群落特征，动植物资源十分丰富。

2. 气候水文

保护区年平均气温 16.1℃，极端最低气温－15.6℃，极端最高气温 40.6℃，无霜期 200～210d，区内多雾，平均每年有 100d 以上的云雾日，年平均降雨量 1 700mm。保护区为贵池市第二大河流龙书河的发源地，森林茂密，无工厂污染，水资源极为丰富，水质良好。

3. 植物资源

保护区的主要植被类型为亚热带典型植物群落特征，且生长发育良好，区内共有种子植物 1 557 种，分属 153 科 676 属，其中裸子植物 6 科 13 属 16 种，被子植物 147 科 663 属 1 541 种。保护区内国家和省级保护的珍稀濒危植物 28 种，如银杏、香果树、连香树、天目木姜子、金钱松、青檀、青钱柳、银鹊树等。

4. 动物资源

保护区内动物资源已知兽类 41 种、鸟类 104 种、爬行类 14 种、两栖类 7 种。国家级保护的动物 22 种，包括金钱豹、云豹、梅花鹿、短尾猴等；省级保护的有 38 种，包括棘胸蛙、尖吻蝮、狗獾、花面狸等。

七、岭南省级自然保护区

1. 基本概况

安徽省岭南省级自然保护区位于安徽休宁县最南端，皖、浙、赣三省交会地带，属于黄山山脉、天目山北麓，安徽省的最南端，地处东经 119°10′～119°20′，北纬 29°30′～30°05′之间，总面积 2 771hm^2，1995 年批准建立省级自然保护区。保护区内植被完好，林木茂盛，森林覆盖率为 90.1%，绿化率为 98%，天然阔林叶占全区总面积的 68%，近 800hm^{2}山场属天然次生原始森林，是目前全省保护最好的天然阔叶林之一，而且具有我国亚热带南北植物分布最典型的过渡地带特点，蕴藏着本省其他地方罕见或没有的珍稀动植物群，是野生动植物栖息和衍生的最好地带。

2. 气候水文

保护区属于中亚热带季风气候，雨量充沛，年平均气温 16.2℃，极端最低气温－8.1℃，极端最高气温 39.0℃，年平均降水量 1800～2000mm，无霜期 220d。

3. 植物资源

保护区植被区划属我国东部中亚热带常绿阔叶林的北部边缘，共发现珍稀植物 31 种，其中具有代表性的植物有南方红豆杉、野含笑、苦丁茶、八角莲、长序榆等。在保护区内还发现有成片的南方红豆杉、黄山木兰、香果树、野含笑等天然林分布。

4. 动物资源

保护区内动物资源丰富，共有珍稀动物 323 种，其中重点保护的动物有大鲵、尖吻蝮、白颈长尾雉、白鹇、云豹、黑麂、穿山甲、红隼等 40 余种。

八、皇甫山省级自然保护区

1. 基本概况

皇甫山自然保护区位于安徽省滁州市西部，地处东经 117°58′～118°03′，北纬 32°17′～32°25′之间，总面积 3 600hm²，1982 年 6 月批准建立省级自然保护区。皇甫山为淮阴山脉向东延伸的余脉，为华阳山系典型的低山丘陵地貌，是皖东的屋脊，境内“北将军”为皖东最高峰，海拔 399.2m。

2. 气候水文

保护区地处亚热带边缘，气候温和，四季分明，年平均气温 14.3℃，极端最低气温－19.0℃，极端最高气温 41.2℃，年平均降水量 1 060mm，山脊两侧多云雾，无霜期 210～230d。

3. 植物资源

保护区森林植被为含有少量常绿落木的北亚热带落叶阔叶次生林，森林覆盖率 86.6%。区内有植物 149 科 820 种，其中属国家级和省级保护植物有银杏、榉树、凹叶厚朴、青檀等，区内有近万亩黄檀林，林相整齐， 生机盎然，实属罕见，此外还有千年古树及七叶一枝花、灵芝等名贵中药材。

4. 动物资源

保护区内有哺乳动物 17 种，包括獐、小灵猫等珍贵野生动物；鸟类 138 种，约占全省鸟类总数的 40%；两栖爬行类 12 种。属于国家保护动物有河麂、小灵猫、水獭、雕鸮、鸳鸯、仙八色鸦等。由于区内地形复杂，具有区域性小气候的特征，是南来北往鸟类栖息、停歇补饵的场所，特别是为鹭类提供了良好的生活环境，每年 4 月，10 余万只鹭鸟由南方陆续迁徙到此，取食营巢，繁殖后代，有“白鹭洲”之称。

九、皇藏峪省级自然保护区

1. 基本概况

皇藏峪自然保护区位于安徽省萧县东南，地处东经 117°03′～117°06′，北纬 34°00′～34°06′之间，总面积 2 100hm²，1982 年批准建立省级自然保护区，1992 年被批准建立为国家森林公园。保护区的地貌类型为山东古老丘陵向南的延伸，统称“龙岗山”，海拔在 100～300m 之间，最高峰海拔 380m。该区是淮北地区唯一能反映历史上生物群落面貌的区域，具有重要的科研价值。

2. 气候水文

皇藏峪属暖温带向北亚热带过度的半湿润季风气候，四季分明，年平均气温 14.3℃，1 月份平均温度－0.2℃，7 月份平均气温 27.0℃，年平均降水量 850～900mm，无霜期

210～220d，小气候较明显。

3. 植物资源

保护区植被区划上属暖温带落叶阔叶林区，是北亚热带和暖温带过渡地带，森林植被以华北植物区系成分为主。区内共有木本植物 54 科 110 属 199 种，草本植物 700 余种，森林覆盖率 59%，系全省唯一保存较完好的成片暖温带落叶阔叶林群落。

4. 动物资源

保护区共有鸟类 12 目 26 科 58 种，其中留鸟 17 种、夏候鸟 21 种、冬候鸟 3 种、旅鸟 17 种。石鸡为本区鸟类的新纪录。

十、歙县清凉峰省级自然保护区

1. 基本情况

保护区位于安徽省歙县境内清凉峰南坡，是安徽省歙县、绩溪和浙江临安三县（市）的交界处，位于东经 118°50′～118°535′，北纬 30°40′～30°70′之间，总面积 1 000hm²，1982 年批准建立省级自然保护区。清凉峰系浙江省天目山向西南的延伸部分，属强切割的山地，区内群峰林立，多悬崖峭壁，坡度陡峭，最高峰海拔 1 878.4m，为皖南第二高峰。

2. 气候水文

保护区属亚热带季风气候区，温暖多雨，四季分明，气候宜人，且具有垂直差异的地带性气候特征。海拔 350m 处年平均气温 15.0℃左右，年降水量 1 500～1 700mm，无霜期 237 天；海拔 1 400m 处年平均气温 9.7℃左右，年降水量 2 500～2 700mm，无霜期 170d。区内溪流纵横，系新安江水系。

3. 植物资源

保护区内有苔类植物 22 科 30 属 58 种，藓类植物 39 科 116 属 252 种，维管束植物 183 科 619 属 1 335 种。属于国家保护的植物有银杏、红豆杉、南方红豆杉、香果树、连香树、鹅掌秋、华东黄衫杉等。山峰顶部有成片的珍珠黄杨，它们生长在陡壁的岩石缝里，一二百年才有 1～2cm 粗，枝条盘旋曲转、千姿百态，极细密的小叶片呈深绿、浅绿、黄红等，色彩斑烂，被喻为高山天然盆景，也是珍贵的园艺珍品。

4. 动物资源

保护区陆栖脊椎动物有 22 目 53 科 134 种，其中兽类 7 目 15 科 31 种、鸟类 10 目 29 科 79 种、爬行类 3 目 6 科 14 种、两栖类 2 目 4 科 10 种。属国家一级保护动物的，有云豹、梅花鹿、黑鹿、白颈长尾雉，二级保护动物有猕猴、黑熊、原麝、大灵猫、小灵猫、穿山甲、白鹇、勺鸡、雀鹰、长耳鸮等。

附录　安徽省常见野生动植物名录

为了方便野外实习，根据安徽省高等学校生物类专业动植物学野外实习的实际情况编制了本名录。考虑到安徽省大部分高校野外实习的基地一般设在黄山（天目山）和大别山（鹞落坪、天马）等地，因此为了节省篇幅，同时考虑到本书的实用性，本名录主要收集的是黄山和大别山两地的常见植物和高等动物。植物名录中分别对鹞落坪、天堂寨和黄山三地的植物进行标志，动物名录只收集了两栖类及高等陆生脊椎动物类群，黄山地区分布的高等动物已经特别注明，由于鹞落坪和天堂寨高等动物的种类和分布的相似程度很高，因此予以合并介绍，并以“大别山动物”进行了标注。安徽省其他地区分布的动植物本名录未作详尽收集，特此说明。本名录系参考多篇资料编辑而成，由于资料较多，恕不能一一列举，在此一并表示感谢。

名录备注中字母代表地区名称：H代表黄山，D代表大别山，T代表天堂寨，Y代表鹞落坪。在科的顺序上，蕨类植物按照秦仁昌系统（1978）排列，裸子植物按照郑万钧系统（1978）排列，被子植物按照恩格勒系统（1964）排列。蕨类植物部分未收录鹞落坪资料。

一、植物名录

（一）蕨类植物

科名	中种和学名	备注
1. 石杉科 Huperziaceae	(1)黄山石杉 *Huperzia whangshanensis* Ching et Chiu	H
	(2)蛇足石杉 *H. serrata* (Thunb.) Trev.	H
	(3)四川石杉 *H. sutchueniana* (Herter.)Ching	H、T
2. 石松科 Lycopodiaceae	(4)石松 *Lycopodiaceae japonicum* Thunb.	H、T
	(5)劲直树状石松 *L. obscurum* L. f. *strictum* (Milde)Nakai ex Hara	T
3. 卷柏科 Selaginellaceae	(6)江南卷柏 *Selaginella moellendorffii* Hieron.	H、T
	(7)卷柏(还魂草) *S. tamariscina* (Beauv.) Spring	H、T
	(8)小卷柏 *S. helvetica* (L.) Link.	T
	(9)毛枝卷柏 *S. trichoclada* Alston.	H
	(10)细叶卷柏 *S. labordei* Hieron.	H
	(11)兖州卷柏 *S. involvens* (Sw.) Spring.	H
	(12)异穗卷柏 *S. heterostachys* Bak.	H、T
4. 木贼科 Equisetaceae	(13)问荆 *Equisetum arvense* L.	H、T
	(14)节节草 *Hippochaete ramosissimum* (Desf.) Boerner	T
5. 阴地蕨科 Botrychiaceae	(15)阴地蕨 *Scepteridium ternatum* (Thunb.) Lyon	T
	(16)蕨萁 *Botrypus virginianus* (L.) Holb.	T
6. 紫萁科 Osmundaceae	(17)紫萁 *Osmunda japonica* Thunb.	H、T
7. 瘤足蕨科 Plagiogyriaceae	(18)华东瘤足蕨 *Plagiogyria japonica* Nakai.	H

科	种	分布
8. 里白科 Gleicheniaceae	(19)芒萁 *Dicranopteris pedata* (Houtt.) Nakaike	H
	(20)里白 *Diplopterygium glaucum* (Thunb. et Houtt.) Nakai	H
	(21)光里白 *D. laevissimum* (Christ) Nakai	H
9. 海金沙科 Lygodiaceae	(22)海金沙 *Lygodium japonicum* (Thunb.) Sw.	H、T
10. 膜蕨科 Hymenophylleae	(23)多脉假脉蕨 *Crepidomanes insigne* (V. d. B.) Fu	T
	(24)膜蕨 *Hymenophyllum barbatum* (V. d. B.) Bak.	H、T
	(25)黄山膜蕨 *H. whangshanense* Ching et Chiu	H
	(26)细叶路蕨 *Mecodium polyanthos* (Sw.) Cop.	H
	(27)团扇蕨 *Gonocomus minutus* (Blume.) V. d. B	H、T
	(28)小果蕗蕨 *Mecodium microsorum* (V. d. B) Ching	T
11. 碗蕨科 Dennstaedtiaceae	(29)边缘鳞盖蕨 *Miclolepia marginata* (Houtt.) C. chr.	H
	(30)细毛碗蕨 *Dennstaedtia hirsuta* (Sw.) Mett. et Miq.	H、T
	(31)溪洞碗蕨 *D. wilfordii* (Moore) Christ	T
12. 鳞始蕨科 Lindsaeaceae	(32)乌蕨 *Stenoloma chusanum* (L.) Ching	H
13. 蕨科 Pteridiaceae	(33)蕨 *Pteridum aquilinum* (L.) Kuhn var. *latiuculum* (Desv.) Underw	H、T
14. 凤尾蕨科 Pteridaceae	(34)井口边草 *Pteris multifida* Poir.	H、T
	(35)半边旗 *P. semipinnate* L.	H
	(36)刺齿凤尾蕨 *P. dispar* Kunze	H
15. 中国蕨科 Sinoptoridaceae	(37)野雉尾金粉蕨 *Onychium japoncium* (Thunb.) Kunze	H、T
16. 裸子蕨科 Gymnogrmnmaceae	(38)凤丫蕨 *Conigrmmme japonica* (Thunb.) Diels	H、T
	(39)普通凤丫蕨 *C. intermedia* Hieron.	T
	(40)南岳凤丫蕨 *C. centrochinensis* Ching	H
17. 书带蕨科 Vittariaceae	(41)书带蕨 *Vittaria flexuosa* Fee	H
	(42)平肋书带蕨 *V. fundzinoi* Makino	H
	(43)细叶书带蕨 *V. filiipes* Christ	H
18. 蹄盖蕨科 Athyriaceae	(44)华东蹄盏蕨 *Athyrium nipponcum* (Mett.) Koidz	H
	(45)长江蹄盖蕨 *A. iseanum* Ros.	H
	(46)光蹄盖蕨 *A. stoporum* (Miq.) Koidz.	H、T
	(47)软刺蹄盖蕨 *A. strigillosum* Moore	H
	(48)尖头蹄盖蕨 *A. vidialii* (Fr. Et Sav.) Nakai	H
	(49)华中蹄盖蕨 *A. wardii* (Hook.) Makino	H、T
	(50)横须贺蹄盖蕨 *A. yokoscense* (Fr. Et Sav.) Christ	H
	(51)假蹄盖蕨 *Ahyriopsis japonica* (Thunb.) Ching	H、T
	(52)华中介蕨 *Dryoathyrium okuboanum* (Makino) Ching	H
	(53)东亚羽节蕨 *Gymnocarpium oyamense* (Bak.) Ching	H、T
	(54)华中蛾眉蕨 *Lunathyrium centro chinense* Ching	T
	(55)有鳞短肠蕨 *Allantodia squamigera* (Mett.) Ching	H、T
19. 金星蕨科 Thelypteridaceae	(56)金星蕨 *Parathelypteris glanduligera* (Kunze.) Ching	H
	(57)中华金星蕨 *P. chinensis* (Ching) Ching	H、T
	(58)中日金星蕨 *P. nipponica* (Franch. et. Sav.) Ching	T
	(59)林下凸轴蕨 *Metathelypteris hattorii* (H. Ito) Ching	H、T

	(60)疏羽凸轴蕨 *M. Laxa* (Franch. Et Sav.) Ching	H、T
	(61)针毛蕨 *Macrothelypleris oligophlebia* (Bak.) Ching	H、T
	(62)延羽卵果蕨 *Phegopteris decursive pinnata* (van Hall) Fee	H、T
	(63)渐尖毛蕨 *Cyclosorus acuminatus* (Houtt.) Nakai	H、T
20. 铁角蕨科 Aspleniaceae	(64)铁角蕨 *Asplenium trichomsnes* L.	H、T
	(65)虎尾铁角蕨 *A. incisum* Thunb.	H、T
	(66)倒挂铁角蕨 *A. mormale* Don	H
	(67)华中铁角蕨 *A. sarelii* Hook.	H
	(68)三翅铁角蕨 *A. tripteropus* Nakai	H
	(69)半边铁角蕨 *A. unilaterale* Lam.	H
	(70)狭翅铁角蕨 *A. wrightii* Eaton	H
	(71)毛枝蕨 *Leptorumohra miqueliana* (Maxim.) H. Ito	T
	(72)黑鳞耳蕨 *Polystichum makin* Tagawa	T
	(73)革叶耳蕨 *P. neolobatum* Nakai	T
	(74)棕鳞耳蕨 *P. retrosopeleaceum* Tagawa	T
	(75)三叉耳蕨 *P. tripteron* (Kze.) Presl	T
21. 球子蕨科 Onocleaceae	(76)东方荚果蕨 *Matteuccia orientalis* (Hook.) Trev.	H、T
22. 岩蕨科 Woodsiaceae	(77)膀胱岩蕨 *Protowoodsia manchuriensis* Ching	T
	(78)耳羽岩蕨 *Woodsia polystichoides* Eaton	T
23. 乌毛蕨科 Blechnaceae	(79)狗脊蕨 *Woodwaria japonica* (L. F.) Sm.	H、T
	(80)胎生狗脊蕨 *W. prolifera* Hook. et Arn.	H
24. 鳞毛蕨科 Dryopteridaceae	(81)黄山鳞毛蕨 *Dryopteris whangshanensis* Ching	H、T
	(82)两色鳞毛蕨 *D. bissetiana* (Bak.) C. Chr.	H、T
	(83)阔鳞鳞毛蕨 *D. championii* (Benth.) C. Chr.	H、T
	(84)中华鳞毛蕨 *D. chinensis* (Bak.) C. Chr.	H
	(85)暗鳞鳞毛蕨 *D. cycadina* (Franch. et Sav.) C. Chr.	H
	(86)迷人鳞毛蕨 *D. decipiens* (Hook.) O. Ktze.	H
	(87)黑足鳞毛蕨 *D. fuscipes* C. Chr.	H、T
	(88)齿头鳞毛蕨 *D. labordei* (Christ) C. Chr.	H
	(89)狭顶鳞毛蕨 *D. lacera* (Thunb.) O. Ktze.	T
	(90)变异鳞毛蕨 *D. varia* (L.) O. Ktze.	H、T
	(91)奇数鳞毛蕨 *D. sieboldii* (Van Houtte) O. K	H
	(92)贯众 *Cyrtomium fortunei* J. Sm.	H、T
25. 叉蕨科 Aspidiaceae	(93)阔鳞肋毛蕨 *C. maximowicziand* (Miq.) Ching	H
26. 水龙骨科 Polypodiaceae	(94)抱石莲 *Lepidogrammitis drymoglossoides* (Bak.) Ching	T
	(95)水龙骨 *Polypodium amoenum* Wall.	H、T
	(96)中华水龙骨 *P. pseudoamoenum* (Ching) Ching	T
	(97)盾蕨 *Neolepisorus ovatus* (Bedd.) Ching	H
	(98)瓦韦 *Lepisorus thunbergianus* (Kaulf.) Ching	H
	(99)鳞瓦韦 *L. oligolepidus* (Bak.) Ching	H、T
	(100)远叶瓦韦 *L. distans* (Makino) Ching	T

	(101)粤瓦韦 *L. obscure venulosus* (Hay.) Ching	T
	(102)乌苏里瓦韦 *L. ussuriensis* (Regel et Maack) Ching	T
	(103)黄瓦韦 *L. asterolepis* (Bak.) Ching	H
	(104)披针叶骨牌蕨 *Lepidorammitis christensenii* (Ching) Ching	H
	(105)石韦 *Pyrrosia lingua* (Thunb.) Farw	H
	(106)庐山石韦 *P. sheareri*(bak.) Ching	H、T、H
	(107)相似石韦 *P. assimilis* (Bak.) Ching	H
	(108)有柄石韦 *P. petiolosa* (Christ) Ching	T
	(109)石蕨 *Saxiglossum angustissium* (Gies.) Ching.	H
	(110)金鸡脚 *Phymatopteris hastata* (Thunb.) Kitag	H、T
	(111)大果假瘤蕨 *P. gviffithiana* (Hook.) J. Sm.	H
27. 槲蕨科 Drynariaceae	(112)槲蕨 *Drynaria fortunei* (Kze.) J. Sm.	H
28. 剑蕨科 Loxogrammaceae	(113)褐柄剑蕨 *Loxogramme saziran* Tagawa	H、T
	(114)匙叶剑蕨 *L. grammitoides* (Bak.) C. Chr.	H、T
	(115)柳叶剑蕨 *L. salicifolia* (Mak.) Mak.	H
	(116)中华剑蕨 *L. chinensis* Ching	T

(二)裸子植物

科名	中种和学名	备注
1. 银杏科 Ginkgoaceae	(1)银杏 *Ginkgo biloba* L.	H、T、Y
2. 松科 Pinaceae	(2)马尾松 *Pinus massoniana* Lamb.	H、T、Y
	(3)黄山松 *P. taiwanensis* Hayata	H、T、Y
	(4)大别山五针松 *P. dabeshanensis* Cheng et Law	T. Y
	(5)华山松 *P. armandi* Franch.	Y
	(6)金钱松 *Pseudolarix kempferi* Gord.	H、T、Y
	(7)华东黄杉 *Pseudotsuga gaussenii* Flous.	H
3. 杉科 Taxodiaeene	(8)柳杉 *Cryptomeria fortunei* Hooibrenk ex Otto. et Dietr.	H
	(9)杉木 *Cunninghamia lanceolata* (Lamb.) Hook.	H、T、Y
	(10)水杉 *Metasequaia glyptostroboides* Hu et Cheng	H
4. 柏科 Cupressaceae	(11)柏木 *Cupressus funebris* Endl.	H
	(12)侧柏 *Platycladus orientalis* (Linn.) Franco	H
	(13)刺柏 *Juniperus formosana* Hayata	H、Y
	(14)圆柏 *Sabina chinensis* (L.) Ant.	T
	(15)高山柏 *S. squamata* (Buch. Ham.) Antoine.	H
5. 三尖杉科 Cephalotaxaceae	(16)三尖杉 *Cephalotaxus fortunei* Hook. f.	H、T、Y
	(17)粗榧 *C. sinensis* (Rehd. et Wils.) Li	H、T、Y
6. 红豆杉科 Taxaceae	(18)红豆杉 *Taxus chinensis* (Pilg.) Rehd.	H、T
	(19)南方红豆杉 *T. mairei* (Lemee et Lévl.) S. Y. Hu ex Liu	H
	(20)榧树 *Torreya grandis* Fort. ex Lindl.	H、Y
	(21)巴山榧 *T. fargesii* Franch.	T. Y

（三）被子植物

科名	中种和学名	备注
1. 杨梅科 Myricaceae	杨梅属 *Myrica*	
	(1)杨梅 *M. rubra* (Lour.) S. et Z	H
2. 胡桃科 Juglandaceae	山核桃属 *Carya*	
	(2)山核桃 *C. cathayensis* Sarg.	Y、T、H
	青钱柳属 *Cycllocarya*	
	(3)青钱柳 *C. paliurus* (Batal.) Iljinsk	Y、T、H
	胡桃属 *Juglans*	
	(4)华东野核桃 *J. cathayensis* Dode var. *formosana*	Y、T、H
	化香属 *Platycarya*	
	(5)化香树 *P. strobilacea* Sieb. et Zucc	Y、T、H
	枫杨属 *Pterocarya*	
	(6)枫杨(大叶柳) *P. stenoptera* C. DC.	Y、T、H
3. 杨柳科 Salicaceae	杨属 *Populus* L.	
	(7)响叶杨 *P. adenopoda* Maxim.	Y、T、H
	(8)加杨 *P. canadensis* Moench.	Y、H
	(9)钻天杨 *P. nigra* L. var. *italica* (Moench.) Koehne.	H
	(10)小叶杨 *P. simonii* Carr.	T
	柳属 *Salix* L.	
	(11)垂柳 *S. babylonica* L.	Y、H
	(12)皂柳 *S. wallichiana* Anderss	Y、T
	(13)绒毛皂柳 *S. wallichiana* Anderss var. *pachyclada*	Y
	(14)河柳 *S. glandulosa* Seem. nom. Rafin.	H
	(15)杞柳 *S. sinopurpruea* C. Wang et Ch. Y. Yang	Y、T
	(16)银叶柳 *S. chienii* Cheng	Y、T、H
	(17)簸箕柳 *S. suchowensis* Cheng	Y
	(18)腺柳 *S. chaenomeloides* Kimura	Y
	(19)腺叶腺柳 *S. chaenomeloides* Kimura var. *glandulifolia*	Y
	(20)紫柳 *S. wilsonii* Seem.	Y、T
	(21)南川柳 *S. rosthornii* Seem	Y
	(22)旱柳 *S. matsudana* Koidz.	Y、T
	(23)小叶柳 *S. hypoleuca* Seem	Y
4. 桦木科 Betulaceae	桤木属 *Alnus* Mill.	
	(24)江南桤木 *A. trabeculosa* Hand. Mazz.	Y、T、H
	桦木属 *Betula* L.	
	(25)亮叶桦 *B. luminifera* H. Winkl.	Y、T、H
	鹅耳枥属 *Carpinus* L.	
	(26)华千金榆 *C. cordata* Bl. var. chinensis Franch	Y、T
	(27)雷公鹅耳枥 *C. viminea* Wall.	Y
	(28)鹅耳枥 *C. turczaninowii* Hance	Y、T
	(29)湖北鹅耳枥 *C. hupeana* Hu	Y
	(30)川陕鹅耳枥 *C. fargesiana* H. Winkl.	Y

	榛属 *Corylus* L.	
	(31)川榛 *C. hweichowensis*	Y、T
	(32)短柄川榛 *C. hweichowensis* Hu. var. *brevipes* W. J. Liang	Y
	铁木属 *Ostrya* Scop.	
	(33)铁木 *O. japonica* Sarg.	Y
5. 壳斗科 Fagaceae	板栗属 *Castanea* Mill.	
	(34)板栗 *C. mollissima* Bl.	Y、T、H
	(35)茅栗 *C. seguinii* Dode	Y、T、H
	(36)锥栗 *C. henryi* (Skan.) R. et W.	H
	栲属 *Castanopsis* Spach.	
	(37)苦槠 *C. sclerophylla* (Lindl.) Schott	Y、H
	(38)甜槠 *C. eyrei* (Champ.)Tutch.	H
	青冈栎属 *Cyclobalanopsis* Oerst.	
	(39)青冈栎 *C. glauca* (Thunb.) Oerst.	Y、T、H
	(40)小叶青冈 *C. gracilis* (Rehd. et Wils.) Cheng et T. Hong	Y
	(41)细叶青冈 *C. myrsinaefolia* (Bl.) Oerst.	Y、T
	(42)褐叶青冈 *C. stewardiana* (A. Camus) Y. C. Hsu et H. W. Jen	Y
	水青冈属 *Fagus* L.	
	(43)米心水青冈 *F. engleriana* Seem.	Y、T
	(44)光叶水青冈 *F. lucida* Rehd. et Wils.	T
	(45)水青冈 *F. ongipetiolata* Seem	H
	麻栎属 *Quercus* L.	
	(46)栓皮栎 *Q. variabilis* Bl.	Y、T、H
	(47)麻栎 *Q. acutissima* Carr.	Y、H
	(48)小叶栎 *Q. chenii* Nakai	Y、T
	(49)黄山栎 *Q. stewardii* Rehd.	Y、T
	(50)枹栎 *Q. glandulifera* Bl.	T、H
	(51)短柄枹栎 *Q. grandulifera* Bl. var. *brevipetiolata* Nakai	Y、T
	(52)锐齿槲栎 *Q. aliena* Bl. var. *acuteserrata* Maxim.	Y、T
	(53)青栲 *Q. myrsinaefolia* Bl.	H
	石栎属 *Lithocarpus* Bl.	
	(54)椆木(石栎)*L. glaber* (Thunb.)Nakai	T、H
	(55)灰柯 *L. henryi* (Seem.) R. et. W.	H
6. 榆科 Ulmaceae	榉属 *Zelkova* Spach.	
	(56)榉树 *Z. schneideriana* Hand. Mazz	Y、T、H
	(57)光叶榉 *Z. serrata* (Thunb.) Makino	Y、T、H
	朴树属 *Celtis* L.	
	(58)紫弹朴 *C. boindii* Pamp	Y、T
	(59)太叶朴 *C. koraiensis* Nakai	Y、T

科	种	分布
	(60)朴 *C. sinensis* Pers.	H
	(61)珊瑚朴 *C. julianae* Schneid.	T
	(62)天目朴 *C. chekiangensis* Cheng	Y、T
	青檀属 *Pteroceltis* Maxim.	
	(63)青檀 *P. tatarinowii* Maxim.	Y、H
	山黄麻属 *Trema*	
	(64)山油麻 *T. cannabina* Lour. var. *dielsiana* (Hand. Mazz.) C. J. Chen	H
	榆属 *Ulmus* L.	
	(65)大果榆 *U. macrocarpa* Hance	Y
	(66)红果榆 *U. szechuanica* Fang	Y、T
	(67)榔榆 *U. parvifolia* Jacq.	Y、T、H
	(68)白榆 *U. pumila* L.	H
7. 杜仲科 Eucommiaceae	杜仲属 *Eucommia* Oliv.	
	(69)杜仲 *E. ulmoides* Oliv.	Y、T、H
8. 桑科 Moraceae	构树属 *Broussonetia*	
	(70)小构树 *B. kazinoki* Sieb. et Zucc.	Y、T、H
	(71)构树 *B. papyrifera* (L.) Vent.	Y、H
	柘树属 *Cudrania* Trec.	Y
	(72)柘树 *C. tricupidata* (Carr.) Bur.	Y、T、H
	榕树属 *Ficus* L.	
	(73)薜荔 *F. pumila* L.	Y、H
	(74)珍珠莲 *F. sarmentosa* Buch. Ham. ex J. E. Sm. var. *henryi*	Y、T、H
	(75)白背爬藤榕 *F. sarmentosa* Buch. Ham. ex J. E. Sm. var. *nipponica*(Fr. et Sav.)Corner	Y
	(76)爬藤榕 *F. sarmentosa* Buch. Ham. ex J. E. Sm. var. *impressa*	Y、T、H
	桑属 *Morus* L.	
	(77)桑 *M. abla* L.	H
	(78)鸡桑 *M. australis* Poir.	Y、T、H
	(79)华桑 *M. cathayana* Hemsl.	Y、T
	葎草属 *Humulus* L.	
	(80)葎草 *H. scandens* (Lour.) Merr.	Y、T、H
9. 荨麻科 Urticaceae	苎麻属 *Boehmeria* Jacq.	
	(81)细野麻 *B. gracilis* C. H. Wright	Y、T、H
	(82)大叶苎麻 *B. longipica* Steud.	Y、H
	(83)苎麻 *B. nivea* (L.) Gaud.	Y、T、H
	(84)悬铃叶苎麻 *B. platanifolia* franch. et Sav	Y、T、H
	(85)小苎麻 *B. spicata* Thunb.	Y
	楼梯草属 *Elastema* Gaud.	
	(86)楼梯草 *E. involucratum* Franch. et Sav.	Y
	(87)庐山楼梯草 *E. stewardii* Merr.	Y、T、H

科	属/种	
	(88)珠芽楼梯草 *E. stewardii* Merr. f. *bulbiferum* W. T. Wang	Y
	糯米团属 *Gonostegia* Turcz.	
	(89)糯米团 *G. hirta* (Bl.) Miq.	Y、H
	艾麻属 *Laportea* Gaud.	
	(90)珠芽艾麻 *L. bulbifera* (Sieb. et Zucc.) Wedd.	Y、T
	(91)艾麻 *L. macrostachya* (Maxim.) Ohwi.	Y、T
	花点草属 *Nanocnide* Bl.	
	(92)花点草 *N. japonica* Bl.	Y、T
	(93)毛花点草 *N. pilosa* Migo	Y
	冷水花属 *Pilea* Lindl.	
	(94)山冷水花 *P. japonica* (Maxim.) Hand. —Mazz.	Y
	(95)透茎冷水花 *P. pumila* (L.) A. Gray	Y、T、H
	(96)粗齿冷水花 *P. sinofasciata* C. J. Chen	Y、T
	(97)矮冷水花 *P. peploides* (Gaud.) Hook. et Arn.	T
	(98)齿叶矮冷水花 *P. peploides* (Gaud.) Hook. et Arn. var. *major*	Y
	(99)三角叶冷水花 *P. swinglei* Merr.	Y、H
	(100)波缘冷水花 *P. caraletiei* Leol	H
	赤车属 *Fellionia*	
	(101)赤车 *F. radicans* (Sieb. et Zucc.) Wedd.	H
	荨麻属 *Urtica* L.	
	(102)裂叶荨麻 *U. fissa* E. Pritz.	Y
	(103)宽叶荨麻 *U. laetevirens* Maxim.	Y
10. 铁青树科 Olacaceae	青皮木属 *Schoepfia* Schreb.	
	(104)青皮木 *S. jasminodora* Sieb. et Zucc.	Y、T、H
11. 檀香科 Santalaceae	米面蓊属 *Buckleya* Torr	
	(105)米面蓊 *B. henryi* Diels	Y、T
	百蕊草属 *Thesium* L.	
	(106)百蕊草 *T. chinense* Turcz.	Y、T、H
12. 桑寄生科 Loranthaceae	槲寄生属 *Viscum* L.	
	(107)槲寄生 *V. coloratum* (Kom.) Nakai	Y
	桑寄生属 *Taxillus*	
	(108)华东桑寄生 *T. kaempferi* (DC.) Danser.	H
13. 蓼科 Polygonaceae	金钱草属 *Antenoron* Raf.	
	(109)短毛金钱草 *A. neofiliforme* (Nakai) Hara	Y、T
	荞麦属 *Fagoyrum* Gaertn.	
	(110)金荞麦 *F. dibotrys* (D. Don) Hara	Y
	(111)荞麦 *F. esculentum* Moench.	H
	蓼属 *Polygonum* L.	
	(112)萹蓄 *P. avicluare* L.	Y、T、H
	(113)拳参 *P. bistorta* L.	T
	(114)杠板归 *P. perfoliatum* L.	Y、T、H

	(115)虎杖 *P. cuspidatum* Sieb. et Zucc.	Y、T、H
	(116)齿翅蓼 *P. dentatoalatum* F. Schm. ex Maxim.	T
	(117)稀花蓼 *P. dissitiflorum* Hemsl.	Y、T
	(118)披针叶蓼 *P. hastato sagittatun* Makino	Y、T
	(119)水蓼 *P. hydropiper* L.	Y、T、H
	(120)蚕茧草 *P. japonicum* Meisn	Y
	(121)显花蓼 *P. conspicuum* (Nakai) Nakai	Y
	(122)酸模叶蓼 *P. lapathifolium* L.	Y
	(123)长鬃蓼 *P. longisetum* De Bruyn	Y、T
	(124)愉悦蓼 *P. jucundum* Meisn.	Y
	(125)绵毛酸模叶蓼 *P. lapathifolium* L. var. *salicifolium* Sibth.	Y
	(126)何首乌 *P. multiflorum* Thunb.	Y、T、H
	(127)小花蓼 *P. muricatum* Meisn.	Y
	(128)尼泊尔蓼 *P. nepalense* Meisn.	Y、T、H
	(129)荭草 *P. orientale* L.	Y、T、H
	(130)长尾叶蓼 *P. posumbu* Buch. －Ham. ex D. Don	Y
	(131)无辣蓼 *P. pubescens* Bl.	Y
	(132)春蓼 *P. persicaria* L.	Y、T
	(133)刺蓼 *P. senticosum* (Meisn.) Franch. et sav.	Y、T
	(134)箭叶蓼 *P. sieboldii* Meisn.	Y
	(135)大箭叶蓼 *P. sagittifolium* Levl. et vant.	Y、T
	(136)支柱蓼 *P. suffultum* Maxim.	Y、T
	(137)细叶蓼 *P. taquetii* Lévl.	T
	(138)戟叶蓼 *P. thunbergii* Sieb. et Zucc.	Y、T、H
	(139)粘毛蓼 *P. viscsum* Buch. －Ham. ex D. Don	Y
	(140)粘液蓼 *P. viscoferum* Makino	T
	(141)火炭母 *P. chinense* L.	H
	(142)习见蓼 *P. plebeium* R. Br.	H
	(143)头花蓼 *P. alatum* Buch－hom ex D. Du	Y
	酸模属 *Rumex* L.	
	(144)酸模 *R. acetosa* L.	Y、T、H
	(145)羊蹄 *R. japonicus* Houtt.	Y、T、H
14. 商陆科 Phytolaccaceae	商陆属 *Phytolacca* L.	
	(146)商陆 *P. acinosa* Roxb.	Y、T、H
	(147)美洲商陆 *P. americana* L.	Y、T
15. 粟米草科 Molluginaceae	粟米草属 *Mollugo* L.	Y
	(148)粟米草 *M. pentaphylla* L.	Y、T、H
16. 马齿苋科 Portulacaceae	马齿苋属 *Portulaca* L.	Y
	(149)马齿苋 *P. oleracea* L.	Y、T、H
	土人参属 *Talinum* Adans.	
	(150)土人参 *T. paniculatum*(Jacq.) Gaertn.	T

科	属/种	分布
17. 石竹科 Caryophyllaceae	蚤缀属 *Arenearia* L.	
	(151)蚤缀 *A. serpyllifolia* L.	Y、T
	卷耳属 *Cerastium* L.	
	(152)簇生卷耳 *C. caespitosum* Gilib.	Y、T、H
	(153)球序卷耳 *C. glomeratum* Thuill.	Y、T
	狗筋蔓属 *Cucubalus* L.	
	(154)狗筋蔓 *C. baccifer* L.	Y、T
	石竹属 *Dianthus* L.	
	(155)瞿麦 *D. superbus* L.	Y、T、H
	剪秋罗属 *Lychnis* L.	
	(156)剪秋罗 *L. coronata* Thunb.	Y、T
	鹅肠菜属 *Malachium* Fries	
	(157)鹅肠菜 *M. aquaticum* (L.) Fries	Y、T、H
	女娄菜属 *Melandrium* Roehl.	
	(158)女娄菜 *M. apricum* (Turcz.) Rohrb.	Y、T
	孩儿参属 *Pseudostellaria* Pax	
	(159)蔓假繁缕 *P. davidii* (Franch.)Pax ex Pax et Hoffm	Y、T
	(160)异花假繁缕 *P. heterantha* (Maxim.) Pax ex Pax et Hoffm.	Y
	(161)孩儿参 *P. heterophylla* (Miq.) Pax ex Pax et Hoffm.	Y、T
	漆姑草属 *Sagina* L.	
	(162)漆姑草 *S. japonica* (Sw.) Ohwi	Y、T、H
	蝇子草属 *Silene* L.	
	(163)麦瓶草 *S. conoidea* L.	T
	(164)高雪轮 *S. armeria* L.	H
	(165)野蚊子草 *S. fortunei* Vis.	Y、T、H
	繁缕属 *Stellaria* L.	
	(166)雀舌草 *S. alsine* Grimm.	Y、T、H
	(167)中国繁缕 *S. chinensis* Regel.	Y、T、H
	(168)赛繁缕 *S. neglecta* Weihe.	T
	(169)湿地繁缕 *S. palustris* Ehrh.	Y、T
	(170)繁缕 *S. media* (L.) Cyr.	Y、H
18. 藜科 Chenopodiaceae	藜属 *Chenopodium* L.	
	(171)藜 *C. album* L.	Y、T、H
	(172)土荆芥 *C. ambrosioides* L.	Y、T
19. 苋科 Amaranthaceae	莲子草属 *Alternanthera* (L.) DC.	
	(173)莲子草 *A. aeaailis* (L.) DC.	Y
	牛膝属 *Achyranthes* L.	
	(174)牛膝 *A. bidentata* Bl.	Y、T、H
	(175)少毛牛膝 *A. bidentata* Bl. var. japonica Miq.	Y、T
	(176)柳叶牛膝 *A. longifolia* (Makino) Makino	Y、T

科	属/种	分布
	苋属 *Amaranthus* L.	
	(177)凹头苋 *A. lividus* L.	Y
	(178)绿穗苋 *A. hybridus* L.	Y、T
	(179)苋 *A. tricolor* L.	H
	青葙属 *Celosia* L.	
	(180)青葙 *C. argentea* L.	Y、T、H
20. 木兰科 Magnoliaceae	鹅掌楸属 *Liriodendron* L.	
	(181)鹅掌楸 *L. chinense* Sarg.	Y、T、H
	(182)北美鹅掌楸 *L. tulipifera* L.	H
	木兰属 *Magnolia* L.	
	(183)玉兰 *M. denudata* Desr.	Y、T、H
	(184)黄山木兰 *M. cylindrica* Wils.	Y、H
	(185)厚朴 *M. offcinalis* Rehd. et Wils.	Y、T、H
	(186)凹叶厚朴 *M. offcinalis* Rehd. et Wils. subsp. biloba	Y、T、H
	(187)天目木兰 *M. amoena* Cheng	T、H
	(188)天女花 *M. sieboldii* K. Koch	Y、T、H
	含笑属 *Michelia*	
	(189)含笑 *M. figo* (Lour)Sprang.	H
	木莲属 *Magnolietia*	
	(190)木莲 *M. fordiana* (Hemsl.) Oliv.	H
21. 五味子科 Schisandraceae	南五味子属 *Kadsura*	
	(191)南五味子 *K. longepedunculata* Finet et Gagnep	Y、T、H
	五味子属 *Schisandra* Michx.	
	(192)二色五味子 *S. bicolor* Cheng	Y、T
	(193)华中五味子 *S. sphenanthera* Rehd. et Wils.	Y、T
	(194)瘤枝五味子 *S. tuberculata* Law	T
	(195)棱枝五味子 *S. henryi* Clarke	Y
22. 八角茴香科 Illiciaceae	八角属 *Illicium* L.	
	(196)披针叶茴香(莽草)*I. lanceolatum* A. C. Smith	Y、T、H
23. 蜡梅科 Calycanthaceae	蜡梅属 *Chimonanthus*	
	(197)蜡梅 *C. spraecox* (L.) L.	H
24. 樟科 Lauraceae	樟属 *Cinnamomum* Trew	
	(198)天竺桂 *C. japonicum* Sieb.	Y、T
	(199)细叶香桂 *C. chingii* Metc.	H
	(200)樟 *C. camphora* (L.)Presl	H
	(201)浙江桂 *C. chekiangensis* Nakai.	H
	山胡椒属 *Lindera* Thunb.	
	(202)江浙山胡椒 *L. chienii* Cheng	Y
	(203)红果山胡椒 *L. erthrocarpa* Makino	Y、T
	(204)绿叶甘橿 *L. fruticosa* Hemsl.	Y、T
	(205)山胡椒 *L. glauca* (Sieb. et Zucc.) Bl.	Y、T、H
	(206)三桠乌药 *L. obtusiloba* Bl.	Y、T
	(207)乌药 *L. strychnifolia* (S. et. Z) Vill.	H

科	属/种	分布
	(208)大果山胡椒 *L. praecox* (Sieb. et Zucc.) Bl.	Y、T
	(209)山橿 *L. reflexa* Hemsl.	Y、T、H
	(210)红脉钓樟 *L. rubronervia* Gamble	Y、H
	(211)红果钓樟 *L. crythrocarpa* Mak.	H
	(212)红叶甘橿 *L. cercidifolia* Hemsl.	H
	木姜子属 *Litsea* Lam.	
	(213)天目木姜子 *L. auriculata* Chien et cheng	Y、T
	(214)豹皮樟 *L. coreana* Levl. var. *sinensis* (Allen)Yang et P. H. Huang	Y、T、H
	(215)山鸡椒 *L. acubeba* (Lour.) Pers.	Y
	(216)山仓子 *L. cubeba* (Lour.)Pers.	H
	(217)黄丹木姜子 *L. elongata* (Wall. ex Nees) Benth. et Hook. f.	Y、T
	红楠属 *Machilus*	
	(218)红楠 *M. thunbergii* S. et Z.	H
	楠木属 *Phoebe* Nees	
	(219)紫楠 *P. sheareri* (Hemsl.) Gsmble	Y、H
	(220)湘楠 *P. hunanensis* Hand. —Mazz.	Y、T
	檫木属 *Sassafras* Trew	
	(221)檫木 *S. tzumu* (Hemsl.) Hemsl.	Y、T、H
25. 领春木科 Eupteleaceae	领春木属 *Eupelea* Sieb. et Zucc.	
	(222)领春木 *E. pleiosperma* Hook. f. et Thoms. f. *francheti*	Y、T
26. 连香树科 Cercidiphyllaceae	连香树属 *Cercidiphyllum* Sieb. et Zucc.	
	(223)连香树 *C. japonicum* Sieb. et Zucc.	Y、T、H
27. 毛茛科 Ranunculaceae	乌头属 *Aconitum* L.	
	(224)乌头 *A. carmichaelii* Debx.	Y、T
	(225)黄山乌头 *A. carmichaelii* Debx. var. *hwangshanicum*	Y、T、H
	(226)赣皖乌头 *A. finetianum* Hand. —Mazz.	Y、T
	(227)瓜叶乌头 *A. hemsleyanum* Pritz.	Y、T
	(228)川鄂乌头 *A. henryi* Pritz.	Y
	(229)展毛川鄂乌头 *A. henryi* Pritz. var. *villosum* W. T. Wang	Y
	(230)花葶乌头 *A. scaposum* Franch.	T
	类叶升麻属 *Actaea* L.	
	(231)类叶升麻 *A. asiatica* Hara	T
	(232)红果类叶升麻 *A. erythrocarpa* Fisch.	Y
	银莲花属 *Anemone* L.	
	(233)鹅掌草 *A. flaccida* F. Schmidt.	Y、T
	(234)秋牡丹 *A. hupehensis* Lem. var. *japonica*	T
	升麻属 *Cimicifuga* L.	
	(235)小升麻 *C. acerina* (Sieb. Et Zucc.) Tanaka	Y、T
	(236)升麻 *C. foetida* L.	Y、T
	铁线莲属 *Clematis* L.	
	(237)女萎 *C. apliifolia* DC.	Y

(238)钝齿铁线莲 *C. apliifolia* DC. var. *obtusidentata* Rehd. et Wils. Y

(239)粗齿铁线莲 *C. argentilucida* (Levl. et Vant.) W. T. Wang Y、T

(240)安徽威灵仙 *C. anhweiensis* M. C. Chang Y

(241)短柱铁线莲 *C. cadmia* Buch－Ham. T

(242)威灵仙 *C. chinensis* Osbeck Y、T、H

(243)毛叶威灵仙 *C. chinensis* Osbeck f. *xestita* Rehd. et Wils. Y

(244)大花威灵仙 *C. courtoisii* Hand. －Mazz. Y、H

(245)山木通 *C. finitiana* Levl. et Vant. Y、T、H

(246)扬子铁线莲 *C. ganpiniana* (Levl. et Vant.) Tamura Y、T

(247)大叶铁线莲 *C. heracleifolia* DC. Y、T

(248)毛蕊铁线莲 *C. lasiandra* Maxim. Y、T

(249)绣球藤 *C. montana* Buch. －Ham. Y、T、H

(250)柱果铁线莲 *C. uncinata* Champ. Y、T

(251)铁线莲 *C. florida* Thunb. H

人字果属 *Dichocarpum* W. T. Wang et Hsiao

(252)纵肋人字果 *D. fargesii* (Franch.) W. T. Wang et Hsiao T

黄连属 *Coptis* Salisb.

(253)黄连 *C. chinensis* Franch. Y

(254)短萼黄连 *C. chinensis* Franch. var. *brevisepala* Y

翠雀属 *Delphinium* L.

(255)还亮草 *D. anthriscifolium* Hance Y、H

(256)三小叶翠雀花 *D. trifoliolatum* Finet et Gagnep Y

白头翁属 *Pulsatilla* Adans.

(257)白头翁 *P. chinensis* (Bunge) Regel Y、T

毛茛属 *Ranunculus* L.

(258)禺毛茛 *R. cantoniensis* DC. Y、T

(259)毛茛 *R. japonicus* Thunb. Y、T、H

天葵属 *Semiaquilegia* Makino

(260)天葵 *S. adoxoides*(DC.) Makino Y、T

獐耳细辛属 *Hepatica* Mill.

(261)獐耳细辛 *H. nobilis* Schreb. var. *asiatica* (Nakai) Hara Y、T

唐松草属 *Thalictrum* L.

(262)尖叶唐松草 *T. acutifolium* (Hand. －Mazz.) Boivin Y、T

(263)唐松草 *T. aquilegifolium* L. var. *sibiricum* Regel. et Tiling Y、T

(264)大叶唐松草 *T. faberi* Ulbr. Y、T、H

(265)华东唐松草 *T. fortunei* S. Moore Y、T、H

	(266)东亚唐松草 *T. minus* L. var. *hypoleucum* (Sieb. et Zucc.) Miq.	Y、T
28. 小檗科 Berberidaceae	南天竹属 *Nandina* Thunb.	
	(267)南天竹 *N. domestica* Thunb.	Y、H
	十大功劳属 *Mahnnia*	
	(268)阔叶十大功劳 *M. bealii* (Fort.) Carr.	H
	小檗属 *Berberis* L.	
	(269)安徽小檗 *B. anhweiensis* Ahrendt.	Y、T、H
	(270)直穗小檗 *B. dasystachya* Maxim	Y
	(271)日本小檗 *B. thunbergii* DC.	T
	(272)庐山小檗 *B. virgetorun* Schneid.	Y
	八角莲属 *Dysosma* Wood.	
	(273)八角莲 *D. versipellis* (Hance) M. Cheng	Y、T
	(274)六角莲 *D. pleiantha* (Hance) Woods.	T、H
	淫羊藿属 *Epimedium* L.	
	(275)箭叶淫羊藿 *E. sagittatum* (Sieb. et Zucc.)Maxim.	Y、T、H
	(276)淫羊霍 *E. grandiflorum* Morr.	H
	牡丹草属 *Leontice* L.	
	(277)牡丹草 *L. robusta* (Maxim.)Diels	Y、T
29. 大血藤科 Sargentodoxaceae	大血藤属 *Sargentodoxa*	
	(278)大血藤 *S. cuneata* (Oliv.) Rehd et Wils.	Y、T、H
30. 木通科 Lardizabalacea	木通属 *Akebia* Decne	
	(279)木通 *A. quinata* (Thunb.) Decne	Y、T、H
	(280)三叶木通 *A. trifoliata* (Thunb.)Koidz.	Y、T、H
	(281)白木通 *A. trifoliata* (Thunb.)Koidz. var. *australis* (Diels) Rehd.	Y、T
	猫儿屎属 *Decaisnea*	
	(282)猫儿屎 *D. fargesii* Franch.	H
	八月瓜属 *Holboellia*	
	(283)鹰爪枫 *H. coriacea* Diels.	H
31. 防己科 Menispermaceae	木防己属 *Cocculus* DC.	
	(284)木防己 *C. orbiculatus* (L.) DC.	Y、T、H
	蝙蝠葛属 *Menispermum* L.	
	(285)蝙蝠葛 *M. dauricum* DC.	Y、H
	汉防己属 *Sinomenium* Diels.	
	(286)汉防己 *S. acutum* (Thunb.) Rehd. et Wils.	Y、T
	(287)毛汉防己 *S. acutum* (Thunb.) Rehd. et Wils. var. *cinerum*	Y
	千金藤属 *Stephania* Lour.	
	(288)金线吊乌龟 *S. cepharantha* Hayata ex Yamamoto	Y、T
	(289)千金藤 *S. japonica* (Thunb.) Miers	Y、T
32. 三白草 Saururaceae	蕺菜属 *Houtturnia* Thunb.	
	(290)蕺菜 *H. cordata* Thunb.	Y、T、H

科	属/种	分布
33. 金粟兰科 Chloranthiaceae	金粟兰属 *Chloranthus* Sw.	
	(291)丝穗金粟兰 *C. fortunei* Solms.	T
	(292)及己 *C. serratus* (Thunb.) Roem. et Schult	Y、T、H
34. 马兜铃科 Aristolochoaceae	马兜铃属 *Aristolochia* L.	
	(293)马兜铃 *A. debilis* Sieb. et Zucc.	Y、T、H
	(294)绵毛马兜铃 *A. mollissima* Hance	Y、T
	(295)管花马兜铃 *A. tubiflora* Dunn	Y、T
	细辛属 *Asarum* L.	
	(296)细辛 *A. sieboldii* Miq.	T、H
35. 芍药科 Paeoniaceae	芍药属 *Paeonia* L.	
	(297)草芍药 *P. obovata* Maxim.	Y、T、H
	(298)毛叶草芍药 *P. obovata* Maxim. var. *willmottiae* (Stapf) Stern	Y
36. 猕猴桃科 Actinidiaceae	猕猴桃属 *Actinidia* Lindl.	
	(299)软枣猕猴桃 *A. arguta* (Sieb. et Zucc.) Planch. ex Miq.	Y、T
	(300)毛叶硬齿猕猴桃 *A. ctinidia* callosa Lindl. var. *strigillosa*	Y
	(301)中华猕猴桃 *A. chinensis* Planch.	Y、T、H
	(302)葛枣猕猴桃 *A. polygama* Maxim.	Y、T
	(303)黑蕊猕猴桃 *A. melanandra* Franch.	Y、T、H
37. 山茶科 Theaceae	山茶属 *Camellia* L.	
	(304)毛花连蕊茶 *C. fraterna* Hance	Y、T、H
	(305)油茶 *C. oleifera* Abel	Y、T、H
	(306)茶 *C. sinensis* (L.) O. Ktze.	Y、T、H
	木荷属 *Schima*	
	(307)木荷 *S. superba* Gardn. Et Champ.	H
	紫茎属 *Stewartia* L.	
	(308)长柱紫茎 *S. rostrata* Spongb.	Y、T
	(309)紫茎 *S. sinensis* Rehd. et Wils.	Y、T
	(310)天目紫茎 *S. gemmata* Chien. Et Cheng.	H
	柃属 *Eurya* Thunb.	
	(311)翅柃 *E. alata* Kobuski	Y、H
	(312)短柱柃 *E. brevistyla* Kobuski	Y
	(313)柃木 *E. japonica* Thunb.	Y、T
	(314)微毛柃 *E. hebeclados* Ling	Y、T
	(315)格药柃 *E. muricata* Dunn.	Y、T、H
	(316)硬叶柃 *E. rubiginosa*	H
	(317)细齿叶柃 *E. nitida* Korthals	Y、T、H
38. 藤黄科 Guttiferae	金丝桃属 *Hypericum* L.	
	(318)小连翘 *H. erectum* Thunb. ex Murr.	Y
	(319)黄海棠 *H. ascyron* L.	Y、T、H
	(320)赶山鞭 *H. attenuatum* Choisy.	Y、H

	(321)地耳草 *H. japonicm* Thunb.	Y、TH
	(322)蜜腺小连翘 *H. seniawinii* Maxim.	Y、T
	(323)金丝桃 *H. chinensis* L.	H
	(324)元宝草 *H. sampsoni* Hance	H
	红花金丝桃属 *Triadenum* Raf.	
	(325)三腺金丝桃 *T. breviflorum* (Wall. ex Dyer) Y. Kimura	T
39. 罂粟科 Papaveraceae	紫堇属 *Corydalis* Vent.	
	(326)伏生紫堇 *C. decumbens* (Thunb.) Pers.	T、H
	(327)刻叶紫堇 *C. incisa* (Thunb.) Pers.	Y、T、H
	(328)蛇果黄堇 *C. ophiocarpa* Hook. f. et Thoms.	Y、T、H
	(329)黄堇 *C. pallida* (Thunb.) Pers.	Y、T、H
	(330)小花黄堇 *C. racemosa* (Thunb.) Pers.	Y、T、H
	(331)延胡索 *C. yanhusuo* W. T. Wang	T
	(332)齿瓣延胡索 *C. remota* Fisch. et Maxim.	Y
	荷青花属 *Hylomecon* Maxim.	
	(333)荷青花 *H. japonica* (Thunb.) Prantl et Kundig	Y、T、H
	博落回属 *Macleaya* R. Br.	
	(334)博落回 *M. cordata* (Willd.) R. Br.	Y、T、H
40. 十字花科 Cruciferae	拟南芥属 *Arabidopsis* Heynh.	
	(335)拟南芥 *A. thaliana* (L.) Heynh	Y、T
	南芥属 *Arabis* L.	
	(336)匍匐南芥 *A. flagellosa* Miq.	H
	(337)南芥 *A. serrata* Franch. et Sav.	H
	星毛芥属 *Berteroella* O. E. Schulz	
	(338)星毛芥 *B. maximowicaii* (Palil.) O. E. Schulz	Y、T
	荠菜属 *Capsella* Medik.	
	(339)荠菜 *C. bursapastoris* (L.) Medik	Y、T、H
	碎米荠属 *Cardamine* L.	
	(340)安徽碎米荠 *C. anhuiensis* D. C. Zhang et J. Z. Shao	Y
	(341)光头山碎米荠 *C. engleriana* O. E. Schulz	Y、T
	(342)弯曲碎米荠 *C. flexuosa* With.	Y、T、H
	(343)碎米荠 *C. hirsuta* L.	Y、T、H
	(344)弹裂碎米荠 *C. impatiens* L.	T
	(345)毛果碎米荠 *C. impatiens* L. var. *dasycarpa*	Y
	(346)白花碎米荠 *C. leucantha* (Tausch) O. E. Schulz	Y、T、H
	(347)大叶碎米荠 *C. regeliana* Miq.	Y
	(348)华中碎米荠 *C. rubaniana* O. E. Schulz	Y、T
	(349)浙江碎米荠 *C. zhejiangensis* Cheo et R. C. Fang	Y
	葶苈属 *Draba* L.	
	(350)葶苈 *D. nemorosa* L.	Y
	山嵛菜属 *Eutrema* R. Br.	
	(351)岳西山嵛菜 *E. yunnanense* Franch. var. *yexinicum* An	T

	(352)云南山嵛菜 *E. yunnanense* Franch.	T
	(353)细弱山嵛菜 *E. yunnanense* Franch. var. *tenerum* O. E. Schulz	T
	独行菜属 *Lepidium* L.	
	(354)北美独行菜 *L. virginicum* L.	Y
	蔊菜属 *Rorippa* Scop.	
	(355)细子蔊菜 *R. cantoniensis* (Lour.) Ohwi	T
	(356)无瓣蔊菜 *R. dubia* (Pers.) Hara	Y
	(357)印度蔊菜 *R. indica* (L.) Hiern	Y、T、H
41. 金缕梅科 Hamamelidaceae	蜡瓣花属 *Corylopsis* Sieb. et Zucc.	
	(358)蜡瓣花 *C. sinensis* Hemsl.	Y、T、H
	(359)秃蜡瓣花 *C. sinensis* Hemsl. var. *calvescens* Rehd. et Wils.	Y
	(360)小叶蜡瓣花 *C. sinensis* Hemsl. var. *parvifolia* H. T. Chang	Y
	(361)红药蜡瓣花 *C. veitchiana* Bean.	Y、T
	(362)粉背蜡瓣花 *C. hypoglauca* Cheng.	H
	牛鼻栓属 *Foryunearia* Rehd. et Wils.	
	(363)牛鼻栓 *F. sinensis* Rehd. et Wils.	Y、T、H
	金缕梅属 *Hamamelis* L.	
	(364)金缕梅 *H. mollis* Oliv.	Y、T
	银缕梅属 *Shaniodendron* D. Zhu	
	(365)银缕梅 *S. subcaegualum* D. Zhu	T
	枫香属 *Liquidambar* L.	
	(366)枫香 *L. formosana* Hance	Y、T、H
	(367)短萼枫香 *L. acalycina* H. T. Chang	Y
	檵木属 *Loropetalum* R. Br.	
	(368)檵木 *L. chinense* R. Br.	Y、T、H
	蚊母树属 *Distylium*	
	(369)杨梅叶蚊母树 *D. myricoides* Hemsl.	H
42. 景天科 Crassulaceae	瓦松属 *Orostachys* (DC.) Fisch.	
	(370)瓦松 *O. fimbriatus* (Turcz.) Berger	H
	八宝属 *Hylotelephium* H. Ohba.	
	(371)轮叶八宝 *H. verticillatum* (L.) H. Ohba	Y、T
	(372)紫花八宝 *H. mingjinianum* (S. H. Fu) H. Ohba	Y
	(373)八宝 *H. erythrostictum* (Miq.) H. Ohba	Y
	景天属 *Sedum* L.	
	(374)大叶火焰草 *S. drymarioides* Hance	Y
	(375)费菜 *S. aizoon* L.	Y、T、H
	(376)四芒景天 *S. tetractinum* Frod.	Y
	(377)佛甲草 *S. lineare* Thunb.	Y、T、H
	(378)垂盆草 *S. sarmentosum* Bunge	Y、T、H
	(379)凹叶景天 *S. emarginatum* Migo	Y、T、H

(380)东南景天 *S. alfredii* Hance Y、T

(381)大苞景天 *S. amplibraceatum* K. T. Fu Y

(382)宽叶景天 *S. ellacombianum* Praeger Y

(383)四叶景天 *S. quatesnatum* Praeg Y

(384)景天 *S. alboroseum* Bak. H

(385)轮叶景天 *S. vcrticillatum* L. H

(386)藓叶景天 *S. polytrichoides* Hemsl. H

43. 虎耳草科 Saxifragaceae

虎耳草属 *Saxifraga* L.

(387)虎耳草 *S. stolonifera* Meerb. Y、T、H

钻地风属 *Schizophragma*

(388)钻地风 *S. integrifolium* (Fanch.) Oliv. Y、T

(389)小齿钻地风 *S. integrifolium* (Fanch.) Oliv. f. *denticulata* Y、T、H

(390)粉绿钻地风 *S. integrifolia* (Franch.) Oliv. var. *glaucescens* Rehd. T

鼠刺属 *Itea*

(391)长圆叶鼠刺 *I. chinensis* Hook H

黄山梅属 *Kirengeshoma*

(392)黄山梅 *K. palmate* Yatabe. H

黄水枝属 *Tiarella* L.

(393)黄水枝 *T. polyphylla* D. Don Y、T、H

落新妇属 *Astilbe* Buch. —Ham.

(394)大落新妇 *A. grandis* Stapf ex Wils. Y、T

(395)落新妇 *A. chinensis* (Maxim.)Franch. et Sav. Y、T

(396)华南落新妇 *A. austrosinensis* Hand. —Mazz. Y、H

草绣球属 *Cardandra* Sieb. et Zucc.

(397)草绣球 *C. noellendorffii* (Hance) Li Y、T

金腰属 *Chrysosplenium* L.

(398)大叶金腰 *C. macrophyllum* Oliv. Y、T

(399)毛金腰 *C. pilosum* Maxim. var. *valdepilosum* Ohwi Y

(400)异叶金腰 *C. pseudofauriei* Levl. Y、T

(401)中华金腰 *C. sinicum* Maxim. Y、T

溲疏属 *Deutzia* Thunb.

(402)黄山溲疏 *D. glauca* Cheng Y、T、H

(403)圆齿溲疏 *D. crenata* Sieb. et Zucc. Y

(404)宁波溲疏 *D. ningpoensis* Rehd. Y、T、H

(405)溲疏 *D. scabra* Thunb. H

(406)长江溲疏 *D. schneideriana* Rehd. Y、T

冠盖藤属 *Pileostegia*

(407)冠盖藤(青棉花藤)*P. viburnoides* Hook. f. et Thoms. H

绣球属 *Hydrangea* L.

(408)伞形绣球 *H. umbellata* Rehd. Y、T、H

(409)伞花绣球 *H. angustipetala* Hegata Y

科	种	分布
	(410)冠盖绣球 *H. anomala* D. Don	Y、T
	(411)腊莲绣球 *H. aspera* D. Don subsp. *strigosa* (Rehd.) McClint	Y、T
	(412)长柄绣球 *H. longipes* Franch	Y、T
	(413)圆锥绣球 *H. paniculata* Sieb.	Y、T
	(414)中国绣球 *H. scandens* (L. f.) Ser. subsp. *chinensis*	Y、T
	梅花草属 *Parnassia* L.	
	(415)白耳菜(诗人草)*P. foliosa* Hook. f. et Thoms.	T
	山梅花属 *Philadelphus* L.	
	(416)疏花山梅花 *P. brachybotrys* Koehne var. *laxiflorus*	Y
	(417)山梅花 *P. incanus* Koehne	Y、T
	(418)绢毛山梅花 *P. sericanthus* Koehne	Y、T
	(419)牯岭山梅花 *P. sericanthus* Koehne var. *kulingensis* H. —M	H
	冠盖藤属 *Pileostegia*	
	(420)冠盖藤 *P. viburnoides* Hook. f. et Thoms.	Y
	茶藨子属 *Ribes* L.	
	(421)冰川茶藨子 *R. glaciale* Wall.	Y、T、H
44. 海桐花科 Pittosporaceae	海桐花属 *Pittosporum* Banks ex Soland.	
	(422)海金子 *P. illicioides* Makino	Y、T、H
45. 蔷薇科 Rosaceae	绣线菊属 *Spiraea* L.	
	(423)绣球绣线菊 *S. blumei* G. Don	Y
	(424)麻叶绣线菊 *S. cantoniensis* Lour.	T
	(425)中华绣线菊 *S. chinensis* Maxim.	Y、T、H
	(426)渐尖叶绣线菊 *S. japonica* L. f. var. *acuminata* Franch.	Y、T
	(427)李叶绣线菊 *S. prunifolia* Sieb. et Zucc.	Y、T
	(428)三裂绣线菊 *S. trilobata* L.	Y
	(429)菱叶绣线菊 *S. vanhouttei* (Briot) Zabel.	Y
	龙芽草属 *Agrimonia* L.	
	(430)小花龙芽草 *A. nipponica* Koidz. var. *occidentalis* Skalicky	Y、T
	(431)龙芽草 *A. pilosa* L.	Y、T、H
	(432)尼泊尔龙芽草 *A. pilosa* L. var. *nepalensis* (D. Don.) Nakai	Y
	假升麻属 *Aruncus* Adans.	
	(433)假升麻 *A. sylvester* Kostel.	Y、T
	山楂属 *Crataegus* L.	
	(434)野山楂 *C. cuneata* Sieb. et Zucc.	Y、T、H
	(435)湖北山楂 *C. hupehensis* Sarg.	Y、T、H
	(436)山楂 *C. pinnatifida* Bunge	H
	(437)华中山楂 *C. wilsonii* Sarg.	H

蛇莓属 *Duchsenea* Smith

(438)蛇莓 *D. indica* (Andr.) Focke Y、T

白鹃梅属 *Exochorda* Lindl.

(439)白鹃梅 *E. racemosa* (Lindl.) Rehd. T

路边青属 *Geum* L.

(440)路边青 *G.. aleppicum* Jacq Y

(441)柔毛水杨梅 *G.. japonicum* Thunb. var. *chinense* Bolle Y、T

棣棠花属 *Kerria* DC.

(442)棣棠花 *K. japonica* (L.) Dc. Y、T、H

苹果属 *Malus* Mill.

(443)湖北海棠 *M. hupehensis* (Pamp.) Rehd. Y、T

(444)尖嘴林檎 *M. melliana*(H. —M) Rehd. H

臭樱属 *Maddenia* Hook. f. et Thoms.

(445)锐齿臭樱 *M. incisoserrata* Yu et Ku Y、T

石楠属 *Photinia* Lindl.

(446)中华石楠 *P. beauverdiana* Schneid. Y、T

(447)厚叶中华石楠 *P. beauverdiana* Schneid. var. *notabilis* Y

(448)短叶中华石楠 *P. beauverdiana* Schneid. var. *brevi-folia* Card. Y、T

(449)大别石楠 *P . dabieensis* Den. M. B. Y

(450)褐毛石楠 *P. hirsuta* Hand. —Mazz. Y、T

(451)小叶石楠 *P. villosa* (Thunb.) DC. var. *parvifolia* Y、T

(452)华毛叶石楠 *P. villosa* (Thunb.) DC. var. *sinica* Rehd. et Wils. Y、T

(453)光叶石楠 *P. glabra*(Thunb.) Maxim. H

(454)石楠 *P. serrulata* Lindl. H

水杨梅属 *Guem*

(455)水杨梅 *G. japonicum* Thunb. H

委陵菜属 *Potentilla* L.

(456)委陵菜 *P. chinensis* Ser. T

(457)三叶委陵菜 *P. freyniana* Bornm. Y、T、H

(458)中华三叶委陵菜 *P. freyniana* Bornm. var. *sinica* Migo Y

(459)蛇含委陵菜 *P. kleiniana* Wight et Arn. Y、H

李属 *Prunus* L.

(460)李 *P. salicina* Lindl. Y、T、H

(461)梅 *P. nume* S. et Z. H

(462)无腺橉木 *P. brachypoda* Batal. var. *eglandulosa* Cheng H

樱属 *Cerasus* Mill.

(463)山樱花 *C. serrulata* (Lindl.) G. Don. ex London Y、T

(464)野樱 *C. serrulata* Lindl. var. *spontanea* (Maxim.)Wils Y

(465)樱桃 *C. pseudocerasus* (Lindl.) G. Don Y、T

(466)迎春樱 *C. discoides* Yu et Li Y

(467)毛樱桃 *C. tomentosa* (Thunb.) Wall. Y

(468)麦李 *C. glandulosa* (Thunb.) Lois. Y、T
(469)欧李 *C. humilis* (Bge.) Sok. Y、T
(470)郁李 *C. japonica* (Thunb.) Lois. Y、T

桃属 *Amygdalus* L.

(471)桃 *A. persica* L. Y、T、H

稠李属 *Padus* Mill.

(472)短梗稠李 *P. brachypoda* (Batal.) Schneid. Y、T
(473)橉木稠李 *P. buergeriana* (Miq.) Yu et Ku Y、T
(474)细齿稠李 *P. obtusata* (Koehne) Yu et Ku Y、T

桂樱属 *Laurocerasus* Tourn ex Duh.

(475)刺叶桂樱 *L. spinulosa* (Sieb. et Zucc.) Schneid Y

梨属 *Pyrus* L.

(476)棠梨 *P. betulaefolia* Bge. Y
(477)豆梨 *P. calleryana* Dcne. Y、H
(478)毛叶豆梨 *P. calleryana* Dcne. f. *tomentella* Rehd. Y、T
(479)沙梨 *P. pyrifolia* (Burm. f.) Nakai Y、T

石斑木属 *Rhaphiolepis*

(480)石斑木 *R. indica* (Linn.) Lindl. H

鸡麻属 *Rhodotypos* Sieb. et Zucc.

(481)鸡麻 *R. scandens* (Thunb.) Makino Y

蔷薇属 *Rosa* L.

(482)刺蔷薇 *R. acicularis* Lindl. Y
(483)小果蔷薇 *R. cymosa* Tratt. Y
(484)毛叶山木香 *R. cymosa* Tratt. var. *puberula* Yu et Ku. Y
(485)湖北蔷薇 *R. henryi* Bouleng. Y、T
(486)金樱子 *R. laevigata* Michx. Y、T、H
(487)野蔷薇 *R. multifolia* Thunb. Y、H
(488)粉花野蔷薇 *R. multifolia* Thunb. var. *cathayensis* Rehd. et Wils. Y、T
(489)缫丝花 *R. roxburghii* Tratt. Y、T
(490)悬钩子蔷薇 *R. rubus* Levl. et Vant. Y、T
(491)钝叶蔷薇 *R. ertata* Rolfe Y、T
(492)小果蔷薇 *R. cymosa* Tratt. H
(493)黄山蔷薇 *R. hwangshanensis* Hsu. H

悬钩子属 *Rubus* L.

(494)寒莓 *R. buergeri* Miq. T
(495)掌叶复盆子 *R. chingii* Hu Y、H
(496)山莓 *R. corchorifolius* L. f Y、T、H
(497)蓬蘽 *R. hirsutus* Thunb. T、H
(498)白叶莓 *R. innominatus* S. Moore Y、H
(499)宽萼白叶莓 *R. innominatus* S. Moore var. *macrosepalus* Metc. Y
(500)无腺白叶莓 *R. innominatus* S. Moore var. *kunzeanus* Y

	(501)空心泡 *R. rosaefolius* Smith	Y
	(502)插田泡 *R. coreanus* Miq.	Y、T、H
	(503)毛叶插田泡 *R. coreanus* Miq. var. *tomentosus* Card.	Y
	(504)湖南莓 *R. hunanensis* Hand. —Mazz.	Y
	(505)覆盆子 *R. idaeus* L.	Y
	(506)高粱泡 *R. lambertianus* Ser.	Y、H
	(507)盾叶莓 *R. peltatus* Maxim.	H
	(508)茅莓 *R. parvifolius* L.	Y
	(509)灰白毛莓 *R. tephrodes* Hance.	H
	(510)木莓 *R. swinhoei* Hance.	H
	(511)腺花茅莓 *R. parvifolius* L. var. *adenochlamys* (Focke) Migo	Y
	(512)灰白毛莓 *R. tephrodes* Hance	Y
	(513)黄果悬钩子 *R. xanthocarpus* Bureau et Franch.	Y
	(514)红腺悬钩子 *R. sumatanus* Miq.	Y、H
	(515)三花悬钩子 *R. trianthus* Focke	Y、T、H
	(516)太平莓 *R. pacificus* Hance.	H
	(517)东南悬钩子 *R. tsangorum* Hand. —Mazz.	Y
	地榆属 *Sanguisorba* L.	
	(518)地榆 *S. officinalis* L.	Y、T
	(519)长叶地榆 *S. officinalis* L. var. *longifolia* (Bert.) Yu et Li.	Y、T
	花楸属 *Sorbus* L.	
	(520)水榆花楸 *S. alnifolia* (Sieb. et zucc.) K. Koch	Y、T
	(521)黄山花楸 *S. amabilis* (Sieb. et Zucc.) K. Koch.	Y、T、H
	(522)石灰花楸 *S. folgneri* (Schneid.) Rehd.	Y、T、H
	(523)江南花楸 *S. hemsleyi* (Schneid.) Rehd.	Y
	野珠兰属 *Sorbaria* Sieb. et Zucc.	
	(524)野珠兰 *S. chinensis* Hance	Y、T、H
	(525)小米空木 *S. incisa* (Thunb.) Zabel	Y、T
46. 豆科 Leguminosae	合萌属 *Aeschynomene* L.	
	(526)田皂角 *A. indica* L.	T
	合欢属 *Albizia* Durazz.	
	(527)合欢 *A. julibrissin* Durazz	Y、T
	(528)山合欢 *A. macrophylla* (Bge.) P. C. Huang	Y、T、H
	(529)山槐 *A. kalkora*(Rorb.) Prain.	Y
	两型豆属 *Amphicarpaea* Elliott	
	(530)三籽两型豆 *A. trisperma* (Miq.) Baker	Y
	土圞儿属 *Apios* Moeoch.	
	(531)土圞儿 *A. fortunei* Maxim.	Y
	云实属 *Caesalpinia* L.	
	(532)云实 *C. decapetala* (Roth) Alston	Y、T、H

杭子梢属 *Campylotropis* Bgy.

(533)杭子梢 *C. macrocarpa* (Bge.) Rehd. Y、T

决明属 *Cassia* L.

(534)短叶决明 *C. leschenaultana* DC. T

紫荆属 *Cercis* L.

(535)紫荆 *C. chinensis* Bge. Y、T

(536)巨紫荆 *C. gigantea* Cheng et Keng f. Y、T

香槐属 *Cladrastis* Ref.

(537)狭翅香槐 *C. platycarpa* (Maxim.) Makino Y

(538)香槐 *C. wilsonii* Takeda Y、T

猪屎豆属 *Crotalaria* L.

(539)野百合 *C. sessiliflora* L. Y、T

黄檀属 *Dalbergia* L. f.

(540)黄檀 *D. hupeana* Hance Y、T、H

锦鸡儿属 *Caragana*

(541)锦鸡儿 *C. sinica* H

山蚂蟥属 *Desmodium* Desv.

(542)山蚂蟥 *D. racemosum* (Thunb.)DC. H

(543)小槐花 *D. caudatum* (Thunb.) DC. Y、T

(544)小叶三点金草 *D. microphyllum* (Thunb.) DC. Y、T

野扁豆属 *Dunbaria* Wightet Arnott

(545)毛野扁豆 *D. villosa* (Thunb.) Makino Y、T

皂荚属 *Gleditisa* L.

(546)山皂荚 *G. japonica* Miq. Y、T

(547)皂荚 *G. sinensis* Lam. Y、H

大豆属 *Glycine* L.

(548)野大豆 *G. soja* Sieb. et Zucc. Y、T

米口袋属 *Geueldenstaedtia* Fisch.

(549)川鄂米口袋 *G. henryi* Ulbr. Y

肥皂荚属 *Gymnocladus* L.

(550)肥皂荚 *G. chinensis* Baill. Y

紫云英属 *Astragalus*

(551)紫云英 *A. sinicus* L. H

槐蓝属 *Indigofera* L.

(552)苏槐蓝 *I. carlesii* Craib. Y、T

(553)庭藤 *I. decora* Lindl. Y

(554)宜昌槐蓝 *I. decora* Lindl. var. *ichangensis* Y、H

(555)本氏槐蓝 *I. bungeana* Steud. Y

(556)华东木兰 *I. fortunei* Craib. H

(557)马棘 *I. pseudotinctoria* Matsum. Y、T、H

(558)多花木蓝 *I. amblyantha* Craib. Y、T

鸡眼草属 *Kummerowia* Schindl.

(559)长萼鸡眼草 *K. stipuiacea* Makino T

(560)鸡眼草 *K. striata* (Thunb.) Schindl. Y、T、H

胡枝子属 *Lespedeza* Michx.

(561)拟绿叶胡枝子 *L. maximowiczii* Schneid. Y、T

(562)绿叶胡枝子 *L. buergeri* Miq. Y、T

(563)春花胡枝子 *L. dunnii* Schneid. Y、T

(564)胡枝子 *L. bicolor* Turcz. Y

(565)美丽胡枝子 *L. bicolor* Turcz. subsp. *formosa* Y、T、H

(566)中华胡枝子 *L. chinensis* G. Don Y.

(567)细梗胡枝子 *L. virgata* (Thunb.) DC. Y

(568)多花胡枝子 *L. floribunda* Bge. Y、T

(569)铁马鞭 *L. pilosa* (Thunb.) Sieb. et Zucc. Y、H

(570)截叶铁扫帚 *L. cuneata* (Dum. —Cours.) G. Don Y、T、H

(571)毛叶胡枝子 *L. tomentosa* Sieb. Y、T、H

马鞍树属 *Maachia* Rupr. et Maxim.

(572)光叶马鞍树 *M. tenuifolia* (Hemsl.) Hand. —Mzt. Y

(573)马鞍树 *M. chinensis* Takeda Y

(574)浙江马鞍树 *M. chekiangensis* Chien Y

长柄山蚂蟥属 *Podocarpium*

(575)羽叶山蚂蟥 *P. oldhami* (Oliv.) Yang et Huang Y、T

(576)长柄山蚂蟥 *P. podocarpum* (DC.) Yang et Huang Y、T

(577)宽叶长柄山蚂蟥 *P. podocarpum* (DC.) Yang et Huang var. *fallax* Y

(578)尖叶长柄山蚂蟥 *P. podocarpum* (DC.) Yang et Huang var. *oxyphyllum* Y、T

崖豆藤属 *Millettia*

(579)香花崖豆藤 *M. dielsiana* Jakeda. H

(580)鸡血藤 *M. reticulata* Benth. Y、H

葛属 *Pueraria* DC.

(581)葛藤 *P. lobata* (Willd.) Ohwi Y、T、H

鹿藿属 *Rhynchosis* Lour.

(582)鹿藿 *R. volubilis* Lour. T

(583)渐尖叶鹿藿 *R. acuminatifolia* Makino Y、T

刺槐属 *Robinia* L.

(584)刺槐 *R. pseudoacacia* L. Y

槐属 *Sophora* L.

(585)苦参 *S. flavescens* Ait. Y、T

(586)槐树 *S. japonica* L. Y、T、H

紫藤属 *Wisteria* Nutt.

(587)紫藤 *W. sinensis* (Sims.) Sweet Y、T、H

野豌豆属 *Vicia* L.

(588)小巢菜 *V. hirsuta* (L.) S. F. Gray Y、T、H

(589)窄叶野豌豆 *V. angustifolia* L. Y

(590)救荒野豌豆 *V. sativa* L. Y、H

科	属/种	分布
	(591)无萼齿野豌豆 *V. ebentata* Wang et Tang	Y、T
	豇豆属 *Vigna*. Savi	
	(592)野豇豆 *V. vexillata* (L.) Bonth.	Y、T
47. 酢浆草科 Oxalidaceae	酢浆草属 *Oxalis* L.	
	(593)酢浆草 *O. corniculata* L.	Y、T、H
	(594)大酢浆草 *O. obtriangulata* Maxim.	Y、H
	(595)山酢浆草 *O. griffithii* Edgew et Hook. f.	Y、T、H
	(596)珠芽酢浆草 *O. bulbillifera* X. S. Shen et H. Sun	T
48. 牻牛儿苗科 Geraniaceae	牻牛儿苗属 *Erodium* L. Herit.	
	(597)牻牛儿苗 *E. stephanianum* Willd.	Y
	老鹳草属 *Geranium* L.	
	(598)老鹳草 *G. wilfordii* Maxim.	Y、T、H
	(599)尼泊尔老鹳草 *G. nepalense* SW.	Y、T
49. 大戟科 Euphorbiaceae	铁苋菜属 *Acalypha* L.	
	(600)铁苋菜 *A. australis* L.	Y、T、H
	山麻杆属 *Alchornea* Sw.	
	(601)山麻杆 *A. davidii* Franch.	Y、T
	大戟属 *Euphorbia* L.	
	(602)大戟 *E. pekinensis* Rupr.	Y、T
	(603)乳浆大戟 *E. esula* L.	Y、T
	(604)泽漆 *E. helioscopia* L.	Y、T、H
	(605)地锦草 *E. humifusa* Willd.	Y
	(606)草蔺如 *E. adenochlodra* Morr. et Decne	Y
	(607)马蹄大戟 *E. hippocrepica* Homsl.	H
	(608)钩腺大戟 *E. sieboldiana* Morr. Et Decne *glochidion*	Y
	算盘子属 *Glochidion* Forst.	
	(609)算盘子 *G. puberum* (L.) Hutch.	Y、T、H
	(610)馒头果 *G. fortunei* Hance	Y
	(611)湖北算盘子 *G. wilsonii* Hutch.	Y
	油桐属 *Aleurites*	
	(612)油桐 *A. fordii* Hemsl.	H
	重阳木属 *Bischofia*	
	(613)重阳木 *B. polycarpia* (Levl.) Airy	H
	野桐属 *Mallotus* Lour.	
	(614)白背叶野桐 *M. apelta* (Lour.) Muell. —Arg.	Y、T、H
	(615)野梧桐 *M. japonicus* (Yhunb.) Meull. —Arg. var. *floccosus*	Y、T
	(616)野桐 *M. tenuifolius* Pax	H
	(617)杠香藤 *M. repandus* (Willd.) Muell. —Arg	H
	叶下珠属 *Phyllanthus* L.	
	(618)青灰叶下珠 *P. glacus* Wall. ex Muell. —Arg.	Y、T、H
	(619)曲折叶下珠 *P. flexuosus* (Sieb. et Zucc.) Muell. —Arg.	Y

科	属/种	分布
	(620)蜜柑草 *P. matsumurae* Hayata	Y、T
	乌桕属 *Sapium* P. Br.	
	(621)白乳木 *S. japonicum* (Sieb. et Zucc.) Pax et Hoffm.	Y、H
	(622)乌桕 *S. sebiferum* (L.) Roxb.	Y、T、H
	一叶荻属 *Securinega* Juss.	
	(623)一叶荻 *S. suffruticosa* (Pall.) Rehd.	Y、T
50. 交让木科 Daphniphyllaceae	交让木属 *Daphniphyllum* Bl.	
	(624)交让木 *D. macropodum* Miq.	T、H
51. 芸香科 Rutaceae	松风草属 *Boenninghausenia*	
	(625)松风草 *B. albiflora* (Hook.) Reichb. ex Meiss.	Y、H
	吴茱萸属 *Euodia* J. R. et G. Forst.	
	(626)臭辣吴茱萸 *E. fargesii* Dode	Y、T、H
	(627)吴茱萸 *E. rutaecarpa* (Juss.) Benth.	Y、H
	臭常山属 *Orixa* Thunb.	
	(628)臭常山 *O. japonica* Thunb.	Y、T、H
	黄檗属 *Phellodendron* Rupr.	
	(629)黄檗 *P. amurense* Rupr.	Y
	(630)黄皮树 *P. chinensis* Schneid.	Y
	(631)秃叶黄皮树 *P. chinensis* Schneid. var. *glabriusculum* Schneid.	Y
	枳属 *Poncirus* Raf.	
	(632)枸桔 *P. trifoliata* (L.) Raf.	Y、T
	花椒属 *Zanthoxylum* L.	Y
	(633)竹叶花椒 *Z. armatum* DC.	Y、T
	(634)朵花椒 *Z. molle* Rehd.	Y、T、H
	(635)野花椒 *Z. simulans* Hance	T
52. 苦木科 Simaroubaceae	臭椿属 *Ailanthus* Desf.	
	(636)臭椿 *A. altissima* Swingle	Y、T、H
	苦木属 *Picrasma* Bl.	
	(637)苦木 *P. quassioides* (D. Don) Benn.	Y、T、H
53. 楝科 Meliaceae	楝属 *Melia* L.	
	(638)楝树 *M. azedarach* L.	Y、T、H
	香椿属 *Toona* Roem.	
	(639)香椿 *T. sinensis* (A. Juss.) Roem.	Y、T
54. 远志科 Polygalaceae	远志属 *Polygala* L.	
	(640)黄花远志 *P. arillata* Buch. －Ham.	Y、H
	(641)瓜子金 *P. japonica* Houtt.	Y、T、H
	(642)狭叶香港远志 *P. honkengensis* Hemsl. var. *stenophylla*	H
	(643)西伯利亚远志 *P. sibirica* L.	Y
55. 漆树科 Anacardiaceae	黄连木属 *Pistacia* L.	
	(644)黄连木 *P. chinensis* Bunge	Y、T、H

科	种	分布
	盐肤木属 *Rhus* L.	
	(645)盐肤木 *R. chinensis* Mill.	Y、T、H
	(646)青麸杨 *R. potaninii* Maxim.	Y
	漆树属 *Toxicodendron* Mill.	
	(647)野漆树 *T. succedaneum* (L.) O. Kuntze	Y、T、H
	(648)木蜡树 *T. sylvestre* (Sieb. et Zucc.) O. Kuntze	Y、T、H
	(649)毛漆树 *T. trichocarpum* (Miq.) O. Kuntze	Y、H
	(650)野葛 *T. radicans* (L.) O. Kuntze subsp. *hispidum* Gillis	T
	(651)漆树 *T. vernicifluum* (Stokes) F. A. Barkl.	Y
56. 槭树科 Aceraceae	槭属 *Acer* L.	
	(652)天童锐角槭 *A. acutum* Fang var. *tientungense* Fang	Y
	(653)大叶槭 *A. amplum* Rehd.	Y、T
	(654)安徽槭 *A. anhweiense* Fang et Fang f.	Y、T
	(655)青榨槭 *A. davidii* Franch.	Y、T、H
	(656)秀丽槭 *A. elegantulum* Fang et P. L. Chiu	Y
	(657)苦茶槭 *A. ginnala* Maxim. subsp. *theiferum* (Fang) Fang	Y、T
	(658)葛萝槭 A. grosseri Pax	Y、T
	(659)小叶葛萝槭 *A. grosseri* Pax var. *hersii* (Rehd.) Rehd.	Y
	(660)建始槭 *A. henryi* Pax	Y、T
	(661)临安槭 *A. linganense* Fang et P. L. Chiu	Y
	(662)毛果槭 *A. nikoense* Maxim.	Y、T
	(663)五角枫(色木槭) *A. mono* Maxim.	Y、T
	(664)橄榄槭 *A. olivaceum* Fang et P. L. Chiu	Y
	(665)鸡爪槭 *A. palmatum* Thunb.	Y、T、H
	(666)毛鸡爪槭 *A. pubipalmatum* Fang	Y
	(667)天目槭 *A. sinopurpurascens* Cheng	Y
	(668)三角枫 *A. buergerianum* Miq.	Y
	(669)长柄槭 *A. longipes* Franch.	Y、T
57. 清风藤科 Sabiaceae	泡花树属 *Melisoma* Bl.	
	(670)垂枝泡花树 *M. flexuosa* Pamp.	Y、T、H
	(671)多花泡花树 *M. myriantha* S. et Z.	H
	(672)异色泡花树 *M. myriantha* Sieb. et Zucc. var. *discolor* Dunn.	T
	(673)红枝柴 *M. oldhamii* Maxim.	Y、T
	(674)有腺泡花树 *M. oldhamii* Maxim. var. *glandulifera* Cufod.	Y
	(675)暖木 *M. veitchoirum* Hemsl. et Wils.	Y、T
	清风藤属 *Sabia* Colebr.	
	(676)清风藤 *S. japonica* Maxim.	Y、T、H

科	属/种	分布
	(677)鄂西清风藤 *S. campanulata* Wall. ex Roxb. subsp. *ritchieae*	Y
	(678)毛枝清风藤 *S. swinhoei* Hemsl. ex Forb. et Hemsl.	Y、T
58. 凤仙花科 Balsaminacea	凤仙花属 *Impatiens* L.	
	(679)华凤仙 *I. chinensis* L.	Y
	(680)睫毛萼凤仙花 *I. blepharosepala* Pritz. ex Diels.	Y、T
	(681)牯岭凤仙花 *I. davidii* Franch	Y、T、H
	(682)水金凤 *I. nolitangere* L.	Y、T
	(683)凤仙花 *I. balsamina* L.	H
59. 冬青科 Aquifoliaceae	冬青属 *Ilex* L.	
	(684)枸骨冬青 *I. cornuta* Lindl. ex Paxt.	Y、T、H
	(685)大叶冬青 *I. latifolia* Thunb.	Y、T
	(686)大果冬青 *I. macrocarpa* Oliv.	Y、T
	(687)长柄大果冬青 *I. macrocarpa* Oliv. var. *longipedunculata*	Y、T
	(688)大柄冬青 *I. macropoda* Miq.	Y、H
	(689)具柄冬青 *I. pedunculosa* Miq.	Y、T
	(690)大别山冬青 *I. dabieshanensis* K. Yao et M. P. Deng	Y
	(691)猫儿刺 *I. pernyi* Franch.	Y
	(692)厚叶冬青 *I. elmerrilliana* S. Y. Hu	T
	(693)铁冬青 *I. rotunda* Thunb.	T
	(694)亮叶冬青 *I. viridis* Champ.	H
	(695)尾叶冬青 *I. wilsonii* Loes	H
	(696)冬青 *I. purpurea* Hassk.	Y、T、H
60. 卫矛科 Celastraceae	南蛇藤属 *Celastrus* L.	
	(697)苦皮藤 *C. angulatus* Maxim.	Y、T
	(698)哥兰叶 *C. gemmatus* Loes.	Y、T、H
	(699)粉背南蛇藤 *C. hypoleucus* (Oliv.) Warb. Apud. Loes.	Y
	(700)短梗南蛇藤 *C. rosthornianus* Loes.	T
	(701)显柱南蛇藤 *C. stylosus* Wall	T
	(702)南蛇藤 *C. orbiculatus* Thunb.	Y、T、H
	卫矛属 *Euonymus* L.	
	(703)卫矛 *E. alata* (Thunb.) Sieb.	Y、T、H
	(704)毛脉卫矛 *E. alata* (Thunb.) Sieb. var. *pubescens* Maxim	Y
	(705)刺果卫矛 *E. acanthocarpa* Franch.	Y
	(706)白杜 *E. bungeana* Maxim.	Y、T、H
	(707)肉花卫矛 *E. carnosa* Hemsl.	Y、T、H
	(708)百齿卫矛 *E. centidens* Levl.	Y、T
	(709)扶芳藤 *E. fortunei* (Turcz.) Hand. —Mzt.	Y、T、H

科	种	分布
	(710)爬行卫矛 *E. fortunei* (Turcz.) Hand. —Mzt. var. *radicans* Rehd.	Y
	(711)鬼见愁 *E. hamiltoniana* Wall. var. *lanceifolia* (Loes.) Blak.	Y、T
	(712)冬青卫矛 *E. japonica* Thunb.	Y、T、H
	(713)胶东卫矛 *E. kiautschovica* Loes.	Y、T
	(714)黄瓢子 *E. macroptera* Rupr.	Y、T
	(715)垂丝卫矛 *E. oxyphylla* Miq	Y、T
	(716)大花卫矛 *E. grandiflirus* Wall.	Y
	(717)西南卫矛 *E. hamiltonianus* Wall.	Y
	(718)毛脉西南卫矛 *E. hamiltonianus* Wall. var. *pubinervius*	Y
61. 省沽油科 Staphyleaceae	野鸭椿属 *Euscaphis* Sieb. et Zucc.	
	(719)野鸭椿 *E. japonica* (Thunb.) Dippel.	Y、T、H
	省沽油属 *Staphylea* L.	
	(720)省沽油 *S. bumalda* DC.	Y、T、H
	(721)膀胱果 *S. holocarpa* Hemsl.	Y
	银鹊树属 *Tapiscia* Oliv.	
	(722)银鹊树 *T. sinensis* Oliv.	Y、H
62. 黄杨科 Boxaceae	黄杨属 *Buxus* L.	
	(723)黄杨 *B. sinica* (Rehd. et Wils.) Cheng ex M. Cheng	Y、T、H
	(724)小叶黄杨 *B. sinica* (Rehd. et Wils.) Cheng ex M. Cheng var. *parvifolia* M. Cheng	Y
	(725)雀舌黄杨 *B. bodinieri* Levl.	Y
	板凳果属 *Pachysandra* Michx.	
	(726)顶花板凳果 *P. terminalis* Sieb. et Zucc.	Y、T
63. 鼠李科 Rhamnaceae	勾儿茶属 *Berchemia* Neck.	
	(727)腋毛勾儿茶 *B. barbigera* C. Y. Wu ex Y. L. Chen	Y
	(728)多花勾儿茶 *B. floribunda* (Wall.) Brongn.	Y、T、H
	(729)牯岭勾儿茶 *B. kulingensis* Schneid.	Y、T、H
	小勾儿茶属 *Berchemiella* Nakai	
	(730)毛柄小勾儿茶 *B. wilsonii* (Schneid.)Nakai var. *pubipetiolata*	Y
	枳椇属 *Hovenia* Thunb.	
	(731)北枳椇 *H. dulcis* Thunb.	Y、T
	(732)光叶毛果枳椇 *H. trichocarpa* Chun et Tsiang var. *robusta*	Y
	马甲子属 *Paliurus* Mill.	
	(733)硬毛马甲子 *P. hisutus* Hemsl.	
	猫乳属 *Rhamnella* Miq.	
	(734)猫乳 *R. franguloides* (Maxim.) Weberb.	Y、T
	鼠李属 *Rhamnus* L.	
	(735)长叶冻绿 *R. crenata* Sieb. et Zucc.	Y、T、H
	(736)刺鼠李 *R. dumetorum* Schneid.	Y

	(737)圆叶鼠李 *R. globosa* Bunge	Y、T
	(738)皱叶鼠李 *R. rugulosa* Hemsl.	Y、T
	(739)冻绿 *R. utilis* Decne	Y、T、H
	(740)薄叶鼠李 *R. eptophylla* Schneid.	H
	(741)山鼠李 *R. wilsonii* Schneid.	Y、T
	(742)柔毛山鼠李 *R. wilsonii* Schneid. var. *pilosa* Rehd.	Y、T
	雀梅藤属 *Sageretia* Brongn.	
	(743)雀梅藤 *S. thea* (Osbeck) Johnst.	Y、T
	枣属 *Ziziphus*	
	(744)枣 *Z. jujuba* Mill. var. *inermis* (Bge) Rhed.	H
64. 葡萄科 Vitaceae	蛇葡萄属 *Ampelopsis* Michx.	
	(745)掌叶草葡萄 *A. aconitifolia* Bunge var. *glabra* Diels	Y、T
	(746)牯岭蛇葡萄 *A. brevipedunculata* (Maxim.) Trautv. var. *kulingensis* Rehd.	Y、H
	(747)三裂蛇葡萄 *A. delavayana* (Franch.) Planch.	Y、T、H
	(748)白蔹 *A. japonica* (Thunb.) Makino	Y
	(749)蛇葡萄 *A. sinica* (Miq.) W. T. Wang	Y、H
	(750)异叶蛇葡萄 *A. humulifolia* Bunge var. *heterophylla*	H
	(751)大叶蛇葡萄 *A. megalophya* Diels et Gilg.	H
	乌蔹莓属 *Cayratia* Juss.	
	(752)乌蔹莓 *C. japonica* (Thunb.) Gagn.	Y、T
	爬山虎属 *Parthenocissus* Planch.	
	(753)异叶爬山虎 *P. heterophylla* (Bl.) Merr.	Y、T
	(754)粉叶爬山虎 *P. thomsonii* (Laws.) Planch.	Y、T
	(755)绿叶爬山虎 *P. laetevirens* Rehd.	Y、T
	(756)爬山虎 *P. tricuspidata* (Sieb. et Zucc.) Planch.	Y、T、H
	葡萄属 *Vitis* L.	
	(757)腺枝葡萄 *V. adenoclada* Hand. —Mazz.	Y
	(758)蘡薁 *V. adstricta* Hance	Y
	(759)刺葡萄 *V. davidii* (Roman.) Foex	Y、T、H
	(760)山葡萄 *V. amurensis* Rupr.	Y
	(761)桑叶葡萄 *V. ficifolia* Bunge	Y
	(762)葛藟 *V. flexuosa* Thunb.	H
	(763)小叶葛藟 *V. flexuosa* Thunb. var. *parvifolia* (Roxb.) Gagn.	
	(764)华东葡萄 *V. pseudoreticulata* W. T. Wang	Y
	(765)毛葡萄 *V. quinquangularis* Rehd.	Y、T
	(766)秋葡萄 *V. romanetii* Roman.	Y
	(767)网脉葡萄 *V. wilsonae* Veitch.	Y、T
65. 锦葵科 Malvaceae	苘麻属 *Abutilon* L.	
	(768)苘麻 *A. theophrasti* Medic.	Y
	木槿属 *Hibiscus*	
	(769)木槿 *H. syriscus* L.	H

66. 椴树科 Tiliaceae	田麻属 *Corchoropsis* Sieb. et Zucc.	
	(770)光果田麻 *C. psilocarpa* Harms. et Loes.	T
	(771)田麻 *C. tomentosa* (Thunb.) Makino	Y、T、H
	扁担杆属 *Grewia* L.	
	(772)扁担杆 *G. biloba* G. Don	Y、T、H
	(773)小花扁担杆 *G. biloba* G. Don var. *parviflora*	Y、T
	椴树属 *Tilia* L.	
	(774)糯米椴 *T. henryana* Szyszyl.	Y
	(775)光叶糯米椴 *T. henryana* Szyszyl. var. *subglabra* V. Engl.	T
	(776)华东椴 *T. japonica* Simonk.	Y、T、H
	(777)南京椴 *T. miqueliana* Maxim.	Y、T
	(778)粉椴 *T. oliveri* Szyszyl	Y
	刺蒴麻属 *Triumfetta* L.	
	(779)单毛刺蒴麻 *T. annua* L.	Y、T
67. 梧桐科 Sterculiaceae	梧桐属 *Firmiana* Marsili	
	(780)梧桐 *F. simplex* (L.) F. W. Wight	Y
68. 瑞香科 Thymelaeaceae	瑞香属 *Daphne* L.	
	(781)芫花 *D. genkwa* Sieb. et Zucc.	Y、T
	(782)毛瑞香 *D. odora* var. *atrocaulis* Rehd.	H
	结香属 *Edgeworthia* Meissn.	
	(783)结香 *E. chrysantha* Lindl.	Y、T
	荛花属 *Wikstroemia* Endl.	
	(784)荛花 *W. canescens* (Wall.) Meisn	Y、H
	(785)北江荛花 *W. monnula* Hance	T
	(786)毛花荛花 *W. pilosa* Cheng	Y、T
69. 胡颓子科 Elaeagnaceae	胡颓子属 *Elaeagnus* L.	
	(787)佘山胡颓子 *E. argyi* Levl.	Y、T
	(788)宜昌胡颓子 *E. henryi* Warb.	Y、T
	(789)长梗胡颓子 *E. longipedunculata* N. Li. et T. M. Wu	Y
	(790)胡颓子 *E. pungens* Thunb.	Y、T、H
	(791)木半夏 *E. multiflora* Thunb.	Y、T、H
	(792)毛木半夏 *E. courtoisi* Belval.	Y
	(793)牛奶子 *E. umbellata* Thunb	Y、T
70. 大风子科 Flacourtlaceae	山桐子属 *Idesia* Maxim.	
	(794)山桐子 *I. polycarpa* Maxim.	Y、H
	(795)毛叶山桐子 *I. polycarpa* Maxim. var. *vestita* Diels	Y、T、H
	山拐枣属 *Poliothyrsis* Oliv.	
	(796)山拐枣 *P. sinensi* Oliv.	Y、T、H
	柞木属 *Xylosma* G. Forst.	
	(797)柞木 *X. japonicum* (Walp.) A. Gray	Y、H
71. 堇菜科 Violaceae	堇菜属 *Viola* L.	
	(798)鸡腿堇菜 *V. acuminata* Ledeb.	Y、T、H

科	属/种	分布
	(799)南山堇菜 *V. chaerophylloides* (Regel) W. Beck.	Y、T、H
	(800)心叶堇菜 *V. cordifolia* W. Becker.	Y
	(801)箭叶堇菜 *V. betonicifolia* Smith ssp. *nepalensis*	Y、T
	(802)裂叶堇菜 *V. dissecta* Ledeb.	T
	(803)紫花堇菜 *V. grypoceras* A. Gray	Y、T
	(804)蔓茎堇菜 *V. diffusa* Ging.	Y、T、H
	(805)堇菜 *V. verecunda* A. Gray	Y、T、H
	(806)柔毛堇菜 *V. principis* H. de Boiss.	Y、T
	(807)毛果堇菜 *V. collina* Bess.	Y
	(808)长萼堇菜 *V. inconspicua* Bl.	Y、T、H
	(809)光瓣堇菜 *V. vedoensis* Makino	Y、T
	(810)戟叶堇菜 *V. betonicifolia* Sm.	Y、H
	(811)大叶堇菜 *V. diamantiaca* Nakai	Y
	(812)密毛蔓堇菜 *V. fargesii* H. de Boiss	Y
	(813)犁头草 *V. japonica* Langsd	Y
	(814)紫花地丁 *V. yedoensis* Makino	H
	(815)庐山堇菜 *V. stewardiana* W. Beck.	H
72. 旌节花科 Stachyuraceae	旌节花属 *Stachyurus* Sieb. et Zucc.	
	(816)旌节花 *S. chinensis* Franch.	Y、T
	(817)宽叶旌节花 *S. chinensis* Franch. ssp. *latus*	H
73. 秋海棠科 Begoniaceae	秋海棠属 *Begonia* L.	
	(818)中华秋海棠 *B. sinensis* A. DC.	Y、T、H
74. 葫芦科 Cucurbitaceae	雪胆属 *Hemsleya* Cogn.	
	(819)马铜铃 *H. graciliflora* (Harms) Cogn.	T
	绞股蓝属 *Gynostemma* Bl.	
	(820)光叶绞股蓝 *G. laxum* (Wall.) Cogn.	Y、T
	(821)绞股蓝 *G. pentaphyllum* (Thunb.) Makino	Y、T、H
	马瓟儿属 *Zehneria* Endl.	
	(822)马瓟儿 *Z. indica* (Lour.) Keraudren	Y、T
	裂瓜属 *Schizopepon* Maxim.	
	(823)湖北裂瓜 *S. dioicus* Cogn.	Y
	赤瓟属 *Thladiantha* Bunge	
	(824)南赤瓟 *T. nudiflora* Hemsl.	Y、T、H
	(825)长叶赤瓟 *T. longifolia* Cogn. ex Oliu.	H
	栝楼属 *Trichosanthes* L.	
	(826)栝楼 *T. kirilowii* Maxim.	Y、T、H
	(827)王瓜 *T. cucumeroides* (Ser.) Maxim.	T
	裂瓜属 *Sohizopepon* Maxim.	
	(828)裂瓜 *S. dioicus* Cogn.	T
75. 千屈菜科 Lythraceae	水苋菜属 *Ammannia* L.	
	(829)耳基水苋菜 *A. arenaria* H. B. K.	Y
	(830)多花水苋菜 *A. multiflora* Roxb.	Y
	(831)水苋菜 *A. baccifera* L.	Y

科	属、种	分布
	紫薇属 *Lagerstroemia* L.	
	(832)紫薇 *L. indica* L.	Y、T
	节节菜属 *Rotala* L.	
	(833)节节菜 *R. indica* (Willd.) Koehne	Y、T
76. 柳叶菜科 Onagraceae	露珠草属 *Circaea* L.	
	(834)高山露珠草 *C. alpina* L.	T、H
	(835)牛泷草 *C. cordata* Royle	Y、H
	(836)谷蓼 *C. erubescens* Franch. et Savat.	Y
	(837)南方露珠草 *C. mollis* Sieb. et Zucc.	Y、T、H
	柳叶菜属 *Epilobium* L.	
	(838)光华柳叶菜 *E. cephalostigma* Haussr.	Y、T
	(839)柳叶菜 *E. hirsutum* L.	Y
	(840)长籽柳叶菜 *E. pyrricholophum* Franch. et Savat.	Y、T
	月见草属 *Oenothera* L.	
	(841)月见草 *O. erythrosepala* Borb.	Y
	丁香蓼属 *Ludwigia* L.	
	(842)丁香蓼 *L. prostrata* Roxb.	Y、T
77. 八角枫科 Alangiaceae	八角枫属 *Alangium* Lam.	
	(843)八角枫 *A. chinense* (Lour.) Harms.	Y、T、H
	(844)瓜木 *A. platanifolium* (Sieb. et Zucc.) Harms	Y、T、H
	(845)毛八角枫 *A. kurzii* Craib.	Y
78. 蓝果树科 Nyssaceae	蓝果树属 *Nyssa* L.	
	(846)紫树(蓝果树)*N. sinensis* Oliv.	Y、T、H
	旱莲木属 *Camptotheca* Decne.	
	(847)旱莲木 *C. acuminata* Decne.	Y、H
79. 山茱萸科 Cornaceae	梾木属 *Cornus* L.	
	(848)灯台树 *C. controversa* Hemsl.	Y、T、H
	(849)梾木 *C. macrophylla* Wall.	Y、T
	(850)毛梾 *C. walteri* Wanger.	Y、T
	山茱萸属 *Macrocarpium* Nakai	
	(851)山茱萸 *M. officinala* (Sieb. et Zucc.) Nakai	Y
	四照花属 *Dendrobenthamia* Hutch.	
	(852)四照花 *D. japonica* (DC.) Fang var. *chinensis* (Osborn) Fang	Y、T、H
	(853)尖叶四照花 *D. angustata* (Chun) Fang	Y
	青荚叶属 *Helwingia* Willd.	
	(854)青荚叶 *H. japonica* (Thunb.) Dietr.	Y、T、H
80. 五加科 Araliaceae	五加属 *Acanthopanax* Miq.	
	(855)吴茱萸五加 *A. evodiaefolius* Franch.	Y、T、H
	(856)五加 *A. gracilistylus* W. W. Smith	Y、T、H
	(857)糙叶五加 *A. henryi* (Oliv.) Harms	Y、T、H
	(858)藤五加 *A. leucorrhizus* (Oliv.) Harms	Y、T

科	种	用途
	(859)糙叶藤五加 *A. leucorrhizus* (Oliv.) Harms var. *fulvescens*	Y
	(860)匍匐五加 *A. scandens* Hoo	Y、T
	(861)刚毛五加 *A. simonii* Schneid	Y、T
	楤木属 *Aralia* L.	
	(862)黄毛楤木 *A. decaisneana* Hance	T
	(863)棘茎楤木 *A. echinocanlis* Hand. —Mazz.	Y、T
	(864)楤木 *A. chinensis* L.	Y、T、H
	常春藤属 *Hedera* L.	
	(865)常春藤 *H. nepalensis* K. Koch var. *sinensis* (Tobl.) Rehd.	Y、T、H
	刺楸属 *Kalopanax* Miq.	
	(866)刺楸 *K. septemlobus* (Thunb.) Koidz.	Y、T
	三七属 *Panax* L.	
	(867)大叶三七 *P. pseudo ginseng* Awall. var. *japonicus*	Y
	羽叶参属 *Pentapanax* Seem.	
	(868)黄山锈毛羽叶参 *P. henryi* Harms. var. *hwangshanensis*	Y、T
81. 伞形科 Umbelliferae	当归属 *Angelica* L.	
	(869)重齿当归 *A. biserrata* (Shan et Yuan) Yuan et Shan	Y、T
	(870)拐芹 *A. polymorpha* Maxim.	Y、T
	(871)大齿当归 *A. grosseserrata* Maxim.	Y
	柴胡属 *Bupleurum* L.	
	(872)北柴胡 *B. chinensis* DC.	Y、T
	(873)大叶柴胡 *B. longiradiatum* Turcz.	T
	(874)南方大叶柴胡 *B. longiradiatum* Turcz. var. *longiradiatum* f. *australe* Shan et Y. Li	Y
	(875)红柴胡 *B. scorzonerifolium* Willd.	Y
	蛇床属 *Cnidium* Cuss.	
	(876)蛇床 *C. monnieri* (L.) Cuss.	Y、T、H
	山芎属 *Conioselinum* Fisch. et Hoffm.	
	(877)山芎 *C. chinense* (L.) B. S. P.	T
	鸭儿芹属 *Cryptotanenia* DC.	
	(878)鸭儿芹 *C. japonica* Hassk.	Y、T、H
	独活属 *Heracleum* L.	
	(879)短毛独活 *H. moellendorffii* Hance	Y、T
	天胡荽属 *Hydrocotyle* L.	
	(880)天胡荽 *H. sibthorpioides* Lam.	Y、T
	藁本属 *Ligusticum* L.	
	(881)藁本 *L. sinense* Oliv.	Y、T
	(882)岩茴香 *L. tachiroei* (Franch. et Sav.) Hiroe et Const.	Y
	水芹属 *Oenanthe* L.	
	(883)中华水芹 *O. sinensis* Dunn.	T

(884)水芹 *O. javanica* (Bl.) DC. Y

香根芹属 *Osmorhiza* Rafin

(885)香根芹 *O. aristata* (Thunb.) Makino et Yabe Y、T、H

山芹属 *Ostericum* Hoffm.

(886)大齿山芹 *O. grosseserratum* (Maxim.) Kitag. Y、T

(887)山芹 *O. sieboldii* (Miq.) Nakai Y、T

前胡属 *Peucedanum* L.

(888)前胡 *P. decursivum* (Miq.) Maxim. Y、T

(889)白花前胡 *P. praeruptorum* Dunn Y、H

(890)泰山前胡 *P. wawrae* (Wolff) Shan Y

茴芹属 *Pimpinella* L.

(891)异叶茴芹 *P. diversifolia* (Wall.) DC. Y、T

(892)锯边茴芹 *P. serra* Franch. et Sav. Y

棱子芹属 *Pleurospermum* Hoffm.

(893)鸡冠棱子芹 *P. cristatum* de Boiss. Y、T

囊瓣芹属 *Pternopetalum* Franch.

(894)东亚囊瓣芹 *P. tanakae* (Franch. et Sav.) Hand.－Mazz. Y

变豆菜属 *Sanicula* L.

(895)变豆菜 *S. chinensis* Bunge Y、T、H

(896)薄叶变豆菜 *S. lamelligera* Hance Y

(897)直刺变豆菜 *S. orthacantha* S. Moore Y、T

泽芹属 *Sium* L.

(898)泽芹 *S. suave* Walt. Y、T

窃衣属 *Torilis* Adans

(899)破子草 *T. japonica* (Houtt.) DC. Y、T、H

(900)窃衣 *T. scabra* (Thunb.) DC. Y、T、H

---

82. 鹿蹄草科 Pyrolaceae

喜冬草属 *Chimaphila* Pursh

(901)喜冬草 *C. japonica* Meq. H

松下兰属 *Hypopitys* Hill.

(902)毛花松下兰 *H. monotropa* Grantz var. *hirsuta* Roth. H

鹿蹄草属 *Pyrola* L.

(903)普通鹿蹄草 *P. decorata* H. andr. Y、T

(904)鹿蹄草 *P. calliantha* H. Andr. Y、T、H

水晶兰属 *Monotropa* L.

(905)水晶兰 *M. uniflora* L. Y、T

---

83. 杜鹃花科 Ericaceae

灯笼树属 *Enkianthus*

(906)灯笼树 *E. chinensis* Franch. H

南烛属 *Lyonia* Nutt.

(907)小果南烛 *L. ovalifolia* (Wall.) Drud. var. *elliptica* (S. et Z.) H－M. H

(908)毛果南烛 *L. ovalifolia* Drude var. *hebecarpa* Y

	杜鹃花属 *Rhododendron* L.	
	(909)安徽杜鹃 *R. anhweiensis* Wils.	H
	(910)黄山杜鹃 *R. maculiferum* Franch. ssp. *anhweiense* (Wlis.) Chamb.	Y、T
	(911)云锦杜鹃 *R. fortunei* Lindl.	Y、T、H
	(912)满山红 *R. mariesil* Hemsl. et Wils.	Y、H
	(913)映山红 *R. simsii* Planch.	Y、T、H
	(914)羊踯躅 *R. mollo* G. Don.	Y、T
	(915)马银花 *R. ovatum* (Lindl.) Planch.	Y、H
	(916)都支杜鹃 *R. shanii* Fang.	Y
	越桔属 *Vaccinium* L.	
	(917)乌饭树 *V. bracteatum*. Thunb.	Y、T、H
	(918)米饭花 *V. mandarinorum* Diels.	Y、T、H
	(919)落叶乌饭树 *V. henryi* H.	H
84. 紫金牛科 Myrsinaceae	紫金牛属 *Ardisia* Swartz	
	(920)硃砂根 *A. crenata* Sims.	Y、T、H
	(921)紫金牛 *A. japonica* (Thua.). Bl.	Y、T、H
85. 报春花科 Primulaceae	点地梅属 *Androsace* L.	
	(922)点地梅 *A. umbellata* (Lour.) Merr.	Y、T
	珍珠菜属 *Lysimachia* L.	
	(923)狼尾花 *L. barystachys* Bunge.	Y
	(924)泽珍珠菜 *L. candida* Lindl.	Y、T
	(925)过路黄 *L. christinae* Hance.	Y、T、H
	(926)珍珠菜 *L. clethroides* Duby.	Y、T、H
	(927)临时救 *L. congestiflora* Hemsl.	Y、T
	(928)星宿菜 *L. fortunei* Maxim.	Y、H
	(929)点腺过路黄 *L. hemsleyana* Maxim.	Y、T、H
	(930)黑腺珍珠菜 *L. heterogenea* Klatt.	Y
	(931)轮叶过路黄 *L. klattiana* Hance.	Y、T
	(932)疏头过路黄 *L. pseudo henryi* Pamp.	Y
	(933)疏节过路黄 *L. remota* Petitm.	T
	(934)縫瓣珍珠菜 *L. glanduliflora* Hanelt	T
	(935)长梗排草 *L. longipes* Hemsl.	H
86. 柿树科 Ebenaceae	柿属 *Diospyros* L.	
	(936)浙江柿 *D. glaucifolia* Metc.	Y、H
	(937)柿 *D. kaki* Thunb.	Y、H
	(938)野柿 *D. kaki* Thunb. var. *sylvestris* Makino	Y、T
	(939)黑枣柿(君迁子)*D. lotus* L.	Y、T
	(940)油柿 *D. oleifera* Cheng	Y、T
87. 安息香科 Styracaceae	赤叶杨属 *Alniphyllum* Matsum.	
	(941)赤叶杨 *A. fortunei* (Hemsl.) Makino	Y、T
	白辛树属 *Pterostyrax* Sieb. et Zucc.	
	(942)小叶白辛树 *P. corymbosus* Sieb. et Zucc.	Y、T、H

	安息香属 *Styrax* L.	
	(943)赛山梅 *S. confusus* Hemsl.	Y、T、H
	(944)垂烛花 *S. dasyanthus* Perk.	Y
	(945)野茉莉 *S. japonicus* Sieb. Et Zucc.	Y、T、H
	(946)玉铃花 *S. obassius* Sieb. et Zucc.	Y、T
	(947)芬芳安息香 *S. odoratissimus* Champ.	Y、T
	(948)婺源安息香 *S. wuyuanensis* S. M. Hwang	Y
88. 山矾科 Symplocaceae	山矾属 *Symplocos* Jacq.	
	(949)薄叶山矾 *S. anomala* Brand	Y、H
	(950)华山矾 *S. chinensis* (Lour.) Druce	Y、H
	(951)白檀 *S. paniculata* (Thunb.) Miq.	Y、T、H
	(952)四川山矾 *S. setchuensis* Brand	Y、T、H
	(953)山矾 *S. sumuntia* Buch. —Ham. ex don	Y、H
	(954)老鼠矢 *S. stellaris* Brand.	H
89. 木犀科 Oleaceae	流苏属 *Chionanthus* L.	
	(955)流苏 *C. retusus* Lindl. et Paxt.	Y
	(956)圆齿流苏(变种) *C. retusus* Lindl. et Paxt. var. *serruiata* Koidz	Y、T
	连翘属 *Forsythia* Vahl	
	(957)金钟花 *F. viridissima* Lindl.	Y
	(958)连翘 *F. suspensa* Vahl	Y
	(959)秦连翘 *F. giraldiana* Lingelsh.	Y
	雪柳属 *Fontanesia* Labill.	
	(960)雪柳 *F. fortunei* Carr.	Y、T
	连翘属 *Forsythia* Vahl	
	(961)金钟花 *F. viridissima* Lindl.	T
	白蜡树属 *Fraxinus* L.	
	(962)白蜡树 *F. chinensis* Roxb.	Y、H
	(963)尖叶白蜡 *F. chinensis* Roxb. var. *acuminata* Lingelsh.	Y、T
	(964)尖萼白蜡 *F. longicuspis* Sieb. et Zucc.	Y
	(965)苦枥木 *F. championii* Little	Y、T、H
	(966)齿叶苦栎木 *F. championii* Ltle var. *henryana* Oliv	Y
	(967)大叶白蜡树 *F. rhynchylla* Hamce	Y
	女贞属 *Ligustrum* L.	
	(968)蜡子树 *L. molliculum* Hance	Y、T
	(969)水蜡树 *L. obtusifolium* Sieb. et Zucc.	Y、T、H
	(970)小蜡 *L. sinense* Lour.	Y、T
	(971)亮叶小蜡(变种)*L. sinense* Lour. var. *nitidum* Rehd.	Y
	(972)小叶女贞 *L. guihoui* Carr.	T
	木犀属 *Osmanthus* Lour.	
	(973)桂花 *O. fragrans* (Thunb.) Lour.	Y
90. 马钱科 Loganiaceae	蓬莱葛属 *Gardneria* Wall.	
	(974)蓬莱葛 *G. multiflora* Makino	Y、T

91. 龙胆科 Gentianaceae	龙胆属 *Centiana* L.	
	(975)笔龙胆 *G. zollingeri* Fawcett	Y、T
	(976)黄山龙胆 *G. delicata* Hance	H
	獐牙菜属 *Swertia* L.	
	(977)獐牙菜 *S. bimaculata* Hook. F. et Thoms. ex C. B. Clarke	Y、T
	(978)江浙獐牙菜 *S. hicknii* Burkill	Y、T
	双蝴蝶属 *Tripterospermum* Bl.	
	(979)双蝴蝶 *T. chinense* (Migo) H. Smith ex Nilsson	Y、T
	(980)细茎双蝴蝶 *T. filicaule* (Hemsl.) H. Smith	Y
	(981)湖北双蝴蝶 *T. discoideum* (Marq.)H. Smith	T
92. 夹竹桃科 Apocynaceae	络石属 *Trachelospermum* Lem.	
	(982)络石 *T . jasminoides* (Lindl.) Lem.	Y、T、H
	(983)石血(变种)*T. jasminoides* (Lindl.) Lem. var. *heterophyllum* Tsiang	Y、T
93. 萝藦科 Asclepiadaceae	乳突果属 *Adelostemma* Hook. f.	
	(984)浙江乳突果 *A. microcentrum* Tsiang	T
	鹅绒藤属 *Cynanchum* L.	
	(985)鹅绒藤 *C. chinense* R. Br.	Y
	(986)牛皮消 *C. auriculatum* Royle ex Wight	Y、T、H
	(987)潮风草 *C. ascyrifolium* (Franch. et Sav.)Matsum.	Y
	(988)蔓剪草 *C. chekiangese* M. Cheg ex Tsiang et P. T. Li	Y、T
	(989)竹灵消 *C. inamoenum* (Maxim.) Loes	Y、T、H
	(990)毛白前 *C. mooreanum* Hemsl.	Y、T
	(991)朱砂藤 *C. officinale* (Hemsl.) Tsiang et Zhang	Y、T
	(992)徐长卿 *C. paniculatum* (Bunge) Kitagawa	Y
	(993)隔山消 *C. wilfordii* (Maxim) Hemsl.	Y
94. 茜草科 Rubiaceae	水团花属 *Andina* Salisb	
	(994)细叶水团花 *A. rubella* Hance	Y、T
	栀子属 *Gardinia*	
	(995)栀子 *G. jasminoides* Ellis.	H
	水杨梅属 *Adina*	
	(996)水杨梅 *A. rubella* (Sieb. et Zucc.) Hance	H
	香果树属 *Emmenopterys* Oliv.	
	(997)香果树 *E. henryi* Oliv.	Y、T、H
	耳草属 *Hedyotis*	
	(998)黄毛耳草 *H. chrysotricha* (Palibin.) Merr.	H
	拉拉藤属 *Galium* L.	
	(999)猪殃殃 *G. aparine* L.	Y、T
	(1000)六叶葎 *G. asperuloides* Edgew. var. *hoffmeisteri*	Y、T
	(1001)四叶葎 *G. bungei* Steud.	Y、T
	(1002)小叶猪殃殃 *G. trifidum* L.	Y、T
	(1003)林地猪殃殃 *G. paradoxum* Maxim.	Y、T

科	属、种	分布
	(1004)蓬子菜 *G. verum* L.	Y、T
	耳草属 *Hedyotis* L.	
	(1005)白花蛇舌草 *H. diffusa* Willd.	T
	(1006)金毛耳草 *H. chrysotricha* (Palib.) Merr.	Y
	假耳草属 *Neanotis* W. H. Lewis.	
	(1007)薄叶假耳草 *N. hirsuta* (L. f.) W. H. Lewis	Y、T、H
	蛇根草属 *Ophiorrhiza* L.	
	(1008)日本蛇根草 *O. japonica* Bl.	Y、T、H
	鸡矢藤属 *Paederia* L.	
	(1009)鸡矢藤 *P. scandens* (Lour.) Merr.	Y、T、H
	(1010)毛鸡矢藤 *P. scandens* (Lour.) Merr. var. *tomentosa*	Y、T
	茜草属 *Rubia* L.	
	(1011)茜草 *R. cordifolia* L.	Y、T
	(1012)长叶茜草 *R. lanceolata* Hayata	H
	(1013)东南茜草 *R. argyi* (Lévl. et Vant) Hara ex L. ex L. A. Lauener et D. K. Ferguson	H
	六月雪属 *Serissa* Comm. ex Juss.	
	(1014)白马骨 *S. foetida* (L. f.) Comm.	Y、T、H
95. 旋花科 Convolvulaceae	打碗花属 *Calystegia* R. Br.	
	(1015)篱打碗花(篱天剑) *C. sepium* (L.) R. Br.	T
	(1016)打碗花 *C. hederacea* Wall.	Y、H
	牵牛属 *Pharbitis* Chosiy	
	(1017)圆叶牵牛 *P. purpurea* (L.) Voigt.	Y、T
	菟丝子属 *Cuscuta* L.	
	(1018)金灯藤 *C. japonica* Cnoisy	Y、T
	(1019)菟丝子 *C. chinensis* Lam.	Y、H
	飞蛾藤属 *Porana* Burm. f.	
	(1020)飞蛾藤 *P. racemosa* Roxb.	T
96. 紫草科 Boraginaceae	斑种草属 *Bothriospermum* Bunge	
	(1021)柔弱斑种草 *B. tenellum* (Hornem.) Fisch. et Mey.	Y、T
	(1022)多苞斑种草 *B. secundum* Maxim.	Y
	琉璃草属 *Cynoglossum* L.	
	(1023)琉璃草 *C. zeylanicum* (Vahl.) Thub. ex Lehm.	Y
	厚壳树属 *Ehretia* P. Br.	
	(1024)厚壳树 *E. thyrsiflora* (Sieb. et Zucc.) Nakai	Y
	紫草属 *Lithospermum* L.	
	(1025)麦家公 *L. arvense* L.	Y、T
	(1026)紫草 *L. erythrorhizon* Sieb. et Zucc.	Y
	(1027)梓木草 *L. zollingeri* DC.	Y、T
	车前紫草属 *Sinojohnstonia* Hu	
	(1028)浙赣车前紫草 *S. chekiangensis* (Migo) W. T. Wang	Y、T
	附地菜属 *Trigonotis* Stev.	
	(1029)附地菜 *T. pedunxularis* (Trev.) Benth.	Y、T

97. 马鞭草科 Verbenaceae	紫珠属 *Callicarpa* L.	
	(1030)珍珠枫 *C. bodinieri* Levl.	Y、H
	(1031)华紫珠 *C. cathayana* H. T. Chang	Y、T
	(1032)白棠子树 *C. dichotoma* (Lour.) K. Koch	Y、T、H
	(1033)老鸦糊 *C. giraldii* Hesse ex Rehd.	Y、T、H
	(1034)毛叶老鸦糊(变种)*C. giraldii* Hesse ex Rehd. var. *lyi*	Y、T
	(1035)日本紫珠 *C. japinoca* Thunb.	Y、T
	(1036)窄叶紫珠(变种)*C. japinoca* Thunb. var. *angustata* Rehd.	Y、T
	莸属 *Caryopteris* Bunge	
	(1037)单花莸 *C. nepetaefolla* (Benth.) Maxim.	Y
	(1038)兰香草 *C. incana* (Thunb.) Miq.	Y、T
	大青属 *Clerodendrum* L.	
	(1039)浙江大青 *C. kaichianum* Hsu	Y、T
	(1040)海州常山 *C. trichotomum* Thunb.	Y、T
	(1041)臭牡丹 *C. bungei* Stewd.	T
	(1042)大青 *C. cyrtophyllum* Turcz.	T
	豆腐柴属 *Premna* L.	
	(1043)豆腐柴 *P. microphylla* Turcz.	Y、T、H
	马鞭草属 *Verbena* L.	
	(1044)马鞭草 *V. officinalis* L.	Y、T、H
	牡荆属 *Vitex* L.	
	(1045)黄荆 *V. negundo* L.	Y、T
	(1046)牡荆(变种) *V. negundo* L. var. *cannabifolia*	Y、T、H
98. 唇形科 Labiatac	藿香草属 *Agastache* Clayton	
	(1047)藿香 *A. rugosa* (Fisch. et Meyer) O. Ktze.	Y、T
	筋骨草属 *Ajuga* L.	
	(1048)金疮小草 *A. decumbens* Thunb.	Y、H. T
	水棘针属 *Amethystea* L	
	(1049)水棘针 *A. caerulea* L.	Y、T
	风轮菜属 *Cliopodium* L.	
	(1050)风轮菜 *C. chinense* (Benth.) O. Ktzc.	Y. . H
	(1051)灯笼草 *C. polycephalum* (Van.) C. Y. Wu et Hsuan ex Hsu	Y
	(1052)细风轮菜 *C. gracile* (Benth.) Matsum.	Y、T
	绵穗苏属 *Comanthosphace* S. Moore	
	(1053)绵穗苏 *C. ningpoensis* (Hemsl.) Hand. —Mazz.	Y、T
	(1054)绒毛绵穗苏 *C. ningpoensis* (Hemsl.) Hand. —Mazz. var. *stellipiloides* C. Y. Wu	Y、T
	香薷属 *Elsholtzia* Willd.	
	(1055)紫花香薷 *E. argyi* Levl.	Y、T
	(1056)野草香 *E. cypriani* (Pavol.) C. Y. Wu et S. Chow	Y
	(1057)香薷 *E. ciliata* (Thunb.)Hyland.	Y

(1058)岩生香薷 *E. saxatilis* (Komarov) Nakai f. albis　Y

(1059)海州香薷 *E. splendens* Nakai　Y、T

活血丹属 *Glechoma* L.

(1060)活血丹 *G. longituba* (Nakai) Kupr.　Y、T、H

香简草属 *Keiskea* Miq.

(1061)香薷状香简草 *K. elsholtzioides* Merr.　Y

动蕊花属 *Kinostemon* Kudo

(1062)动蕊花 *K. ornatum* (Hemsl.) Kudo　Y

野芝麻属 *Lamium* L.

(1063)宝盖草 *L. amplexicaule* L.　T

(1064)野芝麻 *L. barbatum* Sieb. et Zucc.　Y、T、H

益母草属 *Leonurus* L.

(1065)益母草 *L. japonicus* Houtt.　Y、T、H

(1066)白花益母草 *L. japonicus* Houtt. f. *niveus* Baranov et Skvortz　Y

(1067)假鬃尾草 *L. chaituroides* C. Y. Wu et H. W. Li　Y、T

龙头草属 *Meehania*

(1068)狭荨麻叶龙头草 *M. urtocifolia* (Miq.) Makino var. *angustifolia*　Y、T

薄荷属 *Mentha* L.

(1069)野薄荷 *M. haplocalyx* Brig.　Y、T

石荠苎属 *Mosla* Buch. —Ham. ex Maxim.

(1070)小花荠苎 *M. cavaleriei* Levl.　Y、T

(1071)石香薷 *M. chinensis* Maxim.　Y、T

(1072)小鱼仙草 *M. dianthera* (Buch. —Ham.) Maxim.　Y、T

(1073)长苞荠苎 *M. longibracteata* (C. Y. Wu) C. Y. Wu et H. W. Li　Y、T

(1074)石荠苎 *M. scabra* (Thunb.) C. Y. Wu et H. W. Li　Y、T

紫苏属 *Perilla* L.

(1075)紫苏(白苏) *P. frutescens* (L.) Britt.　T、H

(1076)野紫苏(变种) *P. frutescens* (L.) Britt. var. *acuta*　Y、T

(1077)回回苏(变种) *P. frutescens* (L.) Britt. var. *crispa*　Y、T

糙苏属 *Phlomis* L.

(1078)糙苏 *P. umbrosa* Turcz.　Y

(1079)南方糙苏 *P. umbrosa* Turcz. var. *australis* Hemsl.　Y、T

牛至属 *Origanum* L.

(1080)牛至 *O. vulgare* L.　Y、T

夏枯草属 *Prunella* L.

(1081)夏枯草 *P. vulgaris* L.　Y、T、H

香茶菜属 *Isodon*

(1082)香茶菜 *I. amethystoides* (Benth.) C. Y. Wu et Hsuan　Y、T

(1083)毛叶香茶菜 *I. japonicus* (Burm. f.) Hara　Y

(1084)大萼香茶菜 *I. macrocalyx* (Dunn) Kudo　Y、T

(1085)显脉香茶菜 *I. nervosus* (Hemsl.) Kudo Y、T
(1086)碎米桠 *I. rubescens* (Hemsl.) Hara Y

鼠尾草属 *Salvia* L.

(1087)鼠尾草 *S. japonica* Thunb. H
(1088)黄山鼠尾草 *S. chienii* Stib. H
(1089)白马鼠尾草 *S. baimaensis* S. W. Su et Z. A. Shen Y、T
(1090)大别山鼠尾草 *S. dabieshanensis* J. Q. He Y
(1091)华鼠尾草 *S. chinensis* Benth. Y、H
(1092)舌唇鼠尾草 *S. liguliloba* Sun Y
(1093)美丽鼠尾草 *S. meiliensis* S. W. Su Y
(1094)丹参 *S. miltiorrhiza* Bunge Y、T
(1095)荔枝草 *S. plebeia* R. Br. T
(1096)浙皖丹参 *S. sinica* Migo Y
(1097)皖鄂丹参 *S. paramiltiorrhiza* H. W. Li et X. L. Huang Y、T

黄芩属 *Scutellaria* L.

(1098)半枝莲 *S. barbata* D. Don Y
(1099)韩信草 *S. indica* L. Y、T、H
(1100)长毛韩信草 *S. indica* L. var. *elliptica* Sun ex C. H. Hu Y
(1101)光紫黄芩 S. laeteviolacea Koidz. Y、T
(1102)紫茎京黄芩 *S. pekinensis* Maxim. var. *purpureicaulis* Y、T
(1103)短促京黄芩 *S. pekinensis* Maxim. var. *transitra* Y、T
(1104)连钱黄芩 *S. guilielmi* A. Gary Y
(1105)假活血草 *S. tuberifera* C. Y. Wu et C. Chen Y、T

水苏属 *Stachys* L.

(1106)宝塔菜(蜗儿菜)*S. arrecta* L. H. Bailey Y、T
(1107)地蚕 *S. geobombycis* C. Y. Wu Y
(1108)草石蚕 *S. sieboldi* Miq. Y
(1109)水苏 *S. japonica* Miq. Y、T、H
(1110)长圆叶水苏 *S. oblongifolia* Benth. H

香科科属 *Teucrium* L.

(1111)霍山香科科 *T. huoshanense* S. W. Su et J. Q. He Y
(1112)庐山香科科 *T. pernyi* Franch. Y、T
(1113)血见愁 *T. viscidum* Bl. Y、T
(1114)微毛血见愁(变种)*T. viscidum* Bl. var. *nepetoides* Y

香简草属 *Keiskea* Miq.

(1115)香薷状香简草 *K. elsholtzioides* Merr. T

99. 茄科 Solanaceae

曼陀罗属 *Datura* L.

(1116)曼陀罗 *D. stramonium* L. Y、H
(1117)洋金花 *D. metel* L. Y

枸杞属 *Lycium* L.

(1118)枸杞 *L. chinense* Mill. Y、T、H

	酸浆属 *Physalis* L.	
	(1119)酸浆 *P. alkekengi* L. var. *franchetii* Makino	Y、T
	(1120)苦蘵 *P. angulata* L.	Y、T
	(1121)毛苦蘵 *P. angulata* L. var. *villosa* Bonati	Y
	散血丹属 *Physaliastrum* Makino	
	(1122)江南散血丹 *P. heterophyllum* (Hemsl.)Migo	Y、T
	茄属 *Solanum* L.	
	(1123)千年不烂心 *S. cathayanum* C. Y. Wu et S. C. Huang	Y、T
	(1124)野海茄 *S. japonense* Nakai	Y、T
	(1125)白英 *S. lyratum* Thunb.	Y、T
	(1126)龙葵 *S. nigrum* L.	Y、T
	(1127)少花龙葵 *S. photeinocarpum* Nakamura et Odashima	Y
	(1128)海桐叶白英 *S. pittoaporifolium* Hemsl.	Y、T
100. 醉鱼草科 Buddlejaceae	醉鱼草属 *Buddleja* L.	
	(1129)醉鱼草 *B. lindleyana* Fort.	Y、T、H
101. 玄参科 Scrophulariaceae	石龙尾属 *Limnophila* R. Br.	
	(1130)石龙尾 *L. sessiliflora* (Vahl.) Bl.	T
	母草属 *Lindernia* All.	
	(1131)泥花草 *L. antipoda* (L.) Alston	T
	(1132)陌上菜 *L. procubens* (Krock.)Philcox	Y
	通泉草属 *Mazus* Lour.	
	(1133)早落通泉草 *M. caducifer* Hance	Y、T、H
	(1134)通泉草 *M. japonicus* (Thunb.) Q. Kutze	Y、T、H
	(1135)匍茎通泉草 *M. miquelii* Makino	Y、T
	(1136)弹刀子菜 *M. stachydifolius* (Turcz.) Maxim.	Y
	(1137)毛果通泉草 *M. spicatus* Vant.	Y
	山罗花属 *Melampyrum* L.	
	(1138)山罗花 *M. roseum* Maxim.	Y、T、H
	沟酸浆属 *Mimulus* L.	
	(1139)尼泊尔沟酸浆 *M. tenellus* Bunge var. *nepalensis*	Y、T、H
	泡桐属 *Paulownia* Sieb. et Zucc.	
	(1140)毛泡桐 *P. tomentosa* (Thunb.) Steud.	Y、T
	马先蒿属 *Pedicularis* L.	
	(1141)反顾马先蒿 *P. resupinata* L.	Y、H
	松蒿属 *Phtheirospermum* Bunge	
	(1142)松蒿 *P. japonicum* (Thunb.) Kanitz	Y、T
	玄参属 *Scrophularia* L.	
	(1143)玄参 *S. ningpoensis* Hemsl.	Y、T
	阴行草属 *Siphonostegia* Benth.	
	(1144)阴行草 *S. chinensis* Benth.	Y、T
	(1145)腺毛阴行草 *S. laeta* S. Moore	Y、T
	婆婆纳属 *Veronica* L.	
	(1146)直立婆婆纳 *V. arvensis* L.	Y、T、H

	(1147)婆婆纳 *V. didyma* Tenore	Y、T
	(1148)阿拉伯婆婆纳 *V. persica* Poir.	Y
	(1149)水苦荬 *V. undulata* Wall.	H
	(1150)水蔓青 *V. longifolia* Parll. ex Link.	Y、T
	(1151)朝鲜婆婆纳 *V. rotunda* Nakai var. *koreana* (Nakai) Yanazaki	Y、T
	翼萼属 *Torenia* L.	
	(1152)紫色翼萼 *T. violacea* (Azaola) Pennell	T
	腹水草属 *Veronicastrum*	
	(1153)毛叶腹水草 *V. villosulum* (Miq.) Yamazaki	H
102. 紫葳科 Bignoniaceae	梓树属 *Catalpa* Scop.	
	(1154)楸树 *C. bungei* C. A. Mey.	Y、T、H
	(1155)梓树 *C. ovata* G. Don	H
	凌宵属 *Campsis* Lour.	
	(1156)凌宵花 *C. grandiflora* (Thunb.) Loisel.	Y、H
103. 爵床科 Acanthaceae	白接骨属 *Asystasiela*	
	(1157)白接骨 *A. chinensis* (S. Moore) E. Hossain	T、H
	九头狮子草属 *Peristrophe* Nees	
	(1158)九头狮子草 *P. japonica* (Thunb.) Bremek.	Y、T、H
	爵床属 *Rostelllularia* Reichb.	
	(1159)爵床 *R. procumbens*(L.)Nees	Y、T、H
104. 苦苣苔科 Geaneriaceae	吊石苣苔属 *Lysionotus* D. Don	
	(1160)吊石苣苔 *L. pauciflorus* Maxim.	Y、T、H
	粗筒苣苔属 *Briggsia*	
	(1161)浙皖粗筒苣苔 *B. chienii* Chun	H
	半蒴苣苔属 *Hemiboea* Henryi	
	(1162)半蒴苣苔 *H. henryi* C. B. Clarke	H
	苦苣苔属 *Conandron*	
	(1163)苦苣苔 *C. ramondioides* Sieb. et Zucc.	H
105. 列当科 Orobanchaceae	野菰属 *Aeginetia* L.	
	(1164)中华野菰 *A. sinensis* G. Beck	Y、T、H
	黄筒花属 *Phacellanthus* Sieb. et Zucc.	
	(1165)黄筒花 *P. tubiflorus* Sieb. et Zucc.	T
106. 狸藻科 Utriculariaceae	狸藻属 *Utricularia* L.	
	(1166)黄花狸藻 *U. aurea* Lour.	Y、T
	(1167)耳挖草 *U. bifida* L.	Y、T
107. 透骨草科 Phrymaceae	透骨草属 *Phryma* L.	
	(1168)透骨草 *P. leptostachya* L. var. *asiatica* Hara	Y、T、H
108. 车前草科 Plantaginaceae	车前属 *Plantago* L.	
	(1169)车前 *P. asiatica* L.	Y、T、H
	(1170)平车前 *P. depressa* Willd.	Y
109. 忍冬科 Caprifoliaceae	六道木属 *Abelia* R. Br.	
	(1171)南方六道木 *A. dielsii* (Graebn.) Rehd.	Y、T

忍冬属 *Lonicera* L.

(1172)金花忍冬 *L. chrysantha* Turcz. Y
(1173)须蕊忍冬 *L. chrysantha* Turcz. ssp. *koehneana* T
(1174)北京忍冬 *L. elisae* Franch. Y、T
(1175)郁香忍冬 *L. fragrantissima* Lindl. et Paxt. Y、T
(1176)苦糖果 *L. fragrantissima* Lindl. et Paxt ssp. *standishii* Y、T
(1177)倒卵叶忍冬 *L. hemsleyana* (O. Ktze.) Rehd. Y、T
(1178)忍冬 *L. japonica* Thunb. Y、T、H
(1179)光枝柳叶忍冬 *L. lanceolata* Wall. var. *glabra* Chien T
(1180)金银忍冬 *L. maackii* (Rupr.) Maxim. Y、T
(1181)下江忍冬 *L. modesta* Rehd. Y、T
(1182)庐山忍冬 *L. modesta* Rehd. var. *lushanensis* Rehd. Y、T
(1183)袋花忍冬 *L. saccata* Rehd. T
(1184)盘叶忍冬 *L. tragophylla* Hemsl. Y、T、H

接骨木属 *Sambucus* L.

(1185)接骨草(陆英)*S. chinensis* Lindl. Y、T
(1186)接骨木 *S. williamdii* Hance Y、T

荚蒾属 *Viburnum* L.

(1187)桦叶荚蒾 *V. mbetulifolium* Batal. Y、T
(1188)荚蒾 *V. dilatatum* Thunb. Y、T、H
(1189)蚀齿荚蒾 *V. erosum* Thunb. Y、T、H
(1190)衡山荚蒾 *V. hengshanicum* Tsiang ex P. S. Hsu Y、T
(1191)绣球荚蒾 *V. macrocephalum* Fort. T
(1192)琼花八仙花 *V. macrocephalum* Fort. f. *keteleeri* (Carr.) Rehd. Y
(1193)黑果荚蒾 *V. melanocarpum* P. S. Hsu Y、T
(1194)天目琼花(鸡树条荚蒾) *V. opulus* L. var. *calvescens* T
(1195)蝴蝶荚蒾 *V. plicatum* Thunb. f. *tomentosum* (Thub.)Rehd. Y、T
(1196)陕西荚蒾 *V. schensianum* Maxim. Y、T
(1197)茶荚蒾 *V. setigerum* Hance Y、T、H
(1198)合轴荚蒾 *V. sympodiale* Graebn. Y、T

锦带花属 *Weigela* Thunb.

(1199)水马桑 *W. japonica* Thunb. var. *sinica* (Rehd.) Bailey Y、T、H

110. 败酱科 Valerianaceae

败酱属 *Patrinia* Juss.

(1200)异叶败酱 *P. heterophylla* Bunge Y、T、H
(1201)窄叶败酱 *P. heterophylla* Bunge subsp. *angustifolia* H. J. Wang Y、T、H
(1202)斑花败酱 *P. puncyiflora* Hsu et H. J. Wang Y
(1203)败酱 *P. scabiosaefolia* Fisch. Y、H
(1204)白花败酱 *P. villosa* Juss. Y、T、H

科	属/种	分布
	缬草属 *Valeriana* L.	
	(1205)柔垂缬草 *V. flaccidissima* Maxim.	Y
	(1206)缬草 *V. officinalis* L.	Y、T、H
	(1207)宽叶缬草 *V. officinalis* L. var. *latifolia* Miq.	Y、T
111. 川续断科 Dipsacaceae	川续断属 *Dipsacus* L.	
	(1208)日本续断 *D. japonicus* Miq.	Y、T、H
	(1209)天目续断 *D. tianmuensis* C. Y. Cheng et Z. T. Yin.	H
	蓝盆花属 Scabiosa L.	
	(1210)窄叶蓝盆花 *S. comosa* Fisch. ex Reom et Sook. f.	T
112. 桔梗科 Campanulaceae	沙参属 *Adenophora* Fisch.	
	(1211)荠尼 *A. trachelioides* Maxim.	Y、T
	(1212)石沙参 *A. polyantha* Nakai	Y、T
	(1213)杏叶沙参 *A. hunanensis* Nannf.	Y
	(1214)华东杏叶沙参 *A. hunanensis* Nannf. ssp. *huadungensis*	Y、T、H
	(1215)沙参 *A. stricta* Miq.	T
	(1216)中华沙参 *A. sinensis* A. DC.	H
	(1217)薄叶荠苨 *A. remotiflora* (Sieb. et Zucc.) Miq.	H
	(1218)丝裂沙参 *A. capillaris* Hemsl.	Y
	党参属 *Codonopsis* Wall.	
	(1219)羊乳 *C. lanceolata* Benth. et Hook. f.	Y、T、H
	半边莲属 *Lobelia* L.	
	(1220)半边莲 *L. chinensis* Lour.	Y、T、H
	桔梗属 *Platycodon* A. DC.	
	(1221)桔梗 *P. grandiflorus* (Jacq.) A. DC.	Y、T、H
	袋果草属 *Peracarpa* Hook. f. et Thoms.	
	(1222)袋果草 *P. carnosa* Hook. f. et Thoms.	Y、T
	蓝花参属 *Wahlenbergia* Schrad. ex Roth.	
	(1223)蓝花参 *W. marginata* (Thunb.) A. DC.	Y、T
113. 菊科 Compositae	和尚菜属 *Adenocaulon* Hook.	
	(1224)和尚菜 *A. himalaicum* Edgew.	Y、T
	下田菊属 *Adenostemma* J. R et. G. Forst	
	(1225)下田菊 *A. lavenia* (L.) O. Kuntz.	T
	兔儿风属 *Ainsliaea* DC.	
	(1226)杏香兔儿风 *A. fragrans* Champ.	Y、T、H
	(1227)铁灯兔儿风 *A. macroclinidioides* Hay.	Y、T、H
	香青属 *Anaphalis* DC.	
	(1228)香青 *A. sinica* Hance	Y、T、H
	(1229)翘茎香青 *A. sinica* Hance f. *pterocaulon*	Y、T
	(1230)车前叶香青 *A. aureopunctata* Lingelsh. et Borza var. *plantaginifolia* Chen	Y
	(1231)珠光香青 *A. margaritacea* (L.) Benth. et Hook. f.	H

牛蒡属 *Arctium* L.

(1232)牛蒡 *A. lappa* L. Y、T

蒿属 *Artemisia* L.

(1233)艾蒿 *A. argyi* Levl. et Van. Y

(1234)朝鲜艾蒿 *A. argyi* Levl. et Van. var. *gracilis* Pamp. Y、T

(1235)黄花蒿 *A. annua* L. Y、T、H

(1236)奇蒿 *A. anomala* S. Moore Y、H

(1237)茵陈蒿 *A. capillaris* Thunb. Y、H

(1238)矮蒿 *A. lancea* Van. Y

(1239)野艾蒿 *A. lavandulaefolia* DC. T

(1240)白莲蒿 *A. sacrorum* Ledeb. Y、T

(1241)密毛白莲蒿 *A. sacrorum* Ledeb. var. *messerschmidtiana* Y

(1242)灰莲蒿 *A. sacrorum* Ledeb. var. *incana* (Bess.)Y. R. Ling Y

(1243)猪毛蒿 *A. scoparia* Waldst. et Kit. Y、T

(1244)宽叶山蒿 *A. stolonifera* (Maxim.) Komar. Y、T

(1245)牡蒿 *A. japonica* Thunb. Y、T、H

(1246)魁蒿 *A. princeps* Pamp. Y、T

紫菀属 *Aster* L.

(1247)三脉叶紫菀 *A. ageratoides* Turcz. Y、T、H

(1248)陀螺紫菀 *A. turbinatus* S. Moore Y

(1249)高茎紫菀 *A. procerus* Hemsl. Y

(1250)三脉叶紫菀 *A. ageratoides* Turcz. Y

(1251)宽伞三脉紫菀 *A. ageratoides* Turcz. var. *laticorymbus* Y、T

(1252)毛枝三脉紫菀 *A. ageratoides* Turcz. var. *lasiocladus* Y

(1253)山白菊 *A. ageratoides* Turcz. var. *scaberulus* (Miq.) Ling Y、T

苍术属 *Atractylodoes* DC.

(1254)苍术 *A. lancea* (Thunb.) DC. Y、T

(1255)白术 *A. macrocephala* Koidz. Y

(1256)关苍术 *A. japonica* Koidz . ex Kitum. Y

鬼针草属 *Bidens* L.

(1257)婆婆针 *B . bipinnata* L. Y、T

(1258)小花鬼针草 *B. parviflora* Willd. Y

(1259)鬼针草 *B. pilosa* L. Y、T、H

(1260)狼把草 *B. tripartita* L. Y、T、H

(1261)金盏银盘 *B. biternata* (Lour.) Merr. et Sherff Y

白酒草属 *Conyza* Less.

(1262)小飞蓬 *C. canadensis* (L.) Cronq. Y

蟹甲草属 *Cacalia* L.

(1263)白花蟹甲草 *C. ainsliaeflora* (Franch.) Hand－Mazz. T

(1264)黄山蟹甲草 *C. hwangshanica* Ling　T
(1265)蝙蝠草 *C. rubescens* (S. Moore) Matsuda　Y、T
(1266)矢镞叶蟹甲草 *C. ambigua* Long　Y
(1267)野塘蒿 *C. bonariensis* (L.) Crong.　Y

天名精属 *Carpesium* L.

(1268)天名精 *C. abrotanoides* L.　Y、T、H
(1269)烟管头草 *C. cernuum* L.　Y、T
(1270)金挖耳 *C. divaricatum* Sieb. et Zucc.　Y、T、H

石胡荽属 *Centipeda* Lour.

(1271)石胡荽 *C. minima* (L.) A. Br. et Aschers.　Y、T

蓟属 *Cirsium* Adans.

(1272)大蓟 *C. japonicum* DC.　Y、T、H
(1273)线叶蓟 *C. lineare* (Thunb.) Sch. －Bip.　Y、T、H
(1274)牛口刺 *C. shansiense* Petark　Y
(1275)刺儿菜 *C. setosum* (Willd.) MB.　Y、H

菊属 *Dendranthema* (DC.) Des Moul.

(1276)毛华菊 *D. vestitum* (Hemsl.) Ling　Y、T
(1277)野菊 *D. indicum* (L.) Des Moul.　Y、T、H
(1278)紫花野菊 *D. zawadskii* (Herb.) Tzvel.　Y
(1279)甘野菊 *D. lavandulifolium* (Fisch. ex Thaute.) Ling et Shih　Y、T

东风菜属 *Doellingeria* Nees

(1280)东风菜 *D. scaber* (Thunb.) Nees　Y、T、H

一点红属 *Emilia* Cass.

(1281)一点红 *E. sonchifolia* (L.)DC.　Y、H

醴肠属 *Eclipta* L.

(1282)醴肠 *E. prostrata* (L.) L.　Y、T

飞蓬草属 *Erigeron* L.

(1283)一年蓬 *E. annuus* (L.) Pers.　Y、T、H

泽兰属 *Eupatorium* L.

(1284)华泽兰 *E. chinense* L.　Y、T、H
(1285)泽兰 *E. japonicum* Thunb.　Y、T、H
(1286)轮叶泽兰 *E. japonicum* Thunb. var. *tripartitum* Makino　Y、T
(1287)林泽兰 *E. lindleyanum* DC.　Y
(1288)佩兰 *E. fortunei* Turcz.　H
(1289)白鼓钉(林泽兰)*E. lindleyanum* DC. var. *tripartitum* Makioo　Y、T

鼠曲草属 *Gnaphalium* L.

(1290)鼠曲草 *G. affine* D. Don　Y、T、H
(1291)秋鼠曲草 *G. hypoeucum* DC.　Y、T、H
(1292)细叶鼠曲草 *G. japonicum* Thunb.　Y
(1293)丝绵草 *G. luteoalbum* L.　Y

三七属 *Gynura* Cass.

(1294)三七草 *G. segetum* (Lour.) Merr. T

(1295)革命草 *G crepidioides* Benth. Y、T、H

向日葵属 *Helianthus* L.

(1296)菊芋 *H. tuberosus* L. T、H

泥胡菜属 *Hemistepta* Bge.

(1297)泥胡菜 *H. lyrata* (Bge.) Bge. Y、T

狗娃花属 *Heteropappus* Less.

(1298)狗娃花 *H. hispidus* (Thunb.) Less. Y、T

山柳菊属 *Hieracium* L.

(1299)山柳菊 *H. umbellatum* L. Y、T

旋覆花属 *Inula* L.

(1300)土木香 *helenium* L.. Y

(1301)旋覆花 *I. japonica* Thunb. Y、T、H

(1302)条叶旋覆花 *I. lineariifolia* Turcz. Y、T

苦荬菜属 *Ixeris* Cass.

(1303)苦荬菜 *I. chinensis* (Thunb.) Nakai Y、T

(1304)变色苦荬菜 *I. chinensis* (Thunb.) Nakai subup. *versicolor* Y、T

(1305)剪刀股 *I. debilis* A. Gray Y

(1306)齿缘苦荬菜 *I. dentata* (Thunb.) Nakai Y

(1307)细叶苦荬菜 *I. gracilis* (DC.) Stebb. Y

(1308)多头苦荬菜 *I. polycephala* Cass Y、T

(1309)抱茎苦荬菜 *I. sonchifolia* (Bunge) Hance Y、H

马兰属 *Kalimeris* Cass.

(1310)马兰 *K. indica* (L.) Sch. -Bip. Y、H

(1311)多型马兰 *K. indica* var. *polymorpha* (Vant.) Kitam. T

(1312)全缘叶马兰 *K. integrifolia* Turcz. ex DC. Y

(1313)毡毛马兰 *K. shimadai* (Kitam.) Kitam. Y、T

莴苣属 *Lactuca* L.

(1314)莴苣 *L. sativa* L. Y

翅果菊属 *Pterocypsela* Shih

(1315)台湾翅果菊 *P. formosana* Shih T、H

(1316)翅果菊(山莴苣)*P. indica* (L.) Shih T

(1317)高大翅果菊(高莴苣) *P. elata* (Hemsl.) Shih T

稻槎菜属 *Lapsana* L.

(1318)稻槎菜 *L. apogonoldes* Maxim. Y、T

(1319)矮小稻槎菜 *L. humilis* (Thunb.) Makino Y

大丁草属 *Leibntitzia* Cass.

(1320)大丁草 *L. anandria* (L.) Nakai Y、T、H

火绒草属 *Leontopodium* R. Br.

(1321)薄雪火绒草 *L. japonicum* Miq. Y、T

(1322)厚茸薄雪火绒草 *L. japonicum* Miq. var. *xerogenes* Y

囊吾属 *Ligularia* Cass.

(1323)齿叶囊吾 *L. dentata* (A. Gray) Hara Y

(1324)蹄叶囊吾 *L. fischeri* (Ledeb.) Turcz. Y

(1325)狭苞 *L. intermedia* Nakai Y、T

(1326)囊吾 *L. sibirica* (L.) Cass. Y

(1327)窄头囊吾 *L. stenocepala* (Maxim.) Matsum. et Koidz. Y、T、H

(1328)鹿蹄囊吾 *L. hodgsonii* Hook Y、H

(1329)大头橐吾 *L. japonica* (Thunb.) Less. H

帚菊属 *Pertya* Sch. —Bip.

(1330)心叶帚菊 *P. cordifolia* Mattf. Y

蜂头草属 *Petasites* Mill.

(1331)蜂头草 *P. japonicus* (Sieb. et Zucc.) F. Schmidt Y

毛连菜属 *Picris* L.

(1332)毛连菜 *P. japonica* Thunb. Y、T

福王草属 *Prenanthes* L.

(1333)大叶福王草 *P. macrophylla* Franch. Y、T

(1334)福王草 *P. tatarinowii* Maxim. Y、T

翅果菊属 *Pterocypsela* Shih

(1335)台湾翅果菊 *P. formosana* (Maxim.) Shih Y

(1336)翅果菊 *P. indica* (L.) Shih Y

(1337)高大翅果菊 *P. elata* (Hemsl.) Shih Y

(1338)多裂翅果菊 *P. laciniata* (Houtt.) Shih Y

(1339)毛脉翅果菊 *P. raddeana* (Maxim.) Shih Y

风毛菊属 *Saussurea* DC.

(1340)庐山风毛菊 *S. bullockii* Dunn. Y、T

(1341)心叶风毛菊 *S. cordifolia* Hemsl. Y

(1342)三角叶风毛菊 *S. deltoidea* (DC.) C. B. Clarke. Y

(1343)锈毛风毛菊 *S. dutaillyana* Franch. Y

(1344)风毛菊 *S. japonica* (Thunb.) DC. Y、T

麻花头属 *Serratula* L.

(1345)华麻花头 *S. chinensis* S. Moore Y

苦苣菜属 *Sonchus* L.

(1346)续断菊 *S. asper* (L.) Hill Y

(1347)苦苣菜 *S. oleraceus* L. Y

鸦葱属 *Scorzonera* L.

(1348)笔管草 *S. albicaulis* Bunge Y、T

千里光属 *Senecio* L.

(1349)鸦葱 *S. argunensis* Willd. Y

(1350)狗舌草 *S. kirilowii* Turcz. ex DC. Y、T

(1351)林荫千里光 *S. nemorensis* L. Y、T、H

(1352)蒲儿根 *S. oldhamianus* Maxim. Y、T、H

	(1353)千里光 S. *scandens* Buch. —Ham. ex D. Don	Y、T、H
	豨莶属 *Siegesbeckia* L.	
	(1354)毛梗豨莶 S. *glabrescens* (Makino) Makino	Y
	(1355)豨莶 S. *orientalis* L.	Y、T
	(1356)腺梗豨莶 S. *pubescens* (Makino) Makino	Y、T
	(1357)无腺腺梗豨莶 S. *pubescens* (Makino) Makino f. *eglandulosa*	Y、T
	一枝黄花属 *Solildago* L.	
	(1358)一枝黄花 S. *decurrens* Lour.	Y、T、H
	兔儿伞属 *Syneilesis* Maxim.	
	(1359)兔儿伞 S. *aconitifolia* (Bunge) Maxim.	Y、T、H
	(1360)南方兔儿伞 S. *australis* Ling	H
	山牛蒡属 *Synurus* Iljin	
	(1361)山牛蒡 S. *deltoides* (Ait.) Nakai	Y、T
	蒲公英属 *Taraxacum* L.	
	(1362)蒲公英 T. *mongolicum* Hand. —Mazz.	Y、T
	女菀属 *Turczaninowia* DC.	
	(1363)女菀 T. *fastigiata* (Fisch.) DC.	Y
	款冬属 *Tussilago* L.	
	(1364)款冬 T. *farfara* L.	Y、T
	斑鸠菊属 *Vernonia* Schreb.	
	(1365)南漳斑鸠菊 V. *nantcianensis* (Pamp.) Hand. —Mazz.	Y、T
	澎蜞属 *Wedelia* Jacq.	
	(1366)澎蜞菊 W. *chinensis* (Osb.) Merr.	Y
	苍耳属 *Xanthium* L.	
	(1367)苍耳 X. *sibiricum* Patrin.	Y、T、H
	(1368)蒙古苍耳 X. *mongolicum* Kitag.	H
	黄鹌菜属 *Youngia* Cass.	
	(1369)黄鹌菜 Y. *japonica* (L.) DC.	Y、T、H
114. 泽泻科 Alismataceae	泽泻属 *Alisma* L.	
	(1370)窄叶泽泻 A. *canaliculatum* A. Braun.	Y
	慈姑属 *Sagittaria* L.	
	(1371)矮慈姑 S. *pygmaea* Miq.	Y、T
	(1372)长瓣慈姑 S. *trifolia* L. *f. longitoba* Makino	Y
	(1373)慈姑 S. *trifolia* L. var. *sinensis* (Sims.) Makino	Y、T
115. 眼子菜科 Potamogetonaceae	眼子菜属 *Potamogeton* L.	
	(1374)眼子菜 P. *distinctus* A. Benn.	Y、T
116. 百合科 Liliaceae	粉条儿菜属 *Aletris* L.	
	(1375)粉条儿菜 A. *spicata* (Thumb.) Franch.	Y、T
	葱属 *Allium* L.	
	(1376)野蒜 A. *macrostemon* Bunge	Y、T、H
	(1377)多叶韭 A. *plurifoliatum* Rendle	Y、T

天门冬属 *Asparagus* L.

(1378)天门冬 *A. cochinchinensis* (Lour.) Merr. Y、T、H

(1379)羊齿天门冬 *A. filicinus* Ham et D. Don Y、T

大百合属 *Cardiocrinum*

(1380)荞麦叶大百合 *C. cathayanum* (Wils.) Stearn Y、T、H

万寿竹属 *Disporum* Salisb.

(1381)宝铎草 *D. sessile* D. Don Y、T、H

贝母属 *Fritillaria* L.

(1382)浙贝母 *F. thunbergii* Miq. T

(1383)安徽贝母 *F. anhuiensis* S. C. Chen et S. F. Yin Y

萱草属 *Hemerocallis* L.

(1384)黄花菜 *H. citrina* Baroni Y、T

(1385)北黄花菜 *H. flava* L. Y

(1386)萱草 *H. fulva* L. Y、T、H

肖菝葜属 *Heterosmilax* Kunth

(1387)肖菝葜 *H. japonica* Kunth Y、T

玉簪属 *Hosta* Tratt.

(1388)玉簪 *H. plantaginea* (Lam.) Ascherson Y、H

(1389)紫萼 *H. ventricosa* (Salisb.) Stearn Y、T、H

百合属 *Lilium* L.

(1390)卷丹百合 *L. lancifolium* Thunb. Y

(1391)野百合 *L. brownii* F. E. Brown var. *viridulum* Baker Y、T、H

(1392)大花百合 *L. concolor* Salic var. *megalanthum* Wang et Tang Y

(1393)条叶百合 *L. callosum* Sieb. et Zucc. Y、T

土麦冬属 *Liriope* Lour.

(1394)禾叶土麦冬 *L. graminifolia* (L.) Baker Y、H

(1395)阔叶土麦冬 *L. platyphylla* Wang et Tang Y、T

(1396)山麦冬 *L. snocata* (Thunb.) laun Y、H

沿阶草属 *Ophiopogon* Ker－Gawl.

(1397)沿阶草 *O. bodinieri* Level. Y、T

重楼属 *Paris* L.

(1398)华重楼 *P. polyphylla* Sm. var. *chinesis* (Franch.) Hara Y、T、H

(1399)宽叶重楼 *P. polyphylla* Sm. var. *latifolia* Wang et Chang Y、T

(1400)狭叶重楼 *P. polyphylla* Sm. var. *stenophylla* Franch. Y、T、H

(1401)北重楼 *P. verticillata* M. Bieb. Y、T、H

黄精属 *Polygonatum* Mill.

(1402)多花黄精 *P. cyrtonema* Hua Y、T、H

(1403)玉竹 *P. odoratum* (Mill.) Druce Y、T、H

(1404)黄精 *P. sibiricum* Redoute Y、T、H

(1405)湖北黄精 *P. zanlanscianense* Pamp. Y、T

	(1406)长梗黄精 *P. filipes* Merr.	H
	绵枣儿属 *Scilla*	
	(1407)绵枣儿 *S. scilloides* (Lindl.) Druce	H
	鹿药属 *Smilacina* Desf.	
	(1408)管花鹿药 *S. henryi* (Baker) Wang et Tang	Y、T
	(1409)鹿药 *S. japonica* A. Gray	Y、T、H
	菝葜属 *Smilax* L.	
	(1410)菝葜 *S. china* L.	Y、T、H
	(1411)小果菝葜 *S. davidiana* A. DC.	Y、T、H
	(1412)土茯苓 *S. glabra* Roxb	Y、T、H
	(1413)黑果菝葜 *S. glauco china* Warb.	Y、T
	(1414)白背牛尾菜 *S. nipponica* Miq.	Y、T
	(1415)牛尾菜 *S. riparia* A. DC.	Y、T、H
	(1416)尖叶牛尾菜 *S. riparia* A. DC. var. *acuminata* Wang et Tang	Y
	(1417)华东菝葜 *S. sieboldii* Miq.	Y、T
	(1418)鞘柄菝葜 *S. stans* Maxim.	Y、T
	(1419)三脉菝葜 *S. trinervula* Miq.	Y
	(1420)短梗菝葜 *S. scobinicaulis* C. H. Wright	Y、T
	油点草属 *Tricyrtis* Wall.	
	(1421)油点草 *T. macropoda* Miq.	Y、T、H
	开口箭属 *Tupistra* Ker－Gawl.	
	(1422)开口箭 *T. chinensis* Baker	Y
	藜芦属 *Veratrum* L.	
	(1423)藜芦 *V. nigtum* L.	Y
	(1424)毛叶藜芦 *V. grandiflorum* (Maxim) Loes. f.	Y、T
	(1425)黑紫藜芦 *V. japonicum* (Baker) Loes.	T
	(1426)牯岭藜芦 *V. schindleri* Lose. f.	Y、H
117. 百部科 Stemonaceae	百部属 *Stemona* Lour.	
	(1427)直立百部 *S. sessilifolia* (Miq.) Franch. et Sav.	Y
118. 石蒜科 Amaryllidaceae	石蒜属 *Lycoris* Herb.	
	(1428)中国石蒜 *L. chinensis* Traub.	Y、T
	(1429)石蒜 *L. radiata* (L'Her.) Herb.	Y、T、H
119. 薯蓣科 Dioscoreaceae	薯蓣属 *Dioscorea* L.	
	(1430)黄独 *D. bulbifera* L.	Y、H
	(1431)粉背薯蓣 *D. collettii* Hook. f. var. *hypoglauca*	Y、T、H
	(1432)纤细薯蓣 *D. gracillima* Miq.	Y、H
	(1433)日本薯蓣 *D. japonica* Thunb.	Y、T、H
	(1434)穿龙薯蓣 *D. nipponica* Makino	Y、T、H
	(1435)薯蓣 *D. opposita* Thunb.	Y、T、H
	(1436)山卑薢 *D. tokoro* Makino	Y
120. 雨久花科 Pontederiaceae	凤眼莲属 *Eichhornia* Kunth	
	(1437)凤眼莲 *E. crassipes* (Mart.) Solms－Laub.	Y、T

科	属/种	分布
	雨久花属 *Monochoria* Presl	
	(1438)鸭舌草 *M. vaginalis* (Burm. f.) Presl	Y、T
	(1439)窄叶鸭舌草 *M. vaginalis* (Burm. f.) Presl var. *plantaginea*	Y、T
121. 鸢尾科 Iridaceae	射干属 *Belamcanda* Adans.	
	(1440)射干 *B. chinensis* (L.) DC.	Y、T、H
	鸢尾属 *Iris* L.	
	(1441)鸢尾 *I. tectorum* Maxim.	Y
	(1442)小花鸢尾 *I. speculatrix* Hance	H
	(1443)蝴蝶花 *I. japonica* Thunb.	Y、H
	(1444)白蝴蝶花 *I. japonica* Thunb. f. *pallescens*	H
122. 灯心草科 Juncaceae	灯芯草属 *Juncus* L.	
	(1445)小灯芯草 *J. bufonius* L.	Y
	(1446)翅茎灯芯草 *J. alatus* Franch. et Savat.	Y、H
	(1447)星花灯芯草 *J. diastrophanthus* Buch.	Y
	(1448)灯芯草 *J. effusus* L.	Y、T、H
	(1449)野灯芯草 *J. setchuensis* Buch.	Y、T、H
	地杨梅属 *Luzula* DC.	
	(1450)多花地杨梅 *L. multiflora* (Retz.) Lej.	Y
	(1451)羽毛地杨梅 *L. plumosa* E. Mey	Y、T
123. 鸭趾草科 Commeliaceae	鸭趾草属 *Commelina* L.	
	(1452)鸭趾草 *C. communis* L.	Y、T、H
	(1453)饭包草 *C. benghalensis* L.	Y
	水竹叶属 *Murdannia* Roye	
	(1454)裸花水竹叶 *M. nudiflora* (L.) Brenan	Y、T
	(1455)水竹叶 *M. triquetra* (Wall.) Bruckn.	Y
	杜若属 *Pollia*	
	(1456)竹叶莲 *P. japonica* Thunb.	H
124. 谷精草科 Bromeliaceae	谷精草属 *Eriocaulon* L.	
	(1457)谷精草 *E. buergerianum* Koern.	Y、T
125. 禾本科 Gramineae	芨芨草属 *Achnatherum* Beauv.	
	(1458)京芒草 *A. pekinense* (Hance) Ohwi	Y、T
	剪股颖属 *Agrostis* L.	
	(1459)剪股颖 *A. matsumurae* Hack.	Y
	看麦娘属 *Alopencurus* L.	
	(1460)看麦娘 *A. aequalis* Sobol.	Y、T、H
	野燕麦属 *Avene*	
	(1461)野燕麦 *A. fotua* M.	H
	菵草属 *Bockmannia*	
	(1462)菵草 *B. syzygachne* (Steud.) Fern	H
	雀麦属 *Bromus*	
	(1463)雀麦 *B. japonicus* Thunb.	H

荩草属 *Arthraxon* Beauv.

(1464)荩草 *A. hispidus* (Thunb.) Makino　Y、T、H

(1465)东亚荩草 *A. hispidus* Makino var. *centrasiaticus*　Y

(1466)匿芒荩草 *A. hispidus* Makino var. cryptatherus　Y

(1467)柔叶荩草 *A. prionodes* (Steud.) Dandy　Y

野古草属 *Arundinella* Raddi

(1468)野古草 *A. anomala* Steud.　Y、T

(1469)毛秆野古草 *A. hirta* (Thunb.) Tanaka　Y

孔颖草属 *Bothriochloa* Kuntze

(1470)白羊草 *B. ischaemum* (L.) Keng　Y

臂形草属 *Brachiaria* Griseb.

(1471)毛臂形草 *B. villosa* (Lam.) A. Camus　Y

短颖草属 *Brachyelytrum* Beauv.

(1472)日本短颖草 *B. erectum*(Shreb.) Beauv. var. *japonicum* Hack.　Y、T

雀麦属 *Bromus* L.

(1473)雀麦 *B. japonicus* Thunb.　Y、T

(1474)疏花雀麦 *B. remotiflorus* (Steud.) Ohwi　Y

拂子茅属 *Calamagrostis* Adans.

(1475)拂子茅 *C. epigejos* (L.) Roth　Y、T

(1476)密花拂子茅 *C. epigejos* (L.) Roth var. *densiflora* Griseb.　Y、T

细柄草属 *Capillipedium* Stapf

(1477)细柄草 *C. parviflorum* (R. Br.) Stapf　Y

隐子草属 *Cleistogenes* Keng

(1478)朝阳青茅 *C. hackeli* (Honda) Honda　Y

薏苡属 *Coix* L.

(1479)薏苡 *C. lacryma-jobi* L.　Y、T

香茅属 *Cymbopogon* Spreng.

(1480)橘草 *C. goeringii* (Stend.) A. Camus　Y、T

(1481)扭鞘香茅 *C. tortilis* (Presl) A. Camus　Y

狗牙根属 *Cynodon* Rich.

(1482)狗牙根 *C. dactylon* (L.) Pers.　Y

野青茅属 *Deyeuxia* Clarion

(1483)湖北野青茅 *D. hupehensis* Rendle　Y

(1484)野青茅 *D. arundinacea* (Linn.) Beauv.　H

(1485)长舌野青茅 *D. arundinacea* (L.) Beauv. var. *ligulata*　T、H

(1486)疏花野青茅 *D. arundinacea* (L.) Beauv. var. *laxiflora*　Y、T

马唐属 *Digitaria* Scop.

(1487)升马唐 *D. ciliaris* (Retz.) Koel.　Y

(1488)毛马唐 *D. chrysoblephara* Fig. et De Not.　Y

(1489)马唐 *D. sanguinalis* (L.) Scop. Y

(1490)紫马唐 *D. violascens* Link Y、T

稗属 *Echinochloa* Beauv.

(1491)稗子 *E. crusgallu* (L.) Beauv. Y

(1492)无芒稗 *E. crusgallu* (L.) Beauv. var. *mitis* (Pursh) Peterm. T

(1493)光头稗(芒稷)*E. colonum* (L.) Link Y

蟋蟀草属 *Eleusine* Gaertn.

(1494)牛筋草 *E. indica* (L.) Gaertn. Y

画眉草属 *Eragrostis* Beauv.

(1495)秋画眉草 *E. autumnalis* Keng Y

(1496)大画眉草 *E. cilianensis* (All.) Link

(1497)知风草 *E. ferruginea* (Thunb.) Beauv. Y、T

(1498)乱草 *E. japonica* (Thunb.) Trin. Y、T

(1499)画眉草 *E. pilosa* (L.) Beauv. Y、H

(1500)无毛画眉草 *E. pilosa* (L.) Beauv. var. *imberbis* Franch. Y、T

(1501)小画眉草 *E. poaeoides* Beauv. Y

假俭草属 *Eremochloa* Büse

(1502)假俭草 *E. ophiuroides* (Munro) Hack. T

油芒属 *Eccoilopus* Steud.

(1503)油芒 *E. cotulifer* (Thunb.) A. Camus Y、T

野黍属 *Eriochloa* H. B. K.

(1504)野黍 *E. villosa* (Thunb.) Kunth Y

金茅属 *Eulalia* Kunth

(1505)金茅 *E. speciosa* (Debeaux.) Kuntze Y

(1506)四脉金茅 *E. quadrinervis* (Hack.) Kuntze Y

羊茅属 *Festuca* L.

(1507)小颖羊茅 *F. parviguma* Steud. Y

(1508)羊茅 *F. ovina* L. Y、H

甜茅属 *Glyceria* R. Br.

(1509)甜茅 *G. acutiflora* Torr. ssp. *japonica* Y、T

(1510)假鼠妇草 *G. letolepis* Ohwi Y、T

牛鞭草属 *Hemarthia* R. Br.

(1511)牛鞭草 *H. altissima* (Poir.) Stapf et C. E. Hubb. Y

白茅属 *Imperata* Cyrillo

(1512)白茅 *I. cylindrica* (L.) Beauv. var. *major* Y、T、H

鸭嘴草属 *Ischaemum* L.

(1513)有芒鸭嘴草 *I. aristatum* L. Y

短穗竹属 *Brachystachyum*

(1514)短穗竹 *B. densiflorum* (Reudle) Keng H

箬竹属 *Indocalamus* Nakai

(1515)阔叶箬竹 *I. latifolius* (Keng) McCl. Y、T、H

(1516)箬叶竹 *I. longiaurutus* Hand. －Mazz. Y、T

假稻属 *Leersia* Swartz

(1517)秕壳草 *L. sayanuka* Ohwi Y、T

淡竹叶属 *Lophatherum* Brongn.

(1518)淡竹叶 *L. gracile* Brongn. Y、H

臭草属 *Melica* L.

(1519)广序臭草 *M. onoei* Franch. et Sav. Y、T

(1520)臭草 *M. cabrosa* Trin. Y

莠竹属 *Microstegium* Nees

(1521)竹叶茅 *M. nudum* (Trin.) A. Camus Y

(1522)柔枝莠竹 *M. vimineum* (Trin.) A. Camus Y

(1523)莠竹 *M. vimineum* var. *imberbe* (Nees) Honda T

粟草属 *Milium* L.

(1524)粟草 *M. effusum* L. Y、T

芒属 *Miscanthus* Anderss.

(1525)五节芒 *M. floridulus* (Labill.) Warb. Y、T、H

(1526)芒 *M. sinensis* Anderss. Y、T

乱子草属 *Muhlenbergia* Schreber

(1527)多枝乱子草 *M. ramosa* (Hack.) Makino Y、T

类芦属 *Neyraudia* Hook. f.

(1528)山类芦 *N. montana* Keng Y

求米草属 *Oplismenus* Beauv.

(1529)求米草 *O. undulatifolius* (Arduino) Beauv. Y、T、H

直芒草属 *Orthoraphium* Nees

(1530)大叶直芒草 *O. grandifolium* (Keng) Keng Y、T

黍属 *Panicum* L.

(1531)糠稷 *P. bisulcatum* Thunb. Y、T

雀稗属 *Paspalum* L.

(1532)雀稗 *P. distichum* L. Y、T

显子草属 *Phaenosperma* Munro

(1533)显子草 *P. globosa* Munro Y、T、H

狼尾草属 *Pennisetum* Rich.

(1534)狼尾草 *P. alopecuroides* (L.) Spreng. Y、T

梯牧草属 *Phleum* L.

(1535)鬼蜡烛 *P. paniculatum* Huds. T

刚竹属 *Phyllostschys* Sieb. et Zucc.

(1536)黄古竹 *P. angusta* McCl. Y、T

(1537)美竹 *P. mannii* Gamble Y、T

(1538)淡竹 *P. glauca* McCl. Y、T

(1539)水竹 *P. heteroclada* Oliv. Y、T

(1540)毛竹 *P. edulis* (Carr.) H. de Lehaie Y、T、H

(1541)刚竹 *P. sulphurea* (Carr.) A. et C. Riv. var. *viridis* Young Y、T

早熟禾属 *Poa* L.

(1542)白顶早熟禾 *P. acroleuca* Stand. Y、T、H

(1543)早熟禾 *P. annua* L. Y、T、H

(1544)双节早熟禾 *P. binodis* Keng T

(1545)华东早熟禾 *P. faberi* Rendle Y、T

(1546)细弱早熟禾 *P. aemoralio* L. var. *teaolla* Reichb. Y、T

鹅观草属 *Roegneria* C. Koch

(1547)竖立鹅观草 *R. japonensis* (Honda) Keng Y

(1548)纤毛鹅欢草 *R. ciliaris* (Trin.) Novesk. H

(1549)鹅观草 *R. kamoji* Ohwi Y、T

囊颖草属 *Sacciolepis* Nash

(1550)囊颖草 *S. indica* (L.) A. Chase Y、T

簕竹属 *Bambusa* Schreber

(1551)风尾竹 *B. glaucescens* (Willd.) Sieb. et Munro var. *riviererum* Y

裂稃草属 *Schizachyrium* Nees

(1552)裂稃草 *S. brevifolium* (Swartz) Nees Y

华箬竹属 *Sasamorpa* Nakai

(1553)华箬竹 *S. sinica* (Keng) Koidz. Y、H

狗尾草属 *Setaria* Beauv.

(1554)大狗尾草 *S. faberii* Herrm. Y

(1555)金色狗尾草 *S. glauca* (L.) Beauv. Y、T

(1556)狗尾草 *S. viridis* (L.) Beauv. Y、T、H

大油芒属 *Spodiopogon* Trin.

(1557)大油芒 *S. sibiricus* Trin. Y、T

鼠尾粟属 *Sporobolus* R. Br.

(1558)鼠尾粟 *S. fertilis* (Steud.) W. D. Clayt. Y、T

(1559)毛鼠尾粟 *S. piliferus* (Trin.) Kunth Y

菅草属 *Themedia* Forsk.

(1560)黄背草 *T. japonica* (Willd.) Tanaka Y、T

三毛草属 *Trisetum* Pers.

(1561)三毛草 *T. bifidum* (Thunb.) Ohwi Y

(1562)湖北三毛草 *T. henryi* Rendle Y、T

结缕草属 *Zoysia* Willd.

(1563)结缕草 *Z. japonica* Steud. Y

玉山竹属 *Yushania* Keng f.

(1564)鄂西玉山竹 *Y. confusa* (McCl.) Z. P. Wang et G. H. Ye T

苦竹属 *Pleiolastus*

(1565)苦竹 *P. amarus* (Keng) Keng f. H

126. 天南星科 Araceae

菖蒲属 *Acorus* L.

(1566)石菖蒲 *A. tatarinowii* Schott Y、T、H

	魔芋属 *Amorphophallus* Blume ex Decne	Y
	(1567)魔芋 *A. rivieri* Durieu	Y
	(1568)疏毛魔芋 *A. sinensis* Belval	Y
	天南星属 *Arisaema* Mart.	
	(1569)北天南星 *A. amurense* Maxim.	Y
	(1570)云台天南星 *A. duboisreymondiae* Engl.	Y、T、H
	(1571)一把伞南星 *A. erubescense* (Wall.) Schott	Y、T、H
	(1572)宽叶变型天南星 *A. erubescense* (Wall.) Schott f. *latisectum*	Y
	(1573)异叶天南星 *A. heterophyllum* Blume	Y、T、H
	(1574)花南星 *A. lobatum* Engl.	Y、T
	(1575)灯台莲 *A. sikokianum* Franch. et Sav.	Y、T、H
	芋属 *Colocasia* Schott	
	(1576)芋 *C. esculenta* (L.) Schott	Y、H
	半夏属 *Pinellia* Tonore	
	(1577)滴水珠(心叶半夏)*P. cordata* N. E. Brown	Y、T、H
	(1578)虎掌(掌叶半夏)*P. pedatisecta* Schott	Y、T
	(1579)半夏 *P. ternata* (Thunb.) Breit.	Y、T、H
	(1580)鹞落坪半夏 *P. yaoluopingensis* X. H. Guo et X. L. Liu	Y
	犁头尖属 *Typhonium* Schott	
	(1581)独角莲(白附子)*T. giganteum* Engl.	Y
127. 浮萍科 Lemnaceae	浮萍属 *Lemna* L.	
	(1582)浮萍 *L. minor* L.	Y
128. 香蒲科 Typhaceae	香蒲属 *Typha* L.	
	(1583)东方香蒲 *T. orienta* lis Presl	Y
129. 莎草科 Cyperaceae	苔草属 *Carex* L.	
	(1584)匿鳞苔草 *C. aphanolepis* Franch. et Savat.	Y
	(1585)松叶薹草 *C. biwensis* Franch.	Y
	(1586)发秆薹草 *C. capillacea* Boott.	Y、T
	(1587)中华薹草 *C. chinensis* Retz.	Y、T
	(1588)穹隆薹草 *C. gibba* Wahlenb.	Y、H
	(1589)大舌薹草 *C. grandiligulata* Kukenth.	Y、T
	(1590)刻鳞薹草 *C. incisa* Boott.	Y
	(1591)日本薹草 *C. japonica* Thunb.	Y、T
	(1592)弯喙薹草 *C. laticeps* C. B. Clarke ex Franch.	Y
	(1593)青绿薹草 *C. breviculmis* R. Brown	Y
	(1594)舌叶薹草 *C. ligulata* Nees ex Witht	Y、T
	(1595)乳突薹草 *C. maximowiczii* Miq.	Y
	(1596)条穗薹草 *C. nemostachys* Steud.	Y
	(1597)美丽薹草 *C. sadoensis* Franch.	Y
	(1598)大别薹草 *C. dabieensis* S. W. Su	Y
	(1599)针叶薹草 *C. onoei* Franch. et Savat.	Y
	(1600)鹞落薹草 *C. otaruensis* Franch.	Y

(1601)多枝薹草 *C. tosaensis* Akiyama. Y
(1602)横纹薹草 *C. rugata* Ohwi Y
(1603)西藏薹草 *C. tibetica* Franch. Y
(1604)突喙薹草 *C. yuexensis* S. W. Su et S. M. Xu Y
(1605)宽叶薹草 *C. siderosticta* Hanie Y、T
(1606)毛缘宽叶薹草 *C. ciliatomarginata* Nakai T
(1607)披针薹草 *C. lanceolata* Boott T
(1608)大理薹草 *C. taliensis* Franch. T
(1609)细梗薹草 *C. teinogyna* Boott T
(1610)白马薹草 *C. baimaensis* S. W. Su T

莎草属 *Cyperus* L.

(1611)阿穆尔莎草 *C. amuricus* Maxim. Y、T
(1612)扁穗莎草 *C. compressus* L. Y
(1613)异型莎草 *C. difformis* L. Y、T
(1614)碎米莎草 *C. iria* L. Y
(1615)旋鳞莎草 *C. michelianus* (L.) Link Y
(1616)具芒碎米莎草 *C. microiria* Steud. Y
(1617)三轮草 *C. orthostachyus* Franch. et Savat. Y
(1618)毛轴莎草 *C. pilosus* Vahl Y、T
(1619)莎草 *C. rotundus* L. Y、H

荸荠属 *Eleocharis* R. Brown

(1620)龙师草 *E. tetraquetra* Nees ex Wight Y
(1621)牛毛毡 *E. yokoscensis* (Franch. et Savat.) Tang et Wang Y、T

飘拂草属 *Fimbristylis* Vahl

(1622)水虱草 *F. miliacea* (L.) Vahl Y、T
(1623)两歧飘拂草 *F. dichotoma* (L.) Vahl Y、T

水蜈蚣属 *Kyllinga* Rottb.

(1624)水蜈蚣 *K. brevifolia* Rottb. Y
(1625)光鳞水蜈蚣 *K. brevifolia* Rottb. var. *leiolepis* Y、T

扁莎草属 *Pycreus* P. Beauvois

(1626)球穗扁莎草 *P. flavidus* (Retz.) T. Koyama Y、T

刺子莞属 *Rhynchospora* Vahl

(1627)华刺子莞 *R. chinensis* Nees et Meyen ex Nees Y、T

藨草属 *Scirpus* L. Y

(1628)华东藨草 *S. karuizawensis* Makino Y、T
(1629)庐山藨草 *S. lushanensis* Ohwi Y、T
(1630)矮藨草 *S. pumilus* Vohl. Y

水葱属 *Schoenoplectus*

(1631)猪毛草 *S. wallichii* (Nees) T. Koyama T
(1632)萤蔺 *S. juncoedea* (Roxb.) Palla Y、T

龙须草属 *Baeothryon* A. G. Dietrich

(1633)龙须草 *B. subcapitatum* (Thwaites) T. Koyama Y、H

科	属/种	分布
	球柱草属 *Bulbostylis* Kunth	
	(1634)丝叶球柱草 *B. densa* (Wall.) Hand. －Mazz.	Y
	(1635)球柱草 *B. barbata* (Rottb.) C. B. Clarke	Y
130. 姜科 Zingiberaceae	姜属 *Zingiber* Boehm.	
	(1636)蘘荷 *Z. mioga* (Thunb.) Rosc.	Y、T、H
131. 兰科 Orchidaceae	无柱兰属 *Amitostigma* Schltr.	
	(1637)无柱兰 *A. gracilis* (Bl.) Schlty.	H
	(1638)细萼无柱兰 *A. gracile* (Bl.) Schlty.	Y、T
	白芨属 *Bletilla* Rchb. f.	
	(1639)白芨 *B. striata* (Thunb.) Rchb. f.	Y、H
	虾脊兰属 *Calantha*	
	(1640)柔毛虾脊兰 *C. puberula* Lindl.	H
	头蕊兰属 *Cephalanthera* Rich.	
	(1641)银兰 *C. erecta* (Thunb.) Bl.	Y、H
	(1642)金兰 *C. falcta* (Thumb.) Bl.	Y、T、H
	(1643)长叶头蕊兰 *C. longifolia* (L.) Sw	Y
	独花兰属 *Changnienia* Chien	
	(1644)独花兰 *C. amoena* Chien	Y、T
	杜鹃兰属 *Cremastra* Lindl.	
	(1645)杜鹃兰 *C. appendiculata* (D. Don) Makino	Y、T、H
	兰属 *Cymbidium* Sw.	
	(1646)建兰 *C. ensifolium* (L.) Sw.	Y、H
	(1647)惠兰 *C. faberi* Rolfe	Y、T
	(1648)春兰 *C. goeringii* (Rchb. f.) Rchb. f .	Y、T
	(1649)寒兰 *C. kanran* Makino	Y、T
	(1650)多花兰 *C. floiivunbum* Lindl	Y
	杓兰属 *Cypripedium* L.	
	(1651)扇脉杓兰 *C. japonicum* Thumb.	Y、T、H
	石斛属 *Dendrobium* Sw.	
	(1652)石斛 *D. nobile* Lindl.	Y
	(1653)霍山石斛 *D. huoshanensis* C. Z. Tang et S. J. Cheng	Y
	山珊瑚属 *Galeola* Lour.	
	(1654)山珊瑚兰 *G. faberi* Rolfe	Y、T
	(1655)毛萼山珊瑚兰 *G. lindleyana* (Hook. f. et Thoms.) Rchb. f.	
	天麻属 *Castrodia* R. Br.	
	(1656)天麻 *C. elata* Bl.	Y、T
	斑叶兰属 *Goodyera* R. Br.	
	(1657)大花斑叶兰 *G. bilora*	T
	(1658)小斑叶兰 *G. repens* (L.) R. Br.	Y、T
	(1659)大斑叶兰 *G. schlechtendaliana* Rchb. f.	Y、T、H
	玉凤花属 *Habenaria* Willd.	
	(1660)十字兰 *H. sagittifera* Rchb. f.	Y、T

羊耳蒜属 *Liparis* Rich.	
(1661)大唇羊耳蒜 *L. dunnii* Rolfe	Y、T、H
(1662)羊耳蒜 *L. japonica* (Miq) Maxim.	Y
独蒜兰属 *Pleione*	
(1663)独蒜兰 *P. bulbocodioides* (Franch.) Rolfo	H
一叶兰属 *Malaxis* L.	
(1664)一叶兰 *M. monophyllos* (L.) Sw.	Y
舌唇兰属 *Platanthera* Rich.	
(1665)密花舌唇兰 *P. hologlottis* Maxim.	Y、T
(1666)小舌唇兰 *P. minor* (Miq) Rchb. f.	Y
(1667)尾瓣舌唇兰 *P. mandarinorum* Rchb. f.	Y
(1668)长距兰 *P. japonica* (Thunb.) Lindl.	H
盘龙参属 *Sniranthes*	
(1669)盘龙参 *S. sinensis* (Pers.) Ames.	Y、T、H
带唇兰属 *Tainia* BI	
(1670)带唇兰 *T. dunnii* Rolfe	Y
蜻蜓兰属 *Tulotis* Rafin.	
(1671)小花蜻蜓兰 *T. ussuriensis* (Regel. et Maack) Hara	Y、T

二、高等动物名录

(一)两栖纲(Amphibia)

科名	中种和学名	备注
	一、有尾目 Caudata	
1. 小鲵科 Hynobiidae	(1)商城肥鲵 *Pachyhynobius shangchengensis* Fei Qu & Wu	D
2. 隐鳃鲵科 Cryptobranchidae	(2)大鲵 *Andrias davidianus* Blanchard	D、H
3. 蝾螈科 Salamandridae	(3)细痣疣螈 *Tylototnton asperimus* Unterstein	D
	(4)东方蝾螈 *Cynops orientalis* David	D
	(5)无斑肥螈 *Pachytribon brevipeslabiatus*	H
	(6)中国瘰螈 *Paramesotriton chinensis*	H
	二、无尾目 Anura	
4. 锄足蟾科 Pelobatidae	(7)淡肩角蟾 *Megophrys boettgeri*	H
5. 蟾蜍科 Bufonidae	(8)中华大蟾蜍 *Bufo gargarizans* Cantor	D、H
6. 雨蛙科 Hylidae	(9)无斑雨蛙 *Hyla arborea immaculata* Boettger	D
	(10)秦岭雨蛙 *H. tsinlingensis* Liu et Hu	D
	(11)三港雨蛙 *H. arboreu immacnlata* boettger	H
7. 蛙科 Ranidae	(12)日本林蛙 *R. japonica* Guenther	D、H
	(13)凹耳蛙 *R. tormotus*	H
	(14)大绿蛙 *R. livida*	H
	(15)花臭蛙 *R. schmackeri*	H
	(16)棘胸蛙 *R. spinosa*	H
	(17)阔褶蛙 *R. latouchii* Boulenger	D、H
	(18)泽蛙 *R. limnocharis* Boie	D、H

	(19)沼蛙 *R. guentheri*	H
	(20)黑斑蛙 *R. nigromaculata* Hallowell	D、H
	(21)湖北金线蛙 *R. hubeiensis* Fei et Ye	D、H
	(22)隆肛蛙 *R. quadranus* Liu. Hu et Yang	D
	(23)竹叶蛙 *R. versabilis*	H
	(24)武夷湍蛙 *Staurnis wuyiensi*	H
8. 树蛙科 Rhacophoride	(25)黑点树蛙 *Polypedates nigropunctatus* Liu. Hu et Yang	D
	(26)斑腿树蛙 *Rhacophorus leucomystax*	H
9. 姬蛙科 Microhylidae	(27)小弧斑姬蛙 *Microhyla heymonsi* Vogt	D、H
	(28)合征姬蛙 *M. mixtura* Liu. hu et Yang	D
	(29)饰纹姬蛙 *M. ornata*	H

（二）爬行纲（Reptilia）

科名	中种和学名	备注
	一、龟鳖目 Testudoformes	
1. 龟科 Emydidae	(1)乌龟 *Chinemys reevesii* Gray	D、H
	(2)黄喉水龟 *Clemmys mutica*	H
	(3)黄缘闭壳龟 *Cuora flavomarginata*	H
	(4)平胸龟 *Platysternon megacephalum*	H
2. 鳖科 Trionychidae	(5)鳖 *Trionyx sinensis* Wiegmann	D、H
	二、蜥蜴目 Lacertiformes	
3. 壁虎科 Gekkoaidae	(6)铅山壁虎 *Cekko hokouensis* Pope	D
	(7)多疣壁虎 *G. japonicus*	H
4. 石龙子科 Scincidae	(8)蓝尾石龙子 *Eumeces elegans* Boulenger	D、H
	(9)石龙子 *E. chinensis*	D、H
	(10)蝘蜓 *Sphenomorphus indicus* Gray	D、H
5. 蜥蜴科 Lacertidae	(11)北草蜥 *Takydromus septentrionalis* Guenther	D、H
6. 蛇蜥科 Anguidae	(12)脆蛇蜥 *Ophisaurus harti*	H
	三、蛇目 Serpentiformes	
7. 游蛇科 Colubridae	(13)赤链蛇 *Dinodon rufozonatum* Cantor	D、H
	(14)草游蛇 *Natric stolata*	H
	(15)钝头蛇 *Pareas chinensis*	H
	(16)双斑锦蛇 *Elaphe bimaculata* Schmidt	D、H
	(17)王锦蛇 *E. carinata* Guenthet	D、H
	(18)玉斑锦蛇 *E. mandarina* Cantor	D、H
	(19)紫灰锦蛇 *E. porphyracea nigrofasciata* Cantor	D、H
	(20)红点锦蛇 *E. rufodorsata* cantor	D、H
	(21)黑眉锦蛇 *E. taeniura* Cope	D、H
	(22)灰腹绿锦蛇 *E. frenata*	D、H
	(23)锈链腹链蛇 *Amphiesma craspedogaster* Boulenger	D、H
	(24)棕黑腹链蛇 *A. sauteri* Boulenger	H
	(25)虎斑颈槽蛇 *Rhabdophis tigrina lateralis* Berthold	D、H
	(26)小头蛇 *Oligodon chinenis* Guenther	D、H

	(27)饰纹小头蛇 *O. ornatus*	D、H
	(28) 翠青蛇 *Entechinus major* Guenther	H
	(29)水赤链游蛇 *Sinonatrix percarinata*	H
	(30)钝尾两头蛇 *Calamaria septentrionalis*	H
	(31)平鳞钝头蛇 *Pareas boulengeri*	H
	(32)黑背白环蛇 *Lycodon ruhstrati*	H
	(33)黑脊蛇 *Achalinus spinalis*	H
	(34)黄链蛇 *Dinodon septentrionalis*	H
	(35)颈棱蛇 *Macropisthodon rudis*	H
	(36)福建颈斑蛇 *Plagiopholis styani* Boulenger	D、H
	(37)花尾斜鳞蛇 *Pseudoxenodon stejneri striaticaudatus* Pope	D、H
	(38)山溪后棱蛇 *Opisthotropis latouchii*	H
	(39)黑头剑蛇 *Sibynophis chinensis* Gueuther	D、H
	(40)乌梢蛇 *Zaocys dhumnades* Cantor	D、H
	(41)乌游蛇 *Natrir percarinata*	H
	(42)渔游蛇 *N. piczcaior*	H
8. 眼镜蛇科 Elapidae	(43)丽纹蛇 *Calliophis macclellandi* Reinhardt	D
	(44)眼镜蛇 *Naja naja atra* Cantor	H
9. 蝰科 Viperidae	(45)腹蛇 *Agkistrodon blomhoffii brevicaudus* Stejneger	D、H
	(46)烙铁头 *Trimeresurus mucrosquamatus* spp.	D、H
	(47)尖吻蝮 *Agkistrodon acutus*	H
	(48)竹叶青 *Trimeresurus stejnegeri*	H

(三)鸟纲(Aves)

科名	中种和学名	备注
	一、鸊鷉目 Podicipediformes	
1. 鸊鷉科 Podicipedidae	(1)小鸊鷉 *Podiceps ruficollis*	H
	二、鹈形目 Pelecaniformes	
2. 鸬鹚科 Phalacrocoracidae	(2)鸬鹚 *Phalacrocorax carbo*	H
	三、鹳形目 Ciconiiformes	
3. 鹭科 Ardeipdae	(3)池鹭 *Ardeola bapcchus*	D、H
	(4)黑千干鸟 *Dupetor flavpipcollis flavicollis*	D、H
	(5)白鹭 *Egretta garzetta*	H
	(6)苍鹭 *Ardea cinerea*	H
4. 鹳科 Ciconiidae	(7)白鹳 *Ciconia ciconia*	H
	四、雁形目 Anseriformes	
5. 鸭科 Anatidae	(8)花脸鸭 *Anas Formosa*	H
	(9)绿翅鸭 *A. formosa*	H
	(10)普通秋沙鸭 *Mergus merganser*	H
	(11)翘鼻麻鸭 *Tadorna tadorna*	H
	(12)鸳鸯 *Aix galericulata*	H
	五、隼形目 Falconiformes	
6. 鹰科 Accipiptridae	(13)鸢 *Milvus korschus lineatus*	D、H

	(14)赤腹鹰 *A. soloensis*	D、H
	(15)雀鹰 *A. nisus nisoimilis*	D、H
	(16)赤腹鹰 *Accipiter soloensis*	H
	(17)毛脚鵟 *Buteo lagopus*	H
	(18)乌雕 *Aquila clanga*	H
7. 隼科 Falconide	(19)红隼 *Falco tinnunculus saturatus*	D、H
	六、鸡形目 Galliformes	
8. 雉科 Phcrasia	(20)勺鸡 *Phasianus macrolopha joretiana*	D、H
	(21)环颈雉 *P. colchicus torquatus*	D、H
	(22)白冠长尾雉 *Syrmaticus reevesii*	D
	(23)鹌鹑 *Coturnix coturnix*	H
	(24)白鹇 *Lophura nycthemera*	H
	(25)竹鸡 *Bambusicola thoracica*	H
	(26)白颈长尾雉 *Syrmaticus ellioti*	H
	七、鹤形目 Gruiformes	
9. 秧鸡科 Rallidae	(27) 白胸苦恶鸟 *Amaurornis phoenicurus chinpensis*	D、H
	(28)红脚苦恶鸟 *A. akool*	H
	八、鸻形目 Charapdriiformes	
10. 鹬科 Scolopacide	(29)白腰草鹬 *Tringa ochropus*	D、H
	(30)林鹬 *T. glareola*	H
	(31)丘鹬 *Scolopax rusticola*	H
	(32)扇尾沙锥 *Capella gallinago*	H
11. 鸻科 Varadriidae	(33)凤头麦鸡 *Vanellus. Vanellus*	H
	(33)灰头麦鸡 *V. cinereus*	H
	(35)环颈鸻 *Charadrius alexandrinuss*	H
	(36)剑鸻 *C. hiaticula*	H
	(37)金眶鸻 *C. dubius*	H
	九、鸠鸽目 Columbiformes	
12. 鸠鸽科 Columbidae	(38)山斑鸠 *Streptopelia orientalis*	D、H
	(39)珠颈斑鸠 *S. chinensis*	D、H
	(40)火斑鸠 *Oenopopelia tranquebarica*	H
	十、鸥形目 Lariformes	
13. 鸥科 Laridae	(41)白额燕鸥 *Sterna albifrons*	H
	十一、鹃形目 Cuculiformrs	
14. 杜鹃科 Cuculidae	(42)红翅凤头鹃 *Clamator coromandus*	D、H
	(43)鹰头杜鹃 *Cuculus sparverioides*	H
	(44)四声杜鹃 *C. micropterus*	D、H
	(45)大杜鹃 *C. xanorus fallax*	D
	(46)中杜鹃 *C. saturatus horsfieldi*	D
	(47)小杜鹃 *C. poliocephalus*	D、H
	(48)噪鹃 *Eudgnamgs scolopacea chinensis*	D
	十二、鸮形目 Strigiformes	
15. 鸱鸮科 Strigidae	(49)领角鸮 *Otus dakkamoena ergthrocampe*	D

	(50)红角鸮 *O. xcops stictonous*	D
	(51)斑头鸺鹠 *Glaucidium cuculoides whiteleyi*	D、H
	(52)领鸺鹠 *G. brodiei*	H
	(53)鹰鸮 *Ninox scutulata*	H
	(54)长耳鸮 *Asio otus*	H
	(55)短耳鸮 *A. flammeus*	H
16. 草鸮科 Tytonidae	(56)草鸮 *tyfo capensis chinensis*	D
	十三、夜鹰目 Caprimulgiformes	
17. 夜鹰科 Caprimulgidae	(57)夜鹰 *Caprimulgus indicus*	H
	十四、雨燕目 Apodiformes	
18. 雨燕科 Apodidae	(58)针尾雨燕 *Hirundapus caudacutus*	H
	(60)白腰雨燕 *Apus pacificus*	H
	十五、佛法僧目 Coraciformes	
19. 翠鸟科 Alcedinidae	(61)冠鱼狗 *Ceryle lugubris guttulata*	D、H
	(62)斑鱼狗 *C. rudis*	H
	(63)翠鸟 *Alcedo atthis bengalensis*	D、H
	(64)蓝翡翠 *Haleyon pileata*	D、H
	(65)白胸翡翠 *H. smyrnensis*	H
20. 蜂虎科 Meropidae	(66)栗头蜂虎 *Merops viridis*	H
21. 佛法僧科 Coraciidae	(67)三宝鸟 *Eurystomus orientalis calonyx*	D、H
	十六、鴷形目 Iciformes	
22. 啄木鸟科 Picidae	(68)黑枕绿啄木鸟 *Picus canus guerini*	D、H
	(69)大斑啄木鸟 *Dendrocopos major mandarinus*	D、H
	(70)星头啄木鸟 *D. canicapillus nagamichii*	D、H
23. 须鴷科 Capitonidae	(71)大拟啄木鸟 *Megalaima virens*	H
	十七、雀形目 Piviformes	
24. 百灵科 Alaudidae	(72)小云雀 *Alauda gulgula*	H
25. 八色鸫科 Pittidae	(73)蓝翅八色鸫 *Pitta brachyura nympha*	D
26. 燕科 Hirundinidae	(74)家燕 *Hirundo rustia*	D、H
	(75)金腰燕 *H. dauica japonica*	D、H
	(76)毛脚燕 *Delichon urbica nigrimentalis*	D、H
27. 鹡鸰科 Motacillidae	(77)山鹡鸰 *Dendronanthus indicus*	D、H
	(78)灰鹡鸰 *Motacilla cinerea robusta*	D、H
	(79)白鹡鸰 *M. alba leucopsis*	D、H
	(80)黄鹡鸰 *M. flava*	H
	(81)树鹨 *Anthus hodgsoni*	H
	(82)田鹨 *A. novaeseelandiae sinensis*	D、H
28. 山椒鸟科 Campephagidae	(83)暗灰鹃鵙 *Coracina melaschistos intermedia*	D、H
	(84)小灰山椒鸟 *Pericrocotus roseus cantonensis*	D、H
29. 鹎科 Pycnonoidae	(85)绿鹦嘴鹎 *Spizixos semitorques*	D、H
	(86)白头鹎 *Pycnonotus sinensis*	D、H
	(87)黄臀鹎 *P. xanthorrhous*	D、H
	(88)黑鹎 *Hypsipetes madagascarieriensis leucocephalus*	H

	(89)绿翅短脚鹎 *H. mcclellandii*	H
30. 伯劳科 Laniidae	(90)虎纹伯劳 *Lanius tigrinus*	D、H
	(91)牛头伯劳 *L. bucephalus*	D、H
	(92)红尾伯劳 *L. cristatus lucionensis*	D、H
	(93)棕背伯劳 *L. schach*	H
31. 黄鹂科 Oriolidae	(94)黑枕黄鹂 *Oridus chinensis diffusus*	D、H
32. 卷尾科 Dicruridae	(95)黑卷尾 *Dicrurus macrocercus cathoecus*	D、H
	(96)灰卷尾 *D. leucophaeus leucogenis*	D、H
	(97)发冠卷尾 *D. hottentottus brevirostris*	D、H
33. 椋鸟科 Stumidae	(98)丝光椋鸟 *Sfurnus sericeus*	D、H
	(99)灰椋鸟 *S. cineraceus*	D、H
	(100)八哥 *Acridotheres cristatellus*	H
34. 鸦科 Corvidae	(101)松鸦 *Carrulus glandarius sinensis*	D、H
	(102)红嘴蓝鹊 *Cissa erythrorhyncha*	D、H
	(103)喜鹊 *Pica pica sericea*	H
	(104)灰喜鹊 *Cyanopica cyana*	D、H
	(105)寒鸦 *Corvus monedula*	D、H
	(106)灰树鹊 *C. formosae*	H
	(107)大嘴乌鸦 *C. macrorhynchus colonorum*	D、H
	(108)秃鼻乌鸦 *C. frugilegus*	H
	(109)白颈乌鸦 *C. torquatus*	D、H
35. 河乌科 Cinclidae	(110)褐河乌 *Cinclusp. pallasii*	D、H
36. 鹟科 Muscicapidae	鸫亚科 Turdinae	
	(111)红胁蓝尾鸲 *Tarsiger cganorus*	D、H
	(112)鹊鸲 *Copsychus saularis prosthopellus*	D、H
	(113)北红尾鸲 *Phoenjicurus auroreus*	D、H
	(114)红尾水鸲 *Rhyacornis juliginosus*	D、H
	(115)小燕尾 *Enicurus scouleri*	D、H
	(116)黑背燕尾 *E. leschenaulti sinensis*	D、H
	(117)黑喉石鹏 *Saxicola torquata stejnegeri*	D、H
	(118)灰林即鸟 *S. ferrea haringtoni*	D、H
	(119)蓝矶鸫 *Monticola solitaria philippensis*	D、H
	(120)蓝头矶鸫 *M. cinclorhynchus*	H
	(121)栗胸矶鸫 *M. rufiventris*	H
	(122)紫啸鸫 *Myiophonus. caeruleus*	D、H
	(123)橙头地鸫 *Zoothera citrina courtoisi*	D
	(124)白眉地鸫 *Z. sibirica*	D
	(125)虎斑地鸫 *Z. dauma aurea*	D、H
	(126)乌鸫 *Turdus merula mandarinus*	D
	(127)白腹鸫 *T. pallidus*	D
	(128)斑鸫 *T. naumanni*	D、H
	画眉亚科 Timaliinae	
	(129)棕颈钩嘴鹛 *Pomatorhinus ruficollis styani*	D、H

	(130)锈脸钩嘴鹛 *P. erythrogenys*	H
	(131)棕噪鹛 *Garrulax poecilorhynchus*	H
	(132)黑脸噪鹛 *G. perspicillatus*	D、H
	(133)黑领噪鹛 *G. pectoralis*	H
	(134)红头穗鹛 *Stachyris ruficeps davidi*	D、H
	(135)灰翅噪鹛 *G. cineraceus cinereiceps*	D、H
	(136)小鳞鹛 *Pnoepyga pusilla*	H
	(137)画眉 *Can ulax canorus canorns*	D、H
	(138)白眶雀鹛 *Alcippe morrisonia hueti*	D、H
	(139)褐雀鹛 *A. brunnea*	D、H
	(140) 棕头鸦雀 *Paradoxornis webbianus suffusus*	H
	(141) 灰头鸦雀 *P. gularis*	H
	(142)红嘴相思鸟 *Leiothrix lutea*	H
	莺亚科 Sylviinae	
	(143)短翅树莺 *Cettia diphone canturians*	D、H
	(144)山树莺 *C. fortipes davidiana*	D、H
	(145)黄腹树莺 *C. acanthizoides acanthizoides*	D
	(146)黄头扇尾莺 *Cisticola exilis*	H
	(147)黄腰柳莺 *Phylloscopus proregulus*	H
	(148)极北柳莺 *P. borealis*	H
	(149)黄眉柳莺 *P. inornatus*	D、H
	(150)暗绿柳莺 *P. trochiloides plumdeitarsus*	D
	(151)冠纹柳莺 *P. reguloidesfokiensis*	D、H
	(152)褐山鹪莺 *Prinia polychroa*	H
	(153)褐头鹪莺 *P. subflava*	H
	(154)棕脸鹟莺 *Seicercus albogularis*	H
	(155)金眶鹟莺 *S. burkii valentini*	H
	(156)棕扇尾莺 *Cisticola iuncidis*	D
	鹟亚科 Muscicapinae	
	(157)白眉姬鹟 *Ficedula zanthopygia*	D
	(158)白腹蓝鹟 *F. cywlomelana cumatilis*	D、H
	(159)白喉林鹟 *Rhinomyias brunneatabrunneata*	H
	(160)乌鹟 *Muscicapa sibirica*	D、H
	(161)北灰鹟 *M. latirostris*	D、H
	(162)红喉鹟 *Ficedula parva*	H
	(163)鸲鹟 *F. mugimaki*	H
	(164)寿带 *Terpsiphone paradisi incei*	D、H
37. 山雀科 Paridae	(165)大山雀 *Parus major artatus*	D
	(166)白脸山雀 *P. maior*	H
	(167)煤山雀 *P. ater*	H
	(168)黄腹山雀 *P. venustulus*	D、H
	(169)银喉山雀 *Aegithalos caudatus glaucogularis*	D、H
	(170)红头山雀 *A. coneinnus*	D、H

38. 鳾科 Sittidae	(171)普通鳾 *Sitta europaea sinensis*	D、H
39. 绣眼鸟科 Zosteropidae	(172)暗绿绣眼鸟 *Zosterops japonica simplex*	D、H
40. 文鸟科 Ploceidae	(173)麻雀 *Passer montanus saturatus*	D、H
	(174)山麻雀 *P. rutilans*	D、H
	(175)斑文鸟 *Lonchura punctulata*	H
	(176)白腰文鸟 *Lonchura striata swinhoei*	D、H
41. 雀科 Fringillidae	(177)燕雀 *Fringilla montifringilla*	D、H
	(178)金翅 *Carduelis sinica*	D、H
	(179)三道眉草鹀 *Emberiza cioides castaneiceps*	D、H
	(180)赤胸鹀 *E. fucata kuatunensis*	D、H
	(181)小鹀 *E. pusilla*	D、H
	(182)黄眉鹀 *E. chrysophrys*	D、H
	(183)蓝鹀 *E. siernsseni*	D、H
	(184)白眉鹀 *E. tristrami*	H
	(185)黄喉鹀 *E. elegans*	H
	(186)黄胸鹀 *E. aureola*	H
	(187)灰头鹀 *E. spodocephala*	H
	(188)栗鹀 *E. rutila*	H
	(189)凤头鹀 *Melophus lathami*	H
	(190)黑头蜡嘴雀 *Eophona personata*	H
	(191)黑尾蜡嘴雀 *E. migratoria*	H
	(192)锡嘴雀 *Coccothraustes coccothraustes*	H

(四)哺乳纲(Mammalia)

科名	中种和学名	备注
	一、食虫目 Insectivora	
1. 刺猬科 Erinaceidae	(1)北方刺猬 *Erinaceus europaeus* Linnaeus	D、H
2. 鼩鼱科 Soricidae	(2)灰麝鼩 *Crocidura attenuata* Milne—Edwards	D、H
3. 鼹鼠科 Talpidae	(3)缺齿鼹 *Mogera latouchei* Thomas	D、H
	(4)小缺齿鼹 *M. wogura* Temminck	D
	二、灵长目 Primates	
4. 猴科 Cercopithecidae	(5)猕猴(黄猴)*Macaca mulatta mulatta*	H
	(6)短尾猴(青猴)*M. thibetana*	H
	三、翼手目 Chiroptere	
5. 菊头蝠科 Rhinolophidae	(7)角菊头蝠 *Rhinolophus cornutus* Temminck	D
6. 蝙蝠科 Vespertilionidae	(8)小伏翼 *Pipistrellus javanicue* Gray	D
	(9)绒山蝠 *Nyctalus velutinus* G. Allen	D
	(10)棕蝠 *Eptesicus serotinus* Schreber	D
	(11)折翼蝠 *Miniopterus schreibersi* Kuhl	D
	(12)蝙蝠 *Vespertilio superans*	D、H

7. 马蹄蝠科 Hipposideridae	(13)大马蹄蝠 *Hipposideros armiger*	H
	(14)中华鼠耳蝠 *Myotis chinensis*	H
	四、鳞甲目 Pholidota	
8. 穿山甲科 Manidae	(15)穿山甲 *Manis pentadactyla* Linnaeus	D、H
	五、兔形目 Lagomorpha	
9. 兔科 Leporidae	(16)草兔 *Lepus capensis aurigineus* Linnaeus	D、H
	(17)华南兔(山兔)*L. sinensis*	D、H
	六、啮齿目 Rodentia	
10. 松鼠科 Sciuridae	(18)赤腹松鼠 *Callosciunis erythraeus ningpoensis* Pallas	D
	(19)红腹松鼠 *C. erythraeus*	D、H
	(20)岩松鼠 *Sciurotamias davidianus saltitans* Milne-Edwards	D
	(21)长吻松鼠 *Dremomys pernyi* Milne—Edwards	H
	(22)红颊松鼠 *D. rufigenis*	H
	(23)花松鼠 *Tamiops swinhoei*	H
	(24)珀氏长吻松鼠 *Dremomys pernyi*	H
11. 仓鼠科 Cricetidae	(25)大仓鼠 *Cricetulus. triton* de Winton	D、H
	(26)苛岚绒鼠 *Eothenomys inez nvx* Thomas	D
12. 竹鼠科 Rhizomyidae	(27)中华竹鼠 *Rhizomyssinensis* Davidi	D
13. 鼠科 Muridae	(28)巢鼠 *Micromys minutus pygmaeus* Pallas	D、H
	(29)小家鼠 *Mus musculus castaneus* Linnaeus	D、H
	(30)中华姬鼠 *Apodemus. draco* Barrett—Hamilton	D、H
	(31)黄胸鼠 *Rattus flavipectus flavipectus* Milne— Edwards	D、H
	(32)褐家鼠 *R. norvegicus socer* Berkenhout	D、H
	(33)社鼠 *R. niviventer socer* Hodgson	D、H
	(34)大足鼠 *R. nitidus nitidus* Hodgson	D、H
	(35)白腹巨鼠 *R. edwardsi*	H
	(36)青毛鼠 *R. bowersii*	H
	(37)针毛鼠 *R. fulvescens*	H
	(38)黑腹绒鼠 *Eothenomys melanogasser*	H
	(39)黑线姬鼠 *Apodemus agrarius ningpoensis*	H
	(40)猪尾鼠 *Typhlomys cinereus*	H
14. 豪猪科 Hystricidae	(41)豪猪 *Hystrix hodgsoni subcristata* Gray	D、H
	七、食肉目 Carnivora	
15. 犬科 Canidae	(42)狼 *Canis lupus chanco* Linnaeus	D、H
	(43)红狐 *Vulpes vulpes hoole* Linnaeus	D
	(44)貉 *Nyctereutes procyonoides procyonoides* Gray	D、H

	(45)豺 *Cuon alpinus lepturus* Pallas	D、H
16. 熊科 Ursidae	(46)黑熊 *Selenarctos thibetanus*	H
17. 鼬科 Mustelidae	(47)黄鼬(黄狼) *Mustela sibirica davidianus* Pallas	D、H
	(48)狗獾(黑獾) *Meles meles leporhynchus* Linnaeus	D、H
	(49)猪獾 *Arctonyx collaris albogularis* F. Cuvier	D、H
	(50)水獭 *Lutro zufro chinensis* Linnaeus	D
	(51)黄腹鼬(松狼) *Mustela kathiah*	H
	(52)青鼬(黄猺) *Martes flavigula*	H
	(53)鼬獾(白猸) *Melogale moschata*	H
18. 灵猫科 Viverndae	(54)小灵猫(香狸) *Viverricula indica pallida* Desmarest	D、H
	(55)花面狸 *Paguma larvata larvata* Hamilton－Smith	D
	(56)大灵猫(九节狸) *Viverra zibetha*	H
	(57)果子狸(青猺) *Paguma larvata*	H
	(58)食蟹獴(石獾) *Herpestes urva*	H
19. 猫科 Felidae	(59)豹猫(狸子) *Felis bengalensis chinesis* Kerr	D、H
	(60)金钱豹 *Panthera pardus fusca* Hamilton－Smith	D、H
	(61)云豹(龟纹豹) *Neofelis nebulosa*	H
	八、偶蹄目 Artiodactyla	
20. 猪科 Suidae	(62)野猪 *Sus scrofa chirodonta* Linnaeus	D、H
21. 鹿科 Cervidae	(63)原麝 *Moschus moschiferus anhuiensis* Wang Hu et Yan	D
	(64)黄麂 *Muntiacus reevesi reevesi* Ogilby	D、H
	(65)黑麂(乌金麂) *Muntiacus crinifrons*	H
	(66)麞(牙獐) *Moschus moschiferus*	H
	(67)梅花鹿 *Cervus nippon*	H
	(68)毛冠鹿(青麂) *Elaphodus cephalophus*	H
22. 牛科 Bovidae	(69)鬣羚(苏门羚) *Capricornis sumatraensis*	H

参考文献

1. 丁炳扬,潘承文.天目山植物学实习手册[M].杭州:浙江大学出版社,2003.
2. 胡嘉琪,梁师文.黄山植物[M].上海:复旦大学出版社,1996.
3. 中国科学院中国植物志编辑委员会.中国植物志(共80卷)[M].北京:科学出版社,1959—2003.
4. 安徽植物志协作组.安徽植物志(共5卷)[M].合肥:安徽科学技术出版社,1986.
5. 卯晓岚.中国大型真菌[M].郑州:河南科学技术出版社,2000.
6. 卯晓岚.中国经济真菌[M].北京:科学出版社,1998.
7. 魏景超.真菌鉴定手册[M].上海:上海科学技术出版社,1979.
8. 邢来君,李明春编著.普通真菌学[M].北京:高等教育出版社,1999.
9. 吴兴亮.贵州大型真菌[M].贵州:贵州人民出版社,1989.
10. 邵力平等.真菌分类学[M].北京:中国林业出版社,1984.
11. 中国科学院昆明植物研究所编著.云南植物志(第十七卷、第十九卷)[M].北京:科学出版社,2005.
12. 黎兴江.中国苔藓志(第三卷)[M].北京:科学出版社,2000.
13. 马炜梁.高等植物及其多样性[M].北京:高等教育出版社,1998.
14. 周云龙.孢子植物实验及实习(修订版)[M].北京:北京师范大学出版社,2001.
15. 江苏省植物研究所.江苏植物志(上册)[M].南京:江苏人民出版社,1977.
16. 董金廷,侯学良.淮北植物[M].北京:中国环境科学出版社,1998.
17. 陆树刚.蕨类植物学[M].北京:高等教育出版社,2007.
18. 吴兆洪,秦仁昌.中国蕨类植物科属志[M].北京:科学出版社,1991.
19. 吴国芳等.植物学(下册)(第二版)[M].北京:高等教育出版社,1999.
20. 何家庆.皖北资源植物志[M].北京:中国农业出版社,2001.
21. 裘维蕃.菌物学大全[M].北京:科学出版社,1998:473.
22. 魏江春.中国地衣纵览[M].北京:万国学术出版社,1991.
23. 盛和林,王岐山.脊椎动物学野外实习指导[M].北京:高等教育出版社,1982.
24. 王德兴,方荣盛,廉振民.动物学野外实习指导[M].西安:陕西师范大学出版社,1991.
25. 刘凌云,郑光美.动物学实验指导(第2版)[M].北京:高等教育出版社,1998.
26. 刘凌云,郑光美.普通动物学(第3版)[M].北京:高等教育出版社,1998.
27. 黄诗笺.动物生物学实验指导[M].北京:高等教育出版社,2001.
28. 赛道建.动物学野外实习教程[M].北京:科学出版社,2006.
29. 徐亚君,唐鑫生.无脊椎动物野外实习指导[M].北京:当代中国出版社,2004.

30. 安徽省林业厅．安徽省自然保护区[M]．合肥：合肥工业大学出版社．2005.
31. 陈壁辉．安徽两栖爬行动物志[M]．合肥：安徽科学技术出版社，1991.
32. 吴志强．动物学野外实习指导[M]．南昌：江西高校出版社，1994.
33. 费梁．中国两栖动物检索[M]．重庆：科学技术文献出版社重庆分社，1990.
34. 张改平．动物生物学野外实习指导[M]．郑州：郑州大学出版社，2007.
35. 田婉淑，江耀明．中国两栖爬行动物鉴定手册[M]．北京：科学出版社，1986.
36. 柴新义，张彬．皖东地区大型真菌资源及其开发利用[J]．资源开发与市场，2007，23(7)：616－617.
37. 柯丽霞，杨超．安徽清凉峰自然保护区大型真菌的生态分布[J]．应用生态学报，2003，14(10)：1739－1742.
38. 柴新义，张彬，汪美英等．安徽琅琊山大型真菌资源初步调查[J]．西北农林科技大学学报，2007，35(12)：217－221.
39. 刘守金、方成武、王德群等．安徽万佛山药用蕨类植物种类调查[J]．中国野生植物资源，2007，26(1)：15－17.
40. 张慧冲，张文雅．安徽岭南自然保护区蕨类植物的多样性研究[J]．牡丹江师范学院学报(自然科学版)，2003，(1)：2－4.
41. 郭传友、刘登义．安徽齐云山区蕨类植物区系研究[J]．西北植物学报，2002(5)：1115－1121.
42. 陈会艳、张光富．皖南山区药用蕨类植物区系研究[J]．安徽农业科学，2007，35(30)：9552－9555.
43. 关传友．皖西大别山区蕨类植物及其园林绿化的应用[J]．生物学杂志，2003，20(3)：34－37.
44. 刘小阳，刘冰青．宿州两栖动物初步研究[J]．阜阳师范学院学报(自然科学版)，1997，(3)：27－28.
45. 姜书庭．蚌埠地区两栖类的调查[J]．蚌埠医学院学报，1981，(5)：35－36.
46. 王岐山．安徽动物地理区划[J]．安徽大学学报(自然科学版)，1986，(1)：45－58.

图书在版编目(CIP)数据

动植物学野外实习指导/吴甘霖,王松主编.—合肥:合肥工业大学出版社,2008.8(2022.1重印)

ISBN 978-7-81093-798-6

Ⅰ.动… Ⅱ.①吴…②王… Ⅲ.①动物学—教育实习—高等学校—教学参考资料②植物学—教育实习—高等学校—教学参考资料 Ⅳ.Q95-45

中国版本图书馆CIP数据核字(2008)第129526号

动植物学野外实习指导

主编 吴甘霖 王 松 责任编辑 汤礼广

出 版	合肥工业大学出版社	版 次	2008年8月第1版
地 址	合肥市屯溪路193号	印 次	2022年1月第2次印刷
邮 编	230009	开 本	787毫米×1092毫米 1/16
电 话	编校与质量管理部:0551-62903087	印 张	24.75
	营销与储运管理中心:0551-62903198	字 数	583千字
网 址	www.hfutpress.com.cn	印 刷	安徽联众印刷有限公司
E-mail	hfutpress@163.com	发 行	全国新华书店

ISBN 978-7-81093-798-6 定价:52.00元